高等学校计算机专业系列教材

分布式计算、云计算与大数据

林伟伟 刘波 编著

U0378384

Distributed Computing,
Cloud Computing and Big Data

机械工业出版社
China Machine Press

图书在版编目（CIP）数据

分布式计算、云计算与大数据 / 林伟伟，刘波编著 . —北京：机械工业出版社，2015.10
（2023.1 重印）
（高等学校计算机专业系列教材）

ISBN 978-7-111-51777-1

I. 分… II. ①林… ②刘… III. 计算机网络 – 数据处理 – 高等学校 – 教材 IV. TP393

中国版本图书馆 CIP 数据核字（2015）第 240762 号

本书将传统的分布式计算与新兴的云计算、大数据等技术综合起来，以应用需求为背景讲解技术原理和应用方法，主要内容包括：传统分布式计算的基本原理和核心技术，云计算的原理、架构、实现技术及安全问题，大数据的分析模型、存储平台、编程技术及电商大数据分析技术等。

本书适合作为高等学校计算机专业高年级本科生和研究生教材，也适合作为相关技术人员的参考读物。

出版发行：机械工业出版社（北京市西城区百万庄大街 22 号 邮政编码：100037）
责任编辑：曲 熠 责任校对：殷 虹
印 刷：北京建宏印刷有限公司 版 次：2023 年 1 月第 1 版第 7 次印刷
开 本：185mm×260mm 1/16 印 张：30
书 号：ISBN 978-7-111-51777-1 定 价：59.00 元

客服电话：（010）88361066 68326294

前　言

背景

分布式计算从 20 世纪六七十年代发展到现在，一直是计算机科学技术的理论与应用的热点问题，特别是最近几年，随着互联网、移动互联网、社交网络应用的发展，急需分布式计算的新技术——云计算、大数据，以满足和实现新时代计算机的应用需求。云计算、大数据等新技术本质上是分布式计算的发展和延伸，现有的书籍一般很少把经典的分布式计算与新兴的云计算、大数据等技术综合起来，并以应用需求为背景来剖析这些技术的原理和应用方法，本书正是为了适应这一新的发展趋势和需求而编写的，希望对云计算、大数据等新技术的研究与应用起到一定的作用。

内容规划

本书包含传统分布式计算、云计算和大数据三方面的内容，具体内容包括：传统分布式计算的基本原理、核心技术、相关开发技术与方法（Socket、RMI、P2P、Web Services）；云计算概述与原理、云计算架构与实现技术（Google、Amazon 的云计算技术）、云计算研究现状与发展方向、云计算模拟编程实践、云存储技术、云计算安全问题与技术；大数据的分析计算模型（PRAM、BSP、LogP、MapReduce、Spark 内存计算等）、大数据存储平台（Hadoop[HDFS/HBase]、Cassandra、Redis、MongoDB 等）、大数据分析处理技术（Impala、Hadoopdb、Spark 等）、大数据编程技术及研究现状、电商大数据分析技术等。全书共 12 章，各章之间的层次关系如下：

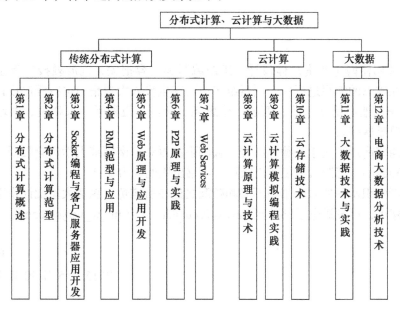

教学资源与使用方法

本书提供配套的 PPT 课件和课后习题参考答案,使用本书进行教学的教师可以从 www.hzbook.com 下载或发送电子邮件至 linww@scut.edu.cn 或 lin_w_w@qq.com 向编者索取。

本书可以作为计算机及相关专业高年级本科生和研究生的教材,建议在学习过操作系统、计算机网络、面向对象编程语言之后学习本课程。本书内容可根据不同的教学目的和对象进行选择,例如,对于本科类的分布式计算相关课程,可以选择分布式计算相关章节(第 1 ~ 7 章)重点讲解;对于本科类的云计算相关课程,可以选择分布式计算和云计算相关章节(第 1 ~ 10 章)重点讲解;对于本科类的大数据相关课程,可以选择分布式计算和大数据相关章节(第 1 ~ 7 和 11、12 章)重点讲解;对于研究生的课程,可以选择云计算和大数据相关章节重点讲解。根据本书的定位,建议每章讲授的最低学时分配如下:

章号	建议重点讲授章节	建议学时
第 1 章	1.1, 1.2, 1.3.1, 1.3.2, 1.3.3	2
第 2 章	所有内容	2
第 3 章	3.2, 3.5, 3.6, 3.7	4
第 4 章	4.2, 4.3, 4.4	4
第 5 章	5.1.3, 5.3, 5.4, 5.7.5	6
第 6 章	6.2, 6.4	2
第 7 章	7.1.4, 7.1.5, 7.2.2, 7.3	3
第 8 章	8.1, 8.2, 8.3, 8.4	3
第 9 章	9.1, 9.3, 9.4	4
第 10 章	10.2, 10.4	4
第 11 章	11.2, 11.3.4, 11.3.5, 11.4, 11.5, 11.6	8
第 12 章	12.2, 12.3, 12.4	8

此外,本书的教学应该有相应的实验课程,建议实验课程学时数不少于理论课程学时数的三分之一。

致谢

本书由林伟伟博士负责总体设计、组织编写和内容把关,刘波教授负责全书审校和整体润色。在本书的编写过程中,项目组多位研究生投入大量精力进行程序设计与资料收集、整理工作,他们是张子龙、郭超、徐思尧、李雷、伍秋平、朱朝悦、钟坯平、吴文泰、杨超、温昂展等。

衷心感谢华南理工大学齐德昱教授、韩国强教授和华南师范大学汤庸教授对本书编写工作的指导和鼓励。感谢机械工业出版社对本书出版的大力支持。

由于编者知识水平所限,书中不妥和疏漏之处在所难免,恳请大家批评指正。如果有任何问题和建议,可发送电子邮件至 linww@scut.edu.cn 或 lin_w_w@qq.com。

林伟伟
2015 年 5 月 30 日于广州

目 录

前言

第1章 分布式计算概述 ············· 1

1.1 分布式计算的概念 ············· 1
  1.1.1 定义 ····················· 1
  1.1.2 分布式计算的优缺点 ····· 1
  1.1.3 分布式计算的相关计算
       形式 ················· 2
1.2 分布式系统概述 ············· 4
  1.2.1 分布式系统的定义 ······· 4
  1.2.2 经典的分布式系统与项目 ··· 4
  1.2.3 分布式系统的特征 ······· 6
1.3 分布式计算的基础技术 ····· 9
  1.3.1 进程间通信 ············· 9
  1.3.2 IPC 程序接口原型 ······· 10
  1.3.3 事件同步 ··············· 11
  1.3.4 死锁和超时 ············· 14
  1.3.5 事件状态图 ············· 15
  1.3.6 进程间通信范型的演变 ····· 16
习题 ······························ 17
参考文献 ·························· 18

第2章 分布式计算范型 ············· 19

2.1 消息传递范型 ··············· 19
2.2 客户/服务器范型 ··········· 20
2.3 P2P 范型 ····················· 20
2.4 消息系统范型 ··············· 21
2.5 远程过程调用范型 ········· 22
2.6 分布式对象范型 ············· 24
  2.6.1 远程方法调用 ··········· 24
  2.6.2 对象请求代理 ··········· 24
2.7 网络服务范型 ··············· 25

2.8 移动代理范型 ··············· 26
2.9 云服务范型 ··················· 26
习题 ······························ 27
参考文献 ·························· 27

第3章 Socket 编程与客户/服务器
        应用开发 ················· 28

3.1 Socket 概述与分类 ········· 28
3.2 数据包 Socket API ········· 29
  3.2.1 无连接数据包 Socket API ··· 29
  3.2.2 面向连接数据包
       Socket API ············· 35
3.3 流式 Socket API ············· 37
3.4 客户/服务器范型概述与应用
    开发方法 ················· 43
  3.4.1 客户/服务器范型概念 ····· 43
  3.4.2 客户/服务器范型的关键
       问题 ················· 44
3.5 基于三层软件的客户/服务器
    应用开发方法 ············· 45
  3.5.1 软件体系结构 ··········· 45
  3.5.2 采用无连接数据包 Socket 的
      Daytime 客户/服务器应用 ··· 45
  3.5.3 采用流式 Socket 的 Daytime
      客户/服务器应用 ········· 50
3.6 无连接与面向连接服务器程序的
    开发 ····················· 54
  3.6.1 无连接 Echo 客户/
      服务器 ················· 54
  3.6.2 面向连接 Echo 客户/
      服务器 ················· 56
3.7 迭代与并发服务器程序的开发 ··· 59

3.8 有状态与无状态服务器程序的
    开发 ································· 62
习题 ··· 65
参考文献 ·································· 69

第 4 章 RMI 范型与应用 ········· 70
4.1 分布式对象范型 ················· 70
    4.1.1 分布式对象范型的概念 ······· 70
    4.1.2 分布式对象范型的体系
          结构 ···························· 71
    4.1.3 分布式对象系统 ············· 71
4.2 RMI ································ 72
    4.2.1 远程过程调用 ··············· 72
    4.2.2 RMI 概述 ··················· 72
    4.2.3 Java RMI 体系结构 ········· 73
    4.2.4 stub 和 skeleton ············ 74
    4.2.5 对象注册 ··················· 74
4.3 RMI 基本应用开发 ············· 75
    4.3.1 远程接口 ··················· 75
    4.3.2 服务器端软件 ··············· 75
    4.3.3 客户端软件 ················· 78
    4.3.4 RMI 应用代码示例 ········· 78
    4.3.5 RMI 应用构建步骤 ········· 81
    4.3.6 RMI 和 Socket API 的比较 ··· 83
4.4 RMI 高级应用 ·················· 83
    4.4.1 客户回调 ··················· 83
    4.4.2 stub 下载 ·················· 90
    4.4.3 RMI 安全管理器 ··········· 92
习题 ··· 95
参考文献 ·································· 96

第 5 章 Web 原理与应用开发 ··· 97
5.1 HTTP 协议 ······················ 97
    5.1.1 WWW ······················ 97
    5.1.2 TCP/IP ····················· 97
    5.1.3 HTTP 协议原理 ············ 98
5.2 Web 开发技术 ·················· 101
    5.2.1 HTML ····················· 101
    5.2.2 JavaScript ················· 104
    5.2.3 CSS ······················· 107

5.2.4 XML ······················· 109
5.2.5 动态网页技术 ··············· 110
5.3 CGI ······························ 113
    5.3.1 CGI 原理 ·················· 113
    5.3.2 Web 表单 ·················· 116
5.4 Web 会话 ······················ 117
    5.4.1 Cookie 机制 ··············· 118
    5.4.2 Session 机制 ··············· 124
5.5 Applet ··························· 128
5.6 Servlet ··························· 132
5.7 SSH 框架与应用开发 ·········· 136
    5.7.1 SSH ························ 136
    5.7.2 Struts ······················ 137
    5.7.3 Spring ····················· 142
    5.7.4 Hibernate ·················· 143
    5.7.5 基于 SSH 的应用开发
          案例 ·························· 146
习题 ·· 156
参考文献 ································· 160

第 6 章 P2P 原理与实践 ········· 161
6.1 P2P 概述 ························ 161
    6.1.1 P2P 的概念 ················ 161
    6.1.2 P2P 的发展历程 ··········· 162
    6.1.3 P2P 的技术特点 ··········· 163
    6.1.4 P2P 的实践应用 ··········· 164
6.2 P2P 网络的分类 ··············· 164
6.3 P2P 的典型应用系统 ·········· 168
6.4 P2P 编程实践 ·················· 170
6.5 P2P 的研究现状与未来发展 ··· 176
    6.5.1 P2P 的研究现状 ··········· 176
    6.5.2 P2P 的未来发展 ··········· 177
习题 ·· 178
参考文献 ································· 179

第 7 章 Web Services ············· 180
7.1 Web Services 概述 ············· 180
    7.1.1 Web Services 的背景和
          概念 ·························· 180
    7.1.2 Web Services 的特点 ······· 180

7.1.3 Web Services 的应用场合 ┄┄ 181
7.1.4 Web Services 技术架构 ┄┄ 182
7.1.5 Web Services 工作原理 ┄┄ 184
7.1.6 Web Services 的开发 ┄┄ 184
7.2 XML ┄┄ 186
7.2.1 XML 概述 ┄┄ 186
7.2.2 XML 文档和语法 ┄┄ 187
7.2.3 XML 命名空间 ┄┄ 192
7.2.4 XML 模式 ┄┄ 194
7.3 基于 SOAP 的 Web Services ┄┄ 200
7.3.1 SOAP 概述 ┄┄ 201
7.3.2 SOAP 消息结构 ┄┄ 201
7.3.3 SOAP 消息交换模型 ┄┄ 205
7.3.4 SOAP 应用模式 ┄┄ 206
7.3.5 WSDL ┄┄ 208
7.3.6 UDDI ┄┄ 213
7.3.7 开发基于 SOAP 的 Web Services ┄┄ 216
习题 ┄┄ 224
参考文献 ┄┄ 224

第 8 章 云计算原理与技术 ┄┄ 226
8.1 云计算概述 ┄┄ 226
8.1.1 云计算的起源 ┄┄ 226
8.1.2 云计算的定义 ┄┄ 227
8.1.3 云计算的分类 ┄┄ 228
8.1.4 云计算与其他计算形式 ┄┄ 231
8.2 云计算关键技术 ┄┄ 232
8.2.1 体系结构 ┄┄ 232
8.2.2 数据存储 ┄┄ 233
8.2.3 计算模型 ┄┄ 235
8.2.4 资源调度 ┄┄ 237
8.2.5 虚拟化 ┄┄ 237
8.3 Google 云计算原理 ┄┄ 238
8.3.1 GFS ┄┄ 238
8.3.2 MapReduce ┄┄ 238
8.3.3 BigTable ┄┄ 239
8.3.4 Dremel ┄┄ 242
8.4 Amazon 云服务 ┄┄ 244
8.4.1 Amazon 云平台存储架构 ┄┄ 244

8.4.2 其他组件 ┄┄ 246
8.5 云计算研究与发展方向 ┄┄ 250
8.5.1 云资源调度与任务调度 ┄┄ 250
8.5.2 云计算能耗管理 ┄┄ 253
8.5.3 基于云计算的应用 ┄┄ 256
8.5.4 云计算安全 ┄┄ 257
习题 ┄┄ 259
参考文献 ┄┄ 259

第 9 章 云计算模拟编程实践 ┄┄ 263
9.1 CloudSim 体系结构和 API ┄┄ 263
9.1.1 CloudSim 体系结构 ┄┄ 263
9.1.2 CloudSim3.0 API ┄┄ 268
9.2 CloudSim 环境搭建及程序运行 ┄┄ 272
9.2.1 环境配置 ┄┄ 272
9.2.2 运行样例程序 ┄┄ 272
9.3 CloudSim 扩展编程 ┄┄ 275
9.3.1 调度策略的扩展 ┄┄ 275
9.3.2 仿真核心代码 ┄┄ 277
9.3.3 平台重编译 ┄┄ 281
9.4 CloudSim 编程实践 ┄┄ 282
9.4.1 CloudSim 任务调度编程 ┄┄ 282
9.4.2 CloudSim 网络编程 ┄┄ 287
9.4.3 CloudSim 能耗编程 ┄┄ 290
习题 ┄┄ 301
参考文献 ┄┄ 302

第 10 章 云存储技术 ┄┄ 303
10.1 存储概述 ┄┄ 303
10.1.1 存储组网形态 ┄┄ 303
10.1.2 RAID ┄┄ 307
10.1.3 磁盘热备 ┄┄ 312
10.1.4 快照 ┄┄ 313
10.1.5 数据分级存储的概念 ┄┄ 314
10.2 云存储的概念与技术原理 ┄┄ 314
10.2.1 分布式存储 ┄┄ 315
10.2.2 存储虚拟化 ┄┄ 321
10.3 云存储产品与系统 ┄┄ 323
10.3.1 公有云的云存储产品 ┄┄ 323

10.3.2　私有云的云存储产品 ……… 325

10.4　对象存储技术 ……………… 327

　　10.4.1　对象存储架构 …………… 328

　　10.4.2　传统块存储与对象存储 … 328

　　10.4.3　对象 ……………………… 328

　　10.4.4　对象存储系统的组成 …… 330

10.5　存储技术的发展趋势 ……… 331

习题 ……………………………… 334

参考文献 ………………………… 334

第 11 章　大数据技术与实践 ……… 335

11.1　大数据概述 ………………… 335

　　11.1.1　大数据产生的背景 ……… 335

　　11.1.2　大数据的定义 …………… 335

　　11.1.3　大数据的 4V 特征 ……… 336

11.2　大数据存储平台 …………… 336

　　11.2.1　HDFS …………………… 336

　　11.2.2　HBase …………………… 343

　　11.2.3　Cassandra ……………… 353

　　11.2.4　Redis …………………… 360

　　11.2.5　MongoDB ……………… 366

11.3　大数据计算模式 …………… 373

　　11.3.1　PRAM ………………… 373

　　11.3.2　BSP ……………………… 374

　　11.3.3　LogP …………………… 376

　　11.3.4　MapReduce ……………… 377

　　11.3.5　Spark …………………… 382

11.4　大数据分析处理平台 ……… 388

　　11.4.1　Impala 平台 …………… 388

　　11.4.2　HadoopDB 平台 ………… 390

11.5　大数据存储编程实践 ……… 392

　　11.5.1　HDFS 读写程序范例 …… 392

　　11.5.2　HBase 读写程序范例 …… 393

11.6　大数据并行计算编程实践 … 395

　　11.6.1　基于 MapReduce 的程序
　　　　　　实例（HDFS）…………… 395

　　11.6.2　基于 MapReduce 的程序
　　　　　　实例（HBase）………… 404

　　11.6.3　基于 Spark 的程序实例 … 407

11.6.4　基于 Impala 的程序实例 …… 410

11.7　大数据研究与发展方向 …… 413

　　11.7.1　数据的不确定性与数据
　　　　　　质量 ………………… 413

　　11.7.2　跨领域的数据处理方法的
　　　　　　可移植性 …………… 413

　　11.7.3　数据处理的时效性保证——
　　　　　　内存计算 …………… 413

　　11.7.4　流式数据的实时处理 …… 415

　　11.7.5　大数据应用 …………… 416

　　11.7.6　大数据发展趋势 ……… 417

习题 ……………………………… 418

参考文献 ………………………… 419

第 12 章　电商大数据分析技术 …… 421

12.1　电商大数据分析需求与方法
　　　概述 ……………………… 421

　　12.1.1　电商大数据的分析与数据
　　　　　　推荐需求 …………… 421

　　12.1.2　电商大数据的数据结构和
　　　　　　数据推荐评价指标 … 422

　　12.1.3　推荐算法和技术简介 … 423

12.2　基于规则统计模型的大数据分析
　　　方法与实现 ……………… 424

　　12.2.1　程序运行说明 ………… 424

　　12.2.2　数据整理 ……………… 424

　　12.2.3　构建离线评估模型 …… 427

　　12.2.4　多个模型结果的并集与
　　　　　　交集 ………………… 429

　　12.2.5　购买即推荐模型 ……… 433

　　12.2.6　前三个月购买，后一个月
　　　　　　只有点击 …………… 435

　　12.2.7　最近 k 天对该品牌有操作，
　　　　　　即将此品牌推荐 …… 436

　　12.2.8　对某商品连续操作 n 次以上
　　　　　　便推荐 ……………… 438

　　12.2.9　基于时间权重的模型 … 439

12.3　基于协同过滤推荐模型的大数据
　　　分析方法与实现 ………… 442

12.3.1 协同过滤基本原理 ············ 442

12.3.2 协同过滤方法的选择 ········ 444

12.3.3 用 Maven 构建 Mahout 协同
过滤项目 ················ 445

12.3.4 Mahout 单机基于用户协同
过滤 ················ 450

12.3.5 Mahout 单机基于物品相似
协同过滤 ················ 451

12.3.6 基于 Hadoop 的 Mahout
分布式开发 ·················· 453

12.4 基于逻辑回归模型的大数据分析
方法与实现 ················ 459

12.4.1 逻辑回归的基本原理 ········ 459

12.4.2 逻辑回归的简单实现 ········ 460

习题 ···················· 467

参考文献 ···················· 467

第1章　分布式计算概述

本章首先介绍分布式计算的定义、优缺点等基本知识，然后讨论分布式系统的定义、特征和经典案例，最后重点讨论分布式计算的进程间通信等相关技术，这些内容将为后续章节打下基础。

1.1　分布式计算的概念

1.1.1　定义

分布式计算是计算机科学的重要研究内容，主要研究对象是分布式系统。简单地说，一个分布式系统是由若干通过网络互联的计算机组成的软硬件系统，且这些计算机互相配合以完成一个共同的目标（往往这个共同的目标称为"项目"）。

分布式计算的一种简单定义是在分布式系统上执行的计算。更为正式的定义是，分布式计算研究如何把一个需要非常巨大的计算能力才能解决的问题分成许多小的部分，然后把这些部分分配给许多计算机进行处理，最后把各部分的计算结果合并起来得到最终的结果。本质上，分布式计算是一种基于网络的分而治之的计算方式。

1.1.2　分布式计算的优缺点

在计算机网络出现之前，单机计算是计算的主要形式。自20世纪80年代以来，由于Web的促进，分布式计算得到飞速发展。分布式计算可以有效利用全世界联网机器的闲置处理能力，帮助一些缺乏研究资金的、公益性质的科学研究，加速人类的科学进程。分布式计算的优点如下：

1）低廉的计算机价格和网络访问的可用性。今天的个人计算机（Personal Computer，PC）比早期的大型计算机具有更出众的计算能力，但体积和价格不断下降。再加上Internet连接越来越普及且价格低廉，大量互连计算机为分布式计算创建了一个理想环境。

2）资源共享。分布式计算体系反映了计算结构的现代组织形式。每个组织在面向网络提供共享资源的同时，独立维护本地组织内的计算机和资源。采用分布式计算，可非常有效地汇集资源。

3）可伸缩性。在单机计算中，可用资源受限于单台计算机的能力。相比而言，分布式计算有良好的伸缩性，对资源需求的增加可通过提供额外资源来有效解决。例如，将更多支持电子邮件等类似服务的计算机增加到网络中，可满足对这类服务需求增长的需要。

4）容错性。由于可以通过资源复制维持故障情形下的资源可用性，因此，与单机计算相比，分布式计算提供了容错功能。例如，可将数据库备份并维护到网络的不同系统上，以便在一个系统出现故障时，还有其他副本可以访问，从而避免服务瘫痪。尽管不可能构建一个能在故障情况下提供完全可靠服务的分布式系统，但实现系统的最大化容错能力，是开发者的职责。

然而，无论何种形式的计算，都有其利与弊的权衡。分布式计算发展至今，仍然有很多需要解决的问题。分布式计算主要的缺点如下：

1）多点故障。分布式计算存在多点故障的可能。由于涉及多个计算机，且都依赖于网络通信，因此一台或多台计算机的故障及一条或多条网络链路的故障都会导致分布式系统出现问题。

2）安全性低。分布式系统为非授权用户的攻击提供了更多机会。在集中式系统中，所有计算机和资源通常只受一个管理者控制，而分布式系统的非集中式管理机制包括许多独立组织。非集中式管理使安全策略的实现和增强变得更为困难，因此，分布式计算在安全攻击和非授权访问防护方面较为脆弱，并可能会影响系统内的所有参与者。

1.1.3　分布式计算的相关计算形式

与分布式计算类似的计算形式有很多，下面讨论单机计算、并行计算、网络计算、网格计算和云计算这五种形式，以便更好地区分和理解分布式计算的概念。

1. 单机计算

单机计算是最简单的计算形式，即利用单台计算机（如 PC）进行计算，此时计算机不与任何网络互连，因而只能使用本计算机系统内可被即时访问的所有资源。在最基本的单用户单机计算模式中，一台计算机在任何时刻只能被一个用户使用。用户在该系统上执行应用程序，不能访问其他计算机上的任何资源。在 PC 上使用的诸如文字处理程序或电子表格处理程序等应用就是单用户单机计算的计算形式。

多用户也可参与单机计算。在该计算形式中，并发用户可通过分时技术共享单台计算机中的资源，我们称这种计算方式为集中式计算。通常将提供集中式资源服务的计算机称为大型机（mainframe computing）。用户可通过终端设备与大型机系统相连，并在终端会话期间与之交互。

如图 1-1 所示，与单机计算模式不同，分布式计算包括在通过网络互连的多台计算机上执行的计算，每台计算机都有自己的处理器及其他资源。用户可以通过工作站完全使用与其互连的计算机上的资源。此外，通过与本地计算机及远程计算机交互，用户可访问远程计算机上的资源。WWW 是该类计算的最佳例子。当通过浏览器访问某个 Web 站点时，一个诸如 IE 的程序将在本地系统运行并与运行于远程系统中的某个程序（即 Web 服务器）交互，从而获取驻留于另一个远程系统中的文件。

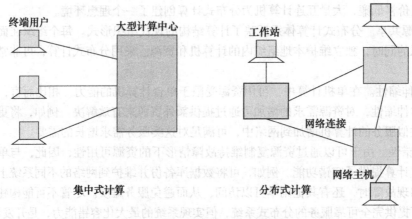

图 1-1　集中式计算与分布式计算

2. 并行计算

并行计算（或称并行运算）是相对于串行计算的概念（如图 1-2 所示），最早出现于 20 世纪六七十年代，指在并行计算机上所做的计算，即采用多个处理器来执行单个指令。通常并行计算是指同时使用多种计算资源解决计算问题的过程，是提高计算机系统计算速度和处理能力的一种有效手段。它的基本思想是用多个处理器来协同求解同一问题，即将被求解的问题分解成若干个部分，各部分均由一个独立的处理机来并行计算。

并行计算可分为时间上的并行和空间上的并行。时间上的并行指流水线技术，而空间上的并行指用多个处理器并发地执行计算。与分布式计算的区别是，分布式计算强调任务的分布执行，而并行计算强调任务的并发执行。

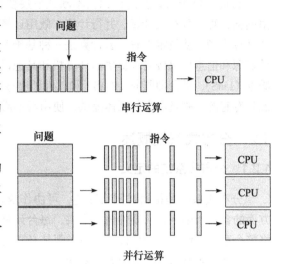

图 1-2　串行运算与并行运算

3. 网络计算

网络计算是一个比较宽泛的概念，随着计算机网络而出现。网络技术的发展，在不同的时代有不同的内涵。例如，有时网络计算指分布式计算，有时指云计算或其他新型计算方式。总之，网络计算的核心思想是，把网络连接起来的各种自治资源和系统组合起来，以实现资源共享、协同工作和联合计算，为各种用户提供基于网络的各类综合性服务。网络计算在很多学科领域发挥了巨大作用，改变了人们的生活方式。

4. 网格计算

网格计算是指利用互联网把地理上广泛分布的各种资源（计算、存储、带宽、软件、数据、信息、知识等）连成一个逻辑整体，就像一台超级计算机一样，为用户提供一体化信息和应用服务（计算、存储、访问等）。网格计算强调资源共享，任何结点都可以请求使用其他结点的资源，任何结点都需要贡献一定资源给其他结点。

网格计算侧重并行的计算集中性需求，并且难以自动扩展。云计算侧重事务性应用、大量的单独的请求，可以实现自动或半自动的扩展。

5. 云计算

云计算这个概念最早由 Google 公司提出。2006 年，Google 高级工程师克里斯托夫·比希利亚第一次提出"云计算"的想法，随后 Google 推出了"Google 101 计划"，该计划的目的是让高校的学生参与云的开发，为学生、研究人员和企业家提供 Google 式的无限计算处理能力，这是最早的"云计算"概念，如图 1-3 所示。云计算概念包含两个层次的含义：一是商业层面，即以"云"的

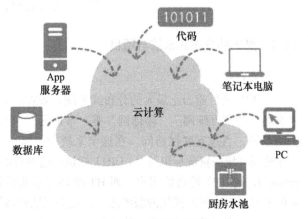

图 1-3　云计算概念示意图

方式提供服务；二是技术层面，即各种客户端的"计算"都由网络负责完成。通过把云和计算相结合，说明 Google 在商业模式和计算架构上与传统的软件和硬件公司不同。

目前，对于云计算的认识在不断地发展变化，云计算仍没有普遍一致的定义。通常是指由网格计算、分布式计算、并行计算、效用计算等传统计算机和网络技术融合而形成的一种商业计算模型。从技术上看，云计算是一种基于互联网的计算方式，通过这种方式，共享的软硬件资源和信息可以按需求提供给计算机和其他设备。当前，云计算的主要形式包括基础设施即服务（IaaS）、平台即服务（PaaS）和软件即服务（SaaS）。云计算强调专有，即请求或获取的资源是专有的，并且由少数团体提供，使用者不需要贡献自己的资源。

1.2 分布式系统概述

1.2.1 分布式系统的定义

分布式系统是指通过网络互连，可协作执行某个任务的独立计算机集合。这个定义有两方面的含义：第一，从硬件角度来讲，每台计算机都是自主的；第二，从软件角度来讲，用户将整个系统看作一台计算机。这两者都是必需的，缺一不可。

如图 1-4 所示，一个分布式系统一般是由多个位于不同位置的网络上计算机组成的系统，这些计算机通过网络传递消息与通信，从而完成一个共同的目标（项目）。

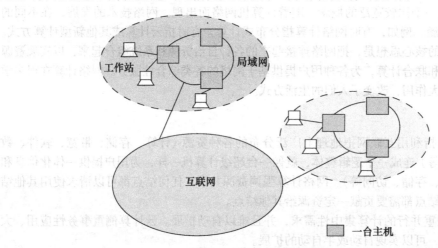

图 1-4　分布式系统示意图

1.2.2 经典的分布式系统与项目

1. WWW

WWW 是目前为止最大的分布式系统。WWW 是环球信息网（World Wide Web）的缩写，中文名字为"万维网"、"环球网"等，常简称为 Web。它是一个由许多互相链接的超文本组成的系统，通过互联网访问。在这个系统中，每一个有用的事物称为一样"资源"，并且由一个全局"统一资源标识符"（URI）标识；这些资源通过超文本传输协议（Hypertext Transfer Protocol，HTTP）传送给用户，而 HTTP 通过点击链接来获得资源。WWW 并不等同互联网，WWW 只是互联网所提供的服务之一，是靠互联网运行的一项服务。

WWW 是建立在客户机 / 服务器（Client/Server，C/S）模型之上的。WWW 以超文本标记语言（标准通用标记语言下的一个应用）与 HTTP 为基础，能够提供面向 Internet 服务的、一致的用户界面的信息浏览系统。其中 WWW 服务器采用超文本链路来链接信息页，这些信息页既可放置在同一主机上，也可放置在不同地理位置的主机上；本链路由统一资源定位器（URL）维持，WWW 客户端软件（即 WWW 浏览器）负责信息显示与向服务器发送请求。

2. SETI@home

SETI@home（Search for Extra Terrestrial Intelligence at Home，寻找外星人）是一个利用全球联网的计算机共同搜寻地外文明的项目，本质上它是一个由互联网上的多个计算机组成的处理天文数据的分布式计算系统。SETI@home 是由美国加州大学伯克利分校的空间科学实验室开发的一个项目，它试图通过分析阿雷西博射电望远镜采集的无线电信号，搜寻能够证实地外智能生物存在的证据，该项目参考网站为 http://setiathome.berkeley.edu/index.php。

SETI@home 是目前 Internet 上参加人数最多的分布式计算项目。SETI@home 程序在用户的 PC 上，通常在屏幕保护模式下或后台模式运行。它利用的是多余的处理器资源，不影响用户正常使用计算机。SETI@home 项目自 1999 年 5 月 17 日开始正式运行，至 2004 年 5 月，累积进行了近 5×10^{21} 次浮点运算，处理了超过 13 亿个数据单元。截至 2005 年关闭之前，它已经吸引了 543 万用户，这些用户的计算机累积工作 243 万年，分析了大量积压数据，但是项目没有发现外星文明的直接证据。SETI@home 是迄今为止最成功的分布式计算试验项目。

3. BOINC

BOINC（Berkeley Open Infrastructure for Network Computing，伯克利开放式网络计算平台）是由美国加利福尼亚大学伯克利分校于 2003 年开发的一个利用互联网计算机资源进行分布式计算的软件平台。BOINC 最早是为了支持 SETI@home 项目而开发的，之后逐渐成为主流的分布式计算平台，为众多的数学、物理、化学、生命科学、地球科学等学科类别的项目所使用。如图 1-5 所示，BOINC 平台采用了传统的客户端 / 服务端架构：服务端部署于计算项目方的服务器，一般由数据库服务器、数据服务器、调度服务器和 Web 门户组成；客户端部署于志愿者的计算机，一般由分布在网络上的多个用户计算机组成，负责完成服务端分发的计算任务。客户端与服务端之间通过标准的互联网协议进行通信，实现分布式计算。

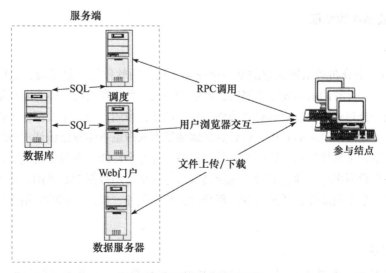

图 1-5　BOINC 的体系结构

BOINC 是当前较为流行的分布式计算平台，提供了统一的前端和后端架构，一方面大大简化了分布式计算项目的开发，另一方面对于参加分布式计算的志愿者来说，参与多个项目的难度也大大降低。目前已经有超过 50 个分布式计算项目基于 BOINC 平台，BOINC 平台上的主流项目包括 SETI@home、Einstein@Home、World Community Grid 等。更详细的介绍请参考该项目网站 http://boinc.ssl.berkeley.edu。

4. 其他分布式计算项目

除了以上 3 个经典的分布式系统外，还有很多其他的分布式计算项目，它们通过分布式计算来构建分布式系统和实现特定项目目标。

- Climateprediction.net：模拟百年以来全球气象变化，并计算未来地球气象，以应对未来可能遭遇的灾变性天气。
- Quake-Catcher Network（捕震网）：借由日渐普及的笔记本电脑中内置的加速度计，以及一个简易的小型 USB 微机电强震仪（传感器），创建一个大的强震观测网；可用于地震的实时警报或防灾、减灾等相关的应用上。
- World Community Grid（世界社区网格）：帮助查找人类疾病的治疗方法，进行改善人类生活的相关公益研究，包括艾滋病、癌症、流感病毒等疾病及水资源复育、太阳能技术、水稻品种的研究等。
- Einstein@Home：2005 年开始的项目，用于找出脉冲星的引力波，验证爱因斯坦的相对论预测。
- FightAIDS@home：研究艾滋病的生理原理和相关药物。
- Folding@home：了解蛋白质折叠、聚合以及相关疾病。
- GIMPS：寻找新的梅森素数。
- Distributed.net：2002 年 10 月 7 日，以破解加密术而著称的 Distributed.net 宣布，在经过全球 33.1 万名计算机高手共同参与，苦心研究了 4 年之后，他们于 2002 年 9 月中旬破解了以研究加密算法而著称的美国 RSA 数据安全实验室开发的 64 位密钥——RC5-64 密钥。目前正在进行的项目是破解 RC5-72 密钥。

1.2.3 分布式系统的特征

1. 可靠性

可靠性指一个分布式系统在它的某一个或多个硬件的软件组件故障时，仍能提供服务的能力。当一个参与计算的机器发生故障时，可以立即被其他机器替代，不会阻碍请求任务的完成，这无疑成为分布式解决方案的有利条件之一。例如，当用户向一个大型电子网站发送一个普通的请求时，处理该请求的其中一台计算机即使发生故障也不会导致该请求被取消。一个显而易见的结论是，可靠性依赖于数据和软件组件两者的冗余性能。在极端情况下，即使一个购物车系统的整个数据中心被地震摧毁，也应当有另外一个备用数据中心供用户使用。显然，这种通过消除每一个单点故障，或多或少实现弹性恢复的服务，根据不同的应用规模是有相应的成本的。

2. 可扩展性

可扩展性是指一个系统为了支持持续增长的任务数量可以不断扩展的能力。由于数据容量不断增加或者工作量不断增加，如交易的数量，一个系统会超出预期的规模，我们可能需要在不损失系统性能的情况下完成扩展。基于上例，可通过增加服务器数量的方式实现横向扩展，但是也可以考虑通过给每台服务器增加更多系统资源的方式实现纵向扩展。

为了区别两者，假设已经将一个应用程序的工作量分配给 100 个服务器。在理想的情况下，每台服务器持有 1/100 的数据资源，处理 1/100 的查询，现在假如增加了 20% 的数据资源，或者增加 20% 的查询数量，我们可以简单地增加 20 台服务器，这就是横向扩展，对并行处理程序几乎没有限制。我们也可以给这 100 台服务器增加额外的磁盘容量（为了存储增加的数据资源），增加额外的内存，或者更换更快的处理器（为了处理增加的查询数量），这是纵向扩展，通常对机器的限制比较高。

3. 可用性

使用单机处理任务时，当处理器出现问题或者关闭时会造成任务暂停，直到处理器被修复或者被替换，任务才能得以继续进行。可用性是一个系统尽可能地限制这种潜在风险发生的能力，会涉及两种不同的机制：快速检测错误机制和快速启动恢复程序机制。这种建立一个能够迅速发现并解决结点故障的保护系统的过程通常称为故障转移。

快速检测错误机制的关键在于定期检测每个服务器的状态，通常将此任务分配给任务管理者结点。如果没有一个特殊的管理者结点，那么通过分布式系统实现这种机制更加困难。P2P 结构的网络将其中一个结点定义为超级结点，专用于负责后台检测。P2P 认为，当其中一个结点离开网络，与之相关的结点应得到一个友好通知。这种假设有利于系统的设计。用这种方式解决类似的错误是可行的，但是对于大多数硬件上的错误不实用。

快速启动恢复程序机制通过复制（将数据复制到多台服务器）和冗余（每个实例连接多台服务器）来实现。在基础设施级别上提供错误管理服务是不够的。在这种环境上运行的服务必须通过采用适当的恢复技术来保存易失性存储的内容。

4. 高效性

我们如何估算分布式系统的效率呢？假设通过分布式的方式运行一个操作，系统会得出一个结果集合。有两种方式可以测算出它的效率，第一种是反应时间（时延），表示系统得到第一个结果的延迟。第二种是吞吐量（带宽），表示在一个给定的单位时间内所能交付的结果项的数目。这两种方式有利于证明一个系统在实际行为中是否合格，表现为一个网络流量的函数。这两种方式与下列单位成本变量有关：

1）消息的总数量：系统的所有结点所能发送的全部的消息的数量，不考虑单个消息的大小。

2）消息的总大小：代表数据交换量。

分布式数据结构支持的复杂的操作（例如，在一个分布式索引中搜索一个具体的键）可以表示为其中一个单位成本的一个函数。

一般来说，对一个分布式结构的分析简化为统计消息的数量，这种方式太简单，忽略了很多方面的影响，包括网络拓扑结构、网络负载及其变化，以及硬件和软件在参与数据处理和路由时可能的不统一性等。然而，开发一个精确的开销模型，准确地考虑所有这些性能因素是一个困难的任务。

5. CAP 理论

在构建分布式系统时，如何使一个处理大量事务的大型数据仓库系统所能提供的服务是有效和高效的，并且能提供强有力的一致性保证，是我们面临的主要问题。

CAP 理论源于伯克利加州大学的计算机科学家 Eric Brewer 在 2000 年的分布式计算原则研讨会（Symposium on Principles of Distributed Computing，PODC）上提出的一个猜想。CAP 理论指出对于一个分布式计算系统来说，不可能同时满足以下 3 点：

- 一致性（Consistency，C）：所有结点访问同一份最新的数据副本。在分布式系统中的所有数据备份，在同一时刻是否同样的值。
- 可用性（Availability，A）：对数据更新具备高可用性。在集群中一部分结点故障后，集群整体是否还能响应客户端的读写请求。
- 分区容忍性（Partition tolerance，P）：当集群中的某些结点无法联系时仍能正常提供服务。以实际效果而言，分区相当于对通信的时限要求，系统如果不能在时限内达成数据一致性，意味着发生了分区的情况，必须就当前操作在一致性和可用性之间做出选择。

这个猜想后被证实和规范化，现在被称为 CAP 定理，并正在极大地影响大规模 Web 分布式系统的设计。当 CAP 理论应用在分布式存储系统中时，最多只能实现上面的两点，如图 1-6 所示。而由于当前的网络硬件肯定会出现延迟丢包等问题，因此分区容忍性是必须需要实现的。所以，在设计分布式系统时只能在一致性和可用性之间进行权衡。

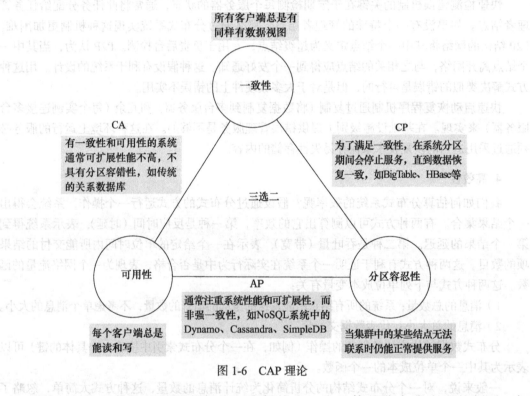

图 1-6 CAP 理论

为了更好地理解 CAP 理论的概念，我们给出一个具体的分布式应用的例子。如图 1-7 所示，假如有两个应用 A 和 B，分别运行在两个不同的服务器 N1 和 N2 上。A 负责向它的数据仓库写入数据，而 B 负责从另一个数据库副本读取数据。服务器 N1 通过发送数据更新消息（Replication message，M）给服务器 N2 来实现同步，以达到两个数据库之间的一致性。

当客户端应用程序调用 put() 方法更新数据 d 的值，应用 A 会收到该命令并将新数据通过

write() 方法写入它的数据库，然后服务器 N1 向服务器 N2 发送消息以更新在另一个数据库副本中的 d' 的值，随后客户端应用调用 get() 方法想要获取 d 的值，B 会收到该命令并调用 read() 方法从仓库副本里读出 d' 的值，此时 d' 已经更新为新值，因此，整个系统看起来便是一致的。

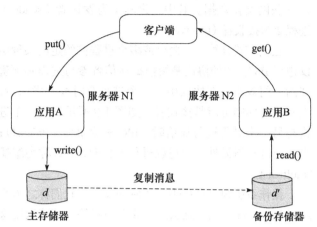

图 1-7　分布式系统 CAP 问题的实例

假如服务器 N1 和 N2 之间的通信由于某种原因切断了（网线断了），如果想让系统是容错的，可将两个数据库之间的消息设定为异步消息，那么系统仍然可以继续工作，但是数据库副本内的数据便不会更新，随后用户读到的数据便是已经过期的数据，这会造成数据的不一致。即使将数据更新消息设定为同步的也不行，这会使服务器 N1 的写操作和数据更新消息成为一个原子性事务，一旦消息无法发送，服务器 N1 的写操作就会随着数据更新消息发送失败而回滚，系统无法使用就违背了可用性。

CAP 理论告诉我们，在大规模的分布式系统中，分区容忍性是基本要求，所以要对可用性和一致性有所权衡。基于上例，我们可以选择使用最终一致模型，数据更新消息可以是异步发送的，但当服务器 N1 在发送消息时若无法得到确认，它就会重新发送消息，直到服务器 N2 上的数据库副本与服务器 N1 达到一致为止，而客户端需要面临不一致的状态。实际上，如果从购物车中删除一个商品记录，它很可能再次出现在交易记录里，但是显然，相对于较高的系统延迟来说，用户可能更愿意继续他们的交易。对于大多数 Web 应用来说，牺牲一致性而换取高可用性是主要的解决方案。

事实上，在设计分布式应用系统时，这 3 个要素最多只能同时实现两点，不可能三者兼顾：

- 如果选择分区容忍性和一致性，那么即使结点故障，操作也必须一致，并能顺利完成，因此必须 100% 保证所有结点之间有很好的连通性。这是很难做到的。最好的办法就是将所有数据放到同一个结点中。但是显然这种设计是不满足可用性的，如 BigTable、HBase。
- 如果要满足可用性和一致性，那么，为了保证可用，数据必须要有副本。这样，系统显然无法容忍分区。当同一数据的两个副本分配到了两个无法通信的分区上时，显然会返回错误的数据，如关系数据库。

最后看一下满足可用性和分区容忍性的情况。满足可用，就说明数据必须要在不同结点中有副本。如果还必须保证在产生分区的时候仍然可以完成操作，那么操作就无法保证一致性，如 Dynamo、Cassanda、SimpleDB。

1.3　分布式计算的基础技术

1.3.1　进程间通信

分布式计算的核心技术是进程间通信（Interprocess Communication，IPC），即在互相独立的进程（进程是程序的运行时表示）间通信及共同协作以完成某项任务的能力。

图 1-8 给出基本的 IPC 机制：两个运行在不同计算机上的独立进程（进程 1 和进程 2），通过互联网交换数据。其中，进程 1 为发送者（sender），进程 2 为接收者（receiver）。

在分布式计算中，两个或多个进程按约定的某种协议进行 IPC，此处协议是指数据通信各参与进程必须遵守的一组规则。在协议中，一个进程有时候是发送者，在其他时候则可能是接收者。如图 1-9 所示，当一个进程与另一个进程进行通信时，IPC 称为单播（unicast）；当一个进程与另外一组进程进行通信时，IPC 称为组播（multicast）。

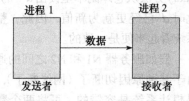

图 1-8　进程间通信

操作系统为 IPC 提供了相应的设施，我们称之为系统级 IPC 设施，如消息队列、共享内存等。直接利用这些系统级 IPC 设施可以开发出各种网络软件或分布式计算系统。然而，基于这种比较底层的系统级 IPC 设施来开发分布式应用往往工作量比较大且复杂，所以一般不直接基于系统级 IPC 设施来开发。为了使编程人员从系统级 IPC 设施的编程细节中摆脱出来，可以对底层 IPC

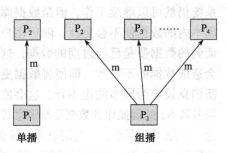

图 1-9　单播通信和组播通信

设施进行抽象，提供高层的 IPC API（Application Programming Interface，应用编程接口或应用程序接口）。该 API 提供了对系统级设施的复杂性和细节的抽象，因此，编程人员开发分布式计算应用时，可以直接利用高层的 IPC API，更好地把注意力集中在应用逻辑上。本书讨论的分布式计算范型主要研究的就是 IPC API 问题。

1.3.2　IPC 程序接口原型

在可以提供 IPC 所需的最低抽象层的基本 API 中，需要提供以下 4 种基本操作：
- send（发送）。该操作由发送进程发起，旨在向接收进程传输数据。操作必须允许发送进程识别接收进程和定义待传数据。
- receive（接收）。该操作由接收进程发起，旨在接收发送进程发来的数据。操作必须允许接收进程识别发送进程和定义保存数据的内存空间，该内存随后被接收者访问。
- connect（连接）。对于面向连接的 IPC，必须有允许在发起进程和指定进程间建立逻辑连接的操作，其中一进程发出请求连接操作而另一进程发出接受连接操作。
- disconnect（断开连接）。对于面向连接的 IPC，该操作允许通信的双方关闭先前建立的某一逻辑连接。

参与 IPC 的进程将按照某种预先定义的顺序发起这些操作。每个操作的发起都会引起一个事件的发生。例如，发送进程的发送操作导致一个把数据传送到接收进程的事件，而接收进程发出的接收操作导致数据被传送到进程中。注意，参与进程独立发起请求，每个进程都无法知道其他进程的状态。

HTTP 已被广泛应用于 WWW。在这种协议中，一个进程（浏览器）通过发出 connect 操作，建立到另一进程（Web 服务器）的逻辑连接，随后向 Web 服务器发出 send 操作来传输数据请求。接着，Web 服务器进程发出一个 send 操作，以传输 Web 浏览器进程所请求的数据。

通信结束时，每个进程都发出一个 disconnect 操作来终止连接。图 1-10 给出了 HTTP 协议的 IPC 基本操作流程，在后面章节中我们将进一步深入介绍 HTTP。

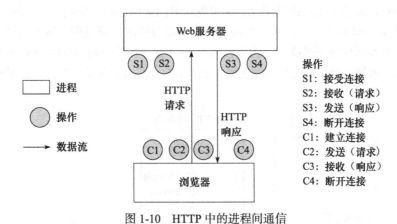

图 1-10　HTTP 中的进程间通信

1.3.3　事件同步

IPC 中的一个难点是进行 IPC 的各相关进程是独立执行的，各进程不知道对方进程的情况。

我们来看前面介绍的基本 HTTP。协议涉及的双方必须按特定顺序发起 IPC 操作。例如，浏览器进程不可在 connect 操作完成之前发出 send 操作。同样重要的是，Web 服务器只有在浏览器准备接收数据时，才能开始发送传输请求数据。浏览器进程需要在所请求的数据到达时得到通知，以便接着处理数据，包括格式化数据并向浏览器用户显示数据。因此，参与通信的两个进程需要同步它们的操作，由一方发送数据，另一方则需要等到所有数据发送完成时，开始接收数据。理论上来说，接收数据应该位于发送数据之后。实际上，进程间的同步操作需要操作系统的支持。

IPC 设施提供事件同步的最简单的方法是使用阻塞（blocking）机制，即挂起某一进程的执行，直到该进程发起的某个操作执行结束。另外，IPC 操作可以是异步（asynchronous）或非阻塞（nonblocking）操作。进程发起的异步操作不会引起阻塞。因此，一旦向 IPC 设施发出异步操作后，进程可以继续执行。当该异步操作完成后，进程才会随后得到 IPC 设施的通知。

1. 同步 send 和同步 receive

图 1-11 解释了一个协议会话的事件同步状态图，该会话是用同步 send 和同步 receive 操作实现的。在这个情形中，receive 操作的发出导致该发起进程挂起，直到接收完该操作的所有数据。同样，send 操作的发出导致发送进程挂起。当发送的数据被进程 2 接收后，主机 2 的 IPC 设施向主机 1 的 IPC 设施发送一条确认信息，进程 1 随后可被解锁。注意，消息确认由两台主机的 IPC 设施处理，并且对两个进程是透明的。

如果两个进程的应用逻辑要求在可以进行进一步的处理之前，发送的数据必须被接收到，则应当使用同步 send 和同步 receive。

2. 异步 send 和同步 receive

图 1-12 解释了采用异步 send 和同步 receive 操作实现的协议会话的事件状态图。和前面

一样，receive 操作的发出将导致接收进程挂起，直到接收到满足操作的所有数据为止。然而，send 操作的发出不会导致发送进程挂起。在本例中，发送进程永远不会被阻塞，因此，进程 2 所在主机的 IPC 设施不必发送确认消息。如果发送者的应用逻辑不依赖于另一端的数据接收，则可以使用异步 send 和同步 receive。然而，根据 IPC 设施的实现过程，该方式并不保证已发送的数据都会被实际传送到接收者。例如，如果 send 操作在另一端相应的 receive 操作之前执行，则数据将有可能不会被传送到接收进程，除非 IPC 设施提供保留已发送数据的机制。

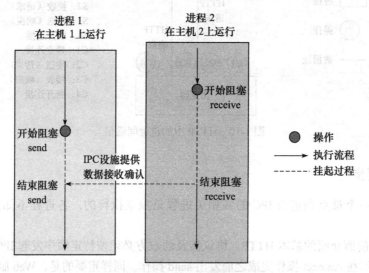

图 1-11 同步 send 和同步 receive

3. 同步 send 和异步 receive

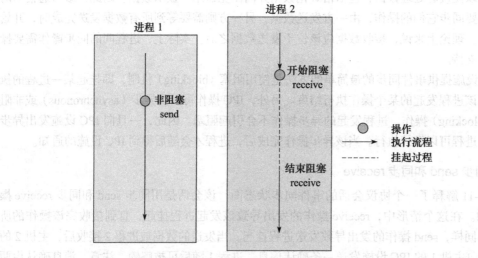

图 1-12 异步 send 和同步 receive

图 1-13 ～图 1-15 所示为在协议会话中使用同步 send 和异步 receive 操作的不同情形。

异步 receive 操作不会使发出该操作的进程阻塞，运行结果取决于 IPC 设施的实现。在所有情形下，receive 操作都将立即返回，随后产生 3 种不同情形：

- 情形 1：如图 1-13 所示，receive 操作请求的数据在 receive 操作发出时已经到达，在这种情况下，数据被立即传送到进程 2，主机 2 的 IPC 设施返回的确认消息将进程 1 解锁。

- 情形 2：如图 1-14 所示，receive 操作请求的数据仍未到达；没有数据传递到该进程。接收进程负责确定已真正接收到数据，如果需要的话，重复 receive 操作，直到数据到达（注意，通常由程序使用循环来重复发出 receive 操作，直到等待的数据全部接收。这种重复尝试技术称为轮询技术）。进程 1 被无限期阻塞，直到进程 2 重发 receive 操作请求，并最终收到主机 2 IPC 设施的确认消息。

- 情形 3：如图 1-15 所示，receive 操作请求的数据仍未到达。当请求数据到达时，主机 2 的 IPC 设施将通告进程 2，此时进程 2 可以继续处理数据。该情形要求进程 2 提供一个可以被 IPC 设施调用的侦听接口或事件号，用于向进程通告请求数据的到达。

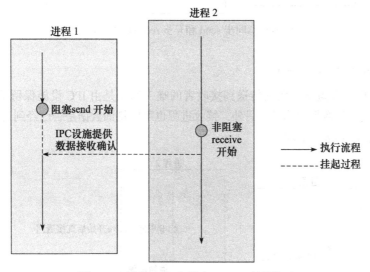

图 1-13　同步 send 和异步 receive（情形 1）

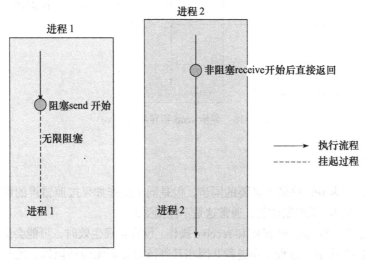

图 1-14　同步 send 和异步 receive（情形 2）

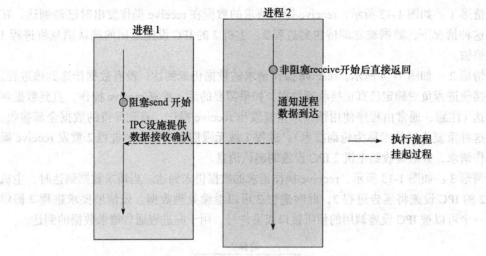

图 1-15　同步 send 和异步 receive（情形 3）

4. 异步 send 和异步 receive

如果双方都没有阻塞，数据传送到接收者的唯一途径是由 IPC 设施保留接收到的数据，接收进程随后被通告数据到达了。另外，接收进程也可以轮询数据是否已经到达，并在所等待的数据到达时，对其进行处理。

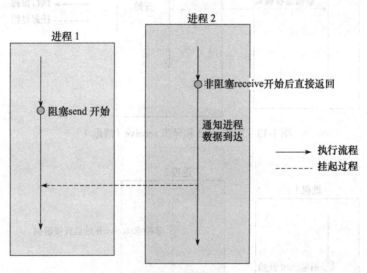

图 1-16　异步 send 和异步 receive

1.3.4　死锁和超时

尽管阻塞机制为 IPC 提供了必要的同步，但是同步操作如果按照错误的顺序执行就可能产生死锁，造成进程被无限期挂起，通常这是不能接受的。

在阻塞式操作（如 connect 操作和 receive 操作）没有正确生效时，可能会引起无限期阻塞或死锁。如图 1-17 所示，进程 1 和进程 2 因相互等待对方而无限期阻塞，此时，即由于无限期阻塞而产生了进程的死锁。

对于死锁，有两种避免或解决方法：第一，使用超时机制来设置最大阻塞期限。例如，可以在 connect 请求操作中，指定一个 30 秒的超时期限。如果请求在 30 秒内未完成，则被 IPC 设施中止，请求进程将被解锁，允许继续进行其他处理。第二，使用子进程或线程来提供阻塞操作。

在使用 IPC 编程接口时，了解该操作是同步操作还是异步操作是非常重要的。如果阻塞操作仅仅是 send 或 receive，那么编程人员就可以使用子进程或线程来提供阻塞，让程序的主线程或父进程继续执行其他任务，而子进程或子线程将被挂起，直到接收到响应为止，这就是所说的异步处理，如图 1-18 所示。

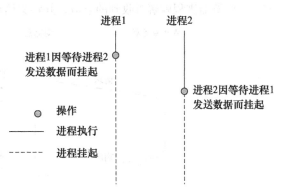

图 1-17 由阻塞操作引起的死锁

1.3.5 事件状态图

事件状态图可以用来记录和表示某一协议执行期间详细的事件及阻塞序列。图 1-19 是一个包括两个并发进程 1 和 2 的请求 – 响应协议的事件状态图。每个进程随事件变化的执行情况用垂直线表示，时间沿垂直线向下增加。执行线上的实线段表示进程处于活动状态的时间段，虚线段表示进程被阻塞的时间段。

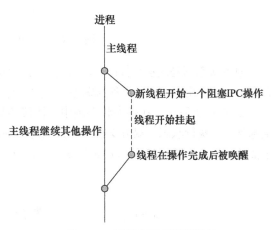

图 1-18 用线程实现阻塞操作

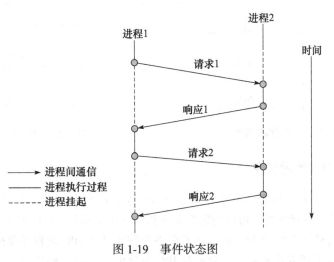

图 1-19 事件状态图

图 1-20 利用事件状态图描述了基本 HTTP。在该基本形式中，HTTP 是一个基于文本的请求 – 响应协议，仅要求一轮信息交换。Web 服务器进程是一个不断侦听从 Web 浏览器进程发出请求的进程。Web 浏览器进程建立到服务器的连接，然后按协议描述的格式发起请求。服务

器处理请求并发送响应，该响应包含状态行、头部信息及浏览器进程的请求文档。一旦收到应答后，浏览器进程就解析收到的响应，并将文档显示出来。

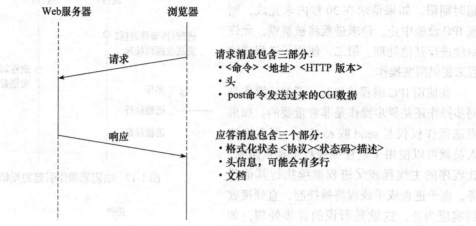

图 1-20　HTTP 会话的事件状态图

事件状态图是演示事件同步的有用工具，但在用于记录复杂协议时，过于详细了。事件状态图有一种简化形式，通常称为顺序状态图，它常与部分 UML 符号一起用于记录进程间通信。

如图 1-21 所示，在顺序状态图中，协议的每个参与者的执行流用虚线表示，并且不区分阻塞状态和执行状态。双方交换的两条消息用垂直两边虚线的有向实线表示，有向实线上带一个描述性标签。图 1-22 是 HTTP 的顺序状态图。

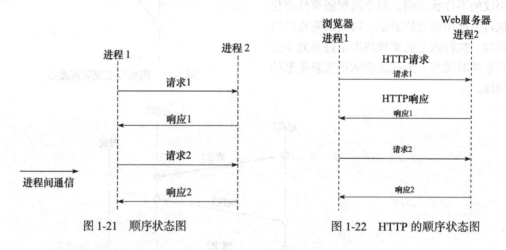

图 1-21　顺序状态图　　　　　　　　　　图 1-22　HTTP 的顺序状态图

1.3.6　进程间通信范型的演变

前面已经探讨了 IPC 概念，下面介绍各种 IPC 模型或范型。范型有模式或模型的含义，在研究一些非常复杂的问题时，可以用它来识别基本模式或模型，从而根据范型来对复杂的问题进行分类。通过这些 IPC 范型，可以向希望在程序中使用 IPC 的程序员提供 IPC 功能。由于不同 IPC 范型的实现方式不同，因此各种 IPC 范型位于不同的抽象层次。下面介绍一些基本 IPC 范型的抽象层次关系，如图 1-23 所示。

在最低抽象层，IPC 利用底层的串行或并行数据传输机制，在网络上传输二进制流。这种 IPC 范型可以用于编写网络驱动软件。这种 IPC 范型属于网络或操作系统编程领域的内容。

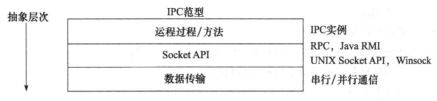

图 1-23 IPC 范型

下一个抽象层是众所周知的一种范型，称作 Socket API（Socket 应用程序接口）。在 Socket 范型中，两个进程使用名为 Socket 的逻辑构造交换数据，每一方都要建立一个 Socket。待发送数据被写入 Socket，在另一端，接收进程从自身的 Socket 中读取或提取数据。

远程过程调用（Remote Procedure Call，RPC）或远程方法调用（Remote Method Invocation，RMI）范型通过允许向远程进程发送过程调用或方法调用，来提供更高层次的抽象。它们一般是基于 Socket 范型实现的。在这些范型中，数据作为参数和返回值在两个进程间进行传递。

习题

一、选择题

1. 下列计算形式属于分布式计算的是（   ）。

    A. 单机计算　　　　　　　B. 并行计算　　　　　　　C. 网络计算　　　　　　　D. 云计算

2. 下列活动属于分布式计算应用的是（   ）。

    A. Web 冲浪　　　　　　　B. 播放在线视频　　　　　C. 发送电子邮件　　　　　D. 远程访问

3. 分布式计算的优点主要有（   ）。

    A. 资源共享　　　　　　　B. 网络访问有效性　　　　C. 可扩展性　　　　　　　D. 容错性

4. CAP 理论主要是指分布式系统的（   ），三者不能共存。

    A. 可用性　　　　　　　　B. 原子性　　　　　　　　C. 一致性　　　　　　　　D. 分区容忍性

二、简答题

1. 什么是分布式计算？它的优缺点有哪些？

2. 什么是集中式计算？通过图形方式描述集中式计算和分布式计算的区别。

3. 分布式计算的核心技术是什么？该技术所需的最低抽象层的基本 API 可分为哪些基本操作？分别有什么作用？

4. 一个进程把数据发送给单个进程或者多个进程对应的技术分别为什么？

5. 阻塞机制为进程间通信提供了同步，但进程可能会被生无期限挂起，解决该问题的方法有哪些？

三、实验题

1. 进程 A 采用无连接 IPC 发送一条消息到进程 B。为实现该通信，进程 A 在其运行期间的某个时候发出 send 操作（将消息作为参数定义），B 发出 receive 操作。假如 send 操作是非阻塞式的（异步的），而 receive 操作是阻塞的（同步），请绘制下列各情形的事件状态图：

    1）进程 A 在进程 B 发出 receive 前发出 send 操作。

    2）进程 B 在进程 A 发出 send 前发出 receive 操作。

2. 题目同实验题 1，但这次两个操作（send，receive）都是同步的（阻塞式）。

3. 在某个分布式系统中，有 3 个进程 P_1、P_2、P_3 参与进程间通信。假设发生下列事件序列：

    在时刻 1，P_3 发出接收来自 P_2 的消息的 receive 操作；

    在时刻 2，P_1 发送消息 M_1 到 P_2；

    在时刻 3，P_2 发出接收来自 P_1 的消息的 receive 操作；

在时刻 4，P_2 接收 M_1；

在时刻 5，P_2 发送消息 M_1 到 P_3；

在时刻 6，P_3 接收到 M_1，P_3 发出接收来自 P_2 的消息的 receive 操作；

在时刻 7，P_2 发出接收来自 P_3 的消息的 receive 操作；

在时刻 8，P_3 发送消息 M_2 到 P_2；

在时刻 9，P_2 接收 M_2；

在时刻 10，P_2 发送消息 M_2 到 P_1；

在时刻 11，P_1 接收 M_2。

1）针对下述情形，绘制显示每个进程的时间序列、阻塞及非阻塞状态的时间状态图：

①在提供阻塞 send 操作和阻塞 receive 操作的通信系统中。

②在提供非阻塞 send 操作和阻塞 receive 操作的通信系统中。

2）绘制记录 P_1、P_2、P_3 进程间通信的顺序状态图。

参考文献

［1］ Coulouris George, Jean Dollimore, Tim Kindberg, Gordon Blair. Distributed Systems: Concepts and Design［M］. 5th ed. Boston: Addison-Wesley, 2011.

［2］ 刘福岩，王艳春，刘美华，等.计算机操作系统［M］.北京：兵器工业出版社，2005.

［3］ M L Liu，分布式计算原理与应用（影印版）［M］.北京：清华大学出版社，2004.

［4］ 中国分布式计算总站［EB/OL］. http://www.equn.com.

［5］ Extensible Markup Language (XML)［EB/OL］. http://www.w3.org/XML.

［6］ International Date Format Campaign［EB/OL］. http://Saqqara.demon.co.uk/datefmt.htm.

［7］ Java Object Serialization［EB/OL］. http://java.sun.com/j2se/1.3/docs/guide/serialization.

第2章 分布式计算范型

本章对当前主流的分布式计算范型进行了分类和概述，讨论的分布式计算范型包括消息传递、客户/服务器、P2P、消息系统、远程过程调用、分布式对象、网络服务、移动代理和云服务，并重点给出每种分布式计算范型的基本概念和基本原理。

2.1 消息传递范型

消息传递是进程间通信的基本途径。如图 2-1 所示，在消息传递范型中，表示消息的数据在两个进程（进程 A 和进程 B）间交换：一个是发送者，另一个是接收者。

消息传递是分布式应用的最基本范型。一个进程发送代表请求的消息，该消息被传送到接收者；接收者处理该请求，并发送一条应答消息。随后，该应答消息可能触发下一个请求，并引起下一个应答消息。如此不断反复传递消息，实现两个进程间的数据交换。

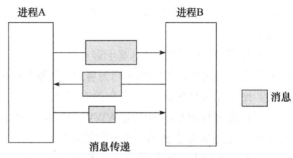

图 2-1 消息传递范型示意图

消息传递范型所需的基本操作为 send 和 receive。对于面向连接的通信来说，还需要 connect 操作和 disconnect 操作。利用该模型提供的抽象，互连进程在彼此之间执行输入操作和输出操作，操作方式类似于文件的输入操作和输出操作。和文件 I/O 相似，这些操作封装了操作系统层的网络通信细节，因此，程序员可以使用这些操作发送和接收消息，而不必关注操作系统底层的通信细节。

基于该范型的开发工具有 Socket 应用程序接口（Socket API）和信息传递接口（Message Passing Interface，MPI）等。

利用 Socket API 接口，可以使不同主机或者同一台计算机上的进程间相互通信，Socket API 接口允许应用程序控制和使用网络里的套接字进行消息传递。一般的 Socket API 都是基于伯克利套接字（Berkeley Socket）标准的。在后面的内容中，我们将使用 Java Socket API 提供的方法或函数在进程间传递消息。

信息传递接口是一个并行计算的信息传递应用程序接口，包括协议和语义说明，它们指明其如何在各种实现中发挥其特性，常在超级计算机、计算机簇等非共享内存环境程序设计。MPI 属于 OSI 参考模型的第五层或更高，但它的实现可能通过传输层 Socket 覆盖大部分层，因此，拥有良好的可移植性和速度。大部分的 MPI 实现由一些 API 组成，可由 Java 或 C 语言等直接调用。

消息传递模式是最基本的传递消息的范型，很多即时通信工具（如 QQ 等）都是基于该范型的具体应用。

2.2 客户/服务器范型

客户/服务器范型（简称 C/S 范型）是网络应用中使用最多的一种分布式计算范型，该模型将非对称角色分配给两个协作进程。其中，服务器进程（server process）扮演服务提供者角色，被动地等待请求的到达；客户进程（client process）向服务器发起请求，并等待服务器响应。

如图 2-2 所示，客户/服务器范型的概念很简单，它有效地抽象了网络服务的请求，客户进程发起请求和接收响应。通过为双方分配非对称的角色，即服务器进程监听和接收请求，客户进程发送请求和接收响应。进程间的事件同步也被简化了：服务器进程等待来自客户的请求，客户进程则等待来自服务器的响应。

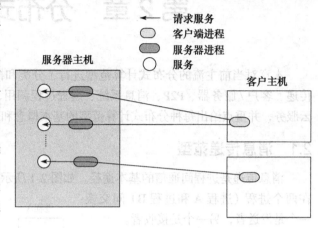

图 2-2　客户/服务器范型示意图

有许多 Internet 服务都是基于客户/服务器范型的应用，我们称它们为客户/服务器应用。这些服务通常根据它们所实现的协议来命名。比较著名的 Internet 服务包括 HTTP、FTP、DNS、finger 和 gopher 等。

当前最流行的互联网应用 WWW（或称为 Web）是基于客户/服务器范型的一个典型分布式应用。它由 Web 服务器进程和浏览器客户进程构成。Web 服务器进程不断侦听从 Web 浏览器进程发出的请求，服务器处理请求并发送响应。一旦收到应答后，浏览器进程解释收到的响应，并将文档显示出来。浏览器客户进程负责发送请求和接收响应。Web 应用的原理是基于 HTTP 协议的客户/服务器应用，在后面的内容将更具体地介绍 HTTP 协议。

2.3 P2P 范型

P2P（Peer-to-Peer）范型源于 P2P 网络（又称为对等计算网络）。P2P 网络是无中心服务器，依赖用户群交换的互联网体系。与客户/服务器结构的系统不同，在 P2P 网络中，每个用户端既是一个结点，又有服务器的功能，任何一个结点无法直接找到其他结点，必须依靠其用户群进行信息交流。

如图 2-3 所示，在 P2P 范型中，各参与进程的地位是平等的，具有相同的性能和责任（因此，称它们为 peer）。每个参与者（进程）都可以向另一个参与者发起请求和接收响应。在一个基于 P2P 范型的分布式应用中，每一个参与的进程往往既承担服务器进程的角色（资源提供者），又承担客户进程的角色（资源请求者）。

客户/服务器范型是集中式网络服务的理想模型（其中服务器进程提供服务，而客户进程通过服务器访问服务）。而 P2P 范型更适合于诸如即时消息传送、P2P 文件传输、视频会议、协同工作等应用。当然，基于 P2P 范型的应用也可以同时使用 C/S 结构来辅助处理一些任务。

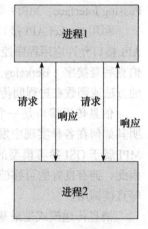

图 2-3　P2P 范型

P2P 范型可以采用任何提供消息传递的工具来实现。JXTA 是 Sun Microsystem 于 2001 年定义的一个开源的 P2P 协议，JXTA 协议被定义为 XML 消息的集合，允许任何设备独立于底层网络拓扑结构连接网络交换消息或相互协作。我们可以基于 Java 使用 JXTA 技术创建 P2P 应用程序。

如图 2-4 所示为 P2P 的应用系统实例——Napster。Napster.com 是一个著名的 P2P 文件传输服务实例，它是一种在线音乐服务，是第一个被广泛应用的 P2P 音乐共享服务，是一个可以在网络中下载自己想要的 MP3 文件的软件，同时能够让自己的机器也成为一台服务器，为其他用户提供下载服务。Napster 是基于 P2P 范型的，因为所有参与 Napster 应用的客户软件（进程）既是音乐文件的请求者，也是音乐文件的提供者，它们之间构成一个 P2P 网络。与 Napster 类似的站点允许在 Internet 上的多个计算机之间传输文件（主要指音频文件）。除了 P2P 计算外，该站点还利用了一台服务器来提供目录服务。

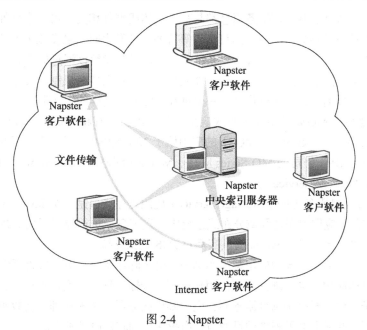

图 2-4　Napster

2.4　消息系统范型

消息系统范型或面向对象的中间件（Message-Oriented Middleware，MOM）是在基本的消息传递范型的基础上扩展而来的。如图 2-5 所示，在这种范型中，消息系统充当一些相当独立的进程之间的中介。不同的进程以非耦合的方式，通过消息系统异步地交换消息。消息发送者（进程）在发送消息时，将一条消息放入消息系统中，后者接着将该消息转发到与各个接收者（进程）相应的消息接收队列中，一旦消息发送出去，发送者即可执行其他任务了。

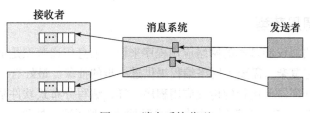

图 2-5　消息系统范型

消息系统范型可以进一步划分为两种子类型：点对点消息范型（point-to-point message model）和发布/订阅消息范型（public/subscribe message model）。

1. 点对点消息范型

在点对点消息范型中，消息系统将来自发送者的一条消息转发到接收者的消息队列中。与基本的消息传递模型不同的是，这种中间件模型提供了消息暂存的功能，从而可以将消息的发送和接收分离。通过中间件消息系统，发送者可将消息存入接收进程的消息队列中。接收进程则从自己的消息队列中提取消息，并加以处理。

与基本的消息传递范型相比，点对点消息范型为实现异步消息操作提供了额外的一层抽象。如果要在基本的消息传递范型中达到同样的结果，必须借助于线程或者子进程技术。

2. 发布/订阅消息范型

在发布/订阅消息范型中，每条消息都与某一主体或事件相关。对某个事件感兴趣的应用程序可以订阅与该事件相关的消息。当订阅者等待的事件发生时，触发该事件的进程将发布一条消息来宣告该事件或主题。中间件消息系统将这条消息分发给该消息的所有订阅者。

发布/订阅消息范型提供了一种用于组播或组通信的强大抽象机制。发布操作使一个进程可以向一组进程组播消息，订阅操作则使一个进程能够监听这样的组播消息。

消息系统范型或MOM模型在分布式应用中的应用已经有相当长的一段历史了。消息队列服务（Message Queue Services，MQS）的应用始于20世纪80年代，直到现在仍然有大量的应用使用该范型：IBM公司的MQ Series应用、Microsoft公司的Microsoft's Message Queue、Sun公司的Java Message Service等。

JMS即Java消息服务（Java Message Service）应用程序接口是一个Java平台中关于MOM的API，用于在两个应用程序之间或分布式系统中发送消息，进行异步通信。JMS是一个与具体平台无关的API，绝大多数MOM提供商都对JMS提供支持。

如图2-6所示为消息系统的应用系统实例——电子邮件系统。电子邮件系统是基于消息系统范型的一种具体应用。电子邮件系统由用户代理、传输代理、投递代理组成，首先用户通过用户代理将电子邮件发至电子邮件服务器，电子邮件服务器即传输代理，将收到的电子邮件放入电子邮件队列，并根据电子邮件的目的地址由投递代理转发电子邮件。

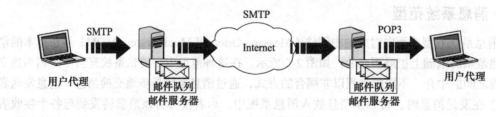

图2-6 电子邮件系统

2.5 远程过程调用范型

对于基本的网络协议和基本的网络应用程序来说，消息传递范型是适用的。但是，随着应用程序变得越来越复杂，需要为网络编程提供进一步的抽象。最好有一种范型能使开发人员可以像编写在单处理器上运行的传统应用程序一样，编写分布式软件系统。远程过程调用（Remote Procedure Call，RPC）范型就提供了这种抽象。利用这一抽象，可以采用与本地过程调用类似的思想与概念，以进行进程间通信。

远程过程调用涉及两个独立的进程，它们可以分别位于两台独立的计算机上。图 2-7 描述了 RPC 模型的工作原理。例如，如果进程 A 希望向另一个进程 B 发出请求，就可以向进程 B 发出一个过程调用，同时传递的还有一组参数值。与本地过程调用的情况一样，该远程过程调用也会触发进程 B 所提供的某一过程中预定义的动作。过程执行完毕后，进程 B 将返回一个值给进程 A。

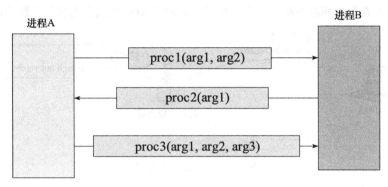

图 2-7　远程过程调用

RPC 机制使得编程人员可以采用一种类似于本地过程调用的程序设计构造，以构建网络应用程序。这种机制为进程间通信和事件同步提供了一种方便的抽象。因此，RPC 模型使得程序员们能够采用类似于本地过程调用的编程方法，以构建网络应用程序。

1993 年，Microsoft 提出了一种组件式软件平台，可用于进程间通信，还可用于组件式软件开发，该平台即组件对象模型（Component Object Model，COM）。COM 提供跟编程语言无关的方法实现一个软件对象，因此可以在其他环境中运行。COM 提供了一套允许同一台计算机上的客户端和服务器之间进行通信的接口，它要求软件组件必须遵照一个共同的接口，但是隐藏接口的实现，它可以被其他对象在不知道其内幕的情况下正确使用。COM 作为 Windows 下主要的软件开发平台，利用接口来隐藏实现的组件式开发模型的机制影响和改变了很多其他的技术。

COM 使得软件开发不断趋向于组件化，开发人员将单个应用程序分隔成单独或多个独立的部分，即组件，通常我们在 Windows 系统下使用的动态链接文件（Dynamic Link Library，DLL）就是一个组件。我们可以随着技术的发展不断更新组件，还可以利用原有的组件快速构建新应用。

DCOM（Distributed COM，分布式 COM）是可以在网络上通信的 COM 组件，又可以称为 Network OLE，依据 RPC 的规范来发展的，它将 COM 组件的能力扩及网络上。DCOM 及分布式组件对象模型是一系列 Microsoft 的概念和程序接口，利用这个接口，客户端程序对象能够请求来自于网络中另一台计算机上的服务器程序对象。DCOM 处理网络协议的低层次的细节问题，从而使用户能够集中精力解决所要求的问题。

Microsoft 公司的 ActiveX 是基于标准 COM 接口实现对象链接与嵌入的一种技术，可以运行在一些浏览器上，使得网页可以通过脚本和 ActiveX 控件交互以产生更加丰富的效果。ActiveX 组件也可以运行在服务进程之间，例如，ADO（ActiveX Data Objects）是一个访问数据源的 COM 组件，允许开发人员编写代码来访问不同的数据源。

对象连接与嵌入技术（Object Linking and Embedding，OLE）定义和实现了一种允许应用程序作为软件对象（数据集合和操作数据的函数）彼此进行连接的机制。

对象链接嵌入数据库（Object Linking and Embedding Database，OLEDB）是 Microsoft 为以统一方式访问不同类型的数据存储设计的一种应用程序接口，是一组用组件对象模型（COM）实现的接口。

图 2-8 所示为远程过程调用的应用系统实例——远程数据库访问。在分布式系统中，数据库一般驻存在服务器上，客户机（进程）通过远程数据库服务功能访问数据库服务器，现有的远程数据库服务是使用 RPC 模式的，例如，Oracle 数据库提供了存储过程机制，系统与用户定义的存储过程在数据库服务器上，用户在客户端使用 RPC 模式调用存储过程获取数据。

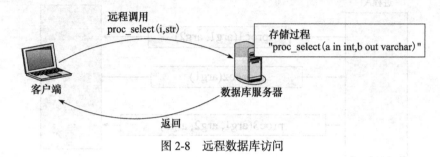

图 2-8　远程数据库访问

2.6　分布式对象范型

分布式对象范型将面向对象应用到分布式系统中，是面向对象软件开发技术的自然扩展。该范型使应用程序可访问分布于网络上的各个对象。通过调用对象的方法，应用程序可获取对服务的访问。

2.6.1　远程方法调用

远程方法调用（Remote Method Invocation，RMI）是面向对象版本的 RPC。如图 2-9 所示，在该范型中，进程可以调用对象方法，而该对象可驻留于某远程主机中。与 RPC 一样，参数可随方法调用传递，也可提供返回值。

我们常说的 RMI 范型是指 Java RMI，即 Java 远程方法调用（Java Remote Method Invocation），用于实现远程过程调用的 Java 应用程序编程接口。Java RMI 使用接口化编程。在需要服务端的某一个远程对象时，编程人员通过定义一个该对象的接口来隐藏它的实现，并在客户端定义一个相同的接口，客户端使用该接口可以像本地调用一样实

图 2-9　远程方法调用

现远程方法调用。Java RMI 使编程人员能够在网络环境中分布工作，极大地简化了远程方法调用的过程。后面将详细介绍 Java RMI 的具体内容。

2.6.2　对象请求代理

对象请求代理范型由对象请求者（object requestor）、对象提供者（object）和对象请求代理（Object Request Broker，ORB）组成（如图 2-10 所示）。在对象请求代理范型中，进程向对象请求代理发出请求，对象请求代理将请求转发给能提供预期服务的适当对象。对象请求代理范型与 RMI 范型非常相似。两者的主要区别在于，对象请求代理范型多了一个对象请求代理，对象请求代理充当中间件角色，作为对象请求者的应用程序可访问多个远程（或本地）对象。对

象代理还可以作为异构对象之间的协调者，允许由不同 API 实现的对象及运行于不同平台上的对象进行交互。

图 2-10 对象请求代理

ORB 是 OMG（Object Management Group）组织提出的 CORBA（Common Object Request Broker Architecture）的基础，CORBA 是由 OMG 组织为解决分布式处理环境中不同平台之间的互联而制定的一种标准的面向对象应用程序体系规范。ORB 提供了客户与服务器联系的中间件，使得客户对象可以不关心服务器对象的位置、工作的平台，以及采用何种技术实现。

根据 CORBA 规范，软件开发人员可以实现 CORBA 框架定义的任何构建。其中 Java IDL 是兼容 CORBA 规范的开发工具，我们可以利用它以及其他兼容设施来开发 CORBA 应用。

2.7 网络服务范型

如图 2-11 所示，网络服务范型由服务请求者、服务提供者（对象）和目录服务三者组成。网络服务范型的工作原理为：服务提供者将自身注册到网络上的目录服务器上；当服务请求者（进程）需访问服务时，则在运行时与目录服务器联系；然后，如果请求的服务可用，则目录服务器将向目录服务进程提供一个有关该服务的引用；最后，进程利用该引用来与所需的服务进行交互。

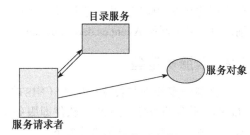

图 2-11 网络服务范型

该范型本质上是对远程方法调用范型的扩展，区别在于服务对象在全局目录服务中注册，允许网络中的服务请求者查询和访问这些服务。在理想情况下，可以采用全局唯一标志符注册和访问服务，在这种情况下，范型将提供额外的一种抽象：位置透明性。位置透明性允许软件开发者在访问对象或服务时，无需知道对象或服务所在的具体位置。

Java 的 JINI（Java Intelligent Network Infrastructure）和 Web Service 都是属于该范型的网络设施。Web 服务使用 XML 和 XSD 标准来自我描述，用简单对象访问协议（Simple Object Access Protocol，SOAP）交换数据。使用 Web 服务技术，能使运行于不同机器上的不同应用无需借助其他的支持就可以相互通信。Web 服务向外界提供一个能够通过 Web 进行调用的 API，即目录服务。服务访问者可以通过远程过程调用（RPC）的方式访问 Web 服务，无需知道服务的位置、工作的平台以及实现方式。

图 2-12 所示为一个网络服务的应用系统实例——WebXm。Web 服务提供给人们日常生活中很多便利，webxml.com 提供很多实用 Web 服务，如数据来源于中国气象局的天气预报 Web 服务、IP 地址来源查询 Web 服务等。图 2-12 展示了 WebXml 网络服务的基本访问流程。

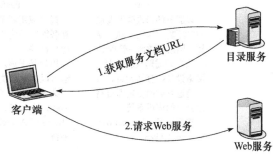

图 2-12 WebXml 网络服务

2.8 移动代理范型

移动代理是一种可移动的程序或对象。如图 2-13 所示，在移动代理范型中，一个代理从源主机出发，然后根据其自身携带的执行路线，自动地在网上主机间移动。在每一主机上，代理访问所需的资源或服务，并执行必要的任务来完成其使命。

移动代理范型为可移动的程序或对象提供了抽象。这种范型不进行消息互换，而是当程序/对象在各个参与结点间移动时，携带并传递数据。支持移动代理范型的商业软件包有 Concordia 系统和 IBM 公司的 Aglet 系统。

一个移动代理的典型应用系统实例为 Agent Tcl（Tool Command Language）。到目前为止，已经出现了多种移动代理应用，其中大部分系统还只是原型系统，它们的针对性不同，实现方法也不同。Dartmouth 大学的 D'Agents 小组致力于移

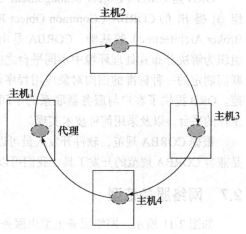

图 2-13　移动代理范型

动代理的开发和应用，由他们研发的 Agent Tcl 系统实现了多语言跨平台的移动代理功能，详细信息请参见网站 Agent.cs.dartmouth.edu。

2.9 云服务范型

美国国家标准与技术研究院（NIST）定义了云计算的三种服务模型：基础设施即服务（IaaS）、平台即服务（PaaS）、软件即服务（SaaS）。3 种类型云服务对应不同的抽象层次，如图 2-14 所示，它们的详细描述如下。

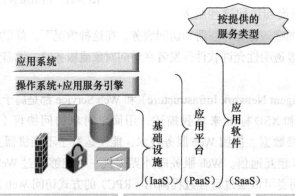

IaaS	PaaS	SaaS
以服务的形式提供虚拟硬件资源，如虚拟主机、存储、网络、数据库管理等。 用户无需购买服务器、网络设备、存储设备，只需通过互联网租赁即可搭建自己的应用系统。 典型应用：Amazon Web Service（AWS）。	提供应用服务引擎，如互联网应用编程接口、运行平台等。 用户基于该应用服务引擎可以构建该类应用。 典型应用：Google AppEngine，Force.com，Microsoft Azure服务平台。	用户通过Internet（如浏览器）来使用软件。用户不必购买软件，只需按需租用软件。 典型应用：Google Doc，Salesforce.com，Oracle CRM OnDemand，Office Live Workspace。

图 2-14　云服务范型

1）基础设施即服务：云供应处理、存储、网络以及其他基础性的计算资源，以供用户部署或运行自己的软件，包括操作系统或应用。用户并不管理或控制底层的云基础设施，但是拥有对操作系统、存储和部署的应用的控制，以及一些网络组件的有限控制。

2）平台即服务：用户可在云基础设施之上部署用户创建或采购的应用，这些应用使用服务商支持的编程语言或工具开发，用户并不管理或控制底层的云基础设施，包括网络、服务器、操作系统、或存储等，但是可以控制部署的应用，以及应用主机的某个环境配置。

3）软件即服务：用户可使用服务商运行在云基础设施之上的应用。用户使用各种客户端设备通过"瘦"客户界面（例如浏览器）等来访问应用（例如基于浏览器的邮件）。用户并不管理或控制底层的云基础设施，例如网络、服务器、操作系统、存储甚至其中的单个应用，除了某些有限用户的特殊应用配置项。

习题

1. 列出5种常见的分布式计算范型。
2. 分布式应用的最流行的计算范型是什么？用图形化的方式描述该范型的通信原理。
3. 分布式应用最基本的计算范型是什么？
4. 什么是P2P范型？试举出3个使用该范型的软件。
5. 什么是消息系统范型，简述电子邮件系统的实现原理。
6. 什么是网络服务？简述网络服务与远程方法调用的区别及其优势。
7. 考虑简单的聊天室实现，其中参与者聚集在一个虚拟会议室，会议室中所有在线成员之间在交换信息。
8. 考虑本书讨论的各种范型的权衡因素，比较每种范型的优缺点。
9. 参考本书提供的各种范型的应用实例，描述其工作原理。
10. 解释中间件范型的设计思想及其优势。
11. 假设你正在为某机构开发一个跟踪费用记录的软件系统。通过该系统，每个员工可以在线提交开支请求，并随后在线得到同意或拒绝等答复。员工还可以提交费用花费记录，不必深入具体细节，为该系统选择一种范型，判断你的选择，并描述如何将该范型应用到系统中。

参考文献

［1］ Java socket API［EB/OL］. http://java.sun.com.products/jdk/1.2/docs/api/index.html.
［2］ Remote procedure call, open group standard, document number c706 august 1997［EB/OL］. http://www.ietf.org/rfc/rfc1831.
［3］ The object management group homepage［EB/OL］. http://www.corba.org/.
［4］ D'Agents: Mobile agents at dartmouth college［EB/OL］. http://www.Agent.cs.dartmouth.edu/.
［5］ IBM aglets software development kit［EB/OL］. http://www.trl.ibm.co.jp/aglets/.
［6］ Winsock development information［EB/OL］. http://www.sockets.com/.
［7］ The world wid web consortium(W3C), Simple Object Access Protocol(SOAP)［EB/OL］. http:// www.w3.org/TR/SOAP.
［8］ Liu M L. 分布式计算原理与应用（影印版）［M］. 顾铁成，等译. 北京：清华大学出版社，2004.

第 3 章 Socket 编程与客户 / 服务器应用开发

本章首先介绍 Socket API 的基本概念，接着详细阐述了数据 Socket 和流式 Socket 的区别和编程方法，然后讨论客户 / 服务器范型的基本概念和实现，接着重点介绍基于三层软件的客户 / 服务器应用开发方法，最后给出客户 / 服务器中服务的三种分类及开发技术——面向连接与无连接服务器程序、迭代与并发服务器程序、有状态与无状态服务器程序。

3.1 Socket 概述与分类

Socket API 最早作为 Berkeley UNIX 操作系统的程序库，出现于 20 世纪 80 年代早期，用于提供 IPC 功能。现在主流操作系统都支持 Socket API。在 BSD、Linux 等基于 UNIX 的系统中，Socket API 都是操作系统的一部分。在个人计算机操作系统（如 MS-DOS、Windows NT、Mac-OS、OS/2）中，Socket API 都是以程序库形式提供的（在 Windows 系统中，Socket API 称为 Winsocket）。Java 语言在设计之初就考虑到了网络编程，也将 Socket API 作为语言核心类的一部分提供给用户。所有这些 API 都使用相同的消息传递模型和非常类似的语法。

Socket API 是实现进程间通信的第一种编程设施。Socket API 非常重要，原因主要有以下两点：

1）Socket API 已经成为 IPC 编程事实上的标准，高层 IPC 设施都是构建于 Socket API 之上的，即基于 Socket API 实现。

2）对于响应时间要求较高或在有限资源平台上运行的应用来说，用 Socket API 实现是最合适的。

如图 3-1 所示，Socket API 的设计者提供了一种称为 Socket 的编程类型。希望与另一进程通信的进程必须创建该类型的一个实例（实例化一个 Socket 对象），两个进程都可以使用 Socket API 提供的操作发送和接收数据。

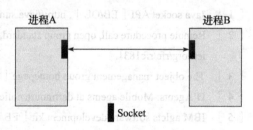

图 3-1 Socket API 概念模型

在 Internet 网络协议的体系结构中，传输层上有两种主要协议：UDP（User Datagram Protocol，用户数据包协议）和 TCP（Transmission Control Protocol，传输控制协议）。UDP 允许使用无连接通信传输报文（即在传输层发送和接收）。被传输报文称为数据包（datagram）。根据无连接通信协议，每个传输的数据包都被分别解析和路由，并且可按任何顺序到达接收者。例如，如果主机 A 上的进程 1 通过顺序传输数据包 m1、m2，向主机 B 上的进程 2 发送消息，这些数据包可以通过不同路由在网络上传输，并且可按下列任何一种顺序到达接收进程：m1—m2 或 m2—m1。在数据通信网络的术语中，"包"

（或称分组，英文为 packet）是指在网络上传输的数据单位。每个包中都包含有效数据（载荷，payload）以及一些控制信息（头部信息），如目的地址。

TCP 是面向连接的协议，通过在接收者和发送者之间建立的逻辑连接来传输数据流。由于有连接，从发送者到接收者的数据能保证以与发送次序相同的顺序被接收。例如，如果主机 A 上的进程 1 顺序传输 m1、m2，向主机 B 上的进程 2 发送消息，接收进程可以认为消息将以 m1—m2 顺序到达，而不是 m2—m1。

根据传输层所使用协议不同，Socket API 分成两种类型：一种使用 UDP 传输的 Socket 称为数据包 Socket（datagram Socket）；另一种使用 TCP 传输的 Socket 称为流式 Socket（stream Socket）。

3.2　数据包 Socket API

3.2.1　无连接数据包 Socket API

数据包 Socket 在应用层可以支持无连接通信及面向连接通信。这是因为，尽管数据包在传输层发送和接收时没有连接信息，但 Socket API 的运行时支持可以为进程间的数据包交换创建和维护逻辑连接。无连接数据包 Socket 和面向连接数据包 Socket 的比较如图 3-2 所示。

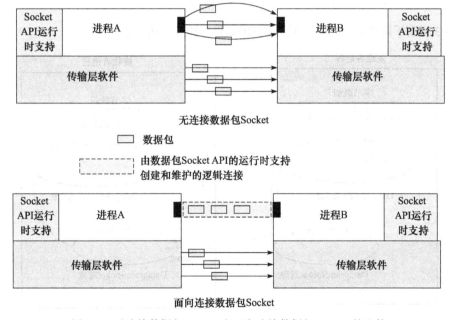

图 3-2　无连接数据包 Socket 和面向连接数据包 Socket 的比较

Java 为数据包 Socket API 提供了两个类：针对 Socket 的 DatagramSocket 类和针对数据包交换的 DatagramPacket 类。

使用该 API 发送和接收数据的进程必须实例化一个 DatagramSocket 对象，或简称为 Socket 对象。每个 Socket 被绑定到该进程所在机器的某一个 UDP 端口上。

为向其他进程发送数据包，发送者进程需要实现下列步骤：

1）创建一个代表数据包本身的对象。该对象可通过实例化一个携带下列信息的

DatagramPacket 对象来创建：

- 一个包含有效数据的字节数组引用。
- 目标地址（接收者进程的 Socket 所绑定的主机 ID 和端口号）。

2）调用 DatagramSocket 对象的 send 方法，将 DatagramPacket 对象引用作为传递参数

```
DatagramSocket mySocket = new DatagramSocket();
byte[ ] buffer = message.getBytes();
DatagramPacket datagram = new DatagramPacket(buffer, buffer.length, receiverHost,
receiverPort);
mySocket.send(datagram);
```

在接收者进程中，需要实现如下步骤：

1）实例化一个 DatagramSocket 对象并将其绑定到一个本地端口上，该端口必须与发送者数据包当中定义的一致。

2）为接收发送给 Socket 的数据包，接收者进程创建一个指向字节数组的 Datagram-Packet，并调用 DatagramSocket 对象的 receive 方法，将 DatagramPacket 对象引用作为传递参数。

```
DatagramSocket mySocket = new DatagramSocket(port);
byte[ ] buffer = new byte[MAX_LEN];
DatagramPacket datagram = new DatagramPacket(buffer, MAX_LEN);
mySocket.receive(datagram);
```

图 3-3 说明了两个进程的程序所使用到的数据结构及引用关系。

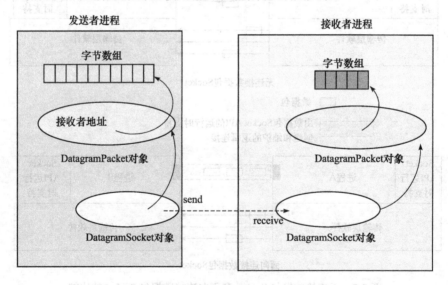

图 3-3　发送者和接收者程序中的数据结构

对于无连接数据包 Socket，发送者进程绑定到的 Socket 可用来向不同目的地发送报文。多个发送者进程也可以同时向绑定到某个接收进程的 Socket 发送数据包，此时将无法预测消息到达顺序，这一点与底层 UDP 协议相一致。图 3-4a 显示了进程 A 使用单个无连接 Socket 与另外两个进程通信的会话场景。进程 A 也可以分别建立到进程 B 和进程 C

的 Socket，以使这两个进程的数据包可通过两个独立的 Socket 分别解析和接收，如图 3-4b 所示。

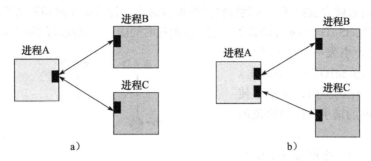

图 3-4　无连接数据包 socket

表 3-1 总结了代码里使用到的 DatagramPacket 类和 DatagramSocket 类的主要方法和构造函数，注意，实际方法数远不止这些。

表 3-1　DatagramPacket 类和 DatagramSocket 类的主要方法和构造函数

方法 / 构造函数	描　　述
DatagramPacket(byte[ ] buf, int length)	为长度为 length 的接收报文构造一个数据包报文，接收到的数据存储到由 buf 引用的字节数组中
DatagramPacket(byte[ ] buf, int length, InetAddress address, int port)	为长度为 length 的发送报文构造一个绑定到指定主机指定端口的 Socket 的数据包报文，接收到的数据存储到由 buf 引用的字节数组中
DatagramSocket()	构造一个数据包 Socket，并绑定到本地主机上任一可用端口，该构造函数可用于只发送数据而不必接收数据的进程
DatagramSocket(int port)	构造一个数据包 Socket，并绑定到本地主机上的指定端口，该端口随后可在数据包报文中用来定义传输到该 Socket 的数据
void close()	关闭当前 Socket 接收数据
void receive(DatagramPacket p)	使用该 Socket 接收数据
void send (DatagramPacket p)	使用该 Socket 发送数据
void setSoTimeout(int timeout)	以毫秒为单位设置 timeout，用于阻塞该 Socket 发起的 receive 操作

图 3-5 给出了使用数据包 Socket 通信的一组发送者程序和接收者程序的基本代码。

```
// Excerpt from a receiver program
DatagramSocket ds = new DatagramSocket(2345);
DatagramPacket dp =
    new DatagramPacket(buffer,MAXLEN);
ds.receive(dp);
len = dp.getLength();
System.out.Println(len + "bytes received.\n");
String s = new String(dp.getData( ),o,len);
System.out.println(dp.getAddress( )+"at port"
  +dp.getPort()+"says"+s);
```

```
// Excerpt from the sending process
InetAddress receiverHost =
    InetAddress.getByName("localHost");
DatagramSocket theSocket = new DatagramSocket ( );
String message = "Hello world!";
byte[ ]data = message.getBytes( );
data = theLine.getBytes();
DatagramPacket thePacket
    = new DatagramPacket(data, data.length,
                receiverHost,2345);
theSocket.send(theOutput);
```

图 3-5　使用无连接数据包 Socket API 的示例

在基本 Socket API 中，无论是面向连接方式还是无连接方式，send 操作是非阻塞的，而 receive 操作是阻塞的。进程发出 send 方法调用后，将继续自身的执行。但是，进程一旦发起 receive 方法调用后就会被挂起，直到接收到数据包为止。为避免无限期阻塞情况的发生，接收进程可以使用 setSoTimeout 方法设置一定时段的超时间隔。如果超时间隔结束时，仍没有接收到数据，就会引发一个 Java 异常（java.io.InterruptedIOException）。图 3-6 是一个事件状态图，显示了使用数据包 Socket 的请求 – 应答协议的会话过程。

　　Example1　代码清单 3-1 和代码清单 3-2 给出了两个利用数据包 Socket 交换 1 个消息的程序代码。该程序将程序逻辑设计得尽可能简单，以便突出强调进程间通信的基本语法。需要注意：

　　1）发送者创建的数据包中包含目标地址，而接收者创建的数据包不携带目标地址。

　　2）发送者 Socket 未绑定指定端口，在程序运行时将使用系统随机分配的端口，而接收者 Socket 需要与特定端口绑定，以便发送者可以在其数据包中将该端口作为目的地址的端口。

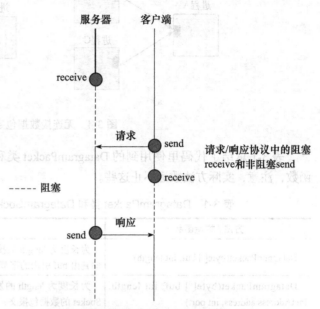

图 3-6　无连接数据包 Socket API 的事件同步

　　3）在本例中使用基本语法来处理异常，但在实际应用中应该用更精炼的代码作处理。

代码清单 3-1　Example1Sender.java

```java
import java.net.*;
import java.io.*;

public class Example1Sender {
 public static void main(String[] args) {
    if (args.length != 3)
      System.out.println
        ("This program requires three command line arguments");
    else {
      try {
        InetAddress receiverHost = InetAddress.getByName(args[0]);
        int receiverPort = Integer.parseInt(args[1]);
        String message = args[2];
        // instantiates a datagram socket for sending the data
        DatagramSocket    mySocket = new DatagramSocket();
        byte[ ] buffer = message.getBytes();
        DatagramPacket datagram =
          new DatagramPacket(buffer, buffer.length, receiverHost, receiverPort);
        // mySocket.setSoTimeout(3000);
        mySocket.send(datagram);
        mySocket.close();
```

```
        } // end try
      catch (Exception ex) {
        ex.printStackTrace();
        }
    } // end else
  } // end main
} // end class
```

代码清单 3-2　Example1Receiver.java

```java
import java.net.*;
import java.io.*;

public class Example1Receiver {
  public static void main(String[] args) {
    if (args.length < 1)
      System.out.println
        ("This program requires a command line argument.");
    else {
        int port = Integer.parseInt(args[0]);
        final int MAX_LEN = 10;
        // This is the assumed maximum byte length of the datagram to be received.
        try {
        DatagramSocket        mySocket = new DatagramSocket(port);
        System.out.println("Waiting for receiving the data!");
        // instantiates a datagram socket for receiving the data
        byte[ ] buffer = new byte[MAX_LEN];
        DatagramPacket datagram =
          new DatagramPacket(buffer, MAX_LEN);
        // mySocket.setSoTimeout(6000);
        for(int i=0;i<10;i++)
          {
            // mySocket.setSoTimeout(5000);
            mySocket.receive(datagram);
            String message = new String(buffer);
            System.out.println(message);
          }
        mySocket.close();
        } // end try
      catch (Exception ex) {
        ex.printStackTrace();
      }
    } // end else
  } // end main
} // end class
```

　　由于在无连接方式中，数据是通过一系列独立的报文发送的，因此无连接数据包 Socket 中存在一些异常情形：

- 如果数据包被发送给一个仍未被接收者创建的 Socket，该数据包将可能被丢弃。在这种情况下，数据将丢失，并且 receive 操作可能会导致无限阻塞。
- 如果接收者定义了一个大小为 n 的数据包缓存，那么大小超过 n 的接收消息将被截断。

　　Example2　在 Example1 中，通信是单工方式的，即从发送者到接收者的单向通信。但是，也可以建立双工通信。Example1Sender 需要将其 Socket 绑定到特定地址上，以便

Example1Receiver 能够向该地址发送数据包。代码清单 3-3 ~ 代码清单 3-5 详细展示了这种双工通信是如何实现的。

代码清单 3-3　MyDatagramSocket.java

```java
import java.net.*;
import java.io.*;

public class MyDatagramSocket extends DatagramSocket {
    static final int MAX_LEN = 100;
    MyDatagramSocket(int portNo)  throws SocketException{
        super(portNo);
    }
    public void sendMessage(InetAddress receiverHost, int receiverPort,
                            String message) throws IOException {
        byte[ ] sendBuffer = message.getBytes();
        DatagramPacket datagram =
            new DatagramPacket(sendBuffer, sendBuffer.length, receiverHost, receiverPort);
        this.send(datagram);
    } // end sendMessage
    public String receiveMessage()
            throws IOException {
        byte[ ] receiveBuffer = new byte[MAX_LEN];
        DatagramPacket datagram = new DatagramPacket(receiveBuffer, MAX_LEN);
        this.receive(datagram);
        String message = new String(receiveBuffer);
        return message;
    } // end receiveMessage
} // end class
```

代码清单 3-4　Example2SenderReceiver.java

```java
import java.net.*;

public class Example2SenderReceiver {
// An application which sends then receives a message using connectionless datagram socket.
    public static void main(String[] args) {
        if (args.length != 4)
            System.out.println("This program requires four command line arguments");
        else {
            try {
                InetAddress receiverHost = InetAddress.getByName(args[0]);
                int receiverPort = Integer.parseInt(args[1]);
                int myPort = Integer.parseInt(args[2]);
                String message = args[3];
                MyDatagramSocket mySocket = new MyDatagramSocket(myPort);
                // instantiates a datagram socket for both sending and receiving data
                mySocket.sendMessage( receiverHost, receiverPort, message);
                // now wait to receive a datagram from the socket
                System.out.println(mySocket.receiveMessage());
                mySocket.close();
            } // end try
            catch (Exception ex) {
                ex.printStackTrace();
            } // end catch
        } // end else
    } // end main
} // end class
```

代码清单 3-5　Example2ReceiverSender.java

```java
import java.net.*;

public class Example2ReceiverSender {
// An application which sends then receives a message using
   public static void main(String[] args) {
       if (args.length != 4)
          System.out.println
             ("This program requires four command line arguments");
       else {
          try {
              InetAddress receiverHost = InetAddress.getByName(args[0]);
              int receiverPort = Integer.parseInt(args[1]);
              int myPort = Integer.parseInt(args[2]);
              String message = args[3];
              MyDatagramSocket mySocket = new MyDatagramSocket(myPort);
              // instantiates a datagram socket for both sending and receiving data
              // First wait to receive a datagram from the socket
              System.out.println(mySocket.receiveMessage());
              // Now send a message to the other process.
              mySocket.sendMessage( receiverHost, receiverPort, message);
              mySocket.close();
          } // end try
          catch (Exception ex) {
             ex.printStackTrace();
          } // end catch
       } // end else
   } // end main
} // end class
```

3.2.2　面向连接数据包 Socket API

　　面向连接数据包 Socket API 并不经常使用，因为该 API 提供的连接非常简单，通常不能满足面向连接的通信要求。而流式 Socket 是面向连接通信中更典型和实用的方法。

　　表 3-2 介绍了在 DatagramSocket 类中用于创建和终止连接的两个方法。Socket 连接通过指定远程 Socket 地址建立。一旦连接建立后，Socket 将只能用来与建立连接的远程 Socket 交换数据报文。如果数据包地址与另一端 Socket 地址不匹配，将引发 IllegalArgumentException 异常。如果发送到 Socket 的数据来源于其他发送源，而不是与之相连接的远程 Socket，那么该数据就会被忽略。因此，连接一旦与数据包 Socket 绑定后，该 Socket 将不能与任何其他 Socket 通信，直到该连接终止。同时，由于连接是单向的，也就是说限制了其中一方，另一方的 Socket 可以自由地向其他 Socket 发送或接收数据，除非有其他 Socket 建立到它的连接。

表 3-2　面向连接数据包 Socket 的主要方法

方法 / 构造函数	描　述
public void connect (InetAddress address, int port)	在当前 Socket 和远程地址及其端口之间创建逻辑连接
public void disconnect()	如果当前 Socket 存在连接，则终止该连接

　　Example3　代码清单 3-6 和代码清单 3-7 演示了面向连接数据包 Socket 的使用语法。Example3Sender 在发送者和接收者进程的数据包 Socket 之间建立了一个连接。一旦建立连接，每个进程使用自身的 Socket 与其他进程进行 IPC。在本例中，发送者通过该连接向接收者进程

连续发送同一个消息的 10 个副本。在接收者进程中，所有这些消息在被接收后都被立即显示。
接收者进程随后向发送者进程回送一条消息，表明该连接允许双方通信。

代码清单 3-6   Example3Sender.java

```java
import java.net.*;

public class Example3Sender {
    public static void main(String[] args) {
        if (args.length != 4)
            System.out.println("This program requires four command line arguments");
        else {
            try {
                InetAddress receiverHost = InetAddress.getByName(args[0]);
                int receiverPort = Integer.parseInt(args[1]);
                int myPort = Integer.parseInt(args[2]);
                String message = args[3];
                //instantiates a datagram socket for the connection
                MyDatagramSocket   mySocket = new MyDatagramSocket(myPort);
                //make the connection
                mySocket.connect(receiverHost, receiverPort);
                for (int i=0; i<10; i++)
                    mySocket.sendMessage( receiverHost, receiverPort, message);
                //now receive a message from the other end
                System.out.println(mySocket.receiveMessage());
                //cancel the connection, the close the socket
                mySocket.disconnect();
                mySocket.close();
            } //end try
            catch (Exception ex) {
                ex.printStackTrace();
            }
        } //end else
    } //end main
} //end class
```

代码清单 3-7   Example3Receiver.java

```java
import java.net.*;

public class Example3Receiver {
    public static void main(String[] args) {
        if (args.length != 4)
            System.out.println("This program requires four command line arguments");
        else {
            try {
                InetAddress senderHost = InetAddress.getByName(args[0]);
                int senderPort = Integer.parseInt(args[1]);
                int myPort = Integer.parseInt(args[2]);
                String message = args[3];
                //instantiates a datagram socket for receiving the data
                MyDatagramSocket       mySocket = new MyDatagramSocket(myPort);
                //make a connection with the sender's socket
                mySocket.connect(senderHost, senderPort);
                for (int i=0; i<10; i++)
                    System.out.println(mySocket.receiveMessage());
                //now send a message to the other end
                mySocket.sendMessage( senderHost, senderPort, message);
                mySocket.close();
            } //end try
```

```
            catch (Exception ex) {
                ex.printStackTrace();
            } //end catch
        } //end else
    } //end main
} //end class
```

3.3　流式 Socket API

数据包 Socket API 支持离散数据单元（即数据包）交换，流式 Socket API 则提供了基于
UNIX 操作系统的流式 IO 的数据传输模式。根据定义，流式 Socket API 仅支持面向连接通信。

如图 3-7 所示，流式 socket 为两个特定进程提供稳定的数据交换模型。数据流从一方连续
写入，从另一方读出。流的特性允许以不同速率向流中写入或读取数据，但是一个流式 Socket
不能用于同时与两个及其以上的进程通信。

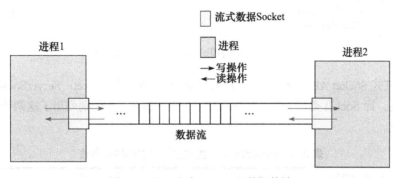

图 3-7　基于流式 Socket 的数据传输

在 Java 中，有两个类提供了流式 Socket API：SeverSocket 和 Socket。

1）ServerSocket 用于接受连接，称之为连接 Socket。

2）Socket 用于数据交换，称之为数据 Socket。

图 3-8 演示了流式 Socket API 模型。采用该 API，服务器进程建立一个连接 Socket，随后侦
听来自其他进程的连接请求。每次只接受一个连接请求。当连接被接受后，将为该连接创建一个
数据 Socket。服务器进程可通过数据 Socket 从数据流读取数据或向其中写入数据。一旦两进程之
间的通信会话结束，数据 Socket 被关闭，服务器可通过连接 Socket 自由接收下一个连接请求。

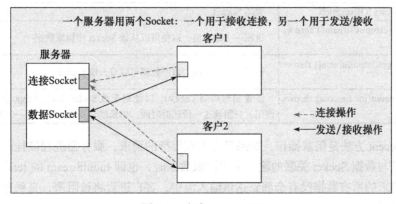

图 3-8　流式 Socket API

客户进程创建一个 Socket，随后通过服务器的连接 Socket 向服务器发送连接请求。一旦请求被接受，客户 Socket 与服务器数据 Socket 连接，以便客户可继续从数据流读取数据或向数据流写入数据。当两进程之间的通信会话结束后，数据 Socket 关闭。

图 3-9 描述了连接侦听者和连接请求者中的程序流。

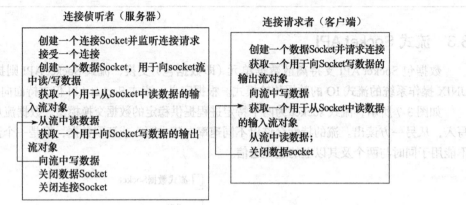

图 3-9   连接侦听者和连接请求者中的程序流

在 Java 流式 Socket API 中有两个主要类：ServerSocket 和 Socket。ServerSocket 类用来侦听和建立连接，而 Socket 类用于进行数据传输。表 3-3 和表 3-4 分别列出了这两个类的主要方法和构造函数。

表 3-3   ServerSocket 类的主要方法和构造函数

方法 / 构造函数	描　　述
ServerSocket(int port)	在指定端口上创建数据 Socket
Socket accept() throws IOException	侦听与该 Socket 的连接请求并接受之。该方法被阻塞，直到连接建立
public void close() throws IOException	关闭 Socket
void setSoTimeout(int timeout) throws SocketException	设置超时周期（毫秒），以便对于该 Socket 的 accept() 方法调用，只阻塞这一段超时时间，如果超时失效，将产生一个 IOException

表 3-4   Socket 类的主要方法和构造函数

方法 / 构造函数	描　　述
Socket(InetAddress address, int port)	在指定端口创建数据 Socket
void close() throws IOException	关闭 Socket
InputStream getInputStream() throws IOException	返回一个输入流，以便可以从该 Socket 中读取数据
OutputStream getOutputStream() throws IOException	返回一个输出流，以便数据可以写入该 Socket
void setSoTimeout(int timeout) throws SocketException	设置超时周期（毫秒），以便对于该 Socket 关联的 InputStream 的 read() 调用，只阻塞这一段超时时间，如果超时失效，将产生一个 IOException

其中，accept 方法是阻塞操作，如果没有正在等待的请求，服务器进程被挂起，直到连接请求到达。从与数据 Socket 关联的输入流中读取数据时，也即 InputStream 的 read 方法是阻塞操作，如果请求的所有数据没有全部到达该输入流中，客户进程将被阻塞，直到有足够数量的数据被写入数据流。

数据 Socket（Socket）并没有提供特定的 read 方法和 write 方法，想要读取和写入数据必须用 InputStream 类和 OutputStream 类相关联的方法来执行这些操作。

Example4　代码清单 3-8 和代码清单 3-9 演示了流式 Socket 的基本语法。Example4Connection-Acceptor 通过在特定端口上建立 ServerSocket 对象来接受连接。Example4ConnectionRequestor 创建一个 Socket 对象，其参数为 Acceptor 中的主机名和端口号。一旦连接被 Acceptor 接受，消息被 Acceptor 写入 Socket 的数据流。在 Requestor 方，消息从数据流读出并显示。

代码清单 3-8　Example4ConnectionAcceptor.java

```java
import java.net.*;
import java.io.*;

public class Example4ConnectionAcceptor {
    public static void main(String[] args) {
        if (args.length != 2)
            System.out.println("This program requires three command line arguments");
        else {
            try {
                int portNo = Integer.parseInt(args[0]);
                String message = args[1];
                // instantiates a socket for accepting connection
                ServerSocket connectionSocket = new ServerSocket(portNo);
                System.out.println("now ready accept a connection");
                Socket dataSocket = connectionSocket.accept();
                System.out.println("connection accepted");
                // get a output stream for writing to the data socket
                OutputStream outStream = dataSocket.getOutputStream();
                // create a PrinterWriter object for character-mode output
                PrintWriter socketOutput = new PrintWriter (new OutputStreamWriter(outStream));
                // write a message into the data stream
                socketOutput.println(message);
                // The ensuing flush method call is necessary for the data to
                // be written to the socket data stream before the socket is closed
                socketOutput.flush();
                System.out.println("message sent");
                dataSocket.close();
                System.out.println("data socket closed");
                connectionSocket.close();
                System.out.println("connection socket closed");
            } // end try
            catch (Exception ex) {
                ex.printStackTrace();
            } // end catch
        } // end else
    } // end main
} // end class
```

代码清单 3-9　Example4ConnectionRequestor.java

```java
import java.net.*;
import java.io.*;

public class Example4ConnectionRequestor {
    public static void main(String[] args) {
        if (args.length != 2)
            System.out.println
                ("This program requires two command line arguments");
```

```
      else {
         try {
            InetAddress acceptorHost = InetAddress.getByName(args[0]);
            int acceptorPort = Integer.parseInt(args[1]);
            //instantiates a data socket and connect with a timeout
            SocketAddress sockAddr= new InetSocketAddress(acceptorHost, acceptorPort);
            Socket mySocket = new Socket();
            int  timeoutPeriod = 5000;
            mySocket.connect(sockAddr, timeoutPeriod);
            System.out.println("Connection request granted");
            //get an input stream for reading from the data socket
            InputStream inStream = mySocket.getInputStream();
            //create a BufferedReader object for text line input
            BufferedReader socketInput =
               new BufferedReader(new InputStreamReader(inStream));
            System.out.println("waiting to read");
            //read a line from the data stream
            String message = socketInput.readLine();
            System.out.println("Message received:");
            System.out.println("\t" + message);
            mySocket.close();
            System.out.println("data socket closed");
         } //end try
         catch (Exception ex) {
            ex.printStackTrace();
         }
      } //end else
   } //end main
} //end class
```

在本例中有一些值得关注的地方：

1）由于这里处理的是数据流，因此可使用 Java 类 PrinterWriter 向 Socket 写数据和使用 BufferedReader 从流中读取数据。这些类中所使用的方法与向屏幕写入一行或从键盘读取一行文本相同。

2）尽管本例将 Acceptor 和 Requestor 分别作为数据发送者和数据接收者介绍，但两者的角色可以很容易地进行互换。在那种情况下，Requestor 将使用 getOutputStream 向 Socket 中写数据，而 Acceptor 将使用 getInputStream 从 Socket 中读取数据。

3）事实上，任一进程都可以通过调用 getInputStream 和 getOutputStream 从流中读取数据或向其中写入数据。

4）在本例中，每次只读写一行数据（分别使用 readLine 和 println 方法），但也可以每次只读写一行中的一部分数据（分别使用 read 方法和 print 方法来实现）。然而，对于以文本形式交换消息的文本协议来说，每次读写一行是标准做法。

当使用 PrinterWriter 向 Socket 流写数据时，必须使用 flush 方法调用来真正地填充与刷新该流，从而确保所有数据都可以在像 Socket 突然关闭等意外情形发生之前，尽可能快地从数据缓冲区中真正地写入数据流。

图 3-10 给出了 Example4 的程序执行的事件状态图。进程 ConnectionAcceptor 首先执行，该进程在调用阻塞 accept 方法时被挂起。随后在接收到请求者的连接请求时解除挂起状态。在重新继续执行时，接受者在关闭数据 Socket 和连接 Socket 前，向 Socket 中写入一个消息。

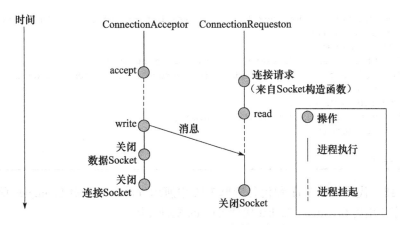

图 3-10　Example4 的事件状态图

ConnectionRequestor 的执行按如下方式处理：首先实例化一个 Socket 对象，向接受者发出一个隐式 connect 请求。尽管 connect 为非阻塞请求，但通过该连接的数据交换只有在连接被另一方接受后才能继续。连接一旦被接受，进程调用 read 操作从 Socket 中读取消息。由于 read 是阻塞操作，因而进程被再次挂起，直到该消息数据被接受时为止。此时进程关闭 Socket，并处理数据。

为允许将程序中的应用逻辑和服务逻辑分离，这里采用了隐藏数据 Socket 细节的子类。代码清单 3-10 显示了 MyStreamSocket 类的定义，其中提供了从数据 Socket 中读取或向其中写入数据的方法。

代码清单 3-10　MyStreamSocket.java

```
import java.net.*;
import java.io.*;

public class MyStreamSocket extends Socket {
    private Socket socket;
    private BufferedReader input;
    private PrintWriter output;
    MyStreamSocket(String acceptorHost, int acceptorPort ) throws SocketException,
        IOException{
        socket = new Socket(acceptorHost, acceptorPort );
        setStreams();
    }
    MyStreamSocket(Socket socket) throws IOException {
        this.socket = socket;
        setStreams();
    }
    private void setStreams() throws IOException{
        // get an input stream for reading from the data socket
        InputStream inStream = socket.getInputStream();
        input = new BufferedReader(new InputStreamReader(inStream));
        OutputStream outStream = socket.getOutputStream();
        // create a PrinterWriter object for character-mode output
        output = new PrintWriter(new OutputStreamWriter(outStream));
    }
    public void sendMessage(String message) throws IOException {
        output.println(message);
        // The ensuing flush method call is necessary for the data to
```

```
        // be written to the socket data stream before the socket is closed
        output.flush();
    } // end sendMessage
    public String receiveMessage() throws IOException {
        String message = input.readLine();  // read a line from the data stream
        return message;
    } // end receiveMessage
    public void close() throws IOException {
        socket.close();
    }
} // end class
```

Example5　代码清单 3-11 和代码清单 3-12 中所示程序分别是对 Example4 的改进版本，修改后的程序使用类 MyStreamSocket 代替 Java 的 Socket 类。

代码清单 3-11　Example5ConnectionAcceptor.java

```java
import java.net.*;
import java.io.*;

public class Example5ConnectionAcceptor {
    public static void main(String[] args) {
        if (args.length != 2)
            System.out.println
                ("This program requires three command line arguments");
        else {
            try {
                int portNo = Integer.parseInt(args[0]);
                String message = args[1];
                // instantiates a socket for accepting connection
                ServerSocket connectionSocket = new ServerSocket(portNo);
                System.out.println("now ready accept a connection");
                // wait to accept a connecion request, at which time a data socket is created
                MyStreamSocket dataSocket = new MyStreamSocket(connectionSocket.accept());
                System.out.println("connection accepted");
                dataSocket.sendMessage(message);
                System.out.println("message sent");
                dataSocket.close();
                System.out.println("data socket closed");
                connectionSocket.close();
                System.out.println("connection socket closed");
            } // end try
            catch (Exception ex) {
                ex.printStackTrace();
            } // end catch
        } // end else
    } // end main
} // end class
```

代码清单 3-12　Example5ConnectionRequestor.java

```java
import java.net.*;
import java.io.*;

public class Example5ConnectionRequestor {
    public static void main(String[] args) {
        if (args.length != 2)
```

```
        System.out.println
            ("This program requires two command line arguments");
    else {
        try {
            String acceptorHost = args[0];
            int acceptorPort = Integer.parseInt(args[1]);
            // instantiates a data socket
            MyStreamSocket mySocket = new MyStreamSocket(acceptorHost, acceptorPort);
            System.out.println("Connection request granted");
            String message = mySocket.receiveMessage();
            System.out.println("Message received:");
            System.out.println("\t" + message);
            mySocket.close();
            System.out.println("data socket closed");
        } // end try
    catch (Exception ex) {
        ex.printStackTrace();
        }
    } // end else
  } // end main
} // end class
```

3.4　客户 / 服务器范型概述与应用开发方法

3.4.1　客户 / 服务器范型概念

　　术语"客户 / 服务器"在计算领域中有多种含义。它可以指网络体系结构,其中的网络计算机为实现资源共享而分别承担不同功能的角色。在客户 / 服务器体系结构中,服务器指专门用于管理打印机或文件等资源的计算机,其他通过服务器访问这些资源的计算机称为客户。在分布式计算中,客户 / 服务器范型指一种网络应用模型,其中的进程可扮演以下两种角色:服务器进程(也简称服务器)专门用于管理网络服务访问,客户进程(简称客户)访问服务器以获取网络服务。图 3-11 描述了客户 / 服务器范型这一概念:服务器进程运行在网络中的服务器上,管理该主机提供的网络服务;用户利用相应的客户进程访问特定服务。

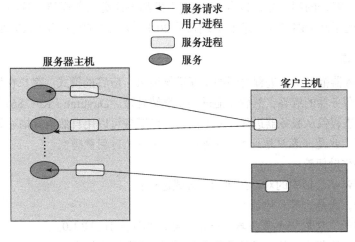

图 3-11　客户 / 服务器范型

客户 / 服务器范型是面向服务的，即它的设计目的是提供网络服务（网络服务是指为网络用户提供资源共享的服务）。客户 / 服务器范型建立在消息传递范型之上，是目前网络应用所使用的最流行的分布式计算范型。网络服务是分布式计算领域中最流行的应用，是指用网络共享用户资源的服务。有许多网络服务已经在 Internet 上广泛应用并被标准化。例如：Telnet，允许远程登录到某服务器主机上；FTP，用于向服务器主机发送或接收文件；Daytime，提供从服务器主机上获得的时间戳；WWW，用来通过服务器主机获取 Web 内容等。

3.4.2 客户 / 服务器范型的关键问题

尽管客户 / 服务器范型的概念是比较简单的，但是在实际应用中仍然有许多关键问题需要解决，如服务会话、服务协议、进程间通信、数据表示等。

1. 服务会话

在客户 / 服务器应用环境中，用术语 "会话"（session）表示服务器和一个客户之间的交互。服务器管理的服务被多个用户并发访问。每个客户在使用服务器提供的服务时，都单独与服务器建立一个会话。在会话期间，客户与服务器进行对话，直到已获取了所需的服务为止。图 3-12 演示了服务器进程的执行过程。一旦启动后，服务器进程就无限期地运行，不断循环地接受客户的会话要求。服务器为每一个客户创建一个服务会话。

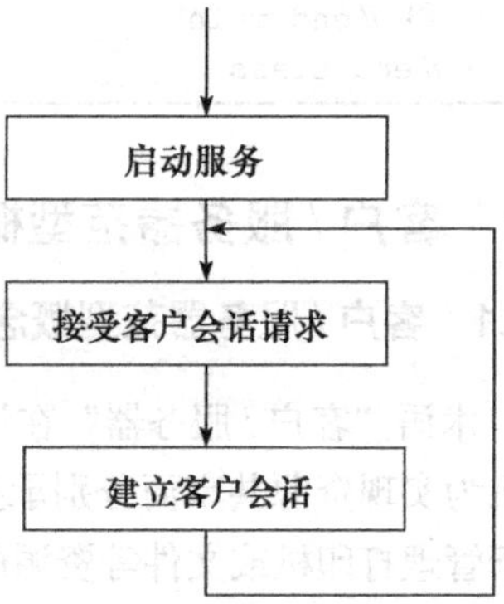

2. 服务协议

为了实现服务，需要有一个协议来定义客户 / 服务器在服务会话期间必须遵守的规则。这些规则涉及的规范内容包括服务定位的方法、进程间通信的顺序、进程间交换数据的表示及解释。

必须有某种可用的定位机制来确保客户进程能够定位到服务或服务器。一个服务可以通过服务器进程的地址来定位，

图 3-12　服务器进程的执行过程

该地址由分配给服务器进程的主机名和协议端口号组成，这是 Internet 服务所使用的定位方案。每种 Internet 服务都被分配了一个特定的端口号。例如，大家熟悉的一些服务如 FTP、HTTP 或 Telnet 都被分配了默认的端口号，每台 Internet 主机都为这类服务保留了这些默认端口号。例如，FTP 服务分配了两个端口号，即 TCP 端口号 20 和 21。HTTP 分配的 TCP 端口号是 80。

3. 进程间通信

在客户 / 服务器范型中，进程之间的交互遵循请求 – 应答的模式。客户在发出每一个请求后都必须先等待服务器的应答，然后才能进一步继续处理。Daytime（RFC 867）是一种简单的网络服务，客户进程仅从服务器进程获取时间戳，该服务可以用自然语言描述如下：

客户：你好，我是 < 客户地址 >。我可以向你要一个时间戳吗？

服务器：给你时间戳。

类似地，WWW 会话中的对话按照如下方式进行：

客户：你好，我是 < 客户地址 >。

服务器：你好，我是 Web 服务器，采用的会话协议是 HTTP 1.0。

客户：好的。请将你文档树根目录下的 index.html 页面传给我。

服务器：好的，这是页面里的内容。

每个会话的对话都遵守该服务协议预先定义的交互模式。任何实现该服务的客户或服务器程序都要遵循该协议规范，包括应该如何进行每个会话对话。除此之外，该规范还定义了：

1）客户和服务器之间的进程通信顺序。

2）每个请求和应答的语法和语义。

3）双方在接收到特定请求或应答后应采取的动作。

4. 数据表示

每个请求和应答的语法和语义是协议规范的其中一部分内容。选择使用哪一种数据表示，取决于协议的特性及其需要。使用文本模式表示是一种较为合理的选择，易于被他人阅读。而我们熟知的大部分的 Internet 协议都是基于客户 / 服务器范型、请求 – 应答和文本数据表示的。

3.5 基于三层软件的客户 / 服务器应用开发方法

为了更好地向读者介绍客户 / 服务器应用的实现方法，下面将阐述基于三层软件的客户 / 服务器应用开发方法和过程，即如何构建提供网络服务所需要的软件。这里涉及两套软件或程序：一套针对客户进程，另一套针对服务器进程。客户主机所需软件用于支持服务或应用，包括客户程序及其运行时支持，有时也称之为客户端软件。与客户端软件相应的是服务器端软件，包括服务器程序及其所需的所有运行时支持。假如协议定义得非常清楚完整，双方软件可以独立地开发。

3.5.1 软件体系结构

如图 3-13 所示，三层软件体系结构（包括客户端软件和服务器端软件）一般可以分成表示层、应用层和服务层三层。基于三层软件体系结构来构建客户 / 服务器应用，可以按如下方式定义每一层的具体内容：

图 3-13 客户 / 服务器应用的软件体系结构

- 表示层：在服务端，需要用户界面（User Interface, UI）来启动服务进程。一般情况下，在命令行上执行一条命令即可。在客户端需要客户进程提供用户界面，通过该界面，客户主机上的用户可请求服务或接受服务器响应。

- 应用逻辑层：在服务器端，需要根据用户请求进行响应并发送给客户主机。在客户端，需要将用户请求转发给服务器，并将服务器应答显示给用户。

- 服务层：支持应用所需的服务，如服务器主机时钟的读出、双方的 IPC 机制等。

3.5.2 采用无连接数据包 Socket 的 Daytime 客户 / 服务器应用

1. 客户端软件

表示逻辑：DaytimeClient1.java 类封装了客户端的表示逻辑。该类的代码只关注从用户处获取输入（服务器地址）和向用户显示输出（时间戳）。

为获取时间戳，向 helper 类发起了一个方法调动。该方法隐藏了应用逻辑细节以及底层服务逻辑。结果是，DaytimeClient1.java 的开发人员不必关注 IPC 中使用的 Socket 类型。

应用逻辑：DaytimeClientHelper1.java 类封装了客户端的应用逻辑。该模块使用了子类 DatagramSocket、myClientDatagramSocket，执行发送请求或接收应答的 IPC。注意，数据包 Socket 的使用细节被该模块隐藏。该模块不必处理携带有效载荷数据的字节数组。

服务逻辑：MyClientDatagramSocket.java 类提供了 IPC 服务细节。

将三层逻辑分成不同软件模块的主要优点：每个模块可以由具有特定技能的人员来开发，使开发人员可以利用他们所拥有的专门技术来针对特定模块进行开发。擅长用户界面设计的软件工程师可以集中精力开发表示逻辑模块，而擅长应用逻辑和服务逻辑的开发人员可以专注于其他模块的开发。

逻辑分离使得一层逻辑的修改不涉及其他层的变更。例如，可将用户界面从文本模式换成图形模式，而不必改动应用逻辑或服务逻辑。类似地，应用逻辑的修改应对表示层透明。图 3-14 是一个 UML 类图，描述了 DaytimeClient1 程序的中使用的类。

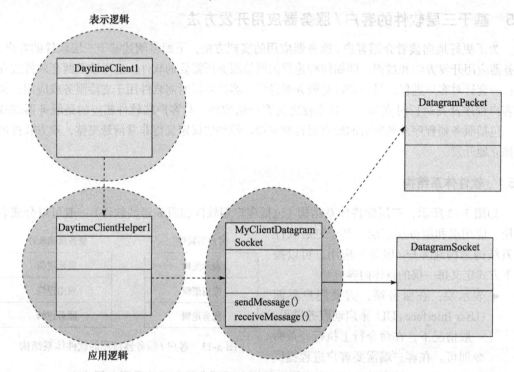

图 3-14　DaytimeClient1 的 UML 类图（未显示所有属性）

代码清单 3-13　DaytimeClient1.java

```
import java.io.*;

public class DaytimeClient1 {
    public static void main(String[] args) {
        InputStreamReader is = new InputStreamReader(System.in);
        BufferedReader br = new BufferedReader(is);
        try {
            System.out.println("Welcome to the Daytime client.\n" +
                            "What is the name of the server host?");
            String hostName = br.readLine();
            if (hostName.length() == 0) //if user did not enter a name
                hostName = "localhost"; //use the default host name
```

```
            System.out.println("What is the port number of the server host?");
            String portNum = br.readLine();
            if (portNum.length() == 0)
                portNum = "1300";          // set default port number
                System.out.println("Here is the timestamp received from the server"
                        +DaytimeClientHelper1.getTimestamp(hostName, portNum));
        } // end try
        catch (Exception ex) {
            ex.printStackTrace();
        } // end catch
    } // end main
} // end class
```

代码清单 3-14　DaytimeClientHelper1.java

```
import java.net.*;

public class DaytimeClientHelper1 {
    public static String getTimestamp(String hostName, String portNum){
        String timestamp = "";
        try {
            InetAddress serverHost = InetAddress.getByName(hostName);
            int serverPort = Integer.parseInt(portNum);
            // instantiates a datagram socket for both sending nd receiving data
            MyDatagramSocket mySocket = new MyDatagramSocket();
            mySocket.sendMessage( serverHost, serverPort, "");
            timestamp = mySocket.receiveMessage();// now receive the timestamp
            mySocket.close();
        } // end try
        catch (Exception ex) {
            System.out.println("There is a problem: " + ex);
        }
        return timestamp;
    } // end getTimeStamp
} // end class
```

代码清单 3-15　MyClientDatagramSocket.java

```
import java.net.*;
import java.io.*;

public class MyClientDatagramSocket extends DatagramSocket {
static final int MAX_LEN = 100;
    MyClientDatagramSocket() throws SocketException{
        super();
    }
    MyClientDatagramSocket(int portNo) throws SocketException{
        super(portNo);
    }
    public void sendMessage(InetAddress receiverHost, int receiverPort, String message)
                    throws IOException {
        byte[ ] sendBuffer = message.getBytes();
        DatagramPacket datagram = new DatagramPacket(sendBuffer, sendBuffer.length,
                                receiverHost, receiverPort);
        this.send(datagram);
    } // end sendMessage
    public String receiveMessage()
        throws IOException {
```

```
        byte[ ] receiveBuffer = new byte[MAX_LEN];
        DatagramPacket datagram = new DatagramPacket(receiveBuffer, MAX_LEN);
        this.receive(datagram);
        String message = new String(receiveBuffer);
        return message;
    } //end receiveMessage
} //end class
```

2. 服务器端软件

表示层：通常，服务器端几乎没有表示逻辑。在本例中，用户仅需输入服务器端口，为简化期间，这里使用命令行参数处理端口输入。

应用逻辑层：DaytimeServer1.java 类封装了服务器端的应用逻辑。该模块执行时不断循环，等待客户请求并为该客户建立服务会话。该模块通过 DatagramSocket 的子类 myServerDatagramSocket 执行接收请求和发送应答的 IPC。注意，该模块隐藏了使用数据包 Socket 的细节。具体来说，该模块不需要处理携带有效载荷数据的字节数组。

服务逻辑：MyServerDatagramSocket 类提供 IPC 服务细节。该类与 MyClientDatagramClient 类相似，但不同的是，这里的 receiveMessage 方法返回了一个 DatagramMessage 对象，其中不仅包含自身消息，而且包括发送者地址。服务器需要使用该地址向客户发送请求。这是无连接 Socket 的一个特有性质。除此之外，服务器无法知道该向何处发送应答消息。从接收数据报中获取发送者地址的方法是 getAddress 和 getPort。表 3-5 展示了这些方法的使用说明。

表 3-5   DatagramPacket 类的方法

方　　法	描　　述
public InetAddress getAddress()	从收到的数据包 Socket 对象获取远程主机的 IP 地址
public int getPort()	从收到的数据包 Socket 对象获取远程主机的端口号

代码清单 3-16   DaytimeServer1.java

```
import java.io.*;
import java.util.Date;    //for obtaining a timestamp

public class DaytimeServer1 {
    public static void main(String[] args) {
        int serverPort = 13;    //default port
        if (args.length == 1 )
            serverPort = Integer.parseInt(args[0]);
        try {
            //instantiates a datagram socket for both sending and receiving data
            MyServerDatagramSocket mySocket = new MyServerDatagramSocket(serverPort);
            System.out.println("Daytime server ready.");
            while (true) {    //forever loop
                DatagramMessage request = mySocket.receiveMessageAndSender();
                System.out.println("Request received");
                Date timestamp = new Date ();
                System.out.println("timestamp sent: "+ timestamp.toString());
                //Now send the reply to the requestor
                mySocket.sendMessage(request.getAddress(),
                            request.getPort(), timestamp.toString());
            } //end while
        } //end try
        catch (Exception ex) {
            System.out.println("There is a problem: " + ex);
```

```
        } // end catch
    } // end main
} // end class
```

代码清单 3-17　MyServerDatagramSocket.java

```java
import java.net.*;
import java.io.*;

public class MyServerDatagramSocket extends DatagramSocket {
static final int MAX_LEN = 100;
    MyServerDatagramSocket(int portNo) throws SocketException{
        super(portNo);
    }
    public void sendMessage(InetAddress receiverHost, int receiverPort, String message)
                throws IOException {
            byte[ ] sendBuffer = message.getBytes();
            DatagramPacket datagram =
                new DatagramPacket(sendBuffer, sendBuffer.length, receiverHost, receiverPort);
            this.send(datagram);
    } // end sendMessage
    public String receiveMessage()
        throws IOException {
            byte[ ] receiveBuffer = new byte[MAX_LEN];
            DatagramPacket datagram = new DatagramPacket(receiveBuffer, MAX_LEN);
            this.receive(datagram);
            String message = new String(receiveBuffer);
            return message;
    } // end receiveMessage
    public DatagramMessage receiveMessageAndSender()
        throws IOException {
            byte[ ] receiveBuffer = new byte[MAX_LEN];
            DatagramPacket datagram = new DatagramPacket(receiveBuffer, MAX_LEN);
            this.receive(datagram);
            // create a DatagramMessage object
            DatagramMessage returnVal = new DatagramMessage();
            returnVal.putVal(new String(receiveBuffer), datagram.getAddress(),
                        datagram.getPort());
            return returnVal;
    } // end receiveMessage
} // end class
```

代码清单 3-18　DatagramMessage.java

```java
import java.net.*;

public class DatagramMessage{
    private String message;
    private InetAddress senderAddress;
    private int senderPort;
    public void putVal(String message, InetAddress addr, int port) {
        this.message = message;
        this.senderAddress = addr;
        this.senderPort = port;
    }
    public String getMessage() {
        return this.message;
    }
    public InetAddress getAddress() {
        return this.senderAddress;
```

```
    }
    public int getPort() {
        return this.senderPort;
    }
} // end class
```

图 3-15 是一个 UML 类图，描述了 DatatimeServer1 程序中使用的类。

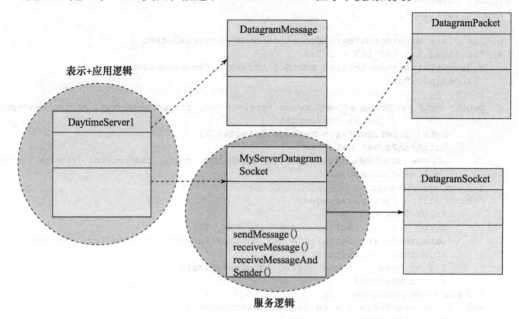

图 3-15 DayTimeServer1 的 UML 类图（未显示所有属性）

3.5.3 采用流式 Socket 的 Daytime 客户 / 服务器应用

前面介绍了如何使用无连接数据包 Socket IPC 机制实现 Daytime 服务。现假如我们希望使用流式 Socket 取代无连接数据包 Socket，以实现同样的服务。由于修改只影响服务逻辑，因此只需要对服务逻辑层的 java 类进行进一步调整。

1. 客户端软件

表示逻辑：除了 helper 类名改成 DaytimeHelper2 以外，其余都与 DaytimClient1 相同。DaytimeClientHelper2 中的 getTimeStamp 方法使用了流式 Socket API，但具体细节对 DaytimeClient2 是透明的。

应用逻辑：DaytimeClientHelper2 类封装了客户端的应用逻辑，这与 DaytimeClientHelper1 类似，但该类使用流式 Socket 取代了数据包 Socket。此时客户不必通过发送一个空消息来发出请求，因为连接已经包含了返回地址。

服务逻辑：MyStreamSocket 类提供了 IPC 服务细节。本例中使用了流式 Socket API。MyStreamSocket 类是一个包装类，其封装了 Socket 类，并提供向 Socket 发送和接收消息的方法。

2. 服务器软件

表示逻辑：DaytimeServer2 的代码与 DaytimeServer1 相同，仅有的用户输入是服务器端口号。为简单起见，使用命令行参数来处理输入。

应用逻辑：DaytimeServer2 的代码使用流式 Socket API 接受连接。随后使用返回的 Socket 引用实例化一个 MyStreamSocket 对象，该对象的 SendMessage 方法被用来向连接另一端的客户传送时间戳。

服务逻辑：这里使用了与客户端相同的包装类 MySteamSocket，因为其中包含流式 IPC 所需的方法。如果服务器软件的开发独立于客户软件，则也可以使用其他不同类或者甚至不同机制来提供服务逻辑。

代码清单 3-19　DaytimeClient2.java

```java
import java.io.*;

public class DaytimeClient2 {
    public static void main(String[] args) {
        InputStreamReader is = new InputStreamReader(System.in);
        BufferedReader br = new BufferedReader(is);
        try {
            System.out.println("Welcome to the Daytime client.\n" +
                               "What is the name of the server host?");
            String hostName = br.readLine();
            if (hostName.length() == 0)      //if user did not enter a name
                hostName = "localhost";      //use the default host name
            System.out.println("What is the port number of the server host?");
            String portNum = br.readLine();
            if (portNum.length() == 0)
                portNum = "13";              //default port number
            System.out.println("Here is the timestamp received from the server"
                + DaytimeClientHelper2.getTimestamp(hostName, portNum));
        } //end try
        catch (Exception ex) {
            ex.printStackTrace();
        } //end catch
    } //end main
} //end class
```

代码清单 3-20　DaytimeClientHelper2.java

```java
import java.net.*;

public class DaytimeClientHelper2 {
    public static String getTimestamp(String hostName,
        String portNum) throws Exception {
        String timestamp = "";
        InetAddress serverHost = InetAddress.getByName(hostName);
        int serverPort = Integer.parseInt(portNum);
        // instantiates a stream mode socket and wait to make a connection to the server port
        System.out.println("Connection request made");
        MyStreamSocket mySocket = new MyStreamSocket(serverHost, serverPort);
        // now wait to receive the timestamp
        timestamp = mySocket.receiveMessage();
        mySocket.close();                    //disconnect is implied
        return timestamp;
    } //end
} //end class
```

代码清单 3-21　DaytimeServer2.java

```java
import java.io.*;
import java.net.*;
```

```
import java.util.Date;                    // for obtaining a timestamp

public class DaytimeServer2 {
    public static void main(String[] args) {
        int serverPort = 13;              // default port
        if (args.length == 1 )
            serverPort = Integer.parseInt(args[0]);
        try {// instantiates a stream socket for accepting connections
            ServerSocket myConnectionSocket = new ServerSocket(serverPort);
            System.out.println("Daytime server ready.");
            while (true) {                // forever loop wait to accept a connection
            System.out.println("Waiting for a connection.");
            MyStreamSocket myDataSocket = new MyStreamSocket
                    (myConnectionSocket.accept());
            // Note: there is no need to read a request - the request is implicit.
            System.out.println("A client has made connection.");
            Date timestamp = new Date ();
            System.out.println("timestamp sent: "+ timestamp.toString());
            // Now send the reply to the requestor
            myDataSocket.sendMessage(timestamp.toString());
            myDataSocket.close();
            } // end while
        } // end try
        catch (Exception ex) {
            ex:printStackTrace();
        } // end catch
    } // end main
} // end class
```

图 3-16 和图 3-17 分别描述了 DaytimeClient2 和 DaytimeServer2 中的类关系。

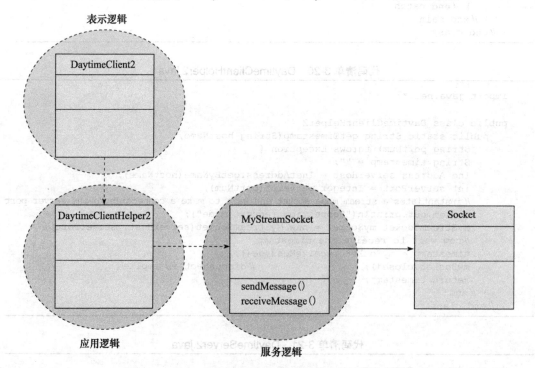

图 3-16   DaytimeClient2 的 UML 类图（未显示所有属性）

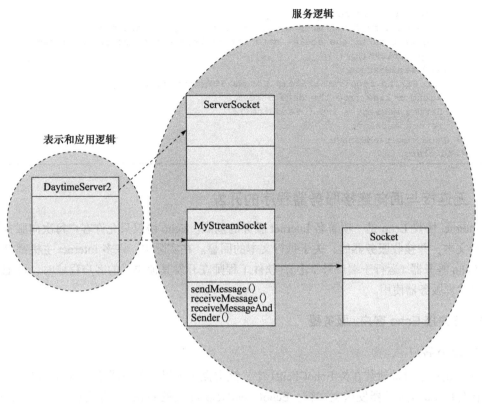

图 3-17 DaytimeServer2 的 UML 类图（未显示所有属性）

代码清单 3-22 MyStreamSocket.java

```
import java.net.*;
import java.io.*;

public class MyStreamSocket extends Socket {
    private Socket socket;
    private BufferedReader input;
    private PrintWriter output;
    MyStreamSocket(InetAddress acceptorHost,
                   int acceptorPort ) throws SocketException, IOException{
        socket = new Socket(acceptorHost, acceptorPort );
        setStreams();
    }
    MyStreamSocket(Socket socket)  throws IOException {
        this.socket = socket;
        setStreams();
    }
    private void setStreams() throws IOException{
        // get an input stream for reading from the data socket
        InputStream inStream = socket.getInputStream();
        input = new BufferedReader(new InputStreamReader(inStream));
        OutputStream outStream = socket.getOutputStream();
        // create a PrinterWriter object for character-mode output
        output = new PrintWriter(new OutputStreamWriter(outStream));
    }
    public void sendMessage(String message) throws IOException {
```

```
        output.println(message);
        //The ensuing flush method call is necessary for the data to
        //be written to the socket data stream before the socket is closed.
        output.flush();
    } //end sendMessage
    public String receiveMessage() throws IOException {
        //read a line from the data stream
        String message = input.readLine();
        return message;
    } //end receiveMessage
} //end class
```

3.6　无连接与面向连接服务器程序的开发

Internet 协议 Echo 是一项著名 Internet 服务的基础。Echo 协议只允许客户每次向服务器发送一行文本，并接收服务器的、关于每行文本的回显。在实际中，许多 Internet 主机都有一个默认 Echo 服务器（运行于端口号 7 上），软件工程师在开发其他协议的客户程序时，可把它作为临时代理服务器使用。

3.6.1　无连接 Echo 客户 / 服务器

1. Echo 客户

客户表示逻辑被封装在类 EchoClient1 中，该类提供了提示服务器信息的用户界面，然后通过循环向 Echo 服务器发送文本行。EchoClientHelper1 类的 getEcho 方法负责文本字符串发送，以及回显消息接收的处理。类 EchoClientHelper1 提供客户应用逻辑。每个客户进程都创建该类的一个实例，并拥有服务器主机地址及客户端 IPC 使用的 Socket 引用。getEcho 使用该 Socket 向服务器发送和接收一行数据。最后，用 close 方法关闭 Socket。

代码清单 3-23　EchoClient1.java

```
import java.io.*;

public class EchoClient1 {
    static final String endMessage = ".";
    public static void main(String[] args) {
        InputStreamReader is = new InputStreamReader(System.in);
        BufferedReader br = new BufferedReader(is);
        try {
            System.out.println("Welcome to the Echo client.\n" +
                            "What is the name of the server host?");
            String hostName = br.readLine();
            if (hostName.length() == 0)      //if user did not enter a name
                hostName = "localhost";      //use the default host name
            System.out.println("What is the port number of the server host?");
            String portNum = br.readLine();
            if (portNum.length() == 0)
                portNum = "7777";            //default port number
            EchoClientHelper1 helper = new EchoClientHelper1(hostName, portNum);
            boolean done = false;
            String message, echo;
            while (!done) {
                System.out.println("Enter a line to receive an echo back from the server, "
                                + "or a single peroid to quit.");
```

```
            message = br.readLine();
            if ((message.trim()).equals (endMessage)){
                done = true;
                helper.done();
            }
            else {
                echo = helper.getEcho( message);
                System.out.println(echo);
            }
        } // end while
    } // end try
    catch (Exception ex) {
        ex.printStackTrace();
    } // end catch
  } // end main
} // end class
```

代码清单 3-24　EchoClientHelper1.java

```java
import java.net.*;
import java.io.*;

public class EchoClientHelper1 {
    private MyClientDatagramSocket mySocket;
    private InetAddress serverHost;
    private int serverPort;
    EchoClientHelper1(String hostName, String portNum)
        throws SocketException, UnknownHostException {
        this.serverHost = InetAddress.getByName(hostName);
        this.serverPort = Integer.parseInt(portNum);
        // instantiates a datagram socket for both sending and receiving data
        this.mySocket = new MyClientDatagramSocket();
    }
    public String getEcho( String message)
        throws SocketException, IOException {
        String echo = "";
        mySocket.sendMessage( serverHost, serverPort, message);
        echo = mySocket.receiveMessage();    // now receive the echo
        return echo;
    } // end getEcho
    public void done() throws SocketException {
        mySocket.close();
    }   // end done
} // end class
```

2. Echo 服务器

EchoServer1 组合了服务器的表示逻辑和应用逻辑。在每轮无限循环，服务器从 Socket 读取一行数据，随后向 Socket 回写一行数据，将该应答发送给发送者。由于没有使用连接，服务器在随后可能在连续的迭代中与不同的客户交互，产生多个交错的并发服务会话。图 3-18 演示了该实现的一个使用场景，其中有两个并发客户 1、2 与一个 EchoServer1 实例交错交互。

代码清单 3-25　EchoServer1.java

```java
import java.io.*;

public class EchoServer1 {
```

```
public static void main(String[] args) {
    int serverPort = 1117;        // default port
    if (args.length == 1 )
        serverPort = Integer.parseInt(args[0]);
    try {
        // instantiates a datagram socket for both sending and receiving data
        MyServerDatagramSocket mySocket = new MyServerDatagramSocket(serverPort);
        System.out.println("Echo server ready.");
        while (true) {               // forever loop
            DatagramMessage request = mySocket.receiveMessageAndSender();
            System.out.println("Request received");
            String message = request.getMessage();
            System.out.println("message received: "+ message);
            // Now send the echo to the requestor
            mySocket.sendMessage(request.getAddress(),
                request.getPort(), message);
        } // end while
    } // end try
    catch (Exception ex) {
        ex.printStackTrace();
    } // end catch
} // end main
} // end class
```

3.6.2　面向连接 Echo 客户 / 服务器

代码清单 3-26 ~ 代码清单 3-28 演示了如何使用流式 Socket API 实现 Echo 服务的客户程序和服务器程序。表示逻辑的实现仍然与 Echo 相同。但应用逻辑及服务逻辑的实现有所不同（因为使用了流式 Socket 取代了数据包 Socket）。

注意，EchoClientHelper2 中与服务器的连接是在构造函数中建立的，而每轮消息交换都通过 getEcho 方法提供。方法 done 用于在关闭客户端 Socket 之前，向服务器发送一条会话结束消息。

在 EchoServer2 中，先创建一个连接

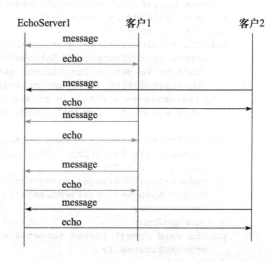

图 3-18　EchoServer1 的两个交错会话的顺序状态图

Socket 来接受连接。对于每个已接受的连接，服务器通过与连接的数据 Socket，不断接收和回显消息，直到收到会话结束消息后为止。会话结束时，关闭当前客户的数据 Socket，并终止连接。服务器随后等待接受下一个连接。

会话期间，服务器维护客户连接，并通过该客户的专有数据 Socket 与客户交换数据。如果另一客户在服务器参与会话过程中与服务器连接，此时该客户将不能与服务器交换数据，直到服务器结束当前会话时为止。

代码清单 3-26　EchoClient2.java

```
import java.io.*;

public class EchoClient2 {
```

```java
    static final String endMessage = ".";
    public static void main(String[] args) {
        InputStreamReader is = new InputStreamReader(System.in);
        BufferedReader br = new BufferedReader(is);
        try {
            System.out.println("Welcome to the Echo client.\n" +
                "What is the name of the server host?");
            String hostName = br.readLine();
            if (hostName.length() == 0)      // if user did not enter a name
                hostName = "localhost";      // use the default host name
            System.out.println("What is the port number of the server host?");
            String portNum = br.readLine();
            if (portNum.length() == 0)
                portNum = "7";               // default port number
            EchoClientHelper2 helper = new EchoClientHelper2(hostName, portNum);
            boolean done = false;
            String message, echo;
            while (!done) {
                System.out.println("Enter a line to receive an echo "
                    + "from the server, or a single period to quit.");
                message = br.readLine();
                if ((message.trim()).equals (endMessage)){
                    done = true;
                    helper.done();
                }
                else {
                    echo = helper.getEcho( message);
                    System.out.println(echo);
                }
            } // end while
        } // end try
        catch (Exception ex) {
            ex.printStackTrace();
        } // end catch
    } // end main
} // end class
```

代码清单 3-27　EchoClientHelper2.java

```java
import java.net.*;
import java.io.*;

public class EchoClientHelper2 {
    static final String endMessage = ".";
    private MyStreamSocket mySocket;
    private InetAddress serverHost;
    private int serverPort;
    EchoClientHelper2(String hostName,String portNum)
                    throws SocketException,UnknownHostException, IOException {
        this.serverHost = InetAddress.getByName(hostName);
        this.serverPort = Integer.parseInt(portNum);
        // Instantiates a stream-mode socket and wait for a connection.
        this.mySocket = new MyStreamSocket(this.serverHost, this.serverPort);
        System.out.println("Connection request made");
    } // end constructor
    public String getEcho( String message) throws SocketException, IOException{
        String echo = "";
```

```
        mySocket.sendMessage( message);
        echo = mySocket.receiveMessage();//now receive the echo
        return echo;
    } //end getEcho
    public void done() throws SocketException, IOException{
        mySocket.sendMessage(endMessage);
        mySocket.close();
    } //end done
} //end class
```

代码清单 3-28   EchoServer2.java

```
import java.io.*;
import java.net.*;
public class EchoServer2 {
    static final String endMessage = ".";
    public static void main(String[] args) {
        int serverPort = 7;          //default port
        String message;
        if (args.length == 1 )
            serverPort = Integer.parseInt(args[0]);
        try {
            //instantiates a stream socket for accepting connections
            ServerSocket myConnectionSocket = new ServerSocket(serverPort);
            System.out.println("Daytime server ready.");
            while (true) {              //forever loop wait to accept a connection
                System.out.println("Waiting for a connection.");
                MyStreamSocket myDataSocket = new MyStreamSocket
                    (myConnectionSocket.accept());
                System.out.println("connection accepted");
                boolean done = false;
                while (!done) {
                    message = myDataSocket.receiveMessage();
                    System.out.println("message received: "+ message);
                    if ((message.trim()).equals (endMessage)){
                        //session over; close the data socket
                        System.out.println("Session over.");
                        myDataSocket.close();
                        done = true;
                    } //end if
                    else {
                        //Now send the echo to the requestor
                        myDataSocket.sendMessage(message);
                    } //end else
                } //end while !done
            } //end while forever
        } //end try
        catch (Exception ex) {
            ex.printStackTrace();
        }
    } //end main
} //end class
```

图 3-19 表示客户 1 服务过程中客户 2 试图与服务器连接时两会话的顺序状态图。这种情况下没有会话交错。

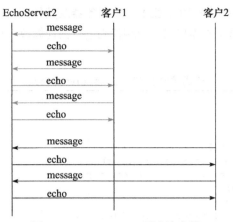

图 3-19　EchoServer2 不允许交错

3.7　迭代与并发服务器程序的开发

在面向连接服务器中不存在重叠的客户会话，这是因为服务器在同一时刻，仅能与一位已经接受的客户连接交换数据。这种服务器称为迭代服务器。因为服务器每次只服务一个客户。当向热门的迭代服务器提出服务请求时，客户将被阻塞，直到所有排在前面的客户都被服务结束为止。如果服务会话很长（如文件传输），将会导致很长的阻塞时间。假设每个会话持续 t 时间单元，给定时间内已有 n 个客户发出连接请求。为简便起见，不考虑其他延时，下一个连接请求客户将至少被阻塞 $n \times t$ 时间单元。如果 t 很大，延时将会无法接受。

该问题的解决途径是在服务器中引入并发机制，提供并发服务器，并发服务器能够并行处理多个客户会话。可以使用线程或异步 IPC 操作来提供并发服务器。常用技术是使用线程，它的优点是相对简单。但是，由于现代应用软件系统的规模及性能要求，因此在有些情况下，必须使用异步 IPC。

在一个单 CPU 系统中，并发执行时通过分时使用 CPU 来实现，因而，这种并发并不是真正的并发。在这里，我们使用多线程技术构建并发服务器。与迭代服务器类似，并发服务器使用单个连接 Socket 侦听连接。但是，并发服务器通过创建一个新线程来接受每个连接，并与连接客户建立服务会话。线程在会话结束时终止。

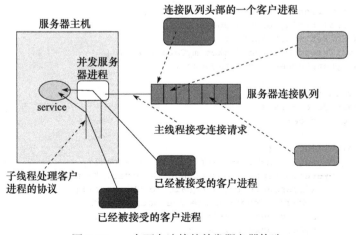

图 3-20　一个面向连接的并发服务器构造

代码清单 3-29 和代码清单 3-30 描述了并发服务器及其使用到的线程类。线程类的 run 方法执行客户会话逻辑。在这里不需要对客户端代码进行任何修改：可以直接使用 EchoClient 访问 EchoServer3。

代码清单 3-29　EchoServer3.java

```java
import java.io.*;
import java.net.*;

public class EchoServer3 {
    public static void main(String[] args) {
        int serverPort = 7;          // default port
        String message;
        if (args.length == 1 )
            serverPort = Integer.parseInt(args[0]);
        try {
            // instantiates a stream socket for accepting connections
            ServerSocket myConnectionSocket = new ServerSocket(serverPort);
            System.out.println("Echo server ready.");
            while (true) {           // forever loop, wait to accept a connection
                System.out.println("Waiting for a connection.");
                MyStreamSocket myDataSocket = new MyStreamSocket
                    (myConnectionSocket.accept());
                System.out.println("connection accepted");
                // Start a thread to handle this client's sesson
                Thread theThread = new Thread(new EchoServerThread(myDataSocket));
                theThread.start();
                // and go on to the next client
            } // end while forever
        } // end try
        catch (Exception ex) {
            ex.printStackTrace();
        } // end catch
    } // end main
} // end class
```

代码清单 3-30　EchoServerThread.java

```java
import java.io.*;

class EchoServerThread implements Runnable {
    static final String endMessage = ".";
    MyStreamSocket myDataSocket;
    EchoServerThread(MyStreamSocket myDataSocket) {
        this.myDataSocket = myDataSocket;
    }
    public void run() {
        boolean done = false;
        String message;
        try {
            while (!done) {
                message = myDataSocket.receiveMessage();
                System.out.println("message received: "+ message);
                if ((message.trim()).equals (endMessage)){
                    // Session over; close the data socket
                    System.out.println("Session over.");
                    myDataSocket.close();
                    done = true;
```

```
      } // end if
      else {// Now send the echo to the requestor
        myDataSocket.sendMessage(message);
      } // end else
    } // end while !done
  }// end try
  catch (Exception ex) {
    System.out.println("Exception caught in thread: " + ex);
  } // end catch
  } // end run
} // end class
```

图 3-21 演示了两个并发会话的顺序状态图，图 3-22 演示了两个并发会话的序列图。并发服务器中的客户不必长时间等待连接被接受。客户需要经历的唯一延时来源于服务器会话自身。

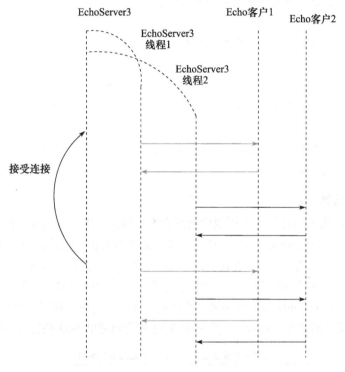

图 3-21 EchoServer3 支持并发客户会话

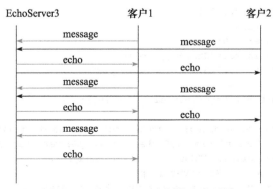

图 3-22 EchoServer3 会话状态序列图

3.8 有状态与无状态服务器程序的开发

不需要服务器维护状态信息的协议是无状态的，例如，Daytime 和 Echo 协议等都是无状态协议。无状态服务器是指按照无状态协议提供服务的服务器，因此无状态服务器不需要维护任何状态信息。有状态服务器需要在服务器上维护一些状态信息才能提供服务，在这里状态信息有两种：会话状态信息和全局状态信息。

1. 会话状态信息

有些协议或应用需要维护与特定用户会话相关的信息。例如，FTP 等网络服务，文件通常按块传输，需要通过多个数据交换来完成文件传输。会话期间的对话大致按照下述方式进行：

客户：请将目录 someDir 中的文件 foo 发给我。

服务器：好的，这是该文件的第一个数据块。

客户：收到。

服务器：好的，这是该文件的第二个数据块。

客户：收到。

……

服务器：好的，这是该文件的第 n 个数据块。

客户：收到。

在该方案中，会话状态信息由服务器维护，服务器通过维护会话状态跟踪会话进度。这样的服务器称为有状态服务器。

2. 全局状态信息

该类型信息由服务器在其生命周期内为所有客户维护。例如，对于计数器协议（Counter 协议，该协议是非标准 Internet 协议），该协议需要服务器维护一个计数器，初始值为 0。每当用户访问服务器时，该值增加 1，并将当前 counter 值发送给客户。为支持该服务，服务器必须将计数器的值放在某个存储单元中，以便服务器在执行期间读取和更新。代码清单 3-31 显示了在服务器上提供 Counter 协议服务的程序代码。注意，这里使用了一个静态变量来维护计数器，该变量的更新需要互斥同步。代码清单 3-32 和代码清单 3-33 是客户程序代码。

代码清单 3-31　CounterServer1.java

```java
import java.io.*;

public class CounterServer1 {
    /* state information */
    static int counter = 0;
    public static void main(String[] args) {
        int serverPort = 12345;    //default port
        if (args.length == 1 )
            serverPort = Integer.parseInt(args[0]);
        try {
            //instantiates a datagram socket for both sending and receiving data
            MyServerDatagramSocket mySocket = new MyServerDatagramSocket(serverPort);
            System.out.println("Counter server ready.");
            while (true) {    //forever loop
                DatagramMessage request = mySocket.receiveMessageAndSender();
```

```
            System.out.println("Request received");
            // Now increment the counter, then send its value to the client.
            increment();
            System.out.println("counter sent: "+ counter);
            // Now send the reply to the requestor
            mySocket.sendMessage(request.getAddress(),
            request.getPort(), String.valueOf(counter));
            } // end while
        } // end try
        catch (Exception ex) {
            ex.printStackTrace();
        }
    } // end main
    static private synchronized void increment(){
        counter++;
    }
} // end class
```

代码清单 3-32   CounterClient1.java

```
import java.io.*;

public class CounterClient1 {
    public static void main(String[] args) {
        InputStreamReader is = new InputStreamReader(System.in);
        BufferedReader br = new BufferedReader(is);
        try {
            System.out.println("Welcome to the Counter client.\n" +
                                "What is the name of the server host?");
            String hostName = br.readLine();
            if (hostName.length() == 0) // if user did not enter a name
                hostName = "localhost";  // use the default host name
            System.out.println("Enter the port # of the server host:");
            String portNum = br.readLine();
            if (portNum.length() == 0)
                portNum = "12345";        // default port number
            System.out.println
                ("Here is the counter received from the server: "
                 + CounterClientHelper1.getCounter(hostName, portNum));
        } // end try
        catch (Exception ex) {
            ex.printStackTrace();
        } // end catch
    } // end main
} // end class
```

代码清单 3-33   CounterClientHelper1.java

```
import java.net.*;

public class CounterClientHelper1 {
    public static int getCounter(String hostName, String portNum){
        int counter = 0;
        String message = "";
        try {
```

```
        InetAddress serverHost = InetAddress.getByName(hostName);
        int serverPort = Integer.parseInt(portNum);
        //instantiates a datagram socket for both sending and receiving data
        MyDatagramSocket mySocket = new MyDatagramSocket();
        mySocket.sendMessage( serverHost, serverPort, "");
        message = mySocket.receiveMessage();//now receive the timestamp
        System.out.println("Message received: " + message);
        counter = Integer.parseInt(message.trim());
        mySocket.close();
    } //end try
    catch (Exception ex) {
        ex.printStackTrace();
    } //end catch
    return counter;
  } //end main
} //end class
```

有状态服务器维护每个客户端的状态信息，通过维护客户端的状态信息可以减少数据的交换，降低数据丢失的风险，进而可以提高服务器的回应速度。图 3-23 说明了 FTP 服务器在没有维护用户状态的状况下会有丢失文件块风险。

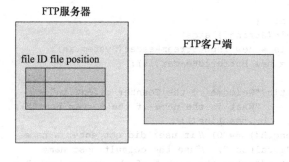

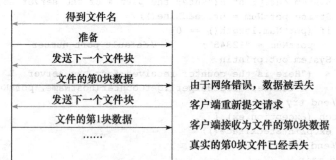

图 3-23   无状态 FTP 服务器有丢失数据的风险

3. 有状态服务器和无状态服务器的区别

由于不需要维护状态信息，因此无状态服务器容易开发。但是有状态服务器通过维护状态信息可以减少数据交换量，降低数据丢失风险，增强服务的基础性能。

在实际实现时，服务器可以是无状态的、有状态的或者两者混合的。在最后一种情形下，状态数据可分布在服务器之间或者客户之间。如图 3-24 所示，FTP 可以采用有状态服务器或无状态服务器方式来实现。选择何种服务器类型是一个设计问题。

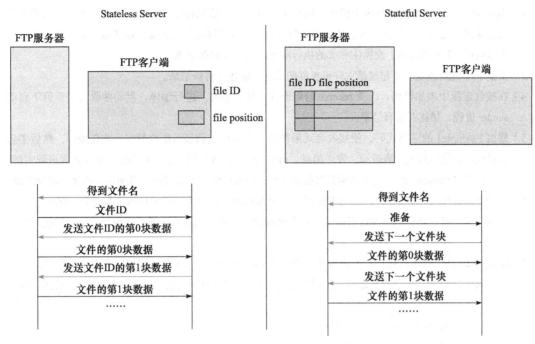

图 3-24 有状态服务器和无状态服务器之间的区别

习题

一、填空题

1. Socket 按照传输协议可分为两种，使用 UDP 传输的 Socket 称为_____，而采用 TCP 的 Socket 称为_____。

2. Socket 通信机制提供了两种通信方式分别为_____。

3. 软件开发通常采用三层架构，分别是_____。

4. 服务器为客户端提供服务，服务器根据是否引入并发机制分为两类，分别是_____；按照有无状态可分为_____。

二、简答题及实验题

1. 根据自己的理解，用几句话解释下列各术语：

    API Socket API Winsock 面向连接通信与无连接通信的比较

2. 进程 1 向进程 2 顺序发送 3 条消息 M1、M2、M3。在下面两种情况下，这些消息将可能以何种顺序到达进程？

    1）采用无连接 Socket 发送消息。

    2）采用面向连接 Socket 发送每条消息。

3. 在 DatagramSocket（或其他 Socket 类）的 setToTimeout 方法中，如果将超时周期设置为 0，将发生什么？这是否意味超时将立即发生？

4. 编写一段可出现在某 main 方法中的 Java 程序片段，用于打开一个最多接收 100 字节数据的数据包 Socket，设置超时周期为 5 秒。如果发生超时，须在屏幕上显示接收超时消息。

5. 通过示范代码 Example1 练习无连接数据包 Socket。首先，在同一机器上运行两个程序，将机器名指定为 localhost。例如，可以输入命令 "java Example1Sender localhost 12345 hello" 来执行 Example1Sender。假如有其他机器的权限，也可以选择在不同机器上重复该练习。

1）编译 .java 文件，然后运行两个程序：执行①接收者，然后执行②发送者。注意，在每种情形下都要自定义相应命令行参数。发送消息不能超过接收者所允许的最大长度，描述运行结果。

2）重新运行 1）中的应用，交换①和②的执行顺序。描述并解释结果。

3）重复 1），此时发送一个超过最大许可长度的消息，描述并解释结果。

4）在接收进程中添加代码，以便 receive 的阻塞在 5 秒后超时。进行编译，启动接收者进程但不启动 sender 进程，描述并解释结果。

5）修改 Example1 的原始代码，使接收者无限循环，重复接收和显示接收数据。重新编译，然后①启动接收者，②执行发送者进程，发送消息"message 1"；③在另一窗口启动另一个发送者进程实例，发送消息"message 2"。这两条消息接收者是否都能接收到？捕获代码以及输出。描述并解释结果。

6）修改 Example1 的源代码，让发送者使用同一个 Socket，向两个不同的接收者发送同一消息。先启动两个接收者，然后启动发送者，是否每个接收者都能接收到消息？捕获代码及输出，描述并解释结果。

7）修改 Example1 的源代码，让发送者使用两个不同的 Socket，向两个不同接收者发送相同消息，先启动两个接收者，再启动发送者，是否每个接收者都能接收到消息？捕获代码及输出，描述并解释结果。

6. 通过示范代码 Example2 练习无连接数据包 Socket。

1）绘制一个 UML 类图，解释类 DatagramSocket、MyDatagramSocket、Example2SenderReceiver 及 Example2ReceiverSender 之间的关系。

2）编译 .java 文件，启动 Example2ReceiverSender，随后运行 Example2SenderReceiver，执行该程序的示范命令：

```
java Example2ReceiverSender localhost 20000 10000 msg1
java Example2SenderReceiver localhost 10000 20000 msg2
```

描述运行结果，为什么两个进程的执行顺序非常重要？

3）修改代码，使 SenderReceiver 进程重复发送和接收，在每个循环之间将进程自身挂起 3 秒。重新编译并运行该程序。采用同样方式修改 receiverSender，编译并运行该程序一段时间，然后终止程序运行。描述并解释结果。

7. 通过示范代码 Example3 练习面向连接数据包 Socket。

1）编译并运行 Example3 的源文件，描述运行结果。运行这两个程序的示范命令：

```
java Example3Receiver localhost 20000 10000 msg1
java Example3Sender localhost 10000 20000 msg2
```

2）修改 Example3Sender.java 的程序代码，为 connect 方法调用定义一个有别于接收者 Socket 的端口号（一个简单的实现方法是，将接收者端口号加 1 后赋给 connect 方法调用）。重新运行程序（重新编译源程序）时，发送者进程将试图与接收者连接地址不匹配的目标地址发送数据包。描述并解释结果。

3）重新运行原始程序，此时启动另一个发送者进程，并制定与接收者进程相同的地址。启动这 3 个进程的示范命令如下：

```
java Example3Receiver localhost 10000 20000 msg1
java Example3Sender localhost 20000 10000 msg2
java Example3Sender localhost 20000 30000 msg3
```

迅速地顺序启动这 3 个进程，以便接收者进程已于第一个发送者进程建立连接后，第二个发送者进程也能试图建立到接收者进程的连接。描述并解释结果

8. 通过示范代码 Example4 以及 Example5 实验面向连接流式 Socket。

1）编译并运行 Example4*.java（注意：这里的 * 作为通配符使用，Example4*.java 指所有以 Example4 开发并以 .java 结尾的所有文件）。先启动接受者，然后运行请求者。示范命令如下：

```
Java Example4ConnectionAcceptor 12345 Good-day!
Java Example4ConnectionRequestor localhost 12345
```

描述并解释结果。

2）重复最后一步，但调换程序执行顺序：

```
Java Example4ConnectionRequestor localhost 12345
Java Example4ConnectionAcceptor 12345 Good-day!
```

描述并解释结果。

3）在 ConnectionAcceptor 进程将消息写入 Socket 之前增加 5 秒钟延时，然后重复 1），该修改导致请求者在读取数据时，保持 5 秒钟的阻塞状态，从而能形象地观察到阻塞效果。显示进程输出结果。

4）修改 Example4*.java 文件，使 ConnectionAcceptor 在调用 println() 写入行尾之前使用 print() 向 Socket 写一个字符。重新编译并运行程序。是否所有消息都被接收到？并加以解释。

5）编译并运行 Example5*.java，先启动接受者，然后运行请求者，示范命令如下：

```
Java Example5ConnectionAcceptor 12345 Good-day!
Java Example5ConnectionRequestor loacalhost 12345
```

由于该代码与 Example4* 的逻辑相等，故运行结果也应与 1）相同，修改 Example5*.java，使 ConnectionAcceptor 进程成为消息接收者，而 ConnectionRequestor 成为消息发送者（读者可删除诊断消息）。提交事件状态图、程序清单以及运行结果。

6）修改 Example5*.java，使 ConnectionRequestor 在接收到来自接受者的消息后向 ConnectionAcceptor 发送一条回复消息。该回复消息应被接受者显示。提交事件状态图、程序清单以及运行结果。

9. 对 DaytimeServer1 和 DaytimeClient1 进行处理，这两个程序都使用了无连接数据包 Socket。在一台机器上运行客户和服务器进程，并将主机名定义为 localhost。

1）服务器为何需要使用 receiveMessageAndSender 方法取代 receiveMessage 接受客户请求。

2）编译 Daytime*1.java，然后运行程序。
①先启动客户端，然后启动服务器。将发生什么结果？请加以描述和解释。
②先启动服务器，然后启动客户端。将发生什么结果？请加以描述和解释。

3）将 MyClientDatagramSocket.java 中的常量 MAX_LEN 改成 10。重新编译并执行程序。先启动服务器，观察客户接收到的消息。请描述并解释结果。

4）将 MAX_LEN 恢复到初始值。重新编译并运行程序。先启动服务器，再启动一个客户，最好在另一台机器上执行该客户，请描述并解释结果，绘制一个时间状态图，描述服务器和量客户之间交互的事件序列。

10. 本练习包括 DaytimeServer2 和 DaytimeClient2，两个进程都使用流式 Socket。

1）用自己的语言，描述这些类与 Daytime*1 的区别。

2）编译 Daytime2*.java，然后运行程序。
①先启动客户端，然后启动服务器。将发生什么结果？请加以描述和解释。
②先启动服务器，然后启动客户端。将发生什么结果？请加以描述和解释。

3）为模拟连接效果，在 Daytime2Server.java 中一个连接被接受后，但从系统获取时间戳之前，增加一段延时（使用 Thread.sleep）。增加延时后，将达到为每个服务会话人工延时的效果。重新编译并启动服务器，然后在两个独立屏幕窗口分别启动一个客户。第二个客户与服务器建立连接需要花多长时间？请加以描述和解释。注意，这里的服务器是迭代服务器。

11. 练习使用 EchoServer1 和 EchoClient1。两个程序都使用无连接数据包 Socket 提供 Echo 服务。

  1）编译 Echo*1.java。

  2）运行程序，先启动服务器，然后启动客户。建立会话并观察显示在双方的诊断消息。描述所观察到的事件序列。

  3）服务器运行时，在两个独立窗口中启动两个客户。此时能否并行建立两个客户会话？描述并解释观察结果。

  4）为了解客户向一个正忙于服务另一个客户的无连接服务器发送数据的后果，在发送回显消息之前，给服务器增加 10 秒的延时。然后重复 2）。描述并解释观察到的结果。第二个客户的数据是否能被服务器接收到？

12. 练习使用 EchoServer2 和 EchoClient2.EchoServer2，这两个程序是面向连接的迭代服务器。

  1）编译 Echo*2.java。

  2）运行程序，先启动服务器，然后启动客户，建立会话并观察显示在双方的诊断消息。描述所观察到的事件序列。

  3）服务器运行时，在两个独立窗口中启动两个客户，此时能否并行建立两个客户会话？描述并解释观察结果。

13. 练习使用 EchoServer3。EchoServer3 是面向连接的并发服务器。

  1）编译 Echo*3.java。

  2）运行程序，先启动服务器 EchoServer3，然后启动客户 EchoClient2，建立会话并观察显示在双方的诊断消息。描述所观察到的事件序列。

  3）服务器运行时，在两个独立窗口中启动两个客户。此时能否并行建立两个客户会话？描述并解释观察结果。

14. 使用三层软件体系，设计并实现下列协议的客户 / 服务器程序集，每个客户向服务器发送一个名称。服务器累加从连续客户接收到的的名称（在每个名称末尾附加一个换行符 /n，并将其连接为一个静态字符串）。服务器收到名称后，将其已经收集到的名称发送给客户。客户随后显示从服务器接收到的所有名称。

  1）服务器是否为由状态服务器？如果是，它维护何种类型的状态信息（全局或会话）？

  2）创建下面关于该协议的一个或多个程序集：

     ①无连接服务器和客户。

     ②面向连接的迭代服务器和客户。

     ③面向连接的并发服务器和客户。

  3）对于每个程序集，提交程序清单和使用独立软件模块实现该软件三层体系结果的描述。

15. 考虑下面的协议（这里称之为 Countdown 协议）。每个客户用一个定义为整数值 n 的初始消息与服务器联系。客户然后循环接收来自服务器 n 个消息，返回消息的值依次是 n, $n-1$, $n-2$, $n-3$, …, 1。

  1）服务器是否为由状态服务器？如果是，它维护何种类型的状态信息（全局或会话）？

  2）创建下面关于该协议的一个或多个程序集：

     ①无连接服务器和客户。

     ②面向连接的迭代服务器和客户。

     ③面向连接的并发服务器和客户。

  3）对于每个程序集，提交程序清单和使用独立软件模块实现该软件三层体系结果的描述。

参考文献

［1］　Java 2 platform v1.4 API specificatipon［EB/OL］. http://java.sun.com/j2se/1.4/docs/api/index.html.

［2］　Introduction to SSH［EB/OL］. http://developer.netscape.com.

［3］　Java secure socket extension［EB/OL］. http://java.sun.com/products/j2se/.

［4］　Jon Postel. The DayTime Protocol［EB/OL］. RFC 867.

［5］　Jon Postel. The Echo Protocol［EB/OL］. RFC 862.

［6］　Liu M L. 分布式计算原理与应用（影印版）［M］. 顾铁成，等译. 北京：清华大学出版社，2004.

[1]　Java platform of RMI specification [EB/O]. http://java.sun.com/j2se1.4/docs/guide.html.

[2]　Introduction to SSH [EB/O]. http://developer.apache.com.

[3]　Java secure ...

[4]　Ion Postel. Ias-Day Time Protocol : E867. RFC 867.

[5]　Ion Postel. The Echo Protocol : E862. RFC 862.

第 4 章　RMI 范型与应用

本章在介绍分布式对象范型相关概念的基础上给出了一种典型的分布式范型——远程方法调用（RMI）的概念和原理，然后重点介绍 RMI 基本应用的开发方法和步骤，接着详细讨论 RMI 客户回调的基本原理和应用开发方法，最后详细阐述 stub（桩）下载与安全管理器的基本原理和应用开发方法。

4.1　分布式对象范型

4.1.1　分布式对象范型的概念

消息传递范型模拟了人际间的通信模式，因此，对于分布式计算来说，是一种比较自然的模型。在有些网络服务中，进程间要通过消息交换来进行交互，对于这些网络服务来说，它是一种非常适合的范型。但是由于一些原因，该范型所提供的抽象可能无法满足某些复杂网络应用的请求，例如：

- 基本消息传递要求参与进程是紧耦合的。交互过程中，进程之间必须直接通信。如果进程之间的通信消息丢失（由于通信链路、系统或某个进程的失败），协作将失败。例如，考虑 Echo 协议会话：如果客户和服务器之间的通信终断，会话将不能继续。
- 消息传递范型是面向数据的范型。每个消息都包含相互约定的某种格式封装的数据，并根据协议解释成请求或应答。每接收到一条消息，都会触发接收进程的一个动作。

例如，在 Echo 协议中，当接收到一条来自进程 p 的消息时，就会触发 Echo 服务器的一个动作，即向 p 发送一个包含相同数据的消息。在该协议中，进程 p 接收到 Echo 服务器的消息后，将触发如下动作：让用户输入一条新的信息，并将其发送给 Echo 服务器。

面向数据的范型适用于网络服务和简单网络应用，但是不适合包含大量混合请求和应答的复杂应用。在这类应用中，消息解释任务的工作量会非常大。

分布式对象范型是在消息传递模型之上提供抽象的一种范型，是一种基于分布式系统中对象的计算范型。用户可以使用它访问网络上的对象（即分布式对象）。本地对象指对象方法只能被本地进程调用的对象，本地进程指运行在对象所在计算机上的进程。而分布式对象指其方法可被远程进程调用的对象，远程进程指运行在通过网络与对象所在主机互连的计算机上的进程。分布式对象范型的核心是操作调用，而传递的数据承担辅助角色。分布式对象范型对我们来说不是太直观，但是对于面向对象的软件开发来说是非常自然的。

与面向数据范型相比，分布式对象范型是面向行为的，用分布式对象表示网络资源，注重从网络资源请求服务，请求进程调用分布式对象的某个方法或操作，将数据作为方法参数传递。随后该方法在远程主机上执行，并将结果作为返回值回送给请求进程。图 4-1 演示了分布式对象范型，运行在主机 A 上的进程向驻留于主机 B 上的分布式对象发出方法调用，如果需要传递数据，将作为参数随调用传递。主机 A 上的进程发出的调用会导致主机 B 上的某个方法被执行，如果该调用存在返回值，也会从主机 B 传送到主机 A。使用分布式对象的进程称为该对象的客户进程。该对象的方法称为客户进程的远程方法。

4.1.2 分布式对象范型的体系结构

图 4-2 描述了支持分布式对象范型的基本体系结构，一个分布式对象由某一进程提供，这里称为对象服务器（object server），同时必须在系统中为分布式对象注册提供一种设施，这里称为对象注册器（object registry），或简称为注册器（registry）。

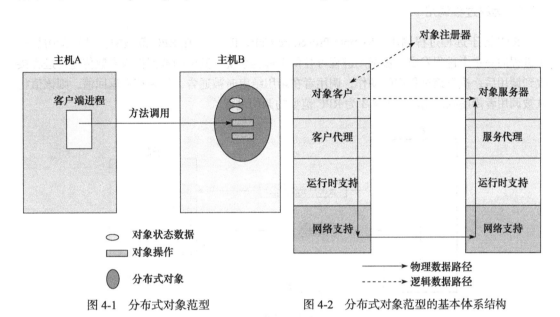

图 4-1 分布式对象范型　　　　图 4-2 分布式对象范型的基本体系结构

为了访问某一分布式对象，对象客户（object client）进程从注册器中查询该对象的引用（在编程语言中，引用是对象的柄，即对象的地址）。对象客户使用对象的引用调用该远程对象的各种方法，或称远程方法。从逻辑上来看，对象客户是直接调用远程方法的。但实际上，这种调用是由一个称为客户代理的软件构件来处理的（在分布式计算环境中，代理是指充当其他软件构件之间的协调者的软件构件），该代理通过与客户主机上的软件交互，提供分布式对象系统的运行时支持。该运行时支持负责向远程主机传送方法调用所需的进程间通信，包括封装需要传输给远程对象的参数数据。

服务器端也需要类似体系结构，其中分布式对象系统的运行时支持处理消息接收和数据解封，并将调用转发到称为服务器代理的软件构件。服务器代理通过与分布式对象交互，在本地调用方法，并将解封数据作为参数传入。该方法调用触发服务器主机上某些任务的执行。方法的执行结果被服务器代理通过双方的运行时支持和网络支持，转发给客户代理。

4.1.3 分布式对象系统

分布式对象范型已在分布式应用中广泛应用，并提供了大量基于该范型的工具集，大家最熟悉的工具集包括：

- Java RMI（Remote Method Invocation，远程方法调用）。
- 基于 CORBA（Common Object Request Broker Architecture，公共对象请求代理）的系统。

- DCOM（Distributed Component Object Model，分布式组件对象模型）。
- 支持 SOAP（Simple Object Access Protocol，简单对象访问协议）的工具集和 API。

除了这些比较常用的分布式对象应用开发工具外，还有很多新的工具正在不断涌现。由于 Java RMI 相对比较简单，本章后续内容将重点讨论 Java RMI 的应用开发方法。

4.2 RMI

4.2.1 远程过程调用

RMI 源于远程过程调用（Remote Procedure Call，RPC）。在 RPC 范型中，过程调用从一个进程向另一个进程发出，被调用进程可驻留于远程系统，其中的数据作为参数传递。进程接收到调用后，执行该过程中的动作，调用者在调用结束时被通告，如果存在返回值，则该值将从被调用者传递到调用者。图 4-3 为 RPC 范型的调用过程。

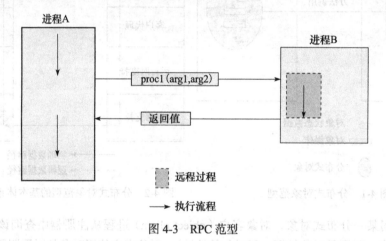

图 4-3 RPC 范型

RPC 范型自 20 世纪 80 年代初出现以来，已经在网络应用中得到了广泛应用，有两种针对该范型的主流 API：一种是开放网络计算远程调用（Open Network Computing Remote Procedure Call），该 API 由 20 世纪 80 年代早期 SunMicrosystems 的 API 演变而来；另一种是开放小组分布式计算环境 DCE（Open Group Distributed Computing Environment）RPC。这两种 API 都提供了工具 rpcgen，用于将远程过程调用转换成到 stub 的本地过程调用。

尽管 RPC 有其重要历史意义，但这里不做具体介绍，原因有二：① RPC 是面向过程的方法调用机制，更适合使用过程语言（如 C）编写的程序，但不适合使用面向对象语言（如 Java）编写的程序；② Java 提供了远程方法调用 API 来取代 RPC，该 API 是面向对象的，并且用法比 RPC 更简单。

本地过程调用和远程过程调用的区别如图 4-4 所示。

4.2.2 RMI 概述

RMI 是 RPC 范型的面向对象实现，是一种用于实现远程过程调用的应用程序编程接口，它使客户机上运行的程序可以调用远程服务器上的对象。由于 RMI API 只适用于 Java 程序，因此我们一般称为 Java RMI。但该 API 相对简单，因此，非常适合于作为学习网络应用中分布式对象技术的入门资料。

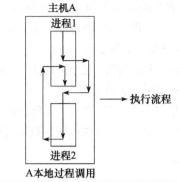

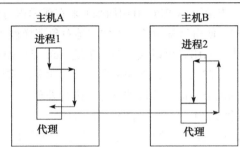

1. 主机A上的进程1向主机
　 B的进程2发送一个调用
2. 运行时支持将调用映射
　 到主机A的进程
3. 代理将数据按序发给主
　 机B上的代理

7. 代理接收返回值，处理
　 数据，然后返回给进程
　 1使用

4. 主机B上代理解封接
　 收到的数据，并发起
　 一个对进程2的调用
5. 执行进程2的代码，
　 并将结果返回给主
　 机B的代理
6. 代理封装返回值，
　 并发起一个对主机
　 A上代理的IPC调用

图 4-4　本地过程调用和远程过程调用的区别

通过调用 RMI 的 API，对象服务器通过目录服务导出和注册远程对象，这些对象提供一些可以被客户程序调用的远程方法。从语法上来看，RMI 通过远程接口声明远程对象，该接口是 Java 接口的扩展。远程接口由对象服务器实现。对象客户使用与本地方法调用类似的语法访问远程对象，并调用远程对象的方法。

4.2.3　Java RMI 体系结构

图 4-5 解释了 Java RMI API 的体系结构。与 RPC API 类似，在 Java RMI 体系结构中，为了将远程方法调用转换成本地方法调用，也要求代理软件模块提供相应的运行时支持，并处理底层进程间通信细节。在该体系结构中，客户及服务器都提供三层抽象。

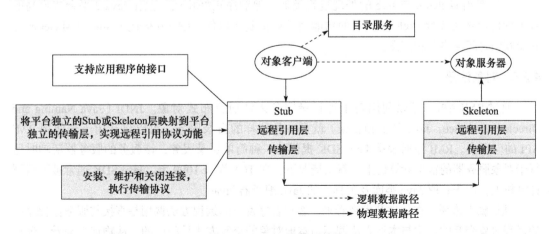

图 4-5　Java RMI 体系结构

stub/skeleton 层：客户进程的远程方法调用被传递到代理对象，即 stub（桩）。stub 层位于应用层之下，负责解释客户程序发出的远程方法调用，然后将其转发到下一层，即远程引用层。skeleton 层负责与客户端 stub 层交互。

远程引用层：该层解释和管理客户发出的到远程服务对象的引用，并向下一层即传输层发起 IPC 操作，从而将方法调用传送给远程主机。

传输层：由于传输层是基于 TCP 协议，因此是面向连接的，该层和网络体系结构中的其他部分一起共同执行 IPC，以将表示方法调用的数据传输给远程主机。

4.2.4　stub 和 skeleton

RMI 使用一个标准的机制（从 RPC 沿用而来）来实现远程对象之间的通信。stub（桩）是远程对象的一种代理结构，使得远程对象可以像本地对象那样被访问。stub 提供了远程对象的所有能被调用的远程方法，调用者可以通过调用本地 stub（远程对象代理）所提供的方法来实现远程对象的方法调用。在 RMI 中，stub 声明了同远程对象所实现的接口相同的方法集合。

当调用方调用 stub 内的方法时，会以如下方式进行处理：

1）初始化一个与远程 JVM（包含了远程对象）的连接。

2）向远程 JVM 传输封装后的参数（调用方法名、参数等）。

3）等待远程 JVM 上的方法调用结果。

4）将返回结果或异常信息解包。

5）调用方得到调用结果。

可以看出，stub 负责为调用方实现参数的序列化和反序列化，以及封装了网络层的通信过程，简化了调用方的操作。

在远程主机 JVM，每一个远程对象有一个对应的 skeleton（Java2 平台下不再需要 skeleton）。skeleton 负责分析调用方传来的参数，并调用相应的实际对象。当 skeleton 接收到一个远程方法调用请求，它将按如下方式进行处理：

1）解包并分析接收到的参数信息。

2）调用相应的实际对象上的方法。

3）将调用结果封装并传输给调用方。

可以看出 skeleton 与 stub 的处理过程类似，但顺序正好相反，但在 Java 2 平台或更高的版本中已经不再需要 skeleton，它的功能被反射机制所取代。图 4-6 描述了 stub 和 skeleton 之间交互的时间 – 事件状态图。

4.2.5　对象注册

通过 RMI API，可以利用若干种目录服务来注册分布式对象。JNDI（Java Naming and Directory Interface，Java 名字和目录）就是一种这样的目录服务，可以将其用于未使用 RMI API 的应用中。RMI 注册表是 Java SDK 提供的一种简单目录服务，该服务的服务器活动时运行于对象服务器的宿主计算机上，默认情况下，在 TCP 端口 1099 上。Java SDK 通常被下载到计算机上，用于获取 Java 类库及工具，如 Java 编译器 javac。

从逻辑上来说，在软件开发者看来，客户程序发出的远程方法调用是直接与服务器程序中的远程对象交互的，这与本地方法调用与本地对象的交互方式是相同的。从物理上来看，远程方法调用在运行时被转换成对 stub 和 skeleton 的调用，进而导致通过网络链路进行数据传输。

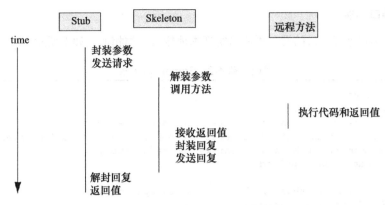

图 4-6 RMI stub 与 skeleton 之间的交互

4.3 RMI 基本应用开发

本节通过 Java RMI API 来介绍 RMI 基本应用开发，包括三方面内容：远程接口、服务器端软件和客户端软件。

4.3.1 远程接口

在 RMI API 中，分布式对象的创建开始于远程接口。Java 接口是为其他类提供模板的一种类，它包括方法声明或签名，其实现由实现该接口的类提供。

Java 远程接口是继承 Java 类 Remote 的一个接口，该类允许使用 RMI 语法实现接口。与必须为每个方法声名定义扩展和 RemoteException 不同，远程接口语法与常规或本地 Java 接口相同。

代码清单 4-1 SomeInterface.java

```java
import java.rmi.*;

public interface SomeInterface extends Remote {
    //signature of first remote method
    public String someMethod1() throws java.rmi.RemoteException;
    //signature of second remote method
    public int someMethod2( int x) throws java.rmi.RemoteException;
    //signature of other remote methods may follow
} //end interface
```

本例声明了一个 SomeInterface 接口，该接口扩展了 Java 类 Remote，使之成为远程接口。java.rmi.RemoteException 必须在每个方法声明的 throws 子句中出现。在远程方法调用过程发生错误时，将产生该类型的一个异常，该异常需要由方法调用者程序处理。这些异常的产生原因包括进程通信时发生错误，如访问失败和链接失败，也可能是该远程方法调用中特有的一些问题，包括因为未找到对象，stub 或 skeleton 等引起的错误。

4.3.2 服务器端软件

对象服务器是指这样的一种对象，它可以提供某一分布式对象的方法和接口。每个对象服务器必须实现接口部分定义的每个远程方法，并向目录服务注册包含了实现的对象。建议按如下所述方法，将这两部分作为独立的类分别实现。

1. 远程接口实现

必须提供实现远程接口的类，语法与实现本地接口的类相似。如下所示：

代码清单 4-2　SomeImpl.java

```
import java.rmi.*;
import java.rmi.server.*;
/** This class implements the remote interface SomeInterface*/
public class SomeImpl extends UnicastRemoteObject implements SomeInterface {
    public String someMethod1() throws RemoteException {
        //code to be supplied
    }
    public int someMethod2() throws RemoteException {
        //code to be supplied
    }
} //end class
```

Import 语句是在代码中使用 UnicastRemoteObject 类和 RemoteException 类所需的语句。类的头部必须定义：该类是 Java 类的 UnicastRemoteObject 的子类，实现一个特定远程接口，本模板中称为 SomeInterface，需要为该类定义一个构造函数，随后定义每个远程方法，每个方法的方法头应该与接口文件中的方法声明匹配。图 4-7 是 SomeImpl 的 UML 类图。

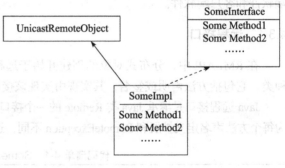

图 4-7　SomeImpl 的 UML 类图

2. stub 和 skeleton 生成

在 RMI 中，分布式对象需要为每个对象服务器和对象客户提供代理，分别称为对象 skeleton 和 stub。这些代理可通过使用 Java SDK 提供的 RMI 编译器 rmic 编译远程接口实现生成。可在命令行下输入下述命令生成 stub 和 skeleton 文件：

```
rmic <class name of the remote interface implementation>
```

例如：

```
rmic SomeImpl
```

如果编译成功，将生成两个代理文件，每个文件的名都以实现类的类名为前缀，如 SomeImpl_stub.class 和 SomeImpl_skel.class，在 Java2 平台下，只生成 stub 文件。

对象的 stub 文件及远程接口文件必须被每个对象客户所共享，这些文件是编译客户程序时所必需的文件。可以手动为对象客户提供每个文件的一个副本。此外 JavaRMI 具有 stub 下载特征，允许客户端动态获取 stub 文件。

3. 对象服务器

代码清单 4-3　SomeServer.java

```
import java.rmi.*;
import java.rmi.server.*;
```

```
import java.rmi.registry.Registry;
import java.rmi.registry.LocateRegistry;
import java.net.*;
import java.io.*;
public class SomeServer{
    public static void main(String args[]) {
        String portNum = "1234", registryURL;
        try{
            // code for obtaining RMI port number value omitted
            SomeImpl exportedObj = new SomeImpl();
            startRegistry(1234);
            // register the object under the name "some"
            registryURL = "rmi://localhost:" + portNum + "/some";
            Naming.rebind(registryURL, exportedObj);
            listRegistry(registryURL);
            System.out.println("Some Server ready.");
        }// end try
        catch (Exception re) {
            System.out.println( "Exception in SomeServer.main: " + re);
        }// end catch
    } // end main
      // This method starts a RMI registry on the local host, if it
      // does not already exist at the specified port number
      private static void startRegistry(int RMIPortNum)
        throws RemoteException{
        try {
            Registry registry = LocateRegistry.getRegistry(RMIPortNum);
            registry.list();
            // The above call will throw an exception if the registry does not already exist
        }
        catch (RemoteException ex) {// No valid registry at that port
            System.out.println("RMI registry cannot be located at port " + RMIPortNum);
            Registry registry = LocateRegistry.createRegistry(RMIPortNum);
            System.out.println("RMI registry created at port " + RMIPortNum);
        }
    } // end startRegistry
    private static void listRegistry(String registryURL)
      throws RemoteException, MalformedURLException {
        System.out.println("Registry " + registryURL + " contains: ");
        String [ ] names = Naming.list(registryURL);
        for (int i=0; i < names.length; i++)
            System.out.println(names[i]);
    } // end listRegistry
} // end class
```

在对象服务器模板中, 输出对象代码如下:

```
// register the object under the name "some"
registryURL = "rmi://localhost:" + portNum + "/some";
Naming.rebind(registryURL, exportedObj);
```

Naming 类提供从注册表获取和存储引用的方法。具体来说, rebind 方法允许如下形式 URL 将对象引用存储到注册表中:

```
rmi://<host name>:<port number>/<reference name>
```

rebind 方法将覆盖注册表中与给定引用名绑定的任何引用。如果不希望覆盖, 可以使用

bind 方法。

主机名应该是服务器名，或简写成 localhost，引用名指用户选择的名称，该名称在注册表中应该是唯一的。示例代码首先检查 RMI 注册表当前是否运行在默认端口上。如果不在，RMI 注册表将被激活。此外，可以使用 JDK 中的 rmiregistry 工具在系统提示符输入下列命令，手动激活 RMI 注册表：

```
rmiregistry<port number>
```

其中，port number 是 TCP 端口号，如果未指定端口号，将使用默认端口号 1099。

当对象服务器被执行时，分布式对象的输出，将导致服务器进程开始侦听和等待客户连接和对象服务请求。RMI 对象服务器是并发服务器：每个对象客户请求都使用服务器上的一个独立线程服务。由于远程方法调用可并发执行，因此远程对象实现的线程的安全性非常重要。

4.3.3 客户端软件

客户类程序与任何其他 Java 类相似。RMI 所需的语法包括定位服务器主机的 RMI 注册表和查找服务器对象的远程引用，该引用随后可被传到远程接口类和被调用的远程方法。

代码清单 4-4 SomeClient.java

```java
import java.rmi.*;
import java.io.*;
import java.rmi.registry.Registry;
import java.rmi.registry.LocateRegistry;
public class SomeClient {
    public static void main(String args[]) {
        try {
            String registryURL = "rmi://localhost:" + portNum + "/some";
            SomeInterface h = (SomeInterface)Naming.lookup(registryURL);
            String message = h.method1();// invoke the remote method(s)
            System.out.println(message);
        } // end try
        catch (Exception e) {
            System.out.println("Exception in SomeClient: " + e);
        }
    } // end main
    // Definition for other methods of the class, if any.
}// end class
```

查找远程对象：如果对象服务器先前在注册表中保存了对象引用，可以用 Naming 类的 lookup 方法获取这些引用。注意，应将获取的引用传给远程接口类。

```java
String registryURL = "rmi://localhost:" + portNum + "/some";
SomeInterface h = (SomeInterface)Naming.lookup(registryURL);
```

调用远程方法：远程接口引用可以调用远程接口中的任何方法，例如：

```java
String message = h.method1();
System.out.println(message);
```

注意 调用远程方法的语法与调用本地方法相同。

4.3.4 RMI 应用代码示例

下面详细给出 RMI 应用示例 Hello 的源代码，包括远程接口 HelloInterface.java、远程接口实现类 HelloImpl.java、对象服务器 HelloServer.java 和客户端程序 HelloClient.java，见代码
清单 4-5 ~代码清单 4-8 及图 4-8。

代码清单 4-5   HelloInterface.java

```
import java.rmi.*;
public interface HelloInterface extends Remote {
    public String sayHello(String name) throws java.rmi.RemoteException;
} // end interface
```

代码清单 4-6   HelloImpl.java

```
import java.rmi.*;
import java.rmi.server.*;
public class HelloImpl extends UnicastRemoteObject implements HelloInterface {
    public HelloImpl() throws RemoteException {
        super();
    }
    public String sayHello(String name) throws RemoteException {
        return "Welcome to RMI !" + name;
    }
} // end class
```

代码清单 4-7   HelloServer.java

```
import java.rmi.*;
import java.rmi.server.*;
import java.rmi.registry.Registry;
import java.rmi.registry.LocateRegistry;
import java.net.*;
import java.io.*;
public class HelloServer  {
    public static void main(String args[]) {
        InputStreamReader is = new InputStreamReader(System.in);
        BufferedReader br = new BufferedReader(is);
        String portNum, registryURL;
        try{
            System.out.println("Enter the RMIregistry port number:");
            portNum = (br.readLine()).trim();
            int RMIPortNum = Integer.parseInt(portNum);
            startRegistry(RMIPortNum);
            HelloImpl exportedObj = new HelloImpl();
            registryURL = "rmi:            // localhost:" + portNum + "/hello";
            Naming.rebind(registryURL, exportedObj);
            System.out.println ("Server registered. Registry currently contains:");
            listRegistry(registryURL);     // list names currently in the registry
            System.out.println("Hello Server ready.");
        }// end try
        catch (Exception re) {
            System.out.println("Exception in HelloServer.main: " + re);
        } // end catch
    } // end main
    // This method starts a RMI registry on the local host, if it does not already exist.
    private static void startRegistry(int RMIPortNum)
        throws RemoteException{
        try {
            Registry registry = LocateRegistry.getRegistry(RMIPortNum);
```

```
                    registry.list();
            }
        catch (RemoteException e) {            // No valid registry at that port.
            System.out.println("RMI registry cannot be located at port " + RMIPortNum);
            Registry registry = LocateRegistry.createRegistry(RMIPortNum);
            System.out.println("RMI registry created at port " + RMIPortNum);
        }
    } // end startRegistry
    // This method lists the names registered with a Registry object
    private static void listRegistry(String registryURL)
        throws RemoteException, MalformedURLException {
        System.out.println("Registry " + registryURL + " contains: ");
        String [ ] names = Naming.list(registryURL);
        for (int i=0; i < names.length; i++)
            System.out.println(names[i]);
    } // end listRegistry
} // end class
```

代码清单 4-8　HelloClient.java

```
import java.io.*;
import java.rmi.*;

public class HelloClient {
    public static void main(String args[]) {
        try {
            int RMIPort;
            String hostName;
            InputStreamReader is = new InputStreamReader(System.in);
            BufferedReader br = new BufferedReader(is);
            System.out.println("Enter the RMIRegistry host namer:");
            hostName = br.readLine();
            System.out.println("Enter the RMIregistry port number:");
            String portNum = br.readLine();
            RMIPort = Integer.parseInt(portNum);
            String registryURL = "rmi:    // " + hostName+ ":" + portNum + "/hello";
            // find the remote object and cast it to an interface object
            HelloInterface h = (HelloInterface)Naming.lookup(registryURL);
            System.out.println("Lookup completed " );
            String message = h.sayHello("Me");// invoke the remote method
            System.out.println("HelloClient: " + message);
        } // end try
        catch (Exception e) {
            System.out.println("Exception in HelloClient: " + e);
        }
    } // end main
}// end class
```

　　理解前面描述的 RMI 示例应用的基本结构之后，便可使用模板中的语法，通过替换表示层逻辑和应用层逻辑来构建任何 RMI 应用；服务逻辑不变。

　　RMI 技术是开发服务层软件构件的一种很好的候选技术。一个工业应用示例是企业费用报表系统（java.sum.com/marketing）。在该示例中，对象服务器提供了一些远程方法，用于支持对象客户从费用记录数据库中查找或更新数据。对象客户程序提供处理数据的应用逻辑或业务逻辑，以及用户界面的表示逻辑。

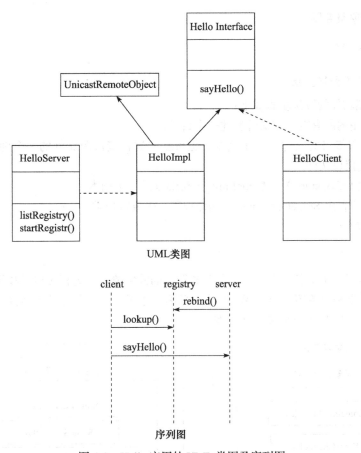

图 4-8 Hello 应用的 UML 类图及序列图

4.3.5 RMI 应用构建步骤

前面介绍了 RMI API 的各个方面,下面将通过描述构建 RMI 应用过程来总结相关内容,使读者能实践该范型,这里将描述如何在对象服务器以及对象客户双方来实现该应用算法。注意,在生产环境中,双方软件的开发可以分别独立地进行。

1. 开发服务器端软件的算法

开发服务器端软件的算法步骤如下:

1)为该应用的所有待生成文件创建一个目录。

2)在 SomeInterface.java 中定义远程服务器接口。编译并修改程序,直到不再有语法错误。

3)在 SomeImpl.java 中实现接口,编译并修改程序,直到不再有语法错误。

4)使用 RMI 编译器 rmic 处理实现类,生成远程对象的 stub 文件。

```
rmic SomeImpl
```

5)可以从目录中看到新生成文件 SomeImpl_Stub.class,每次修改接口实现时,都要重新执行步骤3)和步骤4)。

6)创建对象服务器程序 SomeServer.java,编译并修改程序,直到不再有语法错误。

7）激活对象服务器：

```
java SomeServer
```

2. 客户端软件开发算法

开发客户端软件的算法步骤如下：

1）为该应用的所有待生成文件创建一个目录。

2）获取远程接口类文件的一个副本，也可获取远程接口源文件的一个副本，使用 javac 编译程序，生成接口文件。

3）获取接口实现 stub 文件 SomeImpl_stub.class 的一个副本。

4）开发客户程序 SomeClient.java，编译程序，生成客户类。

5）激活客户：

```
java SomeClient
```

图 4-9 给出了应用中各文件在客户及服务器端的放置情况，远程接口类和每个远程对象的 stub 类文件都必须和对象客户类一起，放在对象客户主机上，服务器端包括接口类、对象服务类、接口实现类，以及远程对象的 stub 类。

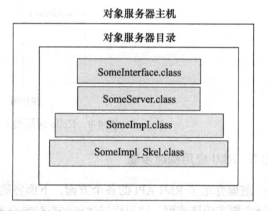

图 4-9 RMI 应用的文件放置位置

3. 测试和调试

与任何其他形式的网络编程一样，并发进程的测试和调试工作非常繁琐，建议在开发 RMI 应用时遵循下列步骤：

1）构建最小 RMI 程序的一个模板。从一个远程接口开始，其中包括一个方法声明、一个 stub 实现、一个输出对象的服务器程序以及一个足以用来调用远程方法的客户程序。在单机上测试模板程序，直到远程方法调用成功。

2）每次在接口中增加一个方法声明。每次增加后都修改客户程序来调用新增方法。

3）完善远程方法定义内容，每次只修改一个。在继续下一个方法之前，测试并彻底调试每个新增方法。

4）完全测试所有远程方法后，采用增量式方法开发客户应用。每次增加后，测试和调试程序。

5）将程序部署到多台机器上，测试并调试。

4.3.6 RMI 和 Socket API 的比较

远程方法调用 API 作为分布式对象计算范型的代表，是构建网络应用的有效工具。它可用来取代 Socket API 快速构建网络应用。在 RMI API 和 Socket API 之间权衡时，需要考虑以下因素：

1）Socket API 的执行与操作系统密切相关，因此执行开销更小，RMI 需要额外的中间件支持，包括代理和目录服务，这些不可避免地带来运行时开销。对于有高性能要求的应用来说，Socket API 仍是唯一可行途径。

2）RMI API 提供了使软件开发任务更为简单的抽象。用高级抽象开发的程序更易理解，因此也更易调试。

由于运行在低层，Socket API 通常是平台和语言独立的，RMI 则不一定。例如，Java RMI 需要特定的 Java 运行时支持。结果是，使用 Java RMI 实现的应用必须用 Java 编写，并且也只能运行在 Java 平台上。

在设计应用系统时，是否能选择适当的范型和 API 是非常关键的。依赖于具体环境，可以在应用的某些部分使用某种范型或 API，而在其他部分使用另一种范型或 API。

由于使用 RMI 开发网络应用相对简单，RMI 是快速开发应用原型的一个很好的候选工具。

4.4 RMI 高级应用

Java RMI API 有丰富的特征集，下面将介绍 RMI 的一些高级特征，如客户回调、stub 下载、安全管理器。尽管这些特征不是分布式对象范型所固有的，但它们都是非常有益的机制，对于应用开发人员来说非常有用。

4.4.1 客户回调

考虑一个 RMI 应用，其中各参与进程在待定事件发生时，必须得到某个对象服务器的通知，例如，聊天室的参与者需要在新成员进入时被告知，参与实时在线拍卖系统的进程在竞买开始时必须被告知。该特征在网络游戏中也非常有用，其中游戏参与者需要被通知更新后的游戏状态。在基本 RMI API 框架中，服务器不可能在某一信息可用时，向客户发起一个调用来传递该信息，因为远程方法调用是单向的（从客户端到服务器）。完成该信息传输的一个方法是，让每一个客户进程不断重复调用某一远程方法来轮询对象服务器，直到该方法返回真值时为止。

轮询技术是一项非常消耗系统资源的技术，因为每一次远程方法调用，都会在服务器主机上生成一个独立的线程，线程的执行增加了系统开销。而回调是一种更为有效的技术，它允许对特定时间的发生感兴趣的对象客户在对象服务器上注册自己，以便服务器可以在所等待事件发生时，向对象客户发起一次远程方法调用。图 4-10 比较了这两种技术：轮询和回调。

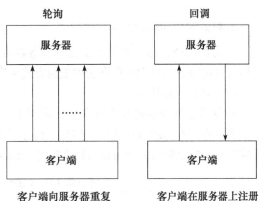

客户端向服务器重复　　　客户端在服务器上注册
发出请求直到获取响应　　并等待，直到服务器调用

——— 远程方法调用

图 4-10　轮询与回调技术

在 RMI 中，客户回调是允许对象客户在远程回调对象服务器上注册自己，以便服务器可以在所等待事件发生时，向客户发起远程方法调用的一个特征。注意，在客户回调中，远程方法调用是双向的（或称全双工的，如图 4-11 所示）。当对象服务器发出回调时，两个进程的角色互换：对象服务器称为对象客户的客户，使得对象服务器可以向对象客户发起一次远程方法调用。

如图 4-12 所示，每个客户对象都在回调服务器上注册自己，随后每当另一个客户对象为支持回调而在对象服务器上注册时即被通告。与基本 RMI 体系结构相比，此时需要两组代理，其中一组代理是服务器远程接口所需的，这和基本 RMI 体系结构中是相同的；另一组代理用于另外的一种接口，即客户远程接口，客户远程接口所提供的方法可以被服务器在回调时调用。

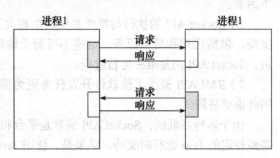

图 4-11　全双工应用模式

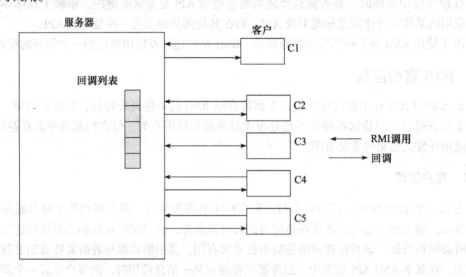

图 4-12　客户回调基本架构

1. 针对客户回调的客户端增强

为支持回调，客户必须提供允许服务器在所等待事件发生时通告自己的远程接口，可以采用与对象服务器提供远程方法类似的方式来实现。

（1）客户远程接口

对象服务器提供的客户远程接口声明了对象客户可以调用的远程方法。对于回调，需要对象客户提供类似的远程接口。相对于服务器远程接口，将该接口称为客户远程接口。客户远程接口至少应该包含一个可以被回调服务器调用的方法。客户远程接口如下：

代码清单 4-9　CallbackClientInterface.java

```
public interface CallbackClientInterface extends java.rmi.Remote
{    //method to be called by the server on callback
    public String notifyMe (String message ) throws java.rmi.RemoteException;
}
```

　　当服务器发出回调时，将调用方法 notifyMe，并传递一个字符串参数。客户一旦接收到回
调，就利用接收到的字符串组合一个字符串，并返回给服务器。

代码清单 4-10　CallbackClientImpl.java

```
public class CallbackClientImpl extends UnicastRemoteObject
        implements CallbackClientInterface{
    public CallbackClinetImpl() throws java.rmi.RemoteException{
        super();
}
    public String notifyMe (String message) {
        String returnMessage="Call back receive:"+message;
        System.out.println(returnMessage);
        return returnMessage;
    }
}// end CallbackClientImpl Class
```

（2）客户类增强

　　在对象客户类中，需要为客户实例化远程客户接口实现对象添加代码，然后使用服务器
提供的远程方法，在服务器上注册一个对象引用。

代码清单 4-11　CallbackClient.Java

```
public class CallbackClient {
    public static void main(String args[]) {
        …
        String registryURL = "rmi://localhost:" + portNum + "/callback";
        // find the remote object and cast it to an interface object
        CallbackServerInterface h =
            (CallbackServerInterface)Naming.lookup(registryURL);
        System.out.println("Lookup completed " );
        System.out.println("Server said " + h.sayHello());
        CallbackClientInterface callbackObj =  new CallbackClientImpl();
        h.registerForCallback(callbackObj); // register for callback
            …
        }
}
```

（3）客户端软件代码

代码清单 4-12　CallbackClientInterface.java

```
import java.rmi.*;

public interface CallbackClientInterface extends java.rmi.Remote{
    public String notifyMe (String message) throws java.rmi.RemoteException;
} // end interface
```

代码清单 4-13　CallbackClientImpl.java

```
import java.rmi.*;
import java.rmi.server.*;

public class CallbackClientImpl extends UnicastRemoteObject
        implements CallbackClientInterface {
    public CallbackClientImpl() throws RemoteException {
```

```
        super();
    }
    public String notifyMe(String message){
        String returnMessage = "Call back received: " + message;
        System.out.println(returnMessage);
        return returnMessage;
    }
}// end CallbackClientImpl class
```

代码清单 4-14　CallbackClient.java

```
import java.io.*;
import java.rmi.*;

public class CallbackClient {
  public static void main(String args[]) {
    try {
      int RMIPort;
      String hostName;
      InputStreamReader is = new InputStreamReader(System.in);
      BufferedReader br = new BufferedReader(is);
      System.out.println("Enter the RMIRegistry host namer:");
      hostName = br.readLine();
      System.out.println("Enter the RMIregistry port number:");
      String portNum = br.readLine();
      RMIPort = Integer.parseInt(portNum);
      System.out.println("Enter how many seconds to stay registered:");
      String timeDuration = br.readLine();
      int time = Integer.parseInt(timeDuration);
      String registryURL = "rmi://localhost:" + portNum + "/callback";
      // find the remote object and cast it to an interface object
      CallbackServerInterface h = (CallbackServerInterface)Naming.lookup(registryURL);
      System.out.println("Lookup completed " );
      System.out.println("Server said " + h.sayHello());
      CallbackClientInterface callbackObj = new CallbackClientImpl();
      // register for callback
      h.registerForCallback(callbackObj);
      System.out.println("Registered for callback.");
      try {
        Thread.sleep(time * 1000);
      }
      catch (InterruptedException ex){ // sleep over
      }
      h.unregisterForCallback(callbackObj);
      System.out.println("Unregistered for callback.");
    } // end try
    catch (Exception e) {
        System.out.println("Exception in CallbackClient: " + e);
    } // end catch
  } // end main
}// end class
```

2. 针对客户回调的服务器端增强

在服务器端，需要提供允许客户为实现回调而向服务器注册的远程方法。在最简单的情形中，方法声明可与下例类似：

代码清单 4-15　CallbackServerInterface.java

```
import java.rmi.*;

public interface CallbackServerInterface extends Remote {
  public String sayHello()
    throws java.rmi.RemoteException;
  public void registerForCallback(CallbackClientInterface callbackClientObject
    ) throws java.rmi.RemoteException;
  // This remote method allows an object client to cancel its registration for callback
  public void unregisterForCallback(CallbackClientInterface callbackClientObject)
    throws java.rmi.RemoteException;
}
```

其中，实现客户远程接口的对象引用作为参数接受。也可以同时提供方法 unregistry-ForCallback 来允许客户取消注册，以便客户不再接受回调。

代码清单 4-16　CallbackServerImpl.java

```
import java.rmi.*;
import java.rmi.server.*;
import java.util.Vector;

public class CallbackServerImpl extends UnicastRemoteObject
    implements CallbackServerInterface {
  private Vector clientList;
  public CallbackServerImpl() throws RemoteException {
    super();
    clientList = new Vector();
  }
  public String sayHello() throws java.rmi.RemoteException {
    return("hello");
  }
  // 由于该方法可能被并发执行，因此必须使用同步
  public synchronized void registerForCallback(CallbackClientInterface callbackClientObject)
    throws java.rmi.RemoteException{
      // store the callback object into the vector
      if (!(clientList.contains(callbackClientObject))) {
        clientList.addElement(callbackClientObject);
      System.out.println("Registered new client ");
      doCallbacks();
    } // end if
  }
  public synchronized void unregisterForCallback(
    CallbackClientInterface callbackClientObject)
    throws java.rmi.RemoteException{
    if (clientList.removeElement(callbackClientObject)) {
      System.out.println("Unregistered client ");
    } else {
      System.out.println(
        "unregister: client wasn't registered.");
    }
  }
  private synchronized void doCallbacks() throws java.rmi.RemoteException{
    // make callback to each registered client
    System.out.println(
      "******************************************\n"+ "Callbacks initiated ---");
    for (int i = 0; i < clientList.size(); i++){
```

```
    System.out.println("doing "+ i +"-th callback\n");
    // convert the vector object to a callback object
    CallbackClientInterface nextClient = (CallbackClientInterface)clientList.elementAt(i);
    // invoke the callback method
    nextClient.notifyMe("Number of registered clients="+clientList.size());
  }// end for
  System.out.println("********************************\n" +
                    "Server completed callbacks ---");
  } // doCallbacks
}// end CallbackServerImpl class
```

代码清单 4-17   CallbackServer.java 源代码

```
import java.rmi.*;
import java.rmi.server.*;
import java.rmi.registry.Registry;
import java.rmi.registry.LocateRegistry;
import java.net.*;
import java.io.*;

public class CallbackServer {
  public static void main(String args[]) {
    InputStreamReader is = new InputStreamReader(System.in);
    BufferedReader br = new BufferedReader(is);
    String portNum, registryURL;
    try{
      System.out.println("Enter the RMIregistry port number:");
      portNum = (br.readLine()).trim();
      int RMIPortNum = Integer.parseInt(portNum);
      startRegistry(RMIPortNum);
      CallbackServerImpl exportedObj = new CallbackServerImpl();
      registryURL = "rmi://localhost:" + portNum + "/callback";
      Naming.rebind(registryURL, exportedObj);
      System.out.println("Callback Server ready.");
    }// end try
    catch (Exception re) {
      System.out.println("Exception in HelloServer.main: " + re);
    } // end catch
  } // end main
  private static void startRegistry(int RMIPortNum)
    throws RemoteException{
    try {
      Registry registry = LocateRegistry.getRegistry(RMIPortNum);
      registry.list();
        // This call will throw an exception if the registry does not already exist
    }
    catch (RemoteException e) { // No valid registry at that port.
        Registry registry = LocateRegistry.createRegistry(RMIPortNum);
    }
  } // end startRegistry
} // end class
```

服务器必须采用某种数据结构来维护注册回调的客户接口引用的列表。在示例代码中，使用 Vector 向量实现该目的，但读者也可以选择任何其他合适的数据结构。每个 registryForCallback 调用导致在 vector 中添加一个引用，而每个 unregistryForCallback 调用则导致从 vector 中删除一个引用。

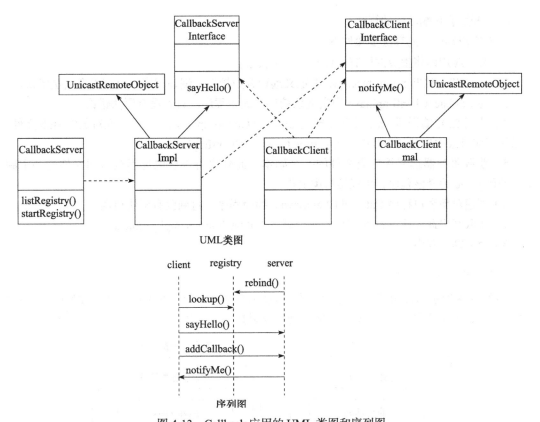

图 4-13　Callback 应用的 UML 类图和序列图

　　在本例中，每当发出一个 registryForCallback 调用时，服务器通过 doCallbacks 发出一个回调，通过该回调向客户报告当前已注册客户的个数。在其他一些应用中，回调也可以由其他事件发出，也可以在事件处理器中发出。

3. 支持客户回调的 RMI 应用的创建

下面详细说明一个支持客户回调的 RMI 应用的创建步骤。

（1）开发服务器端软件的算法

开发服务器端软件的算法步骤如下：

1）为本应用即将生成的所有文件打开一个目录。

2）在 CallbackServerInterface.java 中定义远程服务器接口，编译程序，直到没有语法错误。

3）在 CallbackServerImpl.java 中实现该接口。编译程序，直到没有语法错误。

4）使用 RMI 编译器 rmic 处理实现类，生成远程对象的 stub 文件，可以从当前目录中发现新生成的文件：rmic CallbackServerImpl。

5）获取客户远程接口类文件的一个副本，此外也可以获取远程接口源文件的一个副本。使用 javac 编译该程序，生成接口类文件 CallbackClientInterface.class。

6）创建对象服务器程序 SomeServer.java。编译程序，直到没有语法错误。

7）获取客户远程接口 stub 文件的一个副本 CallbackClientImpl_stub.class。

8）激活对象服务器：

```
java SomeServer
```

（2）开发客户端软件的算法

开发客户端软件的算法步骤如下：

1）为本应用即将生成的所有文件打开一个目录。

2）在 CallbackClientInterface.java 中定义远程客户接口。编译程序，直到没有语法错误。

3）在 CallbackClientImpl.java 中实现该接口。编译程序，直到没有语法错误。

4）使用 RMI 编译器 rmic 处理实现类 CallbackClientImpl.java，生成远程对象的 stub 文件，可以从当前目录中发现新生成的文件：rmic CallbackClientImpl。

5）获取服务器远程接口类文件的一个副本，此外也可以获取远程接口源文件的一个副本。使用 javac 编译该程序，生成接口类文件。

6）创建对象客户程序 CallbackClient.java。编译程序，直到没有语法错误。

7）获取客户远程接口 stub 文件的一个副本 CallbackServerImpl_stub.class。

8）激活客户程序：

```
java SomeClient
```

如图 4-14 所示为使用客户回调的应用双方所需的文件布局。在 Java1.2 中，RMI 应用不再需要使用 skeleton 文件，skeleton 文件的功能被反射技术所代替。

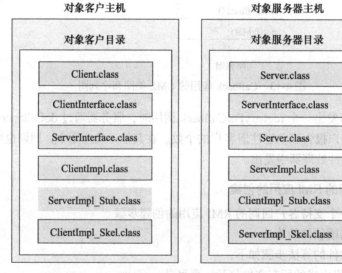

图 4-14   带客户回调的 RMI 应用中的文件布局

4.4.2   stub 下载

在分布式对象系统的体系结构中，需要用代理与对象客户的远程方法调用交互。在 Java RMI 中，该代理是服务器远程接口 stub。在前面的介绍中，我们讨论了如何应用 RMI 编译器 rmic 处理服务器远程接口实现，生成服务器远程接口代理。需要在客户主机的运行时提供 stub 类，以便支持客户对象程序执行。将该 stub 类文件手工放置在同一包或对象客户程序目录中，即可实现该目的。

Java RMI 提供了客户动态访问 stub 的机制。使用动态 stub 下载，客户主机上就不再需要有 stub 类文件的副本了。取而代之的是，stub 类可以在客户被激活时，按需从 Web 服务器传送到客户主机上。

stub 下载使用从任何 URL 向运行在独立进程上的 JVM 动态下载 Java 软件的能力。使用 stub 下载时，对象开发人员以 Web 文档形式在 Web 服务器上保存 stub 类。该文件在对象客户执行时被下载，下载方式与小应用程序 Applet 下载相同。

如果没有 stub 下载，stub 对象必须手工放置在客户主机上，同时必须能够被 Java 虚拟机定位到，如果正在使用 stub 下载，那么可以从 HTTP 服务器上动态地获得 stub 类，以便该 stub 可以与对象客户和 RMI 运行时支持交互。已下载的 stub 类不是持久的，这意味着它不会永久地存储在客户主机中，相反，它将在客户会话结束时被系统删除。没有 Web 缓存时，每个客户类的执行都需要从 Web 服务器上重新下载 stub。

1. 指定 stub 下载和安全策略文件

如果将从 HTTP 服务器上下载 stub，那么应将 stub 类文件传输到 HTTP 服务器的相应目录中，例如，主机 www.mycompany.com 的 stub 目录，并确保该文件的访问权限是全球可读的。激活服务器时，指定下列命令选项：

```
java -Djava.rmi.server.codebase=<URL> -Djava.security.policy=<到安全策略文件的完整路径>
```

其中，<URL> 是包含 stub 类的目录 URL，如 www.mycompany.com/stubs/。注意，URL 后面的斜杠表明该 URL 指向一个目录，而不是文件。<到安全策略文件的完整路径> 指定该应用的安全策略文件，例如，如果当前目录中存在文件 java.security，则指向该文件。

例如：

```
java -Djava.rmi.server.codebase=http://www.mycompany.com:8080/stubs/
     -Djava.security.policy=java.policy  HelloServer
```

将启动 HelloServer，并允许从 Web 服务器 www.mycompany.com 的目录 stubs 下载 stub。

图 4-15 展出了 RMI 应用所需的一组文件及这些文件的布局，这里假设使用动态 stub 下载。服务器端的类文件包括服务器、远程接口、接口实现、stub 类的类文件和应用的安全策略文件。在客户端所需的文件包括客户类、服务器远程接口类和应用安全策略文件。最后，stub 类文件需要存储在 HTTP 主机上，可以从该服务器上下载 stub。

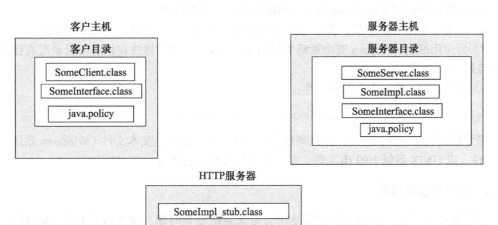

图 4-15　使用 stub 下载的应用中的 RMI 布局图

2. 支持 stub 下载的 RMI 应用的创建

下面描述了支持 stub 下载的 RMI 应用的创建步骤，为简单起见，这里忽略了有关客户回调的细节。

（1）开发服务器端软件的算法

开发服务器端软件的算法步骤如下：

1）为本应用即将生成的所有文件打开一个目录。

2）在 SomeInterface.java 中定义远程服务器接口。编译程序，直到没有语法错误。

3）在 SomeImpl.java 中实现该接口。编译程序，直到没有语法错误。

4）使用 RMI 编译器 rmic 处理实现类，生成远程对象的 stub 文件，可以从当前目录中发现新生成的文件：rmic SomeImpl。

5）创建对象服务器程序 SomeServer.java。编译程序，直到没有语法错误。

6）如果希望使用 stub 下载，将 stub 类文件复制到 HTTP 主机的相应目录中。

7）如果使用了 RMI 注册表，但没有激活，应激活 RMI 注册表。例如：

```
rmiregistry  <端口号，默认 1099>
```

也可以在对象服务器程序中使用代码激活 RMI 注册表。

8）为应用编辑一个 Java 安全策略文件，文件名为"java.policy"，将该文件放在相应目录中，或直接放在当前目录中。

9）激活服务器，指定希望 stub 下载的 codebase 和安全策略文件：

```
Java -Djava.rmi.server.codebase=http://somehost.someu/edu/stubs/
     -Djava.security.policy=java.policy
```

通常假设该命令只占一行，建议将该命令写入一个可执行的文本文件（Windows 系统上的 bat 文件，或 UNIX 系统上的 sh 文件），运行该文件来启动服务器。

（2）开发客户端软件的算法

开发客户端软件的算法步骤如下：

1）为本应用即将生成的所有文件打开一个目录。

2）获取远程方法接口类文件 SomeInterface.class 的一个副本。

3）开发客户程序 SomeClient.java。编译程序，生成客户类。

4）如果不希望 stub 下载，获取 stub 类文件的一个副本。并将其放在当前目录中。

5）为应用编辑一个 Java 安全策略文件 java.policy，将该文件放在相应的目录或直接放在当前目录中。

6）激活客户，指定安全策略文件：

```
java -Djava.security.policy=java.policy SomeClient
```

通常假设该命令只占一行，建议将该命令写入一个可执行的文本文件（Windows 系统上的 bat 文件，或 UNIX 系统上的 sh 文件，运行该文件来启动服务器。

4.4.3 RMI 安全管理器

尽管 stub 下载非常有用，但它的使用会带来系统安全问题，这些问题不是 RMI 特有的，所有的对象下载都存在着这一问题。当从远程主机传输 RMI stub 等对象时，它的执行会使本地主机遭受到潜在的恶意攻击。由于下载的对象来源于外部，因此如果不限制其代码的执行，则可能潜在危害本地主机，造成类似于计算机病毒所引起的破坏。

为了应对下载 stub 所引起的威胁，Java 提供了 RMISecurityManager 类。RMI 程序可以实例化该类的一个对象。一旦实例化后，对象监视程序执行期间所引起的所有安全敏感动作。这些动作包括访问本地文件和使用网络连接，因为这些动作可能导致对本地资源以外的修改或对网络资源的误用。特别地，RMI 运行时支持要求服务器进程在输出 stub 下载所需要的任何对象之前，安装安全管理器，客户进程在下载 stub 之前，也需要安装安全管理器。

无论是否使用 stub 下载，都应该在所有的 RMI 应用中使用安全管理器。默认情况下，RMI 安全管理器非常严格，它不允许访问任何文件，并且只允许建立到源主机的连接。但该限制不会阻止 RMI 对象客户与对象服务器主机的 RMI 注册表联系，也不会阻止下载 stub。也可能通过安装一个称为安全策略文件的特殊文件来放松安全限制，该文件的语法规定了安全管理器需要执行的限制类型。默认情况下，在每个支持 Java 的系统的特定目录中都装有一个系统安全策略文件。该系统安全策略文件定义的限制将被安全管理器执行，除非用户定义另一个策略文件来覆盖该文件。另外，也可以为特定应用定义安全策略文件，以便根据各个应用分别施加限制。

RMISecurityManager 是 Java 提供的一个类，可以在对象客户和对象服务器中用以下语句来实例化：

```
System.setSecurityManager(new RMISecurityManager());
```

该语句应出现在访问 RMI 注册表的代码之前。下列代码演示前面描述的 Hello 示例，其中增加了安全管理器的实例化。

代码清单 4-18　基于安全管理器的 HelloServer.java

```java
import java.rmi.*;
import java.rmi.server.*;
import java.rmi.registry.Registry;
import java.rmi.registry.LocateRegistry;
import java.net.*;
import java.io.*;

public class HelloServer {
    public static void main(String args[]) {
        InputStreamReader is = new InputStreamReader(System.in);
        BufferedReader br = new BufferedReader(is);
        String portNum, registryURL;
        try{
            System.out.println("Enter the RMIregistry port number:");
            portNum = (br.readLine()).trim();
            int RMIPortNum = Integer.parseInt(portNum);
            System.setSecurityManager(new RMISecurityManager());
            startRegistry(RMIPortNum);
            HelloImpl exportedObj = new HelloImpl();
            registryURL = "rmi://localhost:" + portNum + "/hello";
            Naming.rebind(registryURL, exportedObj);
            System.out.println("Server registered. Registry contains:");
            // list names currently in the registry
            listRegistry(registryURL);
            System.out.println("Hello Server ready.");
        }// end try
        catch (Exception re) {
            System.out.println("Exception in HelloServer.main: " + re);
```

```
            } // end catch
     } // end main
        private static void startRegistry(int RMIPortNum)
            throws RemoteException{
            try {
                Registry registry = LocateRegistry.getRegistry(RMIPortNum);
                registry.list();  // This call will throw an
                // exception if the registry does not already exist
            }
            catch (RemoteException e) {
                // No valid registry at that port
                System.out.println("RMI registry cannot be located at port " + RMIPortNum);
                Registry registry = LocateRegistry.createRegistry(RMIPortNum);
                System.out.println("RMI registry created at port " + RMIPortNum);
            }
        } // end startRegistry
    // This method lists the names registered with a Registry
    private static void listRegistry(String registryURL)
            throws RemoteException, MalformedURLException {
            System.out.println("Registry " + registryURL + " contains: ");
            String [ ] names = Naming.list(registryURL);
            for (int i=0; i < names.length; i++)
                System.out.println(names[i]);
    } // end listRegistry
} // end class
```

代码清单 4-19　基于安全管理器的 HelloClient.java

```
import java.io.*;
import java.rmi.*;

public class HelloClient {
    public static void main(String args[]) {
        try {
            int RMIPort;
            String hostName;
            InputStreamReader is = new InputStreamReader(System.in);
            BufferedReader br = new BufferedReader(is);
            System.out.println("Enter the RMIRegistry host namer:");
            hostName = br.readLine();
            System.out.println("Enter the RMIregistry port number:");
            String portNum = br.readLine();
            RMIPort = Integer.parseInt(portNum);
            // start a security manager - this is needed if stub
            // downloading is in use for this application.
            System.setSecurityManager(new RMISecurityManager());
            String registryURL = "rmi://localhost:" + portNum + "/hello";
            // find the remote object and cast it to an interface object
            HelloInterface h = (HelloInterface)Naming.lookup(registryURL);
            System.out.println("Lookup completed " );
            // invoke the remote method
            String message = h.sayHello();
            System.out.println("HelloClient: " + message);
        } // end try
        catch (Exception e) {
            System.out.println("Exception in HelloClient: " + e);
        }
```

```
    } //end main
}//end class
```

Java 安全策略文件是一种文本文件，其中包含了定义特定许可授权的代码，下面是 RMI 应用中一个典型的 java.policy 文件。

```
grant {
    //permits socket access to all common TCP ports, including the
    //default RMI registry port (1099) - need for both the client and the server.
    //permission java.net.SocketPermission "*:1024-65535",connect,accept,resolve";
    //permits socket access to port 80, the default HTTP port - needed
    //by client to contact an HTTP server for stub downloading
        permission java.net.SocketPermission "*:80", "connect";
};
```

在后面的练习中，建议在对象客户主机和对象服务器主机中应用所在的目录中，分别保存 java.policy 的一个副本，文件名仍为 java.policy。

激活客户时，使用命令选项指定客户进程在策略文件中定义的特权，形式如下：

```
java -Djava.security.policy=java.policy  SomeClient
```

类似地，服务器应按以下方式激活：

```
java -Djava.security.policy=java.policy  SomeServer
```

有关 Java 安全策略的完整讨论，包括文件中所用语法的解释，可以参见 java.sun.com。

习题

1. 比较消息传递范型和分布式对象范型的区别。
2. 比较本地过程调用和远程过程调用的区别。
3. 描述 Java RMI 体系结构，绘制 Java RMI 应用的客户端与服务器交互状态图。
4. 简述客户回调机制及其实现原理。
5. 简述 RMI 安全管理器的作用及其实现方式。
6. 简述 stub 动态下载的作用及其实现方式。
7. 简述代理模式（中间件），做出客户代理模式的 UML 用例图。
8. 分别用 Java socket API 和 Java RMI 实现简单应用，其中客户向服务器发送两个整数（int），服务器计算数值之和并将结果返回给客户。
9. 练习本章 Hello 示例。
   1）新建工作目录，将 Hello 示例的源文件放入该目录。
   2）编译 HelloInterface.java 和 HelloImpl.java。
   3）用 rmic 编译 HelloImpl。检查目录，查看生成的 stub 代理。
   4）编译 HelloServer.java。
   5）运行服务器，为 RMI 指定一个随机端口。
   6）编译并运行 HelloClient.java。指定主机名 localhost，及先前定义的 RMI 注册端口号。
   7）查看运行结果。
10. 练习本章 Callback 程序示例。
    1）新建工作目录 Callback 及其子目录 Server 和 Client，将源文件分别复制到对应的子目录中。

2）根据支持客户回调的 RMI 应用的创建步骤安装和运行对象服务器和对象客户。

3）快速启动多个客户，并查看操作结果。

11. 练习本章提供的支持 stub 下载的 RMI 应用程序。

1）新建工作目录 stubDownload 及其子目录 Server 和 Client，将源文件分别复制到对应的子目录中。

2）编译文件，使用 rmic 在 Server 目录生成 stub 文件。将 stub 类复制到 Client 目录中。

3）不指定 stub 下载，直接从 Server 目录中启动服务器，然后从 Client 目录中启动客户，查看运行结果。

4）在 Client 目录中，删除 stub 类文件，再次启动客户，由于缺少 stub 文件，此时程序会出现异常。

5）返回 Server 目录，将 stub 类文件复制到拥有访问权限的 Web 服务器的一个目录中。从 Server 目录启动服务器，这次指定 stub 下载。

6）返回 Client 目录，再次启动客户，如果 stub 下载正常，客户应该能够正确工作。

7）编写实验报告。

12. 请在 4.3 节基本 RMI 应用 Hello 的 sayHello() 方法中增加休眠 10 秒的代码，并先后分别运行两个客户端程序实例，测试 RMI 对象服务器是否支持并发功能?（提示：观察两次调用输出结果的时间间隔。）

参考文献

［1］ Java remote method invocation［EB/OL］. http://java.sun.com/products/jdk/rmi.

［2］ RMI—The Java Tutorial［EB/OL］. http:// java.sun.com/docs/books/tutorial/rmi.

［3］ Introduction to distributed computing with RMI［EB/OL］. http://developer.java.sun.com/developer/onlineTraining/rmi/RMI.html.

［4］ Java remote method invocation—distributed computing for java［EB/OL］. http://java.sun.com/marketing/collateral/javarmi.html.

［5］ Liu M L. 分布式计算原理与应用（影印版）［M］. 顾铁成，等译. 北京：清华大学出版社，2004.

第 5 章　Web 原理与应用开发

　　本章首先介绍了 Internet 应用的核心协议 HTTP 的基本原理和实现细节，然后讨论 Web 开发技术，包括 HTML、JavaSript、CSS、XML 和动态网页技术，接着重点阐述 CGI 基本原理、Web 会话、Applet 和 Servlet 等技术，最后详细介绍 SSH 框架和开发技术，并给出一个基于 SSH 框架的应用开发实例。

5.1　HTTP 协议

5.1.1　WWW

　　WWW 是到目前为止最著名的分布式应用，中文名字为"万维网"，常简称为 Web。WWW 是目前世界上最具影响力的互联网服务，起源于 1990 年底，最早由欧洲核物理研究中心的 Tim Berners-Lee 提出，其目的是为研究中心分布在世界各地的科学家提供一个共享信息的平台。1990 年 11 月，Tim Berners-Lee 和 Robert Cailliau 联合提交了"通用超文本系统"的建议方案，自从该方案提出后，WWW 得到了迅猛的发展。

　　从应用功能看，WWW 是一种交互式图形界面的 Internet 服务，具有强大的信息连接功能，它使得成千上万的用户通过简单的图形界面就可以访问各个大学、组织、公司等的最新信息和各种服务。WWW 服务是目前应用最广的一种基本互联网应用，我们每天上网都要用到这种服务。通过 WWW 服务，只要用鼠标进行本地操作，就可以到达世界上的任何地方。由于 WWW 服务使用的是超文本链接（HTML），所以可以很方便地从一个信息页转换到另一个信息页。通过它不仅能查看文字，而且可以欣赏图片、音乐、动画。最流行的 WWW 服务的程序就是 Microsoft 的 IE 浏览器。

　　从技术上看，WWW 是一个基于 HTTP 的客户 / 服务器应用系统，即属于客户 / 服务器范型的分布式计算应用。其中，WWW 服务器负责以 Web 页面方式存储信息资源并响应客户请求，WWW 浏览器则负责接收用户命令、发送请求信息、解释服务器的响应。WWW 的核心技术包括 HTML 和 HTTP。其中，HTTP 是 WWW 服务使用的应用层协议，用于实现 WWW 客户机与 WWW 服务器之间的通信；HTML 语言是 WWW 服务的信息组织形式，用于定义在 WWW 服务器中存储的信息格式。

5.1.2　TCP/IP

　　TCP/IP（Transmission Control Protocol/Internet Protocol，传输控制协议 /Internet 互联协议，又名网络通信协议）是 Internet 最基本的协议和 Internet 国际互联网络的基础。TCP/IP 定义了电子设备接入 Internet 以及数据在其间传输的标准。TCP/IP 协议不是 TCP 和 IP 这两个协议的合称，而是指 Internet 整个 TCP/IP 协议族。与七层 OSI 参考模型不同，从协议分层模型方面来讲，TCP/IP 由 4 个层次组成：网络接口层、网络层、传输层、应用层。各层的协议如图 5-1

所示，其中 HTTP 为应用层的重要协议之一。

5.1.3 HTTP 协议原理

HTTP（HyperText Transport Protocol，超文本传输协议）用于传送 WWW 方式的数据，是互联网上应用最为广泛的一种网络协议。设计 HTTP 最初的目的是提供一种发布和接收 HTML 页面的方法。通过 HTTP 或者 HTTPS 协议请求的资源由统一资源标识符（Uniform Resource Identifiers，URI）来标识。

OSI	TCP/IP协议集	
应用层	应用层	Telnet、FTP、SMTP、DNS、HTTP 以及其他应用协议
表示层		
会话层		
传输层	传输层	TCP、UDP
网络层	网络层	IP、ARP、RARP、ICMP
数据链路层	网络接口层	各种通信网络接口（以太网等）（物理网络）
物理层		

图 5-1　TCP/IP 协议栈

HTTP 的发展是万维网协会（W3C）和互联网工程任务组（IETF）合作的结果，最终发布了一系列 RFC，其中 HTTP 的第一个版本是 0.9。当前使用较广泛的版本是 1.0，其对应的描述文档为 RFC 1945。最著名的是 1999 年 6 月公布的 RFC 2616，它定义了 HTTP 协议中现今广泛使用的一个版本——HTTP 1.1。

HTTP 是一个面向连接（基于 TCP）、无状态的请求应答协议，也是一个客户端终端（用户）和服务器端（网站）请求和应答的标准。通过使用 Web 浏览器、网络爬虫或者其他工具，客户端发起一个 HTTP 请求到服务器（常称为 Web 服务器）的指定端口，网络服务的默认端口为 80，也可以指定为其他未占用的端口。如图 5-2 所示，Web 浏览器向 Web 服务器发送请求，Web 服务器处理请求并返回适当的应答。

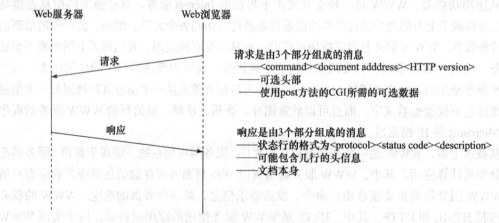

图 5-2　HTTP 协议的请求和应答

1. 通信过程

在一次完整的 HTTP 通信过程中，Web 浏览器与 Web 服务器之间将完成下列 7 个步骤：

1）建立 TCP 连接。在 HTTP 工作开始之前，Web 浏览器首先通过网络与 Web 服务器建立连接。该连接是通过 TCP 来完成的，该协议与 IP 协议共同构建 Internet，即著名的 TCP/IP 协议族，因此 Internet 又称为 TCP/IP 网络。HTTP 是比 TCP 更高层次的应用层协议，根据规则，只有低层协议建立之后才能进行更高层协议的连接，因此首先需要建立 TCP 连接。

2）Web 浏览器向 Web 服务器发送请求命令。一旦建立了 TCP 连接，Web 浏览器就会向 Web 服务器发送请求命令。例如

```
GET/sample/hello.jsp HTTP/1.1
```

3）Web 浏览器发送请求头信息。浏览器发送其请求命令之后，还要以头信息的形式向 Web 服务器发送一些信息，之后浏览器发送一个空白行，通知服务器它已经结束了该头信息的发送。

4）Web 服务器应答。客户机向服务器发出请求后，服务器向客户机回送应答，如 HTTP/1.1 200 OK，应答的第一部分是协议的版本号和应答状态码。

5）Web 服务器发送应答头信息。正如客户端会随同请求发送关于自身的信息一样，服务器也会随同应答向用户发送关于它自己的数据及被请求的文档。

6）Web 服务器向浏览器发送数据。Web 服务器向浏览器发送头信息后，会发送一个空白行来表示头信息的发送到此结束，接着，它以 Content-Type 应答头信息所描述的格式发送用户所请求的实际数据。

7）Web 服务器关闭 TCP 连接。一般情况下，一旦 Web 服务器向浏览器发送了请求数据，就要关闭 TCP 连接。如果浏览器或者服务器在其头信息加入了代码 Connection:keep-alive，那么 TCP 连接在发送后将仍然保持打开状态，于是，浏览器可以继续通过相同的连接发送请求。保持连接不仅节省了为每个请求建立新连接所需的时间，而且节约了网络带宽。

2. HTTP 请求

当浏览器向 Web 服务器发出请求时，它向服务器传递了一个数据块，即请求信息，HTTP 请求信息由 3 部分组成（其中请求头和请求正文之间有一个空白行）：请求方法 URI 协议 / 版本、请求头（request header）、请求正文。

下面给出一个 HTTP 请求的例子：

```
GET/sample.jsp HTTP/1.1
Accept:image/gif.image/jpeg,*/*
Accept-Language:zh-cn
Connection:Keep-Alive
Host:localhost
User-Agent:Mozila/4.0(compatible;MSIE5.01;Window NT5.0)
Accept-Encoding:gzip,deflate
username=jinqiao&password=1234
```

（1）请求方法 URI 协议 / 版本

请求的第一行是"请求方法 URL 协议 / 版本"：

```
GET/sample.jsp HTTP/1.1
```

其中，"GET"代表请求方法，"/sample.jsp"表示 URI，"HTTP/1.1"代表协议和协议的版本。根据 HTTP 标准，HTTP 请求可以使用多种请求方法。例如，HTTP 1.1 支持 7 种请求方法：GET、POST、HEAD、OPTIONS、PUT、DELETE 和 TRACE。在 Internet 应用中，最常用的方法是 GET 和 POST。URL 完整地指定了要访问的网络资源，通常只要给出根目录相对于服务器的目录即可，因此总是以"/"开头，最后，协议版本声明了通信过程中使用的 HTTP 版本。

（2）请求头

请求头包含许多有关客户端环境和请求正文的有用信息。例如，请求头可以声明浏览器所用的语言、请求正文的长度等。

```
Accept:image/gif.image/jpeg.*/*
Accept-Language:zh-cn
```

```
Connection:Keep-Alive
Host:localhost
User-Agent:Mozila/4.0(compatible:MSIE5.01:Windows NT5.0)
Accept-Encoding:gzip,deflate.
```

（3）请求正文

请求头和请求正文之间是一个空行，这个空行非常重要，它表示请求头已经结束，接下来是请求正文。请求正文中可以包含客户提交的查询字符串信息：

```
username=jinqiao&password=1234
```

在以上例子的 HTTP 请求中，请求正文只有一行内容。在实际应用中，HTTP 请求正文可以包含更多的内容。

HTTP 请求常用的方法有 GET、POST、HEAD、PUT 等。

1）**GET**：获取 URI 指定的 Web 对象的内容。GET 是默认的 HTTP 请求方法，我们日常用 GET 方法来提交表单数据，然而用 GET 方法提交的表单数据只经过了简单的编码，同时它将作为 URL 的一部分向 Web 服务器发送，因此，使用 GET 方法来提交表单数据存在着安全隐患。例如：

```
Http://127.0.0.1/login.jsp?Name=zhangshi&Age=30&Submit=%cc%E+%BD%B8
```

从上面的 URL 请求中，很容易辨认出表单提交的内容（"?"之后的内容）。另外由于 GET 方法提交的数据是作为 URL 请求的一部分，所以提交的数据量不能太大。

2）**POST**：用于向服务器主机上的某个进程发送数据。POST 是 GET 方法的一个替代方法，主要向 Web 服务器提交表单数据，尤其是大批量的数据。POST 方法克服了 GET 方法的一些缺点。通过 POST 方法提交表单数据时，数据不是作为 URL 请求的一部分而是作为标准数据传送给 Web 服务器，克服了 GET 方法中的信息无法保密和数据量小的缺点。因此，出于安全考虑以及对用户隐私的保护，提交表单时通常采用 POST 方法。从编程的角度来讲，如果用户通过 GET 方法提交数据，则数据存放在 QUERY_STRING 环境变量中，而 POST 方法提交的数据可以从标准输入流中获取。

3）**HEAD**：仅从服务器获取头部信息，而不是对象本身。

4）**PUT**：用于将 HTTP 附带的内容保存到服务器上 URI 所指定的位置（上传文件）。

5）**DELETE**：删除指定资源。

6）**OPTIONS**：返回服务器支持的 HTTP 方法。

7）**CONNECT**：把请求连接转换到透明的 TCP/IP 通道。

3. HTTP 应答

HTTP 应答与 HTTP 请求相似，HTTP 响应也由 3 个部分构成（其中响应头和响应正文之间有一个空白行），分别是协议状态 / 版本（代码描述）、响应头（response header）、响应正文。下面是一个 HTTP 响应的例子：

```
HTTP/1.1 200 OK
Server:Apache Tomcat/7.0.0
Date:Mon,13 Jan2014 13:23:42 GMT
Content-Length:112

<html>
    <head>
```

```
        <title>HTTP 响应示例 <title>
    </head>
        <body>
            Hello HTTP!
        </body>
</html>
```

协议状态代码描述 HTTP 响应的第一行类似于 HTTP 请求的第一行，它表示通信所用的协议是 HTTP1.1，服务器已经成功地处理了客户端发出的请求（200 表示成功）：

```
HTTP/1.1 200 OK
```

响应头和请求头一样包含许多有用的信息，如服务器类型、日期时间、内容类型和长度等。响应正文是服务器返回的 HTML 页面。

注意　响应头和正文之间必须用空行分隔。

HTTP 应答码也称为状态码，它反映了 Web 服务器处理 HTTP 请求的状态。HTTP 应答码由 3 位数字构成，其中首位数字定义了应答码的类型：

1XX——信息类（information），表示收到 Web 浏览器请求，正在进一步处理中。

2XX——成功类（successful），表示用户请求被正确接收、理解和处理，例如，200 OK。

3XX——重定向类（redirection），表示请求没有成功，客户必须采取进一步的动作。

4XX——客户端错误（client error），表示客户端提交的请求有错误，例如，404 NOT Found，意味着请求中所引用的文档不存在。

5XX——服务器错误（server error），表示服务器不能完成对请求的处理，例如，500。

对于 Web 开发人员来说，掌握 HTTP 应答码有助于提高 Web 应用程序调试的效率和准确性。

4. HTTPS

简单地讲，HTTPS（Hyper Text Transfer Protocol over Secure Socket Layer，超文本传输安全协议）是 HTTP 的安全版，是一种基于 SSL/TLS 的 HTTP，所有的 HTTP 数据都是在 SSL/TLS 协议封装之上传输的。HTTP 用于在 Web 浏览器和网站服务器之间传递信息。HTTP 以明文方式发送内容，不提供任何方式的数据加密，如果攻击者截取了 Web 浏览器和网站服务器之间的传输报文，就可以直接读懂其中的信息，因此 HTTP 不适合传输敏感信息，如信用卡号、密码等。为了解决 HTTP 的这一缺陷，需要使用另一种协议：安全套接字层超文本传输协议——HTTPS。为了数据传输的安全，HTTPS 在 HTTP 的基础上加入了 SSL 协议，SSL 依靠证书来验证服务器的身份，并为浏览器和服务器之间的通信加密。

HTTPS 和 HTTP 的主要区别如下：

1）HTTPS 协议需要到 CA 申请证书，免费证书较少，一般需要交费。

2）HTTP 的信息是明文传输的，HTTPS 则是具有安全性的 SSL 加密传输协议。

3）HTTP 和 HTTPS 使用完全不同的连接方式，用的端口也不一样，HTTP 是 80，HTTPS 是 443。

4）HTTP 的连接很简单，是无状态的。

5）HTTPS 是由 SSL+HTTP 构建的可进行加密传输、身份认证的网络协议，比 HTTP 安全。

5.2　Web 开发技术

5.2.1　HTML

HTML（Hyper Text Markup Language）即超文本标记语言，用于描述网页。注意，HTML

不是一种编程语言，而是一种标记语言。

HTML 是一种制作万维网页面的标准语言，是 WWW 世界的共同语言，消除了不同计算机之间信息交流的障碍。它是目前网络上应用最为广泛的语言，也是构成网页文档的主要语言。超文本标记语言 HTML 的功能包括：描述 Web 文档结构，创建超链接，以及定义格式化的文本、色彩、图像等。HTML 文件是由 HTML 命令组成的描述性文本，HTML 命令可以说明文字、图形、动画、声音、表格、链接等。HTML 文件的结构包括头部（Head）和主体（Body）两大部分，其中头部描述浏览器所需的信息，而主体则包含所要说明的具体内容。

1. 基本结构标记

HTML 的基本结构标记包括 <HTML>、<HEAD>、<TITLE>、<BODY> 等，下面的代码清单 5-1 给出一个简单 HTML 网页，网页效果如图 5-3 所示。

代码清单 5-1   基本结构标记示例

```html
<html>
    <head>
        <title>
            计算机网络
        </title>
    </head>
    <body>
        计算机网络就是利用通信线路将具有独立功能的计算机连接起来而形成的计算机集合，计算机之间可以借助于通信线路传递信息，共享软件、硬件和数据等资源。
    </body>
</html>
```

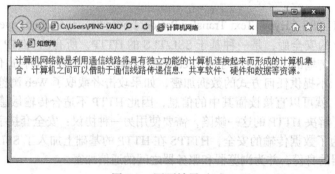

图 5-3   网页效果（1）

2. 段落标记

HTML 中最基本的元素是段落，段落可以用 <p> 表示，浏览器将段落的内容从左到右、从上到下显示。

3. 图像标记

定义图像的语法是：

```html
<img src="URL" />
```

URL 指存储图像的位置。如果名为"boat.gif"的图像位于 www.w3school.com.cn 的 images 目录中，那么其 URL 为 http://www.w3school.com.cn/images/boat.gif。

代码清单 5-2　图像标记示例

```
<html>
    <head>
        <title>
            计算机网络
        </title>
    </head>
    <body>
        计算机网络就是利用通信线路将具有独立功能的计算机连接起来而形成的计算机集合，计算机之间
可以借助于通信线路传递信息，共享软件、硬件和数据等资源。 <p>
        <img src =" network.jpg">
    </body>
</html>
```

网页效果如图 5-4 所示。

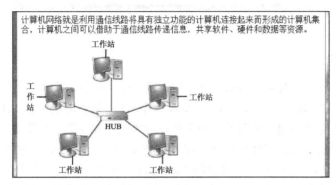

图 5-4　网页效果（2）

4. 超链接标记——文字

表示方法如下：

```
<a href="url">Link text</a>
```

href 属性规定链接的目标。开始标签和结束标签之间的文字作为超级链接显示。

代码清单 5-3　超链接标记示例

```
<html>
    <head>
        <title>
            计算机网络
        </title>
    </head>
    <body>
        计算机网络就是利用通信线路将具有独立功能的计算机连接起来而形成的计算机集合，计算机之间
可以借助于通信线路传递信息，共享软件、硬件和数据等资源。 <p>
        <img src="http://192.168.0.66/network.jpg"> <p>
        <a href="http://192.168.0.66/lan.html"> 局域网 </a> <p>
        <a href="http://192.168.0.66/man.html"> 城域网 </a> <p>
        <a href="http://192.168.0.66/wan.html"> 广域网 </a>
    </body>
</html>
```

网页效果如图 5-5 所示。

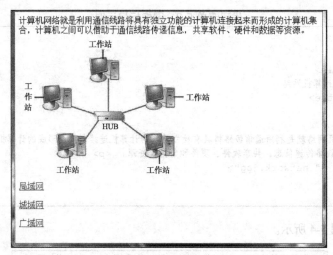

计算机网络就是利用通信线路将具有独立功能的计算机连接起来而形成的计算机集合，计算机之间可以借助于通信线路传递信息，共享软件、硬件和数据等资源。

图 5-5　网页效果（3）

5.2.2　JavaScript

JavaScript 是一种基于对象（object）和事件驱动（event driven）并具有安全性能的脚本语言。使用它的目的是与 HTML、Java 脚本语言（Java 小程序）一起实现在一个 Web 页面中链接多个对象，与 Web 客户交互作用，从而可以开发客户端的应用程序等。它是通过嵌入或调入标准 HTML 语言中实现的。它的出现弥补了 HTML 语言的缺陷，它是 Java 与 HTML 折衷的选择。

JavaScript 是由 Netscape 公司开发并随 Navigator 一起发布的。它的开发环境简单，不需要 Java 编译器，而是直接运行在 Web 浏览器中，因此倍受 Web 设计者喜爱。

下面介绍 JavaScript 的基本语法。

1. 常量

整型常量：八进制，十进制，十六进制。

实型常量：由整数部分加小数部分表示，如 12.88 和 2015.7。

布尔值：true 和 false 两种状态，小写。

字符型常量：使用单、双引号。例如 "32150" 或 'sddf'。

空值：null。如果试图引用没有定义的变量，就会返回一个空值。

特殊字符：JavaScript 中以"/"开头的不可显示的特殊字符为控制字符。

2. 变量

变量的主要作用是存取数据，提供存放信息的容器。变量可分为全局变量和局部变量。通常声明函数 function 内的变量是局部变量，在 JavaScript 标记内的变量是全局变量，局部变量只能在函数内存取。变量使用 var 关键字在使用前先做声明，并可赋值：

```
var myname;                // 只声明
var myname="John";         // 声明并赋值
```

3. 运算符

双目运算符：格式为"操作数 1 运算符操作数 2"。

单目运算符：只有一个操作符，如 ++1。

算术运算符：双目运算符包括加、减、乘、除、取模（%），单目运算符包括 –（取反）、~（取补）、++（递加 1）、– –（递减 1）。

比较运算符：操作之后返回 true 或 false，如大于、小于、小于等于（<=）、大于等于（>=）、等于（==）、不等于（!=）。

逻辑运算符：也称布尔运算符，包括!（取反）、&&（逻辑与）、‖（逻辑或）。

4. 表达式

表达式是变量、常量、布尔及运算符的集合，分为算术表达式、字符表达式、赋值表达式及布尔表达式等。

5. 基本语句

（1）if-else 条件语句

基本格式：

```
if (条件)
  {
    只有当条件为 true 时执行的代码
  }
```

例如，当时间小于 20：00 时，把 x 的值赋为 "Good day" 问候：

```
if (time<20)
  {
    x="Good day";
  }
```

（2）for 循环语句

基本格式：

```
for (语句 1; 语句 2; 语句 3)
  {
    被执行的代码块
  }
```

例如：

```
for (var i=0; i<5; i++)
  {
    x=x + "The number is " + i + "<br>";
  }
```

（3）break 语句

使用 break 语句可以使循环从 for 或 while 中跳出。

（4）continue 语句

使用 continue 语句可以使程序跳过循环内剩余的语句而进入下一次循环。

当遇到 continue 语句时并不是跳出整个循环，只是结束当前的这一次循环。

（5）switch 语句

switch 语句的作用是，如 switch 语句中的条件有匹配的 case 则执行 case，如无匹配的 case 则执行 default。语法格式如代码清单 5-4 所示。

代码清单 5-4　switch 语句格式

```
switch(n)
{
  case 1:
    执行代码块 1
    break;
  case 2:
    执行代码块 2
    break;
  default:
    n 与 case 1 和 case 2 不同时执行的代码
}
```

例如，编程实现显示今日的周名称。注意 Sunday=0, Monday=1, Tuesday=2, 等等。

代码清单 5-5　显示今日的周名称示例

```
var day=new Date().getDay();
switch (day)
{
  case 0:
    x="Today is Sunday";
    break;
  case 1:
    x="Today is Monday";
    break;
  case 2:
    x="Today is Tuesday";
    break;
  case 3:
    x="Today is Wednesday";
    break;
  case 4:
    x="Today is Thursday";
    break;
  case 5:
    x="Today is Friday";
    break;
  case 6:
    x="Today is Saturday";
    break;
}
```

6. 函数

函数定义：

```
function 函数名(参数, 变量){
    函数体；
    return 表达式
}
```

说明：函数名用于定义函数名称；参数是传递给函数使用或操作的值，其值可以是常量、变量或其他表达式；return 则用于设定函数的返回值，需区分大小写。

一个内嵌于 HTML 的 JavaScript 实例如下：

代码清单 5-6　内嵌于 HTML 的 JavaScript 实例

```
<html>
    <head>
        <script type="text/javascript">
            var c=0;
            var t;
            function timedCount()
            {
                document.getElementById('txt').value=c
                c=c+1
                t=setTimeout("timedCount()",1000)
            }

            function stopCount()
            {
                c=0;
                setTimeout("document.getElementById('txt').value=0",0);
                clearTimeout(t);
            }
        </script>
    </head>
    <body>
        <form>
            <input type="button" value=" 开始计时! " onClick="timedCount()">
            <input type="text" id="txt">
            <input type="button" value=" 停止计时! " onClick="stopCount()">
        </form>
        <p> 请点击上面的 "开始计时" 按钮来启动计时器。输入框会一直进行计时，从 0 开始。点击 "停
止计时" 按钮可以终止计时，并将计数重置为 0。</p>
    </body>
</html>
```

运行效果如图 5-6 所示。

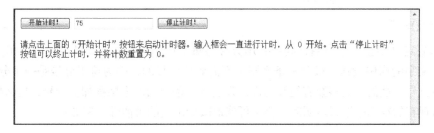

图 5-6　运行效果

5.2.3　CSS

级联样式表（Cascading Style Sheet，CSS）通常又称为风格样式表（style sheet），用于进行网页风格设计。例如，如果想让链接字未点击时是蓝色的，当鼠标指针移上去后字变成红色且有下划线，这就是一种风格。通过设立 CSS，可以统一地控制 HTML 中各标志的显示属性。CSS 更有效地控制网页外观，提高精确指定网页元素位置、外观以及创建特殊效果的能力。

1. 语法

CSS 规则由两个主要的部分构成：选择器以及一条或多条声明。

```
selector {declaration1; declaration2; ... declarationN }
```

选择器通常是需要改变样式的 HTML 元素。每条声明由一个属性和一个值组成。属性（property）是希望设置的样式属性（style attribute）。每一个属性有一个值，二者由冒号分开。

```
selector {property: value}
```

例如，下面这行代码的作用是将 h1 元素内的文字颜色定义为红色，同时将字体大小设置为 14 像素。在这个例子中，h1 是选择器，color 和 font-size 是属性，red 和 14px 是值。

```
h1 {color:red; font-size:14px;}
```

图 5-7 所示为上面这段代码的结构。

提示 使用花括号来包围声明。

另外，还可以使用十六进制的颜色值 #ff0000：

```
p { color: #ff0000; }
```

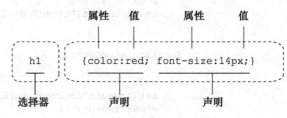

图 5-7　示例代码的结构

为了节约字节，还可以使用 CSS 的缩写形式：

```
p { color: #f00; }
```

使用 RGB 值的两种方法：

```
p { color: rgb(255,0,0); }
p { color: rgb(100%,0%,0%); }
```

注意 当使用 RGB 百分比形式时，即使值为 0，也要写百分比符号。但是在其他的情况下可以略去单位。例如，当尺寸为 0 像素时，可以省略 px 单位。

提示 如果值为若干单词，则要给值加引号。

```
p {font-family: "sans serif";}
```

2. 多重声明

如果要定义不止一个声明，则需要用分号将每个声明分开。下面的例子展示出如何定义一个红色文字的居中段落。最后一条规则是不需要加分号的，因为这里分号是一个分隔符号，不是结束符号。然而，大多数有经验的设计师会在每条声明的末尾都加上分号，这么做的好处是，当从现有的规则中增减声明时，会尽可能地减少出错的可能性。例如：

```
p {text-align:center; color:red;}
```

建议在每行只描述一个属性，这样可以增强样式定义的可读性，例如：

```
p {
text-align: center;
color: black;
font-family: arial;
}
```

大多数样式表包含不止一条规则，而大多数规则包含不止一个声明。多重声明和空格的使用使得样式表更容易编辑：

```
body {
```

```
    color: #000;
    background: #fff;
    margin: 0;
    padding: 0;
    font-family: Georgia, Palatino, serif;
    }
```

是否包含空格不会影响 CSS 在浏览器的工作效果。与 XHTML 不同，CSS 对大小写不敏感。不过存在一个例外：如果涉及 HTML 文档，那么 class 和 id 名称对大小写是敏感的。

下面通过制作段落首字母特效的实例说明 CSS 的使用方法。

代码清单 5-7　CSS 应用示例

```
<html>
    <head>
        <style type="text/css">
        p:first-letter
            {
            color: #ff0000;
            font-size:xx-large
            }
        </style>
    </head>

    <body>
        <p>
            You can use the :first-letter pseudo-element to add a special
effect to the first letter of a text!
        </p>
    </body>
</html>
```

网页效果如图 5-8 所示。

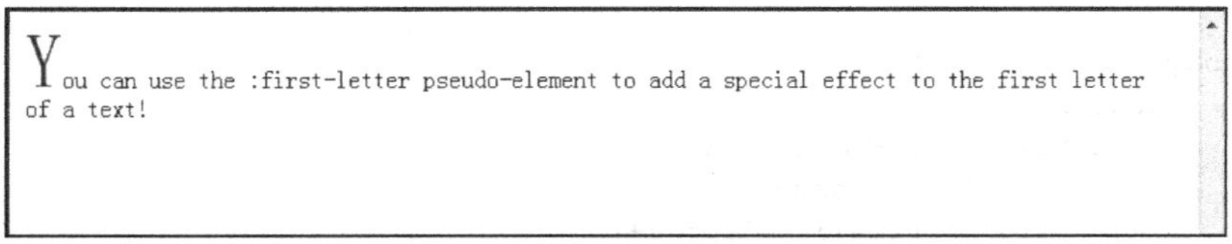

图 5-8　网页效果

5.2.4　XML

XML（Extensible Markup Language，可扩展标记语言）是一种类似于 HTML 的标记语言，主要用于结构化文档信息。XML 和 HTML 为不同的目的而设计，区别包括：XML 用于传输和存储数据，即 XML 的设计宗旨是传输数据，而非显示数据，而 HTML 仅用于显示数据；HTML 的标签都是预定义的，而 XML 没有预定义标签，需要自行定义标签。

下面的 XML 文档片段描述了一个邮件内容的结构化信息。标签 <message> 包含了 3 个子标签的内容信息。

```
<message>
    <to>you@yourAddress.com</to>
    <from>me@myAddress.com</from>
```

```
<subject>This is a message</subject>
<text>
    Hello world!
</text>
</message>
```

5.2.5 动态网页技术

动态网页与静态网页最大的区别在于网页与用户之间是否有交互反馈的过程，如动态网页上的留言板、点击数等。采用动态网页技术的同一网页能够对不同用户的同样操作做出不同的反应，而静态网页没有交互过程，呈现给用户的是同一个无差别的页面。

JSP、ASP、PHP、CGI 等都是动态网页技术。下面以 JSP 为例介绍动态网页技术。

JSP（Java Server Pages）是由 Sun 公司于 1999 年推出的一种动态网页技术标准。JSP 是基于 Java Servlet 以及整个 Java 体系的 Web 开发技术，利用这一技术可以建立安全、跨平台的先进动态网站，这项技术还在不断更新和优化中。

需要强调的是：要想真正掌握 JSP 技术，必须有较好的 Java 语言基础，以及 HTML 语言方面的知识。

在传统的 HTML 页面文件中加入 java 程序片和 JSP 标签就构成了一个 JSP 页面文件。简单地说，一个 JSP 页面除了普通的 HTML 标记符号外，再使用标记符号"<%"、"%>"加入 Java 程序片。一个 JSP 页面文件的扩展名是 .jsp，文件的名字必须符合标识符规定，需要注意的是，JSP 技术基于 Java 语言，名字区分大小写。

为了明显地区分普通的 HTML 标记和 Java 程序片段以及 JSP 标签，我们用大写字母书写普通的 HTML 标记符号。下面是一个简单的 JSP 页面示例，运行效果如图 5-9 所示。

代码清单 5-8　Example1.jsp

```
<%@ page contentType="text/html;charset=utf-8" %>
<html>
    <body BGCOLOR=blue>
        <font Size=1>
            <p> 这是一个简单的 JSP 页面
                <% int i, sum=0;
                    for(i=1;i<=100;i++)
                    { sum=sum+i;
                    }
                %>
            <p>  1 到 100 的连续和是:
            <br>
            <%=sum %>
        </font>
    </body>
<html>
```

1. JSP 的运行原理

当服务器上的一个 JSP 页面被第一次请求执行时，服务器上的 JSP 引擎首先将 JSP 页面文件转译成一个 Java 文件，再将这个 Java 文件编译生成字节码文件，然后通过执行字节码文件响应客户的请求。而当这个 JSP 页面再次被请求执行时，JSP 引擎将直接执行这个字节码文件来响应客户，这也是 JSP 比 ASP 速度快的一个原因。JSP 页面的首次执行往往由服务器管理者来进行。字节码文件的主要工作如下：

图 5-9 Example1.jsp 页面

1）把 JSP 页面中普通的 HTML 标记符号（页面的静态部分）交给客户的浏览器显示。

2）执行"<%"和"%>"之间的 Java 程序片（JSP 页面中的动态部分），并把执行结果交给客户的浏览器显示。

3）当多个客户请求一个 JSP 页面时，JSP 引擎为每个客户启动一个线程而不是启动一个进程，这些线程由 JSP 引擎服务器来管理。与传统的 CGI 为每个客户启动一个进程相比，此方法的效率要高得多。

2. 安装和配置 JSP 运行环境

自从 JSP 发布以后，出现了各式各样的 JSP 引擎。1999 年 10 月，Sun 公司将 JSP 1.1 代码交给 Apache 组织，Apache 组织对 JSP 进行了实用研究，并将这个服务器项目称为 Tomcat，从此，著名的 Web 服务器 Apache 开始支持 JSP。这样，Jakarta-Tomcat 就诞生了（Jakarta 是 JSP 项目的最初名称）。目前，Tomcat 能和大部分主流服务器一起高效率工作。下面重点讲述 Window 7/Window Server 2008 操作系统下 Tomcat 服务器的安装和配置。

安装 Tomcat 之前必须首先安装 JDK，这里我们安装 Sun 公司的 JDK 1.6。假设 JDK 的安装目录是 C:\Program Files (x86)\Java\jdk1.6.0_10\。然后，解压缩文件 apache-tomcat-7.0.6-windows-x86.zip（该文件可从 Sun 公司的网站得到）。假设解压缩文件到 D:\Program Files (x86)\apache-tomcat-7.0.6。这时可得到如图 5-10 所示的目录结构。

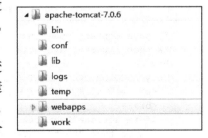

图 5-10 Tomcat 容器的目录结构

在启动 Tomcat 服务器之前，还需要设置若干环境变量。对于 Window 2000，右击"我的电脑"，在弹出的快捷菜单中选择"属性"菜单项，弹出"系统属性"对话框，再选择"高级"选项卡，然后单击"环境变量"按钮，分别添加如表 5-1 所示的系统环境变量。

表 5-1 系统环境变量

变量名	变量值
JAVA_HOME	C:\Program Files (x86)\Java\jdk1.6.0_10
TOMCAT_HOME	D:\Program Files (x86)\apache-tomcat-7.0.6
CLASSPATH	.;%JAVA_HOME%\lib\dt.jar;%JAVA_HOME%\lib\tools.jar
PATH	%JAVA_HOME%\bin;%JAVA_HOME%\jre\bin

如果设置过环境变量 CLASSPATH 和 PATH，可单击该变量进行编辑操作，将需要的值添加到末尾即可，注意变量值中的"；"是半角的英文符号，不要出错，否则环境变量配置不会成功。

现在，就可以启动 Tomcat 服务器了。执行 apache-tomcat-7.0.6\bin 下的 startup.bat，当在 CMD 界面中出现"Server startup"提示信息时，表明服务器已经启动。

3.JSP 页面的基本结构

在传统的 HTML 页面文件中加入 Java 程序片和 JSP 标签，这样就构成了一个 JSP 页面文件。一个 JSP 页面可由 5 种元素组合而成：

1）普通的 HTML 标记符号。

2）JSP 标签（如指令标签、动作标签）。

3）变量和方法的声明。

4）Java 程序片。

5）Java 表达式。

称变量和方法的声明、Java 程序片、Java 表达式形成的部分为 JSP 的脚本部分。JSP 标签、数据和方法声明、Java 程序片由服务器负责执行，将需要显示的结果发送给客户的浏览器。

Java 表达式由服务器负责计算，并将结果转化为字符串，然后交给客户的浏览器显示。在代码清单 5-9 中，客户通过表单向服务器提交三角形三边的长度，服务器计算三角形的面积，并将计算的结果以及客户输入的三边长度返回给客户。为了讲解方便，下面的 JSP 文件加入了行号，它们并不是 JSP 源文件的组成部分。

在 Example2.jsp 中，第 1、2 行是 JSP 指令标签。第 3 ~ 10 行是 HTML 标记，其中，第 7 ~ 10 行是 HTML 表单，客户通过该表单向服务器提交数据。第 11 ~ 13 行是数据声明部分，该部分声明的数据在整个 JSP 页面内有效。第 14 ~ 42 行是 Java 程序片，该程序片负责计算面积，并将结果返回给客户。该程序片内声明的变量只在该程序片内有效。第 45、47、49 行是 Java 表达式。

代码清单 5-9　Example2.jsp

```
<%@ page contentType="text/html;charset=GB2312" %>
<%@ page import="java.util.*" %>
<html>
<body BGCOLOR=cyan><FONT Size=1>
    <p>  请输入三角形的三个边的长度，输入的数字用逗号分割：
    <br>
    <form action="Example2.jsp" method=post name=form>
    <input type="text" name="boy">
    <input TYPE="submit" value=" 送出 " name=submit>
    </form>
        <%! double a[]=new double[3];
            String answer=null;
        %>
        <% int i=0;
            boolean b=true;
            String s=null;
            double result=0;
```

```
double a[]=new double[3];
String answer=null;
s=request.getParameter("boy");
   if(s!=null)
      { StringTokenizer   fenxi=new StringTokenizer(s,", , ");
        while(fenxi.hasMoreTokens())
           { String temp=fenxi.nextToken();
             try{ a[i]=Double.valueOf(temp).doubleValue();
                    i++;
                  }
             catch(NumberFormatException e)
                {out.print("<BR>"+" 请输入数字字符 ");
                }
           }
       if(a[0]+a[1]>a[2]&&a[0]+a[2]>a[1]&&a[1]+a[2]>a[0]&&b==true)
         { double p=(a[0]+a[1]+a[2])/2;
           result=Math.sqrt(p*(p-a[0])*(p-a[1])*(p-a[2]));
           out.print(" 面积: "+result);
         }
       else
         {answer=" 您输入的三边不能构成一个三角形 ";
          out.print("<BR>"+answer);
         }
      }
 %>
 <p> 您输入的三边是:
 <br>
   <%=a[0]%>
 <br>
   <%=a[1]%>
 <br>
   <%=a[2]%>
</body>
</html>
```

输入 1 1 1 之后（注意数字之间的空格），网页效果如图 5-11 所示。

5.3　CGI

5.3.1　CGI 原理

公共网关接口（Common Gateway Interface，CGI）是 WWW 技术中最重要的技术之一，有着不可替代的重要地位。CGI 是外部应用程序（CGI 程序）与 Web 服务器之间的接口标准，是在 CGI 程序和 Web 服务器之间传递信息的规程。CGI 规范允许 Web 服务器执

图 5-11　Example2.jsp 网页效果

行外部程序，并将它们的输出发送给 Web 浏览器，CGI 将 Web 的一组简单的静态超媒体文档变成一个完整的新的交互式媒体。

CGI 在物理上是一段程序，运行在服务器上，提供同客户端 HTML 页面的接口。下面看一个实际例子，现在的个人主页上大部分都有留言本，留言本的工作是这样的：先由用户在客户端输入一些信息，如名字。然后用户点击进行"留言"（到目前为止工作都在客户端），浏览器把这些信息传送到服务器的 CGI 目录下特定的 CGI 程序中，于是 CGI 程序在服务器上按照预定的方法进行处理。在本例中是把用户提交的信息存入指定的文件中，然后 CGI 程序给客

户端发送一个信息，表示请求的任务已经结束。此时用户在浏览器里将看到"留言结束"的字样，整个过程到此结束。

CGI 工作步骤如下：

1）客户端发出请求。

2）Web 服务器激活 CGI 程序。

3）CGI 程序对客户端的请求做出反应。

4）Web 服务器将 CGI 的处理结果传送给客户端。

5）Web 服务器中断和客户端浏览器的连接。

6）Web 浏览器将 CGI 程序的输出显示到浏览器的窗体。

CGI 程序实现的整个过程如图 5-12 所示。

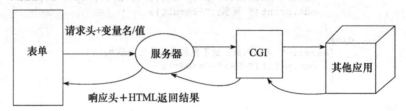

图 5-12　CGI 实现过程

注意　①如果请求是一个普通的文件（如 HTML 文件、GIF 或 JPEG 文件），Web 服务器将文件直接传送给客户端的浏览器。如果是 CGI 程序，服务器激活 CGI 程序。

②在执行 CGI 程序前，Web 服务器要为 CGI 程序设置一些环境变量。CGI 程序结束，环境变量也随着消失。

下面以 Tomcat 为例讲解如何配置并运行 CGI 程序。

1）首先找到 /conf/web.xml 文件，然后找到 "<servlet><servlet-name>cgi</servlet-name>…"标记，去掉注释号，并将内容改为：

```
<servlet>
        <servlet-name>cgi</servlet-name>
        <servlet-class>org.apache.catalina.servlets.CGIServlet</servlet-class>
        <init-param>
          <param-name>debug</param-name>
          <param-value>0</param-value>
        </init-param>
    <init-param>
        <param-name>executable</param-name>
        <!-- 如果 path 环境内不包含 perl 的路径，这里应该用完整的 perl 路径 -->
        <param-value>/usr/bin/perl</param-value>
        </init-param>
        <init-param>
          <param-name>cgiPathPrefix</param-name>
          <param-value>WEB-INF/cgi</param-value>
        </init-param>
        <load-on-startup>5</load-on-startup>
</servlet>
```

executable 指定了 CGI 程序的运行环境，为 Ubuntu 下默认安装的 perl 运行工具，位于 /usr/bin/perl。配置好网站容器的运行环境之后，把 CGI 文件放在 /cgi-bin/ 目录下就可以调用了。

下面通过对比 hello.html 和 hello.cgi 两个文件中的代码来具体介绍 CGI 程序的编写方法。

代码清单 5-10   hello.html

```
<html>
    <head>
            <title>the web illustrates the HTML and CGI</title>
    </head>
    <body>
        <font color="red">
            <H1>This page is programmed by HTML </H1>
        </font>
    </body>
</html>
```

代码清单 5-10 描述了 Web 页面 hello.html，本章前面已经讲过 HTML 的语法，这里不再讨论。代码清单 5-11 为 hello.cgi，使用 C 语言实现。C 语言的语法与 Java 非常相似。可以使用任何编程语言编写 CGI 程序，包括解释型语言（如 Perl、TKL、Python、JavaScript、Visual Basic Script）和编译型语言（如 C、C++、ADA）。代码清单 5-12 提供了使用流行脚本语言 Perl 编写的一个程序版本。该程序简单地逐行输出 Web 页面内容，从定义内容类型的应答头开始，随后是两个换行符，然后是 HTML 行内容，这些行指定用蓝色显示消息"Hello CGI"。（许多语言都可以进行 CGI 脚本编写，在 Java 中，Servlet 是一种与 CGI 脚本等价的小服务器程序。）

代码清单 5-11   使用 C 语言实现的 CGI 脚本 hello.cgi

```
#include<stdio.h>
main(int argc, char *argv[]){
    printf("Content-type: text/html%c%c",10,10);
    printf("<font color=blue>");
    printf("<H1>This page is generated by CGI </H1>");
    printf("</font>");
    printf("");
    printf("");
    printf("");
}
```

代码清单 5-12   使用 Perl 语言实现的 CGI 脚本 hello.pl

```
#hello.pl
#A simple Perl CGI script

print"Content-type:text/html\n\n";
print"<head>\n";
print"<head>\n";
print"<title>Hello ,CGI</title>\n";
print"</head>\n";
print"<body>\n";
print"<font color=blue>\n";
print"<h1>Hello, CGI</h1>\n";
print"</font>\n";
print" </body>\n" ;
```

CGI 可以用任何一种语言编写，只要这种语言具有标准输入、标准输出和环境变量。对于初学者来说，最好选用易于归档和能有效表示大量数据结构的语言，例如，在 UNIX 环境中：

```
Perl (Practical Extraction and Report Language)
Bourne Shell 或者 Tcl (Tool Command Language)
PHP(Hypertext Preprocessor))
```

由于 C 语言有较强的平台无关性，因此也是编写 CGI 程序的首选。Perl 由于其跨操作系统、易于修改的特性成为了 CGI 的主流编写语言，以至于一般的"CGI 程序"就是 Perl 程序。

5.3.2 Web 表单

Web 表单是一种处理特殊类型的 Web 页面，该类型页面的功能包括：提供提示用户输入数据的图形用户界面；当用户点击页面上的"提交"按钮时，将调用 Web 服务器主机上的外部程序的执行。Web 表单的核心是一种 HTML 的 <form> 标签，该标签主要用于向服务器传输数据。CGI 程序一般完成 Web 网页中表单（form）数据的处理、数据库查询和实现与传统应用系统的集成等工作。反之，客户端请求 CGI 一般通过 Web 表单来请求。Web 表单从浏览器请求服务器的方法有 GET 和 POST 两种（与 HTTP 协议中的两种请求方法相一致）。如果方法（METHOD 属性值）是 GET，则 CGI 程序从环境变量 QUERY_STRING 中获取 form 数据；若方法是 POST，则 CGI 程序就从标准输入（stdin）中获取 form 数据。下面是一个 Web 表单请求 CGI 程序的简单例子。

```html
<html>
    <head>
            <title>A WEB FORM</title>
    </head>
    <body>
        <form>
            what's your name?
            <input type="text" name="name" action="form.cgi"method="post">
            <input type="submit" value=" 提交表单 "/>
        </form>
    </body>
</html>
```

下面是一段 C 语言编写的 CGI 程序。在程序声明第一部分定义了一个用于保存"名 - 值"的结构体 struct；在程序的第一个 if 语句后面使用 getevn() 函数从环境变量 QUERY_STRING 中获取查询字符串；在程序的第一个 for 循环中使用函数 getword 和 unescape 将查询字符串解码和提取出来；在程序的最后部分，通过一个 for 循环简单地显示获取的名称和数值。

```c
#include<stdio.h>
#ifdef  NO_STDLIB_H
#include <stdlib.h>
#else
char * getevn();
#endif

typedef struct{
    char name[128];
    char val[128];
} entry;

void getword(char *word, char * line, char stop);
char x2c(char * what);
```

```
void unescape_url(char *url);
void plustospace(char *str);

main(int argc, char *argv[]){
    entry entries[10000];
    register int x,m=0;
    char *c1;
    printf("Content-type:text/html%c%c",10,10);

    if(strcmp(getenv("REQUEST_METHOD"),"GET")){
        printf("This script should be referenced with a METHOD of GET.%c",13);
        exit(1);
    }
    c1 = getenv("QUERY_STRING");
    if(c1==NULL){
        printf("No query information to decode.%c",13);
        exit(1);
    }

    for(x=0;c1[0]!='\0';x++)     {
        m = x;
        getword(entries[x].val,c1,'&');
        plustospace(entries[x].val);
        unescape_url(entries[x].val);
        getword(entries[x].name,entries[x].val,'=');
    }

    printf("<BODY bgcolor=\"#CCFFCC\">");
    printf("<H2>This page is generated dynamically by getForm.cgi</H2>");
    printf("<H1>Query Results</H1>");
    printf("You submitted the following name/value pairs:","<p>%c",10);
    printf("<ul>%c",10);

    for(x=0;x<=m;x++)
        printf("<li> <code>%s  = %s</code>%c",entries[x].name,entries[x].val,10);
    printf("</BODY>");
    printf("/HTML");
}
```

环境变量是一个具有特定名字的对象，包含一个或者多个应用程序将用到的信息。例如，对于 path，当要求系统运行一个程序而没有告诉它程序所在的完整路径时，系统除了在当前目录下寻找此程序外，还应到 path 指定的路径中寻找。

用户通过设置环境变量来更好地运行进程。以下是一些常用的环境变量：

1）REQUEST_METHOD：发出请求时所用的方法类型，对于 CGI 来说，其为 GET 或 POST。

2）HTTP_USER-AGENT：发送表单的浏览器的相关信息。

3）QUERY_STRING：表单输入的数据，URL 中问号后的内容。

4）CONTENT_TYPE：POST 发送，一般为 application/xwww-form-urlencoded。

5）CONTENT_LENGTH：POST 方法输入的数据的字节数。

5.4　Web 会话

当用户在网上进行购物时，通常会有一个"购物车"，用户只需将想购买的一系列商品保存到购物车内，最后一起结账就行了。在购物车等 Web 应用的一个会话期间，将发送多个

HTTP 请求，每个请求都可能调用外部程序，如 CGI 脚本等。图 5-13 为该应用的一个简化会话：第一个 Web 表单提示输入客户 ID，该客户 ID 由 CGI 脚本 form1.cgi 验证。Web 脚本动态生成 Web 表单 form2.html（注意，该文件不写入磁盘，仅作为从 Web 脚本产生的、传给 Web 服务器的输出而存在），表单提示客户填写购物单。用户选定的购物单将发送给第二个 Web 脚本 form2.cgi，该脚本动态生成另一个临时 Web 表单 form3.html，该表单显示客户账户信息和购物车中的商品内容。会话可以按照该方式继续下去，并可能包括其他更多的 Web 脚本和动态生成的 Web 页面，直到用户终止会话。

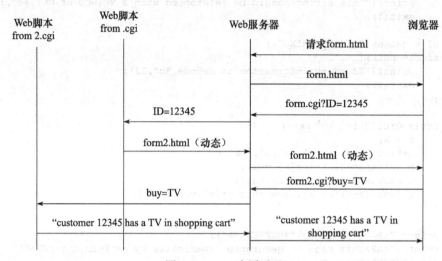

图 5-13   Web 会话过程

注意，在这个例子中，必须让第二个 CGI 脚本 form2.cgi 知道发送给第一个 CGI 脚本 form1.cgi 的查询字符串中数据项 ID 的值是什么。即 ID 是需要在整个会话期间被多个 Web 脚本共享的会话状态数据（session state data）。由于各 Web 脚本是在独立环境下运行的不同程序，所以不共享数据。此外，HTTP 或 CGI 没有为支持会话状态数据提供机制，因为两种协议都是无状态协议，且不支持会话机制。

如何实现在不同程序之中共享 Web 数据呢？会话（session）跟踪是 Web 程序中常用的技术，用来跟踪用户的整个会话。常用的会话跟踪技术是 Cookie 与 Session。Cookie 通过在客户端记录信息确定用户身份，Session 通过在服务器端记录信息确定用户身份，从而达到不同程序之间数据的共享。下面将系统地讲述 Cookie 与 Session 机制，并比较说明二者的使用时机。

5.4.1   Cookie 机制

1. Cookie 机制原理

在程序中，会话跟踪是很重要的事。理论上，一个用户的所有请求操作都应该属于同一个会话，而另一个用户的所有请求操作应该属于另一个会话，二者不会产生干扰。例如，用户 A 在超市购买的任何商品都应该放在 A 的购物车内，不论用户 A 是什么时间购买的，这都是属于同一个会话，不能放入用户 B 或用户 C 的购物车内。

Web 应用程序是使用 HTTP 传输数据的。HTTP 是无状态的协议。一旦数据交换完毕，客户端与服务器端的连接就会关闭，再次交换数据需要建立新的连接。这就意味着服务器无法从连接上跟踪会话，即用户 A 购买了一件商品并放入购物车内，但再次购买商品时，服务器已经无法判断该购买行为是属于用户 A 的会话还是属于用户 B 的会话。要跟踪该会话，必须引入一种机制。

　　Cookie 就是这样的一种机制。它可以弥补 HTTP 无状态的不足。在 Session 出现之前，基本上所有网站都采用 Cookie 来跟踪会话。Cookie 是由 W3C 组织提出，最早由 Netscape 社区发展的一种机制。目前 Cookie 已经成为标准，所有的主流浏览器（如 IE、Netscape、Firefox、Opera 等）都支持 Cookie。

　　HTTP 是一种无状态的协议，服务器单从网络连接上无从知晓客户身份。于是给客户端颁发一个"通行证"，一个客户端对应一个通行证，这样服务器就可以通过通行证确认客户身份。这就是 Cookie 的工作原理。

　　Cookie 实际上是一小段文本信息。客户端请求服务器，如果服务器需要记录该用户状态，就使用 response 向客户端浏览器颁发一个 Cookie。客户端浏览器会把 Cookie 保存起来。当浏览器再次请求该网站时，浏览器把请求的网址连同该 Cookie 一同提交给服务器。服务器检查该 Cookie，以此来辨认用户状态。服务器还可以根据需要修改 Cookie 的内容。

　　查看某个网站颁发的 Cookie 很简单。在浏览器地址栏输入"javascript:alert(document.cookie)"即可（需要连接网络才能查看）。JavaScript 会弹出一个对话框以显示本网站颁发的所有 Cookie 的内容，如图 5-14 所示。对话框中显示的为 Baidu 网站的 Cookie。其中第一行记录的就是编者的身份 fallroom，只是 Baidu 使用特殊的方法将 Cookie 信息加密了。

　　注意　Cookie 功能需要浏览器的支持。如果浏览器不支持 Cookie（如大部分手机中的浏览器）或者禁用 Cookie，Cookie 功能就会失效。不同的浏览器采用不同的方式保存 Cookie。IE 浏览器会在"C:\Documents and Settings\ 你的用

图 5-14　Baidu 网站颁发的 Cookie

户名 \Cookies"文件夹下以文本文件形式保存，一个文本文件保存一个 Cookie。

　　Java 中把 Cookie 封装成 javax.servlet.http.Cookie 类。每个 Cookie 都是该 Cookie 类的对象。服务器通过操作 Cookie 类对象对客户端 Cookie 进行操作。通过 request.getCookie() 获取客户端提交的所有 Cookie（以 Cookie[] 数组形式返回），通过 response.addCookie(Cookie cookie) 向客户端设置 Cookie。

　　Cookie 对象使用 key-value 属性对的形式保存用户状态，一个 Cookie 对象保存一个属性对，一个请求或者响应同时使用多个 Cookie。因为 Cookie 类位于包 javax.servlet.http.* 下面，所以 JSP 中不需要引入该类。

　　很多网站都会使用 Cookie。例如，Google 会向客户端颁发 Cookie，Baidu 也会向客户端颁发 Cookie。那么浏览器访问 Google 会不会也携带上 Baidu 颁发的 Cookie 呢？或者 Google 能不能修改 Baidu 颁发的 Cookie 呢？答案是否定的。Cookie 具有不可跨域名性。根据 Cookie 规范，浏览器访问 Google 只会携带 Google 的 Cookie，而不会携带 Baidu 的 Cookie。Google 也只能操作 Google 的 Cookie，而不能操作 Baidu 的 Cookie。

　　Cookie 在客户端是由浏览器来管理的。浏览器能够保证 Google 只会操作 Google 的 Cookie 而不会操作 Baidu 的 Cookie，从而保证用户的隐私安全。浏览器判断一个网站是否能操作另一个网站 Cookie 的依据是域名。Google 与 Baidu 的域名不一样，因此 Google 不能操作

Baidu 的 Cookie。

需要注意的是，虽然网站 images.google.com 与网站 www.google.com 同属于 Google，但是域名不一样，二者同样不能互相操作彼此的 Cookie。

注意 *用户登录网站 www.google.com 之后会发现访问访问 images.google.com 时登录信息仍然有效，而普通的 Cookie 是做不到的。这是因为 Google 做了特殊处理。*

中文与英文字符不同，中文属于 Unicode 字符，在内存中占 4 字符，而英文属于 ASCII 字符，内存中只占 2 字节。Cookie 中使用 Unicode 字符时需要对 Unicode 字符进行编码，否则会出现乱码。

注意 *Cookie 中保存中文需要编码。一般使用 UTF-8 编码，不推荐使用 GBK 等中文编码，因为浏览器不一定支持，而且 JavaScript 也不支持 GBK 编码。*

Cookie 不仅可以使用 ASCII 字符与 Unicode 字符，还可以使用二进制数据，例如在 Cookie 中使用数字证书。使用二进制数据时也需要进行编码。

注意 *本程序仅用于展示 Cookie 中可以存储二进制内容，但并不实用。由于浏览器每次请求服务器都会携带 Cookie，因此 Cookie 内容不宜过多，否则影响速度。Cookie 的内容应该少而精。*

2. Cookie 的属性

除了 name 与 value 之外，Cookie 还具有其他几个常用的属性。每个属性对应一个 getter 方法与一个 setter 方法。Cookie 常用属性如表 5-2 所示。

表 5-2   Cookie 常用属性

属 性	描 述
String name	该 Cookie 的名称，Cookie 一旦创建，名称便不可更改
Object value	该 Cookie 的值，如果值为 Unicode 字符，需要为字符编码。如果值为二进制数据，则需要使用 BASE64 编码
int maxAge	该 Cookie 失效的时间，单位为秒。如果为正数，则该 Cookie 在 maxAge 秒之后失效。如果为负数，则该 Cookie 为临时 Cookie，关闭浏览器即失效，浏览器也不会以任何形式保存该 Cookie。如果为 0，表示删除该 Cookie。默认为 –1
boolean secure	该 Cookie 是否仅被使用安全协议传输。安全协议有 HTTPS、SSL 等，在网络上传输数据之前先将数据加密。默认为 false
String path	该 Cookie 的使用路径。如果设置为 "/sessionWeb/"，则只有 contextPath 为 "/sessionWeb" 的程序可以访问该 Cookie。如果设置为 "/"，则本域名下 contextPath 都可以访问该 Cookie。注意最后一个字符必须为 "/"
String domain	可以访问该 Cookie 的域名。如果设置为 ".google.com"，则所有以 "google.com" 结尾的域名都可以访问该 Cookie。注意第一个字符必须为 "."
String comment	该 Cookie 的用处说明。浏览器显示 Cookie 信息的时候显示该说明
int version	该 Cookie 使用的版本号。0 表示遵循 Netscape 的 Cookie 规范，1 表示遵循 W3C 的 RFC 2109 规范

3.Cookie 的有效期

Cookie 的 maxAge 决定 Cookie 的有效期，单位为秒。Cookie 中通过 getMaxAge() 方法与 setMaxAge(int maxAge) 方法来读写 maxAge 属性。

如果 maxAge 属性为正数，则表示该 Cookie 会在 maxAge 秒之后自动失效。浏览器会将

maxAge 为正数的 Cookie 持久化，即写到对应的 Cookie 文件中。无论客户是否关闭了浏览器
或计算机，只要还在 maxAge 秒之前，登录网站时该 Cookie 仍然有效。例如，下面代码中的
Cookie 信息将永远有效。

```
Cookie cookie = new Cookie("username", "helloweenvsfei"); //新建 Cookie
cookie.setMaxAge(Integer.MAX_VALUE);                       //设置生命周期为 MAX_VALUE
response.addCookie(cookie);                                //输出到客户端
```

如果 maxAge 为负数，则表示该 Cookie 仅在本浏览器窗口以及本窗口打开的子窗口内有
效，关闭窗口后该 Cookie 即失效。maxAge 为负数的 Cookie 为临时性 Cookie，不会持久化，
也不会写到 Cookie 文件中。Cookie 信息保存在浏览器内存中，因此关闭浏览器后该 Cookie 就
消失了。Cookie 默认的 maxAge 值为 −1。

如果 maxAge 为 0，则表示删除该 Cookie。Cookie 机制没有提供删除 Cookie 的方法，因
此需要通过设置该 Cookie 即时失效实现删除 Cookie 的效果。失效的 Cookie 会被浏览器从
Cookie 文件或者内存中删除，例如：

```
Cookie cookie = new Cookie("username", "helloweenvsfei");  //新建 Cookie
cookie.setMaxAge(0);                                        //设置生命周期为 0，不能为负数
response.addCookie(cookie);                                 //必须执行这一句
```

response 对象提供的 Cookie 操作方法只有一个添加操作 add(Cookie cookie)。要想修改
Cookie，只能使用一个同名的 Cookie 来覆盖原来的 Cookie，从而达到修改的目的。删除时只
需要把 maxAge 修改为 0 即可。

注意　从客户端读取 Cookie 时，包括 maxAge 在内的其他属性都是不可读的，也不会
提交。浏览器提交 Cookie 时只提交 name 与 value 属性。maxAge 属性只被浏览器用来判断
Cookie 是否过期。

4.Cookie 的修改、删除

Cookie 并不提供修改、删除操作。如果要修改某个 Cookie，只需要新建一个同名的
Cookie，并将其添加到 response 中覆盖原来的 Cookie。

如果要删除某个 Cookie，只需要新建一个同名的 Cookie，并将 maxAge 设置为 0，并添加
到 response 中覆盖原来的 Cookie。注意是 0 而不是负数（负数代表其他的意义）。读者可以通
过上例的程序进行验证。

注意　修改、删除 Cookie 时，新建的 Cookie 除 value、maxAge 之外的所有属性（如
name、path、domain 等），都要与原 Cookie 完全一样；否则，浏览器将视为两个不同的 Cookie
不予覆盖，导致修改、删除失败。

案例：永久登录

如果用户是在家中使用计算机上网，那么登录时就可以记住登录信息，下次访问时不需
要再次登录便可直接访问。实现方法是把登录信息（如账号、密码等）保存在 Cookie 中，并控
制 Cookie 的有效期，下次访问时再验证 Cookie 中的登录信息即可。

保存登录信息有多种方法。最直接的是把用户名与密码都保存到 Cookie 中，下次访问时
将用户名与密码与数据库比较。这是一种比较危险的选择，一般不把密码等重要信息保存到
Cookie 中。

还有一种方法是把密码加密后保存到 Cookie 中，下次访问时解密并与数据库比较。这种

方法略微安全一些。如果不希望保存密码，还可以把登录的时间戳保存到 Cookie 与数据库中，登录时只验证用户名与登录时间戳即可。

　　这几种方法验证账号时都要查询数据库。本例将采用另一种方案，只在登录时查询一次数据库，以后访问验证登录信息时不再查询数据库。实现方式是把账号按照一定的规则加密后，连同账号一块保存到 Cookie 中。下次访问时只需要判断账号的加密规则是否正确即可。本例把账号保存到名为"account"的 Cookie 中，把账号连同密钥用 MD1 算法加密后保存到名为"ssid"的 Cookie 中。验证时，验证 Cookie 中的账号与密钥加密后是否与 Cookie 中的 ssid 相等。相关代码如下：

代码清单 5-13　loginCookie.jsp

```java
<%@ page language="java" pageEncoding="UTF-8" isErrorPage="false" %>
<%!
    private static final String KEY = ":cookie@helloweenvsfei.com";   // 密钥
    public final static String calcMD1(String ss) {                   // MD1 加密算法
        String s = ss==null ? "" : ss;                                // 若为 null 返回空
        char hexDigits[] = { '0', '1', '2', '3', '4', '1', '6', '7', '8', '9',
'a', 'b', 'c', 'd', 'e', 'f' };                                       // 字典
        try {
        byte[] strTemp = s.getBytes();                                // 获取字节
        MessageDigest mdTemp = MessageDigest.getInstance("MD1");      // 获取 MD1
        mdTemp.update(strTemp);                                       // 更新数据
        byte[] md = mdTemp.digest();                                  // 加密
        int j = md.length;                                            // 加密后的长度
        char str[] = new char[j * 2];                                 // 新字符串数组
        int k = 0;                                                    // 计数器 k
        for (int i = 0; i < j; i++) {                                 // 循环输出
          byte byte0 = md[i];
          str[k++] = hexDigits[byte0 >>> 4 & 0xf];
          str[k++] = hexDigits[byte0 & 0xf];
        }
        return new String(str);                                       // 加密后字符串
        } catch (Exception e) {return null; }
    }
%>
<%
    request.setCharacterEncoding("UTF-8");                            // 设置 request 编码
    response.setCharacterEncoding("UTF-8");                          // 设置 response 编码
    String action = request.getParameter("action");                  // 获取 action 参数
    if("login".equals(action)){                                      // 如果为 login 动作
        String account = request.getParameter("account");            // 获取 account 参数
        String password = request.getParameter("password");          // 获取 password 参数
        int timeout = new Integer(request.getParameter("timeout"));  // 获取 timeout 参数
        String ssid = calcMD1(account + KEY);           // 把账号、密钥使用 MD1 加密后保存
        Cookie accountCookie = new Cookie("account", account);  // 新建 Cookie
        accountCookie.setMaxAge(timeout);                            // 设置有效期
        Cookie ssidCookie = new Cookie("ssid", ssid);               // 新建 Cookie
        ssidCookie.setMaxAge(timeout);                               // 设置有效期
        response.addCookie(accountCookie);                           // 输出到客户端
        response.addCookie(ssidCookie);                              // 输出到客户端
        // 重新请求本页面，参数中带有时间戳，禁止浏览器缓存页面内容
        response.sendRedirect(request.getRequestURI() + "?" + System.
        currentTimeMillis());
        return;
```

```
    }
    else if("logout".equals(action)){                      // 如果为 logout 动作
        Cookie accountCookie = new Cookie("account", "");  // 新建 Cookie, 内容为空
        accountCookie.setMaxAge(0);                        // 设置有效期为 0, 删除
        Cookie ssidCookie = new Cookie("ssid", "");        // 新建 Cookie, 内容为空
        ssidCookie.setMaxAge(0);                           // 设置有效期为 0, 删除
        response.addCookie(accountCookie);                 // 输出到客户端
        response.addCookie(ssidCookie);                    // 输出到客户端
        // 重新请求本页面, 参数中带有时间戳, 禁止浏览器缓存页面内容
        response.sendRedirect(request.getRequestURI() + "?" + System.
        currentTimeMillis());
        return;
    }
    boolean login = false;                                 // 是否登录
    String account = null;                                 // 账号
    String ssid = null;                                    // SSID 标识

    if(request.getCookies() != null){                      // 如果 Cookie 不为空
        for(Cookie cookie : request.getCookies()){         // 遍历 Cookie
            if(cookie.getName().equals("account"))         // 如果 Cookie 名为 account
                account = cookie.getValue();               // 保存 account 内容
            if(cookie.getName().equals("ssid"))            // 如果为 SSID
                ssid = cookie.getValue();                  // 保存 SSID 内容
        }
    }
    if(account != null && ssid != null){                   // 如果 account、SSID 都不为空
        login = ssid.equals(calcMD1(account + KEY));       // 如加密规则正确则视为已经登录
    }
%>
<!DOCTYPE HTML PUBLIC "-//W3C//DTD HTML 4.01 Transitional//EN">
        <legend><%= login ? "欢迎您回来" : "请先登录" %></legend>
        <% if(login){ %>
            欢迎您, ${ cookie.account.value }.   
            <a href="${ pageContext.request.requestURI }?action=logout">
            注销 </a>
        <% } else { %>
        <form action="${ pageContext.request.requestURI }?action=login"
        method="post">
            <table>
                <tr><td>账号: </td>
                    <td><input type="text" name="account" style="width:
                    200px; "></td>
                </tr>
                <tr><td>密码: </td>
                    <td><input type="password" name="password"></td>
                </tr>
                <tr>
                    <td>有效期: </td>
                    <td><input type="radio" name="timeout" value="-1"
                    checked> 关闭浏览器即失效 <br/> <input type="radio"
                    name="timeout" value="<%= 30 * 24 * 60 * 60 %>"> 30 天
                    内有效 <br/> <input type="radio" name="timeout" value=
                    "<%= Integer.MAX_VALUE %>"> 永久有效 <br/> </td> </tr>
                <tr><td></td>
                    <td><input type="submit" value=" 登录 " class=
                    "button"></td>
                </tr>
            </table>
```

```
        </form>
    <% } %>
```

登录时可以选择登录信息的有效期：关闭浏览器即失效，30 天内有效，永久有效。可以通过设置 Cookie 的 age 属性来实现。

5.4.2　Session 机制

1. Session 机制原理

除了使用 Cookie，Web 应用程序中还经常使用 Session 来记录客户端状态。Session 是服务器端使用的一种记录客户端状态的机制，使用起来比 Cookie 简单一些，但由于过多的 Session 存储在服务器内存中，因此相应地增加了服务器的存储压力。

Session 是另一种记录客户状态的机制，与 Cookie 不同的是，Cookie 保存在客户端浏览器中，而 Session 保存在服务器上。客户端浏览器访问服务器时，服务器把客户端信息以某种形式记录在服务器上。客户端浏览器再次访问时只需要从该 Session 中查找该客户的状态就可以了。

如果说 Cookie 机制是通过检查客户身上的"通行证"来确定客户身份的话，那么 Session 机制就是通过检查服务器上的"客户明细表"来确认客户身份的。Session 相当于程序在服务器上建立的一份客户档案，客户来访的时候只需要查询客户档案表就可以了。

Session 对应的类为 javax.servlet.http.HttpSession 类。每个来访者对应一个 Session 对象，所有该客户的状态信息都保存在这个 Session 对象中。Session 对象是在客户端第一次请求服务器时创建的。Session 也是一种 key-value 的属性对，通过 getAttribute(String key) 和 setAttribute(String key, Object value) 方法读写客户状态信息。Servlet 里通过 request.getSession() 方法获取该客户的 Session，例如：

```
HttpSession session = request.getSession();        // 获取 Session 对象

session.setAttribute("loginTime", new Date());  // 设置 Session 中的属性
out.println("登录时间为: " + (Date)session.getAttribute("loginTime"));
                                                // 获取 Session 属性
```

request 还可以使用 getSession(boolean create) 来获取 Session。区别是如果该客户的 Session 不存在，则 request.getSession() 方法会返回 null，而 getSession(true) 会先创建 Session 再将 Session 返回。

Servlet 中必须使用 request 来编程获取 HttpSession 对象，而 JSP 中内置了 Session 隐藏对象，可以直接使用。如果声明了 <%@ page session="false" %>，则 Session 隐藏对象不可用。下面的例子使用 Session 记录客户账号信息。

代码清单 5-14　session.jsp

```
<%@ page language="java" pageEncoding="UTF-8"%>
<jsp:directive.page import="com.helloweenvsfei.sessionWeb.bean.Person"/>
<jsp:directive.page import="java.text.SimpleDateFormat"/>
<jsp:directive.page import="java.text.DateFormat"/>
<jsp:directive.page import="java.util.Date"/>
<%!
    DateFormat dateFormat = new SimpleDateFormat("yyyy-MM-dd");// 日期格式化器
%>
<%
```

```
response.setCharacterEncoding("UTF-8");                    // 设置 request 编码
Person[] persons = {                                       // 基础数据，保存 3 个人的信息
    new Person("Liu Jinghua", "password1", 34, dateFormat.parse
    ("1982-01-01")),
    new Person("Hello Kitty", "hellokitty", 23, dateFormat.parse
    ("1984-02-21")),
    new Person("Garfield", "garfield_pass", 23, dateFormat.parse
    ("1994-09-12")),
};
String message = "";                                       // 要显示的消息
if(request.getMethod().equals("POST")){                    // 如果是 POST 登录
    for(Person person : persons){                          // 遍历基础数据，验证账号、密码
        // 如果用户名正确且密码正确
        if(person.getName().equalsIgnoreCase(request.getParameter
        ("username")) && person.getPassword().equals(request.getParameter
            ("password"))){
            // 登录成功，设置将用户的信息以及登录时间保存到 Session
            session.setAttribute("person", person);        // 保存登录的 Person
            session.setAttribute("loginTime", new Date()); // 保存登录的时间
            response.sendRedirect(request.getContextPath() + "/welcome.jsp");
            return;
        }
    }
    message = "用户名密码不匹配，登录失败。";                    // 登录失败
}
%>
<!DOCTYPE HTML PUBLIC "-//W3C//DTD HTML 4.01 Transitional//EN">
<html>
    // ... HTML 代码为一个 FORM 表单，代码略
</html>
```

登录界面验证用户登录信息，如果登录正确，就把用户信息以及登录时间保存进 Session，然后转到欢迎页面 welcome.jsp。welcome.jsp 从 Session 中获取信息，并将用户资料显示出来。

代码清单 5-15　welcome.jsp

```
<%@ page language="java" pageEncoding="UTF-8"%>
<jsp:directive.page import="com.helloweenvsfei.sessionWeb.bean.Person"/>
<jsp:directive.page import="java.text.SimpleDateFormat"/>
<jsp:directive.page import="java.text.DateFormat"/>
<jsp:directive.page import="java.util.Date"/>
<%!
    DateFormat dateFormat = new SimpleDateFormat("yyyy-MM-dd");// 日期格式化器
%>
<%
    Person person = (Person)session.getAttribute("person");   // 获取登录的 person
    Date loginTime = (Date)session.getAttribute("loginTime");  // 获取登录时间
%>
    // ... 部分 HTML 代码略
        <table>
            <tr><td>您的姓名：</td>
                <td><%= person.getName() %></td>
            </tr>
            <tr><td>登录时间：</td>
                <td><%= loginTime %></td>
            </tr>
```

```
<tr><td> 您的年龄: </td>
    <td><%= person.getAge() %></td>
</tr>
<tr><td> 您的生日: </td>
    <td><%= dateFormat.format(person.getBirthday()) %></td>
</tr>
</table>
```

程序中 Session 直接保存了 Person 类对象与 Date 类对象，使用起来比 Cookie 方便。

当多个客户端执行程序时，服务器会保存多个客户端的 Session。获取 Session 的时候不需要声明获取谁的 Session。Session 机制决定了当前客户只会获取自己的 Session，而不会获取别人的 Session。各客户的 Session 也彼此独立，互不可见。

Session 保存在服务器端。为了获得更高的存取速度，服务器一般把 Session 放在内存中。每个用户都会有一个独立的 Session。如果 Session 内容过于复杂，当大量客户访问服务器时可能会导致内存溢出。因此，Session 里的信息应该尽量精简。

Session 在用户第一次访问服务器的时候自动创建。需要注意，只有访问 JSP、Servlet 等程序时才会创建 Session，只访问 HTML、IMAGE 等静态资源并不会创建 Session。如果尚未生成 Session，也可以使用 request.getSession(true) 强制生成 Session。

Session 生成后，只要用户继续访问，服务器就会更新 Session 的最后访问时间并维护该 Session。用户每次访问服务器一次，无论是否读写 Session，服务器都认为该用户的 Session "活跃"（active）了一次。

由于会有越来越多的用户访问服务器，因此 Session 也会越来越多。为防止内存溢出，服务器会把长时间内未曾活跃的 Session 从内存删除。这个时间就是 Session 的超时时间。如果超过了超时时间没访问过服务器，Session 就自动失效了。

Session 的超时时间为 maxInactiveInterval 属性，可以通过对应的 getMaxInactiveInterval() 获取，通过 setMaxInactiveInterval(long interval) 修改。

Session 的超时时间也可以在 web.xml 中修改。另外，通过调用 Session 的 invalidate() 方法可以使 Session 失效。

2. Session 的常用方法

Session 中包括各种方法，常用方法如表 5-3 所示。

表 5-3 Session 的常用方法

方法名	描　　述
void setAttribute(String attribute, Object value)	设置 Session 属性，value 参数可以为任何 Java 对象，通常为 JavaBean。value 信息不宜过大
String getAttribute(String attribute)	返回 Session 属性
Enumeration getAttributeNames()	返回 Session 中存在的属性名
void removeAttribute(String attribute)	移除 Session 属性
String getId()	返回 Session 的 ID。该 ID 由服务器自动创建，不会重复
long getCreationTime()	返回 Session 的创建日期。返回类型为 long，常被转化为 Date 类型，如 Date createTime = new Date(session.get CreationTime())
long getLastAccessedTime()	返回 Session 的最后活跃时间。返回类型为 long
int getMaxInactiveInterval()	返回 Session 的超时时间。单位为秒。超过该时间没有访问，服务器认为该 Session 失效

（续）

方法名	描　　述
void setMaxInactiveInterval(int second)	设置 Session 的超时时间。单位为秒
void putValue(String attribute, Object value)	不推荐的方法。已经被 setAttribute(String attribute, Object Value) 替代
Object getValue(String attribute)	不被推荐的方法。已经被 getAttribute(String attr) 替代
boolean isNew()	返回该 Session 是否是新创建的
void invalidate()	使该 Session 失效

Tomcat 中 Session 的默认超时时间为 20 分钟。通过 setMaxInactiveInterval(int seconds) 修改超时时间。可以修改 web.xml 改变 Session 的默认超时时间。例如，修改为 60 分钟：

```
<session-config>
    <session-timeout>60</session-timeout>              <!-- 单位：分钟 -->
</session-config>
```

注意　<session-timeout> 参数的单位为分钟，而 setMaxInactiveInterval(int s) 单位为秒。

3. URL 地址重写

如果客户端浏览器将 Cookie 功能禁用或者不支持 Cookie 怎么办？例如，绝大多数的手机浏览器都不支持 Cookie。Java Web 提供了另一种解决方案：URL 地址重写。

URL 地址重写是对客户端不支持 Cookie 的解决方案。URL 地址重写的原理是将该用户 Session 的 ID 信息重写到 URL 地址中。服务器能够解析重写后的 URL 获取 Session 的 ID。这样即使客户端不支持 Cookie，也可以使用 Session 来记录用户状态。HttpServletResponse 类提供 encodeURL(String url) 以实现 URL 地址重写，例如：

```
<td>
    <a href="<%= response.encodeURL("index.jsp?c=1&wd=Java") %>">
    Homepage</a>
</td>
```

该方法会自动判断客户端是否支持 Cookie。如果客户端支持 Cookie，会将 URL 原封不动地输出。如果客户端不支持 Cookie，则会将用户 Session 的 ID 重写到 URL 中。重写后的输出形式如下：

```
<td>
    <a href="index.jsp;jsessionid=0CCD096E7F8D97B0BE608AFDC3E1931E?c=
    1&wd=Java">Homepage</a>
</td>
```

即在文件名的后面，在 URL 参数的前面添加了字符串"；jsessionid=XXX"。其中 XXX 为 Session 的 ID。分析一下可以知道，增添的 jsessionid 字符串既不会影响请求的文件名，也不会影响提交的地址栏参数。用户点击这个链接时会把 Session 的 ID 通过 URL 提交到服务器上，服务器通过解析 URL 地址获得 Session 的 ID。

如果是页面重定向（Redirection），URL 地址重写可以这样写：

```
<%
    if("administrator".equals(userName)){
        response.sendRedirect(response.encodeRedirectURL("administrator.jsp"));
```

```
        return;
    }
%>
```

效果跟 response.encodeURL(String url) 是一样的：如果客户端支持 Cookie，则生成原 URL 地址；如果不支持 Cookie，则传回重写后的带有 jsessionid 字符串的地址。

对于 WAP 程序，由于大部分手机浏览器不支持 Cookie，所以 WAP 程序都会采用 URL 地址重写来跟踪用户会话。

注意　Tomcat 判断客户端浏览器是否支持 Cookie 的依据是请求中是否含有 Cookie。尽管客户端可能会支持 Cookie，但是由于第一次请求时不会携带任何 Cookie（因为并无任何 Cookie 可以携带），所以 URL 地址重写后的地址中仍然会带有 jsessionid。当第二次访问时服务器已经在浏览器中写入 Cookie 了，因此 URL 地址重写后的地址中就不会带有 jsessionid 了。

4. Session 中禁止使用 Cookie

由于 WAP 上大部分的客户浏览器都不支持 Cookie，因此 Session 中禁止使用 Cookie，统一使用 URL 地址重写更好一些。Java Web 规范支持通过配置的方式禁用 Cookie。下面举例说明怎样通过配置禁止使用 Cookie。打开项目 sessionWeb 的 WebRoot 目录下的 META-INF 文件夹（跟 WEB-INF 文件夹同级，如果没有则创建），打开 context.xml（如果没有则创建），编辑内容如下：

代码清单 5-16　/META-INF/context.xml

```
<?xml version='1.0' encoding='UTF-8'?>
<Context path="/sessionWeb" cookies="false">
</Context>
```

或者修改 Tomcat 全局的 conf/context.xml，修改内容如下：

代码清单 5-17　context.xml

```
<!-- The contents of this file will be loaded for each web application -->
<Context cookies="false">
<!-- ... 中间代码略 -->
</Context>
```

部署后 Tomcat 不会自动生成名为 jsessionid 的 Cookie，Session 也不会以 Cookie 为识别标志，而仅仅以重写后的 URL 地址为识别标志。

注意　该配置只是禁止 Session 使用 Cookie 作为识别标志，并不能阻止其他的 Cookie 读写。也就是说，服务器不会自动维护名为 jsessionid 的 Cookie，但是程序中仍然可以读写其他的 Cookie。

5.5　Applet

Applet 是可通过 Internet 下载并在接收计算机上运行的一小段程序。Applet 通常用 Java 语言编写并运行在浏览器软件中，典型应用为万维网网页页面定制或添加交互格式元素。

Applet 可以翻译为小应用程序，Java Applet 就是用 Java 语言编写的这样的一些小应用程序，可以直接嵌入网页或者其他特定的容器中，并能够产生特殊的效果，图 5-15 为一个 Applet 应用程序。

1. 运行条件

Applet 必须运行于某个特定的"容器"，这个容器可以是浏览器本身，也可以通过各种插件运行，包括支持 Applet 的移动设备在内的其他各种程序。与一般的 Java 应用程序不同，Applet 不是通过 main 方法来运行的。在运行时，Applet 通常会与用户进行互动，显示动态的画面，并且遵循严格的安全检查，阻止潜在的不安全因素（例如，根据安全策略限制 Applet 对客户端文件系统的访问）。

在 Java Applet 中，可以实现图形绘制、字体和颜色控制、动画和声音插入、人机交互及网络交流等功能。Applet 还提供了名为抽象窗口工具箱（Abstract Window Toolkit，AWT）的窗口环境开发工具。AWT 利用用户计算机的 GUI 元素，可以建立标准的图形用户界面，如窗口、按钮、滚动条等。在网络上有非常多的 Applet 范例可生动地展现这些功能。

2. 语言特点

1）从 Applet 类扩展而创建的用户 Applet 新类。类定义举例：public class hello2 extends Applet。

2）Applet 依赖于浏览器的调用。

3）通过〈Applet〉标记嵌入在 HTML 文件中。

3. 主要属性

Code：Applet 文件所在路径。

Codebase：Applet 文件标识。

width：Applet 显示区域的宽度。

height：Applet 显示区域的高度。

name：Applet 的符号名，用于同页面不同 Applet 之间的通信。

4. 生命周期

init()、start()、stop()、destroy() 方法都是 Applet 类中已经定义的方法，系统根据相应规则自动执行 Applet 的生命周期。用户 Applet 中也可重新定义这些方法（重载）。

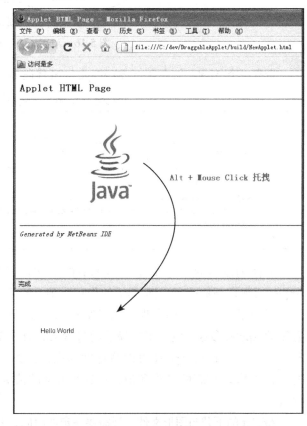

图 5-15　一个 Applet 应用程序

执行 Applet 的步骤如下。

1）执行 init() 方法，构造 Car 类的实例 Car1，并计算了 price1 和 mycar1。

2）执行 start() 方法，计算 price2。

3）执行 paint() 方法，在页面上显示 Price1 和 price2 的信息。

过程如图 5-16 所示。

5. 工作原理

含有 Applet 的网页的 HTML 文件代码中部带有 <applet> 和 </applet> 这对标记，当支持 Java 的网络浏览器遇到这对标记时，下载相应的小应用程序代码并在本地计算机上执行该 Applet。

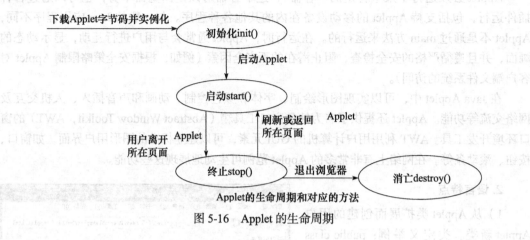

图 5-16   Applet 的生命周期

带有一个 Applet 的主页 myWebPage.html 代码如下：

代码清单 5-18   myWebPage.html

```
<html>
    <title> An Example Homepage </title>
    <h1> Welcome to my homepage! </h1>
        This is an example homepage, you can see an applet in it.
        <p> <br>
    <applet code="HelloWorld.class" width = 300 height=300>
        <param name = img value="example.gif">
    </applet>
</html>
```

上面的示例是一个简单主页的 HTML 文件代码。代码第 5 行中的
 是为了确保 Applet 出现在新的一行，即
 的作用类似一个回车符号，若没有它，Applet 将会紧接着上一行的最后一个单词出现。代码第 6、7 两行是关于 Applet 的一些参数。其中第 6 行是必需的 Applet 参数，定义了编译后的包含 Applet 字节码的文件名（扩展名通常为".class"）和以像素为单位的 Applet 的初始宽度与高度。第 7 行是附加的 Applet 参数，由一个分离的标记来指定其后的名称和值，在这里 img 的值为"example.gif"，它代表了一个图形文件名。

Applet 的下载与图形文件一样需要一定的时间，若干秒后才能在屏幕上显示出来。等待的时间取决于 Applet 的大小和用户的网络连接速度。一旦下载完成，它便和本地计算机上的程序以相同的速度运行。

Applet 在用户的计算机上执行时，还可以下载其他资源，如声音文件、图像文件或更多的 Java 代码。有些 Applet 还允许用户进行交互式操作，但这需要重复的链接与下载，因此速度很慢。这是一个亟待解决的问题，一个好办法是采用类似高速缓存的技术，将每次下载的文件都临时保存在用户的硬盘上，虽然第一次使用时花的时间比较多，但再次使用时只需直接从硬盘上读取文件而无需再与 Internet 连接，从而大大提高性能。在此过程中，浏览器与服务器的交互过程如图 5-17 所示。

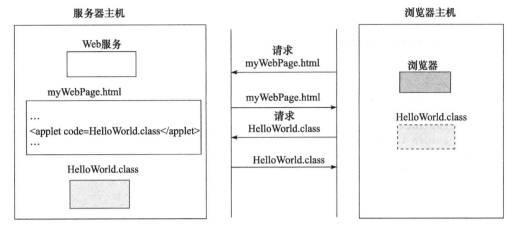

图 5-17　浏览器与服务器的交互过程

6. 事件响应

Java 的 AWT 库允许用户把用户界面建立在 Java Applet 中。AWT 库包含所有的用于建立简单界面所需要的控制：按钮、编辑框、检查框等。

```
import java.awt.*;
import java.applet.*;
public class AppletEvent extends Applet
{
    int x, y ;
    Button b ;
    Color clr ;
    /* 在该 Applet 构造函数中，代码初始化了变量 x, y, clr, 建立了一个新的显示"你就按着玩儿吧!"
按钮控制，然后把按钮添加到窗体中。*/
    public AppletEvent()
    {
        y = 40 ;
        x = 100 ;
        clr = Color.red ;
        b = new Button("你就按着玩儿吧！ ");
        add("Center", b);
    }
    // 窗口还包含用 paint 方法绘制的字符
    public void paint(Graphics g)
    {
        g.setColor(Color.red);
        g.setFont(new Font("Helvetica", Font.PLAIN, 24));
        g.drawString("InofCD 欢迎您！", x, y);
    }
}
```

在 Applet 类中添加事件处理函数。也可以从按钮的基类继承一个新的按钮类，然后在那里处理事件。在该 Applet 中的 action 方法选择 Applet 的事件流。当每个事件流到达时，它检验其是否来自 Button[url=http://www.itisedu.com/phrase/.html] 对象 [/url]。如果是，它会增加 y 和减少 x，并使该 Applet 重绘。ev.arg 属性传递了来自被单击按钮的标签，并把它与所按按钮的标签进行比较。

```
public boolean action(Event ev,[url=http://www. itisedu. com/phrase/.html]Object[/
```

```
url] arg)
    {
        if (ev.target instance of Button)
        {
            y+= 10 ;
            x= x-10 ;
            if (y>=250) y= 10 ;
            if (x)
            repaint();
            return true;
        }
        return false;
        }
}
```

5.6 Servlet

Servlet 是在服务器上运行的小程序。这个词是在 Java Servlet 的环境中创造的。Java Applet 是一种作为单独文件跟网页一起发送的小程序，通常在服务器端运行，可提供为用户进行运算或者根据用户互作用定位图形等服务。

服务器上需要一些程序，常常是根据用户输入访问数据库的程序。这些通常是使用公共网关接口（Common Gateway Interface, CGI）应用程序完成的。然而，在服务器上运行 Java 时，这种程序可使用 Java 编程语言实现。在通信量大的服务器上，Java Servlet 的优点在于它们的执行速度快于 CGI 程序。各个用户请求被激活成单个程序中的一个线程，而无需创建单独的进程，这意味着服务器端处理请求的系统开销将明显降低。

由于 Servlet 使用与环境和协议无关的 Java 语言编写，因此能够在不同的操作系统和服务器上运行，具有良好的可移植性。Servlet 类本身并不是 JDK 的一部分，还有其他的包同样可以支持 Servlet，如 JSWDK（Java Server Web Development Kit）、Apache Tomcat 以及一些应用服务器（如 WebLogic、iPlanet、WebSphere 等），正是由于 Servlet 良好的可移植性且能够得到很好的支持，所以 Servlet 的应用非常广泛。

1. 实现过程

最早支持 Servlet 技术的是 JavaSoft 的 Java Web Server。此后，一些其他的基于 Java 的 Web Server 开始支持标准的 Servlet API。Servlet 的主要功能在于交互式地浏览和修改数据，生成动态 Web 内容，过程如下：

1）客户端发送请求至服务器端。

2）服务器将请求信息发送至 Servlet。

3）Servlet 生成响应内容并将其传给服务器。响应内容动态生成，通常取决于客户端的请求。

4）服务器将响应返回给客户端。

具体过程如图 5-18 所示。

在这个过程中，具体的函数调用如图 5-19 所示。Servlet 看起来像是通常的 Java 程序。Servlet 导入特定的属于 Java Servlet API

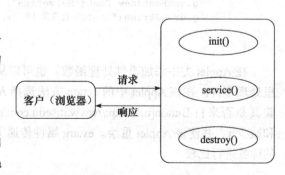

图 5-18 Servlet 响应过程

的包。因为是对象字节码，所以可动态地从网络加载，可以说 Servlet 对 Server 如同 Applet 对 Client 一样。但是，Servlet 运行于 Server 中，因此并不需要图形用户界面。从这个角度讲，Servlet 也称为 FacelessObject。

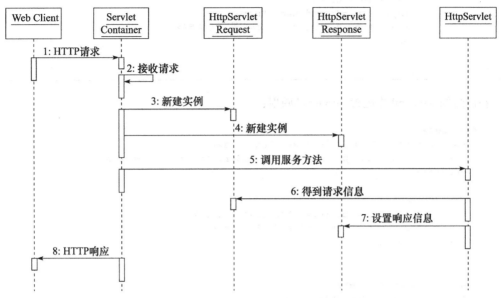

图 5-19 Servlet 响应过程中的函数调用

一个 Servlet 是 Java 编程语言中的一个类，用来扩展服务器的性能，服务器上驻留着可以通过"请求 – 响应"编程模型来访问的应用程序。虽然 Servlet 可以对任何类型的请求产生响应，但通常只用来扩展 Web 服务器的应用程序。在 MVC（Model、View、Controller）的架构中，Servlet 充当控制器（controller）的角色，如图 5-20 所示。

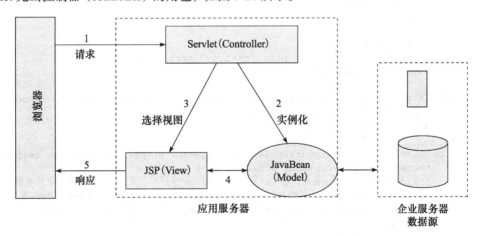

图 5-20 Servlet 在 MVC 架构中的控制器作用

下面是一个 Servlet 的示例，用 Servlet 处理 HTML 页面的表单信息。

代码清单 5-19 form.html

```
<html>
    <head>
```

```
                <title>A WEB FORM</title>
        </head>
        <body>
            <form  action="/FormServlet" method="post">
                what's your name?
                <input type="text" name="name" >
                <input type="submit" value=" 提交表单 "/>
            </form>
        </body>
</html>
```

在网站的 web.xml 中配置 Servlet 的映射：

```
  <servlet>
    <servlet-name>FormServlet</servlet-name>
    <servlet-class>com.ping.servlet.FormServlet</servlet-class>
  </servlet>

  <servlet-mapping>
      <servlet-name>FormServlet</servlet-name>
      <url-pattern>/FormServlet</url-pattern>
  </servlet-mapping>
```

```
package com.ping.servlet;
import java.io.IOException;
import java.io.PrintWriter;
import javax.servlet.ServletException;
import javax.servlet.http.HttpServlet;
import javax.servlet.http.HttpServletRequest;
import javax.servlet.http.HttpServletResponse;
public class FormServlet extends HttpServlet {
    public FormServlet () {                 // Destruction of the servlet
        super();
    }
    public void destroy() {
        super.destroy(); // Just puts "destroy" string in log
        // Put your code here
    }
    public void doGet(HttpServletRequest request, HttpServletResponse response)
        throws ServletException, IOException {
        doPost(request, response);
    }
    public void doPost(HttpServletRequest request, HttpServletResponse response)
        throws ServletException, IOException {
        String name = request.getParameter("name");       // 得到上个页面传来的参数 name
        response.setContentType("text/html; charset=UTF-8");// 设置页面编码为 UTF-8
        response.getWriter().print("<script>alert(' 您输入的用户名为: "+name+"');
        </script>");                                        // 弹出一个对话框
    }
    public void init() throws ServletException { // Initialization of the servlet
        // Put your code here
    }
}
```

从上面的示例代码中可以看出，为实现相同的功能，Servlet 和 CGI 有很大的不同。
Servlet 在服务器容器一开始运行时，就已经通过初始化函数 init() 完成初始化，然后一直运行在服务器容器中，当客户产生请求时，服务器就会检测到请求，然后 Servlet 通过调用 doGet() 或 doPost() 方法进行相应的操作，完成操作后，服务器返还向客户响应，然后 Servlet 继续驻留于服务器容器的内存中，等待下一个请求的到来，如图 5-21 所示。

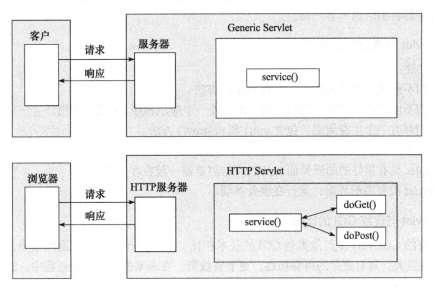

图 5-21　Servlet 在服务器内存中驻留示意图

2. Servlet 命名

从 Servlet 的名称可以看出 Sun 命名的特点，如 Applet=Application+let 表示小应用程序，Scriptlet=Script+let 表示小脚本程序，Servlet=Server+let 表示小服务程序。

3. 生命周期

加载和实例化 Servlet 操作一般是动态执行的。然而，Server 通常会提供一个管理选项，用于在 Server 启动时强制装载和初始化特定的 Servlet。

- Server 创建一个 Servlet 的实例。
- 一个客户端的请求到达 Server。
- Server 调用 Servlet 的 init() 方法（可配置为 Server 创建 Servlet 实例时调用）。
- Server 创建一个请求对象，处理客户端请求。
- Server 创建一个响应对象，响应客户端请求。
- Server 激活 Servlet 的 service() 方法，传递请求和响应对象作为参数。
- service() 方法获得关于请求对象的信息，处理请求，访问其他资源，获得需要的信息。
- service() 方法使用响应对象的方法，将响应传回 Server，最终到达客户端。
- service() 方法可能激活其他方法以处理请求，如 doGet()、doPost() 或程序员自己开发的新方法。
- 对于更多的客户端请求，Server 创建新的请求和响应对象，仍然激活此 Servlet 的 service() 方法，将这两个对象作为参数传递给它。

如此重复以上循环，但无需再次调用 init() 方法。一般 Servlet 只初始化一次（只有一个对象），当 Server 不再需要 Servlet 时（一般当 Server 关闭时），Server 调用 Servlet 的 Destroy() 方法。

4. 工作模式

- 客户端发送请求至服务器。
- 服务器启动并调用 Servlet，Servlet 根据客户端请求生成响应内容并将其传给服务器。
- 服务器将响应返回客户端。

5. Servlet 与 Applet 的比较

相似之处：

- 它们不是独立的应用程序，没有 main() 方法。
- 它们不由用户或程序员调用，而是由另外一个应用程序（容器）调用。
- 它们都有一个生存周期，包含 init() 和 destroy() 方法。

不同之处：

- Applet 具有很好的图形界面 (AWT)，与浏览器一起在客户端运行。
- Servlet 没有图形界面，运行在服务器端。

6. Servlet 与传统 CGI 的比较

与传统的 CGI 和许多其他类似 CGI 的技术相比，Java Servlet 具有更高的效率，更容易使用，功能更强大，具有更好的可移植性，更节省投资。在未来的技术发展过程中，Servlet 有可能彻底取代 CGI。

在传统的 CGI 中，每个请求都要启动一个新的进程，如果 CGI 程序本身的执行时间较短，启动进程所需要的开销很可能反而超过实际执行时间。而在 Servlet 中，每个请求由一个轻量级的 Java 线程处理（而不是重量级的操作系统进程）。

在传统 CGI 中，如果有 N 个并发地对同一 CGI 程序的请求，则该 CGI 程序的代码在内存中重复装载了 N 次；而对于 Servlet，处理请求的是 N 个线程，只需要一份 Servlet 类代码。在性能优化方面，Servlet 也比 CGI 有着更多的选择。

1）方便。Servlet 提供了大量的实用工具例程，例如，自动地解析和解码 HTML 表单数据、读取和设置 HTTP 头、处理 Cookie、跟踪会话状态等。

2）功能强大。在 Servlet 中，许多使用传统 CGI 程序很难完成的任务都可以轻松地完成。例如，Servlet 能够直接和 Web 服务器交互，而普通的 CGI 程序不能。Servlet 还能够在各个程序之间共享数据，使得数据库连接池之类的功能很容易实现。

3）可移植性好。Servlet 用 Java 编写，Servlet API 具有完善的标准。因此，为 IPlanet Enterprise Server 写的 Servlet 无需任何实质上的改动即可移植到 Apache、MicrosoftIIS 或者 WebStar。几乎所有的主流服务器都直接或通过插件支持 Servlet。

4）节省投资。不仅有许多廉价甚至免费的 Web 服务器可供个人或小规模网站使用，而且对于现有的服务器，即使不支持 Servlet，要加上这部分功能也往往是免费的（或只需要极少的投资）。

5.7 SSH 框架与应用开发

5.7.1 SSH

SSH 不是一个框架，而是多个框架（Struts+Spring+Hibernate）的集成，是目前较流行的一种 Web 应用程序开源集成框架，用于构建灵活、易于扩展的多层 Web 应用程序。集成 SSH 框架的系统从职责上分为 4 层：表示层、业务逻辑层、数据持久层和域模块层（实体层）。

Struts 作为系统的整体基础架构，负责 MVC 的分离，在 Struts 框架的模型部分，控制业务跳转，利用 Hibernate 框架对数据持久层提供支持。Spring 一方面作为一个轻量级的 IoC 容器，负责查找、定位、创建和管理对象及对象之间的依赖关系，另一方面能使 Struts 和 Hibernate 更好地工作。

如图 5-22 所示，由 SSH 构建系统的基本业务流程如下：

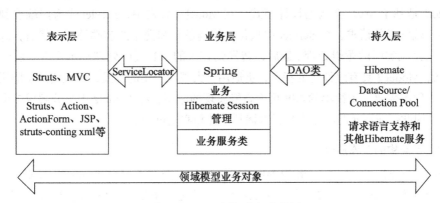

图 5-22　SSH 框架业务流程图

1）在表示层中，首先通过 JSP 页面实现交互界面，负责传送请求和接收响应，然后 Struts 根据配置文件（struts-config.xml）将 ActionServlet 接收到的请求委派给相应的 Action 处理。

2）在业务层中，管理服务组件的 Spring IoC 容器负责向 Action 提供业务模型（model）组件和该组件的协作对象数据处理（DAO）组件完成业务逻辑，并提供事务处理、缓冲池等容器组件以提升系统性能和保证数据的完整性。

3）在持久层中，则依赖于 Hibernate 的对象化映射和数据库交互，处理 DAO 组件请求的数据，并返回处理结果。

采用上述开发模型，不仅实现了视图、控制器与模型的彻底分离，而且实现了业务逻辑层与持久层的分离。这样无论前端如何变化，模型层只需很少的改动，并且数据库的变化也不会对前端有所影响，大大提高了系统的可复用性。另外，由于不同层之间耦合度小，所以有利于团队成员并行工作，大大提高了开发效率。

5.7.2　Struts

1.MVC 简介

MVC 是 Model、View、Controller 的缩写，分别代表应用的 3 个组成部分，即模型、视图与控制器。3 个部分以最少的耦合协同工作，从而提高应用的可扩展性及可维护性。

MVC 架构的核心思想是将程序分成相对独立而又能协同工作的 3 个部分。通过使用 MVC 架构，可以降低模块之间的耦合，提供应用的可扩展性。另外，MVC 的每个组件只关心组件内的逻辑，不应与其他组件的逻辑混合。MVC 并不是 Java 独有的概念，而是面向对象程序都应该遵守的设计理念。

在 JSP 技术的发展初期，由于便于掌握以及开发快速的优点，很快成为创建 Web 站点的热门技术。在早期的很多 Web 应用中，整个应用主要由 JSP 页面组成，辅以少量 JavaBean 来完成特定的重复操作。在这一时期，JSP 页面同时完成显示业务逻辑和流程控制，因此开发效率非常高。这种以 JSP 为主的开发模型就是 Model 1。

在 Model 1 中，JSP 页面接收处理客户端请求，对请求处理后直接做出响应。其间可以辅以 JavaBean 处理相关业务逻辑。Model 1 这种模式的实现比较简单，适用于快速开发小规模项目。但从工程化的角度看，它的局限性非常明显：JSP 页面身兼 View 和 Controller 两种角色，将控制逻辑和表现逻辑混在一起，从而导致代码的重用性非常低，增加了应用扩展和维护的难度。

Model2 是基于 MVC 架构的设计模式。在 Model 2 架构中，Servlet 作为前端控制器，负责接收客户端发送的请求，在 Servlet 中只包含控制逻辑和简单的前端处理；然后，调用后端 JavaBean 来完成实际的逻辑处理；最后，转发到相应的 JSP 页面处理显示逻辑。由于引入了 MVC 模式，Model 2 具有组件化的特点，更适用于大规模应用的开发，但也增加了应用开发的复杂程度。原本需要一个简单的 JSP 页面就能实现的应用，在 Model2 中被分解成多个协同工作的部分，因此需花更多时间才能真正掌握其设计和实现过程。

2. Struts 架构的工作原理

Struts 是 Apache 软件基金组织 Jakarta 项目的一个子项目，Struts 的前身是 Craig R. McClanahan 编写的 JSP Model2 架构。Struts 在英文中是"支架、支撑"的意思，这表明 Struts 在 Web 应用开发中的巨大作用，采用 Struts 可以更好地遵循 MVC 模式。此外，Struts 提供了一套完备的规范，以及基础类库，可以充分利用 JSP/Servlet 的优点，减轻程序员的工作量，具有很强的可扩展性。

Struts 的作者 CraigR.McClanahan 参与了 JSP 规范制定以及 Tomcat 4 的开发，同时领导制定了 J2EE 平台的 Web 层架构的规范。受此影响，Struts 框架一经推出，立即引起了 Java 开发者的广泛兴趣，并在全世界推广开来，最终成为世界上应用最广泛的 MVC 框架。

Struts 是 MVC 模式的典型实现，它将 Servlet 和 JSP 标记用作实现的一部分。Struts 继承了 MVC 的各项特性，并根据 J2EE 的特点做了相应的变化与扩展。Struts 的体系结构包括模型（Model）、视图（View）和控制器（Controller）三部分（见图 5-23）。下面从 MVC 角度来看看 struts 的体系结构（Model 2）与工作原理。

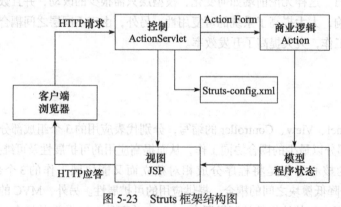

图 5-23　Struts 框架结构图

下面对 Struts 架构的工作原理进行简单介绍。

（1）Model 部分

Struts 的 Model 部分由 ActionForm 和 JavaBean 组成。其中 ActionForm 用于封装用户请

求参数，所有的用户请求参数由系统自动封装成 ActionForm 对象，该对象被 ActionServlet 转发给 Action，然后 Action 根据 ActionForm 中的请求参数处理用户请求。而 JavaBean 则封装底层的业务逻辑，包括数据库访问等。在更复杂的应用中，JavaBean 并非一个简单的 JavaBean，可能是 EJB 组件或者其他的业务逻辑组件。该 Model 对应图 5-21 的 Model 部分。

（2）View 部分

Struts 的 View 部分采用 JSP 实现。Struts 提供了丰富的标签库，通过这些标签库可以最大限度地减少脚本的使用。这些自定义的标签库可以实现与 Model 的有效交互，并增加了显示功能。View 部分对应图 5-20 的 JSP 部分。整个应用由客户端请求驱动，当客户端请求被 ActionServlet 拦截时，ActionServlet 根据请求决定是否需要调用 Model 处理用户请求，当用户请求处理完成后，其处理结果通过 JSP 呈现给用户。

（3）Controller 部分

Struts 的 Controller 由两个部分组成，即系统核心控制器、业务逻辑控制器。

其中，系统核心控制器对应图 5-20 中的 ActionServlet。该控制器由 Struts 框架提供，继承 HttpServlet 类，因此可以配置成一个标准的 Servlet。该控制器负责拦截所有 HTTP 请求，然后根据用户请求决定是否需要调用业务逻辑控制器，如果需要调用业务逻辑控制器，则将请求转发给 Action 处理，否则直接转向请求的 JSP 页面。

业务逻辑控制器继承 Action 类，负责处理用户请求，但业务逻辑控制器本身并不具有处理能力，而是通过调用 Model 来完成处理。业务逻辑控制器对应图 5-21 中的 Action 部分。

下面是业务逻辑控制器 LoginAction 的源代码：

```
// 业务控制器必须继承 Action

public class LoginAction extends Action {
    // 必须重写该核心方法，该方法负责处理用户请求
    public ActionForward execute(ActionMapping mapping, ActionForm form,
            HttpServletRequest request, HttpServletResponse response)
            throws Exception {
    // 解析用户请求参数
    String username = request.getParameter("username");
    String pass = request.getParameter("pass");       // 出错提示
    String errMsg = "";
    // 进行服务器端的数据校验
    if (username == null || username.equals("")) {
        errMsg += "您的用户名丢失或没有输入，请重新输入 ";
    }

    else if (pass == null || pass.equals("")) {
        errMsg += "您的密码丢失或没有输入，请重新输入 ";
    } else {// 如果可以通过服务器端校验，则调用 JavaBean 处理用户请求
        try {
            DbDaodd = DbDao.instance("com.mysql.jdbc.Driver",
                                "jdbc:mysql://localhost:3306/wuqiuping",
                                "root", "root");
            ResultSet rs = dd.query("select password from user_table where username ='"
                            + username + "'");
            // 判断用户名和密码的情况
            if (rs.next())// 如果用户名和密码匹配
                if (rs.getString("password").equals(pass)) {
                    HttpSession session = request.getSession();
                    session.setAttribute("name", username);
```

```
                               return mapping.findForward("welcome");
                   } else {//用户名和密码不匹配的情况
                       errMsg += "您的用户名与密码不符合，请重新输入";
                   }
              else {//用户名不存在的情况
                   errMsg += "您的用户名不存在，请先注册";
              }
          }

          catch (Exception e) {
              request.setAttribute("exception", "业务异常");
              return mapping.findForward("error");
          }
          if (errMsg != null && !errMsg.equals("")) {//如果出错提示不为空，跳转到 input
              request.setAttribute("err", errMsg);
              return mapping.findForward("input");
          } else {
              // 否则跳转到 welcome
              return mapping.findForward("welcome");
          }
      }
  }
}
```

上面的控制器非常类似于 Servlet，只是将 Servlet 中响应方法的 service 逻辑放到了 Action 的 execute 方法中完成。但 execute 方法中除了包含 HttpServletRequest 和 HttpServletResponse 参数外，还包括 ActionForm 和 ActionForward。这两个参数分别用于封装用户的请求参数和控制转发。注意，Action 的转发无须使用 RequestDispatcher 类，而是使用 ActionForward 完成转发。

注意 业务控制器 Action 类应尽量声明成 public，否则可能出现错误。注意重写的 execute 方法，其后面两个参数的类型是 HttpServletRequest 和 HttpServletResponse，而不是 ServletRequest 和 SedvetResponse。

3. Struts 的下载与安装

本书所有的代码基于 Struts 1.2.9 版本运行通过，建议读者也下载该版本。下载和安装 Struts 按如下步骤进行。

1）在浏览器的地址栏输入" http://struts.apache.org/download.cgi"，下载 struts-2.3.15.1-all. zip。

2）将下载的 ZIP 文件解压缩，解压缩后有如下文件结构。

- contrib：包含 Struts 表达式的依赖类库，如 JSTL 等类库。
- lib：包含 Struts 的核心类库、Struts 自定义标签库文件以及数据校验的规则文件等。该文件夹下的文件是 Struts 的核心部分。
- webapps：该文件夹包含若干个 WAR 文件，这些 WAR 文件都是一个 Web 应用，包含 Struts 的说明文档及范例 (struts-documentation 文件夹下包含 Struts 的 API 文档、用户指南等文档，而 struts-examples 夹下包含 Struts 的各种简单范例) 等。将这些文件解压缩。
- 其他 license 和 readme 等文档。

3）如果需要 Web 应用增加 Struts 的支持，则应该将 lib 文件夹下的 jar 文件全部复制到 Web 应用的 WEB-INF/lib 路径下。

4）如果需要使用 Struts 的标签库，应该将 lib 路径下的 TLD 文件复制到 Web 应用的 WEB-INF 路径下，并在 Web 应用的 web.xml 文件中配置对应的标签库。

5）如果需要使用 Struts 的数据校验，应将 lib 路径下的 validator-rules.xml 文件复制到 WEB-INF 路径下。

6）如果需要使用 Struts 表达式，则应将 contrib\struts-el\lib 路径下的 jar 文件复制到 WEB-INF 路径下，将对应的 TLD 文件也复制到 WEB-INF 路径下，并在 web.xml 文件中配置对应的标签库。

经过上面的步骤，Web 应用已经增加了 Struts 支持。但如果需要编译 Java 文件时能使用 Struts 的类库，则应将 lib 路径下的 struts.jar 文件添加到 CLASSPATH 的环境变量中即可。

注意　MVC 只是 Struts 的一种实现方式，不使用 Struts 也可以使用 MVC。因为 MVC 是一种模式，而 Struts 是一种实现。

基于 MVC 模式的开发，比单纯 JSP 的开发要复杂。使用 Struts 框架可以大大减少代码的重复量，而且可以规范软件开发的行为，使开发更加规范、统一。

4. Struts 的配置文件

为了让核心控制器能拦截到所有的用户请求，应使用模式匹配的 Struts 的核心控制器 Servlet 的 URL。配置 Struts 的核心控制器，需要在 web.xml 文件中增加如下代码：

```
<!-- 将 Struts 的核心控制器配置成标准的 Servlet-->
<servlet>
<servlet-name>actionSevlet</servlet-name>
<servlet-class>org.apache.struts.action.ActionServlet</servlet-class>
</servlet>

<!-- 采用模式匹配来配置核心控制器的 URL--->
<servlet-mapping>
<servlet-name>actionSevlet</servlet-name>
<url-pattern>*.do</url-pattern>
</servlet-mapping>
```

从上面的配置可看出，所有以 .do 结尾的请求都会被 ActionServlet 拦截，该 Servlet 由 Struts 提供，它将拦截到的请求转入 Struts 体系内。Struts 的视图依然采用 JSP，form 提交的 URL 以 .do 结尾，可以保证该请求被 Struts 的核心控制器拦截。

在转发时没有转向一个实际的 JSP 页面，而是转向逻辑名 error、input、welcome 等。

逻辑名并不代表实际的资源，因此还必须将逻辑名与资源对应起来。实际上，此处的控制器没有作为 Servlet 配置在 web.xml 文件中，因此必须将该 Action 配置在 Struts 中，让 ActionServlet 了解将客户端请求转发给该 Action 处理，而这一切都是通过 struts-config.xml 文件完成的。

下面是 struts-config.xml 文件的源代码：

```
<?xml version="1.0" encoding="gb2312"?>
<!-- Strust 配置文件的文件头，包含 DTD 等信息 -->
<!DOCTYPE struts-config PUBLIC
'-//Apache Software Foundation//DTD Struts Configuration 1. 2//EN"
''http://struts.apache.org/dtds/struts-config_1_2.dtd''>
<!-- Struts 配置文件的根元素 -->
<struts-config>
<actlon-mappings>
```

```
<!-- 配置 Struts 的 Action. Action 是业务控制器 -->
<action path="/login" type="lee.Logi nAction" >
<' 配置该 Action 的转发 -->
<forward name="welcome" path="/WEB-INF/jsp/welcome.jsp"/>
<!-- 配置该 Action 的转发 -->
<forward name="error" path="/WEB-INF/jsp/error.jsp"/>
<!-- 配置该 Action 的转发-->
<forward name="input" path="/login.jsp"/>
<faction>
<faction-mappings>
</struts-config>
```

从上面的配置文件可看出，Action 必须配置在 struts-config.xml 文件中。注意其中 Action 的 path 属性 /login，再查看 login.jsp 登录 form 的提交路径 login.do。两个路径的前面部分完全相同，ActionServlet 负责拦截所有以 .do 结尾的请求，然后将 .do 前面的部分转发给 struts-config.xml 文件中的 Action 处理，该 Action 的 path 属性与请求的 .do 前面部分完全相同。

Forward 有局部 Forward 和全局 Forward 两种，局部 Forward 只对某个 Action 有效，全局 Forward 则对整个 Action 都有效。Action 使用 ActionMapping 控制转发时，只需转发到 Forward 的逻辑名，而无须转发到具体的资源，这样可避免将转发资源以硬编码的方式写在代码中，从而降低耦合。

配置 Action 时，还配置了 3 个局部 Forward。

- welcome: 对应 /WEB-INF/jsp/welcome.jsp。
- error: 对应 /WEB-INF/jsp/error.jsp。
- input: 对应 /login.jsp。

注意 将 JSP 页面放在 WEB-INF 路径下，可以更好地保证 JSP 页面的安装。因为大多数 Web 容器不允许直接访问 WEB-INF 路径下的资源。因此，这些 JSP 页面不能通过超级链接直接访问，而必须使用 Struts 的转发才可以访问。

5.7.3 Spring

2002 年 Wrox 出版了 Rod Johnson 的 Expert one on one J2EE design and development 一书。在书中，Johnson 对传统的 J2EE 架构提出深层次的思考和质疑，并提出 J2EE 的实用主义思想。2003 年，J2EE 领域出现一个新的框架——Spring，该框架同样出自 Johnson 之手。事实上，Spring 框架是 Expert one on one J2EE design and development 一书思想的全面体现和完善，Spring 对实用主义 J2EE 思想进一步改造和扩充，使其发展成更开放、清晰、全面及高效的开发框架，一经推出就得到众多开发者的拥戴。传统 J2EE 应用的开发效率低，应用服务器厂商对各种技术的支持并没有真正统一，导致 J2EE 的应用并没有真正实现 Write Once 及 Run Anywhere。Spring 作为开源的中间件，独立于各种应用服务器，甚至无须应用服务器的支持，也能提供应用服务器的功能，如声明式事务等。Spring 致力于 J2EE 应用的各层的解决方案，而不是仅仅专注于某一层的方案。可以说 Spring 是企业应用开发的 "一站式" 选择，并贯穿表现层、业务层及持久层。然而，Spring 并不想取代那些已有的框架，而是与它们无缝地整合。总结起来，Spring 有如下优点：

- 低侵入式设计，代码污染极低。
- 独立于各种应用服务器，可以真正实现 Write Once 和 Run Anywhere。
- Spring 的 DI 机制降低了业务对象替换的复杂性。

- Spring 并不完全依赖于 Spring，开发者可自由选用 Spring 框架的部分或全部。

下载和安装 Spring 的步骤如下。

1）登录 http://www.springframework.org 站点，下载 Spring 的最新稳定版。推荐下载 spring-framework-1.2.8-with-dependencies.zip，该压缩包不仅包含 Spring 的开发包，而且包含 Spring 编译和运行所依赖的第三方类库。解压缩后的文件夹下应有如下几个文件夹。

- dist: 该文件夹下放 Spring 的 jar 包，通常只需要 spring.jar 文件即可。该文件夹下还有一些类似 spring-Xxx.jar 的压缩包，这些压缩包是 spring.jar 压缩包的子模块压缩包。除非确定整个 J2EE 应用只需使用 Spring 的某一方面时，才考虑使用这种分模块压缩包。通常建议使用 spring.jar。
- docs: 该文件夹下包含 Spring 的相关文档、开发指南及 API 参考文档。
- lib: 该文件夹下包含 Spring 编译和运行所依赖的第三方类库，该路径下的类库并不是 Spring 必需的，但如果需要使用第三方类库的支持，这里的类库就是必需的。
- samples: 该文件夹下包含 Spring 的若干简单示例，可作为 Spring 入门学习的案例。
- src: 该文件夹下包含 Spring 的全部源文件，如果在开发过程中有无法把握的地方，可以参考该源文件，了解底层的实现。
- test: 该文件夹下包含 Spring 的测试示例。
- tiger: 该路径下存放关于 JDKI.5 的相关内容。
- 解压缩后的文件夹下，还包含一些关于 Spring 的 license 和项目相关文件。

2）将 spring.jar 复制到项目的 CLASSPATH 路径下，对于 Web 应用，将 spring.jar 文件复制到 WEB-INF/lib 路径下，该应用即可以利用 Spring 框架了。

3）通常 Spring 的框架还依赖于其他的一些 jar 文件，因此还须将 lib 下对应的包复制到 WEB-INF/lib 路径下，具体要复制哪些 jar 文件，取决于应用所需要使用的项目。通常需要复制 cglib、dom4j、jakarta-commons、log4j 等文件夹下的 jar 文件。

4）为了编译 Java 文件，可以找到 Spring 的基础类，将 spring.jar 文件的路径添加到环境变量 CLASSPATH 中。当然，也可使用 ANT 工具，但无须添加环境变量。

5.7.4　Hibernate

Hibernate 是目前流行的开源对象 / 关系映射（Object/Relation Mapping，ORM）框架。Hibernate 采用低侵入式的设计，完全采用普通的 Java 对象（POJO），而不必继承 Hibernate 的某个超类或实现 Hibernate 的某个接口。因为 Hibernate 是面向对象的程序设计语言和关系数据库之间的桥梁，所以 Hibernate 允许程序开发者采用面向对象的方式来操作关系数据库。

ORM 可理解为一种规范，具体的 ORM 框架可作为应用程序和数据库的桥梁。

1. ORM 技术简介

ORM 并不是一种具体的产品，而是一类框架的总称。它概述了这类框架的基本特征：完成面向对象的程序设计语言与关系数据库的映射。基于 ORM 框架完成映射后，既可利用面向对象程序设计语言的简单易用性，又可利用关系数据库的技术优势。ORM 框架是面向对象程序设计语言与关系数据库发展不同步时的中间解决方案。笔者认为，随着面向对象数据库的发展，其理论逐步完善，最终会取代关系数据库。只是这个过程不可一蹴而就，ORM 框架在此期间内会蓬勃发展，但随着面向对象数据库的出现，ORM 工具也会退出历史舞台。

面向对象的程序设计语言代表了目前程序设计语言的主流和趋势，其具备非常多的优势，例如：

- 面向对象的建模与操作。
- 多态及继承。
- 摈弃难以理解的过程。
- 简单易用，易理解性。

但数据库的发展并未与程序设计语言同步，而且关系数据库系统的某些优势也是面向对象的语言目前无法解决的。例如：

- 大量数据操作查找与排序。
- 集合数据连接操作与映射。
- 数据库访问的并发与事务。
- 数据库的约束与隔离。

面对这种面向对象语言与关系数据库系统并存的局面，使得采用 ORM 变成一种必然。目前 ORM 框架的产品非常多，Hibernate 是其中一种，另外，ORM 框架还有如下产品。

1）传统的 EntityEJB。Entity EJB 实质上也是一种 ORM 技术，而且是一种备受争议的组件技术。事实上，EJB 为 J2EE 的蓬勃发展赢得了极高的声誉。就实际开发经验而言，EJB 作为一种重量级、高花费的 ORM 技术，具有不可比拟的优势。但由于其必须运行在 EJB 容器内，而且学习曲线陡峭、开发周期及成本相对较高，因而限制了 EJB 的广泛使用。

2）iBATIS。iBATIS 是 Apache 软件基金组织的子项目，与其称它是一种 ORM 框架，不如称它是一种 SQL Mapping 框架。相对 Hibernate 的完全对象化封装，iBATIS 更加灵活，但开发过程中需要完成的代码量更大，而且需要直接编写 SQL 语句。

3）Oracle 的 TopLink。作为一个遵循 OTN 协议的商业产品，TopLink 在开发过程中可以自由下载和使用，但作为商业产品使用后则需要收取费用。可能正是这一点导致了 TopLink 的市场占有率低下。

4）OJB。OJB 是 Apache 软件基金组织的子项目。作为开源的 ORM 框架，由于其开发文档不多，而且规范并不稳定，因此并未在开发者中赢得广泛的支持。

Hibernate 是目前最流行的 ORM 框架，其采用非常优雅的方式将 SQL 操作完全包装成对象化的操作，同时完全开放源代码，即使偶尔遇到无法理解的情况，也可以参照源代码来理解其在持久层上灵巧而智能的设计。

2. Hibernate 的特点

目前国内的 Hibernate 开发人员相当多，Hibernate 的文档也非常丰富，这些都为学习 Hiberante 提供了有利条件，因而 Hibernate 的学习相对简单一些。

当前的软件开发语言已经全面转向面向对象，而数据库系统仍停留在关系数据库阶段。面对复杂的企业环境，同时使用面向对象语言和关系数据库是相当麻烦的，不但中间的过渡困难，而且其开发周期也相当长。

Hibernate 是一个面向 Java 环境的 ORM 工具。Hibernate 的目标是释放开发者通常的数据持久化相关的 95% 的编程任务。对于以数据为中心的程序而言，往往在数据库中使用存储过程来实现商业逻辑，Hibernate 可能不是最好的解决方案。但对于那些基于 Java 的中间件应用，设计采用面向对象的业务模型和商业逻辑时，Hibernate 是最有用的。Hibernate 能消除那些针对特定数据库厂商的 SQL 代码，并且把结果集由表格形式转换成值 – 对象的形式。

Hibernate 不仅管理 Java 类到数据库表的映射（包括 Java 数据类型到 SQL 数据类型的映射），而且提供数据查询和获取数据的方法，可以大幅度地减少在开发时人工使用 SQL 和 JDBC 处理数据的时间。

Hibernate 能在众多的 ORM 框架中脱颖而出，因为 Hibernate 与其他 ORM 框架相比具有如下优势：

- 开源和免费的 License，方便需要时研究源代码、改写源代码并进行功能定制。
- 轻量级封装，避免引入过多复杂的问题，调试容易，减轻程序员负担。
- 具有可扩展性，API 开放。功能不够用时，可以自己编码进行扩展。
- 开发者活跃，产品有稳定的发展保障。

Hibernate 的学习难度不大，简单易用。正是这种易用性征服了大量的开发者。

3.Hibernate 下载和安装

本章所用的代码是基于 Hibernate 3.1.2 版本测试通过的。安装和使用 Hibernate 步骤如下：

1）登录 http://www.hibernate.org，下载 Hibernate 的二进制包（Windows 平台下载 ZIP 包，Linux 平台下载 TAR 包）。

2）解压缩下载的压缩包，在 hibernate-3.1 路径下有一个 hibernate3.jar 的压缩文件，该文件是 Hibernate 的核心类库文件。该路径下还有 lib 路径，该路径包含 Hibernate 编译和运行的第三方类库。关于这些类库的使用方法可参看该路径下的 readme.txt 文件。

3）将必需的 Hibernate 类库添加到 CLASSPATH 中，或者使用 ANT 工具。在编译和运行时可以找到这些类即可。在 Web 应用中，则应该将这些类库复制到 WEB-INF/lib 下。

先看这样一个需求：向数据库中增加一条新闻，该新闻有新闻 ID、新闻标题及新闻内容 3 个属性。在传统的 JDBC 数据库访问中，实现此功能并不难。下面采用如下方法来实现（本程序采用 MySQL 数据库）：

```
import java.sql.*;
public class NewsDao
{
    // @param News 需要保存的新闻实例
    public void saveNews(News news)
    Connectionconn = null;
    PreparedStatement pstmt = null;
    int newsld = news.getld();
    String title = news.getTitle();
    String content = news.getContent();
    Try
    {
        //注册驱动
        Class.forName ("com.mysql. jdbc.Driver");
        //hibernate 为想连接的数据库，user 为连接数据库的用户名，pass 为连接数据库的密码
        String url="jdbc:mysql://localhost/hibernate?user=root&password=pass";
        //获取连接
        conn= DriverManager.getconnection(url);
        //创建预编译的 Statement
        pstmt=conn.prepareStatement("insert into news_table values(? ,?,?)");
        //下面语句为预编译 Statement 传入参数
        pstmt.setlnt(1 , newsld);
        pstmt.setString(2 , title);
            pstmt.setString(3 , content);
```

```
        // 执行更新
        pstmt.executeUpdate();
    }
    catch (ClassNotFoundException cnf){
    cnf.printStackTrace();

    }catch (SQLException se)
    {
        se.printStackTrace();
    }
    finally{
        try
        {
            if (pstmt != null) pstmt.close();      // 关闭预编译的 Statement
            if (conn != null) conn.close();        // 关闭连接
        }
        catch (SQLException se2)
        se2.printStackTrace() ;
    }
}
```

由此可见，这种操作方式丝毫没有面向对象的优雅和易用，而是一种纯粹的过程式操作。在这种简单的数据库访问中，我们没有过多地感觉到这种方式的复杂与缺陷，相比 Hibernate 的操作，我们还可以体会到 Hibernate 的灵巧。

5.7.5 基于 SSH 的应用开发案例

一所大学通常有数十个学院，而每个学院又有数十个班级，每个班级有几十个学生，那么学校的信息管理系统该如何对其这些学院、班级、学生信息进行管理呢？

下面介绍的案例就是一所高等院校的一个信息管理系统的简化模型。首先，一个学校成立之初，随着学校的发展，可能会新增加二级学院，另一方面也可能由于某些原因，学校需要撤掉某些学院，或者需要修改学院的信息（如学院名字），有时候还可能要查询学校有哪些学院。

总之，在整个信息管理系统中，可以对学院信息进行增、删、查、改操作。对于一个二级学院，同样可以对班级信息动态地进行增、删、查、改操作。对于班级，亦也可对属于本班级的学生信息进行增、删、查、改操作。

在整个系统中总有 3 个实体，即学生、班级和学院。学生和班级、班级和学院之间分别是属于关系，它们之间的实体 – 关系图（E-R 图）如图 5-24 所示。

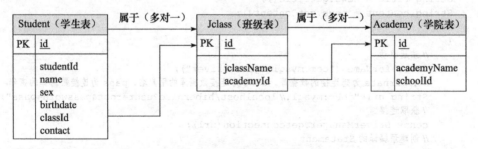

图 5-24 系统的 E-R 图

在给出数据库概念模型（E-R 图）的基础，然后设计数据库逻辑模型（关系表），其关系表的设计如表 5-4 ~ 表 5-6 所示。

表 5-4　Student（学生表）

字段名	类　　型	长　　度	备　　注
id	Integer		ID
studentId	Varchar	20	学号
name	Varchar	20	姓名
sex	Varchar	2	性别
birthdate	Varchar	8	出生年月日
jclassName	Varchar	20	班级
academyName	Varchar	20	学院
contact	Varchar	20	联系方式

表 5-5　Jclass（班级表）

字段名	类　　型	长　　度	备　　注
id	Integer		班级 ID
jclassName	Varchar	20	班级名称
academyId	Integer		从属学院 ID

表 5-6　Academy（学院表）

字段名	类　　型	长　　度	备　　注
id	Integer		学院 ID
academyName	Varchar	20	学院名称
schoolId	Integer		所属学校 ID

创建数据库表格的 SQL 如下：

```
CREATE TABLE Student(
  'id' Integer UNSIGNED NOT NULL AUTO_INCREMENT,
  'student_id' Varchar(20) NOT NULL,
  'name' VAarchar(20) NOT NULL,
  'sex' Varchar(2) NOT NULL,
  'birthdate' Varchar(8),
  'jclassName' Varchar(20) NOT NULL,
'academyName' Varchar(20) NOT NULL,
  'contact' Varchar(20),
  PRIMARY KEY ('id')
)ENGINE=InnoDB DEFAULT CHARSET=utf8;

CREATE TABLE Jclass (
  'id' Integer UNSIGNED NOT NULL AUTO_INCREMENT,
  'jclassName' Varchar(20) NOT NULL,
  'academyId' Integer UNSIGNED NOT NULL,
  PRIMARY KEY ('id')
)ENGINE=InnoDB DEFAULT CHARSET=utf8;

CREATE TABLE Academy(
  'id' Integer UNSIGNED NOT NULL AUTO_INCREMENT,
  'academyName' Varchar(20) NOT NULL,
  'schoolId' Integer UNSIGNED NOT NULL,
  PRIMARY KEY ('id')
)ENGINE=InnoDB DEFAULT CHARSET=utf8;
```

在分别设计好数据库的概念模型（E-R 图）、数据库的逻辑模型（库表）、数据库的物理模型（SQL 脚本）之后，下面通过以新学生的注册操作为例来讲解如何使用三大框架（Struts、Spring、Hibernate）进行程序开发。

系统的 MVC 架构如图 5-25 所示，其中 register.jsp 页面是用做前端显示的。用户可通过此页面，填写学生的基本信息，如姓名、性别、出生年月日等，register.jsp 充当视图（view）功能。而 Student 及 StudentDao 是负责与实际数据库软件打交道的程序，在学生填好 register.jsp 的信息之后，需要通过 StudentDao 的数据库操作把信息更新到数据库中去，其充当模型（model）角色。而这一切都是在 Spring 的控制下进行控制和跳转的，SpringDao 和 RegisterAction 充当控制器（controller）角色，是整个系统中的核心控制功能，从页面的跳转到数据库的更新查询等操作，这一切都是在控制器的控制下进行操作的。

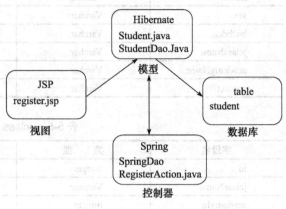

图 5-25　系统的 MVC 结构图

工程的目录结构如图 5-26 所示。③、④、⑤、⑦负责操作数据，其中③为数据的模型，④为数据库的操作类，能够对学生信息进行一些常用数据库操作（增加、删除和修改等），⑤是模型与数据库之间进行交互的 Hibernate 的单个模型的配置文件。③、④、⑤都是与数据库实体相关的文件，它们通过 SpringProxyAction，把这些管理工作全部交给 Spring 代理进行管理。⑥是 Spring 的配置文件。⑦是 Hibernate 的配置文件，对 Hibernate 与数据库进行的一些操作进行配置（如配置用户名、密码等）。

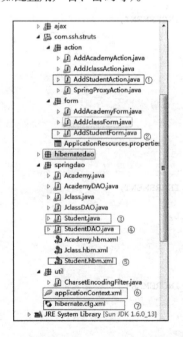
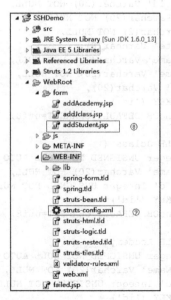

图 5-26　目录结构图

①、②、⑨是 Struts 机制的一部分，其中①是 Structs 对页面进行处理的 Action，②负责与页面⑧进行交互，并从页面上取得数据交给①进行处理。⑨是 Struts 的配置文件，可以对Struts 的一些常用功能（如跳转控制等）进行配置。

学生注册页面 addStudent.jsp 代码中有部分 Ajax 代码，其中 academyjclass.js 为 Ajax 操作的 JS 脚本，jquery-1.7.2.min.js 为 Ajax 的必备支持文件。

代码清单 5-20　addStudent.jsp

```
<%@ page language="java" import="java.util.*" pageEncoding="UTF-8"%>
<%@ taglib uri="http://struts.apache.org/tags-bean" prefix="bean"%>
<%@ taglib uri="http://struts.apache.org/tags-html" prefix="html"%>
<%@page import="ajax.*"%>
<%@page import="springdao.Academy"%>
<%
String path = request.getContextPath();
String basePath = request.getScheme()+"://"+request.getServerName()+":"+request.
getServerPort()+path+"/";
%>
<%@ taglib prefix="fmt" uri="http://java.sun.com/jsp/jstl/fmt" %>
<%@ taglib prefix="c" uri="http://java.sun.com/jsp/jstl/core" %>

<%
AcademyDao academyDao = new AcademyDao();
Academy tableAcademy = new Academy();
List<Academy> allAcademyList = academyDao.getAcademyList();
request.setAttribute("allAcademyList", allAcademyList);
academyDao.closeSession();
%>

<!DOCTYPE html PUBLIC "-//W3C//DTD XHTML 1.0 Transitional//EN" "http://www.w3.org/
TR/xhtml1/DTD/xhtml1-transitional.dtd">
<html xmlns="http://www.w3.org/1999/xhtml">
  <head>
    <base href="<%=basePath%>">
    <title>学生完善个人信息</title>
<script type="text/javascript" src="<%=request.getContextPath()%>/js/jquery-
1.7.2.min.js"></script>
    <script type=text/javascript src="<%=request.getContextPath()%>/js/academyjclass.
js" charset="utf-8"></script>

<script type="text/javascript">
$(
function() {
    $.ajaxSetup({
      async: false
    });
   init();
 }
);
    </script>
  </head>

<body >
<div align="center">
<a href="<%=path %>/form/addAcademy.jsp">增加学院</a>   
<a href="<%=path %>/form/addJclass.jsp">增加班级</a>   
<a href="<%=path %>/form/addStudent.jsp">增加学生</a><br/><br/><br/>
```

```html
<html:form action="/addStudent">
        学号 : <html:text property="studentId"/><html:errors property="studentId"/><br/>
        姓名 : <html:text property="name"/><html:errors property="name"/><br/>
        性别 : <html:select property="sex">
              <html:option value="男">男</html:option>
              <html:option value="女">女</html:option>
              </html:select><br/>
        生日:<html:text property="birthdate"/><html:errors property="birthdate"/><br/>
        学院:<select id="academy" name="academy" onchange="selacademy()" size="1">
              <option value=0>请选择</option>
              <c:forEach var="academy" items="${allAcademyList}">
                  <option value="${academy.id}">${academy.academyName}</option>
              </c:forEach>
              </select></br></br>
        班级:<select id="jclass" name="jclass">
              <option value=0>请选择</option>
              </select></br></br>
        联系号码: <html:text property="contact"/><html:errors property="contac
t"/><br/><br/><br/>
              <html:submit value=" 增加 "/>       
   
              <html:reset value=" 取消 "/>
        </html:form>
    </div>

    </body>
    </html>
```

代码清单 5-21　academyjclass.js（Ajax 相关 JavaSript 文件）

```javascript
function init() {
  $.ajax({
      async: false,
      success: function(data){
        callback1(data);
      }
    });
}

function callback1(data) {
 var data = eval("(" + data + ")");
 var academy = $("#academy");
 academy.empty();
 academy.append("<option value='0'>请选择</option>");
 for ( var i = 0; i < data.length; i++) {
    academy.append("<option value=" + data[i].id + ">"+ data[i].academy + "</
option>");
 }
}
function selacademy(){
 var academy = $("#academy");
 //alert("学院 ID: "+academy.val());
 if(academy.val() != "0"){
    $.post("servlet/JclassAjax?academyId="+encodeURI(academy.
val())+"",null,callback2);
 }else{
    $("#jclass").empty();
```

```
        var jclass = $("#jclass");
    }
}
function callback2(data) {
 var data = eval("(" + data + ")");
 var jclass = $("#jclass");
 jclass.empty();
 // jclass.append("<option value='0'>ccc</option>");
 for ( var i = 0; i < data.length; i++) {
   jclass.append("<option value=" + data[i].id + ">"+ data[i].jclass + "</option>");
 }
}
```

存储学生信息的 Model，即 Student.java，代码如下。

代码清单 5-22　Student.java

```
package springdao;

public class Student implements java.io.Serializable {
    private Integer id;
    private String studentId;                       // 学号
    private String name;                            // 姓名
    private String sex;                             // 性别
    private String birthDate;                       // 出生年月日
    private String jclassName;                      // 班级
    private String academyName;                     // 学院
    private String contact;                         // 联系方式
    // Constructors
    /** default constructor */
    public Student() {
    }
    /** full constructor */
    public Student(String studentId, String name) {
        this.studentId = studentId;
        this.name = name;
    }
    // Property accessors
    public Integer getId() {
        return this.id;
    }
    public void setId(Integer id) {
        this.id = id;
    }
    public String getStudentId() {
        return studentId;
    }
    public void setStudentId(String studentId) {
        this.studentId = studentId;
    }
    public String getName() {
        return name;
    }
    public void setName(String name) {
        this.name = name;
    }
    public String getSex() {
        return sex;
    }
```

```
        public void setSex(String sex) {
            this.sex = sex;
        }
        public String getBirthDate() {
            return birthDate;
        }
        public void setBirthDate(String birthDate) {
            this.birthDate = birthDate;
        }
        public String getJclassName() {
            return jclassName;
        }
        public void setJclassName(String jclassName) {
            this.jclassName = jclassName;
        }
        public String getAcademyName() {
            return academyName;
        }
        public void setAcademyName(String academyName) {
            this.academyName = academyName;
        }
        public String getContact() {
            return contact;
        }
        public void setContact(String contact) {
            this.contact = contact;
        }
    }
```

Student 的数据库操作类 StudentDAO 主要用于负责各种数据库操作（例如，数据库的连接与关闭，插入新的学生信息，查询和修改学生信息，删除学生信息等），代码如下。

代码清单 5-23　springDAO.java

```
package springdao;

import java.util.List;
import org.apache.commons.logging.Log;
import org.apache.commons.logging.LogFactory;
import org.hibernate.LockMode;
import org.springframework.context.ApplicationContext;
import org.springframework.orm.hibernate3.support.HibernateDaoSupport;

public class StudentDAO extends HibernateDaoSupport {
    private static final Log log = LogFactory.getLog(StudentDAO.class);
    // property constants
    public static final String STUDENTID = "studentId";
    public static final String NAME = "name";
    protected void initDao() {
        // do nothing
    }
    public void save(Student transientInstance) {
        log.debug("saving Student instance");
        try {
            getHibernateTemplate().save(transientInstance);
            log.debug("save successful");
        } catch (RuntimeException re) {
```

```
            log.error("save failed", re);
            throw re;
        }
    }

    public void delete(Student persistentInstance) {
        log.debug("deleting Student instance");
        try {
            getHibernateTemplate().delete(persistentInstance);
            log.debug("delete successful");
        } catch (RuntimeException re) {
            log.error("delete failed", re);
            throw re;
        }
    }

    public Student findById(java.lang.Integer id) {
        log.debug("getting Student instance with id: " + id);
        try {
            Student instance = (Student) getHibernateTemplate().get(
                    "springdao.Student", id);
            return instance;
        } catch (RuntimeException re) {
            log.error("get failed", re);
            throw re;
        }
    }

    public List findByExample(Student instance) {
        log.debug("finding Student instance by example");
        try {
            List results = getHibernateTemplate().findByExample(instance);
            log.debug("find by example successful, result size: "
                    + results.size());
            return results;
        } catch (RuntimeException re) {
            log.error("find by example failed", re);
            throw re;
        }
    }

    public List findByProperty(String propertyName, Object value) {
        log.debug("finding Student instance with property: " + propertyName
                + ", value: " + value);
        try {
            String queryString = "from Student as model where model."
                    + propertyName + "= ?";
            return getHibernateTemplate().find(queryString, value);
        } catch (RuntimeException re) {
            log.error("find by property name failed", re);
            throw re;
        }
    }

    public List findByStudentId(Object studentId) {
        return findByProperty(STUDENTID, studentId);
    }
    public List findByName(Object name) {
```

```
            return findByProperty(NAME, name);
    }
    public List findAll() {
        log.debug("finding all Student instances");
        try {
            String queryString = "from Student";
            return getHibernateTemplate().find(queryString);
        } catch (RuntimeException re) {
            log.error("find all failed", re);
            throw re;
        }
    }

    public Student merge(Student detachedInstance) {
        log.debug("merging Student instance");
        try {
            Student result = (Student) getHibernateTemplate().merge(
                    detachedInstance);
            log.debug("merge successful");
            return result;
        } catch (RuntimeException re) {
            log.error("merge failed", re);
            throw re;
        }
    }

    public void attachDirty(Student instance) {
        log.debug("attaching dirty Student instance");
        try {
            getHibernateTemplate().saveOrUpdate(instance);
            log.debug("attach successful");
        } catch (RuntimeException re) {
            log.error("attach failed", re);
            throw re;
        }
    }

    public void attachClean(Student instance) {
        log.debug("attaching clean Student instance");
        try {
            getHibernateTemplate().lock(instance, LockMode.NONE);
            log.debug("attach successful");
        } catch (RuntimeException re) {
            log.error("attach failed", re);
            throw re;
        }
    }
    public static StudentDAO getFromApplicationContext(ApplicationContext ctx) {
        return (StudentDAO) ctx.getBean("StudentDAO");
    }
}
```

处理页面信息的 Action 充当控制器角色，即 AddStudentAction。

代码清单 5-24　AddStudentAction.java

```
package com.ssh.struts.action;
import springdao.Student;
```

```java
import springdao.StudentDAO;
import javax.servlet.http.HttpServletRequest;
import javax.servlet.http.HttpServletResponse;
import org.apache.struts.action.Action;
import org.apache.struts.action.ActionForm;
import org.apache.struts.action.ActionForward;
import org.apache.struts.action.ActionMapping;
import ajax.AcademyDao;
import ajax.JclassDao;
import com.ssh.struts.form.AddStudentForm;

public class AddStudentAction extends Action {
    private StudentDAO dao;
    private String message;
    public String getMessage() {
        return message;
    }
    public void setMessage(String message) {
        this.message = message;
    }
    public StudentDAO getDao() {
        return dao;
    }
    public void setDao(StudentDAO dao) {
        this.dao = dao;
    }
    public AddStudentAction(){
    }
    public ActionForward execute(ActionMapping mapping, ActionForm form,
            HttpServletRequest request, HttpServletResponse response) {
        AddStudentForm registerForm = (AddStudentForm) form;
        System.out.println("学号: "+registerForm.getStudentId());
        System.out.println("regester active.message"+getMessage());

        Student student = new Student();
        student.setStudentId(registerForm.getStudentId());
        student.setName(registerForm.getName());
        student.setSex(registerForm.getSex());
        student.setBirthDate(registerForm.getBirthdate());

        AcademyDao academyDao = new AcademyDao();
        JclassDao jclassDao = new JclassDao();
        System.out.println("academyId"+registerForm.getAcademy());
        String academyName = academyDao.getAcademyNameById(registerForm.getAcademy());
        System.out.println("jclassId"+registerForm.getJclass());
        String jclassName = jclassDao.getJclassNameById(registerForm.getJclass());

        student.setAcademyName(academyName);
        student.setJclassName(jclassName);
        student.setContact(registerForm.getContact());
        // DAO 对象
        StudentDAO dao = getDao();
        dao.save(student);

        return mapping.findForward("success");
    }
}
}
```

SpringProxyAction 通过将 Hibernate 与 Spring 代理相结合，实现事务的自动代理功能。

代码清单 5-25　SpringProxyAction.java

```java
package struts.action;

import java.util.*;
import javax.servlet.http.HttpServletRequest;
import javax.servlet.http.HttpServletResponse;
import org.apache.struts.action.Action;
import org.apache.struts.action.ActionForm;
import org.apache.struts.action.ActionForward;
import org.apache.struts.action.ActionMapping;
import org.springframework.context.ApplicationContext;
import org.springframework.context.support.ClassPathXmlApplicationContext;
import struts.form.RegisterForm;

public class SpringProxyAction extends Action {
    public ActionForward execute(ActionMapping mapping, ActionForm form,
            HttpServletRequest request, HttpServletResponse response) {

        String path = request.getRequestURI();
        System.out.println(path);
        ApplicationContext ctx = new
        ClassPathXmlApplicationContext("applicationContext.xml");
        Action action = (Action)ctx.getBean(path);

        if(action != null) {
            try {
                return action.execute(mapping, form,
                        request, response);
            } catch (Exception e) {
                // TODO Auto-generated catch block
                e.printStackTrace();
            }
        }
        return mapping.findForward("failed");
    }
}
```

通过以上的相关代码，相信读者对 SSH 框架的开发过程已经有了大致的了解。首先，在 JSP 页面（register.jsp）上，用户填写好需要注册学生的相关信息，然后在 Spring 的控制下，通过 Hibernate 与数据库软件进行交互，把信息存进数据库中，这样就成功实现了新的学生信息的存储。对于学生（Student）信息的查询，修改和删除等操作的大致过程是一致的。同理，对于班级（Jclass）和学院（Academy）的操作也是类似的。

习题

一、选择题

1. 下列关于 JSP 的说法错误的是（　　）。

A. JSP 可以处理动态内容和静态内容

B. JSP 是一种与 Java 无关的程序设计语言

C. 在 JSP 中可以使用脚本控制 HTML 的标签生成

D. JSP 程序的运行需要 JSP 引擎的支持

2. 下列不适合作为 JSP 程序开发环境的是（　　　）。

　A. JDK+Tomcat

　B. JDK+Apache+Tomcat

　C. JDK+IIS+Tomcat

　D. NETFramework+IIS

3. 下列关于 Tomcat 说法中正确的是（　　　）。

　A. Tomcat 是一种编程语言

　B. Tomcat 是一种开发工具

　C. Tomcat 是一种编程规范

　D. Tomcat 是一个免费的开源的 Serlvet 容器

4. 下列关于 C/S 模式的缺点的描述不正确的是（　　　）。

　A. 伸缩性差

　B. 重用性差

　C. 移植性差

　D. 安全性差

5. JSP 代码 <%= "1+4" %> 将输出（　　　）。

　A. 1+4　　　　　　B. 5　　　　　　C. 14　　　　　　D. 不会输出

6. 下列选项中，（　　　）是正确的表达式。

　A. <%!Inta=0;%>

　B. <%inta=0;%>

　C. <%=(3+5);%>

　D. <%=(3+5)%>

7. page 指令的（　　　）属性用于引用需要的包或类。

　A. extends　　　　　B. import　　　　　C. isErrorPage　　　　　D. language

8. 下列不属于 JSP 动作的是（　　　）。

　A. <jsp:include>

　B. <jsp:forward>

　C. <jsp:plugin>

　D. <%@includefile="relativeURL"%>

9. 用 response 进行重定向时，使用的是（　　　）方法。

　A. getAttribute

　B. setContentType

　C. sendRedirect

　D. setAttribute

10.（　　　）可以准确地获取请求页面的一个文本框的输入。

　A. request.getParameter(name)

　B. request.getParameter("name")

　C. request.getParameterValues(name)

　D. request.getParameterValues("name")

11. 基于 JSP 的 Web 应用程序的配置文件是（　　　）。

　A. web.xml　　　　　B. WEB-INF　　　　　C. Tomcat 6.0　　　　　D. JDK 1.6.0

12. 关于 HTTP 请求中的 GET 和 POST 方法，下列叙述正确的是（　　　）。

　A. POST 方法提交信息可以保存为书签，GET 则不行

　B. 可以使用 GET 方法提交敏感数据

　C. 使用 POST 提交数据量没有限制

　D. 使用 POST 方法提交数据比 GET 方法快

13. 在 JSP 的内置对象中，按作用域由小到大排列正确的是（　　　）。

　A. request, application, session

　B. session, request, application

　C. request, session, application

　D. application, request, session

14. 获取 Cookie[] 所用到的方法是（　　　）。

　A. request.getCookies()

　B. request.getCookie()

　C. response.getCookies()

　D. response.getCookie()

15. 下列关于 JSP 指令的描述正确的是（　　　）。

　A. 指令以 "<%@" 开始，以 "%>" 结束

　B. 指令以 "<%" 开始，以 "%>" 结束

C. 指令以 "<" 开始，以 ">" 结束　　　　　　　D. 指令以 "<jsp:" 开始，以 "/>" 结束

16. Tomcat 应用服务器是（　　　）产品。

A. Microsoft　　　　　　B. Sun　　　　　　　　C. Apache　　　　　　D. IBM

17. 下列哪种脚本元素不是 JSP 规范描述的 3 种脚本元素之一（　　　　）。

A. 声明　　　　　　　　B. 表达式　　　　　　　C. 脚本程序　　　　　D. 内置对象

18. 下列选项中，（　　　）不是 JSP 的指令元素。

A. page 指令　　　　　　B. include 指令　　　　　C. taglib 指令　　　　D. <jsp:include>

19. 下列 DOM 对象中，（　　　）是用来描述浏览器窗口。

A. navigator　　　　　　B. screen　　　　　　　C. window　　　　　　D. document

20. 在客户端网页脚本语言中最为通用的是（　　　）。

A. JavaScript　　　　　　B. VB　　　　　　　　C. Perl　　　　　　　D. ASP

21. 下列关于 JavaServlet 的特性说法中错误的是（　　　）。

A. Servlet 功能强大，可以解析 HTML 表单数据、读取和设置 HTTP 头、处理 Cookie、跟踪会话状态等。在 Servlet 中，许多使用传统 CGI 程序很难完成的任务都可以轻松地完成

B. Servlet 可以与其他系统资源交互，例如，它可以调用系统中其他文件、访问数据库、Applet 和 Java 应用程序等，以此生成返回给客户端的响应内容

C. Servlet 可以是其他服务的客户端程序，例如，它们可以用于分布式的应用系统中，可以从本地硬盘，或者通过网络从远端激活 Servlet

D. Servlet API 是与协议相关的。Servlet 只能用于 HTTP 协议

22. 下列说法正确的是（　　　）

A. 对每个要求访问 login.jsp 的请求，Servlet 容器都会创建一个 Session 对象

B. 每个 Session 对象都有唯一的 ID

C. JavaWeb 应用程序必须负责为 Session 分配唯一的 ID

D. 同一客户请求不同服务目录中的页面的 Session 是相同的。

23. HTTP 响应状态行中的状态码 200 表示（　　　）。

A. 处理请求成功　　　B. 资源找不到　　　　　C. 内部错误　　　　　D. 未知状态

24. 下面哪个状态代码表示 "Not Found 无法找到指定位置的资源"（　　　）。

A. 100　　　　　　　　B. 201　　　　　　　　C. 301　　　　　　　　D. 400

E. 404

25. ServletContext 接口的（　　　）方法用于将对象保存到 Servlet 上下文中。

A. getServetContext()　　　　　　　　　　　B. getContext()

C. getAttribute()　　　　　　　　　　　　　D. setAttribute()

26. 下面关于 Session 对象说法中正确的是（　　　）。

A. Session 对象的类是 HttpSession，HttpSession 由服务器的程序实现

B. Session 对象提供 HTTP 服务器和 HTTP 客户端之间的会话

C. Session 可以用来储存访问者的一些特定信息

D. Session 可以创建访问者信息容器

E. 当用户在应用程序的页之间跳转时，存储在 Session 对象中的变量不会清除

27. 下列关于 Application 对象说法中错误的是（　　　）。

A. Application 对象用于在多个程序中保存信息

B. Application 对象用来在所有用户间共享信息，但不可以在 Web 应用程序运行期间持久地保持数据

C. getAttribute(String name) 方法返回由 name 指定的名字 Application 对象的属性的值

D. getAttributeNames() 方法返回所有 Application 对象的属性的名字。

E. setAttribute(String name , Object object) 方法设置指定名字 name 的 Application 对象的属性值 object

28. 通过（　　）可以接收上一页表单提交的信息。

A. Session 对象　　　　B. Application 对象　　　C. Config 对象　　　　D. Exception 对象

E. Request 对象

29. Session 对象经常被用来（　　）。

A. 在页面上输出数据　　　　　　　　　B. 抛出运行时的异常

C. 在多个程序中保存信息　　　　　　　D. 在多页面请求中保持状态和用户认证

E. 以上说法全不正确

30. 要将一个 JSP 页面的响应交给另一个 JSP 页面处理，可以使用（　　）。

A. Response 对象　　　B. Application 对象　　　C. Config 对象　　　　D. Exception 对象

E. Out 对象

31. Servlet 程序的入口点是（　　）。

A. init()　　　　　　　B. main()　　　　　　　C. service()　　　　　　D. doGet()

32. 下面关于 Servlet 的陈述正确的是（　　）(多选)。

A. 在浏览器的地址栏直接输入要请求的 Servlet，该 Servlet 默认会使用 doPost 方法处理请求

B. Servlet 运行在服务器端

C. Servlet 的生命周期包括实例化，初始化，服务，破坏，不可以用

D. Servlet 不能向浏览器发送 HTML 标签

33. 在 Struts 实现的框架中,（　　）类包含了 excute 方法的控制器类，负责调用模型的方法，控制应用程序的流程。

A. Ajax　　　　　　　B. Action　　　　　　　C. Form　　　　　　　D. Method

34. Hibernate 的运行核心是（　　）类，它负责管理对象的生命周期、事务处理、数据交互等。

A. Configuration　　　B. Transaction　　　　　C. Query　　　　　　　D. Session

二、填空题

1. _____是 Sun 公司推出的一种在服务器端运行的小程序，它的实质就是一个类，是一个能够使用 print 语句产生动态 HTML 内容的 Java 类。

2. Tomcat 服务器的默认端口是_____。

3. _____是一段在客户端请求时需要先被服务器执行的 Java 代码，它可以产生输出，并把输出发送到客户的输出流，同时也可以是一段流程控制语句。

4. _____动作元素允许在页面被请求的时候包含一些其他资源，如一个静态的 HTML 文件或动态的 JSP 文件。

5. page 指令的 MIME 类型的默认值为 text/html，默认字符集是_____。

6. JSP 程序中的隐藏注释的格式为_____。

7. 在 JSP 内置对象中，与请求相关的对象是_____。该对象可以使用_____方法获取表单提交的信息。

8. Response 对象中用来动态改变 contentType 属性的方法是_____。

9. 在 JSP 中可以使用_____对象的_____方法将封装好的 Cookie 对象传递到客户端。

10. _____的内容是相对固定的，而_____的内容会随着访问时间和访问者发生变化。

11. 在 Tomcat 成功安装和启动后，可以在浏览器中输入_____来测试安装配置是否正常。

12. 在 WEB-INF 下必须有一个 XML 文件是_____。

13. 在 JSP 的 3 种指令中，用来定义与页面相关属性的指令是_____；用于在 JSP 页面中包含另一个文件的指令是_____；用来定义一个标签库以及其自定义标签前缀的指令是_____。

14. _____封装了属于客户会话的所有信息，该对象可以使用_____方法来设置指定名字的属性。

15. 如果想将 Struts 的编码格式设置为 "gbk"，则需要在 struts.xml 文件中对相应的常量进行配置，配置为 <constant name="struts.i18n.encoding" value="_____">。在 SSH 框架中，Hibernate 是一个基于解决方案，是一个优秀的开源的对象关系映射 ORM 框架。

16. Hibernate 实体间通过关系来相互关联。其关联关系主要有一对一关系、_____关系和_____关系。

三、名词解释

静态网页   动态网页   网络数据库   Request 对象   Response 对象

C/S 结构   B/S 结构   Session 对象   Cookie 对象

四、简答题

1. 请给出 HTTP 请求和响应命令的组成与格式。

2. HTTP 请求中常用的请求命令有哪些？

3. CGI 有什么作用？可以编写 CGI 程序的语言有哪些？

4. SSH 框架由什么组成？它的作用是什么？

5. 对象 JSP 的主要技术特点有哪些？

6. 常见的动态网页语言有哪些？

7. 简述 JavaScript。

8. 简述 HTML 的响应机制。

9. 简述 Servlet 的生命周期。

参考文献

［1］ 李刚 . 轻量级 Java EE 企业应用实战：Struts 2 + Spring 3 + Hibernate 整合开发［M］. 3 版 . 北京：电子工业出版社，2012.

［2］ 帕派佐格罗 . Web 服务：原理和技术［M］. 龚玲，等译 . 北京：机械工业出版社，2010.

［3］ 陈华 . Ajax 从入门到精通［M］. 北京：清华大学出版社，2008.

［4］ Liu M L. 分布式计算原理与应用（影印版）［M］. 顾铁成，等译 . 北京：清华大学出版社，2004.

第 6 章　P2P 原理与实践

P2P 范型源于 P2P 网络（又名对等网络），P2P 网络是一种资源（计算、存储、通信与信息等）分布利用与共享的网络体系架构，与目前网络中占据主导地位的 C/S 体系架构相对应。在分布式计算中，我们从 P2P 网络概念引申出 P2P 分布式计算范型，它表示分布式计算中各进程之间是一种对等的关系。

本章首先介绍 P2P 的相关概念；接着阐述 P2P 技术的原理，如网络分类、搜索算法等，并给出一些典型的 P2P 应用系统；然后重点使用 Java 网络编程开发一个基于 P2P 范型的即时聊天系统，以加深对 P2P 范型的认识；最后介绍 P2P 的研究现状及未来发展。

6.1　P2P 概述

下面将介绍 P2P 的基本知识，包括 P2P 的概念、发展历程、技术特点和实践应用，以便对 P2P 技术有一个整体的了解。

6.1.1　P2P 的概念

P2P 即 Peer-to-Peer 的缩写，含义为"点对点"或者"端对端"，而学术界常称它为"对等计算"。P2P 是一种以非集中化方式使用分布式资源来完成一些关键任务的系统和应用。"非集中化"指的是 P2P 系统中并非采用传统的以服务器为中心管理所有客户端的方法，而是消除"中心"的概念，将原来的客户端视为服务器和客户端的综合体；"分布式资源"指的是 P2P 系统的参与者共享自己的一部分空闲资源供系统处理关键任务所用，这些资源包括处理能力、数据文件、数据存储和网络带宽等；"关键任务"指的是一些用于分布式计算、数据和文件共享、通信和协同、平台服务等大型任务，它们需要强大的处理能力或存储能力，如计算蛋白质折叠、药物的研发、搜寻外太空生命体、全球化的飞机制造、搜索引擎等。

P2P 技术打破了传统的 C/S 模式。在 P2P 网络中，所有结点的地位都是对等的，每个结点既充当服务器，又充当客户端，这样缓解了中心服务器的压力，使得资源或任务处理更加分散化。由于 P2P 网络中的结点是 Client 和 Server 的综合体，因此结点也被形象地称为 SERVENT。传统 C/S 模式和 P2P 模式的对比如图 6-1 和图 6-2 所示。

可见，通常 P2P 模式中不区分提供信息的服务器和请求信息的客户端，每一个结点都是信息的发布者和请求者，对等结点之间可以实现自治交互，无需使用服务器。而 C/S 模式中服务器和客户端之间是一对多的主从关系，系统的信息和数据都保存在中心服务器上，若要索取信息，必须先访问服务器，才能得到所需的信息，且客户端之间是没有交互能力的。此外，由于 P2P 模式中无需中心服务器，因此不需要花费高昂的费用来维护中心服务器，且每个对等结点都可以在网络中发布和分享信息，使得网络中闲散的资源得到充分利用。而 C/S 模式中就要花费大量资金在服务器和数据库的维护方面，增加了企业产品的成本。相对于 C/S 模式，P2P 模式也有一些缺点，如缺乏安全机制、网络稳定性差等。

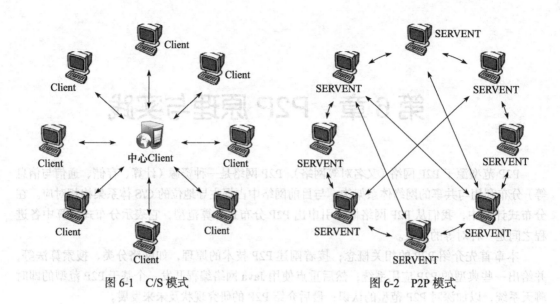

图 6-1 C/S 模式   图 6-2 P2P 模式

6.1.2 P2P 的发展历程

从 P2P 的发展史来说，它并不是新生技术，而是自 20 世纪 70 年代网络产生以来就存在了，只是当时的网络带宽、传播速度等条件限制了这种超前计算模式的发展。随着硅纯度的不断提升，科技和制造业的飞速发展，网络性能、个人计算能力和存储能力得到了大幅度的提高，这为 P2P 的发展提供了根本条件，网络资源和内容开始由中心化向边缘化演变。P2P 技术开始得到业界的广泛关注，越来越多的 P2P 系统和应用也应运而生。

自 P2P 广受关注以来，它的发展历程大致可以分为 3 个阶段。

第一阶段，1999 年至 2000 年左右，P2P 技术由应用开发向学术研究发展。因为当时 P2P 技术刚重新受到关注，涌现了许多著名的 P2P 应用系统，但由于 P2P 存在安全、标准和版权等缺陷，许多应用都被扼杀。P2P 技术的完善迫在眉睫，于是越来越多的学者开始研究 P2P 技术，旨在更好地应用它。这个阶段的标志性事件如下：

- 1999 年，Shawn Fanning 发布了 Napster 软件，用于 MP3 音乐的共享，经过半年的发展，已经有 5000 万的用户。Napster 为第一代集中式 P2P 体系的代表，但因版权问题不得不于 2001 年关闭。
- 其后涌现了大批的 P2P 应用系统，如 Gnutella、Freenet、KaZaA、BitTorrent、eDonkey/eMul 等。2000 年，同样因版权问题，第一个纯分布式无结构 P2P 网络 Gnutella（第二代无结构 P2P 网络的代表）公开约一个半小时后就被迫关闭，但其思想广泛流传下来。
- 2000 年 8 月，出版商 O'Reilly 组织 P2P 峰会，目的在于诠释 P2P 的意义，描述 P2P 的作用和消除 P2P 技术存在的缺陷。
- 同时，Intel 成立了 P2P 工作组，并发布了基于 .NET 架构的 P2P Accelerator Kit 及 P2P 安全软件包，可建立 P2P 安全的 Web 应用。此外，IBM、HP 等也利用 P2P 技术进行开放存储与网络共享打印等。

第二阶段，2001 年至 2003 年左右，随着 P2P 技术的发展，开始从学术研究走向商业应用，许多体系和标准也不断完善。这个阶段的重要事件如下：

- 2001 年，出现结构化 P2P 体系，如 Chord（第三代结构化 P2P 网络的代表）、SCAN、Tapestry、Pastry、CFS、OceanStore、PAST 等。
- IEEE 成立 P2P 专业会议，ACM 发表有关 P2P 的经典论文。
- 学术团体和技术组织也开始成立或完善专门的 P2P 研究小组，如 MIT、U.C.Berkeley、Microsoft/Rice Univ.、Stanford 等。
- 2003 年，P2P 技术开始进入一个稳定期，在解决了 P2P 网络最核心的技术问题后，学术界将重点放在其性能提升、安全性和实用系统开发上。

第三阶段，2004 年至今，P2P 技术由广泛的共识到更加全面的实用。现在，P2P 网络的主要问题已解决，核心机制、整体框架已形成，在重大问题上也形成了共识。对 P2P 的应用更加注重细节、高效性和实用性，并试图整合不同的 P2P 应用系统。2005 年底，Springer 在其 LNS（Lecture Notes in Computer Science）系列中出版 *Peer-to-Peer System and Application* 提供了对 P2P 领域权威的总结和展望。

如今，随着云计算和大数据时代的到来，分布式计算得到更充分的应用，特别是以 P2P 为基础的分布式应用系统得到业界的热切关注。例如，P2P 与 Web Services 结合，二者优势互补，使得 Web 服务的性能更加高效。

6.1.3　P2P 的技术特点

近年，P2P 技术之所以受到计算机界的广泛关注，并被誉为影响 Internet 未来发展的四大科技之一，是因为 P2P 具有适应现代应用需求的优势和特点。P2P 技术的优势在于它可以提高网络的工作效率，充分利用网络带宽，发挥每个网络结点的潜力，并具有较高的可扩展性和良好的容错性。P2P 的特点包括以下几个方面：

（1）非中心化

P2P 网络中资源和服务是分散在所有结点上的，信息的传输和服务的实现直接在结点间就可以完成，无需服务器的介入。P2P 的非中心化特点是现代网络向边缘发展的体现，也为其可扩展性和健壮性带来优势。

（2）可扩展性

在 P2P 网络中，随着用户的加入，不仅服务的需求增加了，而且系统整体的资源和服务能力也随之提升，理论上 P2P 网络的可扩展性是无限的，因此系统始终能满足用户的需求。例如，在传统 C/S 模式的文件下载中，当服务器接受的用户数量增加后，文件的下载速度就会变慢；而在 P2P 系统中恰恰相反，加入的用户结点越多，网络中的资源就越多，下载速度反而加快了。

（3）健壮性

由于 P2P 网络中资源和服务是分散在各结点之间的，部分结点和网络遭到破坏时，其他结点还可以作为补充，因此具有很强的耐攻击性和容错性。一般，P2P 网络是自组织方式建立起来的，允许结点的自由加入和退出，因此当 P2P 网络的部分结点失效时能够自动调整网络拓扑，保持与周围结点的连通性。

（4）高性价比

在企业应用中关注最多的是利润，传统 C/S 模式使企业花费大量资金在中心服务器的更新和维护上，增加了企业产品成本。但随着硬件技术按照摩尔定律的飞速发展，个人计算能力和存储能力在不断提高，且伴着移动互联网时代的到来，各种移动设备使得计算无处不在，也使得资源的分布更加分散化。采用 P2P 技术使众多计算结点的闲置资源得到充分利用，以完成高性能的计算和海量存储的任务，是未来互联网发展的趋势。使用 P2P 技术降低了企业维护中心服务器和购买大量网络设备的费用，目前主要运用在基因学和天文学等海量信息的学术研究中，一旦成熟，便可在企业中推广。

（5）隐私保护

在 P2P 网络中，信息和服务的传输是分散在网络结点间进行的，无需经过集中环节，用户的隐私信息被窃听和泄露的可能性大大减少。通常，互联网上隐私问题主要采用的是中继转发的方式，从而将通信的参与者隐藏在众多的网络实体中。在传统 C/S 模式中常采用中继服务器结点来实现匿名通信，而在 P2P 网络中所有参与者都可以提供中继转发的功能，这样大大提高了匿名通信的灵活性和可靠性，能够更好地保护隐私。

（6）负载均衡

在传统 C/S 模式中，由于受到服务器计算和存储能力的限制，连接到服务器的用户数是有一定控制的，超过限量就有可能发生宕机的危险。在 P2P 网络中，结点是服务器和客户端的综合体，将计算和存储任务分配到各结点中进行，缓解了中心服务器的压力，更有利于实现网络的负载均衡。

6.1.4　P2P 的实践应用

由于 P2P 模式存在众多的优点，因此不断地被应用到军事、商业、政府、通信等领域，并催生了大批著名的 P2P 系统软件。按照产品设计目的的不同，可以将这些 P2P 应用分为以下几类：

- 文件共享和下载，代表产品有 Napster、BitTorrent、Gnutella、eDonkey、Maze 等。
- 多媒体传输，代表产品有 Skype、PPLive、CCIPTV、QQ 直播、PPStream 等。
- 即时通信，代表产品有 QQ、PoPo、MSN Messenger、ICQ、Google Talk、Yahoo Messenger 等。
- 协同工作，代表产品有 Groove、Magi、JXTA 等。
- 分布式数据存储，代表产品有 CFS、PAST、OceanStore、Granary 等。
- 分布式对等计算，代表产品有 GPU、SETI@Home、Avaki、popular Power 等。
- P2P 搜索引擎，代表产品有 Pandango 等。

6.2　P2P 网络的分类

通常我们通过拓扑结构来对一个网络进行分类。拓扑结构表明了网络中各计算单元之间的物理或逻辑关系，为分析和研究网络提供了帮助。Internet 是世界上最大的非集中式网络，而连入 Internet 中的早先网络绝大多数采用集中式或层次性系统。随着信息时代的迅猛发展，大量的数据处理给中心服务器带来巨大的挑战，传统的集中式网络拓扑结构越来越不能适应现在的应用需求。因此，人们希望能从 P2P 模式中看到希望，并广泛投入到 P2P 网络的研究中，旨在研发新的 P2P 网络拓扑结构，以满足现代应用的需求。

P2P 网络的发展经历了不同的时代，一般可以分为 4 代，如图 6-3 所示。在每一代 P2P 网络中都存在一些具体的 P2P 拓扑结构，它是此代 P2P 网络的标志。如图 6-3 中所示，第一代 P2P 网络的典型是中心化拓扑结构（centralized topology）；第二代 P2P 网络的典型为全分布式非结构化拓扑结构（decentralized unstructured topology）和全分布式结构化拓扑结构

（decentralized structured topology）；第三代 P2P 网络的典型是混合的半分布式拓扑结构（partially decentralized topology）。而 P2P 技术发展至今，人们都在不断地研究能更好地适应现代应用需求的第四代 P2P 网络拓扑，这是 P2P 技术发展的一个重要方向。

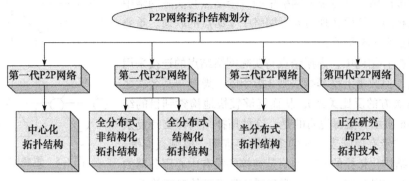

图 6-3　P2P 网络拓扑结构的划分

下面详细讨论不同代中典型的 P2P 网络拓扑结构。

（1）中心化拓扑结构

中心化拓扑结构指的是网络中资源和服务的索引都存储在中心服务器目录中，而资源和服务本身则存储在网络中的各结点中，若一个客户需要访问某资源，则需要先直接或间接地访问中心服务器，中心服务器通过索引检索存有该资源的具体结点的信息，然后请求者与这些存有所需资源的结点连接，最后实现对资源的访问。中心化拓扑结构如图 6-4 所示。

中心化拓扑结构实现了资源的检索和传输的分离，缓解了中心服务器的压力，节省了网络带宽，缩短了文件传输延时。同时，中心化拓扑结构的网络维护起来比较简单，资源和服务的检索效率也比较高。但这种网络拓扑结构也存

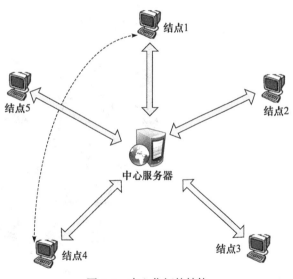

图 6-4　中心化拓扑结构

在如下几点问题：

- 系统对中心服务器的依赖过强，若中心服务器不幸宕机，则整个网络的检索业务就会终止，导致整个网络服务瘫痪。可见，其可靠性和安全性较低。
- 随着客户数量的不断增加，中心服务器的压力还是会上升，对中心服务器的维护和更新费用也将提高。
- 由于中心服务器将存有请求资源的结点信息都返回给请求者，使得请求者可以轻易获得网络上的一些受法律保护的资源，这样容易引发版权问题。

综合中心化拓扑结构网络的特点，它适合于小型网络，便于管理和控制，而并不适合于较大规模的网络。典型的 P2P 中心化拓扑结构系统有 Napster。

（2）全分布式非结构化拓扑结构

采用全分布式非结构化拓扑结构的 P2P 网络是一种重叠网络（overlay network），重叠网络是在现有的网络体系架构上新加一层虚拟网络，并将虚拟网络中的每个结点与实际网络中的一些结点相连，从而实现与实际网络中个结点的联通。重叠网络的结构如图 6-5 所示。

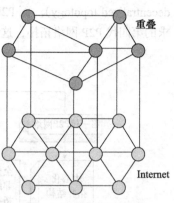

图 6-5   重叠网络的结构

在这种拓扑结构中，虚拟结点与实际网络结点的连接采用随机的方式，但数量上呈幂指法则（指个体的规模与其名次之间存在着幂次方的反比关系），从而能够较快地检索到目的结点，如图 6-6 所示。值得说明的是，这种拓扑结构还支持复杂查询机制，如带有规则表达式的多关键字查询、模糊查询等。全分布式非结构化拓扑的 P2P 网络是纯粹的没有中心服务器的网络，每个结点既是客户机又是服务器，是真正的对等关系。

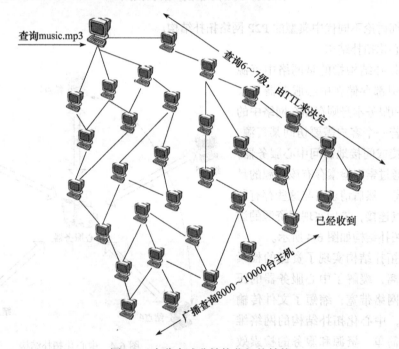

图 6-6   全分布式非结构化拓扑结构

由于这种拓扑结构的网络将重叠网络视为一个完全随机图，结点之间的链路并没有按照预先定义的拓扑来构建，因此系统的性能波动较大，但其容错性好，支持复杂查询。典型的全分布式非结构化拓扑的 P2P 网络有 Gnutella。

（3）全分布式结构化拓扑结构

全分布式结构化拓扑采用分布式哈希表（Distributed Hash Table，DHT）来组织网络中的各结点，因此这种拓扑结构的网络也称为 DHT 网络。在 DHT 网络中，由广域范围大量结点共同维护庞大的哈希表，散列表被分割成不连续的块，每个结点被分配一个属于自己的哈希块，并成为这个哈希块的管理者。网络中每个结点有一个唯一标识自己的 ID，且通过哈希函数，为网络中资源分配唯一的 ID，然后将资源存储在资源 ID 与结点 ID 相等或相近的结点中。当需要查找资源时，可以采用类似资源散列的方法定位到存储资源的结点上。

DHT 网络能够自适应结点的动态加入或退出，具有良好的可扩展性、鲁棒性（健壮性）、结点 ID 分配均匀性和自组织能力。同时，采用了结构化的确定性拓扑结构和哈希机制，DHT 网络可以精确地定位目标结点。但由于 DHT 的实现机制比较复杂，因此系统维护比较困难，特别是网络中结点频繁加入和退出时，且哈希机制使得 DHT 网络缺失复杂查询机制。典型的 DHT 网络案例有 Tapestry、Pastry、Chord、CAN 等。DHT 网络的结构如图 6-7 所示。

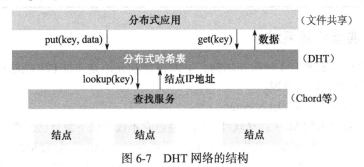

图 6-7　DHT 网络的结构

（4）半分布式拓扑结构

半分布式拓扑结构吸取了中心化拓扑结构和全分布式非结构化拓扑结构的优点，选择性能较高的结点作为超级结点，在各个超级结点上存储了系统中其他部分结点的信息，检索算法仅在超级结点间转发，超级结点再将查询请求转发给适当的叶子结点。半分布式拓扑结构如图 6-8 所示。

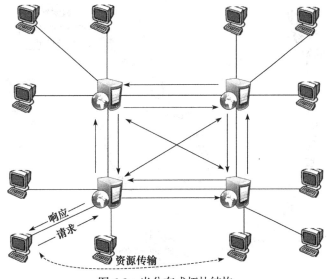

图 6-8　半分布式拓扑结构

从某种意义上来说，半分布式拓扑结构是一种层次结构的变形，超级结点之间构成了高速转发层，超级结点和所负责的普通结点构成了网络的若干层次。这种拓扑结构的网络系统有较好的性能和可扩展性且支持复杂查询，易于管理维护，但对超级结点仍存在一定依赖，当超级结点受到攻击或瘫痪时，对整个网络系统的影响比较大。KaZaA 就是一款典型的半分布式拓扑的 P2P 文件共享软件。

在实际的应用中，根据需求的不同，每种应用各有其优缺点，表 6-1 从可扩展性、可靠性、可维护性、搜索算法的效率、复杂查询 5 个方面比较了这 4 种拓扑结构的综合性能。

表 6-1 P2P 网络拓扑比较

拓扑结构 / 标准	可扩展性	可靠性	可维护性	搜索算法的效率	复杂查询
中心化拓扑结构	差	差	最好	最高	支持
全分布式非结构化拓扑结构	差	好	最好	中	支持
全分布式结构化拓扑结构	好	好	好	高	不支持
半分布式拓扑结构	中	中	中	中	支持

6.3 P2P 的典型应用系统

前面我们讨论了 P2P 的 4 种拓扑结构，下面将详细介绍这 4 种 P2P 网络中的典型系统，以此来展现不同 P2P 技术的原理。

（1）中心化拓扑的典型应用 Napster

Napster 是一款著名的 MP3 共享软件，用户通过它不仅可以下载自己想要的音乐，而且可以将自己的计算机作为服务器，为其他用户提供下载服务。Napster 是较早出现的 P2P 系统之一，一经推出便得到了用户的青睐。事实上，Napster 并不是纯粹的 P2P 系统，网络中所有结点由一个中心服务器连接，中心服务器上保存了用户上传的音乐文件索引和文件具体存储位置信息。如图 6-9 展示了 Napster 的工作原理。

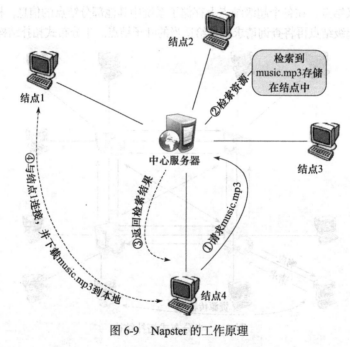

图 6-9 Napster 的工作原理

如图 6-9 示，结点 4 请求音乐文件 music.mp3 的过程分为以下 4 个步骤：

①结点 4 向中心服务器发出请求，欲获取音乐 music.mp3。

②中心服务器收到结点 4 发来的请求后，检索文件目录，查询 music.mp3 的存储信息，假设检索到 music.mp3 存储在结点 1 中。

③中心服务器返回检索结果给结点 4，其中包含 music.mp3 的存储信息。

④结点 4 收到中心服务器的返回结果后，从中得知 music.mp3 存储在结点 1 中，并与结点 1 进行连接，之后便可实现对目标资源的访问。

Napster 中拥有强大的中心服务器，提供了高效的文件查询功能，并实现了文件检索和传输的分离，从一定程度上缓解了服务器的压力，提高了网络的性能。但 Napster 不可逃避地含有中心拓扑结构的缺点，如对中心服务器依赖过强、版权问题等，最终，该系统因版权问题被迫停运，但它是 P2P 的"前辈"，为后人研究 P2P 系统提供了参考。

（2）全分布式非结构化拓扑的典型应用 Gnutella

Gnutella 是一款全分布式非结构化的 P2P 网络文件共享技术，是遵守 Gnutella 协议和客户端软件的统称。所有基于 Gnutella 技术的客户端都被称为在 Gnutella 网络上，理论可以通过连接与网络上的任何一台计算机进行通信。目前 Gnutella 网络的客户端软件非常多，如 Shareaza、LimeWire、BearShare 等。

由全分布式非结构化 P2P 网络的特点可知，Gnutella 是一个纯粹的 P2P 系统，Gnutella 网络中不存在中心服务器，每个网络结点既是服务器又是客户端，结点间是真正的对等关系。Gnutella 网络的拓扑如图 6-6 所示。

在 P2P 网络中一个结点要想与另一个结点进行通信，涉及怎样在庞大的 P2P 网络中搜索到目标结点，这也是 P2P 应用的核心技术。早期的 Gnutella 采用的是基于完全随即图的 Flooding（泛洪）搜索算法。当一个结点 A 想要索取某文件时，它首先以文件名或者关键字的形式生成一个查询，并将此查询发送给与它相连的所有结点，收到查询请求的结点检索自己的存储，若存在此文件则对 A 的请求予以应答，A 再与此结点进行连接，并实现文件传输；若不存在此文件，则继续将此查询请求转发给自己相邻的所有结点，直到找到存在此文件的结点为止。但仔细思考一番，若 Gnutella 网络中不存在含请求文件的结点，则查询会永无止境地进行下去。为了避免这种情况，设置了 TTL（Time to Live，生存时间）来控制查询请求的生命值，每跨过一个结点，TTL 就减 1，直到 TTL 为 0 时，查询请求失效。采用 Flooding 搜索算法的 Gnutella 网络原理如图 6-10 所示。

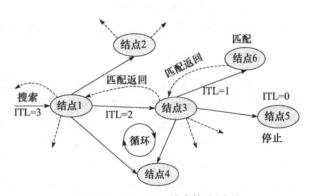

图 6-10　Flooding 搜索算法原理

由计算机网络的基本知识可知，当网络中结点不断增多，网络规模不断扩大时，采用 Flooding 搜索算法是不明智的。因为 Flooding 算法中查询请求的广泛传播会导致网络流量急剧增加，使得网络中部分低带宽结点因网络流量过载而失效，查询请求很可能只在网络的一小部分中存在，出现分区、断链现象，致使网络的可扩展性降低。因此，学者们开始投入到研究新式搜索算法的行列中。新的搜索算法有 Modified-BFS（改良广度优先搜索算法）、Iterative Deepening（选择性加深搜索算法或扩展环搜索算法）、Random Walk（随机漫步搜索算法）、Gnutella2 搜索算法、移动代理搜索算法和 Query Routing（查询路由搜索算法）等，感兴趣的读者可以查阅资料，深入了解这些搜索算法，这里不再详细介绍。

（3）全分布式结构化拓扑的典型应用 Chord

Chord 是 2001 年加州大学伯克利分校和麻省理工学院共同提出的一个资源搜索算法，它的目的是提供一个适合于 P2P 环境的分布式资源发现服务。Chord 通过使用 DHT 技术使得发现指定对象只需要维护 O（log$N$）长度的路由表即可（其中 N 为 DHT 网络中结点数目），从而减少了路由到目标结点的跳数和每个结点必须保持的路由状态。

Chord算法中按照结点 ID 大小排列成一个圆环，每个结点指针表中包含了部分结点的定位信息。当一个结点发出查询请求时，若结点 ID 小于请求资源 ID，则将该结点的请求信息发送给下一个结点，依次传递，直到下一个结点拥有所需资源并返回为止。Chord算法的查询原理如图 6-11 示。

（4）半分布式拓扑的典型应用 KaZaA

KaZaA 是一款优秀的基于半分布式
P2P 模式的文件共享软件，可以用来进
行简易搜索，获取感兴趣的音乐、影片、
软件和游戏等。KaZaA 一经推出便受到
用户的广泛好评，KaZaA 之所以成功，
得益于采用半分布式拓扑结构来组织网
络。它集合了 Napster 和 Gnutella 的优点，
既有全分布式结构，网络中无需中心服
务器，提高了系统的可扩展性；也有中心
化结构，采用超级结点方法，将性能较
好的结点自动组织成超级结点，超级结
点中存储了其叶子结点的资源信息，这
些超级结点连通起来形成重叠网络，并

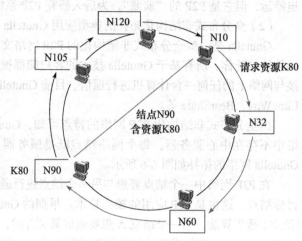

图 6-11　Chord 算法查询原理

提供了强大的资源定位功能，大大提高了资源获取的效率。KaZaA 搜索原理如图 6-8 所示。

6.4　P2P 编程实践

在介绍了 P2P 网络的相关概念和原理后，为了让读者更好地理解 P2P 分布式计算范型和
P2P 应用的开发方法，下面使用 Java Socket 来实现一个简单的基于 P2P 范型的即时聊天系统。
实践开发主要涉及的技术是 Java Socket 编程和多线程技术。为了保证聊天数据接收的可靠性，
我们采用面向连接的流式 Socket。Java 提供了一系列网络编程的相关类实现流式 Socket 通信，
例如，ServerSocket 类用于建立连接，Socket 类用于数据交换，OutputStream 类用于实现流
Socket 数据的发送，InputStream 类用于实现流 Socket 数据的接收。

在编码前，首先要分析系统需要实现的功能，由于演示的是简单的 P2P 即时聊天系统，
因此，我们仅仅设计了如下几个功能：点对点单人聊天、多人同时在线聊天、用户可以自由加
入和退出系统、具备用户在线状态监视。

然后确定此聊天系统采用哪种 P2P 模式，为了简单起见，我们采用类似于中心化拓扑结
构的 P2P 模式，所有客户都需要与中心服务器相连，并将自己的网络地址写入服务器中，服
务器只需要监听和更新用户列表信息，并发送给客户最新的用户列表信息即可。当需要点对点
聊天时，客户端只需要从本地用户列表中读取目标用户的网络地址，并连接目标用户，即可实
现通信。注意，因为是 P2P 系统，客户端要同时扮演服务器和客户端两个角色，所以，用户
登录后都会创建一个接收其他用户连接的监听线程，以实现服务器的功能。其中，中心服务器
和客户端需要实现的任务如下。

1）中心服务器的主要任务：

● 创建 Socket、绑定地址和端口号，监听并接收客户端的连接请求。
● 服务器端在客户连接后自动获取客户端用户名、IP 地址和端口号，并将其保存在服务
　器端的用户列表中，同时更新所有在线用户的客户端在线用户列表信息，以方便客户
　了解上下线的实时情况，以进行聊天。

- 当有用户下线时，服务器端要能即时监听到，并更新用户列表信息，发送给所有在线客户端。
- 对在线用户数量进行统计。

2）客户端的主要任务：

- 客户端创建 Socket，并调用 connect( ) 函数，向中心服务器发送连接请求。
- 客户端在登录后必须充当服务器，以接收其他用户的连接请求，所以需要创建一个用户接收线程来监听。
- 用户登录后需要接收来自服务器的所有在线用户信息列表，并更新本地的用户列表信息，以方便选择特定用户进行聊天。
- 客户端可以使用群发功能，向在线用户列表中的所有用户发送聊天信息。

注意 服务器向所有客户发送最新用户列表信息，及客户端的群发功能，都是通过简单地遍历用户列表来实现的。为了方便本地测试，我们将服务器和所有客户端的 IP 地址都设为本地地址 127.0.0.1，并为每个用户分配一个唯一的随机端口号，这样便可识别不同的用户。

中心服务器启动后会自动创建一个监听线程，以接收客户端发来的连接请求。当客户端与服务器连接后，客户端会将自己的信息（用户名、IP 地址和端口号等）写入 Socket，服务器端从此 Socket 中读取该用户信息，并登记到用户信息列表中。然后，服务器将最新的用户信息列表群发给所有在线的客户端，以便客户端得到最新的用户列表。图 6-12 中步骤 1、2 展示了客户登录服务器的过程。

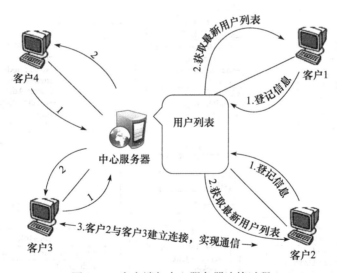

图 6-12 客户端与中心服务器连接过程

每个连接到中心服务器的客户都会得到最新的用户信息列表。如图 6-12 中步骤 3 所示，若客户 2 欲与客户 3 聊天，则客户 2 检索自己的用户信息列表，得到客户 3 的用户信息后，便可与客户 3 进行连接，实现通信。此过程并不需要中心服务器的干预。

当有一个客户需要下线时，如图 6-13 中的客户 1，那么客户 1 首先将下线请求写入 Socket，中心服务器接收到含有下线请求标记的信息后，客户 1 便通过握手机制下线（为了安全关闭 Socket）。客户 1 安全下线后，中心服务器会将客户 1 的用户信息从在线列表中删除，并将更新后的用户列表、下线用户名称和当前网络的在线用户情况等群发给所有在线客户端，以便客户端得到最新的在线用户列表。

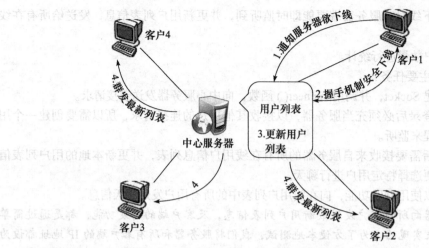

图 6-13 客户下线过程

　　客户端的群发功能与服务器端的群发类似，也采用遍历用户列表的方法。例如，图 6-13 中客户 3 欲与所有在线用户聊天，则只要遍历客户 3 的在线用户列表，与所有在线用户进行连接，便可以进行群聊。

　　系统中类的关系如图 6-14 所示。

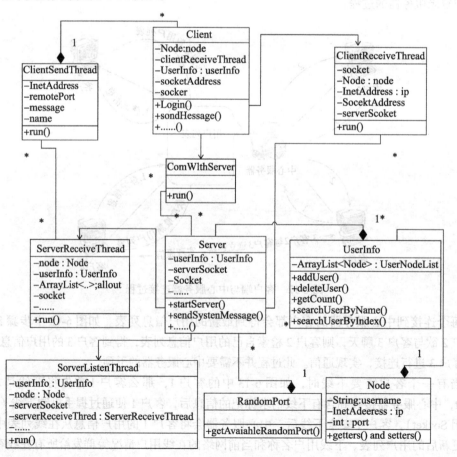

图 6-14 类的关系图

首先设计中心服务器和客户端系统界面。创建中心服务器 Server 类，派生自 JFrame 类，并按照图 6-15 所示的界面创建按钮、文本框、列表等。同样，创建客户端 Client 类，也派生自 JFrame 类，并按照图 6-16 所示的界面创建相应的组件。Server 类和 Client 类都需要实现 ActionListener 接口，从而对界面上的按钮等动作进行监听。

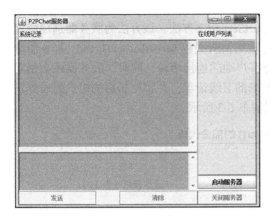

图 6-15　服务器端界面

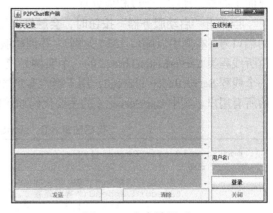

图 6-16　客户端界面

创建 P2P 网络结点 Node 类，其中包含用户名、IP 地址、端口号和一个结点变量 next。Node 类的部分代码如代码清单 6-1 所示。

代码清单 6-1　Node 类主要代码

```
public class Node implements Serializable {
    String username = " ";        // 用户名
    InetAddress ip;               // IP 地址
    int port;                     // 端口号
    Node next = null;             // 下一个结点
    // getters, setters and toString
    ......
}
```

创建 RandomPort 类，用于客户端分配随机可用端口号，由网络知识可知，可用端口号要小于 65 535。用 Random 类提供的方法生成一个随机端口值后，再用此端口来初始化 ServerSocket 对象，以检查此端口是否可用。RandomPort 的主要代码如代码清单 6-2 所示。

代码清单 6-2　RandomPort 类主要代码

```
Random rand = new Random();
while(true) {                                        // 循环直到取到可用端口号
    try {
    int port = rand.nextInt(65535);
    ServerSocket socket = new ServerSocket(port);    // 测试随机端口是否可用
    socket.close();
    return port;
    }catch(IOException ioe) {
        ioe.printStackTrace(); }
}
```

创建用户列表类 UserInfo，用于维护中心服务器端和客户端的在线用户信息。UserInfo 类中含有一个 ArrayList<Node> 类型的 UserNodeList 属性，用于保存在线用户信息，以及一些向 UserNodeList 中添加用户结点、删除用户结点、统计用户列表结点数、按 Node.username 检索列表和按索引检索列表等行为。

实现中心服务器 Server 类，Server 类中除了包含系统界面上的一些组件成员外，还有用于维护在线用户信息的 UserInfo 对象、用于连接的 ServerSocket 对象和 Socket 对象，及用于 Socket 输入、输出流的对象。服务器生成后会进行相应的初始化，并监听图 6-15 所示服务器界面中的按钮动作，予以相应处理。

当单击"启动服务器"按钮时，会触发调用 startServer( ) 方法，该方法为服务器选定特定的端口号（本例中以端口 1234 为例），并创建服务器端监听线程 serverListenThread（服务器端监听线程类 ServerListenThread 的一个实例），等待客户端的连接请求。同时，服务器还会创建一个线程 ServerReceiveThread，用于接收客户端发来的下线请求，并将更新后的用户列表群发给所有用户。其中 startServer( ) 的主要代码如代码清单 6-3 所示。

代码清单 6-3　startServer() 的部分代码

```
public void startServer() {
    try{
        serverSocket = new ServerSocket(1234);            // 服务器端口号 1234
        taRecord.append(" 等待连接 ........."+"\n");
        startBtn.setEnabled(false);
        closeBtn.setEnabled(true);
            sendBtn.setEnabled(true);
            cleanBtn.setEnabled(true);
            this.isStop = false;
            userInfo = new UserInfo();
            // 创建服务器端监听线程，监听客户端的连接请求
            ServerListenThread serverListenThread =
                new ServerListenThread(serverSocket, taRecord,
                    tfCount, list, userInfo);
            serverListenThread.start();
    }catch(Exception e) {
        taRecord.append("error0");}
}
```

当客户端与服务器连接后，会创建一个线程 ComWithServer，用于将自己的信息发送给服务器，并获取服务器返回的最新用户列表。同时，客户端创建 ClientSendThread 线程，用于发送本端的聊天信息。此外，还创建了接收线程 ClientReceiveThread，把自己当做服务器，接收来自其他客户端发来的信息。其中 ComWithServer 线程的主要代码如代码清单 6-4 所示。

代码清单 6-4　ComWithServer 线程主要代码

```
public class ComWithServer implements Runnable {
    public void run() {
        try {
            node  = new Node();
            socket = new Socket("127.0.0.1", 1234); // 与中心服务器进行连接
            ip = socket.getLocalAddress();
            client.setIp(ip);
            client.setPort(Client.this.clientListenPort);
            taRecord.append(" 恭喜您! " + tfUserName.getText() +
                "" 您已经连线成功，您的 IP 地址为: " + ip + "\n");
            // 获取可用随机端口号
            clientListenPort = RandomPort.getAvaiableRandomPort();
            out = new ObjectOutputStream(socket.getOutputStream());
            // 将自己的信息写入流中，以方便服务器获取
            out.writeObject(tfUserName.getText());
            out.flush();
```

```
                out.writeInt(Client.this.clientListenPort);
                out.flush();
                client.setOut(out);
                client.setUserName(tfUserName.getText());
                in = new ObjectInputStream(socket.getInputStream());

                int selectedPort = client.getSelectedPort();
                // 创建客户端信息接收线程
                clientReceiveThread = new ClientReceiveThread(node,
                    socket, in, out, list, taRecord, taInput, tfCount, ip,
                    Client.this.clientListenPort, selectedPort);
                clientReceiveThread.start();
                loginBtn.setEnabled(false);
                logoutBtn.setEnabled(true);
                sendBtn.setEnabled(true);
                cleanBtn.setEnabled(true);
                // 更新用户列表
                while(true) {
                    try {
                        String type = (String)in.readObject();
                        // 从流中提取用户信息, 并更新界面中的 List 列表
                        if(type.equalsIgnoreCase("用户列表")) {
                            String userList = (String)in.readObject();
                            String userName[] = userList.split("@@");
                            list.removeAll();
                            int i = 0;
                            list.add("all");
                            while(i < userName.length) {
                                list.add(userName[i]);
                                i++;
                            }
                            String msg = (String)in.readObject();
                            tfCount.setText(msg);
                            // 获取用户列表, 及显示系统消息和其他用户下线消息
                            Object o = in.readObject();
                            if(o instanceof UserInfo)
                                userInfo = (UserInfo)o;
                            else
                                userInfo.addUser((Node)o);
                        }else if(type.equalsIgnoreCase("系统消息")) {
                            String b = (String)in.readObject();
                            taRecord.append("系统消息: " + b + "\n");
                        }else if(type.equalsIgnoreCase("下线信息")) {
                            String msg = (String)in.readObject();
                            taRecord.append("用户下线消息: " + msg + "\n");
                        }
                    }catch(Exception e) {
                        taRecord.append("error6" + e.toString()); }
                }
            }catch(Exception e) {
                taRecord.append("error12" + e.toString()); }
        }
    }
```

　　完成系统开发后, 将进行如下的系统测试。首先启动服务器端, 界面如图 6-15 所示, 单击 "启动服务器" 按钮, 则提示 "等待连接……", 此时服务器已启动, 并创建监听线程, 等待客户端的连接请求。然后, 启动一个客户端, 界面如图 6-16 所示。输入用户名 "张三", 并单击 "登录" 按钮, 之后服务器端出现 "张三" 成功登录服务器的提示信息, 在线用户列表中

也出现用户"张三",同时客户端显示登录成功提示,在线列表中也显示在线用户信息,并创建接收其他客户连接的线程。此时的服务器端如图 6-17 所示,客户端如图 6-18 所示。

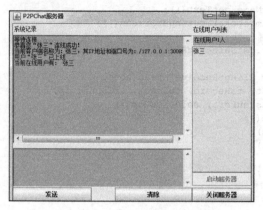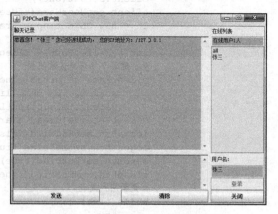

图 6-17　"张三"登录后服务器端界面　　　　图 6-18　客户"张三"登录后界面

此时,再启动一个客户端,填写用户名"李四",并单击"登录"按钮。待登录成功后,测试"张三"与"李四"的点对点聊天。首先,"张三"在本端的在线用户列表中选择"李四",并在信息文本框中输入一定的聊天信息,单击"发送"按钮,此时双发的聊天记录中会出现聊天信息提示,然后"李四"也发送一定的聊天信息给"张三",之后双方的聊天界面如图 6-19 和图 6-20 所示。

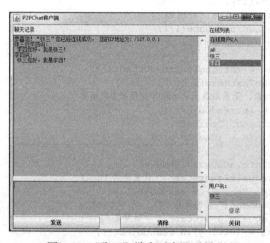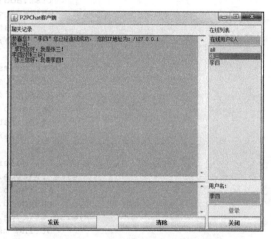

图 6-19　"张三"端点对点聊天界面　　　　图 6-20　"李四"端点对点聊天界面

接着,可以启动多个客户端测试群发功能。首先,再启动一个客户端,填写用户名"王五",并登录服务器。然后测试系统群发,在服务器端文本框中输入一定的信息,并单击"发送"按钮,此时,3 个客户端都会出现系统的群发信息。

至此,基于 P2P 模式的简易聊天系统开发完毕。本系统中简化了结点搜索算法、P2P 网络模型等,感兴趣的读者可以尝试开发比较完善的 P2P 系统,以增强实践能力。

6.5　P2P 的研究现状与未来发展

6.5.1　P2P 的研究现状

随着云计算、大数据时代的到来,网络中的数据规模急剧增加,给传统的数据处理模式带来前所未有的挑战。P2P 技术的宗旨是将网络由中心化向分散化推进，充分利用网络中闲置的资源，以完成对庞大数据的处理。因此，P2P 技术的优势让人们看到了解决新问题的希望。国内外的许多学者、企业也开始投入到研发新型 P2P 系统的行列中，为 P2P 技术的完善不懈努力着。

从国外来看，除了早期著名的 Napster、Gnutella、BT 和 eMule 等系统，一些大公司也开始组织研发小组，展开一些 P2P 的项目。例如，Microsoft 成立了 Pastry 项目组，主要负责 P2P 技术的研究工作，并开发了一些基于 Pastry 的应用，包括 SCRIBE、PAST、SQUIRREL 等，此外上一代的 Windows Vista 中也加入了基于 P2P 的协同工作功能。Intel 早在 2000 年就成立了 P2P 工作组，并研发了基于 .NET 框架的 P2P Accelerator Kit 和 P2P 安全 API 软件包，使得 .NET 开发人员可以迅速地建立安全的 P2P 应用。同样，IBM 也加入 P2P 研究的队伍中，提出了 Smart Networking（类似于半分布式拓扑的网络）及网格计算技术等。

值得一提的是 Sun 公司开展的 JXTA 项目。JXTA 是基于 Java 的开源 P2P 平台，任何个人和组织均可加入该项目。JXTA 的核心业务是认证、资源发现和管理。在安全方面，JXTA 加入了加密软件包，允许使用该加密包进行数据加密，从而保证消息的隐私。在 JXTA 核心业务之上，还包含了内容管理、信息检索和服务管理等功能，为开发者提供项目管理方面的便利。该项目十分成功，一经推出便得到了大量 P2P 研发人员的青睐，现在已经发布了许多基于 JXTA 的即时通信软件包和搜索引擎。

国内 P2P 技术的研究主要集中在一些以流媒体网络公司和各大高校中。例如，POCO 是一款领先的多媒体文件分享平台，它是基于无中心服务器的第三代 P2P 模式的，提供了断点续传、多点传输等技术，保障了网络通信的稳定性和高校性。此外，还有 PPLive、OP、迅雷和 QQ 等。

在国内高校中也展开了一些 P2P 的研究项目，例如，北京大学网络实验室开发的文件共享系统 Maze，它在结构上采用类似于 Napster 的中心化拓扑，而在搜索算法上采用类似于 Gnutella 的改良算法。此外，还有清华大学的 P2P 文件存储服务系统 Granary、中国科学院计算所研发的即时通信和资源共享软件 WonGoo、华中科技大学研发的视频直播系统 AnySee 等。

目前，P2P 的应用主要集中在分布式文件共享、共享计算资源、协同工作、流媒体、即时通讯和搜索技术等方面。而研究的重点往往在 P2P 网络模式架构、搜索算法，及将 P2P 技术与新兴技术结合等方面。

6.5.2　P2P 的未来发展

在互联网发展的新时代，P2P 技术满足了当今应用的需求，又重新登上互联网科技的大舞台上。随着硬件性能的提升和移动通信技术的发展，智能手机、PDA 等移动通信设备的处理能力大幅度提高，且这些移动设备大多支持互联网连接功能。互联网的范围向移动领域不断延伸，扩展了网络的范围。能否利用这些移动互联设备拓宽资源和服务的集散领域，是 P2P 技术在移动互联网时代的新使命。

云计算时代的到来，使得现有的应用得到了最大程度的集成，越来越多的应用以服务的形式挂在云端，服务变得无处不在。互联网巨头 Amzon、Google 和 Microsoft 等描述了一幅美妙的云计算时代：那时计算、存储等资源被挂在"漂浮"的云端，触手可得，而云服务的提供商可以像提供电力一样来提供资源。那时，个人计算设备不需要安装太多纷繁的软件，因为工作已经移居到了云端，软件、存储等都由云服务提供商来操控，无需使用者担心。但这也是云计算需要解决的一个关键问题。想想，当少数云计算巨头操控了人类的计算能力，整个社会的所有信息都将被"云"操控，人们也便开始习惯于依赖巨头们提供的"云"。当云巨头的权利不断膨胀后，我们便开始担忧，而唯一指望的是云提供者们具有高尚的道德水准，但这是不可靠的。

对于上述问题而言，云计算确实能给个人带来极大便利，但我们要的是"自由云"，而不是"垄断云"。因此，以往的 P2P 技术又被重新提到日程上，因为 P2P 代表了真正的互联网精神——平等、自由、开放。长期以来 P2P 一直被用于文件下载、资源分享等，并经常涉及版权问题，因带宽问题被运营商封杀。现在，云计算的发展为 P2P 带来了契机，它们相辅相成，通过把云分散到网络的大众主机中，避免了云过分集中的情况。这是云计算发展的目标之一，但还需要各界不断的努力。

众所周知，加州大学伯克利分校的 SETI@Home 项目是网格计算（P2P 技术的一种应用）的一个应用代表，它试图通过扫描一些无线电频率为 2.5MHz 波段的电磁波，并通过处理这些电磁信号以发现位于此波段的内窄带信息的方式来检测外太空智慧生命发出的电磁波信号。这个项目涉及庞大的数据处理，需要超级计算中心那样的处理能力支持。为了解决计算能力的问题，项目采用了 P2P 技术，以充分利用互联网上闲散的计算、存储等资源。通过将任务分解处理、结果集中整合的方式，解决项目对计算能力的需求。网格计算在生物化学领域也有广泛应用，如计算蛋白质褶皱、研制药物等。未来，网格计算的前景十分广阔，许多需要高性能计算和存储的应用，都可以利用网格计算来实现，例如，研制癌症和艾滋病药物等。

物联网技术将人们生活中一切可能的事物都加入网络中，丰富了网络的内容，极大地发掘了互联技术，使得信息无处不在。而 P2P 为物联网结点的组织、通信及信息服务的发现等提供了技术支持，是物联网发展不可或缺的技术。

P2P 技术与 IPv6 的结合也是目前研究的热点。值得一提的是由国内众高校共同承担的基于 IPv6 的 P2P 内容存取系统，就是这两项技术的融合。此项目是国家 CNGI 项目的一部分，主要研究基于智能结点弹性重叠网络技术的内容存取中间件系统，以在 CNGI 上建设可管理、可控制和可运营的智能结点弹性重叠网络，开发内容存取类的应用。

此外，大数据时代的到来也扩展了 P2P 的应用范围。通过 P2P 技术对庞大的分布式数据进行检索、挖掘等，是许多学者研究的课题之一。

当然，P2P 技术的应用远不止这些，未来还有更多的应用需要用到 P2P 技术，越来越多的优秀 P2P 系统也会不断涌现，以满足人们的需求。

在 P2P 技术发展的同时，也遇到一些挑战。例如，知识产权问题、网络病毒大范围传播问题、网络带宽问题和安全问题等。相信通过深入的研究、标准的规范化，这些难题都会得到解决。P2P 技术正在改变着 IT 世界的面貌，可以说是互联网技术的又一次革命。

习题

1. 请解释 P2P 的基本概念。
2. P2P 技术有哪些特点？
3. 说明 P2P 网络有哪些拓扑结构，并举出它们的典型应用系统。
4. 尝试开发一个基于 P2P 模式的简单的文件传输系统。
5. 对于 P2P 的未来，你有哪些感想？

参考文献

［1］ Robert Flenner,Micheal Abbott,Toufic Boubez,et al. Java P2P 技术内幕［M］.高岭，刘红，周兆确，译 . 北京：人民邮电出版社，2003.

［2］ Kenneth L C，Micheal J D. Java TCP/IP Socket 编程（原书第 2 版）［M］.周恒民，译 . 北京：机械工业出版社，2009.

［3］ 罗杰文 . Peer-to-Peer 综述［EB/OL］. 2011［2013-07.02］. http://www.intsci.ac.cn/users/luojw/P2P/.

［4］ 管磊，等 . P2P 技术揭秘：P2P 网络技术原理与典型系统开发［M］.北京：清华大学出版社，2011.

［5］ Dejan S Milojicic，Vana Kalogeraki，Rajan Lukose，et al. Peer-to-Peer Computing HP Laboratories Palo Alto［J］. HP Laboratories，2003，2-48.

［6］ 李之堂 . P2P 原理与技术［EB/OL］. 2009［2009-01-01］. http://download.csdn.net/download/jinjunsh/930082.

参考文献

[1] Robert Flenner, Michael Abbott, Toufic Boubez, et al. Java P2P 技术内幕 [M]. 唐杰, 刘江, 周炜能, 等, 译. 北京: 人民邮电出版社, 2003.

[2] Kenneth L. ……. ……清华大学出版社, 2009.

[3] Peer-to-Peer [EB/OL]. [2011-2015-07-02]. http://www.intsci.ac.cn/users/luojw/P2P/……

第7章　Web Services

本章首先介绍 Web Services 相关概念，然后从技术原理和架构角度详细阐述。基于 XML 的简单对象访问协议（Simple Object Access Protocol，SOAP）是 Web Services 的核心技术，我们将从 XML 文档结构和模式角度来说明 XML 在 Web Services 中的应用。当前使用最广泛的 Web Services 实现技术有 SOAP 和 REST，其中 SOAP 已经被广泛应用到实践项目中，且现今大多数 Web Services 都是基于 SOAP 的，故重点阐述基于 SOAP 的 Web Services 技术原理，并给出使用 MyEclipse 开发 Web Services 的过程和方法。

7.1　Web Services 概述

7.1.1　Web Services 的背景和概念

随着互联网的快速发展，基于 Web 的应用以惊人的速度增多。但是，Web 应用与传统的桌面应用之间存在连接上的鸿沟。因此，人们不得不重复地将数据从 Web 应用迁移到传统的桌面应用，或者从桌面应用将数据迁移到 Web 应用上，这种平台的互操作性差和异构性等问题严重影响了 Web 应用的发展。Web Services 的出现正是为了解决跨应用系统、跨平台、跨架构的互操作问题。

本质上，Web Service 是一种跨编程语言和跨操作系统平台的远程调用技术。跨编程语言是指服务端程序采用 Java 编写，客户端程序则可以采用其他编程语言编写，反之亦然。跨操作系统平台则是指服务端程序和客户端程序可以在不同的操作系统上运行。

通过 Web Services 可以使运行在不同机器上的不同应用无须借助附加的、专门的第三方软件或硬件，就可以相互交换数据或进行集成。因此，无论应用之间采用什么语言、平台或内部协议，都可以方便地进行数据的交换。同时，Web Services 基于一些常规的产业标准和已有的成熟技术，如 XML 和 HTTP 等开放式 Web 规范技术，因此，它具有很好的开放性和互操作性。此外，Web Services 的协议、接口和注册以松耦合方式协同工作，减少了应用程序接口的花费，为整个企业间的业务流程集成提供了一个通用机制。

7.1.2　Web Services 的特点

Web Services 是一种部署在 Web 上的对象或应用组件，服务使用者可以方便地调用服务在 Internet 上暴露的服务接口以获取具体服务。我们知道，对象不仅具有表示自我的属性，而且有一些操作属性的行为。一般通过具体的接口来访问一个对象，因此，定义标准的通用接口变得尤为重要，它使得对象的访问更加通用和统一。而 Web Services 相当于 Web 上的对象，要想以统一的方式来访问服务，也需要制定通用的服务接口，才能使位于不同平台上的、用不同语言编写的对象能方便地进行通信。当今，Web Services 采用基于 XML 的接口和通信技术，很好地实现了对通用接口的要求，只要 Web Services 符合相应的接口就可以将任何两种应用程序组合在一起，并自由地创建和更改应用程序。

具体来说，Web Services 具有以下的特点：

- **良好的封装性**。Web Services 是一种部署在 Web 上的对象，因此具有对象的特点，即良好的封装性，这样服务使用者只能看到对象提供的通用接口和功能列表，而不用关心服务的实现细节。
- **松耦合**。只要 Web Services 的调用接口不变，其内部变更对于调用者来说是透明的。
- **使用标准协议规范**。Web 服务是基于 XML 的消息交换机制的，其所有公共的协约都采用 Internet 开放标准协议进行描述、传输和交换。相比一般对象而言，其调用更加规范化，便于机器理解。
- **高度可集成性**。由于 Web Services 采取简单的、易于理解的标准协议作为组件描述，因此完全屏蔽了不同软件、平台的差异，使它们之间可以通过 Web Services 来实现互操作。
- **易于构建**。要构建 Web Services，开发人员可以使用任何常用的编写语言（如 Java、C#、C/C++ 或 Perl 等）及其现有的应用程序组件。

7.1.3　Web Services 的应用场合

Web Services 的主要目标是实现跨平台的互操作，那么在实践中到底哪些应用适合使用 Web Services 呢？

我们有必要了解 Web 应用程序与 Web Services 之间的差别。首先，Web Services 是通过基于 XML 的远程过程调用（RPC）机制实现调用的，可以轻易穿透防火墙；而传统的 Web 应用程序很难逃脱防火墙的拦截、监测，这样会大大降低服务的效率。其次，Web Services 可以提供基于 XML 消息交换的、跨语言的、跨平台的解决方案；而传统的 Web 应用程序一般有各自不同的信息交换协议、开发语言和开发平台，这使得异构的应用程序之间很难兼容，较难在一起实现互操作。再次，Web Services 是一个轻量级的组件，可以简化应用程序间的集成；而传统的 Web 应用程序往往比较复杂、庞大，要在 Web 上以较小的资源消耗实现应用间高效的互操作是十分困难的。

了解了 Web Services 的特点，及其与 Web 应用程序的差异后，便能更好地理解 Web Services 适用于哪些应用开发。下面几种情况适合使用 Web Services。

（1）跨防火墙的通信

对于分布式应用程序而言，其往往具有大量遍布世界各地的使用者，因此客户端和服务器之间的通信是一个非常棘手的问题，因为它们之间通常会有防火墙或者代理服务器。传统情况下，我们会选择浏览器作为客户端，把应用程序的中间层暴露给最终用户，再编写多个 ASP 页面用于中间层和客户端进行交互，一旦客户端与中间层的交互变得十分复杂，将会出现许多 ASP 页面，这些凌乱的 ASP 页面会给工程的开发和维护增加难度。因此，我们设想把中间层换成 Web Services，就可以从客户端直接调用服务，而不需要建立额外的 ASP 页面，同时作为中间层的 Web Services 完全可以在应用程序集成场合下重用。这样不仅减少了开发周期和代码复杂度，而且能够增强应用程序的重用性和可维护性。

（2）应用程序集成

在企业级应用开发过程中，常常要花费大量精力把不同语言编写的、在不同平台上运行的各种应用程序集成起来。语言和平台等环境的异构性给集成带来巨大难度。现在，可以通过

Web Services 把应用之间需要"暴露"给对方的功能和数据以服务接口的形式提供给调用者，而不用去在意各应用程序之间异构性，因为 Web Services 是采用开放的、标准的、跨平台的协约来执行的。

例如，在自动化订单处理系统中，常会有一个订单录入程序，用于接收客户发来的新订单；还会有一个订单处理程序，用于实际商品发货的管理。这两个程序可能来自不同的厂商，不同的开发环境，现在二者必须能相互高效地通信，才能完成整个自动化过程。当一份新订单到来之后，订单录入程序需要通知订单处理程序发货。可以在订单处理程序上增加一层 Web Services，并把订单处理程序的"添加订单"功能接口"暴露"出来，这样每当有新订单时，订单录入程序便可以调用服务"暴露"出来的"添加订单"接口，以实现与订单处理程序的互操作。

（3）B2B 的集成

Web Services 的开放性、跨语言和跨平台性使得 B2B 企业应用集成更加便捷，以致缩短业务集成时间，降低开发成本。它是实现 B2B 应用程序高效集成的重要技术之一，电子商务公司可以根据业务需求将应用的接口"暴露"给指定的客户或供应商，以方便客户和供应商高效地完成电子业务。例如，可以把电商应用的电子订单系统服务接口提供给客户，这样客户就可以方便地在线发送订单，接收订单的应用程序则会自动将订单信息发给供应商，以方便供应商根据订单信息发货。

（4）软件和数据重用

在软件开发过程中，通过软件模块的重用可以降低开发难度，缩短开发时间。软件模块的重用形式有很多种，主要包括源代码和类一级的重用、二进制组件的重用。在传统组件重用情况下，我们购买组件并将其安装在本地，但往往只能重用代码，而不能重用数据。因为发布组件源代码相对容易，而数据大多是动态更新的，所以发布实时的数据很困难。有了 Web Services 之后，组件提供商可以把组件变成 Web Services，并把相应的服务接口提供给服务使用者。这样，服务使用者无需将服务组件下载到本地并安装，而是直接在应用中调用服务，获取所需的数据。因为安装组件需要安装其数据库，以获取实时数据，这会使应用变得非常臃肿。服务供应商可以通过使用者对服务的使用时间或次数进行统计，以实现对使用者的收费。例如，在一个旅游网站页面中，往往会嵌入诸如某风景区的天气预报信息、列车或航班的时间表以及某地区的酒店或旅馆的地址、价格和入住情况的信息。这些实时信息可以通过在旅游网站页面中调用相应的 Web Services 来实现，而无需下载专门的组件在本地安装。这样不仅为开发提供了便捷，而且给游客提供一个好的用户体验。

另外，Web Services 也存在缺陷，例如，在单机应用程序和局域网的同构应用程序中使用它，效果可能并没有比使用组件或本地应用程序高效。因此，在选用 Web Services 时，我们应该综合考虑工程的框架，决定是否使用 Web Services，或者可以寻求更好的解决方案。

7.1.4　Web Services 技术架构

目前有 3 种主流的 Web 服务实现方案，即 REST（表述性状态转移，Representational State Transfer）、SOAP、XML-RPC（远程过程调用，RPC）。

REST 采用 Web 服务使用标准的 HTTP 方法（GET/PUT/POST/DELETE）将所有 Web 系统的服务抽象为资源。REST 从资源的角度来观察整个网络，分布在各处的资源由 URI 确定，而客户端的应用通过 URI 来获取资源的表述（representation）。HTTP 协议所抽象的 GET、POST、

PUT 和 DELETE 好比数据库中的基本操作（增、删、改、查），而互联网上的各种资源好比数据库中的记录对各种资源的操作最后总是能抽象成这 4 种基本操作，在定义了定位资源的规则以后，对资源的操作通过标准的 HTTP 协议就可以实现，开发者也会受益于这种轻量级的协议。REST 是一种软件架构风格，而非协议也非规范，是一种针对网络应用的开发方式，可以降低开发的复杂性，提高系统的可伸缩性。

SOAP 是一种标准化的通信规范，主要用于 Web 服务中。下面通过查询房屋信息的简单例子来说明 SOAP 的使用过程。一个 SOAP 消息可以发送到一个具有 Web Services 功能的 Web 站点，消息的参数标明这是一个查询消息，此站点将返回一个 XML 格式的信息，其中包含查询结果（如房子的价格、位置、特点或者其他信息）。由于数据是用一种标准化的可分析的结构来传递的，因此可以直接被第三方站点所利用。

XML-RPC 是分布式计算协议，通过 XML 将调用函数封装，并使用 HTTP 协议作为传送机制。随着新功能的不断引入，这个标准慢慢演变成 SOAP 协定。XML-RPC 协定是已登记的专利项目。XML-RPC 通过向配置了这个协定的服务器发出 HTTP 请求。发出请求的用户端一般是需要向远端系统要求呼叫的软件。

三种方案的比较：XML-RPC 已慢慢地被 SOAP 所取代，现在很少采用了，但它还是有版权的，在此不做过多介绍；SOAP 在成熟度、安全性方面优于 REST，但在效率和易用性上，REST 更胜一筹，REST 更关注效率和性能问题。

SOAP 是 Web Services 的核心技术，且现在大多数 Web Services 是基于 SOAP 的，其应用开发也相对成熟。REST 是一项新技术，它不是协议、架构，严格来说也不属于 Web Services，它只是一种抽象的软件设计观念，要求从资源的角度来考虑问题。因此，Web Services 的核心架构其实是 SOAP 技术，而 REST 是理念。所以接下来对于 Web Services 架构，我们以介绍基于 SOAP 的 Web Services 架构为重点。关于 REST 技术，读者可以进一步查阅相关资料。

基于 SOAP 的 Web Services 主要包括 SOAP、WSDL、UDDI 等技术，其架构与协议栈如图 7-1 所示。

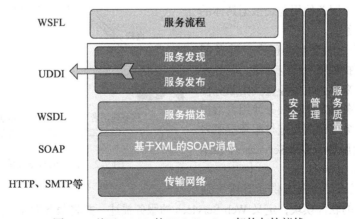

图 7-1 基于 SOAP 的 Web Services 架构与协议栈

在协议栈中，横向每层为上一层提供服务，纵向表示每层必须满足的需求。在整个架构中，最底层、最基本的是传输网络，所有通信都要依托传输网络提供的信息传输功能才能实现。而 Internet 上可供 Web Services 使用的必须是普遍部署的网络协议，HTTP 协议依靠其广泛的应用成为普遍选择。另外，Web Services 还支持其他的网络传输协议，如 SMPT、FTP、MQ、JMS 等，选择哪种网络传输协议要以具体的应用和服务为依据。

传输网络的上一层是基于 XML 的 SOAP 消息。SOAP 以传输网络提供的通信为基础，选择一种合适的传输协议（如 HTTP），然后将待交换的数据存储在 XML 文档中，通过网络传输实现异构应用程序的数据交换功能。后续章节中我们会详细地介绍 SOAP 消息。

服务描述（WSDL）位于 SOAP 的上一层，它也是基于 XML 的，用以描述服务端口访问方式和使用协议的细节，通常用来辅助生成服务器和客户端代码及配置信息。在服务与服务使用者交互时，服务使用者需要知道自己待用服务具有哪些功能特性，以便调用具体的服务。因此，使用 WSDL 对 Web Services 的特定数据、操作和功能进行描述，使服务成为能够交换消息的通信端点的集合。关于 WSDL 的详细信息，在后续章节会有介绍。

从协议栈中，我们可以看到，UDDI（统一描述、发现和集成）是一个用来发布和搜索 Web 服务的协议（服务发布和服务发现），应用程序可借此协议在设计或运行时找到目标 Web 服务。UDDI 是一个公开的目录，服务提供者将 Web Services 注册并发布到此目录中，而服务使用者也是通过此目录来发现能满足自己需求的服务。

最顶层是服务流程（WSFL），它是服务的有规则的集合。通过将一些服务进行有序集合，可以实现一些自动化的业务流程，以提高服务效率。在整个架构中，还要同时满足对 Web Services 的安全性保障、有效的组织管理和服务的质量保障。

7.1.5 Web Services 工作原理

分析了 Web Services 的架构之后，我们有必要了解 Web Services 的工作流程是怎样的，这样才能对 Web Services 有一个形象的认识。我们将从服务中不同角色的角度来分析 Web Services 的工作流程。一般 Web Services 角色包括服务提供者、服务注册中心和服务使用者。服务提供者在服务注册中心中注册和发布自己的服务，并对服务请求进行响应。服务注册中心担任中介的作用，一边接收服务提供者发来的服务，一边供服务提供者在其统一目录中查找合适的服务。服务使用者是根据具体的应用需求调用服务的。

在这 3 个角色的交互过程中会涉及服务发布、服务查找和服务绑定动作。服务发布由服务提供者来承担，服务查找由服务使用者来执行，服务绑定指由服务使用者根据查找到的具体服务的调用规范与服务提供者进行绑定，实现服务。Web Services 体系结构如图 7-2 所示。

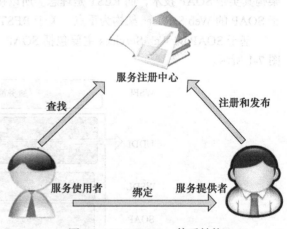

图 7-2　Web Services 体系结构

在典型情况下，服务提供者托管可通过网络访问特定的软件模块，定义 Web Services 的服务描述，并将服务发布到服务注册中心统一目录中；服务请求者使用查找操作从注册中心中检索特定的服务，然后使用服务描述与服务提供者进行绑定并调用相应的服务。

7.1.6 Web Services 的开发

Web Services 的开发周期包括服务的构建、部署、运行和管理。服务的构建阶段包括开发和测试服务实现、定义服务接口描述和定义服务实现描述。我们可以通过集成来快速创建服务，例如，可以将现有的应用程序封装成 Web Services，或者将其他 Web Services 和现有的应用程序进行整合，并提供新的服务描述，生成新的服务。服务的部署阶段包括将服务向注册中心进行发布和服务实现的定义。在运行阶段，即前期构建和部署已经全部完成，服务为正常工作状态，服务提供者可以随时从注册中心中访问自己的服务，以实现对服务的修改和扩充等工作，而服务使用者则可以通过注册中心操作适合的服务，并按照规范绑定、调用服务。管理阶段是服务的运营与维护阶段，服务提供者或特定的服务管理者对服务的运营情况进行监控，以保证服务的安全性、服务质量和业务拓展等工作。

在 Web 服务的实践开发中，有以下 4 种模式。

（1）零起点开发模式

在零起点开发模式下，开发者不仅要创建 Web 服务，而且要创建与 Web 服务相集成的应用程序（服务功能代码），然后才能部署和发布整套 Web 服务。通常，先创建服务功能代码，然后使用 Axis 创建 WSDL 服务描述和部署描述，这样便可以部署和发布整个 Web 服务了，如图 7-3 所示。

（2）自底向上开发模式

自底向上开发模式是我们在实践开发中最常用的方案。在这种开发模式下，我们不需要创建与 Web 服务相集成的应用程序，而是使用现有的或遗留的应用程序代码作为服务功能代码，然后使用工具从这些服务功能代码导出相应的 WSDL 服务描述，再部署和发布即可。例如，在 MyEclipse 中，我们把现有的 Java 类作为服务功能代码，然后从 Java 类导出相应的 WSDL，再部署和发布此服务，如图 7-4 所示。

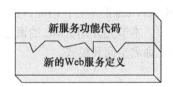

图 7-3　零起点开发模式

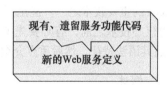

图 7-4　自底向上开发模式

（3）自顶向下开发模式

在自顶向下开发模式下，相当于 Web 服务的 WSDL 服务描述已经存在了，此时 WSDL 相当于一种规范，我们只要按着这种规范创建相应的服务功能代码（如 Java 类），然后将服务功能代码和 WSDL 相关联，并部署和发布即可，如图 7-5 所示。

可以发现，此时 WSDL 就像是 Java 中的接口，而服务功能代码是对此接口的实现。可见 Web Services 架构将服务与外界的访问接口与服务的具体实现相分离，分工明确。同时，WSDL 是基于 XML 的，拓宽了服务调用者的范围，实现了跨平台、跨语言等特性。

（4）中间相遇开发模式

中间相遇开发模式是自底向上和自顶向下两种开发模式的组合，不仅存在 Web 服务的接口，而且存在服务功能性代码，但它们可能并不满足既定需求，而需要做适当的修整。因此，只要对二者进行修整，再结合起来，部署并发布服务即可，如图 7-6 所示。

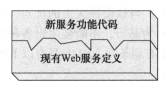

图 7-5　自顶向下开发模式

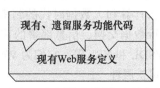

图 7-6　中间相遇开发模式

随着 Web Services 的广泛应用，Web Services 的开发工具和平台也逐渐多起来，目前有 3 种主流 Web Services 开发工具。

（1）Genuitec MyEclipse

MyEclipse 是由 Gentuitec 公司基于开源软件 Eclipse 开发的一款十分优秀的专门用于开发 Java 和 J2EE 的集成开发环境。用它来开发 Web Services 十分方便和高效，因此在介绍 Web Services 时，主要的案例代码都是在 MyEclipse 8.0 环境中开发的。

（2）Microsoft Visual Studio

Visual Studio 是一个基于 Microsoft.NET 框架的集成开发环境，功能十分强大，支持如 C#、C++、J# 等多种语言，但目前不支持 Java 语言，且此 IDE 只能运行在 Windows 平台上。一般使用 Visual Studio 来开发 Web Services 时，多选择 C# 语言。

（3）IBM Web Services

IBM Web Services 开发套件以 J2EE 为架构，主要包括的套件有 Web Services Toolkits、Development Toolkits、PMT、Apache SOAP 和 WebSphere Application Development。值得一提的是，IBM 还创办了 IBM DevelpoerWorks 开发论坛，在那里我们可以获取许多领先的技术文档，与先进开发者一起探讨 Web Services 开发技术。

7.2 XML

Web Services 为了满足其跨语言、跨平台的需求，广泛采用了通用的标准协议和技术，而 XML（Extensible Markup Language，可扩展标记语言）以其语言、平台无关性等特点，成为 Web Services 的重要技术之一。甚至可以说，XML 是 Web Services 的基石，因此，在介绍 Web Services 的核心技术之前，有必要先了解 XML 的基本知识。本节先介绍 XML 的概念性内容，并简要讲述其语法特征，然后重点介绍 XML 的文档结构、命名空间和模式。

7.2.1 XML 概述

XML 是一种广泛应用于互联网分布式计算中的、简单的、跨平台的结构化数据或数据结构标记语言。同时，XML 是一种元语言，即用户可以根据实际需求设计自定义的标记来描述数据。XML 使用文档类型定义（DTD）或者模式（schema）来描述数据。XML 源于标准通用标记语言（SGML），它是 SGML 的一个子集，早在 1998 年 W3C 就发布了 XML 1.0 规范，以简化 Internet 文档信息的传输。XML 非常适合 Web 数据传输，提供统一的方法来描述和交换独立于应用程序或供应商的结构化数据。

虽然 XML 与 HTML 都属于标记语言，但它们的用途有很大的差异。XML 是被设计用来描述数据的，它的重点在于什么是数据、如何存放数据。而 HTML 是被设计用来显示数据的，它的重点在于如何显示数据。XML 是可扩展的，其标签是自定义的，而 HTML 要求必须使用预定义的内置标签。可以说，XML 是 HTML 的一种补充，而不是 HTML 的替代品，这样可以使数据的存储和表现分离，数据描述人员专注于怎样更好地存储和描述数据，而界面设计师们专注于怎样更好地将数据显示给客户，它们共同为 Web 项目的开发提供了便利。

随着云计算和大数据时代的到来，XML 以其跨平台、与软硬件无关的优点，成为众多开发者进行数据交换、信息部署的首选。同时，以 XML 为基石，不断催生出各种新技术如 SOAP、WSDL 和 XSL 等，它们为 Web 技术的发展提供了有利条件。XML 具有以下特点：

（1）可扩展性

XML 允许使用者使用自定义的标记来描述数据，而不像 HTML 那样仅能使用有限的标签来显示数据。

（2）自描述性

XML 具有自描述性的特点，我们可以使用 XML 语言来定义特定 XML 文档模式，以检验 XML 文档是否满足特定要求。同时，XML 不仅易于人们阅读，许多异构的计算系统也都支持对 XML 的处理。XML 描述数据的方式真正做到了独立于应用系统，并且使得数据能够重用。

（3）简洁性

虽然 XML 从 SGML 衍生而来，但它仅有 SGML 约 20% 的复杂性，保留了 SGML 约 80% 的功能。因此，XML 比 SGML 更简单、易学和易用，受到众多开发者的青睐。

（4）数据的描述与显示相分离

在实际开发中，若不使用 XML，则用 HTML 显示数据时，数据必须存储在 HTML 文件中，这使得数据的存储和显示混在一起。若使用 XML 技术，需要显示的数据可以独立地存放在 XML 文档中，只要在 HTML 文件中调用 XML 数据文档即可，这样使得数据的描述和显示相分离，实现技术分工，使不同的开发者把精力集中在各自擅长的方面，以创造更加优秀的产品。

（5）易于数据的交换和共享

在现实的网络中，遍布着各种异构的计算机系统、数据库系统和服务器等，要实现这些异构系统之间的数据交换，是开发者相当头疼的事。然而，利用 XML 跨平台的特性，将待交换数据存储在 XML 文档中，就能够方便地实现异构系统间数据的交互。同样，将待共享的数据存储在 XML 文档中，可以让更多的网络系统轻松获得资源的共享。这样，我们在升级服务器、操作系统、浏览器和应用程序时就更加容易了。

（6）易于充分利用数据

因为 XML 具有跨平台且易于数据交换和共享的特点，数据可以被更多的用户和设备所利用。这些应用程序或设备可以把 XML 文档数据作为数据的来源，就像把它当成数据库一样，以至应用程序或设备可以像各种各样的"阅读器"一样来处理 XML 文档，使数据得到更充分的应用。

（7）可用于创造新的语言

使用 XML 可以创造符合某一特定领域的数据描述标签，以满足特定领域数据描述的需要。例如，音乐领域有 MML（Music ML，面向音乐领域的 XML）、ebXML（Electronic Bussiness XML，面向电子商务领域的 XML）、CML（Chemical ML，面向化学领域的 XML）等。

由于 XML 集众多优点于一身，因此得到了业界的广泛应用。XML 在 Web Services 中的应用是不容忽视的，它是 Web 服务的基石，很多 Web 服务技术都是基于 XML 实现的。在后续的章节中读者会逐渐体会到 XML 在 Web Services 领域的广泛应用。

7.2.2　XML 文档和语法

文档是 XML 的一个重要方面，所有的数据都是在文档中进行描述的。而 XML 文档具有不同的类型，XML 的组成部分和结构形式地定义了文档的类型。

XML 文档由命名容器和命名容器的相关参数值组成，这些命名容器包括声明、元素和属性。其中声明确定了当前 XML 文档所使用的 XML 标准规范的版本；元素是 XML 文档中的一对标记及标记之间的内容，它是文档最基本的组成单元，XML 正是通过这些命名的标签对来描述结构化数据的；属性用于对元素的特性进行描述，以便 XML 文档处理器能按照特定的属性来处理文档。同时，所有的 XML 文档采用相同的字符编码模式 Unicode，这保证了 XML

文档可以在不同的计算环境中交互和移植，因为 Unicode 是国际标准的字符编码模式，被广泛采用。

下面通过一个简单的 XML 文档来介绍 XML 语言的基本语法，代码清单 7-1 为客户信息的 XML 文档，它描述了 Josh 和 Lisa 两位客户的基本信息。

代码清单 7-1　客户信息的 XML 文档

```
<?xml version="1.0" encoding="UTF-8" standalone="yes"?>
<!-- XML 声明 -->
<CustomerInfo cusType="VIP">        <!-- XML 根元素及其属性 -->
    <Customer>      <!-- 根元素中的子元素，也是文档中第一个客户的信息 -->
        <Name>Josh</Name>           <!-- 客户信息 -->
        <Sex>male</Sex>
        <Age>21</Age>
        <Telephone>15656545988</Telephone>
        <Address><!-- 嵌套形式的客户地址 -->
            <Street>Nationality</Street>
            <City>WuHan</City>
            <Province>HuBei</Province>
            <Postcode>430074</Postcode>
        </Address>
    </Customer>
    <Customer><!-- 文档中第二个客户的信息 -->
        <Name>Lisa</Name>
        <Sex>female</Sex>
        <Age>24</Age>
        <Telephone>11541512326</Telephone>
        <Address>
            <Street>ZhongShan</Street>
            <City>GuangZhou</City>
            <Province>GuangDong</Province>
            <Postcode>248589</Postcode>
        </Address>
    </Customer>
</CustomerInfo>
```

1. 声明

XML 文档的第一行内容通常是 XML 的声明部分，XML 处理程序会根据文档的声明来确定如何处理后续的内容。在代码清单 7-1 中，<?xml version="1.0" encoding="UTF-8" standalone="yes"?> 即为其文档声明部分。注意，XML 文档的声明部分是可选的，但如果包含声明部分，则声明必须是 XML 文档的第一行内容（第一行不能为注释或空行），且 <?xml 必须顶格，中间不能出现空格。

一般，完整的 XML 声明包括 3 个部分：版本声明（version）、编码声明（encoding）和文档独立性声明（standalone）。在版本声明中，version 的取值用于描述 XML 版本的编号，通常情况下为 1.0，这是为了将来的新版本能够保持向后的兼容性而设计的。注意，在 XML 声明中，版本声明是必需的，并且必须作为第一个属性出现。在编码声明中，encoding 的取值表示当前 XML 文档所使用的符号编码方式，如 GB2312、UTF-8、ISO-10646-UCS-2 等。通常情况下，建议使用 UTF-8 编码方式，因为此编码方式既可以表示西文字符，又可以表示非西文字符（如中文）。在文档独立性声明中，standalone 表示当前 XML 文件是独立使用，还是与其他标记文件配套使用。如果该属性为 yes，表示在解析当前 XML 文档时，无需其他外部标记声明文件；

如果此属性值为 no，则表示在解析当前文件时可能需要使用外部的标记声明文件。注意，如果 encoding 属性和 standalone 属性都存在，则 encoding 必须出现在 standalone 属性前面。

2. 元素

XML 文档的内部结构类似于层次性的目录或文件结构，其中元素是其最基本的组成单元。元素的基本语法格式如下：

```
<element_name>          ——开始标记
    …content…           ——元素内容
</element_type>         ——结束标记
```

标记名可以按照 XML 元素命名规则来命名，元素内容可以是字符数据、嵌套的其他元素或是两者的结合。元素之间是可以嵌套的，其中，包含其他元素的元素称为父元素，而嵌套元素称为子元素。在代码清单 7-1 中，<CustomerInfo> 是表示客户信息列表的根元素，其中嵌套了单个客户信息元素 <Customer>，而 <Customer> 中又嵌套了 <Name>、<Sex> 和 <Age> 等子元素。

XML 元素是有一定命名规则的，下面是 XML 元素命名时需要遵守的规则：

1）元素名称必须以字母、下划线（_）或冒号开头（:）开头。

2）元素名称中除首个符号之外的部分可以是字母、数字、横线（–）、下划线（_）、点号（.）、冒号（:）的任意组合。

3）元素名称是大小写敏感的，因此注意开始标记和结束标记元素名称的大小写形式必须完全相同。

4）元素名称的长度没有限制。

5）可以使用非英文的元素名，但为了保持更好的兼容性，一般不用非英文元素名。

例如，以下 3 个 XML 元素标记名称都是正确的：<example-one>、<_example2>、<Example.Three>。

而下面 3 个 XML 元素标记名称都是错误的：<bad*character>、<illegal space>、<12number-star>。

在 XML 文档中还有一种特殊的元素，即空元素，如 <EmptyElement></EmptyElement>，表示该元素中不包含任何内容。空元素还有一种写法，即 <EmptyElement/>。此外，空元素虽不包含任何内容，但可以在标记对形式的开始标记中包含属性，如 <EmptyElement name="Jason"></EmptyElement>。

注意 一个元素可以包含任意多个子元素，且这些子元素允许同名。子元素之间的顺序也相当重要，要根据实际应用来安排元素内容的顺序，否则可能会产生出其不意的结果。

3. 属性

属性是为了更好地描述元素的内容，不能够独立与元素而存在，通常以名 – 值对的形式出现在元素的起始标记中，且属性的取值必须用引号括起来（单引号或者双引号）。在代码清单 7-1 中，标记 <CustomerInfo cusType="VIP"></CustomerInfo> 的 cusType 即为元素 CustomerInfo 的属性名，表示客户的类型，其属性值为"VIP"。元素的命名规则同样适用于属性的命名。

下面看一下代码清单 7-2 和代码清单 7-3，可以发现子元素和属性之间的联系。

代码清单 7-2 一本书籍信息的 XML 文档 1

```
<?xml version="1.0" encoding="UTF-8" standalone="yes"?>
    <book>
    <name>WEST WITH THE NIGHT</name>
```

```
<author firstname="Beryl" lastname="Markham"></author>
<press>人民文学出版社</press>
<pressTime>2012.12</pressTime>
<book>
```

代码清单 7-3　一本书籍信息的 XML 文档 2

```
<?xml version="1.0" encoding="UTF-8" standalone="yes"?>
    <book>
    <name>WEST WITH THE NIGHT</name>
    <author>
        <firstname>Beryl</firstname>
        <lastname>Markham</lastname>
    </author>
    <press>人民文学出版社</press>
    <pressTime>2012.12</pressTime>
<book>
```

对比代码清单 7-2 和代码清单 7-3，可以发现这两个 XML 文档都是用来描述同一本书的信息的，只是在代码清单 7-2 中，描述书籍作者的标记 <author> 是一个空标记，而将作者的 firstname 和 lastname 作为 <author> 的属性来描述；而在代码清单 7-3 中，将书籍作者的 firstname 和 lastname 作为 <author> 的子标记来描述。可见，在某些情况下，子元素和属性都可以用来刻画元素某方面的特性。那么，在实际应用中应该选用什么来描述某些元素的特性呢？现给出以下两点建议：①对于简单的标量数据（即无结构的简单数据），可以采用属性，否则应该采用子元素；②对于可能在数目上发生变化的特性，应该使用子元素，因为在这种情况下采用属性方案可能会对解析此文档的应用程序产生不良影响。例如，某本书籍有多个作者时，应该采用方案一，而不应该采用方案二。

方案一：

```
<book>
    <author>Tom Franklin</author>
    <author>Mike Jimmy</author>
    ......
</book>
```

方案二：

```
<book author1="Tom Franklin" author2="Mike Jimmy">
    ......
</book>
```

注意　元素在其开始标记中可以包含任意多个属性，但多个属性是不能同名的。对于一个元素，其所有的属性是没有顺序的，它们不分先后顺序，因此它们之间可以通过名称相互区别。充分认识和理解元素和属性之间的区别，有助于更好地学习 XML。

下面思考一个问题，在元素的文本内容中若出现了类似于标记号的"<"时，XML 文档解析器能否正确识别是标记符号，还是小于号呢？如元素 <lessthan>one<two</lessonthan> 中的"<"。其实，有些特殊的符号（如 <、>、& 等）是不能直接出现在元素内容中的，需要借助一定的机制来协助 XML 文档解析器高效地完成对含有特殊符号内容的解析。我们可以通过两种方法来使用特殊字符。第一种方法类似于 C 语言中的转义字符，在 XML 1.0 规范中定义了 5 种特殊字符的转义字符串，其对应关系如表 7-1 所示。

表 7-1　XML 1.0 规范中的转义字符对应表

特殊字符	预定义转意字符串
<	&lt;
>	&gt;
&	&amp;
'	&apos;
"	&quot;

由表 7-1 可知，正确的 lessthan 元素写法应该是 <lessthan>one<two</lessthan>。当在一个元素内容中出现多个特殊字符，而使用转义字符串比较繁琐时，可以使用 CDATA 段来解决。CDATA 是 XML 1.0 中规范的，将一个含有多个特殊字符的元素内容放入 CDATA 段中，则 XML 文档解析器不会尝试着去解析段中的内容，而是直接把它们当作文本内容本身，因此避免了歧义。CDATA 段的使用方法如下：

```
<![CDATA[ 待忽略内容 ]]>
```

注意，CDATA 的内容部分不能包含字符串"]]>"（即不能再嵌套 CDATA 段），且结尾部分的"]]>"是连续的，其间不能含有空格。

例如，<lessthan>one<two<…<nine<ten</lessthan>，将其改写为使用 CDATA 段形式为：<lessthan><![CDATA[one<two<…<nine<ten]]></lessthan>，则解析器就会直接忽略段中的内容。

在 XML 文档中，对空白字符的处理也是有一定规范的。XML 1.0 规范明确指出，XML 文档中的空白字符包括空格符、回车符、换行符、制表符等。在默认情况下，对于连续出现的多个空白字符，解析器会将其缩减为一个空格字符。若希望显示标记包含的全部连续空格，则可以在编辑 XML 文件时切换至中文输入法，并使用"全角状态"来编辑空格字符即可。

此外，XML 使用了与 HTML 类似的注释方法，即 <!—注释—>。注意，在待注释的内容中应避免出现两个连续的横线（--），因为这是标记注释的特殊符号，否则可能会发生歧义。注释不应该出现在元素的标记中，且注释不能嵌套。

通常，将语法上正确的 XML 文档称为良构的 XML 文档，这是对 XML 文档最基本的要求，这样才能够保证将文档数据转换为树形结构，以便程序对其正确解析。例如，当解析器分析代码清单 7-1 的 XML 文档时，会将其数据按照图 7-7 所示的树形结构来分析。

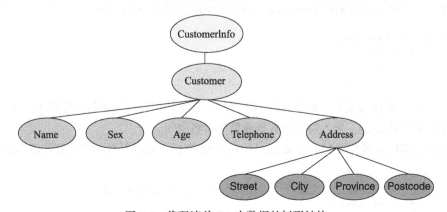

图 7-7　代码清单 7-1 中数据的树形结构

要想写出语法规范的良构的 XML 文档，往往需要满足下面 5 个要求：

1）开始标记必须与结束标记相对应。

例如：<book><author>Tom Franklin</author></book>（正确）；

　　　<book><author>Tom Franklin</book>（错误）。

2）标记是大小写敏感的。

例如：<book>……</book>（正确）；

　　　<book>……</Book>（错误）。

3）标记必须正确地嵌套。

例如：<book><author>Tom Franklin</book></author>（错误）。

4）属性必须使用引号括起来。

例如：<details about=location/>（错误）。

5）一个文档中有且只有一个根元素。

通过多次练习和总结，大家一定会掌握怎样建立良够的 XML 文档。

XML 文档的处理过程也很容易理解，通过编辑器（文本编辑器即可）创建 XML 文档，文档被传输到 XML 解析器，解析器将文档的数据分析为树状结构，并通过浏览器呈现给用户。注意，流程中各步骤都是独立的，文档仅用来描述、存储数据，而不用过多地考虑怎样与使用它的应用相一致，这使数据具有更好的通用性。XML 文档的处理流程如图 7-8 所示。

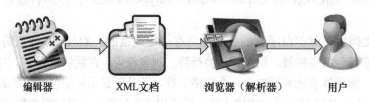

编辑器　　　　　XML文档　　　　浏览器（解析器）　　　用户

图 7-8　XML 文档处理流程

7.2.3　XML 命名空间

在计算机编程语言中，命名空间是常常用到的，它用于指定变量、函数、数据对象等标识符所处的有效范围。通过命名空间可以避免名称冲突，使系统更加模块化。例如，在 C++ 语言中，使用关键字 namespace 来声明命名空间，并使用"{ }"来界定命名空间的作用域。

例如，声明命名空间 MyNamespace，并在其中定义两个 int 型变量。

```
namespace MyNamespace{
        int var1;
        int var2;
}
```

在 C++ 中，要使用某个命名空间中的数据时，必须使用作用域解析操作符（::）引入变量，也可以使用关键字 using，导入特定的数据或整个命名空间。

例如，要使用命名空间 MyNamespace 中的 var1 变量，则以下两种方法都是正确的。

```
int main(){
     using MyNamespace::var1;              // 导入命名空间中特定数据
     cout<<var1<<endl;
}
```

或者

```
int main(){
    using namespace MyNamespace;       //导入整个命名空间
    cout<<var1<<endl;
}
```

在 XML 中，由于开发人员可以自定义标记名，而在分工合作完成某项目时，很可能会因为标记同名而产生冲突。为了解决此问题，XML 规范中引入了命名空间的概念。某个命名空间中的元素或属性可以具有与其他命名空间中同名元素或属性完全不同的含义，从而对这些数据对象进行区分。命名空间是 XML 描述复杂数据类型的重要技术之一。

XML 命名空间的声明方法如下：

```
xmlns:prefix-name="URI"
```

其中，xmlns 是 XML 中专门用于声明命名空间的关键字。prefix-name 是命名空间的名称，一般以字母或下划线（_）开头，不包含空白字符和冒号（：），且不能使用 XML 保留字（如 xml、xsl 等）作为命名空间名称。在 Web 中汇集了各种各样的资源，为了唯一地标识这些资源，W3C 提出了 URI 的概念。命名空间的值是一个 URI（Uniform Resource Identifier，统一资源标识符）。一个 URI 中包含了能够唯一标识一个资源的字符串，通过 URI 可以方便地实现对资源的表示、描述、访问和共享。

任何命名空间只能够在其作用域内使用，且同一个命名空间中所有元素名和属性名必须是唯一的。代码清单 7-4 为含有命名空间的 XML 文档。

代码清单 7-4 含命名空间的 XML 文档

```
<?xml version="1.0" encoding="UTF-8" standalone="yes"?>
<ns:company xmlns:ns="http://www.myns.com">
    <ns:company-info>
        <ns:name>GZSoftware</ns:name>
        <ns:fdate>2008-05-18</ns:fdate>
        <nsd:division xmlns:nsd="http://www.myns.com/division">
            <nsd:name>Development</ns1:name>
            <nsd:employees>100</ns1:employees>
        </nsd:division>
    </ns:company-info>
</ns:company>
```

代码清单 7-4 描述了 GZSoftware 软件公司的基本信息，其中元素 company、company-info、name、fdate 都是定义在命名空间 ns 中的，ns 的 URI 为 http://www.myns.com，因此这些元素的名称前缀都是 ns（如 ns:company）。而元素 division、name（为 division 的 name）、employee 是定义在命名空间 nsd 中的，nsd 的 URI 为 http://www.myns.com/division，其元素名前缀都是 nsd。可见，这样避免了 name 重名冲突问题，因为它们在不同的命名空间。

如果我们将代码清单 7-4 中元素名的前缀删去，那么元素将使用默认命名空间，如代码清单 7-5 所示。

代码清单 7-5 使用默认命名空间的 XML 文档

```
<?xml version="1.0" encoding="UTF-8" standalone="yes"?>
<company xmlns:ns="http://www.myns.com">
    <company-info>
```

```
        <name>GZSoftware</name>
        <fdate>2008-05-18</fdate>
        <division xmlns:nsd="http://www.myns.com/division">
            <name>Development</name>
            <employees>100</employees>
        </division>
    </company-info>
</company>
```

　　此时，元素 company、company-info、name、fdate 使用默认命名空间 ns，而 division、name（为 division 的 name）、employee 使用默认命名空间 nsd。可见，当元素出现嵌套时，若子元素没有指定命名空间，则子元素默认使用父元素的命名空间，而当子元素指定了特定的命名空间时，则父元素命名空间失效，子元素默认使用自己的命名空间。但实际中，建议使用明确的命名空间元素，而不建议使用默认命名空间。因为当文档较大，元素错综复杂时，默认命名空间很容易使人产生混乱，且会影响解析器的解析质量。

　　在 XML 中，命名空间可以划分为 3 类，即目标命名空间、标准命名空间和源命名空间。代码清单 7-6 是一个描述商品信息的 XML 模式文档，展示了这 3 种命名空间的用法。

代码清单 7-6　商品信息描述模式文档

```
<?xml version="1.0" encoding="UTF-8"?>
<Schema targetNamespace="http://www.OnlineShop.com/info"
    XMLns="http://www.w3.org/2000/08/XMLSchema"
    XMLns:INFO="http://www.OnlineShop.com/info"
    XMLns:proAera="http://www.Address.org/produceAera">
<import namespace="http://www.Address.org/produceAera"
    SchemaLocation="http://www.Address.org/CN/produceAera.xsd"/>
<element name="productName" type="string"/>
<element name="productNum" type="string"/>
<element name="price" type="float"/>
<element name="produceAera type="proAera"/>
</Schema>
```

　　代码清单 7-6 中用到了 3 种命名空间。目标命名空间（targetNamespace）为 http://www.OnlineShop.com/info，文档中定义的元素名称（Schema、import、element）、类型名称（string、float）、属性名称（name、type）和属性组名称的作用范围就是此目标命名空间。标准命名空间（XMLns）即文档中的"http://www.w3.org/2000/08/XMLSchema"，其中定义了 XML 模式语法标准中规定的一些名字（Schema、import、element 等）。注意，XMLns:INFO 是对命名空间的一种简化处理，这样 XMLns:INFO 就代表了命名空间 http://www.OnlineShop.com/info。而源命名空间表示使用外部名称所在的命名空间，如代码清单 7-6 中 import namespace 导入的外部命名空间 http://www.Address.org/produceAera，并用 XML:proAera 简化。注意，在代码清单 7-6 中，标准命名空间使用的是默认形式，因此在元素前缀中可以不使用 XMLns 指示。

　　XML 命名空间的出现，不仅避免了元素命名冲突问题，增强了文档的模块化，而且为 XML 模式定义提供了帮助，它是 XML 模式的重要技术。

7.2.4　XML 模式

　　我们最早接触到"模式"一词可能是在数据库原理中，数据库中的模式用来定义某一数据库的定制的逻辑样式和物理样式，相当于特定数据库的规范集。与之类似，在 XML 中，模式用来描述文档类型，即把特定的 XML 文档当作一种规范来描述，不符合此规范（模式）的文档相对于此模式是不合法的。可见，XML 模式定义了一类 XML 文档。

早期，定义 XML 文档类型是通过 DTD（Document Type Definition，文档类型定义）来描述的，但使用 DTD 不是很方便，且缺点也逐渐暴露出来。随着技术的发展，XML 1.0 规范中推出了 XML 模式，并由 W3C 推荐为 XML 模式定义标准，于 2001 年 5 月正式发布。XML 模式一经确立，便得到业界的广泛采纳，并很快成为全世界公认的 XML 建模工具，基本取代了 DTD 地位。

与 DTD 相比，XML 模式最大的优势在于，XML 模式本身也是 XML 文档，而不像 DTD 那样使用自成一体的语法，所以开发者不必为了 XML 模式而专门去学习一种新的语法。XML 模式也不需要特殊的解析器，因为它本身就是 XML 文档，使用普通的 XML 文档解析器就可以解析。

那么，XML 模式与 Web 模式又有什么联系呢？

前面已经介绍过，XML 是 Web Services 的基石，Web Services 中两种重要的服务实现技术是 SOAP 和 REST。以 SOAP 为例，SOAP 消息是以 XML 文档形式存在的，而消息中包含有待交互的数据，通过网络传输即可与服务进行交互。但服务接收者会接收到各种各样的 SOAP 消息，要识别出哪些 SOAP 消息格式是满足要求的，必须通过一定的机制，即 XML 模式。通过 XML 模式可以检测一个 SOAP 消息是否满足预定义模式要求，再决定是否接受消息。因此，在学习 SOAP 之前，有必要先了解 XML 模式的知识。

下面通过一个具体的示例加深对 XML 模式的了解。代码清单 7-7 为一个描述智能手机基本信息的 XML 文档，而代码清单 7-8 为此文档的模式。

代码清单 7-7　智能手机基本信息的 XML 文档

```
<?xml version="1.0" encoding="UTF-8" standalone="yes"?>
<SmartPhoneList>
    <SmartPhone>
        <Name>SP S5</Name>
        <Screen>4.7</Screen>
        <CPU>1.7GHZ</CPU>
        <OS>Android 4.0</OS>
        <Carmer>800W</Carmer>
        <Battery>1800mah</Battery>
        <Price>3200</Price>
    </SmartPhone>
    <SmartPhone>
        <Name>LEN Q10</Name>
        <Screen>4.3</Screen>
        <CPU>1.2GHZ</CPU>
        <OS>Android 4.0</OS>
        <Camera>1200W</Camera>
        <Battery>1880mah</Battery>
        <Price>2800</Price>
    </SmartPhone>
</SmartPhoneList>
```

代码清单 7-8　与代码清单 7-7 对应的模式文档

```
<?xml version="1.0" encoding="UTF-8" standalone="yes"?>
<Schema>
```

```
<ElementType name="Name" content="textOnly" dt:type="string" model="closed"/>
<ElementType name="Screen" content="textOnly" dt:type="float" model="closed"/>
<Elementtype name="CPU" content="textOnly" dt:type="string" model="closed"/>
<Elementtype name="OS" content="textOnly" dt:type="string" model="closed"/>
<Elementtype name="Camera" content="textOnly" dt:type="string" model="closed"/>
<Elementtype name="Battery" content="textOnly" dt:type="string" model="closed"/>
<Elementtype name="Price" content="textOnly" dt:type="float" model="closed"/>
<ElementType name="SmartPhone" content="textOnly" model="closed" order="seq">
    <element type="Name"/>
    <element type="Screen"/>
    <element type="CPU"/>
    <element type="OS"/>
    <element type="Camera"/>
    <element type="Battery"/>
    <element type="Price"/>
</ElementType>
</Schema>
```

在 XML 模式中，唯一的根元素为 <Schema>……</Schema>，再通过对元素的定义和元素关系的定义来实现对整个文档性质和内容的定义。同时需要注意，在模式中，元素通过它的名字和内容模型来确定，名称就是该元素的名字，而内容模型实际上表示元素的类型。在 XML 模式中有两种元素类型，一种是简单类型，另一种是复杂类型。简单类型不能包含元素和属性，而复杂类型不仅可以包含属性，而且可以在其中嵌套其他的元素，或者和其他元素中的属性相关联。例如，代码清单 8.7 中的 Name、Screen、CPU 等子元素属于简单类型，而 SmarPhone 属于复杂类型。

为了便于理解 XML 模式文档，必须先了解 XML 模式的语法规范。

（1）ElementType 元素

ElementType 元素是模式语法中最基本的元素，用于定义 XML 文件中元素的名称、格式、数据类型等特性，可见 ElementType 既可以用于定义简单元素类型，也可以用于定义复杂元素类型。ElementType 元素的基本格式如下：

```
<ElemenType
    content="{empty | textOnly | eltOnly | mixed}"
    dt:type="datatype"
    model="{open | closed}"
    name="idref"
    order="{one | seq | many}">
</ElementType>
```

其中，content 描述元素的内容类型，其可选值的含义如下：

- empty：元素内容为空。
- textOnly：元素只包含文本类型的内容。
- eltOnly：元素只包含元素类型的内容（即元素嵌套）。
- mixed：元素内容可以是上述任何情况的混合。

在模式中，dt:type 用于指定元素文本的数据类型，其值可以是 boolean、char、date、float、int、string 等。model 用于指明元素内容是否要严格遵守 XML 模式中的定义，其可选值的含意如下：

- open：元素内容可以是未专门定义的元素、特征、文本等。
- closed：元素内容只能是专门定义过的元素、特征、文本等。

name 用于定义元素的名称。order 用于规范子元素的排列顺序，其可选值的含义如下：

- one：表示只允许元素内容按一种方式排列。
- seq：允许元内容按指定方式排列。
- many：元素可以按任意顺序排列。

在代码清单 7-8 中，除了 ElementType 元素外，还出现了 element 元素。element 用于定义简单元素类型，即被定义的元素不能包含子元素。同时，还可以发现，ElementType 定义复杂元素类型时，可以嵌套 element。这种定义复杂元素类型的方法，实际上是在复杂元素定义标记中的 elemnt 中引用了已经定义过的元素。例如，在代码清单 7-8 中，在定义复杂元素类型 SmartPhone 之前，已经用 ElementType 定义了诸如 Name、Screen、CPU 等简单元素类型，只是在复杂元素类型定义中的 element 中引用了已定义过的元素而已。

在 XML 模式规范中，还有一种更加直接、简便的方法来定义复杂元素类型，即使用 complexType 元素来定义。complexType 通过定义复杂元素类型的元素声明、元素引用和属性声明，对复杂元素类型进行描述，是一种更直接的方法。代码清单 7-9 是使用 complexType 将代码清单 7-8 改写后的模式文档，其中也对 SmartPhoneList 复杂元素类型进行了定义。注意，sequence 属性表示元素之间是按特定顺序排列的。

代码清单 7-9　将代码清单 7-8 用 complexType 改写后的模式文档

```xml
<?xml version="1.0" encoding="UTF-8" standalone="yes"?>
<Schema>
    <element name="SmartPhoneList" type="SmartPhoneListType"/>
    <complexType name="SmartPhoneListType">
        <element name="SmartPhone" type="SmartPhoneType"/>
    </complexType>
    <complexType name="SmartPhoneType">
        <sequence>
            <element name="Name" type="string"/>
            <element name="Screen" type="float"/>
            <element name="CPU" type="string"/>
            <element name="OS" type="string"/>
            <element name="Camera" type="string"/>
            <element name="Battery" type="string"/>
            <element name="Price" type="loat"/>
        </sequence>
    </complexType>
</Schema>
```

（2）AttributeType 元素

在模式中，AttributeType 用于定义元素属性的类型，其基本格式如下：

```
<AttributeType
    default="default-value"
    dt:type="primitive-type"
    dt:value="enumerated-values"
    name="idref"
    required="{yes | no}">
</AttributeType>
```

AttributeType 元素中各属性的含义如下：

- default：用来设定 Attribute 的默认值。default 的值要综合考虑 AttributeType 的其他属性。
- dt:type：用于指定 Attribute 的数据类型，AttributeType 的数据类型与 ElementType 的数

据类型是相同的。

- dt:values：当 dt:type 为数据集类型时，Attribute 具有多个值，dt:values 就表示这多个值。
- name：用于定义 Attribute 的名称。
- required：定义该 Attribute 是否一定要包含在 element 元素中，yes 表示一定要包含，no 表示不一定要包含。

代码清单 7-10 为含 AttributeType 元素的模式文档片段，展现了怎样使用 AttributeType 来定义元素属性类型。

代码清单 7-10　用 AttitudeType 定义元素属性类型的模式片段

```
<ElementType name="MyAttribute" content="textOnly">
    <AttributeType name="gender" dt:type="enmeration" dt:values="male female"
    required="yes"/>
    <attribute type="gender"/>
    <AttributeType name="age" dt:type="int"/>
    <attribute type="age"/>
    <AttributeType name="birthday" dt:type="date" />
    <attribute type="birthday"/>
    <AttributeType name="isParty" dt:type="boolean"/>
    <attribute type="isParty"/>
</ElementType>
```

（3）description 元素

description 是专门用于 XML 模式中的注释，用于注解说明 Schema 的内容，通过代码清单 7-11，可知 description 的使用方法。

代码清单 7-11　描述一位学生考试成绩的模式文档片段

```
<ElementType name="Grade">
    <description>
        The following is the grade information of a student
    </description>
    <element name="stuNum" type="string">
    <element name="stuName" type="string">
    <element name="department" type="string">
    <element name="subject" type="string">
    <element name="score" type="float">
</ElementType>
```

（4）group 元素

group 元素可以将多个元素按一定顺序组织起来它的基本格式如下：

```
<group maxOccurs="{1 | *}"
    minOccurs="{0 | 1}"
    order="{one | seq | many}">
</group>
```

基本格式中各部分的含义如下：

- maxOccurs：表示该 group 最多能够被调用的次数，1 表示只能调用一次，* 表示可以调用任意次。
- minOccurs：表示该 group 最少能够被调用的次数，0 表示对调用次数无要求，1 表示至少调用一次。

- order：表示该 group 中 element 元素的排列顺序，one 表示只允许元素内容按一种方式排列，seq 表示元素内容按指定的方式排列，many 表示按任意方式排列。

下面给出一个较完整的例子，加深读者对 XML Schema 的认识。先定义一个关于订单信息的 XML 模式，如代码清单 7-12 所示，然后根据此模式编写合法的 XML 文档，如代码清单 7-13 所示。

代码清单 7-12　订单信息的 XML 模式

```
<?xml version="1.0" encoding="UTF-8" standalone="yes"?>
<xsd:Schema    targetNamespace="http://www.Transactions.com/Order"
    xmlns xsd="http://www.w3.org/2000/08/XMLSchema">
    <xsd:description> 订单的全部信息 </xsd:description>
    <xsd:element name=" 订单 " type=" 订单类型 "/>
    <xsd:element name=" 描述 " type="string"/>
    <xsd:complexType name=" 订单类型 ">
        <xsd:sequence>
            <xsd:element name=" 订单编号 " type="string"/>
            <xsd:element name=" 客户地址 " type=" 地址 "/>
            <xsd:element name=" 供应商地址 " type=" 地址 "/>
            <xsd:element name=" 所有商品 " type=" 商品类型 "/>
            <xsd:element name=" 总额 " type="float"/>
            <xsd:element name=" 发货时间 " type="date"/>
            <xsd:element des=" 描述 " minOccurs="0"/>
        </xsd:sequence>
        <xsd:attribute name=" 订单日期 " type="date"/>
    </xsd:complexType>
    <xsd:complexType name=" 地址 ">
        <xsd:sequence>
            <xsd:element name=" 单位名称 " type="string"/>
            <xsd:element name=" 街道 " type="string"/>
            <xsd:element name=" 城市 " type="string"/>
            <xsd:element name=" 省份 " type="string"/>
            <xsd:element name=" 邮编 " type="decimal"/>
        </xsd:sequence>
        <xsd:attribute name=" 国家 " type="NMTOKEN" use="fixed" value=" 中国 "/>
    </xsd:complexType>
    <xsd:description> 订单中商品的信息 </xsd:description>
    <xsd:compelxType name=" 商品类型 ">
        <xsd:sequence>
            <element name=" 商品 " minOccurs="0" maxOccurs="unbouned">
                <xsd:complexType>
                    <xsd:sequence>
                        <xsd:element name=" 商品名称 " type="string"/>
                        <xsd:element name=" 类别 " type="string"/>
                        <xsd:element name=" 单价 " type="float"/>
                        <xsd:element name=" 数量 ">
                            <xsd:simpleType>
                                <xsd:resriction base="positiveInteger">
                                    <maxExclusive value="100"/>
                                </xsd:resriction>
                            </xsd:simpleType>
                        </xsd:element>
                        <xsd:element des=" 说明 " minOccurs="0"/>
                    </xsd:sequence>
                </xsd:compelxType>
        </xsd:sequence>
```

```
        </xsd:complexType>
    </xsd:Schema>
```

代码清单 7-13　符合代码清单 7-12 定义模式的 XML 文档

```
<?xml version="1.0" encoding="UTF-8" standalone="yes"?>
< 订单 订单日期 ="2013-7-10">
    < 订单编号 >AH20137101050</ 订单编号 >
    < 客户地址 国家 =" 中国 ">
        < 单位名称 >STD 研发部 </ 单位名称 >
        < 街道 > 长江中路 32 号 </ 街道 >
        < 城市 > 南京 </ 城市 >
        < 省份 > 江苏省 </ 省份 >
        < 邮编 >423156</ 邮编 >
    </ 客户地址 >
    < 供应商地址 国家 =" 中国 ">
        < 单位名称 >BJ AMZ</ 单位名称 >
        < 街道 > 民族北路 79 号 </ 街道 >
        < 城市 > 北京 </ 城市 >
        < 省份 > 北京市 </ 省份 >
        < 邮编 >010155</ 邮编 >
    </ 供应商地址 >
    < 所有商品 >
        < 商品 >
            < 商品名称 >TVP 优盘 </ 商品名称 >
            < 类别 > 数码产品 </ 类别 >
            < 单价 >58.5</ 单价 >
            < 数量 >3</ 数量 >
            < 说明 > 容量 8GB</ 说明 >
        </ 商品 >
        < 商品 >
            < 商品名称 >Java 程序设计 </ 商品名称 >
            < 类别 > 书籍 </ 类别 >
            < 单价 >32.5</ 单价 >
            < 数量 >1</ 数量 >
            < 说明 > 电子工业出版社 </ 说明 >
        </ 商品 >
    </ 所有商品 >
    < 总额 >211.0</ 总额 >
    < 发货日期 >2013-7-11</ 发货日期 >
</ 订单 >
< 描述 > 免运费 </ 描述 >
```

7.3　基于 SOAP 的 Web Services

SOAP 是一种用于访问 Web 服务的协议，其核心是采用 XML 格式封装数据和基于 HTTP 协议传输数据。基于 SOAP 的 Web Services 的工作原理如下：客户根据 WSDL 描述文档，生成一个 SOAP 请求消息；Web Services 都是放在 Web 服务器（如 IIS）后面，客户生成的 SOAP 请求会被嵌入在一个 HTTP POST 请求中，发送到 Web 服务器中；Web 服务器再把这些请求转发给 Web Services 请求处理器；请求处理器的作用在于，解析收到的 SOAP 请求，调用 Web Services，然后生成相应的 SOAP 应答；Web 服务器得到 SOAP 应答后，会再通过 HTTP 应答的方式把信息送回到客户端。

下面将先介绍 SOAP 的基本概念，然后讨论 SOAP 的消息格式和通信方式，并介绍与

SOAP 协议相关的规范，如 WSDL 和 UDDI 等，最后给出使用集成开发环境 MyEclipse 开发基于 SOAP 的 Web Services 实例的方法。

7.3.1　SOAP 概述

SOAP 是一种基于 XML 的、轻量级的、跨平台的数据交换协议。SOAP 不仅描述了数据类型的消息格式及一整套串行化规则，包括结构化类型和数组，而且描述了如何使用 HTTP 来传输消息。SOAP 作为一种有效的服务请求被发送到一些网络结点，结点就可以采用下列任何方法在任意平台上执行，如远程过程调用（RPC）、组件对象模型（COM）、Java Servlet、Perl Script 等。因此，SOAP 提供了应用程序之间的交互能力，这些应用程序可以在异构的平台上运行，而且可以使用不同程序设计语言和不同的技术来实现。SOAP 主要包括以下 4 个部分：

- SOAP Envelope：用于定义一个描述消息中的内容、发送者、接收者、处理者及如何处理的整体表示框架。
- SOAP 编码规则：定义了一套编码机制，用于交换应用程序定义的数据类型的实例。
- SOAP RPC：表示远程过程调用和应答的协定。
- SOAP 绑定：定义了一种使用底层传输协议来完成结点间交换 SOAP 消息的约定。

这 4 个部分是作为一个整体定义的，它们在功能上是相交的而非彼此独立的。特别是，Envelope 和编码规则在不同的 XML 命名空间中定义，这样使定义更加简单。SOAP 的两个目标是简单性和可扩展性，这意味着有一些传统消息系统或分布式对象系统中的某些性质不是 SOAP 规范的一部分。SOAP 指定连接协议时使用开放技术，在系统间，SOAP 通常使用 HTTP 来传输进行了 XML 编码的串行化方法、变量数据。而开放的 XML 编码形式和 HTT 协议的广泛使用，使得 SOAP 具备良好的互操作性。

7.3.2　SOAP 消息结构

SOAP 是基于 XML 的消息式数据交换协议，为了准确地实现应用与服务间数据的互操作，SOAP 消息的提供者与请求者都必须访问相同的 XML 模式。一般，这些模式在互联网上已经进行了公告，信息交换的任何一方都可以从网上下载这些模式。实际上，每一个 SOAP 消息就是一个 XML 文档。下面先了解一下 SOAP 消息的结构，如代码清单 7-14 所示。

代码清单 7-14　SOAP 消息的结构

```xml
<?xml version="1.0" encoding="UTF-8"?>
<soap:Envelope
    xmlns:soap="http://www.w3.org/2003/05/soap-envelope"
    soap:encodingStyle=" http://schema.xmlsoap.org/soap/encodingStyle">
    <soap:Header>
        <!--extensions context -->
    </soap:Header>
    <soap:Body>
        <!--extension context -->
    </soap:Body>
</soap:Envelope>
```

由代码清单 7-14 可见，SOAP 是一个含有 Envelope、Header、Body 等元素的 XML 模式。其中，Envelope 元素是 SOAP 规范中专用的，用于封装整个 SOAP 消息的数据，是必须要有的。子元素 Header 是可选的，主要用于传输那些不是有效载荷的控制信息或上下文信息，如路由与传送设置、认证或授权声明、事务上下文等。Body 元素是必须要有的，它是 SOAP 消息的有效载荷信息。图 7-9 清晰地展现了 SOAP 消息结构。

下面对 SOAP 消息结构中的主要元素进行详细介绍。

1. SOAP Envelope

SOAP Envelope 是每一个 SOAP 消息唯一的根，是必须要有的。SOAP Envelope 中所有的元素都是使用 W3C XML 模式规范进行定义的。

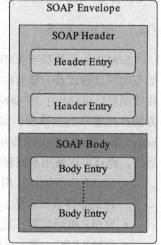

图 7-9   SOAP 消息结构

我们知道命名空间是 XML Schema 中关键的技术，它不仅避免了元素重名的困扰，而且使得模式文档更具可扩展性。因此，通过引用不同的命名空间，SOAP 消息可以扩展其语义范围。

在 SOAP 中同样适用 xmlns 来声明命名空间，例如，代码清单 7-14 中命名空间 soap 的值为 http://www.w3.org/2003/05/soap-envelope。在此命名空间中，不仅定义了 Envelope 元素，还定义了 Header 和 Body 元素。假如 SOAP 应用接收了来自其他命名空间的消息，则会报告错误。该规则确保所有符合标准的消息都精确地使用同一个命名空间和 XML 模式。

此外，在 SOAP Envelope 中还可以通过 encodingStyle 属性指定编码规则集，使得多个通信方能采用统一的编码规则进行数据的串行化。例如，代码清单 8.14 中定义的编码规则集的 URI 为 http://schema.xmlsoap.org/soap/encodingStyle。

注意，SOAP 规范允许在 Envelope 标签中定义任意数量的附加的、自定义的属性，但每一个自定义的属性都必须有合适的命名空间。换句话说，一个自定义的元素前缀必须关联到自定义属性的命名空间，且自定义属性要用 xmlns 来声明。

2. SOAP Header

Header 元素是 SOAP Envelope 中的第一个直接子元素，Header 并不是 Envelope 中必须要含有的，且一个 SOAP Envelope 中只能有一个 Header 元素。

Header 提供了一种对扩展功能进行封装的机制，且扩展功能无需与有效载荷发生关联，也不需要修改 SOAP 基本结构，因此可以在不违反规范的前提下不断为 SOAP 消息添加新的特性或功能，如安全性、对象引用、计费、数字签名、QoS 等。

Header 中的所有直接子元素都称为 Header 条目，每个 Header 条目都由一个命名空间和局部名组成的完整修饰元素来标识，不允许出现没有命名空间修饰的 Header 条目。注意，Header 自身可以包含下级子元素，但这些元素不是 Header 条目，而是 Header 条目的内容。其中，encodingStyle 属性用于指明 Header 条目的编码风格；mustUnderstand 属性用于指明如何处理条目，其值为 true 表示处理头部的结点必须完全遵循规范来处理，否则将不处理这个消息并报告错误；actor 属性用于指明由谁来处理该条目。代码清单 7-15 为一个 SOAP Header 示例。其中，Header 包含了两个条目，一个用于提供用户 ID，另一个用于提供数字签名。

代码清单 7-15   SOAP Header 示例

```
<?xml version="1.0" encoding="UTF-8"?>
<env:Envelope xmlns:env="http://www.w3.org/2003/05/osap-envelope">
    <env:Header>
        <sign:userID
            xmlns:sign=http://www.stuff.com/users
```

```
        env:mustUnderstand="true">
              58jason
        </sign:userID>
        <ds:token
            xmlns:ds=http://www.digitalsignature.com/token
            env:mustUnderstand="true">
              DS-58JASON-YP3
        </ds:token>
    </env:Header>
    <Body>
        ......
    </Body>
</env:Envelope>
```

3. SOAP Body

　　Body 元素是 Envelope 中必须要有的，它提供了一种 SOAP 消息与消息接收者交换信息的机制，如 RPC 调用和错误报告。Body 应该作为 Envelpoe 元素的一个直接子元素，若 Envelope 中包含 Header 元素，则 Body 元素必须紧跟在 Header 后，作为 Header 元素的直接子元素元素。

　　在 Body 元素中，所有的直接子元素都称为 Body 条目，每一个条目必须是一个独立的元素，且每一个完整的条目由一个命名空间 URI 和名称组成。Body 条目自身可以包含下级子元素，但这些元素也不是 Body 的条目，而是 Body 条目的内容。此外，在 Body 中可以使用 Fault 元素来指示调用错误的信息。为加深对 Body 元素的认识，下面给出一个简单的请求响应 SOAP 示例。

代码清单 7-16　请求价格的 SOAP 消息

```
<?xml version="1.0" encoding="UTF-8"?>
<soap:Envelope xmlns:soap="http://www.w3.org/2003/05/soap-envelope"
    soap:encodingStyle="http://www.w3.org/2003/05/soap-encoding">
    <soap:Body>
        <m:GetPrice
            xmlns:m="http://www.w3school.com.cn/prices">
            <m:Item>Pencil</m:Item>
        </m:GetPrice>
    </soap:Body>
</soap:Envelope>
```

代码清单 7-17　响应价格的 SOAP 消息

```
<?xml version="1.0" encoding="UTF-8"?>
<soap:Envelope xmlns:soap="http://www.w3.org/2003/05/soap-envelope"
    soap:encodingStyle="http://www.w3.org/2003/05/soap-encoding">
    <soap:Body>
        <m:GetPriceResponse
            xmlns:m="http://www.w3school.com.cn/prices">
            <m:Price>1.0</m:Price>
        </m:GetPriceResponse>
    </soap:Body>
</soap:Envelope>
```

　　代码清单 7-16 表示一个请求铅笔价格的 SOAP 消息，不含 Header 元素，且在 Body 元素中定义了条目 m:GetPrice，用 m:Item 表示请求价格的商品。注意，m:GetPrice 和 m:Item 并不是 SOAP 标准的一部分，而是应用程序专用的元素。代码清单 7-17 是对代码清单 7-16 中 SOAP 消息的响应，其 Body 元素中定义了 m：GetPriceResponse 条目返回商品的价格信息。

4. SOAP Fault

SOAP Fault 元素用于在 SOAP 消息中传输错误及状态信息。Fault 元素并不是必需的，若出现了 Fault，则它必须位于 Body 元素中，作为 Body 的一个条目，且在 Body 元素中至多出现一次。表 7-2 给出了 SOAP Fault 的子元素。

表 7-2　SOAP Fault 的子元素

Fault 子元素	说　明
faultcode	供识别故障的代码
faultstring	关于故障信息的说明
faultactor	有关产生故障原因的信息
detail	关于 Body 元素的应用程序专用错误信息

Fault 子元素 faultcode 的值有 4 种，如表 7-3 所示。

表 7-3　Fault 子元素 faultcode 的值

faultcode 值	描　述
VersionMismatch	发现 Envelope 元素的无效命名空间
MustUnderstand	Header 的一个 mustUnderstand 值为 true 的条目无法被理解
Client	消息构成不正确，或包含了不正确的信息
Server	服务器有问题，无法进行下去

下面给出一个关于 SOAP Fault 的请求 / 响应示例，如代码清单 7-18 和代码清单 7-19 所示。

代码清单 7-18　含 Header 条目的 SOAP 请求消息

```xml
<?xml version="1.0" encoding="UTF-8"?>
<env:Envelope xmlns:env="http://www.ww3.org/2003/05/soap-enveelope">
    <env:Header>
        <exp:Extension1
            xmlns:exp=http://www.example.org/exp
            env:mustUnderstand="true"/>
        <stu:Extension2
            xmlns:stu=http://www.example.org/stuff
            env:mustUnderstand="true"/>
    <env:Body>
        ......
    </env:Body>
    </env:Header>
</env:Envelope>
```

代码清单 7-19　含 Fault 的 SOAP 响应消息

```xml
<?xml version="1.0" encoding="UTF-8"?>
<env:Envelope xmlns:env=http://www.w3.org/2003/05/soap-envelope
    xmlns:fau="http://www.w3.org/2003/05/soap-fault">
    <env:Header>
        <fau:Misunderstood qname="exp:Extension1"
            xmlns:exp=http://www.example.org/exp/>
        <fau:Misunderstood qname="stu:Extension2"
            xmlns:stu=http://www.example.org/stuff/>
    </env:Header>
    <env:Body>
```

```
            <env:Fault>
                <faultcode>MustUnderstand</faultcode>
                <faultstring>
                    One or more mandatory headers not understand
                </faultstring>
            </env:Fault>
        </env:Body>
    </env:Envelope>
```

代码清单 7-18 中定义了 Herder 条目 Extension1 和 Extension2，它们分别位于命名空间 exp 和 stu 中，且属性 mustUnderstand 的值都为 true。此消息作为 SOAP 请求发送至接收方。代码清单 7-19 是接收方响应请求的 SOAP 消息，响应 SOAP 的 Header 中定义了 Misunderstood 条目，且 qname 的命名空间就是 Extension1 和 Extension2 的命名空间，表示 SOAP 请求消息不能被按照规范来处理。同时，在 Body 元素中使用了 Fault 条目来报告产生错误的信息，Fault 中使用了 faultcode 表明错误类别，并使用 faultstring 来指示错误信息说明。

7.3.3　SOAP 消息交换模型

SOAP 消息交换是从发送方到接收方的一种传输方法。从本质上说，SOAP 是一种无状态的协议，它提供符合要求的单向消息交换框架，以便在 SOAP 结点的 SOAP 应用程序之间传输 XML 文档。

SOAP 结点既可以是 SOAP 消息的发送者，也可以是 SOAP 消息的接收者，或者是 SOAP 消息的发送者和接收者中介。由于 SOAP 并不提供路由机制，因此 SOAP 需要识别发送者发送的 SOAP 消息应当通过哪些 SOAP 中介才能到达接收者处。此外，接收到 SOAP 消息的结点必须能够实时处理必要的 SOAP 错误和 SOAP 响应，如果合适，还应当根据 SOAP 规范的后续描述生成额外的 SOAP 消息。

在 SOAP Header 中，actor 属性可以用来标识 SOAP 的角色。SOAP 角色是 SOAP 结点在处理 SOAP 消息时的身份。actor 属性的值是一个 URI，如 http://www.w3.org/2003/05/soap-envelope/actor/next。当 SOAP 结点在处理一个 SOAP 消息时，其 SOAP 角色在整个处理过程中是不变的，因为 SOAP 是无状态的。actor 属性是可选的，没有此属性时，SOAP Header 被隐式地定位为一个匿名的角色，该匿名角色就是最终 SOAP 的接收者。如果含 actor 属性的 SOAP Header 匹配了一个 SOAP 结点，或者此 SOAP Header 没有 actor 属性，而采用匿名角色，则称 SOAP Header 指向了一个 SOAP 结点。图 7-10 展示了 SOAP 消息交换的流程图。

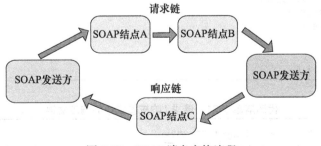

图 7-10　SOAP 消息交换流程

SOAP 结点在处理 SOAP 消息时应该注意，如果一个或多个 SOAP 结点的 SOAP 条目有 mustUnderstand="true"，却没有被结点所理解，则会生成一个 SOAP mustUnderstand 错误，因而终止进一步的处理。当 SOAP 结点是一个中介时，SOAP 消息的样式和处理的结果可以进一步沿着 SOAP 消息路径传递。这种接力传递必须以同样顺序包括来自 SOAP 消息源的所有 SOAP Header 条目和 SOAP Body 条目，但那些指向 SOAP 中介的 SOAP Header 条目必须被移除。

7.3.4　SOAP 应用模式

按照 SOAP 应用环境的不同，可以将 SOAP 应用模式分为以下 5 类：请求 / 响应模式、fire-and-forget 模式、高级消息模式、增量解析和处理模式、缓存模式。

1. 请求 / 响应模式

请求 / 响应模式的 SOAP 服务，即服务请求者将请求发送给服务接收者，服务接收者接收到发送者的请求后，再获取并处理其中的数据，最后将处理结果信息以 SOAP 消息方式回送给服务请求者。如果请求消息没有被接收到，或没有被期望的业务应用所处理，那么保障通信的传输层会产生相应的状态信息，并报告给 SOAP 发送者。图 7-11 展示了请求 / 响应模式的 SOAP。

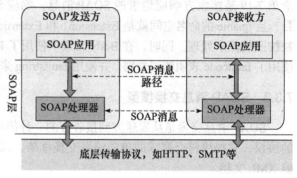

图 7-11　请求 / 响应模式的 SOAP

在图 7-7 中，底层协议层为 SOAP 层提供了通信保证。实际中，常常使用 HTTP POST 作为 SOAP 的底层通信协议，因为 HTTP 有很多优点，非常适合运用在请求 / 响应模式的 Web 服务中。

请求 / 响应模式的示例如代码清单 7-20 和代码清单 7-21 所示，它们分别表示请求和响应文档。

代码清单 7-20　请求 / 响应模式中的请求文档

```
<?xml version="1.0" encoding="UTF-8"?>
<env:Envelope
     xmlns:env="http://www.w3.org/2003/05/soap-envelope">
    <env:Header>
        <n:MsgHeader xmlns="http:/example.org/requestresponse">
            <n:MessageID>uuid:1234</n:MessageID>
        </n:MsgHeader>
    </env:Header>
    <env:Body>
        ......
    </env:Body>
</env:Envelope>
```

代码清单 7-21　请求 / 响应模式中的响应文档

```
<?xml version="1.0" encoding="UTF-8"?>
<env:Envelope XMLns:env="http://www.w3.org/2003/05/soap-envelope">
    <env:Header>
      <n:MsgHeader XMLns:="http://example.org/requestresponse">
        <n:MessageID>uuid:5678<n:MessageID>
        <n:ResponseTo>uuid:1234</n:ResponseTo>
```

```
      </n:MsgHeader>
     </env:Header>
     <env:Body>
       ......
     </env:Body>
</env:Envelope>
```

2. fire-and-forget 模式

fire-and-forget 一词源于军事中，比喻当某种武器被发射出后，便不用人为去控制，而可以自行寻找攻击目标。把它用在 SOAP 中时，表示 SOAP 消息一经发出，便不用发送者关心，SOAP 消息会自动寻找相应的接收者。

按照 SOAP 消息接收者的数量，可以将 fire-and-forget 分为两种，一种是面向单个接收者的，另一种是面向多个接收者的。面向单个接收者指发送者要求该 SOAP 消息只被一个接收者接收，且不要求予以回复发送报告，例如，是否发送完成、是否已被接收等报告。面向多个接收者指发送者要求该 SOAP 消息被发送给一组接收者，也不要求回复发送报告。实质上，面向多个接收者的 SOAP 是面向单个接收者 SOAP 的一种扩展机制，提高了消息的发送效率。在底层协议栈支持广播技术的情况下，可以使用广播技术来发送面向多个接收者的 SOAP 消息。

代码清单 7-22　面向单个接收者的 SOAP 消息

```
<?xml version="1.0" encoding="UTF-8"?>
<env:Envelope xmlns:env=" http://www.w3.org/2003/05/soap-envelope">
<env:Body>
    <uno:updateNO
        xmlns:uno="http://www.customer.com/update/NO">
            <uno:Symbol>58jason</uno:Symbol>
            <uno:newNO>16545214578</uno:newNO>
    </ ut:updateNO>
    </env:Body>
</ env:Envelope>
```

代码清单 7-22 为面向单个接收者的 SOAP 消息文档示例，表示为用户 58jason 更新电话号码，只要单个接收者的标号为 58jason，便说明找到了接收者，而不用关心接下来的工作。

3. 高级消息模式

高级消息模式包括：
- 会话消息模式：基于会话的消息模式，双方会长时间维持一个会话进程，其中包含双方多次的消息交互。
- 异步消息模式：此种模式下，发送者发送 SOAP 消息后，并不期望接收者接收并处理后立即予以响应，而允许接收者在一定的时间段内给予回复。异步方式更加适合于实际应用。
- 事件通知模式：此种模式类似于"订阅"。应用程序向一个事件源订阅一些特定的事件通知，当事件发生时，事件源便按照订阅者的要求将通知发送给原订阅者，或其他指定的用户。

4. 增量解析和处理模式

当 SOAP 消息过于庞大，给传输带来困难时，可分组发送 SOAP 消息，类似于计算机网络中 IP 数据报的分组。按照一定机制将冗长的 SOAP 消息分割后，由多个 SOAP 消息来发送，待接收者收到这些分片的消息后，再对分片进行重组和处理。这种模式缩短了消息传输延时，降低了通信阻塞，使 SOAP 服务效率得以提高。但此模式要求发送者和接收者都具备增量解析和处理消息的能力。

5. 缓存模式

"缓存"常常是用来提高系统处理效率的。在 SOAP 消息中，缓存模式也是如此。为了缩短响应时延，占用更小的带宽，可以将一些常用的消息存储在缓存中，供相关应用或 SOAP 结点使用。

7.3.5   WSDL

可以使用 SOAP 将 Web Services 之间交互的 XML 数据进行封装，但 SOAP 并没有对 Web Services 的功能特性进行描述，也没有对服务间交换数据的方式进行描述。因此，SOAP Web Services 希望有一种技术能对服务的功能进行描述，以暴露出服务的功能特性、相关操作参数等，以便服务使用者对服务进行调用。为了解决此问题，WSDL（Web Services Description Language，Web 服务描述语言）便应运而生。

WSDL 是一种基于 XML 的、专门用于描述 Web Services 的语言。通过 WSDL 可以对服务的功能信息、功能参数的消息类型、协议绑定信息和特定服务的地址信息进行描述。

WSDL 文档将服务访问点、消息的抽象定义与具体服务部署、数据格式的绑定分离开来，因此可以对抽象定义进行重用。在 WSDL 中，消息指对数据的抽象描述，端口类型指操作的抽象几何，端口类型使用的具体协议和数据格式规范构成了一个绑定，将 Web 访问地址与可再次使用的绑定相关联以定义一个端口，而端口的集合则称为服务。

在 WSDL 文档中常常用到以下几种元素来描述 SOAP Web Services，下面以一个天气预报 Web 服务的 WSDL 文档片段为例，对各元素进行介绍。

1. definitions

该元素用于定义 WSDL 文档的名称，引入必要的命名空间。代码清单 7-23 展示 definitions 元素的使用方法。

代码清单 7-23   天气预报服务的 WSDL 的 definitions 片段

```
<definitions name="Weather"
    xmlns="http://schemas.xmlsoap.org/wsdl/"
    xmlns:soap="http://schemas.xmlsoap.org/wsdl/soap/"
    xmlns:tns="http://www.example.org/Weather/"
    xmlns:xsd="http://www.w3.org/2001/XMLSchema"
    targetNamespace="http://www.example.org/Weather/">
< /definitions>
```

2. types

types 元素为数据类型定义容器，提供了用于描述交换信息的数据类型定义，它使用某种类型系统（如 XML 模式中的类型，即 XSD）。代码清单 7-24 展示 types 元素的使用方法。

代码清单 7-24   天气预报服务的 WSDL 的 types 片段

```
<types>
```

```
    <xsd:schema targetNamespace="http://www.example.org/Weather/">
        <xsd:element name="WeatherRequest">
            <xsd:complexType>
                <xsd:sequence>
                    <xsd:element name="city" type="xsd:string"/>
                    <xsd:element name="date" type="xsd:date"/>
                </xsd:sequence>
            </xsd:complexType>
        </xsd:element>
        <xsd:element name="WeatherResponse">
            <xsd:complexType>
                <xsd:sequence>
                    <xsd:element name="temperature" type="xsd:int"/>
                    <xsd:element name="humidity" type="xsd:int"/>
                </xsd:sequence>
            </xsd:complexType>
        </xsd:element>
    </xsd:schema>
</types>
```

3. message

message 元素用于消息结构的抽象类型化定义。消息包括多个逻辑部分，每一部分与某种类型系统中的一个定义相关。消息使用 types 所定义的类型来定义整个消息的数据结构。代码清单 7-25 展示 types 元素的使用方法。

代码清单 7-25 天气预报服务的 WSDL 的 message 片段

```
<message name="getWeatherRequest">
    <part element="tns:WeatherRequest" name="parameters"/>
</message>
<message name="getWeatherResponse">
    <part element="tns:WeatherResponse" name="parameters"/>
</message>
```

4. operation

operation 元素描述了一个访问入口的请求/响应消息对，是对服务中所支持的操作的抽象描述。

5. portType

portType 是服务访问入口点类型所支持的操作的抽象集合，这些操作可以由一个或多个服务访问点来支持，每个操作指向一个输入消息和多个输出消息。

代码清单 7-26 展示 operation 元素和 portType 元素的使用方法。

代码清单 7-26 天气预报服务的 WSDL 的 operation 和 portType 片段

```
<portType name="Weather">
    <operation name="getWeather">
        <input message="tns:getWeatherRequest"/>
        <output message="tns:getWeatherResponse"/>
    </operation>
</portType>
```

6. binding

binding 元素用于将特定的具体协议和数据格式规范的绑定，它是由端口类型定义的操作和消息指定具体的协议和数据格式规范的结合。因此，binding 元素可以用来具体化 portType 元素，其中定义了 portType 元素中的操作和消息的格式与协议等。代码清单 7-27 展示 binding 元素的使用方法。

代码清单 7-27   天气预报服务的 WSDL 的 binding 片段

```
<binding name="WeatherSOAP" type="tns:Weather">
    <soap:binding style="document"
        transport="http://schemas.xmlsoap.org/soap/http"/>
    <operation name="getWeather">
        <soap:operation
        soapAction="http://www.example.org/Weather/getWeather"/>
        <input>
            <soap:body use="literal"/>
        </input>
        <output>
            <soap:body use="literal"/>
        </output>
    </operation>
</binding>
```

7. port

port 元素为协议 / 数据格式与具体 Web 访问地址组合的单个服务访问点，指出了用于绑定的地址，因此定义了单个通信终端。

8. service

service 元素指定了 Web Service 的位置。一个 service 元素可以包含多个 port 元素，端口的集合构成了 service。

代码清单 7-28 展示 port 元素和 service 元素的使用方法。

代码清单 7-28   天气预报服务的 WSDL 的 port 和 service 片段

```
<service name="Weather">
    <port binding="tns:WeatherSOAP" name="WeatherSOAP">
        <soap:address location="http://www.example.org/" />
    </port>
</service>
```

types、message、operation 和 portType 元素描述了调用 Web Services 的抽象定义，它们与具体的服务部署细节无关。而 binding、port 和 service 元素描述了服务抽象定义的对象所使用的实现语言、开发平台和部署环境等。

了解了 WSDL 的常用元素后，由这些元素之间的关系，可以构建出 WSDL 的文档结构模型，如图 7-12 所示。

为了加深读者对 WSDL 的认识，下面给出一个关于订单 – 发票服务的 WSDL 示例，其中订单服务的输入包括订单编号、日期和客户的详细信息，而服务返回一个相关的发票凭证。如代码清单 7-29 和代码清单 7-30 所示。

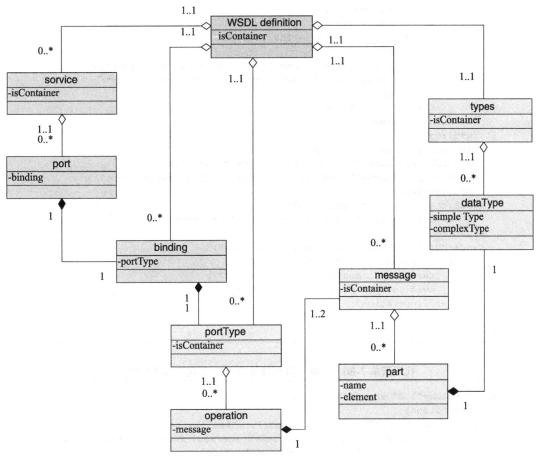

图 7-12　WSDL 文档模型

代码清单 7-29　订单－发票服务的 WSDL 接口定义文档

```xml
<?xml version="1.0" encoding="UTF-8"?>
<wsdl:defnitions name="PurchaseOrderService"
    targetNamespace="http://supply.com/PurchaseService/wsdl"
    xmlns:tns="http://supply.com/PurchaseService/wsdl"
    xmlns:xsd="http://www.w3.org/2003/05/XMLSchema"
    xmlns:soapbind="http://schemas.xmlsoap.org/wsdl/soap"
    xmlns:wsdl="http://schemas.xmlsoap.org/wsdl">

    <wsdl:types>
        <wsdl:schema
        targetnamespace="http://supply.com/PurchaseService/wsdl"
            <xsd:complexType name="CustomerInfoType">
                <xsd:sequence>
                    <xsd:element name="CusName" type="xsd:string"/>
                    <xsd:element name="CusAddress" type="xsd:string"/>
                </xsd:sequence>
            </xsd:complexType>
            <xsd:complexType name="POType">
                <xsd:sequence>
                    <xsd:element name="PONumber" type="xsd:integer"/>
                    <xsd:element name="PODate" type="xsd:string"/>
```

```
                </xsd:sequence>
            </xsd:complexType>
            <xsd:complexType name="InvoiceType">
                <xsd:all>
                    <xsd:element name="InvPrice" type="xsd:float"/>
                    <xsd:element name="InvDate" type="xsd:string"/>
                </xsd:all>
            </xsd:complexType>
        </wsdl:schema>
    </wsdl:types>
    <wsdl:message name="POMessage">
        <wsdl:part name="PurchaseOrder" type="tns:POType"/>
        <wsdl:part name="CustomerInfo" type="tns:CustomerInfoType"/>
    </wsdl:message>
    <wsdl:message name="InvMessage">
        <wsdl:part name="Invoice" type="tns:InvoiceType"/>
    </wsdl:message>
    <wsdl:portType naem="PurchaseOrderPortType">
        <wsdl:operation name="SendPurchase">
            <wsdl:input message="tns:POMessage"/>
            <wsdl:output message="tns:InvMessage"/>
        </wsdl:operation>
    </wsdl:portType>
</wsdl:defnitions>
```

代码清单 7-30   订单 – 发票服务的 WSDL 接口实现文档

```
<?xml version="1.0" encoding="UTF-8"?>
<wsdl:definition>
    <import namespace="http://supply.com/PurchaseService/wsdl"
    location="http:// supply.com/PurchaseService/wsdl/PurchaseInterfase.wsdl"/>
    <wssdl:binding name="PurchaseOrderSOAPBinding"
            type="tns:PurchaseOrderPortType">
    <soapbind:binding style="rpc"
            transport="http://schemas.xmlsoap.org/soap/http"/>
    <wsdl:operation name="SendPurchase">
        <soapbind:operation soapAction=
            "http://supply.com/PurchaseServices/wsdl/SendPurchase"
            style="rpc"/>
        <wsdl:input>
            <soapbind:body use="literal"
            namsespace="http://supply.com/PurchaseService/wsdl"/>
        </wsdl:input>
        <wsdl:output>
            <soapbind:body use="literal"
            namsespace="http://supply.com/PurchaseService/wsdl"/>
        </wsdl:output>
    </wsdl:operation>
</wssdl:binding>
<wsdl:service name="PurchseOrderService">
    <wsdl:port name="PurchaseOrderPort"
        binding="tns:PurchaseOrderSOAPBinding">
        <soapbind:address
        location="http://supply.com:8080/PurchaseOrderService"/>
    </wsdl:port>
</wsdl:service>
</wsdl:definition>
```

在代码清单 7-29 中定义了订单 – 发票服务的抽象描述，在代码清单 7-30 中定义了此服务的实现接口。事实上，WSDL 的目的是首先抽象地定义 Web Services，然后规范 WSDL 开发者如何开发具体服务。服务的接口实现部分规定了如何实现服务的抽象定义。

然而，在实际的应用中很少有开发者直接去硬编码 WSDL，而是采用一些软件工具自动化生成 WSDL 文档，因为这样减轻了开发者的负担，使开发效率更高。例如，我们常常先编写出表示服务的 Java 文件，然后使用自动化软件从 Java 服务文件产生对应的 WSDL 文档。在后续的 SOAP 案例中我们也将采用这种办法。下面介绍几种自动化生成 WSDL 文档的工具：

- IBM WSTK：即 IBM Web Services 工具包，包含 ApacheSOAP、WSSDL 生成器和通用描述、发现和集成客户端等，可以方便地实现 WSDL 的自动生成。
- IBM WSDL 工具包：用来从 WSDL 生成客户端和服务器存根。该工具的代码被封装为 wasl.jar，并使用了 WSTK 的 bsf.jar（Bean 框架脚本）和 xalan.jar（XML 样式单处理器）文件。
- Genuitec MyEclipse：用于开发 J2EE 产品的 IDE，使用它可以方便地创建 Web Services，其中也集成了 WSDL 文档自动化生成的功能，十分方便开发者的使用。
- Microsoft Visual Studio：与 MyEclipse 类似，Visual Studio 也是一个可以用于开发 Web Services 的强大 IDE，一般使用 C# 语言在此工具上开发 Web 服务，当然它也集成了 WSDL 文档自动化生成的功能。

7.3.6　UDDI

前面已经介绍了 SOAP 和 WSDL，可以说服务的基本开发部分完成了。由 Web Services 中服务提供者、服务使用者和注册中心的关系知道，还需要服务在注册中心的注册。下面将简要介绍服务的注册、发布和发现部分。

UDDI（Universal Description、Discovery and Integeration，统一描述、发现和集成）是一套基于 Web 的分布式的 Web Services 信息注册中心的实现标准规范，也包含一组访问协议的实现标准，使得企业能将自身的 Web Services 注册上去，并让其他企业能够发现并使用这些服务，使服务更容易被获取。为了实现 Web 服务跨平台、跨语言和松耦合的特性，UDDI 是以 XML 为基础的。UDDI 提供了一个全球的、跨平台、开发的框架，企业可以根据需要发布服务产品或业务流程到注册中心中，以便更多地结识更多、更好的合作伙伴，从而拓展企业的业务范围。

可以说 UDDI 是一个包含轻量级数据的注册库，它的主要作用是为库中所有的资源进行描述（或者说分配网络地址），以便服务使用者方便地发现和调用服务。UDDI 中所提供的信息可以分为以下 3 类：

- 白页：表示企业的基本信息，如企业的名称、地址、联系方式、经营范围、企业标识、税号等。
- 黄页：用来依据标准分类法区分不同的行业类别，使企业能够在更大的范围（如地域范围）内查找已经在注册中心注册的企业或 Web 服务。
- 绿页：包括关于该企业所提供的 Web 服务的技术信息，其形式可能是一些指向文件或 URL 的指针，而这些文件或 URL 是服务发现机制的必要组成部分。

在 UDDI 消息传输机中，首先客户端发出 SOAP 请求，并通过 HTTP 服务器传输到注册中心结点中，注册中心的 SOAP 服务器在接收到 UDDI SOAP 消息后，在注册数据中找到相应的 SOAP 服务，并处理请求，同时把处理结果返回给客户端。如图 7-13 展示了 UDDI 消息在客户端和注册中心间的传输示意图。

下面介绍 Web Services 中服务使用者、服务提供者和注册中心的工作原理，如图 7-14 所示。

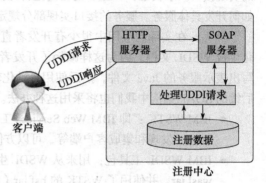

1）软件公司、标准化组织和程序员定义了企业如何在 UDDI 中注册的规则后，开始向 UDDI 注册中心发布这些规则的描述信息。这些技术规则也被称为技术模型，即 tModel。

2）企业向 UDDI 注册中心注册关于该企业信息和所提供的 Web 服务的描述。

3）UDDI 注册中心会给每个实体（tModel和企业）指定一个在相关程序中通用的唯一标识符（Universally Unique ID，UUID），从而可以随

图 7-13   UDDI 消息传输

时了解所有这些实体的当前状况。UUID 是一串十六进制的随机字符吗，可以用来引用与之相关联的技术模型。注意，UUID 必须是唯一的，且在一个注册中心中保持不变。

4）电子交易场所（eMarketplace）和搜索引擎等其他类型的客户和商务应用程序使用 UDDI 注册中心来发现适合的 Web 服务。

5）其他企业则可以调用这些服务，方便、迅速地进行商务应用程序的动态交互和集成。

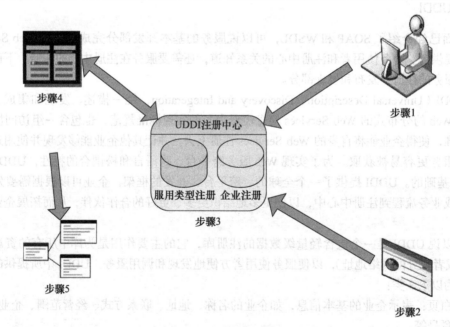

图 7-14   UDDI 工作原理

从概念上讲，UDDI 的数据类型包括以下 5 种元素。

（1）businessEntity

businessEntity 元素用于发布服务信息的商业实体的详细信息，包括企业名称、关键性标识、可选的分类信息和联络方法等。businessEntity 中的信息均支持黄页分类法，客户可以根据行业类别、产品类型、地域范围等信息查找合适的企业合作伙伴或 Web 服务。

（2）publisherAssertion

publisherAssertion 元素用于表示各个 businessEntities 间的关系。publisherAssertions 必须由双方共同声明才有效（因此无法将自己声明为另一个公司的分支机构），除非两个实体都对发布者负责，或除非两个实体都由同一个用户账户输入注册中心。

（3）businessService

businessService 是一组特定的技术服务的描述信息，该信息是数据的重要组成部分，是对 Web Services 的技术和商业描述。businessService 是 businessEntity 的子结构，也是一个描述型的容器，组合了一系列的有关商业流程或分类的 Web 服务的描述信息。

（4）bindingTemplate

bindingTemplate 中定义了服务入口点和相关技术规范的描述信息，如调用一个服务需要哪些参数等。当需要调用某个特定的服务时，服务使用者必须按照相关调用规范，才能保证调用的正确执行。

（5）tModel

技术模型（tModel）是 Web Services 或企业分类的规范描述信息，这些信息是关于调用规范的元数据，如 Web 服务名称、注册 Web 服务的企业信息和指向这些规范本身的 URL 指针等。

上述 5 类元素是 UDDI 中的一种实体，这些实体在注册中心中都有自己的 UUID，通过对 UUID 的使用可以定位特定服务的每个实体，从而准确地调用服务。这 5 类元素的关系如图 7-15 所示。

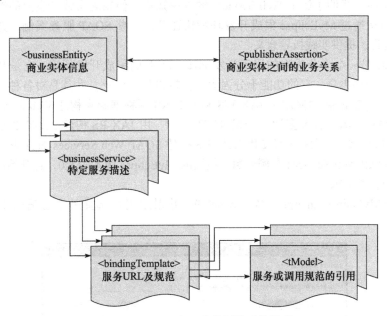

图 7-15　UDDI 中 5 种数据类型的关系

如前所述，我们发现 WSDL 和 UDDI 都可以用来描述接口和实现，因此它们之间是可以相互补充、相互协作的。具体说来，UDDI 提供了一个发布和发现 WSDL 的方法，而 WSDL 中定义的服务信息是对 UDDI 业务和服务条目信息的补充。图 7-16 展示了 WSDL 到 UDDI 的映射模型。

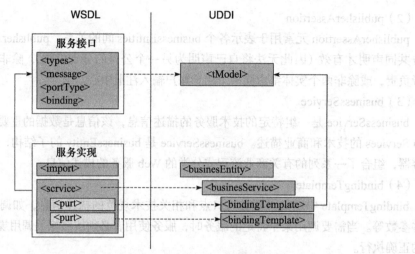

图 7-16   WSDL 到 UDDI 的映射模型

由图 7-16 可见，WSDL 接口（含 types、message、portType 和 binding）部分将映射到 UDDI 的技术模型 tModel 部分。WSDL 服务实现中的 service 元素部分将映射到 UDDI 的 businessEntity 部分。而 WSDL 中 port 元素部分将映射到 UDDI 的 bindingTemplate 元素。

了解了 UDDI 的基本知识后，整个 SOAP Web Services 的核心部分完成了。

7.3.7　开发基于 SOAP 的 Web Services

由前面学习，我们了解了 Web Services 的理论知识，但缺乏实践开发上的领会是不完整的。下面我们将通过 MyEclipse 集成开发环境快速开发一些 SOAP 服务案例，介绍实际 Web 服务的开发流程，提供实践指导意义。

MyEclipse 是一个十分优秀的用于开发 Java、J2EE 的集成开发环境，它是基于开源软件 Eclipse 构建的插件集合。它的功能十分强大，支持也相当广泛，尤其是对各种开源产品的支持更是突出。MyEclipse 中使用了 JAX-WS 和 JAX-RS 两种框架来构建 Web Services，前者多用于开发 SOAP 案例，后者多用于开发 REST 案例。用 JAX-RS 构建 REST 服务将在后续章节的 REST 部分介绍，下面学习使用 JAX-WS 构建 SOAP Web Services 的方法。下面从一个 HelloWorld SOAP Web Services 案例开始，使用的 MyEclipse 版本为 8.0，且开始前要确保机器上已经正确安装了 JDK。

1）打开 MyEclipse Enterprise Workbench 9，并根据提示选择一个合适的工作目录，如图 7-17 所示。

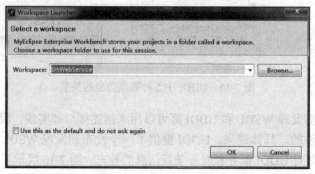

图 7-17　指定工作目录

2）新建 Web Service Project，将项目命名为"TestService"，系统自动生成 Source folder、Web root folder 和 Context root URL 的内容，在 Framework 选项组中，我们选择 JAX-WS，它是用于开发 SOAP 服务的框架，在 J2EE specification 选项组中选择 Java EE 6.0（此选项按照自己计算机上安装的 JDK 的版本来选择），如图 7-18 所示。

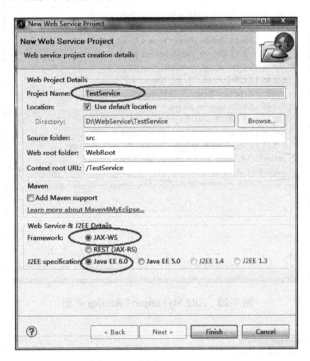

图 7-18　新建 Web Service

3）注意，虽然我们选择了 JAX-WS 框架，但 MyEclipse 并没有导入 JAX-WS Rutime Libraries 和 JAX-WS API Libraries，因此需要手动导入这两个包。在 TestService 项目上右击，选择 Build Path 菜单中的 Add Library 项，出现图 7-19 所示的界面。在 Add Library 界面中选择 MyEclipse Libraries 选项，并单击 Next 按钮。从出现的界面中选择图 7-20 所示的两个 JAX-WS 包并导入。

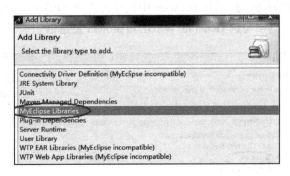

图 7-19　Add Library 界面

4）接下来将创建服务的服务类 MyService.java，其中含有一个 SayHi 函数，并接受一个来自客户的 String 类型的 sname 变量，并返回字符串 s 给客户，如图 7-21 所示。

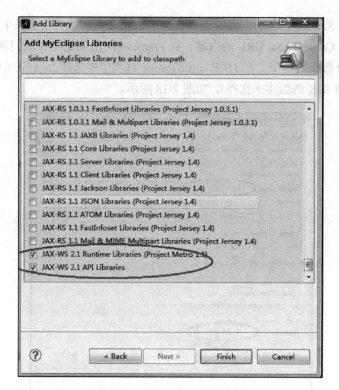

图 7-20　Add MyEclipse Libraries 界面

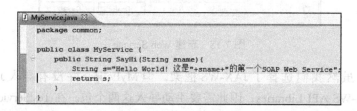

图 7-21　服务类 MyService

5）创建服务，在项目 TestService 上右击，并新建 Web Service，此时按照图 7-22 所示，选择从已有的 Java 创建服务。然后从 Browser 中浏览并选择 MyService.java，系统会自动生成图 7-23 所示的界面，在其中勾选 Generate WSDL in project 复选框。

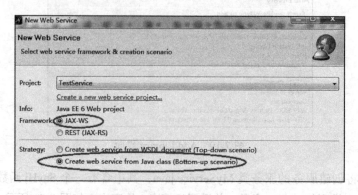

图 7-22　从 Java 类中建立 Web Service

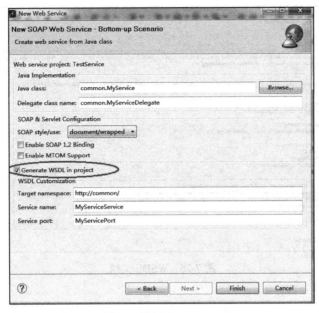

图 7-23 从 java 类新建 SOAP Web Service

6）若在生成服务和对应的 WSDL 过程中未出现提示错误，则说明服务创建成功。此时，文件浏览器中会出现服务代理类 MyServiceDelegate.java，及 WSDL 文件中的 sun-jaxws.xml，如图 7-24 所示。

7）发布并测试服务。按照 Server Application 方式运行项目，系统会自动启动服务器，发布、并部署服务。若在此过程中未出现错误，则说明服务发布成功。我们在 sun-jaxws.xml 文件中看到服务的 url-pattern 为 " /MyServicePort"，并在浏

图 7-24 生成代理类和 WSDL 视图

览器中输入地址 http://localhost:8080/TestService/MyServicePort，则会出现图 7-25 所示的服务信息页面。在页面中单击 WSDL 链接地址 http://localhost:8080/TestService/MyServicePort?wsdl，可以看到我们熟悉的 WSDL 文档，此文档即为上面创建服务的描述文档，如图 7-26 所示。

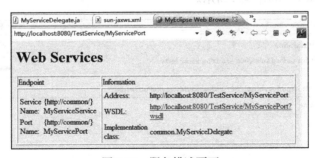

图 7-25 服务描述页面

8）可以编写自己的客户端程序（服务使用者）来测试刚发布的 SOAP Web 服务。首先，新建一个 Web Services Client，命名为 " TestServiceClient"，单击 Next 按钮，在界面中填写 WSDL 地址，并新建 test 包以容纳生成的类，如图 7-27 所示。

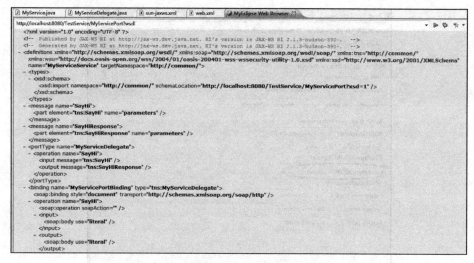

图 7-26 WSDL 文档

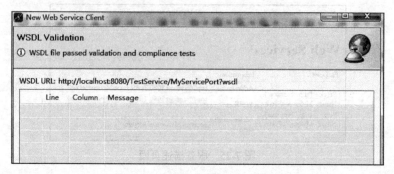

图 7-27 新建 Web Service Client

在接下来的页面中若无错误提示，则说明基于 TestService 服务的客户端创建成功，如图 7-28 所示。此时，TestServiceClient 的 test 包中会生成多个 Java 类文件，它是根据客户所调用服务中的方法而创建的，如图 7-29 所示。

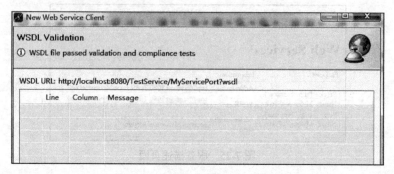

图 7-28 WSDL Validation 页面

9）需要在客户端中创建一个简单的 Java 类来驱动服务，我们将此服务驱动类命名为

"mytest.java"，其具体代码如图 7-30 所示。

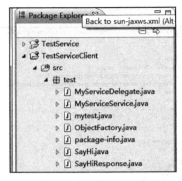

图 7-29　客户端包内文件视图

图 7-30　客户端服务驱动类

10）运行服务驱动程序 mytest，若代码无误，则会在 Console 视图中会看到 SOAP 服务返回的内容为"Hello World！这是"张三"的第一个 SOAP Web Service！"，说明第一个 SOAP 应用创建成功，如图 7-31 所示。

图 7-31　服务返回内容

上面的案例是自己创建服务，并自己创建客户端使用服务。下面做一个调用别人服务的案例，即使用 Internet 上已发布的服务。案例是一个检测特定 QQ 号是否在线应用，只要知道此服务的 WSDL 地址即可方便地创建客户端。经查找网络检测 QQ 号是否在线的 WSDL 地址为 http://www.webxml.com.cn/webservices/qqOnlineWebService.asmx?wsdl。具体步骤如下。

1）建立新的服务客户端，并命名为"CheckQQ"。在 WSDL URL 栏中输入检测 QQ 号的 WSDL 地址，并创建 checkQQ 包用于容纳生成的类文件，如图 7-32 所示。

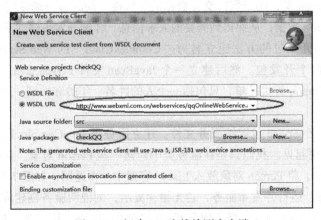

图 7-32　新建 QQ 在线检测客户端

2）若创建过程无误，checkQQ 包中会产生如图 7-33 所示的类文件。
3）创建客户端服务驱动类，以调用服务。将驱动类命名为"checkQQStub"，相关代码如

图 7-34 所示。运行服务驱动程序，若无误，则在 Console 中会显示指定 QQ 号码的在线情况，如图 7-35 所示。

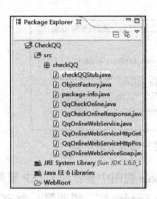

图 7-33　客户端包文件视图

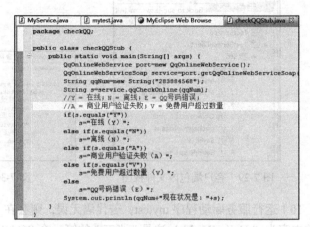

图 7-34　服务驱动程序

图 7-35　服务客户端运行结果

在以上两个案例中，客户与服务之间交互的数据都是简单字符串形式的，而在实际中需要交互的数据类型纷繁复杂，但多数复杂数据类型都不能直接以 SOAP 消息的形式传输，而要经过串行化和反串行化。例如，客户端需要从服务中获取一些人事信息，而每个人的信息都是由结构化的自定义对象构成的，则服务收到请求后，需要将这些对象进行串行化操作，再返回给客户端。下面的案例就是如此，在服务 Java 类文件中使用 List<> 容器来存储 Person 类的对象信息，当服务收到客户的请求时，便将 List<> 容器返回给客户。在客户端中也保持了一个与服务端相同的 Person 类，用于保持交互数据的一致性；同时客户端使用 Response 来解析服务返回的 List<Person> 数据，从而得到需要的人事信息。详细开发步骤如下：

1）先按照前面介绍过的方法建立名为"ComplexClass"的 Web Service Proect，并导入 JAX-WS 所需的两个开发包。然后建立一个 JavaBean 文件 Person.java，存放在 bean 包下，表示人事信息类。Person 类很简单，只包括一个人的姓名、年龄和性别，以及相关取、赋值函数，如图 7-36 所示。

2）在 src 下建立 service 包容纳服务文件，建立服务类 JavaComplexType，并在代码中导入 Person 类。为方便起见，我们只是在服务类中新建一些 Person 对象，并初始化，而不通过数据库来实现。然后，将 Person 对象放入 List<> 容器中，再返回，如图 7-37 所示。

3）启动服务器，运行并发布服务，若无错误提示，则说明服务创建成功。接着，将创建服务客户端 ComplexClassClient，填入服务相应的 WSDL 地址，并勾选"Enable asynchronous invocation for generated client"复选框，以异步方式生成客户端，如图 7-38 所示。

4）将 Person 类导入客户端 test 包中，并创建服务驱动类 JavacomplexTypePollingClient，其代码如图 7-39 所示。

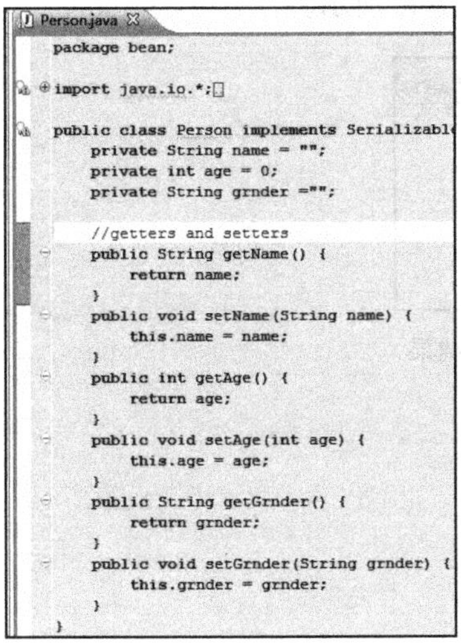

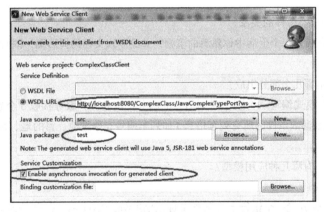

图 7-36 Person 类

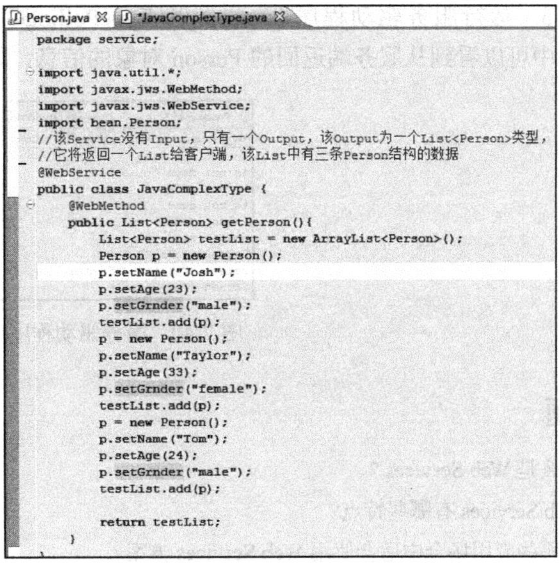

图 7-37 服务类 JavaComplexType

图 7-38 新建服务客户端 ComplexClassClient

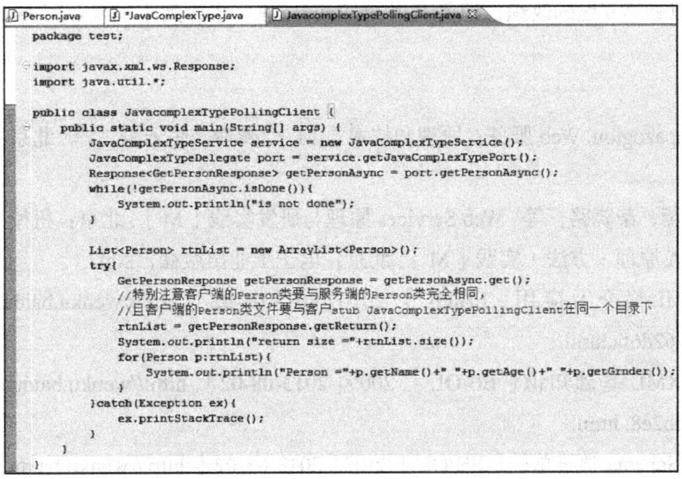

图 7-39 客户端服务驱动程序

5）运行服务驱动程序 JavacomplexTypePollingClient.java，若无错误提示，则在 Console 视图中可以看到从服务端返回的 Person 对象的信息，如图 7-40 所示。

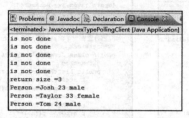

图 7-40　服务驱动程序运行结果

习题

1. 什么是 Web Services？

2. Web Services 有哪些特点？

3. 在哪些应用场合中适合使用 Web Services 方案？

4. 简述 Web Services 的体系架构和工作原理。

5. XML 有哪些特点？

6. XML 与 Web Services 有怎样的关系？

7. 试着使用 XML 语言描述一个生活中你熟悉的事物，并绘制该文档的树形图，同时写出相应的 XML 模式文档。

8. 什么是 SOAP，它由哪几个部分组成？

9. 尝试用 SOAP XML 模式编写一个列车时刻信息的服务。该 SOAP 服务接收 3 个参数：日期、始发地和目的地，返回满足参数条件的所有列车信息（如列车编号、始发地、目的地、始发时间、到达时间、票价和余票等）。

10. SOAP Web Services 有哪几种应用模型？

11. 简述 WSDL 和 UDDI。

12. 试着使用 MyEclipse 开发一个银行卡信息查询的 SOAP Web Services。客户端输入银行卡卡号和密码，服务端返回银行卡信息（如账户名、余额等）。

（注：此题也可以是第 9 题的改编，即要求用 MyEclipse 来实现，列车本身要用 JavaBean 类来实现。）

参考文献

［1］ Micheal P Papazoglou. Web 服务：原理和技术［M］. 龚玲，张云涛，译. 北京：机械工业出版社，2008.

［2］ 顾宁，刘家茂，柴晓路，等. Web Services 原理与研发实践［M］. 北京：机械工业出版社，2006.

［3］ 毛新生. SOA 原理·方法·实践［M］. 北京：电子工业出版社，2007.

［4］ 叶伟键. XML 简介及应用［EB/OL］. 2010［2013-08-02］. http://wenku.baidu.com/view/ 22e1e67f168884868762d6fa.html.

［5］ 郑艳，等. XML 基础知识［EB/OL］. 2009［2013-08-02］. http://wenku.baidu.com/view/ 63f984e9f8c75fbfc77db2e8. html.

［6］ 张龙. XML Schema 学习总结［EB/OL］. 2011［2013-08-02］. http://wenku.baidu.com/view/ 87aa4ec4bb4cf7ec4afed09f.html.

［ 7 ］ 青岛东合信息技术有限公司 . SOAP［ EB/OL ］. 2011［ 2013-08-02 ］. http://wenku.baidu.com/view/ d6f38297daef5ef7ba0d3c01.html.

［ 8 ］ 马殿富 . Web 服务描述语言 WSDL［ EB/OL ］. 2006［ 2013-08-02 ］. http://wenku.baidu.com/view/ 1d15894bc850ad02de8041b0.html.

［ 9 ］ 王诗懿，王佳佳 . UDDI 简介［ EB/OL ］. 2010［ 2013-08-02 ］. http://wenku.baidu.com/view/ 9a4fd247 b307e87101f69674.html.

［ 10 ］ Leonard Richardson，Sam Ruby. RESTful Web Services［ M ］. 徐涵，李红军，胡伟，译 . 北京：电子工业出版社，2008.

［ 11 ］ 李三红 . Web 服务编程，REST 与 SOAP［ EB/OL ］. 2009［ 2013-08-02 ］. http://www.ibm.com/develo-perworks/cn/webservices/0907_rest_soap/.

［ 12 ］ Andrew Glover. 构建 RESTful Web 服务［ EB/OL ］. 2008［ 2013-08-02 ］. http://www.ibm.com/develo-perworks/cn/education/java/j-rest/section5.html.

［ 13 ］ fanlin . RESTful Java Web Services［ EB/OL ］. 2011［ 2013-08-02 ］. http://blog.sina.com.cn/s/ blog_628b45090100rnds.html.

［ 14 ］ lifetragedy. 5 天学会 jaxws-webservice 编程［ EB/OL ］. 2012［ 2013-08-02 ］. http://blog.csdn.net/lifetra-gedy/article/details/7205832.

［ 15 ］ ORACLE. RESTful Web Services Developer's Guide［ EB/OL ］. 2010［ 2013-08-02 ］. http://docs.oracle. com/cd/E19776-01/820-4867/ggnxo/index.html.

［ 16 ］ MyEclipse. Developing REST Web Services Tutorial［ EB/OL ］. 2011［ 2013-08-02 ］. http://www. myeclipseide.com/documentation/quickstarts/webservices_rest/.

［ 17 ］ Jim Webber, Savas Parastatidis, Ian Robinson. REST 实战［ M ］. 李锟，俞黎敏，马钧，等译 . 南京：东南大学出版社，2011.

［ 18 ］ Subbu Allamaraju. RESTful Web Services Cookbook［ M ］. 丁雪丰，常可，译 . 北京：电子工业出版社，2011.

第 8 章　云计算原理与技术

本章介绍云计算的起源、定义、分类及其与相关分布式计算概念的区别，在此基础上讲解云计算的体系结构、数据存储、计算模型、资源调度和虚拟化等关键技术，然后重点阐述 Google 云计算原理和 Amazon 云服务的核心技术，最后讨论未来云计算研究与发展方向。

8.1　云计算概述

8.1.1　云计算的起源

随着信息和网络通信技术的快速发展，计算模式从最初的把任务交给大型处理机集中计算，逐渐发展为更有效率的基于网络的分布式任务处理模式，自 20 世纪 80 年代起，互联网快速发展，基于互联网的相关服务的增加，以及使用和交付模式的变化，云计算模式应运而生。如图 8-1 所示，云计算是从网络即计算机、网格计算池发展而来的概念。

图 8-1　云计算的起源

早期的单处理机模式计算能力有限，网络请求通常不能被及时响应，效率低下。随着网络技术不断发展，用户通过配置具有高负载通信能力的服务器集群来提供急速增长的互联网服务，但在遇到负载低峰的时候，通常会有资源的浪费和闲置，导致用户的运行与维护成本提高。而云计算把网络上的服务资源虚拟化并提供给其他用户使用，整个服务资源的调度、管理、维护等工作都由云端负责，用户不必关心"云"内部的实现就可以直接使用其提供的各种服务，因此，如图 8-2 所示，云计算实质上是给用户提供像传统的电力、水、煤气一样的按需计算服务，它是一种新的、有效的计算使用范式。

云计算是分布式计算、效用计算、虚拟化技术、Web 服务、网格计算等技术的融合和发展，其目标是用户通过网络能够在任何时间、任何地点最大限度地使用虚拟资源池，处理大规模计算问题。目前，在学术界和工业界共同推动之下，云计算及其应用呈现迅速增长的趋势，各大云计算厂商（如 Amazon、IBM、Microsoft、Sun 等公司）都推出自己研发的云计算服务平台。学术界也源于云计算的现实应用背景纷纷对其模型、应用、成本、仿真、性能优化、测试等诸多问题进行了深入研究，提出了各自的理论方法和技术成果，极大地推动了云计算的发展。

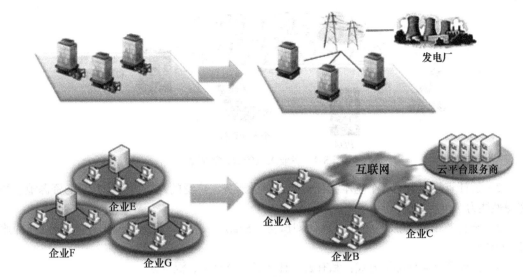

图 8-2 云计算的目标

8.1.2 云计算的定义

2006 年,27 岁的 Google 高级工程师克里斯托夫·比希利亚第一次向 Google 董事长兼 CEO 施密特提出 "云计算" 的想法。在施密特的支持下,Google 推出了 "Google 101 计划"(该计划目的是让高校的学生参与到云的开发),并正式提出 "云" 的概念。由此,一个计算技术以及商业模式的变革开始了。

如图 8-3 所示,对于一般用户而言,云计算是指通过网络以按需、易扩展的方式获得所需的服务,即随时随地只要能上网就能使用各种各样的服务,这种服务可以是 IT 和软件、互联网相关的,也可以是其他的服务。

图 8-3 一般用户的云计算概念

如图 8-4 所示,对于专业人员而言,云计算是分布式处理、并行处理和网格计算的发展,或者说是这些计算机科学概念的商业实现,是指基于互联网的超级计算模式,即把原本存储于个人计算机、移动设备等个人设备上的大量信息集中在一起,使其在强大的服务器端协同工作。它是一种新兴的共享计算资源的方法,能够将巨大的系统连接在一起,以提供各种计算服务。

目前比较权威的云计算定义是美国国家标准技术研究院 NIST 提出的,包括以下 4 点:

1)云计算是一种利用互联网实现随时随地、按需、便捷地访问共享资源池(如计算设施、存储设备、应用程序等)的计算模式。

图 8-4　专业人员的云计算概念

2）云计算模式具有 5 个基本特征：按需自助服务、广泛的网络访问、共享的资源池、快速弹性能力、可度量的服务。

3）云计算有 3 种服务模式：软件即服务（SaaS）、平台即服务（PaaS）、基础设施即服务（IaaS）。

4）云计算有 4 种部署方式：私有云、社区云、公有云、混合云。

在我们看来，要理解云计算概念，应该区分云计算的两种不同技术模式。

1）以大分小（Amazon 模式），特征如下：硬件虚拟化技术，统一的资源池管理动态分配资源，提高资源利用率，降低硬件投资成本，适合于公共云平台提供商和面向中小型租赁用户。

2）以小聚大（Google 模式），特征如下：分布式存储（适合海量数据存储），并行计算（适合海量数据处理），线性的水平扩展能力，适合海量数据存储、检索、统计、挖掘，在互联网企业应用成熟。

8.1.3　云计算的分类

云计算按照提供服务的类型可以分为基础设施即服务（Infrastructure as a Service，IaaS）、平台即服务（Platform as a Service，PaaS）和软件即服务（Software as a Service，SaaS）。下面详细介绍每种云服务。

1. IaaS

IaaS 是云计算的基础，为上层云计算服务提供必要的硬件资源，同时在虚拟化技术的支持下，IaaS 层可以实现硬件资源的按需配置，创建虚拟的计算、存储中心，使其能够把计算单元、存储器、I/O 设备、带宽等计算机基础设施集中起来，成为一个虚拟的资源池来对外提供服务（如硬件服务器租用）。如图 8-5 所示，虚拟化技术是 IaaS 的关键技术。

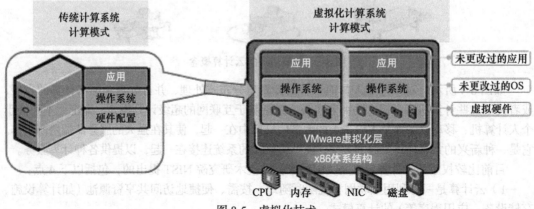

图 8-5　虚拟化技术

　　许多大型的电子商务企业积累了大规模 IT 系统设计和维护的技术与经验，同时面临着业务淡季时 IT 设备的闲置问题，于是将设备、技术和经验作为一种打包产品为其他企业提供服务，利用闲置的 IT 设备来创造价值。Amazon 是第一家将基础设施作为服务出售的公司，如图 8-6 所示，Amazon 的云计算平台弹性计算云（Elastic Compute Cloud, EC2）可以为用户或开发人员提供一个虚拟的集群环境，既满足了小规模软件开发人员对集群系统的需求，减小维护的负担，又有效解决了设备闲置的问题。

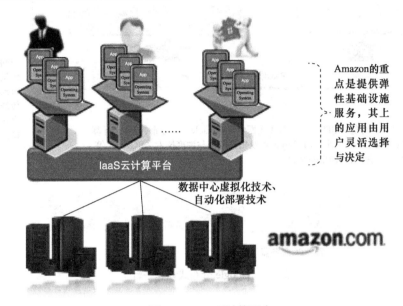

图 8-6　IaaS 云计算平台

2. PaaS

　　一些大型电子商务企业为支持搜索引擎和电子邮件服务等需要海量数据处理能力的应用，开发了分布式并行技术的平台，在技术和经验有一定积累后，逐步将平台能力作为软件开发和交付的环境进行开放。如图 8-7 所示，Google 以自己的文件系统（GFS）为基础打造出开放式分布式计算平台 Google App Engine，App Engine 是基于 Google 数据中心的开发、托管 Web 应用程序的平台。通过该平台，程序开发者可以构建规模可扩展的 Web 应用程序，而不用考虑底硬件基础设施的管理。App Engine 由 GFS 管理数据，由 MapReduce 处理数据，并用 Sawzall 为编程语言提供接口，为用户提供可靠并且有效的平台服务。

　　PaaS 既要为 SaaS 层提供可靠的分布式编程框架，又要为 IaaS 层提供资源调度、数据管理、屏蔽底层系统的复杂性等支持；同时 PaaS 又将自己的软件研发平台作为一种服务开放给用户，如软件的个性化定制开发。PaaS 层需要具备存储与处理海量数据的能力，用于支撑 SaaS 层提供的各种应用。因此，PaaS 的关键技术包括并行编程模型、海量数据库、资源调度与监控、超大型分布式文件系统等分布式并行计算平台技术，如图 8-8 所示。基于这些关键技术，通过将众多性能一般的服务器的计算能力和存储能力充分发挥和聚合起来，形成一个高效的软件应用开发和运行平台，能够为特定的应用提供海量数据处理。

3. SaaS

　　云计算要求硬件资源和软件资源能够更好地被共享，具有良好的伸缩性，任何一个用户都能够按照自己的需求进行定制而不影响其他用户的使用。多租户技术就是云计算环境中能够满足上述需求的关键技术，而软件资源共享则是 SaaS 的服务目的，用户可以使用按需定制的软件服务，通过浏览器访问所需的服务，如文字处理、照片管理等，而且不需要安装此类软件。

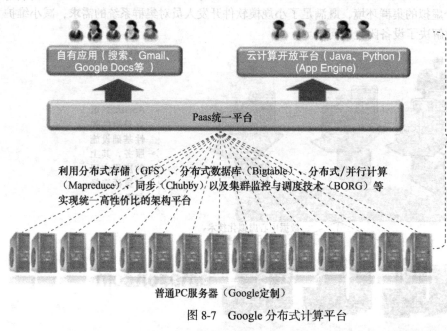

图 8-7   Google 分布式计算平台

图 8-8   PaaS 的关键技术

SaaS 层部署在 PaaS 和 IaaS 平台之上，同时用户可以在 PaaS 平台上开发并部署 SaaS 服务。SaaS 面向云计算终端用户，提供基于互联网的软件应用服务。随着网络技术的成熟与标准化，SaaS 应用近年来发展迅速。典型的 SaaS 应用包括 Google Apps、Salesforce 等。

Google Apps 包括 Google Docs、Gmail 等大量 SaaS 应用。Google Apps 将我们常用的一些传统的桌面应用程序（如文字处理软件、电子邮件服务、照片管理、通讯录、日程表等）迁移到互联网，并托管这些应用程序。用户通过网络浏览器便可随时随地使用 Google Apps 提供的应用服务，而不需要下载、安装或维护任何硬件或软件。

8.1.4 云计算与其他计算形式

1. 云计算与分布式计算

按照狭义的概念来讲，分布式计算是将待解决问题分成多个小问题，再分配给许多计算系统处理，最后将处理结果加以综合。分布式计算的特点是把计算任务分派给网络中的多台独立的机器并行计算。与传统的单机计算形式相比，分布式计算的优点主要如下：

1）稀有资源可以共享。

2）通过分布式计算可以在多台计算机上平衡计算负载。

3）可以把程序放在最适合运行它的计算机上。

分布式计算已经在很多领域加以应用，目前比较流行的分布式项目主要如下：

- SETI@Home：寻找外星文明。
- RC-72：密码分析与破解，研究和寻找最为安全的密码系统。
- Folding@home：研究蛋白质折叠、聚合问题。
- United Devices：寻找对抗癌症的有效的药物。
- GIMPS：寻找最大的梅森素数（解决较为复杂的数学问题）。

云计算是分布式计算的一种新形式，但云计算提供的服务包含了更复杂的商业模式，云计算包含的分布式计算特征主要有：

1）通过资源调度和组合满足用户的资源请求。

2）对外提供统一的单一的接口。

2. 云计算与网格计算

网格计算有多年的历史，提出时主要用于科学计算。网格计算的目的是整合大量异构计算机的闲置资源（如计算资源和磁盘存储等），组成虚拟组织，以解决大规模计算问题。

云计算是从网格计算演化来的，发展并包含了网格计算的内容。网格计算与云计算的主要区别如下：

1）网格主要是通过聚合式分布的资源，通过虚拟组织提供高层次的服务，而云计算的资源相对集中，通常以数据中心的形式提供对底层资源的共享使用，而不强调虚拟组织的观念。

2）网格聚合资源的主要目的是支持挑战性的应用，主要面向教育和科学计算，而云计算一开始就是用来支持广泛的企业计算、Web 应用等。

3）网格用中间件屏蔽异构性，而云计算承认异构，用提供服务的机制来解决异构性的问题。

3. 云计算与对等计算

对等（P2P）计算是一种高效的计算模式。如图 8-9 所示，在对等计算系统中，每个结点都拥有对等的功能与责任，既可以充当服务器向其他结点提供数据或服务，又可以作为客户机享用其他结点提供的数据或服务；结点之间的交互可以是直接对等的，任何结点可以随时自由地加入或离开系统。云计算对超大规模、多类型资源的统一管理是困难的，而对等计算具有鲁棒性、可扩展性、成本低、搜索方

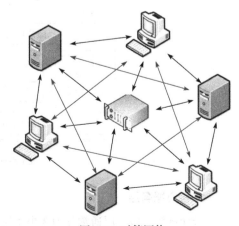

图 8-9 对等网络

便等方面的优点，在云计算体系结构和平台设计方面多有应用。

4. 云计算与并行计算

早期的并行计算是在并行计算机上所做的计算，它与常说的高性能计算、超级计算是同义词，因为任何高性能计算和超级计算总离不开并行计算；现在往往是指通过空间上或时间上的并行性来加速计算。随着云计算出现，云计算也可以作为并行计算的一种形式，即通过云计算来实现并行计算。反之，云计算也包含了用户资源请求的并行处理等并行计算特征。

8.2　云计算关键技术

8.2.1　体系结构

云计算可以按需提供弹性的服务，如图 8-10 所示，它的体系架构大致分为 3 个层次：核心服务层、服务管理层、用户访问接口层。核心服务层将硬件基础设施、软件运行环境、应用程序抽象成服务，这些服务具有可靠性强、可用性高、规模可伸缩等特点，可满足多样化的应用需求。服务管理层为核心服务层提供支持，进一步确保核心服务层的可靠性、可用性与安全性。用户访问接口层实现端到云的访问。

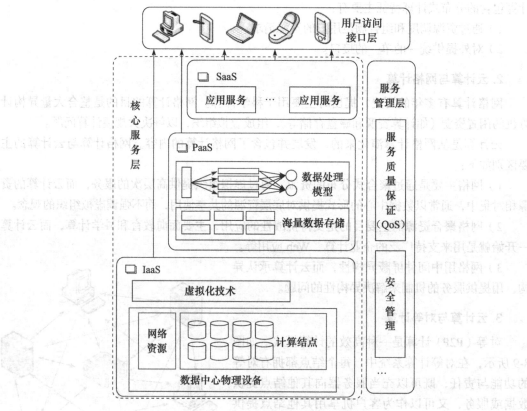

图 8-10　云计算体系结构

1. 核心服务层

云计算核心服务层通常分为 3 个子层：IaaS、PaaS、SaaS。

IaaS 提供硬件基础设施部署服务，为用户按需提供实体或虚拟的计算、存储和网络等资源。在使用 IaaS 层服务的过程中，用户需要向 IaaS 层服务提供商提供基础设施的配置信息、运行于基础设施的程序代码以及相关的用户数据。为了优化硬件资源的分配，IaaS 层引入了虚拟化技术。借助于 Xen、KVM、VMware 等虚拟化工具，可以提供可靠性高、可定制性强、规模可扩展的 IaaS 层服务。

PaaS 是云计算应用程序运行环境，提供应用程序部署与管理服务。通过 PaaS 层的软件工具和开发语言，应用程序开发者只需上传程序代码和数据即可使用服务，而不必关注底层的网络、存储、操作系统的管理问题。由于目前互联网应用平台（如 Facebook、Google、淘宝等）的数据量日趋庞大，PaaS 层应当充分考虑对海量数据的存储与处理能力，并利用有效的资源管理与调度策略提高处理效率。

SaaS 是基于云计算基础平台所开发的应用程序。企业可以通过租用 SaaS 层服务解决企业信息化问题，如企业通过 GMail 建立属于该企业的电子邮件服务。该服务托管于 Google 的数据中心，企业不必考虑服务器的管理、维护问题。对于普通用户来讲，SaaS 层服务将桌面应用程序迁移到互联网，可实现应用程序的泛在访问。

2. 服务管理层

服务管理层为核心服务层的可用性、可靠性和安全性提供保障。服务管理包括服务质量（Quality of Service，QoS）保证和安全管理等。此外，数据的安全性一直是用户关心的问题。云计算数据中心采用的资源集中式管理方式使得云计算平台存在单点失效问题。保存在数据中心的关键数据会因为突发事件（如地震、断电）、计算机病毒入侵、黑客攻击而丢失或泄露。根据云计算服务特点，研究云计算环境下的安全与隐私保护技术（如数据隔离、隐私保护、访问控制等）是保证云计算得以广泛应用的关键。除了 QoS 保证、安全管理外，服务管理层还包括计费管理、资源监控等管理内容，这些管理措施对云计算的稳定运行同样起到重要作用。

3. 用户访问接口层

用户访问接口层实现了云计算服务的泛在访问，通常包括命令行、Web 服务、Web 门户等形式。命令行和 Web 服务的访问模式既可为终端设备提供应用程序开发接口，又便于多种服务的组合。Web 门户是访问接口的另一种模式。通过 Web 门户，云计算将用户的桌面应用迁移到互联网，从而使用户随时随地通过浏览器访问数据和程序，提高工作效率。

8.2.2 数据存储

云计算环境下的数据存储，通常称为海量数据存储，或大数据存储。大数据存储与传统的数据库服务在本质上有着较大的区别，传统的关系数据库中强调事务的 ACID 特性，即原子性（Atomicity）、一致性（Consistency）、隔离性（Isolation）和持久性（Durability），对数据的一致性的严格要求使其在很多分布式场景中无法应用。在这种情况下，出现了基于 BASE 特性的新型数据库，即只要求满足 basically available（基本可用）、soft state（柔性状态）和 eventually consistent（最终一致性）。从分布式领域的著名 CAP 理论角度来看，ACID 追求一致性，而 BASE 更加关注可用性。正是在事务处理过程中对一致性的严格要求，使得关系数据库的可扩展性极其有限。

　　面对这些挑战，以 Google 为代表的众多技术公司纷纷推出自己的解决方案。Bigtable 是 Google 早期开发的数据库系统，它是一个多维稀疏排序表，由行和列组成，每个存储单元都有一个时间戳，形成三维结构。不同的时间对同一个数据单元的多个操作形成数据的多个版本之间由时间戳来区分。除了 Bigtable 外，Amazon 的 Dynamo 和 Yahoo 的 PNUTS 也均为非常具有代表性的系统。Dynamo 综合使用了键－值存储、改进的分布式哈希表（DHT）、向量时钟（vector clock）等技术实现了一个完全的分布式、去中心化的高可用系统。PNUTS 是一个分布式的数据库，在设计上使用弱一致性来达到高可用性的目标，主要服务对象是相对较小的记录，如在线的大量单个记录或者小范围记录集合的读和写访问，不适合存储大文件、流媒体等。Bigtable、Dynamo、PNUTS 等的成功促使人们开始对关系数据库进行反思，由此产生了一批未采用关系模型的数据库，这些方案现在统一称为 NoSQL（Not only SQL）。NoSQL 并没有一个准确的定义，但一般认为 NoSQL 数据库应当具有以下特征：模式自由（schema-free）、支持简易备份（easy replication support）、简单的应用程序接口（simple API）、最终一致性（或者说支持 BASE 特性，不支持 ACID）、支持海量数据（huge amount of data）。

　　NoSQL 仅仅是一个概念，NoSQL 数据库根据数据的存储模型和特点分为很多种类。表 8-1 是 NoSQL 数据库的一个基本分类，表 8-1 中的 NoSQL 数据库类型的划分并不绝对，只是从存储模型上来进行的大体划分。而且，它们之间没有绝对的分界，也有交差的情况，例如，Tokyo Cabinet/Tyrant 的 Table 类型存储可以理解为是文档型存储，Berkeley DB XML 数据库是基于 Berkeley DB 之上开发的。

表 8-1　NoSQL 数据库分类

类　别	产　品	特　性
列存储	HBase Cassandra HyperTable	顾名思义，是按列存储数据的。最大的特点是方便存储结构化和半结构化数据，方便做数据压缩，对某一列或者某几列的查询有非常大的 I/O 优势
文档存储	MongoDB CouchDB	文档存储一般用类似 JSON 的格式存储，存储的内容是文档型的，这样有机会对某些字段建立索引，实现关系数据库的某些功能
键－值存储	Tokyo Cabinet/Tyrant Berkeley DB MemcacheDB Redis	可以通过键快速查询到其值。一般来说，存储不管值的格式，全部予以接受（Redis 包含其他功能）
图存储	Neo4j FlockDB	图形关系的最佳存储。使用传统关系数据库来解决性能低下，而且设计使用不方便
对象存储	db4o Versant	通过类似面向对象语言的语法操作数据库，通过对象的方式存取数据
XML 数据库	Berkeley DB XML BaseX	高效地存储 XML 数据，并支持 XML 的内部查询语法，如 XQuery、Xpath

1. 数据中心

　　实现云计算环境下数据存储的基础是由数以万计的廉价存储设备所构成的庞大的存储中心，这些异构的存储设备通过各自的分布式文件系统将分散的、低可靠的资源聚合为一个具有高可靠性、高可扩展性的整体，在此基础上构建面向用户的云存储服务。如图 8-11 所示，数据中心是实现云计算海量数据存储的基础，主要包括各种存储设备，以及对各种异构的存储设备进行管理的分布式文件系统。

2. 分布式文件系统

分布式文件系统（Distributed File System, DFS）是云存储的核心。作为云计算的数据存储系统，对 DFS 的设计既要考虑系统的 I/O 性能，又要保证文件系统的可靠性与可用性。文件系统是支撑上层应用的基础，Google 自行研发的 GFS（Google File System）是一种构建在大量服务器之上的可扩展的分布式文件系统，采用主从架构，通过数据分块、追加更新等方式实现海量数据的高效存储。

Google 以论文的形式公开其在云计算领域研发的各种技术，使得以 GFS 和 BigTable 为代表的一系列大数据处理技术被广泛了

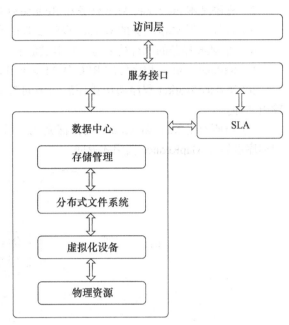

图 8-11 云计算平台存储结构

解并得到应用，并催生出以 Hadoop 为代表的一系列云计算开源工具。GFS 类的文件系统主要针对较大的文件设计，而在一些场景系统需要频繁地读写海量小文件时，GFS 类文件系统因为频繁读取元数据等原因，显得效率很低，Facebook 推出的专门针对海量小文件的文件系统 Haystack，通过多个逻辑文件共享同一个物理文件、增加缓存层、部分元数据加载到内存等方式有效解决了 Facebook 海量图片存储问题。淘宝推出类似的文件系统 TFS（Tao File System），通过将小文件合并成大文件、文件名隐含部分元数据等方式实现了海量小文件的高效存储。此外被广泛使用的还有 Lustre、FastDFS、HDFS 和 NFS 等，分别适用于不同应用环境下的分布式文件系统。

8.2.3 计算模型

云计算的计算模型是一种可编程的并行计算框架，需要高扩展性和容错性支持。PaaS 平台不仅要实现海量数据的存储，而且要提供面向海量数据的分析处理功能。由于 PaaS 平台部署于大规模硬件资源上，因此海量数据的分析处理需要抽象处理过程，并要求其编程模型支持规模扩展，屏蔽底层细节并且简单有效。目前比较成熟的技术有 MapReduce、Dryad 等。

MapReduce 是 Google 提出的并行程序编程模型，运行于 GFS 之上。MapReduce 的设计思想在于将问题分而治之，首先将用户的原始数据源进行分块，然后分别交给不同的 Map 任务去处理。Map 任务从输入中解析出键 – 值对（key/value）集合，然后对这些集合执行用户自行定义的 Map 函数得到中间结果，并将该结果写入本地硬盘。Reduce 任务从硬盘上读取数据之后会根据键值进行排序，将具有相同键值的数据组织在一起。最后应用用户自定义的 Reduce 函数处理这些排好序的结果并输出最终结果。图 8-12 给出了 MapReduce 的任务调度过程：

1）用户程序首先调用的 MapReduce 库将输入文件分成 M 个数据片度，然后用户程序在

机群中创建大量的程序副本。

2）程序副本 master 将 Map 任务和 Reduce 任务分配给 worker 程序。

3）将分配到 Map 任务的 worker 程序读取相关的输入数据片段。

4）将 Map 任务的执行结果写入本地磁盘上。

5）Reduce worker 程序使用 RPC 从 Map worker 所在主机磁盘上读取这些缓存数据。

6）Reduce worker 程序遍历排序后的中间数据，Reduce 函数的输出被追加到所属分区的输出文件。

7）当所有的 Map 和 Reduce 任务都完成之后，master 唤醒用户程序。在这个时候，在用户程序里的对 MapReduce 调用才返回。

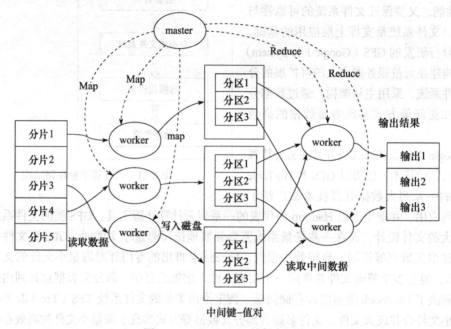

图 8-12　MapReduce 的任务调度

与 Google 的 MapReduce 相似，Microsoft 公司于 2010 年 12 月推出了 Dryad 的公测版，Dryad 通过分布式计算机网络计算海量数据。由于许多问题难以抽象成 MapReduce 模型，Dryad 采用基于有向无环图（DAG）的并行模型。在 Dryad 中，每一个数据处理作业都由 DAG 表示，图中的每一个结点表示需要执行的子任务，结点之间的边表示 2 个子任务之间的通信，Dryad 任务结构如图 8-13 所示。Dryad 可以直观地表示出作业内的数据流。基于 DAG 优化技术，Dryad 可以更加简单、高效地处理复杂流程。同 MapReduce 相似，Dryad 为程序开发者屏蔽了底层的复杂性，并

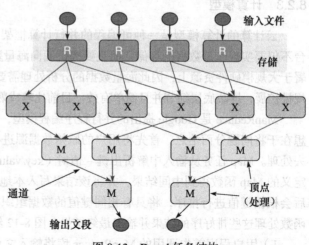

图 8-13　Dryad 任务结构

可在计算结点规模扩展时提高处理性能。

8.2.4 资源调度

海量数据处理平台的大规模性给资源管理与调度带来挑战。云计算平台的资源调度包括异构资源管理、资源合理调度与分配等。

云计算平台包含大量文件副本，对这些副本的有效管理是 PaaS 层保证数据可靠性的基础，因此一个有效的副本策略不但可以降低数据丢失的风险，而且能优化作业完成时间。

PaaS 层的海量数据处理以数据密集型作业为主，其执行能力受到 I/O 带宽的影响。网络带宽是计算集群（计算集群既包括数据中心中物理计算结点集群，也包括虚拟机构建的集群）中的急缺的资源：

1）云计算数据中心考虑成本因素，很少采用高带宽的网络设备。

2）IaaS 层部署的虚拟机集群共享有限的网络带宽。

3）海量数据的读写操作占用了大量带宽资源，因此 PaaS 层海量数据处理平台的任务调度需要考虑网络带宽因素。

目前对于云计算资源管理方面进行的研究主要集中在降低数据中心能耗、提高系统资源利用率等方面。例如，通过动态调整服务器 CPU 的电压或频率来节省电能，关闭不需要的服务器资源实现节能等，也有虚拟机放置策略的算法，即实现负载低峰或高峰时，通过有效放置虚拟机达到系统资源的有效利用。研究有效的资源管理与调度技术可以提高 MapReduce 等 PaaS 层海量数据处理平台的性能。

8.2.5 虚拟化

云计算的发展离不开虚拟化技术。虚拟化技术可以将物理上的单台服务器虚拟成逻辑上的多台服务器环境，可以修改单台虚拟机的分配 CPU、内存空间、硬盘等，每台虚拟机逻辑上可以被单独作为服务器使用。通过这种分割行为，将闲置或处于低峰的服务器使用起来，使数据中心为云计算提供大规模资源，通过虚拟化技术实现基础设施服务的按需分配。虚拟化是 IaaS 层的重要组成部分，也是云计算的重要特点。虚拟化技术具有以下特点。

1）资源共享：通过虚拟机封装用户各自的运行环境，有效实现多用户分享数据中心资源。

2）资源定制：用户利用虚拟化技术，配置私有的服务器，指定所需的 CPU 数目、内存容量、磁盘空间，实现资源的按需分配。

3）细粒度资源管理：将物理服务器拆分成若干虚拟机，可以提高服务器的资源利用率，减少浪费，而且有助于服务器的负载均衡和节能。

基于以上特点，虚拟化技术成为实现云计算资源池化和按需服务的基础。为了进一步满足云计算弹性服务和数据中心自治性的需求，需要虚拟机快速部署和在线迁移技术的支持。

传统的虚拟机部署需要经过创建虚拟机、安装操作系统与应用程序、配置虚拟机属性以及应用程序运行环境、启动虚拟机 4 个阶段。通过修改虚拟机配置（如增减 CPU 数目、磁盘空间、内存容量等）可以改变单台虚拟机性能，但这个过程通常部署时间较长，不能满足云计算弹性服务的要求，为此，有的学者提出基于进程原理的虚拟机部署方式，利用父虚拟机迅速克隆出大量子虚拟机，就像启动很多子进程或线程那样快速部署虚拟机。利用分布式环境下的并行虚拟机 Fork 技术，甚至可以在 1s 内完成 32 台虚拟机的部署。

虚拟机在线迁移是指虚拟机在运行状态下从一台物理机移动到另一台物理机。利用虚拟机在线迁移技术，可以在不影响服务质量的情况下优化和管理数据中心，当原始虚拟机发生错误时，系统可以立即切换到备份虚拟机，而不会影响关键任务的执行，保证了系统的可靠性；在服务器负载高峰时期，可以将虚拟机切换至其他低峰服务器，从而达到负载均衡；还可以在服务器集群处于低峰期时，将虚拟机集中放置，达到节能目的。因此虚拟机在线迁移技术对云计算平台的有效管理具有重要意义。

8.3 Google 云计算原理

Google 公司有一套专属的云计算平台，这个平台最初是为 Google 公司的搜索应用提供服务，现在已经扩展到其他应用程序。Google 的云计算基础架构模式包括 4 个相互独立又紧密结合在一起的系统：Google File System 分布式文件系统（GFS）、分布式的锁机制 Chubby、Google 开发的模型简化的大规模分布式数据库 BigTable 以及针对 Google 应用程序的特点提出的 MapReduce 编程模式。

8.3.1 GFS

网页搜索业务需要海量的数据存储，同时还需要满足高可用性、高可靠性和经济性等要求。为此，Google 基于以下假设开发了分布式文件系统——Google File System (GFS)。

1）硬件故障是常态，充分考虑到大量结点的失效问题，需要通过软件将容错以及自动恢复功能集成在系统中。

2）支持大数据集，系统平台需要支持海量大文件的存储，文件大小通常以吉字节计，并包含大量小文件。

3）一次写入、多次读取的处理模式，充分考虑应用的特性，增加文件追加操作，优化顺序读写速度。

4）高并发性，系统平台需要支持多个客户端同时对某一个文件的追加写入操作，这些客户端可能分布在几百个不同的结点上，同时需要以最小的开销保证写入操作的原子性。

图 8-14 给出了 GFS 的系统架构。一个 GFS 集群包含一个主服务器和多个块服务器，被多个客户端访问。大文件被分割成固定尺寸的块，块服务器把块作为 Linux 文件保存在本地硬盘上，并根据指定的块句柄和字节范围来读写块数据。为了保证可靠性，每个块被默认保存 3 个备份。主服务器管理文件系统所有的元数据，包括名字空间、访问控制、文件到块的映射、块物理位置等相关信息。通过服务器端和客户端的联合设计，GFS 对应用支持达到最优性能与可用性。GFS 是为 Google 应用程序本身而设计的，在内部部署了许多 GFS 集群，有的集群拥有超过 1000 个存储结点，超过 300TB 的硬盘空间，被不同机器上的数百个客户端连续不断地频繁访问着。

8.3.2 MapReduce

为了解决大规模并行计算的编程、数据分发和容错处理等问题，Google 公司的 Jeffery Dean 设计了一个新的抽象模型 MapReduce，只需执行简单的计算，同时可隐藏并行化、容错、数据分布、负载均衡等杂乱的细节。MapReduce 是一个编程模型，也是处理和生成超大数据集的算法模型的相关实现。用户首先创建 Map 函数处理一个基于 key/value pair 的数据集合，输出中间结果，然后再创建一个 Reduce 函数来合并所有具有相同中间 key 值的中间 value 值。

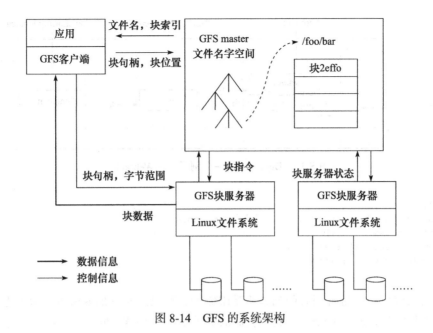

图 8-14 GFS 的系统架构

在 Google，MapReduce 应用广泛，包括分布 grep、分布排序、Web 连接图反转、每台机器的词矢量、Web 访问日志分析、反向索引构建、文档聚类、机器学习以及基于统计的机器翻译等。超过一万个涉及众多领域的不同项目已经采用 MapReduce 来实现。Nutch 项目开发了一个实验性的 MapReduce 实现，即后来大名鼎鼎的 Hadoop。关于 MapReduce 原理和技术实践详见 11.3.5 节。

8.3.3 BigTable

由于 Google 的许多应用（包括 Search History、Maps、Orkut 和 RSS 阅读器等）需要管理大量的格式化以及半格式化数据，上述应用的共同特点是需要支持海量的数据存储，读取后进行大量的分析，数据的读操作频率远大于数据的更新频率等，为此 Google 开发了满足弱一致性要求的大规模数据库系统——BigTable。

BigTable 针对数据读操作进行了优化，采用基于列存储的分布式数据管理模式以提高数据读取效率。BigTable 的基本元素是行、列、记录板和时间戳，行键和列键都是字节串，时间戳是 64 位整型，可以用（row: string, column: string, time: int64）→ string 来表示一条键 – 值对记录。其中，记录板 Table 就是一段行的集合体。

图 8-15 是 BigTable 的一个例子 Webtable。表 Webtable 存储了大量的网页和相关信息，在 Webtable 中，每一行存储一个网页，其反转的 URL 作为行键，如 "com.google.maps"，反转是为了让同一个域名下的子域名网页能聚集在一起。

BigTable 中的数据项按照行键的字典序排列，行键可以是任意字节串，通常有 10 ~ 100B。BigTable 按照行键的字典序存储数据。BigTable 的表会根据行键自动划分为片 (tablet)，片是负载均衡的单元。最初，表只有一个片，但随着表不断增大，片会自动分裂，片的大小控制在 100 ~ 200MB。行是表的第一级索引，可以把该行的列、时间和值看成一个整体，简化为一维键 – 值映射，类似于：

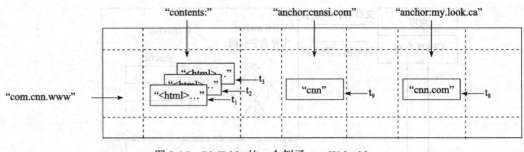

图 8-15   BigTable 的一个例子——Webtable

```
table{
    "com.cnn.www" : {sth.}, // 一行，行键是 com.cnn.www
    "com.bbc.www" : {sth.},
    "com.google.www" : {sth.},
    "com.baidu.www" : {sth.}
}
```

列是第二级索引，每行拥有的列是不受限制的，可以随时增加或减少。为了方便管理，列被分为多个列族（column family，访问控制的单元），一个列族里的列一般存储相同类型的数据。一行的列族很少变化，但是列族中的列可以随意添加、删除。列键按照 family: qualifier 格式命名，如果将列的值和时间看做一个整体，那么 table 可以表示为二维键 – 值映射，类似于：

```
table{
    "com.cnn.www" : {                    // 一行
        "contents:":{sth.},              // 一列，family 为 contents, qualifier 为空
        "anchor:cnnsi.com":{sth.},       // 一列，family 为 anchor, qualifier 为 cnnsi.com
        "anchor:my.look.ca":{sth.}
    },
    "com.bbc.www" : {                    // 一行
        "contents:":{sth.}
    },
    "hk.com.google.wwww" : {
        "contents:":{sth.},
        "anchor:youtube.com":{sth.}
    },
    "com.bing.cn" : {sth.}
}
```

也可以将 family 当做一层新的索引，类似于：

```
table{
    "com.cnn.www" : {                    // 一行
        "contents":{sth.},               // family 为 contents
        "anchor":{
            "cnnsi.com":{sth.}
            "my.look.ca":{sth.}
        },                               // 一列，family 为 anchor
    },
    "com.bbc.www" : {                    // 一行
        "contents":{sth.}
    },
    "hk.com.google.wwww" : {
        "contents":{sth.},
        "anchor":{
```

```
        "youtube.com":{sth.}
    }
  },
  "com.bing.cn" : {sth.}
}
```

　　时间戳是第三级索引。BigTable 允许保存数据的多个版本，区分版本的依据是时间戳。时间戳可以由 BigTable 赋值，代表数据进入 BigTable 的准确时间，也可以由客户端赋值。数据的不同版本按照时间戳降序存储，因此先读到的是最新版本的数据。加入时间戳后，就得到了 BigTable 的完整数据模型，类似于：

```
table{
  "com.cnn.www" : {                 // 一行
    "contents:":{
        t1:"<html>…",              //t1 时刻的网页内容
        t2:"<html>…",              //t2 时刻的网页内容
        t3:"<html>…"               //t3 时刻的网页内容
    },                              // 一列，family 为 contents，qualifier 为空
    "anchor:cnnsi.com":{sth.},      // 一列，family 为 anchor，qualifier 为 cnnsi.com
    "anchor:my.look.ca":{sth.}
  },
  "com.bbc.www" : {                 // 一行
    "contents:":{sth.}
  },
  "hk.com.google.www" : {
    "contents:":{sth.},
    "anchor:youtube.com":{sth.}
  },
  "com.bing.cn" : {sth.}
}
```

　　图 8-16 中的列族"anchor"保存了该网页的引用站点（如引用了 CNN 主页的站点），qualifier 是引用站点的名称，而数据是链接文本；列族"contents"保存的是网页的内容，这个列族只有一个空列"contents:"。"contents:"列下保存了网页的 3 个版本，我们可以用（"com.cnn.www", "contents: ", t1）来找到 CNN 主页在 t1 时刻的内容。

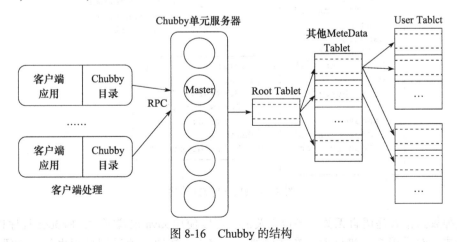

图 8-16　Chubby 的结构

BigTable 系统依赖于集群系统的底层结构，一个是分布式的集群任务调度器，一个是前述

的 GFS 文件系统，还有一个分布式的锁服务 Chubby。如图 8-17 所示，Chubby 是一个非常健壮的粗粒度锁，BigTable 使用 Chubby 来保存 Root Tablet 的指针，并使用一台服务器作为主服务器，用来保存和操作元数据。当客户端读取数据时，用户首先从 Chubby 服务器中获得 Root Tablet 的位置信息，并从中读取相应的元数据表 Metadata Tablet 的位置信息，接着从 Metadata Tablet 中读取包含目标数据位置信息的 User Table 的位置信息，然后从该 User Table 中读取目标数据的位置信息项。

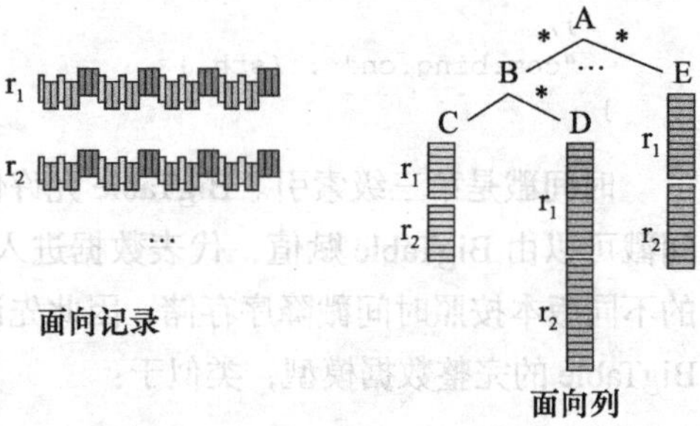

图 8-17　Google Dremel 数据模型

8.3.4　Dremel

　　Dremel 是 Google 的"交互式"数据分析系统，可以用于组建规模上千的集群，处理 PB 级别的数据。MapReduce 处理一个数据，需要分钟级的时间。作为 MapReduce 的发起人，Google 开发了 Dremel，将处理时间缩短到秒级，弥补了 MapReduce 的交互式查询能力不足的缺陷。

　　Dremel 的数据模型是嵌套的，用列式存储，并结合了 Web 搜索和并行 DBMS 的技术，建立查询树，将一个巨大的、复杂的查询分割成较小、较简单的查询，从而并发地在大量结点上运行，如图 8-17 所示。在这种按记录存储的模式中，一个记录的多列是连续写在一起的，按列存储可以将数据按列展开成查询树，扫描时可以仅仅扫描 A.B.C. 分支而不用扫描 A.E. 或 A.B.D. 分支。另外，Dremel 提供 SQL-like 接口，提供简单的 SQL 查询功能，可以将 SQL 语句转换成 MapReduce 任务执行。

　　图 8-18 定义了一个组合类型 Document，有一个必选列 DocId 和可选列 Links，以及一个数组列 Name。可以用 Name.Language.Code 来表示 Code 列。

```
DocId: 10                    r₁
Links
   Forward: 20
   Forward: 40
   Forward: 60
Name
   Language
      Code: 'en-us'
      Country: 'us'
   Language
      Code: 'en'
   Url: 'http://A'
Name
   Url: 'http://B'
Name
   Language
      Code: 'en-gb'
      Country: 'gb'
```

```
message Document {
   required int64 DocID;
   optional group Links {
      repeated int64 Backward;
      repeated int64 Forward; }
   repeated group Name {
   repeated group Language {
      required string Code;
      optional string Country; }
      optional string Url; }
```

```
DocId: 20                    r₂
Links
   Backward: 10
   Backward: 30
   Forward: 80
Name
   Url: 'http://c'
```

图 8-18　r1、r2 数据结构

　　这种数据格式是语言无关、平台无关的。可以使用 Java 来编写 MapReduce 程序以生成这个格式，然后用 C++ 来读取。在这种列式存储中，能够快速通用处理也是非常重要的。图 8-19 是数据在 Dremel 中的实际存储格式。

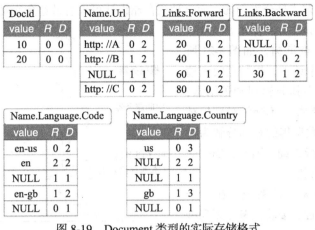

图 8-19 Document 类型的实际存储格式

如果是关系型数据，而不是嵌套的结构，存储的时候，我们可以将每一列的值直接排列下来，不用引入其他的概念，也不会丢失数据。对于嵌套的结构，还需要变量 R（repetition level）、D（definition level），才能存储其完整的信息。R 用于记录该列的值是在哪一个级别上重复的。例如，对于 Name.Language.Code，一共有 3 条非 NULL 的记录。

1）第一个是"en-us"，出现在第一个 Name 的第一个 Lanuage 的第一个 Code 里面。在此之前，这 3 个元素是没有重复过的，都是第一个。所以其 R 为 0。

2）第二个是"en"，出现在第一个 Name 的第二个 Lanuage 里面，也就是说 Lanague 是重复的元素。Name.Language.Code 中 Lanague 嵌套位置是第二层，所以其 R 为 2。

3）第三个是"en-gb"，出现在第二个 Name 中的第一个 Lanuage，Name 是重复元素，嵌套位置为第一层，所以其 R 为 1。

D 用于定义深度，记录该记录的实际层次。所以对于非 NULL 的记录，D 是没有意义的，其值必然为相同。同样举个例子，对于 Name.Language.Country：

1）第一个"us"在 r_1 里面，其中 Name、Language、Country 是有定义的，所以 D 为 3。

2）第二个"NULL"在 r_1 的里面，其中 Name、Language 是有定义的，其他是没有定义的，所以 D 为 2。

3）第三个"NULL"在 r_1 的里面，其中 Name 是有定义的，其他是想象的，所以 D 为 1。

4）第四个"gb"在 r_1 里面，其中 Name、Language、Country 是有定义的，所以 D 为 3。

在这种存储格式下，读的时候，可以只读其中部分字段，以构建部分的数据模型。例如，只读取 DocId 和 Name.Language.Country，如图 8-20 所示。我们可以同时扫描两个字段，先扫描 DocId，记录下第一个，然后发现下一个 DocId 的 R 是 0；于是该读 Name.Language.Country，如果下一个 R 是 1 或者 2 则继续读，如果下一个 R 是 0 则开始读下一个 DocId。

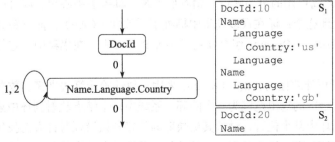

图 8-20 只读 DocId 和 Name.Language.Country 构建部分数据模型

Dremel 的扫描方式是全表扫描，而这种列存储设计可以有效避免大部分连接需求，做到扫描最少的列。Dremel 可以使用 SQL-like 的语法查询，建立查询树，如图 8-21 所示，当客户发出一个请求，根结点收到请求，根据 Metedata 将其分解到叶子结点，叶子结点直接扫描数据，不断汇总到根结点，这样就把对大数据集的查询分解为对很多小数据集的并行查询，因此，Dremel 的分析处理速度非常快。

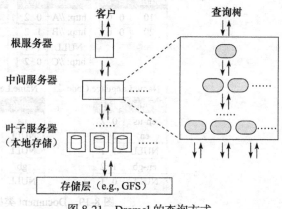

图 8-21 Dremel 的查询方式

Dremel 是一个大规模系统。在一个 PB 级别的数据集上面，要将任务缩短到秒级，无疑需要大量的并发。磁盘的顺序读速度在 100MB/s 左右，那么在 1s 内处理 1TB 数据，意味着至少需要有 1 万个磁盘的并发读操作。Google 一向善于用廉价机器处理复杂事务，但是机器越多，出问题的概率越大，如此大的集群规模，需要有足够的容错考虑，以保证分析的速度不被集群中的个别慢（坏）结点影响。

8.4 Amazon 云服务

作为全球最大的电子商务网站，Amazon（亚马逊）为了处理数量庞大的并发访问和交易购置了大量服务器。2001 年互联网泡沫使业务量锐减，系统资源大量闲置。在这种背景下，Amazon 提出一个创新的想法，即将硬件设施等基础资源封装成服务供用户使用，即通过虚拟化技术提供可动态调度的弹性服务（IaaS）。之后经过不断完善，现在的 Amazon 云服务（Amazon Web Services，AWS）提供一组广泛的全球计算、存储、数据库、分析、应用程序和部署服务，可帮助组织更快地迁移，降低 IT 成本和扩展应用程序。很多大型企业和初创公司都信任这些服务，并通过这些服务为各种工作负载提供技术支持，包括 Web 和移动应用程序、数据处理和仓库、存储、归档和很多其他工作负载。目前，Amazon 云服务主要包括弹性计算云（EC2）、简单存储服务（S3）、简单数据库服务（Simple DB）、简单队列服务（SQS）、弹性 MapReduce 服务、内容推送服务 CloudFront、数据导入 / 导出服务（AWS import/export）、关系数据库服务（RDS）等。

8.4.1 Amazon 云平台存储架构

AWS 提供一系列云计算服务，无疑要建立在一个强壮的基础存储架构之上，Dynamo 是 Amazon 提供的一款高可用的分布式键 – 值存储系统，具备去中心化、高可用性、高扩展性的特点（但是为了达到这个目标在很多场景中牺牲了一致性（CAP）），能够跨数据中心部署，在上万个结点上提供服务。Dynamo 组合使用了多种 P2P 技术，在集群中，它的每一台机器都是对等的。

为了达到增量可伸缩性的目的，Dynamo 采用一致性哈希算法来完成数据分区。在一致性哈希算法中，哈希函数的输出范围为一个圆环，系统中每个结点映射到环中某个位置，而键也将哈希函数映射到环中某个位置，键从其被映射的位置开始沿顺时针方向找到第一个位置比其大的结点作为其存储结点，换个角度说，就是每个系统结点负责从其映射的位置起到逆时针方向的第一个系统结点间的区域。一致性哈希环的最大优点在于结点的扩容与缩容只影响其直接的邻居结点，而对其他结点没有影响。

在分布式环境中，为了达到高可用性，需要有数据副本，而 Dynamo 将每个数据复制到 N 台机器上，其中 N 是每个实例的可配置参数，每个键被分配到一个协调器（coordinator）结点，协调器结点管理其负责范围内的复制数据项，其除了在本地存储其责任范围内的每个键外，还复制这些键到环上顺时针方向的 N–1 个后继结点。这样，系统中每个结点负责环上从其自己位置开始到第 N 个前驱结点间的一段区域。具体逻辑见图 8-22，图中结点 B 除了在本地存储键 K 外，还在结点 C 和 D 处复制键 K，这样结点 D 将存储落在范围 (A, B]、(B, C] 和 (C, D] 上的所有键。

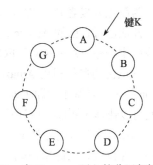

图 8-22　在 Dynamo 环上的分区与键复制

Dynamo 并不提供强一致性，在数据并没有被复制到所有副本前，如果有 get 操作，会取到不一致的数据，但是 Dynamo 用向量时钟（vector clock）来保证数据的最终一致性。在 Amazon 平台中，购物车就是这种情况的典型应用，购物车应用程序要求一个"添加到购物车"动作不能被忘记或拒绝，当用户向当前购物车添加或删除一件物品时，如果当前购物车的状态为不可用，该物品会被添加到旧版本购物车中，并且不同版本的购物车会协调，Dynamo 把版本合并的责任交给应用程序，也就是说，购物车应用程序会收到不同版本的数据，并负责合并，这种机制使得"添加到购物车"操作永远不会丢失，但是已删除的条目可能会"重新浮出水面"。图 8-23 是一个 Dynamo 提供最终一致性的具体例子：

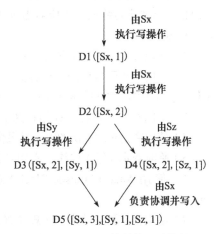

图 8-23　Dynamo 的最终一致性保证

1）在某个时刻，某个结点 Sx 向系统写入了一个新对象，则系统中有了该对象的一个版本 D1 及其相关的向量时钟 [Sx, 1]。

2）结点 Sx 修改了 D1，系统中便有了不同的版本 D2 及其相关的时钟 [Sx, 2]，D2 继承自 D1，所以 D2 复写 D1，但系统中或许还存在没有看到 D2 的 D1 副本。

3）不同的结点读取 D2，并尝试修改它，于是系统中有了版本 D3 和 D4 及其相关的向量，现在系统中可能有了该对象的 4 个版本：D1、D2、D3、D4。

4）假设不同的客户端读取该对象，版本 D2 会覆盖 D1 版本，而 D3 和 D4 会覆盖 D2 版本，但如果客户端同时读到 D3 和 D4，就会由客户端进行语义协调（syntactically reconciled），如果交由 Sx 结点协调，Sx 将更新其时钟序号，将版本更新为 ([Sx, 3], [Sy, 1], [Sz, 1])。

由于采用 P2P 对等模型和一致性哈希环，每个结点通过 Gossip 协议传播结点的映射信息来得到自己所处理的范围，并互相检测结点状态，如果有新加入结点或故障结点，只需要调整处理范围内的结点即可。Dynamo 的高度伸缩性和高可用性的特点为 Amazon 提供的各种上层服务提供可靠性保证。

8.4.2 其他组件

1. EC2

Amazon 弹性计算云（Elastic Compute Cloud，EC2）是一个让使用者可以租用云端计算机运行所需应用的系统，提供基础设施层次的服务（IaaS）。EC2 提供了可定制化的云计算能力，这是专为简化开发者开发 Web 伸缩性计算而设计的，EC2 借由提供 Web 服务的方式让使用者可以弹性地运行自己的 Amazon 虚拟机，使用者将可以在这个虚拟机器上运行任何自己想要的软件或应用程序。Amazon 为 EC2 提供简单的 Web 服务界面，让用户轻松地获取和配置资源。用户以虚拟机为单位租用 Amazon 的服务器资源，并且可以全面掌控自身的计算资源。另外，Amazon 的运作是基于"即买即用"模式的，只需花费几分钟时间就可获得并启动服务器实例，所以它可以快速定制以响应计算需求的变化。

Amazon EC2 的优势如下：在 AWS 云中提供可扩展的计算容量；使用 Amazon EC2 避免前期的硬件投入，因此用户能够快速开发和部署应用程序；通过使用 Amazon EC2，用户可以根据自身需要启动任意数量的虚拟服务器、配置安全和网络以及管理存储；Amazon EC2 允许用户根据需要进行缩放，以应对需求变化或流量高峰，降低流量预测需求。Amazon EC2 提供以下具体功能：

1）虚拟计算环境，也称为实例。

2）实例的预配置模板，也称为亚马逊系统映像（AMI），其中包含用户的服务器需要的程序包（包括操作系统和其他软件）。

3）实例 CPU、内存、存储和网络容量的多种配置，也称为实例类型。

4）使用密钥对的实例的安全登录信息（在 AWS 存储公有密钥，在安全位置存储私有密钥）。

5）临时数据（停止或终止实例时会删除这些数据）的存储卷，也称为实例存储卷。

6）使用 Amazon Elastic Block Store (Amazon EBS) 的数据的持久性存储卷，也称为 Amazon EBS 卷。

7）用于存储资源的多个物理位置，如实例和 Amazon EBS 卷，也称为区域和可用区。

8）防火墙，让用户可以指定协议、端口，以及能够使用安全组到达用户的实例的源 IP 范围。

9）用于动态云计算的静态 IP 地址，也称为弹性 IP 地址。

10）元数据，也称为标签，用户可以创建元数据并分配 Amazon EC2 资源。

11）用户可以创建虚拟网络，这些网络与其余 AWS 云在逻辑上隔离，并且可以选择连接到自己的网络，也称为 Virtual Private Cloud (VPC)。

2. S3

Amazon S3（Simple Storage Service）是一款在线存储服务，在云计算环境下提供了不受限制的数据存储空间。用户可通过授权访问一个简单的 Web 服务界面来存储和获取 Web 上任何地点的数据。Amazon S3 提供了完全冗余的数据存储基础设施，用户可以将存储内容发送到 Amazon EC2 进行计算，调整大小或进行其他分析，Amazon S3 负责数据的持久、备份、存档与恢复等可靠服务。

S3 的基本结构如图 8-24 所示，S3 存储系统中

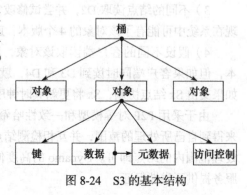

图 8-24   S3 的基本结构

涉及 3 个基本概念：对象（object）、键（bucket）和桶。

1）对象：S3 的基本存储单元，由数据和元数据组成。数据可以是任意类型。

2）键：对象的唯一标识符。

3）桶：存储对象的容器，不能嵌套，在 S3 中名称唯一。每个用户最多创建 100 个桶。

S3 的操作流程如图 9-25 所示，用户登录 S3 后，首先创建一个桶，然后在桶中增加一个数据对象，接着用户可以查看对象或移动对象。当用户不再需要存储数据时，则可以删除对象和桶。

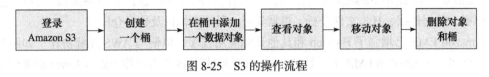

图 8-25　S3 的操作流程

3. SimpleDB

Amazon SimpleDB 是一种可用性高、灵活性大的非关系数据存储服务，与 S3 不同（主要用于非结构化数据存储），它主要用于存储结构化数据。开发人员只需通过 Web 服务请求执行数据项的存储和查询，Amazon SimpleDB 将负责余下的工作。

Amazon SimpleDB 不会受制于关系数据库的严格要求，而且已经经过了优化，能提供更高的可用性和灵活性，让管理负担大幅减少甚至是零负担。而在后台工作时，Amazon SimpleDB 将自动创建和管理分布在多个地理位置的数据副本，以此提高可用性和数据持久性。

SimpleDB 的操作流程如图 8-26 所示，用户注册登录后，可以创建一个域（domain，存放数据的容器），然后可以向域中添加数据条目（item，一个实际的数据对象，由属性和值组成），接着用户可以查看或修改域中的数据条目。当用户不再需要存储的数据时，可以删除域。

图 8-26　SimpleDB 的操作流程

4. SQS

Amazon SQS（Simple Queue Service）是面向消息的中间件（MOM）的云计算解决方案，而且不局限于某一种语言。Amazon SQS 提供了可靠且可扩展的托管队列，用于存储计算机之间传输的消息。使用 Amazon SQS 可以在执行不同任务的应用程序的分布式组件之间移动数据，既不会丢失消息，也不要求各个组件始终处于可用状态。Amazon SQS 是分布式队列系统，当应用程序中的一个组件需要生成供另一个组件使用的消息时，该系统可以让 Web 服务应用程序快速、可靠地对消息进行排队。队列是等待处理的消息的临时储存库。

Amazon SQS 提供以下主要功能：

1）冗余基础设施：确保将用户的消息至少传输一次，对消息高度并发访问，在发送和检索消息时具有高度可用性。

2）多个写入器和读取器：用户的系统的多个部分可以同时发送或接收消息。

3）每个队列的设置均可配置：并非用户的所有队列都要完全相同。

4）可变消息大小：用户的消息大小可高达 262 144B (256 KB)。

5）访问控制：用户可以控制谁能从队列发送和收取消息。

6）延迟队列：延迟队列即用户对其设置默认延迟的队列，从而使所有排队消息的传送推迟一段时间。

5. EMR

Amazon EMR (Amazon Elastic MapReduce) 是一个能够高性能地处理大规模数据的 Web 服务。Amazon EMR 使用 Hadoop 处理方法，并结合多种 AWS 产品，从而完成以下各项任务：Web 索引、数据挖掘、日志文件分析、机器学习、科学模拟以及数据仓库。

Amazon EMR 已增强了 Hadoop 和其他开源应用程序，以便与 AWS 无缝协作，如图 8-27 所示。例如，在 Amazon EMR 上运行的 Hadoop 集群使用 EC2 实例作为虚拟 Linux 服务器用于主结点和从属结点，将 Amazon S3 用于输入和输出数据的批量存储，并将 Amazon CloudWatch 用于监控集群性能和发出警报。另外，还可以使用 Amazon EMR 和 Hive 将数据迁移到 Amazon DynamoDB 以及从中迁出。所有这些操作均由启动和管理 Hadoop 集群的 Amazon EMR 控制软件进行。这个流程名为 Amazon EMR 集群。

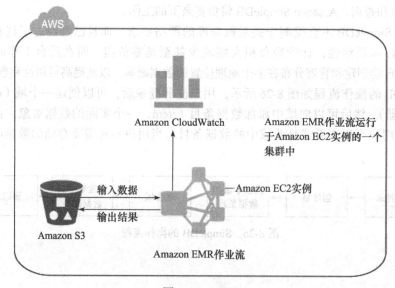

图 8-27　EMR

在 Hadoop 架构顶层运行的开源项目也可以在 Amazon EMR 上运行。最流行的应用程序，如 Hive、Pig、HBase、DistCp 和 Ganglia，均已与 Amazon EMR 集成。

通过在 Amazon EMR 上运行 Hadoop，用户可以通过云计算获得以下好处：

1）能够在几分钟内调配虚拟服务器集群。

2）可以通过扩展集群中虚拟服务器的数量来满足计算需求，而且仅需按实际使用量付费。

3）可以与其他 AWS 服务集成。

6. CloudFront

CloudFront 是一个内容分发网络服务（Web 服务），该服务可以很容易地将内容投送到终端用户，具有低延迟、高数据传输速率等特点。简单来说，CloudFront 就是使用 CDN 进行网络加速和向最终用户分发静态和动态 Web 内容（如 .html、.css、.php 和图像文件）。CloudFront 通过一个由遍布全球的数据中心（称作结点）组成的网络来传输用户的内容。当用户请求用户用 CloudFront 提供的内容时，用户的请求将被传送到延迟（时延）最短的结点，以便以最佳性能来传输内容。如果该内容已经在延迟最短的结点上，CloudFront 将直接提供它。如果该内容目前不在这样的结点上，CloudFront 将从用户已指定为该内容最终版本来源的 Amazon S3 存储桶或 HTTP 服务器（如 Web 服务器）检索该内容（如图 8-28）。

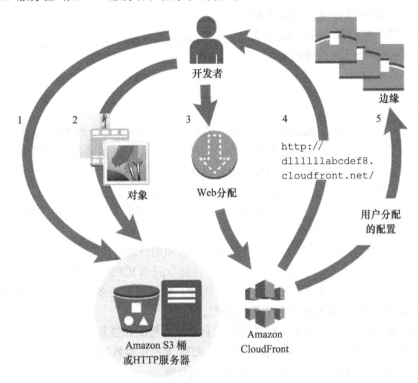

图 8-28 CouldFront

内容推送服务 CloudFront 集合了其他的 Amazon 云服务，为企业和开发者提供一种简单方式，以实现高速传输、分发数据。同 EC2 和 S3 最优化地协同工作，CloudFront 使用涵盖了边缘的全球网络来交付静态和动态内容。配置 CloudFront 传输用户的内容信息的步骤如图 8-29 所示。

1）配置原始服务器，CloudFront 将从这些服务器中获取用户的文件，以便从遍布全球的 CloudFront 结点进行分发。

2）将用户的文件（也称作对象，通常包括网页、图像和媒体文件）上传至用户的原始服务器。

3）创建一项 CloudFront 分配，此项分配将在其他用户请求文件时，告诉 CloudFront 从哪些原始服务器获取用户分发的文件。

4）在开发网站或应用程序时，可以使用 CloudFront 为用户的 URL 提供的域名。

5）CloudFront 将此项分配的配置（而不是用户的内容）发送到其所有结点，这些结点即服务器的集合，位于分散在不同地理位置的数据中心内。

7. AWS Import/Export

AWS Import/Export 工具采用 Amazon 公司内部的高速网络和便携存储设备，绕过互联网来对 Amazon 云上的数据进行导入 / 导出，所以 Import/Export 通常快于互联网的数据传输。

AWS Import/Export 支持从 S3 的桶中上传和下载数据、将数据上传到 Amazon 弹性块存储（Amazon EBS）中。AWS Import/Export 的操作流程如图 8-29 所示，在使用 AWS Import/Export 上传和下载数据前，用户需要使用 S3 的账号登录，然后下载 Import/Export 工具，然后保存用户证书文件，接着可以创建一个导入或导出数据的任务。

图 8-29　AWS Import/Export 的操作流程

8. RDS

Amazon RDS（Relational Database Service，关系数据库服务）是一种 Web 服务，可让用户更轻松地在云中设置、操作和扩展关系数据库。它可以为行业标准关系数据库提供经济、高效且可以调节大小的容量，并管理常见的数据库管理任务。

RDS 在云计算环境下通过 Web 服务提供了弹性化的关系数据库。它接管了数据库管理员的任务，以前使用 MySQL 数据库的所有代码、应用和工具都可兼容 Amazon RDS。它可以自动地为数据库软件打补丁并完成定期备份。

Amazon RDS 可以接管关系数据库的许多困难或繁琐的管理任务。

1）购买服务器时，会一并获得 CPU、内存、存储空间和 IOPS。利用 Amazon RDS，可以将这些部分进行拆分，以便单独对其进行扩展。因此，如果需要更多 CPU、更少 IOPS 或更多存储空间，可以利用 RDS 轻松地对它们进行分配。

2）AmazonRDS 可以管理备份、软件修补、自动故障检测和恢复。

3）为了让用户获得托管式服务体验，Amazon RDS 未提供对数据库实例的 Shell 访问权限，并且限制对需要高级特权的某些系统程序和表的访问权限。

4）可以在需要时执行自动备份，或者创建自己的备份快照。这些备份可用于还原数据库，并且 Amazon RDS 的还原过程可靠且高效。

5）可以通过主实例和在发生问题时向其执行故障转移操作的同步辅助实例实现高可用性，还可以使用 MySQL 只读副本增加只读扩展。

6）可以使用熟悉的数据库产品：MySQL、PostgreSQL、Oracle 和 Microsoft SQL Server。

7）除了数据库包的安全外，使用 AWS IAM 定义用户和权限，还有助于控制可以访问 RDS 数据库的人员。此外，将数据库放置在虚拟私有云中，有助于保护用户的数据库。

8.5　云计算研究与发展方向

云计算是在分布式处理、并行处理和网格计算的基础上发展起来的一种新型计算模型，具有十分广阔的应用前景。虽然云计算目前在工业界和学术界都得到快速发展，但仍然存在不少需要深入研究和讨论问题，下面重点讨论一下云资源调度与任务调度、云计算能耗管理、基于云计算的应用、云计算安全几个重要方向研究与发展趋势。

8.5.1　云资源调度与任务调度

在文献 [11] 中，作者提出了一种基于用户行为特征的云资源分配策略。该策略通过统计用户工作习惯与任务完成时间期望值的变化规律，建立用户行为特征信息表，从而预测出不同时间片内用户的任务提交规律以及用户期望完成时间，并动态调整云计算系统的资源分配策略，使得系统在满足用户预期任务完成时间的前提下实现任务并发最大化，提升单位资源的用户满意度。在华为公司自行研发的云测试平台进行算法实验，实验结果表明该策略提升了整个系统在满足用户期望完成时间的前提下的总任务并发数，有效降低了 IaaS 供应商的运营成本。

云计算集群具有海量结点和高耦合性的特点，在文献 [12] 中，作者基于这些特点建立了一个云计算集群相空间负载均衡度优先调度算法，将云计算集群中各结点的参数变化投影为相空间上投影点的运动，定义了云计算集群的相空间负载均衡度。该算法实现了云计算集群相空间投影在不同负载请求情况下平稳的点状聚集。论文实验使用外部任务请求的仿真模型来模拟真实云计算系统外部请求的情况，通过仿真实验利用相空间负载均衡度、广义温度、广义熵等参数和集群的相空间投影对算法的效果进行分析，研究了算法在不同负载情况下的动态与静态特征，实验数据表明相空间负载均衡度优先算法在大多数调度指标上都优于最小负载优先算法，并且集群规模越大，系统的相空间负载均衡度越稳定。

云计算平台下多种资源分配的公平性是资源调度子系统需要解决的主要问题之一，而关键在于如何在保证分配的公平性原则不被破坏的情况下保证系统能够正常运行。文献 [13] 在 DRF 公平性算法基础上，提出了针对云计算环境的动态资源需求公平分配模型，并且同时提出了一种基于信誉因子的增强公平性分配算法 cbDRF。该算法引入了信誉因子（credit factor），对云平台中计算结点资源使用情况进行实时评估，对恶意长时间侵占资源的行为进行惩罚性分配（punitive allocation），刺激结点在任务结束后释放占用资源（release incentive），确保了平台中其他结点的资源配额不受影响。在文献中，作者对单一结点和多结点的情况进行了仿真实验并对结果进行了比较分析，与现有方案相比，cbDRF 在保证分配公平的前提下，增强了对公平性的保障，有效地确保了云计算平台资源调度的公平性、可靠性。

在文献 [14] 中，作者提出了一种预估 Hadoop 的 MapReduce 作业的中央处理器（CPU）利用率和运行时间的模型，更好地预测云计算环境下的作业资源与时间消耗。该模型根据 MapReduce 的资源消耗模式，量化了 MapReduce 作业的资源使用情况。使用多项式回归的方法，在云计算环境下对不同配置的 MapReduce 作业的 CPU 利用率和运行时间做出预判。作者使用不同配置条件下 CPU 密集型的 Hadoop 基准测试验证了该模型的有效性，最后使用误差平方和、平均绝对百分误差、标准差和确定系数 4 种评估方法计算了模型预测的精准度。

为了提高云计算环境下的资源利用效率，在文献 [15] 中，作者对服务器选择过程中的全局性能优化问题进行了研究。通过引入域间流量传输惩罚系数来平衡 ISP 之间的传输流量和用户终端与服务器之间的网络距离（网络延迟）所占的比例。作者首先提出一种服务器全局优化选择策略，同时提出一种新型可扩展且测量开销较少的网络距离预测算法。服务器全局优化选择策略一方面满足了用户提升服务体验的需求，实现了服务器之间的负载均衡，减少了域间传输流量，另一方面降低了服务器选择过程中的测量开销。在 MATLAB 仿真环境下对比论文提出的方案和已有服务器选择策略 CloudGPS、DONAR、Round Robin 在服务器选择策略的整体性能方面表现的优劣。仿真采用了 Meridian 项目中使用 King 测量方法生成的 InetDim 数据库，包含真实网络延迟数据和自治系统（Autonomous System，AS）拓扑结构，能够适当地反映域间传输的流量。仿真结果表明，提出的方法提高了服务器的选择效率，降低了测量开销，并且具有良好的可扩展性。

针对现有 Hadoop 作业调度算法在多用户、异构环境下不具备反馈机制的问题，在文献

[16] 中，作者提出一种云计算环境下具备反馈机制的动态作业调度算法。该算法使用了排队论模型，采用单队列多资源池服务窗口的设计思路，将所有作业统一提交到一个支持优先级的排队队列，作业分发控制模块选择优先级最高的作业分到空闲的资源池窗口执行。Hadoop 集群通过自身的心跳机制将作业运行的初始化时间、运行时间等信息传递给参数统计模块进行统计，将获得的平均到达率和平均服务率这两个核心参数的实际值传递给反馈机制模块，根据调度算法模型计算出平均逗留时间和平均队长的理论值，并与实际值进行对比。当差值大于阈值时，对该调度算法的核心参数进行适当调节，使差值收敛于阈值，将具有较大平均逗留时间和平均队长的作业调度到有槽位数的资源池服务窗口执行。作者在一个具有 5 个结点的 Hadoop 集群上进行实验，选择 WordCount、TeraSort 和 pi3 种不同类型的作业作为测试用例。实验结果表明，与经典算法 FIFO 和 FAIR 相比，该算法具有较高的调度效率和负载平衡能力。

在文献 [17] 中，作者提出了一种基于区分服务的云计算演化博弈调度算法。在该算法中，云任务方通过偏好类型参与对资源的竞争，虚拟机资源方依据其计算型、存储型、带宽型等各类服务评分高低竞争任务，构成一个混合博弈，然后依据任务调度信息和用户反馈的评分不断演化、改进虚拟机资源及其所属种群的各项服务评价，最终得到博弈的均衡。实验在云计算仿真器 CloudSim 上进行，选用最基本的 FCFS 调度算法、带负载均衡的贪心策略任务调度算法与云计算下区分服务的演化博弈调度算法做比较。仿真实验结果表明，该算法是有效、可行的，能根据任务类型的差异分配不同特性的虚拟机资源，再依据用户对各项服务的评价，确保不同类别的用户任务的服务质量。

如何有效地进行资源的分配调度，最大可能地满足服务的资源需求，是云计算平台调度系统需要解决的重要问题。针对云计算环境资源动态性特点，在文献 [18] 中，作者给出了一种资源分配算法——公平性动态度量（Dynamic Fairness Evaluation，DFE）模型。DFE 模型引入了公平、效率和时间参数，通过将资源分配结果进行量化处理，定量地描述不同分配算法的公平性。首先考虑云环境下的两种典型动态因素：结点资源需求动态变化和虚拟结点动态变化，并分别对这两种场景建立子模型，通过这两种模型导出 DFE。分析了两种子模型以及 DFE，文章分别采用资源分配算法（以 DRF、Avg、Max-Min 为例）和公平性调整算法（以 a-fairness 为例）对 DFE 模型进行了验证，进一步验证了在资源需求以及虚拟结点动态变化的情况下，DFE 能够有效度量分配算法的公平性。

在大多数云计算平台，即使当前没有很有效地分配资源，虚拟机的配额一旦初始化之后就很少改变。云服务器的平均利用率在大多数数据中心可以通过虚拟机分配、优化、改进。如何动态地预测资源的使用是一个关键问题。在文献 [19] 中，作者提出了一种称为虚拟机动态预测调度（VM-DFS）的调度算法，用来部署在云计算环境中的虚拟机。在该算法中，通过分析历史内存消耗，可以根据未来的消耗预期去选择最合适的物理机来放置虚拟机。本文将虚拟机放置问题作为一个装箱问题，可以用最优减少方案来解决。通过这种方法，可以减少物理机的数量以应付应用程序特定的虚拟机需求。通过 CloudSim 模拟器对 VM-DFS 算法进行验证，实验使用不同数量的虚拟机请求进行。通过分析实验结果，发现 VM-DFS 平均可以节省17.08% 的物理机，优于大多数的系统。

为了优化云计算任务调度性能，林伟伟等人将带宽分配引入到云计算任务调度，并将该问题建模为带宽受限多口通信的任务调度数学模型——非线性规划模型，通过该模型获得了最优任务分配方案——各虚拟资源结点的最优任务分配数，并基于最优任务分配方案设计了任务调度启发式算法 BATS (Bandwidth Aware Task Scheduling Algorithm)，在 CloudSim 实现了提出的任务调度算法，实验结果表明，与 CloudSim 的默认调度算法、按照计算能力分配的算法和按照带宽分配的算法进行比较，任务调度算法有更优的性能。

智能手机已成为当今用户的主要设备，移动云计算正在迅速发展。然而，仍然有一些负面因素影响了云的访问，最近的一些研究尚未有效消除这些问题。在文献 [21] 中，作者通过协作的客户和云提出了一个有效的任务调度方法，保证了云网络具有更好的可访问性，提高了移动云平台处理时间，同时也考虑网络带宽和云服务的使用成本。仿真实验证明，相比其他方法，文献中提出的任务调度方法可以提高任务调度效率且具有更好的成本效益。

考虑到云用户数量的大量增长，资源配置任务成为了一个具有挑战性的问题。如果资源配置不是最优化的，用户可能会面临高成本或性能问题。所以，为了最大化利润和资源利用率，满足所有客户的请求，对于云服务提供商来说，至关重要的是想办法适应不同情况下的资源分配。这是一个约束优化问题。资源分配问题是 NP-Hard 问题，而在数据中心，可能包括虚拟机分配和迁移问题。由于动态的特性和请求的数量问题，静态方法无法克服静态条件。在文献 [22] 中，作者根据 Min-Max 游戏方法提出了一种算法以克服上面的问题。该算法采用一种利用率极大化的方法来解决资源配置和分配问题。考虑到每个用户的时间和预算限制，算法采用一个称为效用因素新因素到游戏中，为最高效用的任务提供相应的资源。使用 CloudSim 仿真平台进行实验，仿真结果表明，相比 FCFS 模型（先到先得模型），论文提出的算法分配能更好地最大化整体效用因素。

在文献 [23] 中，作者研究了面向云计算的多层优化服务，优化了云计算的效用函数，分别包括在资源层中 IaaS 提供商的资源约束、在服务层中 SaaS 提供者的服务供应约束，以及在应用程序层中云用户的 QoS 约束。多层优化问题可以分解为 3 个子问题：云计算资源分配问题、SaaS 服务供应问题和用户的 QoS 最大化问题。文献中提出的算法是通过迭代的方法将云计算的全局优化问题分解为以上 3 个子问题。同时，多层云资源管理是建立在信息交换和在云计算中多个参与者联合优化之上的。实验数据表明，多层资源管理优化了不同层中所有参与者的参数，有效地测试了该算法的效率。

按需供应的资源管理是云计算的一个关键特征，而云提供商应该支持以公平的方式共享计算资源，以确保所有用户得到公平的资源；当映射虚拟机到物理服务器时，通过减少资源碎片来提高资源利用率。在文献 [24] 中，作者基于用户之间的公平性和资源利用率提出了游戏理论资源分配算法，即公平利用率均衡游戏算法（FUGA）。文献实验在一个具有 8 个结点的服务器集群上实现 FUGA。实验结果表明，对比 Hadoop 调度器评估，该算法在保持公平性方面显示了最优性。同时作者进行了基于 Google 工作负载的跟踪模拟，结果表明，与其他一些传统算法相比，该算法能够有效地减少资源浪费，同时实现更高的资源利用率。

8.5.2 云计算能耗管理

随着互联网产业的迅猛发展，云计算作为一种面向用户、按需使用的计算模式和服务模式，在医疗、教育和商业等诸多领域得到广泛应用。IaaS 在应用和实践中不断分化、发展，例如，公有云和私有云的扩张使得差异化的需求可以更好地得到满足。IaaS 是云计算平台持续提供服务的基础，而与此同时，ICT 设施以及冷却系统持续运转产生的大量能耗使得基础设施的运行与维护成为云计算服务中成本最高的环节。更加严峻的是，计算中心产生的 CO_2 排放量加剧了环境恶化。所以近年来，如何有效地降低云计算中心 ICT 设施的能耗或减缓其增长已经成为相关领域研究和实践的重点。

云计算环境下的能耗管理涉及对整个云计算服务器生态圈的多个层面、多个环节的优化和改善。能耗管理不仅包括对 ICT 设施（服务器组件、网络拓扑结构）本身的优化，也囊括面向不同需求和应用的资源调度算法的设计。同时，有效的能耗管理必须能够实时（至少接近实时）而准确地采集或估算所有基础设施的能耗数据，并以较细的粒度存储或直接在终端显示。下面将介绍近两年云计算环境下的能耗管理的相关技术的研究现状与发展趋势。

1. 云计算的节能资源调度算法

云计算可以被看作一个巨大的资源池，而资源可以是计算力、存储或者通信。作为 IaaS 提供者，云计算基础设施提供商要为所有在运行、待机甚至宕机的资源产生的能耗支付成本，因此，如何在云计算平台中实现以节能为目标、满足服务协议（SLA）为前提、动静态结合的资源分配和调度框架是目前服务商最关心的，也是当前研究的热点之一。这方面的研究主要包括虚拟资源分配策略、作业调度和执行优化以及虚拟机放置算法等。

在制定虚拟资源分配策略方面，Sampaio 等人通过构建并动态调整虚拟集群来应对云计算环境中可能出现的计算资源宕机的问题，提出了 POFARE、POFAME 两种虚拟机到虚拟资源的映射策略，在算法中考虑了性能状态、能效和结点的服务可靠程度等指标，并通过实验证明该策略相比 PBFIT 等其他策略在集群工作效率上高出 15.9%。而文献 [16] 则将自动机理论运用到了云计算资源和作业调度设计中，利用构建 power 矩阵、tasks 矩阵和 resources 矩阵并进行匹配的思想，开发了有代价权的时序自动机（APTA），Deng Z 等人 [26] 在实验中生成了 51 个状态的复杂自动机，并证明了根据 APTA 来执行作业的有效性。此外，在当今高度虚拟化的云计算环境中，虚拟机（VM）完全可以被当作一种虚拟资源，因此有效对 VM 进行分配和迁移，可以很大程度上提高资源利用率、工作效率，从而降低能耗。韩国的 Hwa Min Lee 等人提出可以根据结点列表中每个结点的计算能力来分配虚拟机资源，其采用 LU 分解法求解矩阵转置的方式来评估某个结点的 CPU 计算能力，并结合权重的方式综合考虑了内存剩余量等其他因素。

在同构或异构的复杂集群中进行作业规划也是提供资源利用率的重要手段，在文献 [28] 中，Yuan Tian 等人从理论的角度，在给定作业到达率并用结点服务率向量来模拟性能指标的前提下，通过定义目标函数并转化为 KKT 条件下（无 DVFS）和 MINLP（有 DVFS）问题的求解，分析了如何在异构集群中最优地权衡服务器性能和能耗。他们设计了分布式在线数值迭代算法来进行实验，证实了其理论和算法的有效性。Abbas Horri 等则将虚拟机调度算法设计的重点放在降低服务等级协议违反率（Service Level Agreement Violation，SLAV）上，他们首先结合某个主机的 CPU 利用率和其上在运行的 VM 个数来评估其未使用率 UT，然后提出了两个算法，一种算法用于寻找 UT 过高的主机结点，另一种算法则对有负载的 VM 进行选择性放置，基于 CloudSim 的实验证明他们的算法可以降低工作代价并且维持较低的 SLAV。

2. 云计算环境下的能耗建模与能效度量

在过去，对数据中心的能耗获取主要依靠直接测量的方式，即使用额外的物理仪器获取从电源供给到整个系统的电量或能耗。具体的连接方式是将能耗测量装置（如功率表）串联在外接电源和系统之间，同时需要将数据线从测量装置连接到终端设备上的接口上，以便将实时数据记录下来。测量装置有多种，主要包括功率表、电流计和电压计的组合以及智能电源模块。功率表在硬件测量实时功耗技术中最为常见，系统的功耗数值可以直接从仪表读取，但外接功率表的方式有很多弊端，例如，SUT 功耗过高可能会超出可测范围而导致测量失效，以及可扩展性太差（如果一台服务器接一部功率计）。此外，一些技术成熟的厂家和开发商会为自己的服务器产品开发能耗数据采集（DAQ）系统。DAQ 系统支持高频的数据采集，但其很多情况下是由开发商定制的，也就是说一些监测系统只能安装在特定类型集群上，因此存在兼容性问题，难以应对高度异构化集群环境。

目前，由于虚拟化技术已经得到各大服务器厂商全面的支持，同时数据中心的规模又在以惊人的速度增长，因此，越来越多的云计算服务提供者倾向于使用模型估算的手段来监控数据中心的能耗情况。关于能耗建模的研究，主要分为 3 大类：基于系统（组件）利用率的模型、基于性能事件的模型和基于指令执行的模型。

（1）能耗模型和建模方法

基于系统（组件）利用率的建模方法是应用最为广泛的，其主要思想是利用服务器各个组件的使用情况，建立能耗模型，并将系统性能监视器提供的数据作为输入来实时估算系统的能耗。在较早的一些研究（如文献 [30]、[31]）中，就已经提出基于 CPU 利用率的一元线性能耗模型，并证实这种模型在准确度上有很好的表现。但随着服务器厂商技术的革新，由于底层硬件优化等原因，有些学者通过 2007 年至 2010 年间服务器的能耗特性曲线，提出服务器的能耗行为已经发生了变化，继续使用一元线性模型来估计能耗将会有越来越大的误差。为了解决这一问题，一些更为复杂的模型或建模方法陆续出现，如罗亮等人提出了基于内存和处理器的模型，并使用包括多元线性回归、多项式套索回归和支持向量机回归（SVR）等回归方法训练出该模型。而 Chung-Hsing Hsu 等则较为全面地总结了目前主流的 6 种能耗模型（均使用 CPU 利用率来估算系统能耗），同时提出在线性模型上加入 α 指数参数，从而超线性（$\alpha>1$）或亚线性（$\alpha<1$）的模型可以适应服务器能耗特性曲线的凹凸性变化。

基于性能事件的模型的基本原理是通过监控处理器的性能计数器的事件，结合不同的组件特性建立能耗模型，例如，通过记录内存最后一层 Cache 的缺失次数（Last Level Cashe Miss，Cache）来评估内存吞吐量，从而估算出内存能耗。Singh 等人通过监视 performance event，并深入研究特定的处理器，确定需要采样的事件，然后利用事件数据来建立能耗模型。另外一些学者则对所有可能的事件全部采样，建立全回归模型，代价是比较高的复杂度。

除了前两种建立能耗模型的方法外，还有一种能耗建模思想是针对将要执行的指令类型和条数来估算能耗。Alessandro Leite 等人的研究表明，通过对特定计算结点的一系列 CPU 和内存相关的基本编程指令进行仔细分析，并利用微基准测试程序（micro-benchmark）来测算出每一个指令的平均执行能耗代价，可以对单结点能耗进行有效的估算（平均误差约 18.18%）。

（2）能耗度量

由于服务器性能的提升往往会产生更高的能耗，因此我们不能只关注一种服务器产品的性能指标或能耗特性。综合考虑性能与能耗需要一个定量的指标，即服务器的"能效"（energy efficiency）。在 Green 500 排行榜上，对所有服务器的评分是通过计算能效 e=Performance/power 来进行的，其中 Performance 可以采用诸如每秒百万浮点计算次数（MFLOPS）的指标来代替，而 power 即为服务器的系统功耗。

关于云计算能效方面的研究主要包括如何对定义高能效体系结构、云计算能效评价和满足服务约束的能效优化等方面。孙大为等通过对"绿云计算"的多个层面进行分析，使用"绿云度"（green cloud degree）等量化的指标对云计算环境的绿色程度进行评价。这种绿色程度实质上是综合考虑系统能耗、碳排放量和系统可持续性等多个指标的一种度量。文献 [37] 则通过单位时间 T 内任务量与能耗的比值来定义能效 $E(T)$，能耗的采集是通过将其分隔为计算机能耗、网络能耗和附属设备能耗并利用每隔一段时间对功率采样的方式来完成的，而任务量则主要由 CPU 运算量、磁盘读写以及网络收发几部分通过聚集函数来组成。

8.5.3　基于云计算的应用

下面首先介绍一下国内基于云计算的应用相关研究与发展情况。在文献 [38] 中，作者针对云提供商在保证数据可靠性的基础上，尽可能地降低自身的数据容灾成本这一需求，提出了一种基于"富云"的数据容灾策略——RCDDRS。该策略能够实现多目标调度，即在云提供商本身存储资源有限的情况下，合理地选择其他云提供商的资源存储数据备份，使得数据容灾成本尽可能低且出现灾难后的恢复时间尽可能短。作者针对数据存储型任务进行了仿真实验，模拟富云的数据容灾场景，包括多个云提供商的服务单价以及数据传输带宽等参数，收集并提供云提供商相关资源的动态信息，输出经 RCDDRS 策略调度后得到数据容灾成本和数据恢复时间。实验结果表明，RCDDRS 策略能够有效地降低数据容灾成本，并且能够缩短数据恢复时间。公共云存储服务为企业海量多媒体数据提供了廉价的存储空间和多种便捷访问方式，但考虑到隐私安全问题，企业多媒体数据必须在云端加密存储，文献 [39] 给出了加密检索的形式化定义以及隐私安全要求，并提出了一种基于隐含语义索引的加密图像检索方案。该方案预先构建描述加密图像内容的基于内容的索引，再通过安全相似度运算检索加密图像，最后作者证明了在半可信环境下（遵从服务协议进行操作），该计算模型或方法是 IND-CCA 安全的，并且在已知数据的加密和解密的情况下，加密图像检索方案是 IND-CCA 安全的。文献 [40] 介绍了基于 Mahout 的分布式推荐算法，通过分析记录用户行为的日志，构建视频的相似性矩阵和表示用户喜好的向量，并通过计算得出每个用户最终的推荐向量。作者在此算法基础上实现了基于 Hadoop 开源云计算框架之上的面向专业视频网站的个性化视频推荐系统，并在仿真小型集群上测试了该系统的推荐精度。实验结果表明，推荐结果的精度与推荐结果的数量并不成正比或反比，选择合适的推荐结果才能有效提高推荐精度。文献 [41] 分析了将传统的推荐技术直接应用到云计算环境时会面临推荐精度低、时延长、网络开销大等问题，提出一种云计算环境下基于协同过滤的个性化推荐机制——RAC。该机制首先制定分布式平分管理策略，通过定义候选邻居（CN）的概念筛选对推荐结果影响较大的项目集，并构建基于 Dynamo 分布式存储系统的两个阶段评分索引，保证推荐机制快速准确地定位候选邻居，在此基础上提出基于候选邻居的协同过滤推荐算法（CN-DCFA），在候选邻居中搜索目标用户已评分项目的近邻，预测目标用户的推荐集 top-N。作者用 PlanetSim 模拟基于 SN 架构的数据中心环境，用 Mahout 作为基础推荐引擎并在 Mahout 的基础上开发部署 RAC，利用仿真实验比较 RAC 与其他各种推荐算法的网络开销、推荐时延和推荐精度。实验结果表明，在数据中心环境下，RAC 具有良好的推荐精度和推荐效率。SMTP 中接收方被动接收邮件的缺点是导致垃圾邮件日益泛滥的主要原因之一，文献 [42] 改进了基于 Duan 等人在 IM 2000 协议基础上提出的 DMTP 协议，提出一种新型反垃圾邮件系统。该系统引入云计算垃圾邮件防范机制，结合了多种反垃圾邮件技术，如黑白名单、贝叶斯分类、基于关键词和规则等，作者选择使用 EUCALYPTUS 开源云计算基础设施软件构建弹性计算集群，在 JAMES 开源邮件服务器上用开源邮件过滤器 SpamAssassin 模拟实验环境，最后比较了基于 SMTP 邮件系统、基于 DMTP 邮件系统与新型反垃圾邮件系统这 3 类系统。实验结果表明，该系统在减少用户处理时间与网络流量方面效果不显著，但在减少垃圾邮件获益值方面取得很好的效果。

在文献 [43] 中，作者系统而全面地介绍了云计算和大数据，包括大数据的由来、大数据的特征、数据科学的定义，并强调了在数据挖掘（DM）和商务智能（BI）中运用大数据处理的意义，指出用户在诸如 Amazon EC2、Mircosoft Azure 等云计算平台中可以灵活地进行大数据分析工作（不必考虑部署一个云计算集群，省去所有开销以及复杂的维护工作）。作者在云计算开发工具上特别介绍了 Hadoop 分布式文件系统的组成、NoSQL 数据库系统的发展和特征，详细介绍了 MapReduce 编程模型及其优势和劣势，并在一些不适合使用 MapReduce 的场景枚举了一些可以替代的工具和平台。文献 [44] 介绍了社交云（social cloud）的概念及其系统架构，即通过社交网络成员建立资源共享和服务框架，指出社交计算云面临的两个挑战：构建基于部分信任模型的用户集群和构建基于社交结构的计算资源共享平台。文章详细介绍了构建一个社交计算云平台所需要的关键组件：社交清算所（social clearing house）、提供资源虚拟化及沙箱机制的中间件（middleware）、根据用户偏好分配社交资源的适配器（socio-technical adapter）及匹配机制（matching mechanisms）、社交计算资源（resources）等。在基于用户偏好的匹配机制上介绍了若干算法，并通过模拟器在 SETI@home 上实验了几个资源分配算法的效率，但实验的算法都是基于一对一模型（one-to-one）的，在实际运用中还要考虑一对多（one-to-many）和多对一（many-to-one）的模型。文章最后指出社交计算云的特征及其需要解决的难题：用户参与的随机性和资源分配的动态性。文献 [45] 介绍了基于定位的应用（LBA）在移动云计算中（MCC）的能源效率。移动云计算作为越来越普遍的应用，LBA 在能源效率方面呈现出固有的局限性，对于移动定位（GPS 等），在过去几年，研究者一直集中在 GPS 定位机制的能源效率定位感应机制上。在这篇文章中，作者总结了近年来在 MCC 领域的低功率 LBA 设计的相关工作，讨论了诸如在动态跟踪（dynamic tracking）、多元化 LBA 管理（multiple LBAs management）、运动轨迹简化（trajectory simplification）等独立方案（standalone schemes）方面的发展现状，并提出基于云计算的节能定位方案。基于云计算的节能定位方案可以通过使用远程数据中心的计算资源计算定位信息，而不必得到其他移动设备的支持，在 Crowd Computing 中还可以与其他的设备共享资源。文章中讨论了基于云计算定位的 3 种架构类型，即基于历史踪迹记录（history-based mapping）、将密集计算部分迁移到云平台（computation offloading）、与附近的移动电话共享精确位置（sharing among mobile devices），最后分析了与独立方案依赖现有的定位技术相比，基于云计算的定位方案在资源利用方面能达到更好的节能作用。云计算服务不仅在管理用户 IT 资源方面应用广泛，而且在使用企业 IT 资源方面也是一种很有效率的方式，但使用云计算访问企业信息资源面对各种安全威胁，文献 [46] 举例说明了一些现有云平台（如 Amazon、Apple 等）可能会遇到的安全问题，介绍了一种基于云计算的企业信息安全的增强方案，分析了不同层次的威胁。例如，虚拟机管理程序被植入恶意代码，提交信息泄露对企业资源造成威胁，由于共享和资源集中造成的资源障碍，以及法律问题等，具体分析了虚拟机管理层次可能会遇到的安全问题场景，并给出了一个基于用户验证的虚拟机使用和存储方案。

8.5.4 云计算安全

安全是云计算广泛应用所要解决的关键问题之一，从云计算概念提出以来，学术界和工业界在云计算安全方面开展了大量工作。下面重点介绍一下近两年在云计算安全方面的研究进展。

在文献 [47] 中，作者从云计算安全架构、机制和模型评价方法 3 个角度对云计算安全领域现有研究成果进行分析综述。通过综合现有 3 个云计算安全框架各自的优点，文中提出了一种可管、可控、可度量的云计算安全架构，并对现有云计算安全机制和模型评价方法进行比较和分析，介绍了一种基于多队列多服务器的云计算安全建模与分析思路，通过全面地分析和总结，最终提出云计算安全目前面临的问题，为进一步研究奠定了基础。

在文献 [48] 中，作者为给用户提供一个可证明、可验证的可信运行环境。文中提出一种面向云计算模式的用户运行环境可信性动态验证机制——TCEE (Trusted Cloud Execution Environment)，该机制通过扩展现有可信链，将可信信息传递到用户虚拟机内部，并周期性地对用户运行环境的内存和文件系统进行完整性验证，并通过引入可信第三方（Trusted Third Party, TTP），针对用户虚拟机运行环境的可信性进行远程验证和审计，避免了由用户维护可信验证的相关信息、机制和云平台敏感信息的泄露，同时实现了基于 TCEE 的原型系统，使用完整性度量体系结构 IMA[49] 进行运行时可信证据收集，对 TCEE 的有效性和性能代价进行定量测试和评价。实验结果表明，该机制可以有效检测针对内存和文件系统的典型威胁，且对用户运行环境引入的性能代价较小。

在文献 [50] 中，作者提出了一种云计算环境中支持隐私保护的数字版权保护方案。该方案基于密文策略 CPABE 和加法同态加密算法，包括系统初始化、内容加密、许可授权和内容解密 4 个主要协议，实现了加密密钥保护和分发机制，保证内容加密密钥的安全性；同时允许用户匿名向云服务提供商订购内容和申请授权，有效保护用户的隐私，并且防止云服务提供商、授权服务器和密钥服务器等收集匿名用户使用习惯等敏感信息。在 Ubuntu 平台，使用 CPABE 编码库和 AES 算法对该方案的性能进行分析实验。实验结果表明，与现有的云计算环境中的数字版权保护方案相比，该方案的灵活性及安全性较高，能够有效保护用户的隐私，支持灵活的访问控制，并且支持在线和超级分发应用模式，在云计算环境中具有较好的实用性。

在文献 [51] 中，作者提出了一个保护隐私的虚拟机身份证明方案。该方案可实现身份证明过程中身份权威的匿名性、平台证书签发与出示过程的独立性以及平台身份的匿名性，在实现对虚拟机安全管理的同时支持云环境结构透明、位置无关性的特点。在实现方案的签发者匿名性中，还提出了一种签发者匿名凭证的新型匿名凭证方案，实现了对平台属性的安全证明，且证明过程无需身份权威的参与，避免了校验者和身份权威的合谋攻击，进一步提高了方案的安全性和实用性。采用 JPBC 库（Java Paring-Based Cryptography Library）进行了模拟实验，对得出的数据进行线性分析，实验结果表明，提出的方案效率也是可以接受的。

在文献 [52] 中，作者提出了一种基于身份的定时发布加密文档自毁方案。该方案首先采用对称密钥加密电子文档，其密文经过提取算法变为提取密文和封装密文；然后采用基于身份定时发布加密（Identity-based Timed-release Encryption, ITE）算法加密对称密钥，其密文结合提取密文产生密文分量并分发到分布式哈希表（Distributed Hash Table, DHT）网络，封装密文被封装成电子文档自毁对象后存储在云端。仅当到达预订的发布时间时，授权用户才能访问受保护的电子文档，且当超过一定的时间期限时，DHT 网络将自动丢弃所存密文分量，使得原始密钥不可恢复，实现电子文档安全自毁。安全分析表明，该方案能够同时抵抗来自云端的密码分析攻击和来自 DHT 网络的 Sybil 攻击。在 PBC 库平台上进行实验，实验结果表明，该方案的计算代价小于已有方案，具有较高的效率。

在文献 [54] 中，为实现对云平台上密文的高效检索，作者提出基于云环境的密文搜索体系结构，综述了国内外在密文搜索领域中的最新研究成果，解决了在保证用户数据安全的同时能够实现数据的管理和检索的问题，指出云环境应用密文搜索技术存在的问题和改进的方向。

在文献 [55] 中，作者提出一种在云计算环境中基于虚拟机的可信模型。该模型考虑了虚拟机的时效性，保证了服务器的响应时间并减少了其空闲的时间，通过区分平台域和用户域的可信度，扩展了可信链。同时，文中还提出了基于模糊理论评估云服务提供商的可信度方法，并在

Xen 虚拟平台上使用 CloudSim 模拟实现了提出的模型，并进行可信度和及时性评估。实验结果表明，论文提出的模型可以提高云服务响应的成功率。在文献 [56] 中，为解决 MapReduce 程序在不同环境的集群下运行的问题，作者提出了一种基于 G-Hadoop 的安全框架。该框架基于公钥密码学和 SSL 协议，针对分布式环境进行设计，用户只需要在单点登录程序中就能完成 G-Hadoop 作业的提交，从而大大简化了 G-Hadoop 单点登录下的用户认证和作业提交，同时提供许多安全机制对 G-Hadoop 系统进行保护。

此外，在文献 [57] 中，作者提出了一种有效而安全的云计算数据分享的通用架构，该架构能使有权限的用户在不共享密钥的基础上直接对加密数据进行关键字检索，并提供两层访问控制机制限制有权限的用户对共享数据的访问，并利用现有的基于身份的广播加密和公钥加密搜索技术，对论文提出的架构进行了具体的实现并论证了其有效性。在文献中 [58] 中，鉴于数据安全和隐私保护在云计算的重要性，作者对现有关于云数据存储、安全和保护的技术进行了研究和综述，作者从软件和硬件两方面进行探讨，对已有的研究进行了分析。

习题

1. 简述云计算的定义。

2. 简述云计算的体系结构。

3. 简述 ACID 理论、BASE 理论与 CAP 理论。

4. 简述云计算平台的存储结构。

5. 简述何为分布式文件系统。

6. 简述 MapReduce 计算模型的原理。

7. 简述一致性哈希算法与 Dynamo 环的原理。

8. 畅谈云计算在未来的应用。

参考文献

［ 1 ］ 罗军舟，金嘉晖，宋爱波，等 . 云计算：体系架构与关键技术［ J ］. 通信学报，2011, 32 (7): 3-21.

［ 2 ］ Ghemawat S, Gobioff H, Leung S T. The Google file system［ D ］. ACM SIGOPS operating systems review, ACM, 2003, 37 (5): 29-43.

［ 3 ］ Chang F, Dean J, Ghemawat S, et al. Bigtable: A distributed storage system for structured data［ C ］.7th OSDI, 2006: 305-314.

［ 4 ］ Dean J, Ghemawat S. MapReduce: simplified data processing on large clusters［ J ］. Communications of the ACM, 2008, 51 (1): 107-113.

［ 5 ］ Melnik S, Gubarev A, Long J J, et al. Dremel: interactive analysis of web-scale datasets［ J ］. Proceedings of the VLDB Endowment, 2010, 3 (1-2): 330-339.

［ 6 ］ Amazon［ EB/OL ］. http://aws.amazon.com/cn/documentation/, 2015.

［ 7 ］ Amazon. Amazon elastic compute cloud［ EB/OL ］. http://aws.amazon.com/ec2/, 2015.

［ 8 ］ Amazon. Amazon simple storage service (S3)［ EB/OL ］. http://aws.amazon.com/cn/s3/, 2015.

［ 9 ］ Amazon. Amazon simpleDB［ EB/OL ］. http://aws.amazon.com/simpledb/, 2015.

［ 10 ］ Amazon. Amazon relational database service［ EB/OL ］. http://aws.amazon.com/rds/, 2015.

［ 11 ］ 周景才，张沪寅，查文亮，等，云计算环境下基于用户行为特征的资源分配策略［ J ］, 计算机研究与发展，2014, 51 (5): 1108-1119.

［12］ 王鹏，黄焱，李坤，等.云计算集群相空间负载均衡度优先调度算法研究［J］.计算机研究与发展，2014, 51 (5): 1095-1107.

［13］ 卢笛，马建峰，王一川，等.云计算下保障公平性的多资源分配算法［J］.西安电子科技大学学报：自然科学版，2014, 41 (3): 162-168.

［14］ 乔媛媛，刘芳，凌艳，等.云计算环境下 MapReduce 的资源建模与性能预测［J］.Journal of Beijing University of Posts and Telecommunications, 2014.

［15］ 王婷，许可，王娜，等.云计算环境下可扩展的服务器优化选择策略［J］.Journal of Beijing University of Posts and Telecommunications, 2014.

［16］ 马莉，唐善成，王静，等.云计算环境下的动态反馈作业调度算法［J］.西安交通大学学报，2014, 48 (7).

［17］ 李陶深，张希翔.云计算下区分服务的演化博弈调度算法［J］.北京邮电大学学报，2013, 36 (1).

［18］ 卢笛，马建峰，王一川，等.面向云计算环境的动态公平性度量方法［J］.通信学报，2014, 35 (7): 140-150.

［19］ Tang Z, Mo Y, Li K, et al. Dynamic forecast scheduling algorithm for virtual machine placement in cloud computing environment［J］. The Journal of Supercomputing, 2014, 70 (3): 1279-1296.

［20］ Weiwei Lin, Liang Chen, James Z Wang, et al. Bandwidth-aware divisible task scheduling for cloud computing. Software: Practice and Experience［J］. ISSN: 0038-0644, Wiley Press, New York, USA, 2014, 44 (2): 163–174.

［21］ Hung P P, Bui T A, Huh E N. A new approach for task scheduling optimization in mobile cloud computing ［C］.Frontier and Innovation in Future Computing and Communications, Nev York: Springer, 2014: 211-220.

［22］ Srinivasa K G, Kumar K S, Kaushik US, et al. Game theoretic resource allocation in cloud computing ［C］.Applications of Digital Information and Web Technologies (ICADIWT), 2014 Fifth International Conference on the. IEEE, 2014: 36-42.

［23］ Li C, Li L. Multi-Layer resource management in cloud computing［J］. Journal of Network and Systems Management, 2014, 22 (1): 100-120.

［24］ Xu X, Yu H. A game theory approach to fair and efficient resource allocation in cloud computing［J］. Mathematical Problems in Engineering, 2014.

［25］ Sampaio A M, Barbosa J G. Towards high-available and energy-efficient virtual computing environments in the cloud［J］. Future Generation Computer Systems, 2014, 40: 30-43.

［26］ Deng Z, Zeng G, He Q, et al. Using priced timed automaton to analyse the energy consumption in cloud computing environment［J］. Cluster Computing, 2014: 1295-1307.

［27］ Lee H M, Jeong Y S, Jang H J. Performance analysis based resource allocation for green cloud computing ［J］. The Journal of Supercomputing, 2014: 1013-1026.

［28］ Tian Y, Lin C, Li K. Managing performance and power consumption tradeoff for multiple heterogeneous servers in cloud computing［J］. Cluster Computing, 2014: 943-955.

［29］ Horri A, Mozafari M S, Dastghaibyfard G. Novel resource allocation algorithms to performance and energy efficiency in cloud computing［J］. The Journal of Supercomputing, 2014, 69 (3): 1445-1461.

［30］ Basmadjian R, Ali N, Niedermeier F, et al. A methodology to predict the power consumption of servers in data centres［C］. Proceedings of The 2nd International Conference on Energy-Efficient Computing and

Networking, ACM, 2011: 1-10.

［31］ Fan X, Weber W D, Barroso L A. Power provisioning for a warehouse-sized computer ［C］. ACM SIGARCH Computer Architecture News, 2007, 35 (2): 13-23.［doi: 10.1145/1250662.1250665］.

［32］ Hsu C H, Poole S W. Power signature analysis of the SPECpower_ssj2008 benchmark ［C］. In: Proc. of the 2011 14th IEEE Int'l Symp. on Performance Analysis of Systems and Software (ISPASS). IEEE, 2011. 227-236. [doi: 10.1109/ISPASS.2011.5762739].

［33］ 罗亮, 吴文峻, 张飞 . 面向云计算数据中心的能耗建模方法 ［J］. Journal of Software, 2014, 25 (7): 1371-1387.

［34］ Singh K, Bhadauria M, McKee S A. Real time power estimation and thread scheduling via performance counters ［C］. ACM SIGARCH Computer Architecture News, 2009, 37 (2): 46-55. [doi: 10. 1145/1577129.1577137].

［35］ Akoush S, Sohan R, Rice A, et al. Free lunch: exploiting renewable energy for computing ［C］. Proceedings of HotOS. 2011: 17-22.

［36］ Alessandro L, Tadonki C, Eisenbeis C, et al. A Fine-grained Approach for Power Consumption Analysis and Prediction ［J］. 2013.

［37］ 宋杰, 侯泓颖, 王智, 等 . 云计算环境下改进的能效度量模型 ［J］. 浙江大学学报: 工学版, 2013, 47 (1).

［38］ 项菲, 刘川意, 方滨兴, 等, 新的基于云计算环境的数据容灾策略 ［J］. Journal on Communications, 2013.

［39］ 朱旭东, 李晖, 郭祯 . 云计算环境下加密图像检索 ［J］. 西安电子科技大学学报, 2014, 41 (2).

［40］ 李英壮, 高拓, 李先毅 . 基于云计算的视频推荐系统的设计 ［J］. 通信学报, 2013.

［41］ 朱夏, 宋爱波, 东方, 等 . 云计算环境下基于协同过滤的个性化推荐机制 ［J］. 计算机研究与发展, 2014, 51 (10): 2255-2269.

［42］ 刘海韬, 阳洁 . 云计算平台下一种新型反垃圾邮件系统的研究 ［J］. 中南大学学报: 自然科学版, 2013, 44 (5).

［43］ Fernández A, del Río S, López V, et al. Big data with cloud computing: an insight on the computing environment, MapReduce, and programming frameworks ［J］. Wiley Interdisciplinary Reviews: Data Mining and Knowledge Discovery, 2014, 4 (5): 380-409.

［44］ Caton, S Haas, C Chard K Bubendorfer. A Social Compute Cloud: Allocating and Sharing Infrastructure Resources via Social Networks，Services Computing, IEEE Transactions on (Volume: 7 , Issue: 3), 2014，9: 359-372.

［45］ Ma X, Cui Y, Stojmenovic I. Energy efficiency on location based applications in mobile cloud computing: a survey ［J］. Procedia Computer Science, 2012, 10: 577-584.

［46］ Kang A N, Barolli L, Park J H, et al. A strengthening plan for enterprise information security based on cloud computing ［J］. Cluster Computing, 2013: 1-8.

［47］ 林闯, 苏文博, 孟坤, 等 . 云计算安全: 架构、机制与模型评价 ［J］. 计算机学报, 2013, 36 (9): 1765-1784.

［48］ 刘川意, 林杰, 唐博 . 面向云计算模式运行环境可信性动态验证机制 ［J］. 软件学报, 2014, 25 (3): 662-674.

［49］ Llanos D R. TPCC-UV: an open-source TPC-C implementation for global performance measurement of computer systems [J] . ACM SIGMOD Record, 2006, 35 (4): 6-15.

[50] 黄勤龙，马兆丰，傅镜艺，等 . 云计算环境中支持隐私保护的数字版权保护方案 [J] . 通信学报，
        2014, 35 (2): 95-103.

[51] 张严，冯登国，于爱民 . 云计算环境虚拟机匿名身份证明方案 [J] . 软件学报，2013, 24 (12).

[52] 姚志强，熊金波，马建峰，等 . 云计算中一种安全的电子文档自毁方案 [J] . 计算机研究与发展，
        2014, 51 (7): 1417-1423.

[53] Lynn B. The pairing-based cryptography library [EB/OL] . http://crypto.stanford.edu/pbc/download.
        html, 2015.

[54] 项菲，刘川意，方滨兴，等 . 云计算环境下密文搜索算法的研究 [J] . 通信学报，2013, 34 (7):
        143-153.

[55] Gu L, Wang C, Zhang Y, et al. Trust Model in Cloud Computing Environment Based on Fuzzy Theory
        [J] . International Journal of Computers Communications & Control, 2014, 9 (5): 570-583.

[56] Zhao J, Wang L, Tao J, et al. A security framework in G-Hadoop for big data computing across distributed
        Cloud data centres [J] . Journal of Computer and System Sciences, 2014, 80 (5): 994-1007.

[57] Li J, Li J, Liu Z, et al. Enabling efficient and secure data sharing in cloud computing [J] . Concurrency
        and Computation: Practice and Experience，2014, 26 (5): 1052-1066.

[58] Sun Y, Zhang J, Xiong Y, et al. Data security and privacy in cloud computing [J] . International Journal
        of Distributed Sensor Networks, 2014.

第9章 云计算模拟编程实践

由于云计算环境的资源分配与任务调度问题往往比较复杂，为了更好地研究云计算资源分配与任务调度算法，采用模拟仿真的方法不仅可以简化问题，而且可以测试算法在不同云环境下的效果，从而更好地优化算法。CloudSim 是当前云计算模拟仿真最流行的工具，下面主要介绍 CloudSim 原理和基于 CloudSim 的云计算编程实践。

9.1 CloudSim 体系结构和 API

9.1.1 CloudSim 体系结构

为基于互联网的应用服务提供可靠、安全、容错、可持续、可扩展的基础设施，是云计算的主要任务。由于不同的应用可能存在不同的组成、配置和部署需求，云端基础设施（包括硬件、软件和服务）上的应用及服务模型的负载、能源性能（能耗和散热）和系统规模都在不断地发生变化，因此，如何量化这些应用和服务模型的性能（调度和分配策略）成为一个极富挑战性的问题。为了简化问题，墨尔本大学的研究小组提出了云计算仿真器 CloudSim。CloudSim 是澳大利亚墨尔本大学 Rajkumar Buyya 教授领导团队开发的云计算仿真器，它的首要目标是在云基础设施（软件、硬件、服务）上，对不同应用和服务模型的调度和分配策略的性能进行量化和比较，达到控制使用云计算资源的目的。基于云计算仿真器，用户能够反复测试自己的服务，在部署服务之前调节性能瓶颈，既节约了大量资金，也给用户的开发工作带来了极大的便利。

CloudSim 是一个通用、可扩展的新型仿真框架，支持无缝建模和模拟，并能进行云计算基础设施和管理服务的实验。这个仿真框架有如下几个特性：

1）支持在单个物理结点上进行大规模云计算基础设施的仿真和实例化。

2）提供一个独立的平台，供数据中心、服务代理、调度和分配策略进行建模。

3）提供虚拟化引擎，可在一个数据中心结点创建和管理多个独立、协同的虚拟化服务。

4）可以在共享空间和共享时间的处理核心分配策略之间灵活地切换虚拟化服务。

CloudSim 方便用户在组成、配置和部署软件前评估和模拟软件，减少云计算环境下访问基础设施产生的资金耗费。基于仿真的方法使用户可在一个可控的环境内免费地反复测试他们的服务，在部署之前调节性能瓶颈。

CloudSim 采用分层的体系结构，CloudSim 的架构及其组件如图 9-1 所示。

1. CloudSim 核心模拟引擎

GridSim 原本是 CloudSim 的一个组成部分，但 GridSim 将 SimJava 库作为事件处理和实体间消息传递的框架，而 SimJava 在创建可伸缩仿真环境时暴露出如下一些不足：

1）不支持在运行时通过编程方式重置仿真。

2）不支持在运行时创建新的实体。

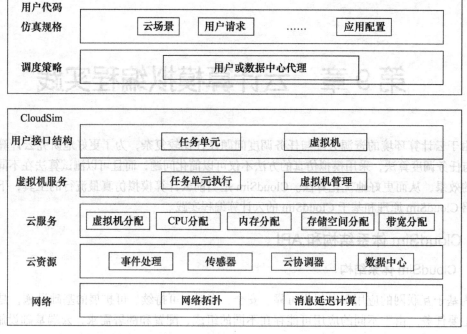

图 9-1　分层的 CloudSim 体系结构

3）SimJava 的多线程机制导致性能开销与系统规模成正比，线程之间过多的上下文切换导致性能严重下降。

4）多线程使系统调试变得更加复杂。

为了克服这些限制并满足更复杂的仿真场景，墨尔本大学的研究小组开发了一个全新的离散事件管理框架。图 9-2a 为相应的类图，下面介绍一些相关的类。

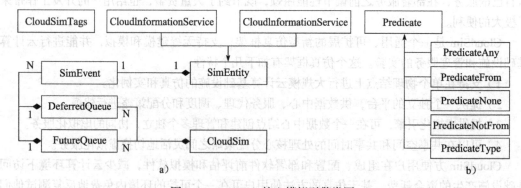

图 9-2　CloudSim 核心模拟引擎类图

（1）CloudSim

CloudSim 是主类，负责管理事件队列和控制仿真事件的顺序执行。这些事件按照它们的时间参数构成有序队列。在每一步调度的仿真事件会从未来事件队列（future event queue）中被删除，并被转移到延时事件队列（deferred event queue）中。之后，每个实体调用事件处理方法，从延时事件队列中选择事件并执行相应的操作。这样灵活的管理方式具有以下优势。

- 支持实体失活操作。
- 支持不同状态实体的上下文切换，暂停或继续仿真流程。

- 支持运行中创建新实体。
- 支持运行中终止或重启仿真流程。

（2）DeferredQueue

DeferredQueue 类用于实现 CloudSim 使用的延时事件队列。

（3）FutureQueue

FutureQueue 类实现 CloudSim 使用的未来事件队列。

（4）CloudInformationService (CIS)

CIS 提供资源注册、索引和发现能力的实体。CIS 支持两个基本操作：publish () 允许实体使用 CIS 进行注册；search () 允许类似于 CloudCoordinator 和 Broker 的实体发现其他实体的状态和位置，该实体也会在仿真结束时通知其他实体。

（5）SimEntity

SimEntity 类代表一个仿真实体，该实体既能向其他实体发送消息，也能处理接收到的消息。所有的实体必须扩展该类并重写其中的 3 个核心方法：startEntity ()、processEvent () 和 shutdownEntity ()，它们分别定义了实体初始化、事件处理和实体销毁的行为。SimEntity 类提供调度新事件和向其他实体发送消息的能力，其中消息传递的网络延时是由 BRITE 模型计算出来的。实体一旦建立就会使用 CIS 自动注册。

（6）CloudSimTags

CloudSimTags 类包含多个静态的时间或命令标签，CloudSim 实体在接收和发送事件时使用这些标签决定要采取的操作类型。

（7）SimEvent

SimEvent 实体给出了在两个或多个实体间传递仿真事件的过程。SimEvent 存储了关于事件的信息，包括事件的类型、初始化时间、事件发生的时间、结束时间、事件转发到目标实体的时间、资源标识、目标实体、事件标签及需要传输到目标实体的数据。

（8）CloudSimShutdown

CloudSimShutdown 实体用于结束所有终端用户和代理实体，然后向 CIS 发送仿真结束信号。

（9）Predicate

Predicate 类为抽象类且必须被扩展，用于从延时队列中选择事件。图 9-2b 给出了一些标准的扩展。

（10）PredicateAny

PredicateAny 类表示匹配延时队列中的任何一个事件。在 CloudSim 的类中有可以公开访问的实例 CloudSim.SIM_ANY，因此不需要为该类创建新的实例。

（11）PredicateFrom

PredicateFrom 类表示选择被特定实体放弃的事件。

（12）PredicateNone

PredicateNone 类表示不匹配延时队列中的任何一个事件。在 CloudSim 的类中有可以公开访问的静态实例 CloudSim.SIM_NONE，因此用户不需要为该类创建任何新的实例。

（13）PredicateNotFrom

PredicateNotFrom 类用于选择已经被特定对象发送的事件。

（14）PredicateType

PredicateType 类根据选择特定标签选择事件。

（15）PredicateNotType

PredicateNotType 类用于选择不满足特定标签选择事件。

2. CloudSim 层

CloudSim 仿真层为云数据中心环境的建模和仿真提供支持，包括虚拟机、内存、存储器和带宽的专用管理接口。该层主要负责处理一些基本问题，如主机到虚拟机的调度、管理应用程序的执行、监控动态变化的系统状态。对于想对不同虚拟机调度（将主机分配给虚拟机）策略的有效性进行研究的云提供商来说，他们可以通过这一层来实现自己的策略，以编程的方式扩展其核心的虚拟机调度功能。这一层的虚拟机调度有一个很明显的区别，即一个云端主机可以同时分配给多台正在执行应用的虚拟机，且这些应用满足 SaaS 提供商定义的服务质量等级。这一层也为云应用开发人员提供了接口，只需扩展相应的功能，就可以实现复杂的工作负载分析和应用性能研究。

CloudSim 又可以细化为以下 5 层。

（1）网络层

为了连接仿真的云计算实体（主机、存储器、终端用户），全面的网络拓扑建模是非常重要的。又因为消息延时直接影响用户对整个服务的满意度，决定了一个云提供商的服务质量，所以云系统仿真框架提供一个模拟真实网络拓扑及模型的工具至关重要。在 CloudSim 中，云实体（数据中心、主机、SaaS 提供商和终端用户）的内部网络建立在网络抽象概念之上。在这个模型下，不会为模拟的网络实体提供真实可用的组件，如路由器和交换机，而是通过延时矩阵中存储的信息来模拟一个消息从一个 CloudSim 实体（如主机）到另一个实体（如云代理）过程中产生的网络延时，如图 9-3 所示。图 9-3 为 5 个 CloudSim 实体的延时矩阵，在任意时刻，CloudSim 环境为所有的当前活动实体维护 $m \times n$ 大小的矩阵。矩阵的元素 e_{ij} 代表一条消息通过网络从实体 i 传输到实体 j 产生的延时。

$$\begin{bmatrix} 0 & 40 & 120 & 80 & 200 \\ 40 & 0 & 60 & 100 & 100 \\ 120 & 60 & 0 & 90 & 40 \\ 80 & 100 & 90 & 0 & 70 \\ 200 & 100 & 40 & 70 & 0 \end{bmatrix}$$

图 9-3　延时矩阵

CloudSim 是基于事件的仿真，不同的系统模型、实体通过发送不同事件的消息进行通信。CloudSim 的事件管理引擎利用实体交互的网络延时信息来表示消息在实体间发送的延时，延时单位依据仿真时间的单位，如毫秒（ms）。

当仿真时间达到 $t+d$ 时，事件管理引擎就会将事件从实体 i 转发到实体 j，其中 t 表示消息最初被发送时的仿真时间，d 表示实体 i 到 j 的网络延时。图 9-4 给出了这种交互的消息传递图。用这种模拟网络延时的方法，在仿真环境中为实用的网络架构建模，提供了一种既真实又简单的方式，并且比使用复杂的网络组件（如路由器和交换机等）建模更简单、更清晰。

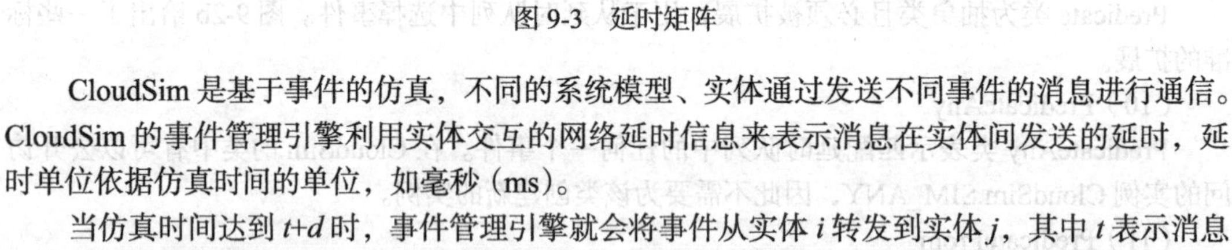

图 9-4　交互的消息传递图

（2）云资源层

与云相关的核心硬件基础设施均由该层数据中心组件来模拟。数据中心实体由一系列主机组成，主机负责管理虚拟机在其生命周期内的一系列操作。每个主机代表云中的一个物理计算结点，它会被预先配置一些参数，如处理器能力（用 MIPS 表示）、内存、存储器及为虚拟机分配处理核的策略等，而且主机组件实现的接口支持单核和多核结点的建模与仿真。

为了整合云，需要对云协调器（cloud coordinator）实体进行建模。该实体不仅负责和其他数据中心及终端用户的通信，而且负责监控和管理数据中心实体的内部状态。在监控过程中收到的信息将会活跃于整个仿真过程中，并被作为云交互时进行调度决策的依据。注意，没有一个云提供类似于云协调器的功能，如果一个非仿真云系统的开发人员想要整合多朵云上的服务，必须开发一个自己的云协调组件。通过该组件管理和整合云数据中心，实现与外部实体的通信，协调独立于数据中心的核心对象。

在模拟一次云整合时，有两个基本方面需要解决：通信和监控。通信由数据中心通过标准的基于事件的消息处理来解决，监控则由云协调器解决。CloudSim 的每一个数据中心为了让自己成为联合云的一部分均需要实例化云协调器，云协调基于数据中心的状态，对交互云的负载进行调整，其中影响调整过程的事件集合通过传感器实体实现。为了启用数据中心主机的在线监控，会将跟踪主机状态的传感器和云协调器关联起来。在监控的每个步骤，云协调器都会查询传感器。如果云协调器的负载达到了预先配置的阈值，那么它就会和联合云中的其他协调器通信，尝试减轻其负载。

（3）云服务层

虚拟机分配是主机创建虚拟机实例的一个过程。在云数据中心，特定应用的虚拟机分配由控制器 VmAllocationPolicy 完成的。该组件为研究和开发人员提供了一些自定义方法，帮助他们实现基于优化目标的策略。默认情况下，VmAllocationPolicy 实现了一个相对直接的策略，即按照先来先服务的策略将虚拟机分配给主机，这种调度的基本依据是硬件需求，如处理核的数量、内存和存储器等。在 CloudSim 中，要模拟其他调度和对其建模是非常容易的。

给虚拟机分配处理内核的过程是由主机完成的，需要考虑给每个虚拟机分配多少处理核及给定它的虚拟机对处理核的利用率有多高。可能采用的分配策略有给特定的虚拟机分配特定的 CPU 内核（空间共享策略）、在虚拟机之间动态分配内核（时间共享策略）以及给虚拟机按需分配内核等。

考虑下面这种情况：一个云主机只有一个处理核，而在这个主机上同时产生了两个实例化虚拟机的需求。尽管虚拟机上下文（通常指主存空间和辅存空间）实际上是相互隔离的，但是它们仍然会共享处理器核和系统总线。因此，每个虚拟机的可能硬件资源被主机的最大处理能力及可能系统带宽限制。在虚拟机的调度过程中，要防止已创建的虚拟机对处理能力的需求超过主机的能力。为了在不同环境下模拟不同的调度策略，CloudSim 支持两种层次的虚拟机调度：主机层和虚拟机层。在主机层，指定每个处理核可以分配给虚拟机的处理能力；在虚拟机层，虚拟机为在其内运行的单个应用服务（任务单元）分配一个固定的可用处理器能力。

在上述的每一层，CloudSim 都实现了基于时间共享和空间共享的调度策略。为了清楚地解释这些策略之间的区别及它们对应用服务性能的影响，可参见图 9-5 所示的一个简单的虚拟机调度场景。

在图 9-5 中，一台拥有两个 CPU 内核的主机将要运行两个虚拟机，每个虚拟机需要两个内核并要运行 4 个任务单元。具体来说，VM1 上将运行任务 t1、t2、t3、t4，而 VM2 将运行任务 t5、t6、t7、t8。

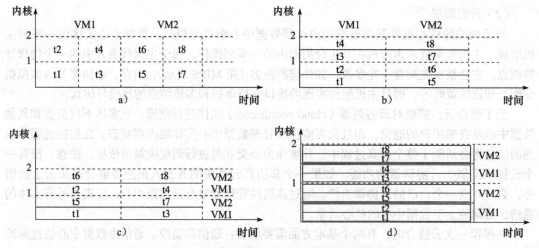

图 9-5 任务单元采用不同任务调度策略的影响

在图 9-5a 中，虚拟机和任务单元均采用空间共享策略。由于采用空间共享模式，且虚拟机需要两个内核，因此在特定时间段内只能运行一个虚拟机。因此，VM2 只能在 VM1 执行完任务单元才会被分配内核。VM1 中的任务调度也是一样的，由于每个任务单元只需要一个内核，因此 t1 和 t2 可以同时执行，t3、t4 则在执行队列中等待 t1、t2 完成后再执行。

在图 9-5b 中，虚拟机采用空间共享策略，任务单元采用时间共享策略。因此，在虚拟机的生命周期内，所有分配给虚拟机的任务单元在其生命周期内动态地切换上下文环境。

在图 9-5c 中，虚拟机采用时间共享策略，任务单元采用空间共享策略。这种情况下，每个虚拟机都会收到内核分配的时间片，然后这些时间片以空间共享的方式分配给任务单元。由于任务单元基于空间共享策略这就意味着对于一台虚拟机，在任何一个时间段内，内核只会执行一个任务。

在图 9-5d 中，虚拟机和任务单元采用时间共享策略。所有虚拟机共享处理器能力，且每个虚拟机同时将共享的能力分给其任务单元。这种情况下，任务单元不存在排队延时。

（4）虚拟机服务层

虚拟机服务层提供对虚拟机生命周期的管理，如将主机分配给虚拟机、虚拟机创建、虚拟机销毁、虚拟机迁移等，以及对任务单元的操作。

（5）用户接口结构层

用户接口结构层提供了任务单元和虚拟机实体的创建接口。

3. 用户代码层

CloudSim 的最高层是用户代码层，该层提供了一些基本的实体，如主机（机器的数量、特征等）、应用（任务数和需求）、虚拟机、用户数量和应用类型，以及代理调度策略等。通过扩展这一层提供的基本实体，云应用开发人员能够进行以下活动。

1）生成工作负载分配请求和应用配置请求。

2）模拟云可用性场景，并基于自定义的配置进行稳健性测试。

3）为云及联合云实现了自定义的应用调度技术。

9.1.2 CloudSim3.0 API

CloudSim3.0 API 如图 9-6 所示。CloudSim API 的详细信息可以访问 http://www.cloudbus.

org/cloudsim/doc/api/index.html 获取。

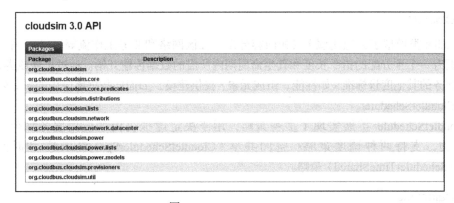

图 9-6 cloudsim 3.0 API

CloudSim 云模拟器的类设计图如图 9-7 所示，下面详细介绍 CloudSim 的基础类，这些类都是构建模拟器的基础。

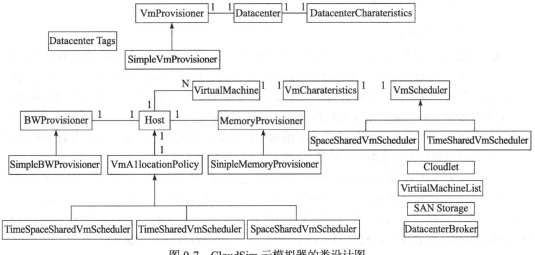

图 9-7 CloudSim 云模拟器的类设计图

主要类的功能描述如下。

1. BwProvisioner

BwProvisioner 抽象类用于模拟虚拟机的带宽分配策略。云系统开发和研究人员可以通过扩展这个类反映其应用的需求的变化，实现自己的策略（基于优先级或服务质量）。BwProvisionerSimple 允许虚拟机保留尽可能多的带宽，并受主机总可用带宽的限制。

2. CloudCoordinator

Cloud Coordinator 抽象类整合了云数据中心，负责周期性地监控数据中心资源的内部状态和执行动态负载均衡的决策。这个组件的具体实现包括专门的传感器和负载均衡过程中需要遵循的策略。UpdateDatacenter () 方法通过查询传感器实现监控数据中心资源。SetDatacenter () 抽象方法实现了服务 / 资源的发现机制，这个方法可以被扩展实现自定义的协议及发现机制（多播、广播和点对点）。此外，还能扩展该组件模拟如 Amazon EC2、负载均衡器的云服务。若要在多个云环境下部署应用服务，开发人员可以通过扩展这个类来实现自己的云间调度策略。

3. Cloudlet

Cloudlet 类模拟了云应用服务（如内容分发、社区网络和业务工作流等）。每一个应用服务都会拥有一个预分配的指令长度和其生命周期内所需的数据传输开销。通过扩展该类，能够为应用服务的其他度量标准（如性能、组成元素）提供建模，如面向数据库应用的事务处理。

4. CloudletScheduler

CloudletScheduler 扩展实现了多种策略，用于决定虚拟机内的应用服务如何共享处理器能力，支持两种调度策略：空间共享（CloudletSchedulerSpaceShared）和时间共享（CloudletSchedulerTimeShared）策略。

5. Datacenter

Datacenter 类模拟了云提供商提供的核心基础设施级服务（硬件）。它封装了一系列的主机，且这些主机都支持同构和异构的资源（内存、内核、容量和存储）配置。此外，每个数据中心组件都会实例化一个通用的应用调度组件，该组件实现了一系列的策略用来为主机和虚拟机分配带宽、内存和存储设备。

6. DatacenterBroker

DatacenterBroker 类模拟了一个代理，负责根据服务质量需求协调 SaaS 提供商和云提供商。该代理代表 SaaS 提供商，通过查询云信息服务（Cloud Information Service, CIS）找到合适的云服务提供者，并根据服务质量的需求在线协商资源和服务的分配策略。研究人员和系统开发人员如果要评估和测试自定义的代理策略，就必须扩展这个类。代理和云协调器的区别是，前者针对顾客，即代理所做的决策是为了增加用户相关的性能度量标准；而后者针对数据中心，即协调器试图最大化数据中心的整体性能，而不考虑特定用户的需求。

Datacenter、CIS 和 DatacenterBroker 之间信息交互的过程如图 9-8 所示。在仿真初期，每个数据中心实体都会通过 CIS 进行注册，当用户请求到达时，CIS 就会根据用户的应用请求，从列表中选择合适的云服务提供商。图中对交互的描述依赖于实际的情况，例如，从 DatacenterBroker 到 Datacenter 的消息可能只是对下一个执行动作的一次确认。

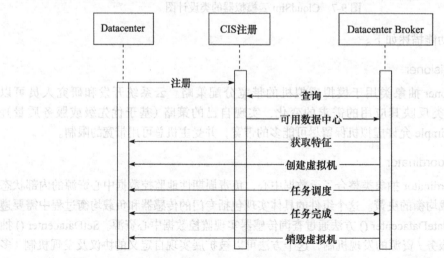

图 9-8 CloudSim 仿真数据流

7. DatacenterCharacteristics

DatacenterCharacteristics 类包含数据中心资源的配置信息。

8. Host

Host 类模拟了如计算机、存储服务器等物理资源。它封装了一些重要信息，如内存、存储器的容量、处理器内核列表及类型（多核机器）、虚拟机之间共享处理能力的分配策略、为虚拟机分配内存和带宽的策略等。

9. NetworkTopology

NetworkTopology 类包含模拟网络行为（延时）的信息。它里面保存了网络拓扑信息，该信息由 BRITE 拓扑生成器生成。

10. RamProvisioner

RamProvisioner 抽象类代表为虚拟机分配主存的策略。只有当 RamProvisioner 组件证实主机有足够的空闲主存，虚拟机在其上的执行和部署操作才是可行的。RamProvisionerSimple 对虚拟机请求的主存大小不强加任何限制，但如果请求超过了可用的主存容量，该请求就直接被拒绝。

11. SanStorage

SanStorage 类模拟了云数据中心的存储区域网，主要用于存储大量数据，类似于 Amazon S3、Azure Blob Storage 等。SanStorage 实现了一个简单的接口，该接口能够用来模拟存储和获取任意量的数据，但同时受限于网络带宽的可用性。在任务单元执行过程中访问 SAN 中的文件会增加额外的延时，因为数据文件在数据中心内部网络传输时会发生延时。

12. Sensor

Sensor 接口的实现必须通过实例化一个能够被云协调器使用的传感器组件，用于监控特定的性能参数（能量消耗、资源利用）。该接口定义了如下方法：

- 为性能参数设置最小值和最大值。
- 周期性地更新测量值。

该类能够用于模拟由主流云提供商提供的真实服务，如 Amazon CloudWatch 和 Microsoft Azure Fabric Controller 等。一个数据中心可以实例化一个或多个传感器，每一个传感器负责监控数据中心的一个特定性能参数。

13. Vm

Vm 类模拟了由主机组件托管和管理的虚拟机。每个虚拟机组件都能够访问存有虚拟机相关属性的组件，这些属性包括可访问的内存、处理器、存储容量和扩展自抽象组件 CloudletScheduler 的虚拟机内部调度策略。

14. VmAllocationPolicy

VmAllocationPolicy 抽象类代表虚拟机监控器使用的调度策略，该策略用于将虚拟机分配给主机。该类的主要功能是在数据中心选择一个满足条件（内存、存储容量和可用性）的可用主机，提供给需要部署的虚拟机。

15. VmScheduler

VmScheduler 抽象类由一个主机组件实现，模拟为虚拟机分配处理核所用的策略（空间共享和时间共享）。该类的方法能很容易重写，以此来调整特定的处理器共享策略。

9.2　CloudSim 环境搭建及程序运行

CloudSim 提供基于数据中心的虚拟机技术、虚拟化云的建模和仿真功能，支持云计算的资源管理和调度模拟。

9.2.1　环境配置

1. JDK 安装和配置

下载 JDK 最新版本并安装，CloudSim 需要运行在 JDK 1.6 以上版本。以 JDK 1.7.0_11 为例，默认的安装目录为 C:\Program Files\Java\jdk 1.7.0_11。设置环境变量：新建系统变量 JAVA_HOME，变量值设为 JDK 安装目录，即 C:\Program Files\Java\jdk1.6.0_24；在 Path 中加入路径 %JAVA_HOME%\bin；在 ClassPath 中加入路径 %JAVA_HOME%\lib\dt.jar; %JAVA_HOME%\lib\tools.jar。

2. 解压 CloudSim

下载 CloudSim，本书以 CloudSim 3.0.0 为例。将其解压到磁盘，如 C:\cloudsim-3.0.0。

9.2.2　运行样例程序

1. 样例描述

C:\cloudsim-3.0.0\examples 目录下提供了一些 CloudSim 样例程序，包括 8 个基础样例程序和多个网络仿真和能耗仿真例子。基础样例模拟的环境如下：

1）CloudSimExample1.java：创建一个一台主机、一个任务的数据中心

2）CloudSimExample2.java：创建一个一台主机、两个任务的数据中心。两个任务具有一样的处理能力和执行时间。

3）CloudSimExample3.java：创建一个两台主机、两个任务的数据中心。两个任务对处理能力的需求不同，同时根据申请虚拟机的性能不同，所需执行时间也不相同

4）CloudSimExample4.java：创建两个数据中心，每个数据中心一台主机，并在其上运行两个云任务。

5）CloudSimExample5.java：创建两个数据中心，每个数据中心一台主机，并在其上运行两个用户的云任务。

6）CloudSimExample6.java：创建可扩展的仿真环境。

7）CloudSimExample7.java：演示如何停止仿真。

8）CloudSimExample8.java：演示如何在运行时添加实体。

网络仿真样例通过读取文件构建网络拓扑，网络拓扑包括结点距离、边时延等信息。

能耗仿真通过读取负载文件中的 CPU 利用率数据作为云任务的利用率，实现云任务负载的动态变化。样例通过动态迁移负载过高的主机中的虚拟机到负载低的主机，实现了负载动态适应的算法，并且应用 CPU 利用率模型计算数据中心消耗的能耗。

2. 运行步骤

安装 Windows 2000/XP/Vista 操作系统环境、JDK 及 Eclipse 集成开发环境。Java 版本要达到 1.6 或更高，CloudSim 和旧版本的 Java 不兼容，如果安装非 Sun 公司的 Java 版本，如 GCJ 或 J++，可能不兼容。Eclipse 集成开发环境的版本要和 JDK 相匹配。本书使用 JDK 1.7.0_11 和 Eclipse 4.2.1。为了方便查看和修改代码，通常选择在 Eclipse 中执行，整个操作步骤如下。

1）启动 Eclipse 主程序，在 Eclipse 主界面上选择 File → New → Java Project 命令，新建一个工程，如图 9-9 所示。

图 9-9　新建工程

2）填写 Java 工程的名称，取消选择 Use default location 复选框，浏览 CloudSim 源代码所在的目录，并选定该目录，如图 9-10 所示。

3）单击 Next 按钮，显示 Java 工程的配置界面，该界面的选项卡包括源代码、工程和库等信息，如图 9-11 所示。

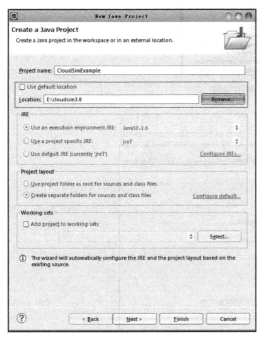

图 9-10　选择 CloudSim 目录

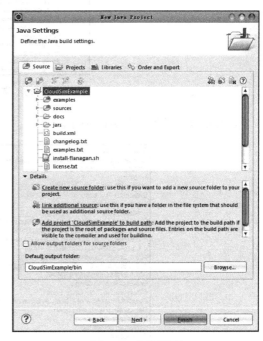

图 9-11　配置界面

4）单击 Finish 按钮完成创建 Java 工程的工作。

5）创建后，若发现项目有错误，需要添加项目名，则右击项目名，选择 Build Path → Add External Archives 命令，弹出选择文件的对话框，选择 flanagan.jar（注意 flanagan. jar 也需要对应版本，太新太旧的版本都不能），如图 9-12 所示。

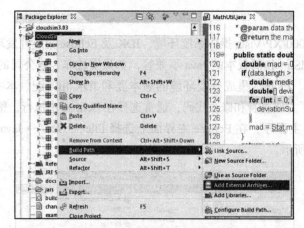

图 9-12   添加外部 flanagan.jar 包

6）添加后，等编译完毕，若项目没有错误，可以选择 org.cloudbus.cloudsim.examples 下的例子运行，这里运行 CloudSimExample1，如图 9-13 所示。

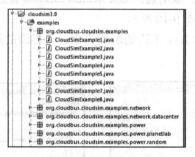

图 9-13   选择例子运行

程序的运行结果如图 9-14 所示。

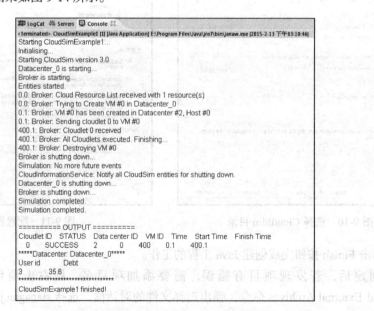

图 9-14   CloudSimExample1 运行结果

9.3 CloudSim 扩展编程

CloudSim 是开源的，可以运行在 Windows 和 Linux 操作系统上，为用户提供一系列可扩展的实体和方法，通过扩展这些接口实现用户自己的调度或分配策略，进行相关的性能测试。下面将通过一个简单的示例演示如何扩展 CloudSim。由于篇幅限制，本书仅以任务调度策略为例。

9.3.1 调度策略的扩展

CloudSim 提供了很好的云计算调度算法仿真平台，用户可以根据自身的要求调用适当的API。例如，DatacenterBroker 类中提供的方法 bindCloudletToVM (int cloudletId, int vmId)，实现了将一个任务单元绑定到指定的虚拟机上运行。除此之外，用户还可以对该类进行扩展，实现自定义调度策略，完成对调度算法的模拟，以及相关测试和实验。

1. 顺序分配策略

作为一个简单的示例，这里新写一个方法 bindCloudletsToVmsSimple ()，用于把一组任务顺序分配给一组虚拟机，当所有的虚拟机都有任务后，再从第一个虚拟机开始重头分配任务，该方法尽量保证每个虚拟机运行相同数量的任务以均衡负载，而不考虑任务的需求及虚拟机之间的差别。

```
public void bindCloudletsToVmsSimple()
{
    int vmNum=vmList.size();
    int cloudletNum=cloudletList.size();
    int idx=0;
    for(int i=0;i<cloudletNum;i++)
    {    // 将任务绑定到指定 id 的虚拟机
        cloudletList.get(i).setVmId(vmList.get(idx).getId());
        idx=(idx+1)%vmNum;            // 循环遍历虚拟机
    }
}
```

2. 贪心策略

实际上，任务之间和虚拟机之间的配置（参数）不可能完全一样。顺序分配策略实现简单，但是忽略了它们之间的差异因素，如任务的指令长度（MI）和虚拟机的执行速度（MIPS）等。这里为 DatacenterBroker 类再写一个新方法 bindCloudletsToVmsTimeAwared ()，该方法采用贪心策略，希望让所有任务的完成时间接近最短，并只考虑 MI 和 MIPS 两个参数的区别。

通过分析 CloudSim 自带的样例程序，一个任务所需的执行时间等于任务的指令长度除以运行该任务的虚拟机的执行速度。读者也可以扩展相应的类，实现带宽、数据传输等对任务执行时间的影响。为了便于理解，不改变 CloudSim 当前的计算方式，即任务的执行时间只与 MI 和 MIPS 有关，在这个前提下，可以得出以下结论。

1）如果一个虚拟机上同时运行多个任务，不论使用空间共享还是时间共享，这些任务的总完成时间是一定的，因为任务的总指令长度和虚拟机的执行速度是一定的。

2）如果一个任务在某个虚拟机上的执行时间最短，那么它在其他虚拟机上的执行时间也是最短的。

3）如果一个虚拟机的执行速度最快，那么它不论执行哪个任务都比其他虚拟机要快。

定义一个矩阵 time[i][j]，表示任务 i 在虚拟机 j 所需的执行时间，显然 time[i][j]=MI[i]/MIPS[j]。在初始化矩阵 time 前，首先将任务按 MI 的大小降序排序，将虚拟机按 MIPS 的大小升序排列。注意，重新排序后矩阵 time 的行号和任务 ID 不再一一对应，列号和虚拟机 ID 的对应关系也相应改变。初始化后，矩阵 time 的每一行、每一列的元素值都是降序排列的，然后对 time 做贪心。选用的贪心策略是：从矩阵中行号为 0 的任务开始，每次都尝试分配给最后一列对应的虚拟机，如果该选择相对于其他选择是最优的，就完成分配，否则将任务分配给运行任务最少的虚拟机，实现一种简单的负载均衡。这种方式反映了越复杂的任务需要更快的虚拟机来处理，以解决复杂任务造成的瓶颈，降低所有任务的总执行时间。实现代码如下。

```java
public void bindCloudletsToVmsTimeAwared()
{
    int cloudletNum=cloudletList.size();
    int vmNum=vmList.size();
    double[][] time=new double[cloudletNum][vmNum];
    //重新排列任务和虚拟机，需要导入包java.util.Collections
    Collections.sort(cloudletList, new CloudletComparator());
    Collections.sort(vmList, new VmComparator());
    //初始化矩阵time
    for(int i=0;i<cloudletNum;i++){
    for(int j=0;j<vmNum;j++){
    time[i][j]=(double)cloudletList.get(i).getCloudletLength()/vmList.get(j).getMips();
        }
    }
    double[] vmLoad=new double[vmNum];         //某个虚拟机上任务的总执行时间
    int[] vmTasks=new int[vmNum];              //某个虚拟机上运行的任务数
    double minLoad=0;                          //记录当前任务分配方式的最优值
    int idx=0;                                 //记录当前任务最优分配方式对应的虚拟机列号

    //将行号为0的任务直接分配给列号最大的虚拟机
    vmLoad[vmNum-1]=time[0][vmNum-1];
    vmTasks[vmNum-1]=1;
    cloudletList.get(0).setVmId(vmList.get(vmNum-1).getId());
    for(int i=1;i<cloudletNum;i++){
        minLoad=vmLoad[vmNum-1]+time[i][vmNum-1];
        idx=vmNum-1;
        for(int j=vmNum-2;j>=0;j--){
            //如果当前虚拟机还未分配任务，则比较完当前任务
            //分配给该虚拟机是否最优，即可以退出循环
            if(vmLoad[j]==0){
                if(minLoad>=time[i][j]) idx=j;
                break;
            }
            if(minLoad>vmLoad[j]+time[i][j]){
                minLoad=vmLoad[j]+time[i][j];
                idx=j;
            }
            //实现简单的负载均衡
            else if(minLoad==vmLoad[j]+time[i][j]&&vmTasks[j]<vmTasks[idx])
            idx=j;
        }
    vmLoad[idx]+=time[i][idx];
    vmTasks[idx]++;
    cloudletList.get(i).setVmId(vmList.get(idx).getId());
    }
}
```

```
// 根据指令长度降序排列任务, 需要导入包 java.util.Comparator
private class CloudletComparator implements Comparator<Cloudlet>{
        public int compare(Cloudlet cl1,Cloudlet cl2){
            return (int)(c12.getCloudletLength()-cl1. getCloudletLength());
}
}
// 根据执行速度升序排列虚拟机
private class VmComparator implements Comparator<Vm>{
        @Override
        public int compare(Vm vm1, Vm vm2) {
            return (int) (vm1.getMips() - vm2.getMips());
        }
}
}
```

9.3.2　仿真核心代码

用户可以根据自己的需求,对主机相关参数配置(机器数量及特点)、云计算应用(任务、数量和需求)、VM、用户和应用类型的数量及代理调度策略等方面进行仿真测试。

1. 仿真步骤

1)初始化 CloudSim 包。

2)创建数据中心。

①创建主机列表。

②创建 PE 列表。

③创建 PE 并将其添加到 PE 列表中,可对其 ID 和 MIPS 进行设置。

④创建主机,并将其添加到主机列表中,主机的配置参数有 ID、内存、带宽、存储、PE 及虚拟机分配策略(时间共享或空间共享)。

⑤创建数据中心特征对象,用来存储数据中心的属性,包含体系结构、操作系统、机器列表、分配策略(时间、空间共享)、时区以及各项费用(内存、外存、带宽和处理器资源的费用)。

⑥创建一个数据中心对象,它的主要参数有名称、特征对象、虚拟机分配策略、用于数据仿真的存储列表以及调度间隔。

3)创建数据中心代理。数据中心代理负责在云计算中根据用户的 QoS 要求协调用户及服务供应商和部署服务任务。

4)创建虚拟机。对虚拟机的参数进行设置,主要包括 ID、用户 ID、MIPS、CPU 数量、内存、带宽、外存、虚拟机监控器、调度策略,并提交给任务代理。

5)创建云任务。创建指定参数的云任务,设定任务的用户 ID,并提交给任务代理。可以设置需要创建的云任务数量以及任务长度等信息。

6)调用自定义的任务调度策略,分配任务到虚拟机。

7)启动仿真。

8)在仿真结束后统计结果。

2. 详细实现代码

下面通过注释的方式讲解贪心策略的仿真核心代码,在 org.cloudbus.cloudsim.examples 包中新建类 ExtendedExample2,实现代码如下。

```java
package org.cloudbus.cloudsim.examples;
import java.text.DecimalFormat;
import java.util.*;
import org.cloudbus.cloudsim.*;
import org.cloudbus.cloudsim.core.CloudSim;
import org.cloudbus.cloudsim.provisioners.*;

// 测试调度策略的仿真核心代码
public class ExtendedExample2{
    private static List<Cloudlet> cloudletList;        // 任务列表
    private static int cloudletNum=10;                   // 任务总数
    private static List<Vm> vmList;                      // 虚拟机列表
    private static int vmNum=5;                          // 虚拟机总数

    public static void main(String[] args){
        Log.printLine("Starting ExtendedExample2...");
        try{
            int num_user=1;
            Calendar calendar = Calendar.getInstance();
            Boolean trace_flag = false;
            // 第一步，初始化 CloudSim 包
            CloudSim.init(num_user, calendar, trace_flag);
            // 第二步：创建数据中心
            Datacenter datacenter0 = createDatacenter("Datacenter_0");
            // 第三步：创建数据中心代理
            DatacenterBroker broker = createBroker();
            int brokerId = broker.getId();
            // 设置虚拟机参数
            int vmid = 0;
            int[] mipss = new int[]{278,289,132,209,286};
            long size = 10000;
            int ram = 2048;
            long bw = 1000;
            int pesNumber = 1;
            String vmm = "Xen";
            // 第四步：创建虚拟机
            vmList = new ArrayList<Vm>();
            for(int i=0;i<vmNum;i++){
                vmList.add(new Vm(vmid,brokerId,mipss[i],pesNumber,ram,bw,size,vmm,new
                    CloudletSchedulerSpaceShared()));
                vmid++;
            }
            // 提交虚拟机列表
            broker.submitVmList(vmList);
            // 任务参数
            int id = 0;
            long[] lengths = new long[]{19365,49809,30218,44157,16754,18336,20045,31493,
                30727,31017};
            long fileSize = 300;
            long outputSize = 300;
            UtilizationModel utilizationModel = new UtilizationModelFull();
            // 第五步：创建云任务
            cloudletList = new ArrayList<Cloudlet>();
            for(int i=0;i<cloudletNum;i++){
                Cloudlet cloudlet = new Cloudlet(id,lengths[i],pesNumber,fileSize,outputSize,
                    utilizationModel, utilizationModel, utilizationModel);
                cloudlet.setUserId(brokerId);
                cloudletList.add(cloudlet);
```

```
        id++;
    }
// 提交任务列表
broker.submitCloudletList(cloudletList);
// 第六步: 绑定任务到虚拟机
broker.bindCloudletsToVmsTimeAwared();
// broker.bindCloudletsToVmsSimple();
// 第七步: 启动仿真
CloudSim.startSimulation();
// 第八步: 统计结果并输出
        List<Cloudlet> newList = broker.getCloudletReceivedList();
        CloudSim.stopSimulation();
        printCloudletList(newList);
datacenter0.printDebts();
        Log.printLine("ExtendedExample2 finished!");
}catch(Exception e){
        e.printStackTrace();
        Log.printLine("Unwanted errors happen");
    }
}


// 下面是创建数据中心的步骤
private static Datacenter createDatacenter(String name){
// 1. 创建主机列表
List<Host> hostList = new ArrayList<Host>();
// PE 及主机参数
int mips = 1000;
int hostId = 0;
int ram = 2048;
long storage = 1000000;
int bw = 10000;
for(int i=0;i< vmNum;i++){
        // 2. 创建 PE 列表
        List<Pe> peList = new ArrayList<Pe>();
        // 3. 创建 PE 并加入列表
        peList.add(new Pe(0,new PeProvisionerSimple(mips)));
        // 4. 创建主机并加入列表
        hostList.add(
            new Host(
                    hostId,
                    new RamProvisionerSimple(ram),
                    new BwProvisionerSimple(bw),
                    storage,
                    peList,
                    new VmSchedulerTimeShared(peList)
            )
            );
        hostId++;
    }

// 数据中心特征参数
String arch = "x86";
String os = "Linux";
String vmm = "Xen";
double time_zone = 10.0;
double cost = 3.0;
double costPerMem = 0.05;
double costPerStorage = 0.001;
```

```
double costPerBw = 0.0;
LinkedList<Storage> storageList = new LinkedList<Storage>();
// 5. 创建数据中心特征对象
DatacenterCharacteristics characteristics = new DatacenterCharacteristics(arch,os,
vmm,hostList,time_zone,cost,costPerMem,costPerStorage,costPerBw);
// 6. 创建数据中心对象
Datacenter datacenter = null;
try{
        datacenter = new Datacenter(name,characteristics,
            new VmAllocationPolicySimple(hostList),storageList,0);
}catch(Exception e){
        e.printStackTrace();
}
return datacenter;
}

// 创建数据中心代理
private static DatacenterBroker createBroker(){
    DatacenterBroker broker = null;
try{
    broker = new DatacenterBroker("Broker");
}catch(Exception e){
    e.printStackTrace();
    return null;
}
    return broker;
}

// 输出统计信息
private static void printCloudletList(List<Cloudlet> list){
    int size = list.size();
    Cloudlet cloudlet;
    String indent = "    ";
Log.printLine();
Log.printLine("==========OUTPUT==========");
Log.printLine("Cloudlet ID" + indent + "STATUS" + indent +
"Datacenter ID" + indent + "VM ID" + indent +
"Time" + indent + "Start Time" + indent + "Finish Time");
        DecimalFormat dft = new DecimalFormat("###.##");
for(int i = 0;i<size;i++){
    cloudlet = list.get(i);
    Log.print(indent + cloudlet.getCloudletId() + indent + indent);
    if(cloudlet.getCloudletStatus() == Cloudlet.SUCCESS){
        Log.print("SUCCESS");
        Log.printLine(indent + indent + cloudlet.getResourceId() + indent +
        indent + indent + cloudlet.getVmId() + indent + indent +
        dft.format(cloudlet.getActualCPUTime()) + indent +
        indent + dft.format(cloudlet.getExecStartTime()) + indent + indent + dft.
        format(cloudlet.getFinishTime()));
    }
}
}
}
```

3. 运行结果分析

由于虚拟机对任务分配使用了空间共享策略，因此运行在同一个虚拟机上的任务必须按顺序完成。图 9-15 为基于贪心策略的仿真结果，图中显示任务 7、8 被分配到了虚拟机 0 上运行，从任务开始执行的时间来看，任务 8 确实是在任务 7 完成后执行的。图中还显示了所有任务的最终分配结果及运行情况，用户可以据此验证自己的调度策略是否符合要求。图 9-16 为基于顺序分配策略的仿真结果，该方法的总执行时间为 467.6s，而贪心策略只需 283.16s，节省了约 39% 的时间。

```
==========OUTPUT==========
Cloudlet ID   STATUS   Datacenter ID   VM ID   Time    Start Time   Finish Time
    7        SUCCESS       2            0      113.28    0.1          113.38
    9        SUCCESS       2            3      148.4     0.1          148.5
    3        SUCCESS       2            4      154.39    0.1          154.49
    1        SUCCESS       2            1      172.35    0.1          172.45
    8        SUCCESS       2            0      110.53    113.38       223.91
    6        SUCCESS       2            4      70.09     154.49       224.58
    2        SUCCESS       2            2      228.92    0.1          229.02
    5        SUCCESS       2            3      87.73     148.5        236.23
    0        SUCCESS       2            1      67        172.45       239.45
    4        SUCCESS       2            4      58.58     224.58       283.16
*****Datacenter: Datacenter_0*****
User id       Debt
3             562
**********************************
ExtendedExample2 finished!
```

图 9-15 贪心策略的仿真结果

```
==========OUTPUT==========
Cloudlet ID   STATUS   Datacenter ID   VM ID   Time    Start Time   Finish Time
    4        SUCCESS       2            4      58.58     0.1          58.68
    0        SUCCESS       2            0      69.66     0.1          69.76
    5        SUCCESS       2            0      65.96     69.76        135.71
    9        SUCCESS       2            4      108.45    58.68        167.13
    1        SUCCESS       2            1      172.35    0.1          172.45
    3        SUCCESS       2            3      211.28    0.1          211.38
    2        SUCCESS       2            2      228.92    0.1          229.02
    6        SUCCESS       2            1      69.36     172.45       241.8
    8        SUCCESS       2            3      147.02    211.38       358.39
    7        SUCCESS       2            2      238.58    229.02       467.6
*****Datacenter: Datacenter_0*****
User id       Debt
3             562
**********************************
ExtendedExample2 finished!
```

图 9-16 顺序分配策略的仿真结果

9.3.3 平台重编译

实现自定义的调度算法后，用户就可以重新编译并打包 CloudSim，以测试或发布自己的新平台。CloudSim 平台重编译主要通过 Ant 工具完成。

下载 Ant 工具，本书使用的版本为 1.8.2。将其解压到目录 C: \apache-ant-1.8.2。设置环境变量，在 Path 中加入 C: \apache-ant-1.7.1\bin。将命令行切换到扩展的 CloudSim 路径 (build.xml 所在目录)，在命令行下输入命令 C: \cloudsim-3.0.0>ant，批量编译 CloudSim 源文件，生成的文件会按照 bulid.xml 的设置存储到指定位置，编译成功后自动打包生成 cloudsim-new.jar，并存放在 C: \cloudsim-3.0.0\jars。扩展的 CloudSim 平台生成后，在环境变量 ClassPath 中增加路径 C: \CloudSim\jars\cloudsim-new.jar，然后根据前面介绍的步骤，即可在新的平台下编写自己的仿真验证程序。

9.4　CloudSim 编程实践

9.4.1　CloudSim 任务调度编程

下面讲解 org.cloudbus.cloudsim.examples 包中的 CloudSimExample1 和 CloudSimExample4。

CloudSimExample1 创建了一台主机、一个任务的数据中心，展示了数据中心、代理、主机、虚拟机、云任务等的简单使用以及云仿真基本流程。这是最简单的、最基本的一个程序。通过这一例子可以了解使用 CloudSim 仿真的基本步骤和基本类的使用方法。云仿真的基本步骤如下：

1）初始化 CloudSim 包。

2）创建数据中心 Datacenter，创建主机列表 List<Host> hostList。

3）创建数据中心代理 DatacenterBroker。

4）创建虚拟机 Vm。

5）创建云任务 Cloudlet。

6）启动仿真。

7）统计结果并输出结果。

代码清单 9-1　云仿真程序示例

```
public class CloudSimExample1 {
    private static List<Cloudlet> cloudletList; // 任务列表
    private static List<Vm> vmlist;             // 虚拟机列表
    public static void main(String[] args) {
        Log.printLine("Starting CloudSimExample1...");
        try {
            // 第一步：初始化 CloudSim 包，必须在创建实体前调用
            int num_user = 1;                   // 用户数
            Calendar calendar = Calendar.getInstance();
            boolean trace_flag = false;         // 表示是否跟踪
            CloudSim.init(num_user, calendar, trace_flag);
            // 第二步：创建数据中心
            // 数据中心是云资源的提供者，至少需要一个数据中心来模拟云实验
            Datacenter datacenter0 = createDatacenter("Datacenter_0");
            // 第三步：创建数据中心代理
            DatacenterBroker broker = createBroker();
            int brokerId = broker.getId();
            // 第四步：创建虚拟机
            vmlist = new ArrayList<Vm>();
            // 设置虚拟机参数
            int vmid = 0;                       // 虚拟机 ID
            int mips = 1000;                    // 主频 (MB)
            long size = 10000;                  // 硬盘 (MB)
            int ram = 512;                      // 虚拟机内存 (MB)
            long bw = 1000;                     // 带宽 (MB)
            int pesNumber = 1;                  // CPU 核数
            String vmm = "Xen";                 // 虚拟机名
            // 创建虚拟机
            Vm vm = new Vm(vmid, brokerId, mips, pesNumber, ram, bw, size, vmm,
            new CloudletSchedulerTimeShared()); // 云任务调度使用时间共享策略
            // 添加到虚拟机列表
            vmlist.add(vm);
            // 提交虚拟机列表到代理
            broker.submitVmList(vmlist);
```

```
// 第五步：创建云任务
cloudletList = new ArrayList<Cloudlet>();
// 任务参数
int id = 0;                              // 任务 ID
long length = 400000;                    // 任务计算量
long fileSize = 300;                     // 文件大小，影响传输的带宽花销
long outputSize = 300;                   // 输出文件大小，影响传输的带宽花销
UtilizationModel utilizationModel = new UtilizationModelFull();
// 添加任务到任务列表
cloudletList.add(cloudlet);
Cloudlet cloudlet = new Cloudlet(id, length, pesNumber, fileSize,
outputSize, utilizationModel, utilizationModel, utilizationModel);
cloudlet.setUserId(brokerId);                // 设置任务用户 ID
cloudlet.setVmId(vmid);                      // 设置虚拟机 ID
// 提交任务列表
broker.submitCloudletList(cloudletList);
// 第六步：启动仿真
CloudSim.startSimulation();
CloudSim.stopSimulation();
// 第七步：统计结果并输出结果
List<Cloudlet> newList = broker.getCloudletReceivedList();
printCloudletList(newList);
// 打印每个数据中心的成本
datacenter0.printDebts();
Log.printLine("CloudSimExample1 finished!");
    } catch (Exception e) {
        e.printStackTrace();
        Log.printLine("Unwanted errors happen");
    }
}
private static Datacenter createDatacenter(String name) { // 创建一个数据中心
    // 1. 创建主机列表
    List<Host> hostList = new ArrayList<Host>();
    // 2. 创建主机包含的 PE 或者 CPU 处理器列表
    // 这个例子中，主机 CPU 只有一个核芯
    List<Pe> peList = new ArrayList<Pe>();          // PE 是 CPU 单元
    int mips = 1000;                                // PE 速率
    // 3. 创建核芯并添加到核芯列表
    peList.add(new Pe(0, new PeProvisionerSimple(mips)));
    // 4. 创建主机并添加到主机列表
    int hostId = 0;
    int ram = 2048;                                 // 内存（MB）
    long storage = 1000000;                         // 硬盘存储
    int bw = 10000;                                 // 带宽
    hostList.add(new Host(hostId, new RamProvisionerSimple(ram),
            new BwProvisionerSimple(bw), storage, peList,
            new VmSchedulerTimeShared(peList))      // 虚拟机使用时间共享策略
    );
    // 5. 创建存储数据中心属性的数据中心特征对象
    String arch = "x86";                            // 系统架构
    String os = "Linux";                            // 操作系统
    String vmm = "Xen";                             // 虚拟机监视器
    double time_zone = 10.0;                        // 时区
    double cost = 3.0;                              // 单位时间成本
    double costPerMem = 0.05;                       // 单位内存成本
    double costPerStorage = 0.001;                  // 单位存储成本
    double costPerBw = 0.0;                         // 单位带宽成本
```

```java
        LinkedList<Storage> storageList = new LinkedList<Storage>(); //存储列表
        DatacenterCharacteristics characteristics = new DatacenterCharacteristics(arch,
            os, vmm, hostList, time_zone, cost, costPerMem, costPerStorage, costPerBw);
        // 6. 创建数据中心对象
        Datacenter datacenter = null;
        try {
            datacenter = new Datacenter(name, characteristics, new VmAllocationPolicy
            Simple(hostList), storageList, 0);
        } catch (Exception e) {
            e.printStackTrace();
        }
        return datacenter;
    }
    private static DatacenterBroker createBroker() {//创建数据中心代理
        DatacenterBroker broker = null;
        try {
            broker = new DatacenterBroker("Broker");
        } catch (Exception e) {
            e.printStackTrace();
            return null;
        }
        return broker;
    }
    private static void printCloudletList(List<Cloudlet> list) { //打印云任务的运行结果
        int size = list.size();
        Cloudlet cloudlet;
        String indent = "    ";
        Log.printLine();
        Log.printLine("========== OUTPUT ==========");
        Log.printLine("Cloudlet ID" + indent + "STATUS" + indent
            + "Data center ID" + indent + "VM ID" + indent + "Time" + indent
            + "Start Time" + indent + "Finish Time");
        DecimalFormat dft = new DecimalFormat("###.##");
        for (int i = 0; i < size; i++) {
            cloudlet = list.get(i);
            Log.print(indent + cloudlet.getCloudletId() + indent + indent);
            if (cloudlet.getCloudletStatus() == Cloudlet.SUCCESS) {
                Log.print("SUCCESS");
                Log.printLine(indent + indent + cloudlet.getResourceId()
                    + indent + indent + indent + cloudlet.getVmId()
                    + indent + indent + dft.format(cloudlet.getActualCPUTime())
                    + indent + indent + dft.format(cloudlet.getExecStartTime())
                    + indent + indent + dft.format(cloudlet.getFinishTime()));
            }
        }
    }
}
```

运行结果如下：

```
========== OUTPUT ==========
Cloudlet ID    STATUS    Data center ID    VM ID    Time    Start Time    Finish Time
    0          SUCCESS        2              0       400       0.1           400.1
*****Datacenter: Datacenter_0*****
User id        Debt
3          35.6
*****************************
CloudSimExample1 finished!
```

　　CloudSimExample4 展示了如何创建两个数据中心，每个数据中心有一台主机，并在其上运行两个云任务。代理会自动为虚拟机选择在哪个数据中心的哪个主机上创建的工作。

代码清单 9-2　CloudSimExample4.java

```java
public static void main(String[] args) {
    Log.printLine("Starting CloudSimExample4...");
    try {
        // 第一步: 初始化 CloudSim
        int num_user = 1;
        Calendar calendar = Calendar.getInstance();
        boolean trace_flag = false;
        CloudSim.init(num_user, calendar, trace_flag);
        // 第二步:: 创建数据中心
        // 创建两个数据中心
        Datacenter datacenter0 = createDatacenter("Datacenter_0");
        Datacenter datacenter1 = createDatacenter("Datacenter_1");
        // 第三步: 创建数据中心代理
        DatacenterBroker broker = createBroker();
        int brokerId = broker.getId();
        // 第四步: 创建虚拟机
        vmlist = new ArrayList<Vm>();
        // 虚拟机属性
        int vmid = 0;
        int mips = 250;
        long size = 10000;
        int ram = 512;
        long bw = 1000;
        int pesNumber = 1;
        String vmm = "Xen";
        // 创建两个虚拟机
        Vm vm1 = new Vm(vmid, brokerId, mips, pesNumber, ram, bw, size, vmm,
        new CloudletSchedulerTimeShared());
        vmid++;
        Vm vm2 = new Vm(vmid, brokerId, mips, pesNumber, ram, bw, size, vmm,
        new CloudletSchedulerTimeShared());
        // 添加虚拟机到虚拟机列表
        vmlist.add(vm1);
        vmlist.add(vm2);
        // 提交虚拟机列表到代理
        broker.submitVmList(vmlist);
        // 第五步: 创建两个任务
        cloudletList = new ArrayList<Cloudlet>();
        // 任务参数
        int id = 0;
        long length = 40000;
        long fileSize = 300;
        long outputSize = 300;
        UtilizationModel utilizationModel = new UtilizationModelFull();
        Cloudlet cloudlet1 = new Cloudlet(id, length, pesNumber, fileSize,
        outputSize, utilizationModel, utilizationModel, utilizationModel);
        cloudlet1.setUserId(brokerId);
        id++;
        Cloudlet cloudlet2 = new Cloudlet(id, length, pesNumber, fileSize,
        outputSize, utilizationModel, utilizationModel, utilizationModel);
        cloudlet2.setUserId(brokerId);
        // 添加任务到任务列表
        cloudletList.add(cloudlet1);
```

```
                    cloudletList.add(cloudlet2);
                    // 提交任务列表
                    broker.submitCloudletList(cloudletList);
                    // 代理绑定任务与虚拟机
                    // 绑定后任务只在对应的虚拟机上运行
                    broker.bindCloudletToVm(cloudlet1.getCloudletId(),vm1.getId());
                    broker.bindCloudletToVm(cloudlet2.getCloudletId(),vm2.getId());
                    // 第六步：启动仿真
                    CloudSim.startSimulation();
                    // 第七步：统计结果并输出结果
                    List<Cloudlet> newList = broker.getCloudletReceivedList();
                    CloudSim.stopSimulation();
                    printCloudletList(newList);
                    // 打印每个数据中心的成本
                    datacenter0.printDebts();
                    datacenter1.printDebts();
                    Log.printLine("CloudSimExample4 finished!");
            }
            catch (Exception e) {
                    e.printStackTrace();
                    Log.printLine("The simulation has been terminated due to an unexpected
                    error");
            }
        }
    }
```

运行结果如下：

```
Starting CloudSimExample4...
Initialising...
Starting CloudSim version 3.0
Datacenter_0 is starting...
Datacenter_1 is starting...
Broker is starting...
Entities started.
0.0: Broker: Cloud Resource List received with 2 resource(s)
0.0: Broker: Trying to Create VM #0 in Datacenter_0
0.0: Broker: Trying to Create VM #1 in Datacenter_0
[VmScheduler.vmCreate] Allocation of VM #1 to Host #0 failed by MIPS
0.1: Broker: VM #0 has been created in Datacenter #2, Host #0
0.1: Broker: Creation of VM #1 failed in Datacenter #2
0.1: Broker: Trying to Create VM #1 in Datacenter_1
0.2: Broker: VM #1 has been created in Datacenter #3, Host #0
0.2: Broker: Sending cloudlet 0 to VM #0
0.2: Broker: Sending cloudlet 1 to VM #1
160.2: Broker: Cloudlet 0 received
160.2: Broker: Cloudlet 1 received
160.2: Broker: All Cloudlets executed. Finishing...
160.2: Broker: Destroying VM #0
160.2: Broker: Destroying VM #1
Broker is shutting down...
Simulation: No more future events
CloudInformationService: Notify all CloudSim entities for shutting down.
Datacenter_0 is shutting down...
Datacenter_1 is shutting down...
Broker is shutting down...
Simulation completed.
Simulation completed.
```

```
========== OUTPUT ==========
Cloudlet ID    STATUS    Data center ID    VM ID    Time    Start Time    Finish Time
    0          SUCCESS         2              0      160       0.2           160.2
    1          SUCCESS         3              1      160       0.2           160.2
*****Datacenter: Datacenter_0*****
User id        Debt
4        35.6
************************************
*****Datacenter: Datacenter_1*****
User id        Debt
4        35.6
************************************
CloudSimExample4 finished!
```

值得注意的是，由于数据中心的主机都用了 VmSchdeulerSpaceShared 策略，见
createDatacenter () 函数的代码，而主机只有一个 CPU 核芯，故 VM#1 创建失败。

```
hostList.add(new Host(hostId, new RamProvisionerSimple(ram),
                   new BwProvisionerSimple(bw), storage, peList,
                   new VmSchedulerSpaceShared(peList)
                   )
);
```

9.4.2 CloudSim 网络编程

以 org.cloudbus.cloudsim.examples.network.NetworkExample1 为例，该例子展示了如何创建
一个有网络拓扑的数据中心并且在其上运行一个云任务。例子通过读取 topology.brite 文件来构
造网络拓扑。网络拓扑的信息包括结点的位置、结点间的有向边、边时延、边带宽等信息，能
够模拟基于网络位置、时延、带宽等的网络环境，有效地计算网络传输造成的花销。与前面例
子不同的是，网络编程需要调用 org.cloudbus.cloudsim.NetworkTopology 构造网络拓扑图，然
后把 CloudSim 实体与拓扑图的结点进行映射。

代码清单 9-3 网络编程示例

```
public static void main(String[] args) {
        Log.printLine("Starting NetworkExample1...");
        try {
            // 第一步：初始化 CloudSim
            int num_user = 1;
            Calendar calendar = Calendar.getInstance();
            boolean trace_flag = false;
            CloudSim.init(num_user, calendar, trace_flag);
            // 第二步：创建数据中心
            Datacenter datacenter0 = createDatacenter("Datacenter_0");
            // 第三步：创建代理
            DatacenterBroker broker = createBroker();
            int brokerId = broker.getId();
            // 第四步：创建一个虚拟机
            vmlist = new ArrayList<Vm>();
            // 虚拟机参数
            int vmid = 0;
            int mips = 250;
            long size = 10000;
            int ram = 512;
            long bw = 1000;
            int pesNumber = 1;
```

```
            String vmm = "Xen";
            // 创建虚拟机
            Vm vm1 = new Vm(vmid, brokerId, mips, pesNumber, ram, bw, size, vmm,
            new CloudletSchedulerTimeShared());
            vmlist.add(vm1);
            // 提交虚拟机列表到代理
            broker.submitVmList(vmlist);
            // 第五步: 创建一个任务
            cloudletList = new ArrayList<Cloudlet>();
            // 任务参数
            int id = 0;
            long length = 40000;
            long fileSize = 300;
            long outputSize = 300;
            UtilizationModel utilizationModel = new UtilizationModelFull();
            Cloudlet cloudlet1 = new Cloudlet(id, length, pesNumber, fileSize,
            outputSize, utilizationModel, utilizationModel, utilizationModel);
            cloudlet1.setUserId(brokerId);
            cloudletList.add(cloudlet1);
            // 提交任务列表到代理
            broker.submitCloudletList(cloudletList);
            // 第六步: 配置网络
            // 加载网络拓扑文件
            NetworkTopology.buildNetworkTopology("topology.brite");
            // 注意: 直接运行该例子, 可能会运行失败, 报错找不到 topology.brite
            // 解决方法: 一种方法是将 buildNetworkTopology() 中的参数改为 topology.brite
            // 的绝对路径; 另一种方法是把 topology.brite 复制到项目的根目录下
            // CloudSim 实体与拓扑图中的对象建立映射
            // 数据中心对应拓扑图的结点 0
            int briteNode=0;
            NetworkTopology.mapNode(datacenter0.getId(),briteNode);
            // 代理对应拓扑图的结点 3
            briteNode=3;
            NetworkTopology.mapNode(broker.getId(),briteNode);
            // 第七步: 启动仿真
            CloudSim.startSimulation();
            // 第八步: 统计结果并输出结果
            List<Cloudlet> newList = broker.getCloudletReceivedList();
            CloudSim.stopSimulation();
            printCloudletList(newList);
            // 打印数据中心的成本
            datacenter0.printDebts();
            Log.printLine("NetworkExample1 finished!");
        }
        catch (Exception e) {
            e.printStackTrace();
            Log.printLine("The simulation has been terminated due to an unexpected
            error");
        }
    }
```

代码清单 9-4 topology.brite

```
Topology: ( 5 Nodes, 8 Edges )
Model (1 - RTWaxman):  5 5 5 1  2  0.15000000596046448 0.20000000298023224 1 1 10.0
1024.0

Nodes: ( 5 )
```

```
0    1    3    3    3    -1     RT_NODE
1    0    3    3    3    -1     RT_NODE
2    4    3    3    3    -1     RT_NODE
3    3    1    3    3    -1     RT_NODE
4    3    3    4    4    -1     RT_NODE


Edges:  ( 8 )
0    2    0    3.0                1.1    10.0    -1    -1    E_RT    U
1    2    1    4.0                2.1    10.0    -1    -1    E_RT    U
2    3    0    2.8284271247461903 3.9    10.0    -1    -1    E_RT    U
3    3    1    3.605551275463989  4.1    10.0    -1    -1    E_RT    U
4    4    3    2.0                5.0    10.0    -1    -1    E_RT    U
5    4    2    1.0                4.0    10.0    -1    -1    E_RT    U
6    0    4    2.0                3.0    10.0    -1    -1    E_RT    U
7    1    4    3.0                4.1    10.0    -1    -1    E_RT    U
```

程序会寻找标记"Nodes:"和"Edges:","Nodes"是结点信息,其中第一列是结点序号,第二列是结点的横坐标,第三列是纵坐标。"Edges"是边信息,第一列是边序号,第二列是始结点序号,第三列是终结点序号,第四列是边长度,第五列是边时延,第六列是边带宽。CloudSim 中只用到了以上信息。如此,我们就能构造自己需要的网络拓扑了。

运行结果如下:

```
Starting NetworkExample1...
Initialising...
Topology file: topology.brite
Starting CloudSim version 3.0
Datacenter_0 is starting...
Broker is starting...
Entities started.
0.0: Broker: Cloud Resource List received with 1 resource(s)
7.800000190734863: Broker: Trying to Create VM #0 in Datacenter_0
15.700000381469726: Broker: VM #0 has been created in Datacenter #2, Host #0
15.700000381469726: Broker: Sending cloudlet 0 to VM #0
183.50000057220458: Broker: Cloudlet 0 received
183.50000057220458: Broker: All Cloudlets executed. Finishing...
183.50000057220458: Broker: Destroying VM #0
Broker is shutting down...
Simulation: No more future events
CloudInformationService: Notify all CloudSim entities for shutting down.
Datacenter_0 is shutting down...
Broker is shutting down...
Simulation completed.
Simulation completed.


========== OUTPUT ==========
Cloudlet ID    STATUS    Data center ID    VM ID    Time    Start Time    Finish Time
    0          SUCCESS         2             0       160       19.6          179.6
*****Datacenter: Datacenter_0*****
User id        Debt
3         35.6
********************************
NetworkExample1 finished!
```

注意,如"7.800000190734863: Broker: Trying to Create VM #0 in Datacenter_0"中的 7.800000190734863 是 CloudSim 中的仿真时间。

9.4.3 CloudSim 能耗编程

能耗模拟的例子有多个，代码实现类似。这些例子通过读取负载文件中的 CPU 利用率数据作为云任务的利用率，实现云任务负载的动态变化。因此在仿真过程中，会出现主机的负载不平衡，程序通过动态迁移负载过高的主机中的虚拟机到负载低的主机，实现了负载动态适应的算法，并且应用能耗 -CPU 利用率模型计算数据中心消耗的能耗。事实上，下面介绍的程序不仅仅适用于能耗编程，更大的意义在于展示虚拟机调度算法，可以计算虚拟机的迁移时间、服务等级协议（Service-Level Agreement，SLA）的违背率、主机利用率等指标，这样我们就能进行动态的虚拟机调度、任务调度、能耗模拟。

这些例子的差别在于虚拟机分配策略 VmAllocationPolicy 和虚拟机选择策略 VmSelectionPolicy 的不同。VmAllocationPolicy 的作用是为虚拟机选择要放置的主机，而 VmSelectionPolicy 的作用是选择由于主机负载过高而要迁移的虚拟机。下面以 org.cloudbus.cloudsim.examples.power.planetlab.IqrMc 为例子解释说明。IqrMc 中使用了 PowerVmAllocationPolicyMigrationInterQuartileRange 的虚拟机分配策略和 PowerVmSelectionPolicyMaximumCorrelation 的虚拟机选择策略。Inter Quartile Range 是指四分位数间距。Maximum Correlation 是指最大相关系数。IqrMc.java 的代码十分简单，但实际上这个例子相比前面的例子复杂得多，因为具体实现的代码在其他类中。

代码清单 9-5　能耗编程示例

```java
public static void main(String[] args) throws IOException {
        boolean enableOutput = false;
        boolean outputToFile = true;
        String inputFolder = IqrMc.class.getClassLoader().getResource("workload/
        planetlab ").getPath();
        String outputFolder = "output";
        String workload = "20110303";      // 负载数据
        String vmAllocationPolicy = "iqr"; // 四分间距分配策略 (Inter Quartile Range)
        String vmSelectionPolicy = "mc";   // 最大相关系数选择策略 (Maximum Correlation)
        String parameter = "1.5";          // Iqr 策略中的安全参数

        new PlanetLabRunner(
            enableOutput,
            outputToFile,
            inputFolder,
            outputFolder,
            workload,
            vmAllocationPolicy,
            vmSelectionPolicy,
            parameter);
    }
```

如果运行不了，出现错误如下：

java.lang.NullPointerException
   at org.cloudbus.cloudsim.examples.power.planetlab.PlanetLabHelper.create
   CloudletListPlanetLab **(PlanetLabHelper.java:49)**
   at org.cloudbus.cloudsim.examples.power.planetlab.PlanetLabRunner.init
   (PlanetLabRunner.java:71)
   at org.cloudbus.cloudsim.examples.power.RunnerAbstract.<init>
   (RunnerAbstract.java:95)
   at org.cloudbus.cloudsim.examples.power.planetlab.PlanetLabRunner.<init>
   (PlanetLabRunner.java:55)

at org.cloudbus.cloudsim.examples.power.planetlab.IqrMc.main*(IqrMc. java:42)*
The simulation has been terminated due to an unexpected error

则有可能是因为负载文件 workload/planetlab/20110303 的绝对路径中有空格，这样它在读取路径时会把空格转义为"%20"，因而读取文件失败。解决方法是：把 String inputFolder=IqrMc.class. getClassLoader ().getResource ("workload/planetlab ") .getPath (); 改为 String inputFolder=IqrMc.class.getClass-Loader ().getResource ("workload/planetlab") .toURI () .getPath (); 并且在 throws IOException 后加上"，URISyntaxException"，即变成 throws IOException, URISyntaxException 即可。

PlanetLabRunner 的源代码通过 org.cloudbus.cloudsim.examples.power.Helper 类和 org.cloudbus. cloudsim.examples.power.planetlab.PlanetLabHelper 类创建了代理、云任务、虚拟机列表、主机列表。而数据中心是在其父类 RunnerAbstract 中创建的。

代码清单 9-6　PlanetLabRunner.Java

```java
public class PlanetLabRunner extends RunnerAbstract {
    public PlanetLabRunner(
            boolean enableOutput,
            boolean outputToFile,
            String inputFolder,
            String outputFolder,
            String workload,
            String vmAllocationPolicy,
            String vmSelectionPolicy,
            String parameter) {
        super(
            enableOutput,
            outputToFile,
            inputFolder,
            outputFolder,
            workload,
            vmAllocationPolicy,
            vmSelectionPolicy,
            parameter);
    }

    @Override
    protected void init(String inputFolder) {
        try {
            CloudSim.init(1, Calendar.getInstance(), false);
            broker = Helper.createBroker();                    //创建代理
            int brokerId = broker.getId();
            //创建云任务，其中云任务的利用率是读取负载文件的
            cloudletList = PlanetLabHelper.createCloudletListPlanetLab(brokerId,
            inputFolder);
            vmList = Helper.createVmList(brokerId, cloudletList.size());
            //创建虚拟机列表
            //创建能耗主机列表
            hostList = Helper.createHostList(PlanetLabConstants.NUMBER_OF_HOSTS);
        } catch (Exception e) {
            e.printStackTrace();
            Log.printLine("The simulation has been terminated due to an unexpected
            error");
            System.exit(0);
        }
    }
}
```

org.cloudbus.cloudsim.examples.power. RunnerAbstract 的 start () 方法创建数据中心，并且定义了仿真的启动与结束。RunnerAbstract 在其构造函数中会执行 init () 方法（由子类 PlanetLabRunner 具体实现）和 start () 方法。

```java
protected void start(String experimentName, String outputFolder, VmAllocationPolicy
vmAllocationPolicy) {
        System.out.println("Starting " + experimentName);
        try {
                PowerDatacenter datacenter = (PowerDatacenter) Helper.createDatacenter(
                        "Datacenter",PowerDatacenter.class, hostList, vmAllocationPolicy);
                datacenter.setDisableMigrations(false);
                broker.submitVmList(vmList);
                broker.submitCloudletList(cloudletList);
                CloudSim.terminateSimulation(Constants.SIMULATION_LIMIT);
                //设置仿真超时时间，超时则结束仿真
                double lastClock = CloudSim.startSimulation(); //仿真总时间
                List<Cloudlet> newList = broker.getCloudletReceivedList();
                Log.printLine("Received " + newList.size() + " cloudlets");
                CloudSim.stopSimulation();
                Helper.printResults(datacenter, vmList, lastClock, experimentName,
                        Constants.OUTPUT_CSV, outputFolder);
        } catch (Exception e) {
            e.printStackTrace();
            Log.printLine("The simulation has been terminated due to an
            unexpected error");
            System.exit(0);
        }
            Log.printLine("Finished " + experimentName);
    }
```

创建云任务由 org.cloudbus.cloudsim.examples.power.planetlab.PlanetLabHelper 通过读取 CPU 利用率数据，构建负载动态变化的云任务。

```java
public static List<Cloudlet> createCloudletListPlanetLab(int brokerId, String
inputFolderName) throws FileNotFoundException {
        List<Cloudlet> list = new ArrayList<Cloudlet>();
        long fileSize = 300;
        long outputSize = 300;
        UtilizationModel utilizationModelNull = new UtilizationModelNull();
        File inputFolder = new File(inputFolderName);
        File[] files = inputFolder.listFiles();                //列出文件夹中的文件
        for (int i = 0; i < files.length; i++) {               //1052 个文件, 1052 个任务
        Cloudlet cloudlet = null;
        try {
                cloudlet = new Cloudlet(i,
                        Constants.CLOUDLET_LENGTH,             //任务长度 2500*24*60*60
                        Constants.CLOUDLET_PES,                //核芯数 1
                        fileSize,                              //文件大小
                        outputSize,                            //输出文件大小
                        new UtilizationModelPlanetLabInMemory(
                                                               //读取文件的利用率模型
                                files[i].getAbsolutePath(),
                                Constants.SCHEDULING_INTERVAL),
                                                               //间隔 60*5=300 秒
                        utilizationModelNull,                  //内存利用率模型为 0 模型
                        utilizationModelNull);                 //带宽利用率模型为 0 模型
        } catch (Exception e) {
```

```
                e.printStackTrace();
                System.exit(0);
        }
            cloudlet.setUserId(brokerId);
            cloudlet.setVmId(i);
            list.add(cloudlet);
        }
        return list;
    }
```

org.cloudbus.cloudsim.UtilizationModelPlanetLabInMemory 是接口类 UtilizationModel 的实现。实现 UtilizationModel 的接口必须实现 getUtilization () 方法来获取利用率。负载文件是每隔 5min 采样一个点，共 24h，288 个点。

```
public class UtilizationModelPlanetLabInMemory implements UtilizationModel {
    private double schedulingInterval;                     //调度间隔，这里就是5min
    private final double[] data = new double[288];         //数据 (5min * 288 = 24h)
    public UtilizationModelPlanetLabInMemory(String inputPath, double schedulingInterval)
    throws NumberFormatException, IOException {
        setSchedulingInterval(schedulingInterval);         //设置调度间隔
        //读取文件的数据，每个数据占一行。data 的数在区间 [0,1]。
        BufferedReader input = new BufferedReader(new FileReader(inputPath));
        int n = data.length;
        for (int i = 0; i < n - 1; i++) {
            data[i] = Integer.valueOf(input.readLine()) / 100.0;
        }
        data[n - 1] = data[n - 2];
        input.close();
    }

    @Override
    public double getUtilization(double time) {
        if (time % getSchedulingInterval() == 0) {
            return data[(int) time / (int) getSchedulingInterval()];
        }                                                  //能整除间隔则返回已知的数据
        int time1 = (int) Math.floor(time / getSchedulingInterval());
        int time2 = (int) Math.ceil(time / getSchedulingInterval());
        double utilization1 = data[time1];
        double utilization2 = data[time2];
        double delta = (utilization2 - utilization1) / ((time2 - time1) *
        getSchedulingInterval());
        double utilization = utilization1 + delta * (time - time1 *
        getSchedulingInterval());
        //不能整除则利用相邻数据线性拟合
        return utilization;
    }
}
```

Helper 类创建了 1052 个云任务（因为有 1052 个负载文件）、1052 个虚拟机、800 个主机。虚拟机有 4 种类型，不同类型对应不同的 MIPS 和 RAM。主机有两种类型，对应不同的 MIPS、RAM 和能耗 -CPU 利用率模型，见 org.cloudbus.cloudsim.examples.power.Constants。

```
    public final static int VM_TYPES    = 4;
    public final static int[] VM_MIPS   = { 2500, 2000, 1000, 500 };
    public final static int[] VM_PES    = { 1, 1, 1, 1 };
    public final static int[] VM_RAM    = { 870,  1740, 1740, 613 };
    public final static int VM_BW       = 100000;          //100 Mb/s
```

```
public final static int VM_SIZE      = 2500;      // 2.5 GB
public final static int HOST_TYPES      = 2;
public final static int[] HOST_MIPS   = { 1860, 2660 };
public final static int[] HOST_PES    = { 2, 2 };
public final static int[] HOST_RAM    = { 4096, 4096 };
public final static int HOST_BW       = 1000000;   // 1 Gb/s
public final static int HOST_STORAGE = 1000000;    // 1 GB
public final static PowerModel[] HOST_POWER = {
    new PowerModelSpecPowerHpProLiantMl110G4Xeon3040(),
    new PowerModelSpecPowerHpProLiantMl110G5Xeon3075()
};
```

其中，能耗 -CPU 利用率模型定义在 org.cloudbus.cloudsim.power.models 包内，基类 PowerModel 是一个接口类，下面以 PowerModelSpecPowerHpProLiantMl110G4Xeon3040 () 为例介绍。Power-ModelSpecPower 类是 PowerModelSpecPowerHpProLiantMl110G3PentiumD930 的父类，该类需要知道 CPU 利用率在 0%, 10%, …, 100% 情况下的能耗值，这些能耗值由子类来具体实现。而其他情况下，采用线性拟合的方法计算。

```
public abstract class PowerModelSpecPower implements PowerModel {
    @Override
    public double getPower(double utilization) throws IllegalArgumentException {
        if (utilization < 0 || utilization > 1) {
        throw new IllegalArgumentException("Utilization value must be between 0 and 1");
        }
        if (utilization % 0.1 == 0) {
            return getPowerData((int) (utilization * 10));
        }                                              // 能整除的直接使用已知数据
        int utilization1 = (int) Math.floor(utilization * 10);
        int utilization2 = (int) Math.ceil(utilization * 10);
        double power1 = getPowerData(utilization1);
        double power2 = getPowerData(utilization2);
        double delta = (power2 - power1) / 10;
        double power = power1 + delta * (utilization - (double) utilization1 / 10) * 100;
        // 不能整除的采用线性拟合
        return power;
    }
    protected abstract double getPowerData(int index);
}
public class PowerModelSpecPowerHpProLiantMl110G3PentiumD930 extends PowerModelSpecPower {
    private final double[] power = { 86, 89.4, 92.6, 96, 99.5, 102, 106, 108, 112,
    114, 117 };
    // 利用率在 0% , 10% , … , 100% 下的能耗
    @Override
    protected double getPowerData(int index) {
        return power[index];
    }}
```

org.cloudbus.cloudsim.power.PowerVmAllocationPolicyMigrationInterQuartileRange 类继承了 PowerVmAllocationPolicyMigrationAbstract，继承该类关键在于实现 isHostOverUtilized () 方法，CloudSim 中的所有 PowerVmAllocationPolicyMigration 具体实现的关键不同在于 isHostOverUtilized () 方法的不同。其他主要方法在 PowerVmAllocationPolicyMigrationAbstract 类中已定义好。

```
public class PowerVmAllocationPolicyMigrationInterQuartileRange extends
        PowerVmAllocationPolicyMigrationAbstract {
    @Override
    protected boolean isHostOverUtilized(PowerHost host) {
```

```
PowerHostUtilizationHistory _host = (PowerHostUtilizationHistory) host;
double upperThreshold = 0;
try {                                            // upperThreshold 利用率的阈值
    upperThreshold = 1 - getSafetyParameter() * getHostUtilizationIqr(_host);
    // SafetyParameter 就是 IqrMc 中的安全参数 1.5
    // getHostUtilizationIqr() 获取主机历史利用率的四位分距
} catch (IllegalArgumentException e) {
    return getFallbackVmAllocationPolicy().isHostOverUtilized(host);
    // 如果计算四位分距失败，则调用后备的分配策略，默认为静态
    // 阈值分配策略 PowerVmAllocationPolicyMigrationStaticThreshold
}
addHistoryEntry(host, upperThreshold);           // 保存数据作为历史
double totalRequestedMips = 0;                   // 总请求计算量
for (Vm vm : host.getVmList()) {
    totalRequestedMips += vm.getCurrentRequestedTotalMips();
}
double utilization = totalRequestedMips / host.getTotalMips();
// 利用率 = 总请求计算量 / 总计算能力
return utilization > upperThreshold;
}
```

org.cloudbus.cloudsim.power.PowerVmAllocationPolicyMigrationAbstract 是整个虚拟机调度的关键。该类定义了 optimizeAllocation () 方法，在执行任务过程中，把高负载的主机中的虚拟机迁移到低负载的主机。要实现自己的调度算法，就是要重写 optimizeAllocation () 方法，PowerDatacenter 在每隔一段时间更新任务进度时会调用该方法，避免主机过载。

```
public abstract class PowerVmAllocationPolicyMigrationAbstract extends
PowerVmAllocationPolicyAbstract {
@Override
    public List<Map<String, Object>> optimizeAllocation(List<? extends Vm> vmList) {
        ExecutionTimeMeasurer.start("optimizeAllocationTotal");
        // 记录优化分配的开始时间
        ExecutionTimeMeasurer.start("optimizeAllocationHostSelection");
        // 记录选择过载主机的开始时间
        List<PowerHostUtilizationHistory> overUtilizedHosts = getOverUtilizedHosts();
        // 获取过载的主机，由子类 isHostOverUtilized() 方法判断是否过载
        getExecutionTimeHistoryHostSelection().add(
                ExecutionTimeMeasurer.end("optimizeAllocationHostSelection"));
                                              // 保存选择过载主机所用时间
        printOverUtilizedHosts(overUtilizedHosts);       // 打印过载主机
        saveAllocation();                                // 保存原来的虚拟机分配情况
        ExecutionTimeMeasurer.start("optimizeAllocationVmSelection");
                                         // 记录选择要迁移的虚拟机的开始时间
        List<? extends Vm> vmsToMigrate =
                getVmsToMigrateFromHosts(overUtilizedHosts);
        // 从过载的主机选择迁移虚拟机，调用 VmSelectionPolicy
        // 本例即为 PowerVmSelectionPolicyMaximumCorrelation
        getExecutionTimeHistoryVmSelection().add(ExecutionTimeMeasurer.end(
        "optimizeAllocationVmSelection"));
        // 保存选择虚拟机所用时间
        Log.printLine("Reallocation of VMs from the over-utilized hosts:");
        ExecutionTimeMeasurer.start("optimizeAllocationVmReallocation");
                                                    // 记录虚拟机再分配的开始时间
        List<Map<String, Object>> migrationMap = getNewVmPlacement(vmsToMigrate,
        new HashSet<Host>(overUtilizedHosts));
                                              // 为虚拟机寻找重新分配的主机
        getExecutionTimeHistoryVmReallocation().add(
```

```
                    ExecutionTimeMeasurer.end("optimizeAllocationVmReallocation"));
                                            // 保存虚拟机再分配所用时间
            Log.printLine();
            migrationMap.addAll(
            getMigrationMapFromUnderUtilizedHosts(overUtilizedHosts));
                                            // 从低负载的主机寻找迁移虚拟机 - 新主机映射
            restoreAllocation();           // 恢复原来的虚拟机分配情况，还未迁移
            getExecutionTimeHistoryTotal().add(ExecutionTimeMeasurer.end(
            "optimizeAllocationTotal"));    // 保存优化分配的时间
            return migrationMap;           // 返回迁移的虚拟机 - 新主机映射列表
        }

        protected List<Map<String, Object>> getNewVmPlacement(List<? extends Vm>
        vmsToMigrate , Set<? extends Host> excludedHosts) {
            List<Map<String, Object>> migrationMap = new LinkedList<Map<String, Object>>();
                                            // 虚拟机 - 新主机映射列表
            PowerVmList.sortByCpuUtilization(vmsToMigrate); // 按利用率升序排列
            for (Vm vm : vmsToMigrate) {    // 利用率低的虚拟机优先
                PowerHost allocatedHost = findHostForVm(vm, excludedHosts);
                        // 给虚拟机寻找主机，excludedHosts 是给 VM 迁移不用考虑的主机
                if (allocatedHost != null) {
                    allocatedHost.vmCreate(vm);         // 在主机中创建虚拟机
                    Log.printLine("VM #" + vm.getId() + " allocated to host #" +
                    allocatedHost.getId());
                    Map<String, Object> migrate = new HashMap<String, Object>();
                    migrate.put("vm", vm);
                    migrate.put("host", allocatedHost);
                    migrationMap.add(migrate);          // 把虚拟机 - 新主机映射添加到列表
                }
            }
            return migrationMap;
        }

    protected List<Map<String, Object>> getMigrationMapFromUnderUtilizedHosts(
            List<PowerHostUtilizationHistory> overUtilizedHosts) {
        List<Map<String, Object>> migrationMap = new LinkedList
        <Map<String, Object>>();                // 虚拟机 - 新主机映射列表
        List<PowerHost> switchedOffHosts = getSwitchedOffHosts();
                                            // 关闭的主机
// 为了寻找低载主机，过载的主机、关闭的主机、已确定为迁移目标的主机是不考虑的
        Set<PowerHost> excludedHostsForFindingUnderUtilizedHost =
        new HashSet<PowerHost>();
        excludedHostsForFindingUnderUtilizedHost.addAll(overUtilizedHosts);
        excludedHostsForFindingUnderUtilizedHost.addAll(switchedOffHosts);
        excludedHostsForFindingUnderUtilizedHost.addAll(
        extractHostListFromMigrationMap(migrationMap));

        // 为了给虚拟机寻找新的主机，过载的主机和关闭的主机是不考虑的
        Set<PowerHost> excludedHostsForFindingNewVmPlacement = new HashSet<PowerHost>();
        excludedHostsForFindingNewVmPlacement.addAll(overUtilizedHosts);
        excludedHostsForFindingNewVmPlacement.addAll(switchedOffHosts);
        int numberOfHosts = getHostList().size();
        while (true) {
            if (numberOfHosts == excludedHostsForFindingUnderUtilizedHost.size()) {
                break;                              // 如果不考虑的主机数等于总主机数，跳出
            }
            PowerHost underUtilizedHost =
        getUnderUtilizedHost(excludedHostsForFindingUnderUtilizedHost);
                                            // 排除不考虑的主机，找低载的一个主机
```

```
                if (underUtilizedHost == null) {              // 找不到，跳出
                    break;
                }
            Log.printLine("Under-utilized host: host #" + underUtilizedHost.getId() + "\n");
                // 找到低载主机也不考虑
                excludedHostsForFindingUnderUtilizedHost.add(underUtilizedHost);
                excludedHostsForFindingNewVmPlacement.add(underUtilizedHost);
                List<? extends Vm> vmsToMigrateFromUnderUtilizedHost =
                        getVmsToMigrateFromUnderUtilizedHost(underUtilizedHost);
                                           // 从低载的主机找要迁移的主机
                if (vmsToMigrateFromUnderUtilizedHost.isEmpty()) {
                continue;
                // 如果该低载的主机中不存在将要迁移的虚拟机，继续找下一个主机
                }
                Log.print("Reallocation of VMs from the under-utilized host: ");
                if (!Log.isDisabled()) {
                    for (Vm vm : vmsToMigrateFromUnderUtilizedHost) {
                        Log.print(vm.getId() + " ");
                    }
                }
                Log.printLine();
                // 给低载主机要迁移的虚拟机寻找新的主机
                List<Map<String, Object>> newVmPlacement =
                getNewVmPlacementFromUnderUtilizedHost(
                        vmsToMigrateFromUnderUtilizedHost,
                        excludedHostsForFindingNewVmPlacement);
                excludedHostsForFindingUnderUtilizedHost.addAll(
                extractHostListFromMigrationMap(newVmPlacement));
                // 新找到的主机接下来不做考虑了
                migrationMap.addAll(newVmPlacement);            // 添加到映射列表中
                Log.printLine();
            }
        return migrationMap;
    }
    protected List<Map<String, Object>> getNewVmPlacementFromUnderUtilizedHost(
        List<? extends Vm> vmsToMigrate, Set<? extends Host> excludedHosts) {
        List<Map<String, Object>> migrationMap = new LinkedList
        <Map<String, Object>>();
        PowerVmList.sortByCpuUtilization(vmsToMigrate); // 按利用率升序排列
        for (Vm vm : vmsToMigrate) {
            PowerHost allocatedHost = findHostForVm(vm, excludedHosts);
            // 给虚拟机寻找主机
            if (allocatedHost != null) {
                allocatedHost.vmCreate(vm);              // 在主机中创建虚拟机
        Log.printLine("VM #" + vm.getId() + " allocated to host #" +
        allocatedHost.getId());
                Map<String, Object> migrate = new HashMap<String, Object>();
                migrate.put("vm", vm);
                migrate.put("host", allocatedHost);
                migrationMap.add(migrate);               // 添加到映射列表
            } else {                                     // 找不到能迁移的主机
Log.printLine("Not all VMs can be reallocated from the host, reallocation cancelled");
                for (Map<String, Object> map : migrationMap) {
                    ((Host) map.get("host")).vmDestroy((Vm) map.get("vm"));
                }                                        // 删除主机中的虚拟机
                migrationMap.clear();                    // 清空映射列表
                break;
            }
        }
```

```
            return migrationMap;
    }


protected List<? extends Vm> getVmsToMigrateFromUnderUtilizedHost(
PowerHost host) {
        List<Vm> vmsToMigrate = new LinkedList<Vm>();
        for (Vm vm : host.getVmList()) {              // 遍历主机中的所有虚拟机
            if (!vm.isInMigration()) {                // 如果虚拟机不是正在迁移中
                vmsToMigrate.add(vm);                 // 则选为将要迁移的虚拟机
            }
        }
        return vmsToMigrate;
    }


public PowerHost findHostForVm(Vm vm, Set<? extends Host> excludedHosts) {
        double minPower = Double.MAX_VALUE;
        PowerHost allocatedHost = null;
        for (PowerHost host : this.<PowerHost> getHostList()) {
            if (excludedHosts.contains(host)) {              // 跳过不考虑的主机
                continue;
            }
            if (host.isSuitableForVm(vm)) {
                // 判断主机是否在计算能力、内存、带宽等方面能满足虚拟机
                if (getUtilizationOfCpuMips(host) != 0 &&
                    isHostOverUtilizedAfterAllocation(host, vm)) {
                    // 如果主机利用率非零且分配后没有过载则再找
                    continue;
                }
                try {
                    double powerAfterAllocation = getPowerAfterAllocation(host, vm);
                                                    // 计算分配后的能耗
                    if (powerAfterAllocation != -1) {
                        double powerDiff = powerAfterAllocation - host.getPower();
                                                    // 分配前后的能耗差
                        if (powerDiff < minPower) {      // 寻找能耗差最小的主机
                            minPower = powerDiff;
                            allocatedHost = host;
                        }
                    }
                } catch (Exception e) {
                }
            }
        }
        return allocatedHost;
    }
```

虚拟机策略 org.cloudbus.cloudsim.power. PowerVmSelectionPolicyMaximumCorrelation 是为了找出主机中负载复相关性。

```
public class PowerVmSelectionPolicyMaximumCorrelation extends PowerVmSelectionPolicy {
    public Vm getVmToMigrate(final PowerHost host) {
        List<PowerVm> migratableVms = getMigratableVms(host);
        // 主机中可迁移的虚拟机
        if (migratableVms.isEmpty()) {
            return null;
        }
        List<Double> metrics = null;
        try {
```

```
        // 指标是每个虚拟机的利用率历史与其他虚拟机利用率历史的复相关系数
        metrics = getCorrelationCoefficients(getUtilizationMatrix(migratableVms));
    } catch (IllegalArgumentException e) {
        return getFallbackPolicy().getVmToMigrate(host);
        // 失败则调用回退选择策略返回要迁移的虚拟机
    }

    double maxMetric = Double.MIN_VALUE;
    int maxIndex = 0;
    for (int i = 0; i < metrics.size(); i++) {
        double metric = metrics.get(i);
        if (metric > maxMetric) {                    // 寻找复相关系数最大的虚拟机
            maxMetric = metric;
            maxIndex = i;
        }
    }
    return migratableVms.get(maxIndex);
}


protected double[][] getUtilizationMatrix(final List<PowerVm> vmList) {
    int n = vmList.size();                            // 虚拟机数
    int m = getMinUtilizationHistorySize(vmList);     // 最小的利用率历史长度
    double[][] utilization = new double[n][m];        // n*m 的利用率矩阵
    for (int i = 0; i < n; i++) {
        List<Double> vmUtilization = vmList.get(i).getUtilizationHistory();
        for (int j = 0; j < vmUtilization.size(); j++) {
            utilization[i][j] = vmUtilization.get(j);
        }
    }
    return utilization;
}

// 由历史利用率矩阵计算复相关系数，复相关系数是多元回归分析中的概念，用来
// 描述一个变量与其他多个变量之间线性相关程度
protected List<Double> getCorrelationCoefficients(final double[][] data) {
    int n = data.length;
    int m = data[0].length;
    List<Double> correlationCoefficients = new LinkedList<Double>();
    for (int i = 0; i < n; i++) {
        // x 是除去 data[i] 一行数据的 (n-1)*m 阶矩阵
        double[][] x = new double[n - 1][m];
        int k = 0;
        for (int j = 0; j < n; j++) {
            if (j != i) {
                x[k++] = data[j];
            }
        }
        // xT 是 x 的转置，为了符合回归的格式
        double[][] xT = new Array2DRowRealMatrix(x).transpose().getData();
        // RSquare 是复相关系数的定义，用 x 来多元线性回归 data[i]
        correlationCoefficients.add(MathUtil.createLinearRegression(xT,
                data[i]).calculateRSquared());
    }
    return correlationCoefficients;
}
```

运行结果：由于运行结果的输出非常多，这里省略了过程的输出，只给出结果的输出。这些结果是由 org.cloudbus.cloudsim.examples.power.Helper 类的 printResults () 方法输出的，如

表 9-1 所示。

表 9-1　输出结果

Experiment name	实验名称
Number of hosts	主机数
Number of VMs	虚拟机数
Total simulation time	总仿真时间（单位：秒）
Energy consumption	总能耗（单位：千瓦·时）
Number of VM migrations	虚拟机迁移数
SLA	SLA perf degradation due to migration * SLA time per active host
SLA perf degradation due to migration	由于迁移导致 SLA 性能下降比例
SLA time per active host	活动主机的违反 SLA 时间比例
Overall SLA violation	整体 SLA 违反率
Average SLA violation	平均 SLA 违反率
Number of host shutdowns	主机关闭的台次数（主机可能开了又关，关了又开）
Mean time before a host shutdown	主机平均开启时间
StDev time before a host shutdown	主机开启时间的标准差
Execution time-VM selection mean	虚拟机选择平均时间
Execution time-VM selection stDev	虚拟机选择时间标准差
Execution time-host selection mean	主机选择平均时间
Execution time-host selection stDev	主机选择时间标准差
Execution time-VM reallocation mean	虚拟机再分配平均时间
Execution time-VM reallocation stDev	虚拟机再分配时间标准差
Execution time-total mean	PowerVmAllocationPolicyMigration 平均分配时间
Execution time-total stDev	PowerVmAllocationPolicyMigration 分配时间的标准差

注：上面统计中使用的服务等级协议 (SLA) 满足每个时刻的负载。

```
Experiment name: 20110303_iqr_mc_1.5
Number of hosts: 800
Number of VMs: 1052
Total simulation time: 86400.00 sec
Energy consumption: 116.96 kWh
Number of VM migrations: 24223
SLA: 0.00604%
SLA perf degradation due to migration: 0.12%
SLA time per active host: 5.25%
Overall SLA violation: 0.16%
Average SLA violation: 10.41%
Number of host shutdowns: 1679
Mean time before a host shutdown: 2015.66 sec
StDev time before a host shutdown: 3606.72 sec
Mean time before a VM migration: 19.18 sec
StDev time before a VM migration: 8.15 sec
Execution time - VM selection mean: 0.23915 sec
Execution time - VM selection stDev: 0.13230 sec
Execution time - host selection mean: 0.01498 sec
Execution time - host selection stDev: 0.00952 sec
Execution time - VM reallocation mean: 0.14410 sec
Execution time - VM reallocation stDev: 0.04731 sec
```

```
Execution time - total mean: 0.50203 sec
Execution time - total stDev: 0.24563 sec
```

习题

1. 试说明基于 CloudSim 如何实现用户自定义的虚拟机调度算法。

2. 试说明基于 CloudSim 如何实现用户自定义的任务调度算法。

3. 编写一个程序,创建一个包含两台主机的数据中心,每台主机拥有四个核和多个虚拟机。提交 N 个任务给云数据中心,这些任务长度服从均匀分布,打印输出任务长度与任务运行情况。

4. 设计一个静态的虚拟机放置算法,只考虑 CPU 资源,针对不同虚拟机的负载高峰出现在不同的时间这一特点,利用其互补性来提高主机 CPU 利用率。负载数据采用 CloudSim 自带的 PlantLab 的 CPU 利用率数据,路径为 cloudsim-3.0\examples\workload\planetlab。(提示:每个负载文件带有 288 个历史 CPU 利用率的采样点,代表一个虚拟机的历史利用率,根据虚拟机的利用率将多个虚拟机放置在主机上,使得所有主机的平均历史利用率最小。需要扩展 VmAllocationPolicy 类来实现虚拟机分配算法,扩展 Vm 类来存储历史利用率数据,通过 Java 文件 I/O 来读取负载文件。)

5. 如图 9-17 所示,主调度服务器每分钟或每秒钟可以调度 U 个任务,同时服务器任务队列的缓冲区设置长度为 K,即任务到达后,最多有 K 个任务在等候调度,若有多余则舍去(针对每个任务集计算被舍去的个数)。

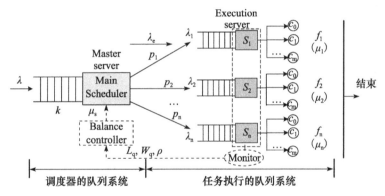

图 9-17 任务调度示意图

λ 为任务到达时服从的泊松分布,即每分钟或每秒钟到达任务的个数;P_i 为将这个任务按随机概率分配到执行服务器 S_i 中(物理机);S_i 为物理服务器,每个服务器具有 C_i 个 CPU 核及运算速度 f_i(一个 CPU 可以用一个 VM),即每台服务器(物理机)配置 C_i 个 VM(每个 VM 的处理能力都一样,但不同服务器的 VM 处理能力是不同的),此时每台计算机可以同时处理 C_i 个任务,若任务到达时所有 VM 都在处理任务,则任务在 S_i 服务器的任务队列中等候。

任务描述:每个任务就是一个简单的指令数,服从 λ 值为 A 的指令数的指数分布,每个任务在每个 VM 的执行时间为指令数 / 运算速度 f_i。

调度过程:调度过程都遵循先来先服务原则。

1)主调度器将任务按随机的概率分配到第 i 台物理机上执行,其调度的速度是每分钟或每秒钟(每时间单位)U 个,由物理机中空闲的 VM 负责执行,若对应的物理机中的 VM 都忙,则该任务等待。

2)每台服务器(物理机)将到达的任务分配到空闲的 VM 执行,若对应的物理机中的 VM 都忙,则该任务等待。

3）任务流：任务按服从的泊松分布到达，任务中要执行的指令数服从 A 的指数分布。

程序设计任务：按上述模式配置云数据中心，每次模拟生成 n 个任务（任务中要执行的指令数服从 A 的指数分布），例如 $n=100000$，按上述的调度分配到服务器上执行，统计每台服务器（物理机）执行的时间（每个任务离开物理机的时刻减去每个任务从进入物理机的时刻，即为每个任务在系统中的消耗时间，消耗时间减去任务的执行时间即指令数/运算速度 f_i，即为每个任务在系统中等待的时间），统计出每台服务器所有任务的消耗时间平均值、等待时间平均值，以及队列中等待被调度的任务个数平均值（即每个时间单位内任务个数的平均值）。

参考文献

［1］ Calheiros R N, Ranjan R, Beloglazov A, et al. CloudSim: a toolkit for modeling and simulation of cloud computing environments and evaluation of resource provisioning algorithms［J］. Software: Practice and Experience, 2011, 41 (1): 23-50.

［2］ 刘鹏. 云计算［M］.2 版. 北京：电子工业出版社，2011.

［3］ Calheiros R N, Ranjan R, De Rose C A F, et al. Cloudsim: A novel framework for modeling and simulation of cloud computing infrastructures and services［J］. arXiv preprint arXiv: 0903.2525, 2009.

第 10 章　云存储技术

本章在介绍传统存储基础知识（包括存储组网形态、RAID、磁盘热备、快照、分级存储技术）的基础上，从分布式存储和存储虚拟化两个方面详细阐述了云存储的概念与技术原理，然后讨论当前主流的云存储产品和系统，接着详细介绍对象存储技术，最后展望存储技术未来的发展趋势。

10.1　存储概述

10.1.1　存储组网形态

1. 存储历史

存储技术是计算机的核心技术之一，计算机的存储技术（如硬盘、网络存储、虚拟化存储等技术）的总体趋势是存储容量和 I/O 速度不断增加，如图 10-1 所示。随着信息技术的发展，存储行业涌现出新的存储技术，如固态硬盘、云存储等。下面简要回顾一下存储技术的重要历史。

- 第一台硬盘存储器。

世界上第一台硬盘存储器 IBM 350 RAMAC 诞生，当时它的总容量只有 5MB，但总共使用了 50 个直径为 24 英寸（1 英寸≈ 2.54 厘米）的磁盘。

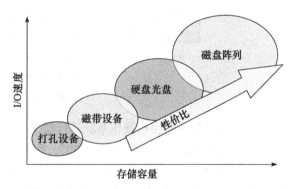

图 10-1　存储技术的发展

- RAID 技术出现。

1987 年，加州柏克大学的人员发表了《磁盘阵列控制器研究》论文，正式提到了 RAID，即磁盘阵列控制器，提出廉价的 5.25 英寸及 3.5 英寸的硬盘也能如大机器上的 8 英寸盘般提供大容量、高性能和数据的一致性，并详述了 RAID 1～5 的技术。

- SAN 技术出现。

1994 年，ANSI 标准组织通过了第一个版本的光纤通道 SAN，并迅速在数据苛刻型企业中获得广泛应用，而由此我们也正式迈入了网络存储的时代。

2. 存储的分类

存储的应用随着信息技术的出现而发展起来，应用的领域随着信息技术的发展而不断增加。如图 10-2 所示，根据服务器类型可以将存储分为封闭系统的存储（主要指大型机）和开放系统的存储（指基于包括 Windows、UNIX、Linux 等操作系统的服务器），开放系统的存储又可细分为内置存储和外挂存储。其中，外挂存储可以分为直连式存储（Direct-Attached Storage，DAS）和网络存储（Fabric-Attached Storage，FAS）。根据组网形式不同，当前 3 种主流存储技术或存储解决方案为直连式存储（DAS）、存储区域网络（Storage Area Network，SAN）、网络接入存储（Network-Attached Storage，NAS），如图10-3所示。

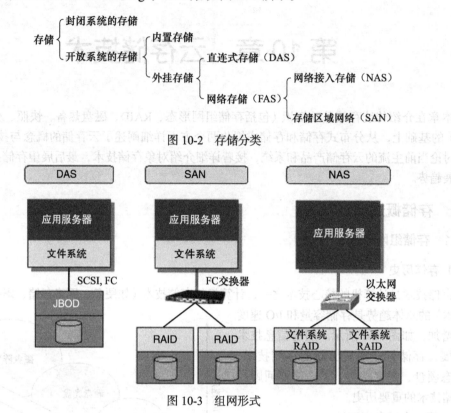

图 10-2 存储分类

图 10-3 组网形式

DAS 依赖服务器主机操作系统进行数据的I/O读写、存储、维护和管理，数据备份和恢复要求占用服务器主机资源（包括CPU、系统I/O等），数据流需要回流主机再到服务器连接着的磁带机（库），数据备份通常占用20%～30%服务器主机资源。DAS的数据量越大，备份和恢复时间就越长，对服务器硬件的依赖性和影响就越大。

将存储器从应用服务器中分离出来，进行集中管理，这就是所说的存储网络（storage networks）。存储网络又采取了两种不同的实现手段，即 NAS 和 SAN。

NAS 将存储设备通过标准的网络拓扑结构（如以太网），连接到一群计算机上。NAS 是部件级的存储方法，它的重点在于帮助工作组和部门级机构解决迅速增加存储容量的需求。需要共享大型 CAD 文档的工程小组就是典型的例子。

SAN 采用光纤通道（Fibre Channel，简称 FC）技术，通过光纤通道交换机连接存储阵列和服务器主机，建立专用于数据存储的区域网络。SAN 经过多年历史的发展，已经相当成熟，成为业界的事实标准（但各个厂商的光纤交换技术不完全相同，其服务器和 SAN 存储有兼容性的要求）。

下面分别对 DAS、NAS、SAN 进行详细介绍。

（1）DAS

DAS 是指将存储设备通过 SCSI（Small Computer System Interface，小型计算机系统专用接口）接口或光纤通道直接连接到一台计算机上。顾名思义，这是为了小型计算机设计的扩充接口，它可以让计算机加装其他外设设备以提高系统性能或增加新的功能，如硬盘、光驱、扫描仪等。

　　如图 10-4 所示，DAS 将存储设备（RAID
系统、磁带机和磁带库、光盘库）直接连接
到服务器，是最传统的、最常见的连接方式，
容易理解、规划和实施。但是 DAS 没有独立
操作系统，也不能提供跨平台的文件共享，
各平台下的数据需分别存储，且各 DAS 系
统之间没有连接，数据只能分散管理。DAS
的优缺点如表 10-1 所示。

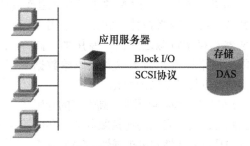

图 10-4　DAS

表 10-1　DAS 的优缺点

优　点	缺　点
1）连接简单：集成在服务器内部；点到点的连接；距离短；安装技术要求不高 2）低成本需求：SCSI 总线成本低 3）较好的性能 4）通用的解决方案：DAS 的投资低，绝大多数应用可以接受	1）有限的扩展性：SCSI 总线的距离最大达 25m；最多 15 个设备 2）专属的连接：空间资源无法与其他服务器共享 3）备份和数据保护：备份到与服务器直连的磁带设备上，硬件失败将导致更高的恢复成本 4）TCO（总拥有成本高）：存储容量的加大导致管理成本上升，存储使用效率低

　　（2）NAS

　　如图 10-5 所示，NAS 是将存储设备连接
到现有的网络上，提供数据和文件服务，应用
服务器直接把 File I/O 请求通过 LAN 传给远端
NAS 中的文件系统，NAS 中的文件系统发起
Block I/O 到与 NAS 直连的磁盘。NAS 主要面
向高效的文件共享任务，适用于那些需要网络
进行大容量文件数据传输的场合。

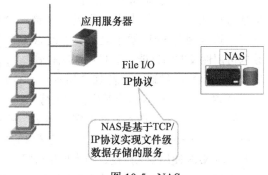

图 10-5　NAS

　　NAS 本身装有独立的操作系统，通过
网络协议可以实现完全跨平台共享，支持
Windows NT、Linux、UNIX 等系统共享同一存储分区；NAS 可以实现集中数据管理；一般集
成本地备份软件，可以实现无服务器备份功能；NAS 系统的前期投入相对较高。

　　NAS 是在 RAID 的基础上增加了存储操作系统；NAS 内每个应用服务器通过网络共享协
议（如 NFS、CIFS）使用同一个文件管理系统；
NAS 关注应用、用户和文件以及它们共享的
数据；磁盘 I/O 会占用业务网络带宽。

　　由于局域网在技术上得以广泛实施，在
多个文件服务器之间实现了互联，因此可以
采用局域网加工作站族的方法为实现文件共
享而建立一个统一的框架，达到互操作性和
节约成本的目的。NAS 的优缺点如表 10-2
所示。

表 10-2　NAS 的优缺点

优　点	缺　点
1）资源共享 2）构建于 IP 网络之上 3）部署简单 4）较好的可扩展性 5）异构环境下的文件共享 6）易于管理 7）备份方案简单 8）低的 TCO	1）可扩展性有限 2）带宽瓶颈，一些应用会占用带宽资源 3）不适应某些数据库的应用

（3）SAN

如图 10-6 所示，SAN 通过光纤通道连接到一群计算机上。在该网络中提供了多主机连接，但并非标准的网络拓扑。它是一个用在服务器和存储资源之间的、专用的、高性能的网络体系，为实现大量原始数据的传输而进行了专门的优化。

SAN 是一种高可用性、高性能的专用存储网络，用于安全的连接服务器和存储设备并具备灵活性和可扩展性；SAN 对于数据库环境、数据备份和恢复存在巨大的优势；SAN 是一种非常安全的快速传输、存储、保护、共享和恢复数据的方法。

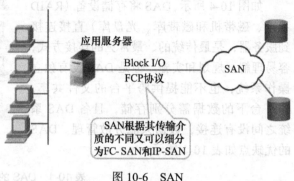

应用服务器

Block I/O
FCP协议

SAN

SAN根据其传输介质的不同又可以细分为FC-SAN和IP-SAN

图 10-6   SAN

SAN 是独立的数据存储网络，网络内部的数据传输率很快，但操作系统仍停留在服务器端，用户不直接访问 SAN 的网络；SAN 关注磁盘、磁带以及连接它们的可靠的基础结构。SAN 根据其传输介质的不同又可以细分为 FC-SAN 和 IP-SAN。

SAN 专注于企业级存储的特有问题。当前企业存储方案所遇到问题的两个根源是数据与应用系统紧密结合所产生的结构性限制，以及目前 SCSI 标准的限制。大多数分析认为 SAN 是未来企业级的存储方案，这是因为 SAN 便于集成，能改善数据可用性及网络性能，而且可以减轻管理作业。SAN 的优缺点如表 10-3 所示。

表 10-3   SAN 的优缺点

优　　点	缺　　点
1）实现存储介质的共享	1）成本较高
2）非常好的扩展性	2）需要专用的连接设备如
3）易于数据备份和恢复	FC 交换机以及 HBA
4）实现备份磁带共享	3）SAN 孤岛
5）LAN 自由和服务器自由	4）技术较为复杂
6）高性能	5）需要专业的技术人员维护
7）支持服务器群集技术	
8）具有容灾手段	
9）低的 TCO	

DAS、NAS、SAN 各有其优势和劣势，在实际运用中需要权衡各方面的资源和适用范围。一般来说，DAS 是最直接、最简单的组网技术，实现简单但是存储空间利用率和可扩展性差，而 NAS 使用较为广泛，技术也相对成熟，SAN 则是专为某些大型存储而定制的昂贵网络。

NAS 和 SAN 的本质不同是文件管理系统在哪里，在 SAN 结构中，文件管理系统分别在每一个应用服务器上；而 NAS 则是每个应用服务器通过网络共享协议（如 NFS、CIFS）使用同一个文件管理系统。换句话说，NAS 和 SAN 存储系统的区别是 NAS 有自己的文件系统管理。

DAS、NAS、SAN 存储组网形态的比较如表 10-4 所示。

表 10-4   DAS、NAS、SAN 存储组网形态的比较

存储组网形态 项　　目	DAS	NAS	FC-SAN	IP-SAN
传输类型	SCSI、FC	IP	FC	IP
数据类型	块级	文件级	块级	块级
典型应用	任何	文件服务器	数据库应用	视频监控
优点	易于理解 兼容性好	易于安装 成本低	高可扩展性 高性能 高可用性	高可扩展性 成本低
缺点	难以管理，可扩展性有限；存储空间利用率不高	性能较低；对某些应用不适合	比较昂贵，配置复杂；互操作性问题	性能较低

10.1.2　RAID

磁盘阵列是由很多价格较便宜的磁盘组合而成的一个容量巨大的磁盘组，可利用个别磁盘提供数据所产生加成效果提升整个磁盘系统效能。利用这项技术，可将数据切割成许多区段，分别存放在各个硬盘上。在具体介绍 RAID（Redundant Array of Inexpensive Disks，廉价冗余磁盘阵列）之前，先了解一下相关的基本概念，如表 10-5 所示。

表 10-5　RAID 相关概念

名　词	说　明
分区	又称为 Extent，是一个磁盘上的地址连续的存储块。一个磁盘可以划分为多个分区，每个分区可以大小不等，有时也称为逻辑磁盘
分块	又称为 Strip，将一个分区分成多个大小相等的、地址相邻的块，这些块称为分块。分块通常被认为是条带的元素。虚拟磁盘以分块为单位将虚拟磁盘的地址映射到成员磁盘的地址
条带	又称为 Stripe，是阵列的不同分区上的位置相关的分块的集合，是组织不同分区上条块的单位
软 RAID	RAID 的所有功能依赖于操作系统与服务器 CPU 来完成，没有第三方的控制 / 处理（业界称其为 RAID 协处理器——RAID Co-Processor）与 I/O 芯片
硬 RAID	有专门的 RAID 控制 / 处理与 I/O 处理芯片，用来处理 RAID 任务，不需耗用主机 CPU 资源，效率高，性能好

1. RAID 0

RAID 0 是没有容错设计的条带磁盘阵列，以条带形式将 RAID 阵列的数据均匀分布在各个阵列中。RAID 0 没有磁盘冗余，一个磁盘失败导致数据丢失。总容量 = 磁盘数量 × 磁盘容量。

如图 10-7 所示，图中一个圆柱代表一块磁盘，它们并联在一起。可以看出，RAID 0 在存储数据时由 RAID 控制器（硬件或软件）分割成大小相同的数据条，同时写入阵列中的磁盘。其上数据像一条带子横跨所有的阵列磁盘，每个磁盘上的条带深度则是一样的。至于每个条带的深度则要看所采用的 RAID 类型，在 NT 系统的软 RAID 0 等级中，每个条带深度只有 64KB 一种，而在硬 RAID 0 等级中，可以提供 8kB、16kB、32kB、64kB 以及 128kB 等多种深度参数。

图 10-7　RAID 0

RAID 0 即数据分条技术（data stripping）。整个逻辑盘的数据分布在多个物理磁盘上，可以并行读 / 写，提供最快的速度，但没有冗余能力，要求至少两个磁盘。本质上 RAID 0 并不是一个真正的 RAID，因为它并不提供任何形式的冗余。RAID 0 的优缺点如表 10-6 所示。

表 10-6　RAID 0 的优缺点

优　点	缺　点
1）可多 I/O 操作并行处理，具有极高的读写效率 2）速度快，由于不存在校验，因此不占用 CPU 资源 3）设计、使用与配置简单	1）无冗余，一个 RAID 0 磁盘失败，则数据将彻底丢失 2）不能用于关键数据环境
适用领域： 1）视频生成和编辑 2）图像编辑 3）较为"拥挤"的操作 4）其他需要大的传输带宽的操作	
至少需要磁盘数：2 个	

2. RAID 1

如图 10-8 所示，RAID 1 以镜像作为冗余手段，虚拟磁盘中的数据有多个副本，放在成员磁盘上，具有 100% 的数据冗余，但磁盘空间利用率只有 50%。总容量 =（磁盘数量 / 2）× 磁盘容量。

图 10-8   RAID 1

对比 RAID 0 等级，硬盘的内容是两两相同的。这就是镜像——两个硬盘的内容完全一样，这等于内容彼此备份。例如，阵列中有两个硬盘，在写入时，RAID 控制器并不是将数据分成条带而是将数据同时写入两个硬盘。这样，其中任何一个硬盘的数据出现问题，可以马上从另一个硬盘中进行恢复。注意，这两个硬盘并不是主从关系，是相互镜像 / 恢复的。RAID 1 是非校验的 RAID 级，其数据保护和性能都极为优秀，因为在数据的读 / 写过程中，不需要执行 XOR 操作。RAID 1 的优缺点如表 10-7 所示。

表 10-7   RAID 1 的优缺点

优　　点	缺　　点
1）理论上读效率是单个磁盘的两倍 2）100% 的数据冗余 3）设计、使用简单	1）ECC（错误检查与纠正）效率低下，磁盘 ECC 的 CPU 占用率是所有 RAID 等级中最高的，成本高 2）软 RAID 方式下，很少能支持硬盘的热插拔 3）空间利用率只有 1/2
适用领域： 1）财务统计与数据库 2）金融系统 3）其他需要高可用的数据存储环境	
至少需要磁盘数：2 个	

3. RAID 3

RAID 3（条带分布 + 专用盘校验）以 XOR 校验为冗余方式，使用专门的磁盘存放校验数据，虚拟磁盘上的数据块被分为更小的数据块并行传输到各个成员物理磁盘上，同时计算出 XOR 校验数据并存放到校验磁盘上。只有一个磁盘损坏的情况下，RAID 3 能通过校验数据恢复损坏磁盘，但在两个以上磁盘同时损坏情况下，RAID 3 不能发挥数据校验功能。总容量 =（磁盘数量 –1）×（磁盘容量）

如图 10-9 所示，RAID 3 中，校验盘只有一个，而数据与 RAID 0 一样是分成条带（stripe）存入数据阵列中，这个条带的深度的单位为字节而不是位。在数据存入时，数据阵列中处于同一等级的条带的 XOR 校验编码被即时写在校验盘相应的位置，所以彼此不会干扰混乱。读取时，则在调出条带的同时检查校验盘中相应的 XOR 编码，进行即时的 ECC。由于在读写时与 RAID 0 很相似，因此 RAID 3 具有很高的数据传输效率。RAID 3 的优缺点如

表 10-8 所示。

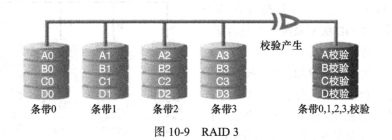

图 10-9　RAID 3

表 10-8　RAID 3 的优缺点

优　　点	缺　　点
1）相对较高的读取传输率 2）高可用性，如果有一个磁盘损坏，对吞吐量影响较小 3）高效率的 ECC 操作	1）校验盘成为性能瓶颈 2）每次读写牵动整个组，每次只能完成一次 I/O
适用领域： 1）视频生成和在线编辑 2）图像和视频编辑 3）其他需要高吞吐量的场合	
至少需要磁盘数：3 个	

传输速度最大的限制在于寻找磁道和移动磁头的过程，真正往磁盘碟片上写数据的过程实际上很快。RAID 3 阵列各成员磁盘的运转电动机是同步的，所以整个 RAID 3 可以认为是一个磁盘。而在异步传输的阵列中，各个成员磁盘是异步的，可以认为它们在各自同时寻道和移动磁盘。比起 RAID 3 的同步阵列，RAID 4 异步阵列的磁盘各自寻道的速度会更快一些。

但是一旦找到了读写的位置，RAID 3 就会比 RAID 4 快，因为成员磁盘同时读写，速度要快得很多。这也是为什么 RAID 3 采用比 RAID 4 异步阵列大得多的数据块的原因之一。

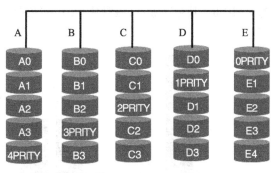

图 10-10　RAID 5

4. RAID 5

如图 10-10 所示，RAID 5（条带技术 + 分布式校验）以 XOR 检验为冗余方式，校验数据均匀分布在各个数据磁盘上，对各个数据磁盘的访问为异步操作。相对于 RAID 3，RAID 5 改善了校验盘的瓶颈，总容量 =（磁盘数 –1）×（磁盘容量）

RAID 5 和 RAID 4 相似，但避免了 RAID 4 的瓶颈，因为 RAID 5 不用校验磁盘而将校验数据以循环的方式放在每一个磁盘中。RAID 5 的优缺点如表 10-9 所示。

表 10-9　RAID 5 的优缺点

优　　点	缺　　点
1）高读取速率 2）中等写速率	1）异或校验影响存储性能 2）磁盘损坏后，重建很复杂
适用领域： 1）文件服务器和应用服务器 2）OLTP 环境的数据库 3）Web、E-mail 服务器	
至少需要磁盘数：3 个	

5. RAID 6

如图 10-11 所示，RAID 6 能够允许两个磁盘同时失效的 RAID 级别系统，其总容量 = (磁盘数 −2) × (磁盘容量)。

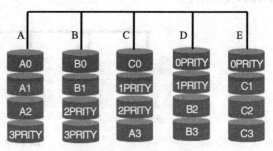

图 10-11   RAID 6

如图 10-12 所示，同 RAID 5 一样，数据和校验码被分成数据块然后分别存储到磁盘阵列的各个硬盘上。RAID 6 加入了一个独立的校验磁盘，它把分布在各个磁盘上的校验码都备份在一起，这样 RAID 6 磁盘阵列允许多个磁盘同时出现故障，这对数据安全要求很高的应用场合是非常必要的。RAID 6 的优缺点如表 10-10 所示。

在实际应用中，RAID 6 的应用范围并没有其他的 RAID 模式那么广泛。因为实现这个功能一般需要设计更加复杂、造价更昂贵的 RAID 控制器，所以 RAID 6 的应用并不广泛。

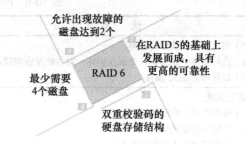

图 10-12   RAID 6 的特性

6. RAID 10

如图 10-13 所示，RAID 10 (镜像阵列条带化) 是将镜像和条带组合起来的组合 RAID 级别，最低一级是 RAID 1 镜像对，第二级为 RAID 0。其总容量 = (磁盘数 / 2) × (磁盘容量)。

表 10-10   RAID 6 的优缺点

优　点	缺　点
1) 快速的读取性能	1) 很慢的写入速度
2) 更高的容错能力	2) 成本更高
适用领域： 高可靠性环境	
至少需要磁盘数：4 个	

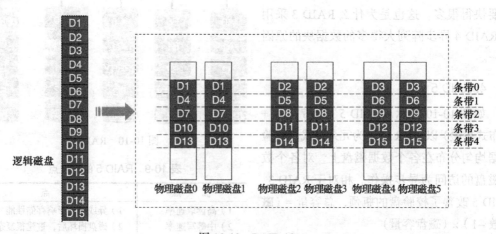

图 10-13   RAID 10

每一个基本 RAID 级别都各有特色，在价格、性能和冗余方面做了许多折中。组合级别可以扬长避短，发挥各基本级别的优势。RAID 10 就是其中比较成功的例子。

RAID 10 数据分布按照如下方式来组织：首先将磁盘两两镜像 (RAID 1)，然后将镜像后的磁盘条带化。在图 10-13 中，磁盘 0 和磁盘 1、磁盘 2 和磁盘 3、磁盘 4 和磁盘 5 为镜像后的磁盘对。在将其条带化，最后得到的数据存储示意图如图 10-13 所示。

和 RAID 10 类似的组合级别是 RAID 01。因为其明显的缺陷，RAID 01 很少使用。RAID 01 是先条带化，然后将条带化的阵列镜像。例如，同样是 6 块磁盘，RAID 01 是先形成 2 个 3 块磁盘 RAID 0 组，然后将 2 个 RAID 0 组镜像。如果一个 RAID 0 组中有一块磁盘损坏，那么只要另一个组的 3 块磁盘中其中任意一个损坏，则会导致整个 RAID 01 阵列不可用，即不可用的概率为 3/5。而 RAID 10 则不然，如果一个 RAID 1 组中一个磁盘损坏，只有当同一组的磁盘也损坏了，这个阵列才不可用，即不可用的概率为 1/5。RAID 10 的优缺点如表 10-11 所示。

表 10-11　RAID 10 的优缺点

优　点	缺　点
1）高读取速率 2）高写速率，较校验 RAID 而言，写开销最小 3）至多可以容许 N 个磁盘同时损坏（$2N$ 个磁盘组成的 RAID 10 阵列）	1）价格贵 2）只有 1/2 的磁盘利用率
适用领域： 要求高可靠性和高性能的数据库服务器	
至少需要磁盘数：4 个	

7. RAID 50

如图 10-14 所示，RAID 50 是将镜像和条带组合起来的组合 RAID 级别，最低一级是 RAID 5 镜像对，第二级为 RAID 0。其总容量 =（磁盘数 –1）× 磁盘容量。

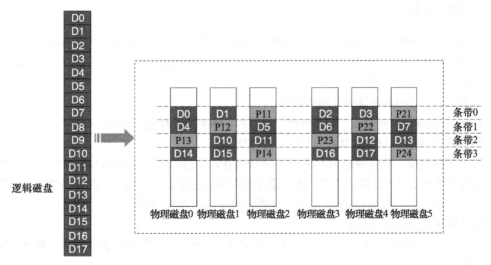

图 10-14　RAID 50

RAID 50 数据分布按照如下方式来组织：首先分为 N 组磁盘，然后将每组磁盘做 RAID 5，最后将 N 组 RAID 5 条带化。在图 10-14 图中，磁盘 0、磁盘 1 和磁盘 2，磁盘 3、磁盘 4 和磁盘 5 为 RAID 5 阵列，然后按照 RAID 0 的方式组织数据，最后得到的数据存储示意图如图 10-14 所示。

RAID 50 是为了解决单个 RAID 5 阵列容纳大量磁盘所带来的性能（如初始化或重建时间过长）缺点而引入的。RAID 50 的优缺点如表 10-12 所示。

表 10-12   RAID 50 的优缺点

优　　点	缺　　点
1）比单个 RAID 5 容纳更多的磁盘 2）比单个 RAID 5 有更好的读性能 3）至多可以容许 N 个磁盘同时损坏（N 个 RAID 5 组成的 RAID 50 阵列） 4）比相同容量的单个 RAID 5 重建时间更短	1）比较难实现 2）同一个 RAID 5 组内的两个磁盘损坏会导致整个 RAID 50 阵列的失效
适用领域： 1）大型数据库服务器 2）应用服务器 3）文件服务器	
至少需要磁盘数：6 个	

RAID 级别比较：RAID 3 更适合于顺序存取，RAID 5 更适合于随机存取。需要根据具体的应用情况选择 RAID 级别。各种级别 RAID 的比较如表 10-13 所示。

表 10-13   各种级别 RAID 的比较

项　　目	RAID 0	RAID 1	RAID 10	RAID 5、RAID 3	RAID 6
最小配置数	1	2	4	3	4
性能	RAID 0>RAID 10>RAID 5>RAID 6>RAID 1				
特点	无容错	最佳的容错	最佳的容错	提供容错	提供容错
磁盘利用率	100%	50%	50%	$(N-1)/N$	$(N-2)/N$
描述	不带奇偶效验的条带集	磁盘镜像	RAID 0 与 RAID 1 的结合	带奇偶效验的条带集	双校验位

注：N 为磁盘个数。

10.1.3　磁盘热备

热备份是指在建立 RAID 磁盘阵列系统的时候，将其中一个磁盘指定为热备磁盘，此热备磁盘在平常并不操作，当阵列中某一磁盘发生故障时，热备磁盘便取代故障磁盘，并自动将故障磁盘的数据重构在热备磁盘上。

热备盘分为全局热备盘和局部热备盘。

1）全局热备盘：针对整个磁盘阵列，对阵列中所有 RAID 组起作用。

2）局部热备盘：只针对某一 RAID 组起作用。

因为反应快速，并且快取内存减少了磁盘的存取，所以数据重构很快即可完成，对系统的性能影响不大。对于要求不停机的大型数据处理中心或控制中心而言，热备份更是一项重要的功能，因为可避免晚间或无人守护时发生磁盘故障所引起的种种不便。

磁盘热备的主要过程如下：

1）由 5 个磁盘组成 RAID 5，其中 4 个数据盘，1 个热备盘存储校验条带集，热盘平时不参与计算。

2）某个时刻某个数据盘损坏，热备盘根据校验集开始自动重构。

3）热备盘重构结束，加入 RAID 5 代替损坏磁盘参与计算。

4）替换新的磁盘，热备盘进行复制。

5）热备盘复制完成后，重新建立校验集。

热备份具有以下特性：

1）在线操作特性。

2）系统中需设置一个热添加的备份盘或用一个新的替代磁盘替代故障磁盘。

3）当满足以下条件时开始数据自动重构：

①有一个热备份盘存在独立于故障磁盘的。

②所有磁盘都配置为冗余阵列（RAID 1,3,5,10）。

4）所有的操作都是在不中断系统操作的情况下进行的。

10.1.4　快照

快照是某一个时间点上的逻辑卷的映像，逻辑上相当于整个快照源卷（base volume）的副本。可将快照卷分配给任何一台主机。快照卷可读取、写入或复制，需要相当于快照源卷（base Volume）20% 的额外空间，主要用途是利用少量存储空间保存原始数据的备份，文件、逻辑卷恢复及备份、测试、数据分析等。

快照仓储卷（repository volume）用于保存快照源卷在快照过程中被修改以前的数据。

快照过程如下：

1）首先保证源卷和仓储卷的正常运行，并且卷有足够的空间来创建快照，如图 10-15 所示。

2）快照开始时源卷是只读的，快照卷对应源卷，如图 10-16 所示。

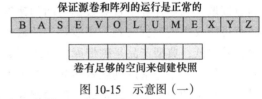

图 10-15　示意图（一）

3）快照完成，控制器释放对源卷的写权限，此时可以对源卷进行写操作，如图 10-17 所示。快照是一些指向源卷数据的指针。

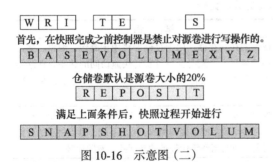

图 10-16　示意图（二）

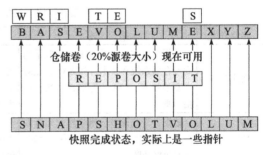

图 10-17　示意图（三）

4）当源卷数据发生改变时，首先在源卷的数据改变之前将原数据写入仓储卷上，并且将快照指针引导到仓储卷上，然后对源卷数据进行修改。

5）最后更新源卷数据，此时快照可以跟踪到更新之前的旧数据，如图 10-19 所示。

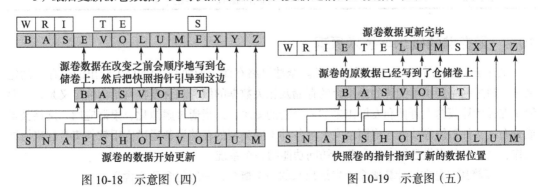

图 10-18　示意图（四）　　　　图 10-19　示意图（五）

10.1.5 数据分级存储的概念

数据分级存储即把数据存放在不同类别的存储设备（磁盘、磁盘阵列、光盘库、磁带）中，通过分级存储管理软件实现数据实体在存储设备之间的自动迁移；根据数据的访问频率、保留时间、容量、性能要求等因素确定最佳存储策略，从而控制数据迁移的规则。分级存储具有以下优点：

1）最大限度地满足用户需求。

2）减少总体存储成本。

3）性能优化。

4）改善数据可用性。

5）数据迁移对应用透明。

数据存储一般分为在线（on-line）存储、近线（near-line）存储和离线（off-line）存储三级存储方式。在线存储是指存储设备和所存储的数据时刻保持"在线"状态，可供用户随意读取，满足计算平台对数据访问的速度要求。离线存储是对在线存储数据的备份，以防范可能发生的数据灾难。离线存储的数据不常被调用，一般也远离系统应用，访问速度慢，效率低，典型产品是磁带库。近线存储主要定位于客户在线存储和离线存储之间的应用，将那些不是经常用到或者访问量并不大的数据存放在性能较低的存储设备上，但同时对这些设备的要求是寻址迅速、传输率高，需要的存储容量相对较大。关于三级存储方式的比较见表 10-14。

表 10-14 三级存储方式的比较

存储方式	描　述	举　例
在线存储	数据存放在磁盘系统上，一般采用高端存储系统和技术，如 SAN、点对点直连技术、S2A；存取速度快，价格昂贵	电视台的在线存储：用于存储即将用于制作、编辑、播出的音视频素材，并随时保持可实时快速访问的状态。在这类应用中，在线存储设备一般采用 SCSI 磁盘阵列、光纤磁盘阵列等
离线存储	数据备份到磁带、磁带库或光盘库上；访问速度低，但能实现海量存储，同时价格低廉	电视台的离线存储：平时没有连接在编辑 / 播出系统，在需要时临时性地装载或连接到编辑 / 播出系统，可以将总的存储做得很大，包括制作年代较远的新闻片、专题片等
近线存储	将不经常用到或访问量不大的数据存放在性能较低的存储设备上，同时对这些设备的要求是寻址迅速、传输率高	介于在线存储和离线存储之间，既可以做到较大的存储容量，又可以获得较快的存取速度。近线存储设备一般采用自动化的数据流磁带或者光盘塔，用于存储和在线设备发生频繁读写交换的数据，包括近段时间采集的音视频素材或近段时间制作的新闻片、专题片等

10.2 云存储的概念与技术原理

关于云存储的定义，目前没有标准。全球网络存储工业协会（SNIA）给出的云存储的定义是，通过网络提供可配置的虚拟化的存储及相关数据的服务。百度百科给出的定义是，云存储是在云计算概念上延伸和发展出来的一个新的概念，是指通过虚拟化、集群应用、网格技术或分布式文件系统等功能，将网络中大量各种不同类型的存储设备通过应用软件集合起来协同工作，共同对外提供数据存储和业务访问功能的一个系统。

云存储其实是在云计算概念上发展出来的一个概念，一般包含两个含义：

1）云存储是云计算的存储部分，即虚拟化的、易于扩展的存储资源池。用户通过云计算使用存储资源池，但不是所有的云计算的存储部分都是可以分离的。

2）云存储意味着存储可以作为一种服务，通过网络提供给用户。用户可以通过若干种方式（互联网开放接口、在线服务等）来使用存储，并按使用（时间、空间或两者结合）付费。

从技术层面看，目前业界普遍认同云存储的两种主流技术解决方案：分布式存储和存储虚拟化。下面分别从这两个方面讨论云存储的技术原理。

10.2.1　分布式存储

从分布式存储的技术特征上看，分布式存储主要包括分布式块存储、分布式文件存储、分布式对象存储和分布式表存储 4 种类型。

1. 分布式块存储

如图 10-20 所示，块存储将存储区域划分成固定大小的小块，是传统裸存储设备的存储空间对外暴露方式。块存储系统将大量磁盘设备通过 SCSI/SAS 或 FC SAN 与存储服务器连接，服务器直接通过 SCSI/SAS 或 FC 协议控制和访问数据。块存储方式不存在数据打包 / 解包过程，可提供更高的性能。分布式块存储的系统目标是，为现有的各种应用提供通用的存储能力。

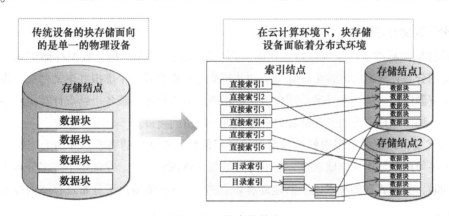

图 10-20　块存储技术

块存储技术特点：

1）基于传统的磁盘阵列实现，对外提供标准的 FC 或 iSCSI 协议。

2）数据访问特点：延迟低、带宽较高，但可扩展性差。

3）应用系统跟存储系统耦合程度紧密。

4）以卷的方式挂载到主机操作系统后，可格式化文件系统，或以裸数据或文件系统的方式作为数据库的存储。

块存储主要适用场景：

1）为一些高性能、高 I/O 的企业关键业务系统（如企业内部数据库）提供存储。块存储本身可以通过多个设备堆叠出更大的空间，但受限于数据库的能力，通常只能支持 TB 级数据库应用。

2）可为虚拟机提供集中存储，包括镜像和实例的存储。

块存储主要包括 DAS 和 SAN 两种存储方式（关于两种技术，前面已介绍过，这里不再赘述）。表 10-15 比较了两种技术的优缺点和适用的场景。

表 10-15　块存储技术比较

项目 技术	DAS	SAN
优点	设备成本低廉，实施简单 通过磁盘阵列技术，可将多块硬盘在逻辑上组合成一块硬盘，实现大容量的存储	可实现大容量存储设备数据共享 可实现高速计算机和高速存储设备的高速互联 可实现数据的高效、快速、集中备份
缺点	不能提供不同操作系统下的文件共享 存储容量受限 I/O 总线支持的设备数量 服务器发生故障时，数据不可访问 数据备份操作非常复杂	建设成本和能耗高，部署复杂 单独建立光纤网络，异地扩展比较困难 互操作性差，数据无法共享 元数据服务器会成为性能瓶颈
适用场景	服务器在地理分布上很分散，通过 SAN 或 NAS 在它们之间进行互联非常困难 既要求数据的集中管理，又要求最大限度地降低数据的管理成本 许多数据库应用和应用服务器在内的应用，它们需要直接连接到存储器上	与其他计算资源紧密集群来实现远程备份和档案存储过程 磁盘镜像、备份与恢复、档案数据的存档和检索、存储设备间的数据迁移以及网络中不同服务器间的数据共享等 用于合并子网和网络附加存储系统

2. 分布式文件存储

文件存储以标准文件系统接口形式向应用系统提供海量非结构化数据存储空间。分布式文件系统把分布在局域网内各个计算机上的共享文件夹集合成一个虚拟共享文件夹，将整个分布式文件资源以统一的视图呈现给用户。它对用户和应用程序屏蔽各个结点计算机底层文件系统的差异，提供用户方便的管理资源的手段或统一的访问接口。

分布式文件系统的出现很好地满足了互联网信息不断增长的需求，并为上层构建实时性更高、更易使用的结构化存储系统，提供有效的数据管理的支持。在催生了许多分布式数据库产品的同时，分布式存储技术也不断地发展和成熟。表 10-16 给出了分布式存储的技术特点与适用场景。

表 10-16　分布式存储的技术特点与适用场景

技术特点	提供 NFS/CIFS/POSIX 等文件访问接口
	协议开销较高，响应延迟比块存储长
	应用系统跟存储系统的耦合程度中等
	存储能力和性能水平扩展
适用场景	适合 TB～PB 级文件存储，可支持文件频繁修改和删除，如图片、文件、视频、邮件附件、MMS 的存储
	海量数据存储及系统负载的转移
	文件在线备份
	文件共享

（1）NAS

如图 10-21 所示，网络附加存储 NAS 是一种文件网络存储结构，通过以太网及其他标准的
网络拓扑结构将存储设备连接到许多计算机上，建立专用于数据存储的存储内部网络。

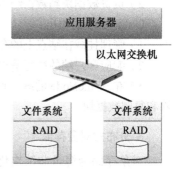

以 SUN-Lustre 文件系统为例，它只对数据管理器 MDS
提供容错解决方案。Lustre 推荐 OST（对象存储服务器）结点
采用成本较高的 RAID 技术或 SAN 存储区域网络来达到容灾
的要求，但 Lustre 自身不能提供数据存储的容灾，一旦 OST
发生故障就无法恢复，因此对 OST 的可靠性提出了相当高的
要求，大大增加了存储的成本，这种成本的投入会随着存储规
模的扩大呈线性增长。

图 10-21 NAS 系统

（2）GFS

GFS 是 Google 公司为了存储海量搜索数据而设计的专用文件系统。如图 10-22 所示，
GFS 是一个可扩展的分布式文件系统，用于大型的、分布式的、对大量数据进行访问的应用。

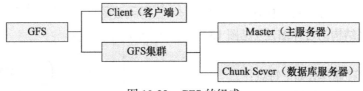

图 10-22 GFS 的组成

Client：GFS 提供给应用程序的接口，不遵守 POSIX 规范，以库文件形式提供。

Master：GFS 的管理结点，主要存储与数据文件相关的元数据。

Chunk Sever：负责具体的存储工作，用来存储 Chunk。

（3）HDFS

如图 10-23 所示，HDFS（Hadoop Distributed File System）是运行在通用硬件上的分布式文
件系统，提供了一个高度容错性和高吞吐量的海量数据存储解决方案。

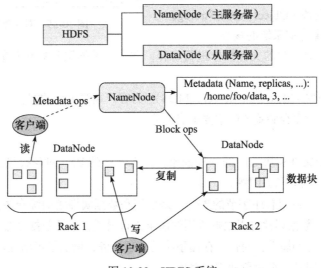

图 10-23 HDFS 系统

NameNode 的作用：

1）处理来自客户端的文件访问。

2）负责数据块到数据结点之间的映射。

DataNode 的作用：

1）管理挂载在结点上的存储设备。

2）响应客户端的读写请求。

3）在 NameNode 的统一调度下创建、删除和复制数据块。

3. 分布式对象存储

对象存储为海量非结构化数据提供通过键 – 值查找数据文件的存储模式，提供了基于对象的访问接口，有效地合并了 NAS 和 SAN 的存储结构优势，通过高层次的抽象，具有 NAS 的跨平台共享数据和基于策略的安全访问优点，支持直接访问，具有 SAN 的高性能和交换网络结构的可伸缩性（见图 10-24 和图 10-25）。

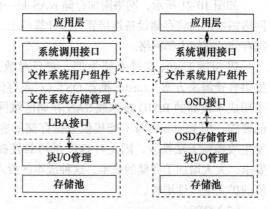

图 10-24   分布式对象存储层次结构

分布式对象存储具有如下特点：

1）访问接口简单，提供 REST/SOAP 接口。

2）协议开销高，响应延迟比文件存储长。

3）引入对象元数据描述对象特征。

4）应用系统跟存储系统的耦合程度松散。

5）支持一次写、多次读。

对象存储系统的组成部分（如图 10-24 所示）：

1）对象（Object）：对象存储的基本单元。

2）对象存储设备（Object-based Strorage Device，OSD）：对象存储系统的核心。

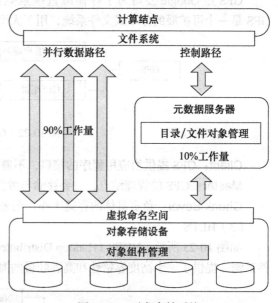

图 10-25   对象存储系统

3）文件系统：对用户的文件操作进行解释，并在元数据服务器和对象存储设备间通信，完成所请求的操作。

4）元数据服务器（Meta Data Server，MDS）：为客户端提供元数据。

5）网络连接：对象存储系统的重要组成部分。

对象特点：

1）对象是介于文件和块之间的一种抽象，具有唯一的 ID。对象提供类似文件的访问方法，如创建、打开、读写和关闭等。

2）每个对象是一系列有序字节的集合，是数据和数据属性集的综合体。数据包括自身的元数据和用户数据。数据属性可以根据应用的需求进行设置，包括数据分布、服务质量等。

3）对象维护自己的属性，简化了存储系统的管理任务，增加了灵活性。

4）对象分为根对象、组对象和用户对象。

对象存储系统在高性能计算及企业级应用方面发挥着其重要作用，对象的灵活性和易扩展的能力在大数据处理方面应用成熟。表 10-17 为一些对象存储的适用范围。

表 10-17　对象存储的使用场景及其适用业务

适用场景	**云存储供应商**：对象存储使得"混合云"和"私有云"成为可能
	高性能计算领域：提供了一个带有 NAS 的传统的文件共享和管理特征的单系统映像文件系统，并改进了 SAN 的资源整合和可扩展的性能
	企业级应用：对象存储是企业能够以低成本的简易方式实现对大规模数据存储和访问的方案
	大数据应用：对象存储系统对文件索引所容纳的条目数量不做限制
	数据备份或归档：以互联网服务的方式进行广域归档或远程数据备份
适用业务	大型流数据存储对象（如视频与音频流媒体数据）
	中型存储对象（如遥感图像数据、图片数据等）
	小型存储对象（如一般矢量 GIS 数据、文本属性和 DEM 数据等）

4. 分布式表存储

传统数据库技术的壁垒如下：

1）传统关系数据库管理系统强调的 ACID 特性即原子性，最典型的就是关系数据库事务的一致性。目前很多 Web 实时应用系统并不要求严格的数据库事务特性，对读一致性的要求很低，有些场合对写一致性要求也不高，因此数据库事务管理成了数据库高负载下的一个沉重负担，也限制了关系数据库向着可扩展性和分布式方向的发展。

2）传统关系数据库管理系统中的表都是存储经过串行化的数据结构，每个字段的构成一样，即使某些字段为空，但数据库管理系统会为每个元组分配所有字段的存储空间，这也是限制关系数据库管理系统的性能提升的瓶颈。

3）分布式表存储以键 - 值对的形式进行存储，结构灵活，不像关系数据库那样每个元组有固定的字段数。分布式表存储允许每个元组可以有自己不一样的字段构成，也可以根据需要增加一些自己所特有的键 - 值对，这样每个结构就很灵活，可以动态调整，减少一些不必要的处理时间和空间开销。

分布式表存储系统的目标是管理结构化数据或半结构化数据。表存储系统用来向应用系统提供高可扩展性的表存储空间，包括交易型数据库和分析型数据库。交易型数据的特点是，每次更新或查找少量记录，并发量大，响应时间短；分析型的数据特点是，更新少，批量导入，每次针对大量数据进行处理，并发量小。交易型数据常用 NoSQL 存储，而分析型数据常用日志详单类存储。表存储技术的技术特点和适用场景如表 10-18 所示。

表 10-18　分布式表存储系统的技术特点与适用场景

表存储技术＼比较项	技术特点	适用场景
NoSQL 存储	通常不支持 SQL，只有主索引，半结构化	大规模互联网社交网络、博客、微博等
日志详单类存储	兼容 SQL，索引通常只对单表有效，多表连接需扫描，支持 MapReduce 并行计算	大规模日志存储处理、信令系统处理、经分系统 ETL 等
OLTP 关系数据库	支持标准 SQL、多表连接、索引、事务	计费系统、在线交易系统等
OLAP 数据仓库	支持标准 SQL、多表连接、索引	中等规模日志存储处理、经分系统等

NoSQL 是设计满足超大规模数据存储需求的分布式存储系统，没有固定的模式，不支持

连接操作，通过"向外扩展"的方式提高系统的负载能力。

BigTable 是 Google 设计的分布式数据存储系统，是用来处理海量的数据的一种非关系型的数据库。本质上，BigTable 是一个键 – 值映射。

HBase 是一个高可靠性、高性能、面向列、可伸缩的分布式存储系统。利用 HBase 技术可在廉价 PCServer 上搭建大规模结构化存储集群，基于列存储的键 – 值对 NoSQL 数据库系统。HBase 采用 Java 语言实现，表结构是一个稀疏的、多维度的、排序的映射表。客户端以表格为单位，进行数据存储，每一行都有一个关键字作为行在 HBase 的唯一标识，表数据采用稀疏的存储模式，因此同一张表的不同行可能有截然不同的列。一般通过行主键、列关键字和时间戳来访问表中的数据单元。其他 NoSQL 数据库如表 10-19 所示，可分为列存储、文档存储、键 – 值存储等。

表 10-19   主要的 NoSQL 数据库类型及其特点

类　　型	主要产品	特　　点
列存储	HBase Cassandra HyperTable	顾名思义，是按列存储数据的。最大的特点是方便存储结构化和半结构化数据，方便进数据压缩，对针对某一列或者某几列的查询有非常大的 I/O 优势
文档存储	MongoDB CouchDB	文档存储一般用类似 JSON 的格式存储，存储的内容是文档型的，这样就有有机会对某些字段建立索引，实现关系数据库的某些功能
键 – 值存储	TCabinet / Tyrant Berkeley DB MemcacheDB Redis	可以通过键快速查询到其值。一般来说，无论值是何格式，全部予以接收。（Redis 包含其他功能）
图存储	Neo4j FlockDB	图形关系的最佳存储。若使用传统关系数据库来解决，则性能低下，而且设计、使用不方便
对象存储	db4o Versant	通过类似面向对象语言的语法操作数据库，通过对象的方式存取数据
XML 数据库	Berkeley DB XML BaseX	高效地存储 XML 数据，并支持 XML 的内部查询语法，如 XQuery、XPath

在大规模的分布式数据管理系统中，数据的划分策略直接影响系统的可扩展性和性能。在分布式环境下，数据的管理和存储需要协调多个服务器结点来进行，为提高系统的整体性能和避免某个结点负载过高，系统必须在客户端请求到来时及时地进行合理的分发。目前，主流的分布式数据库系统在数据划分的策略方面主要有顺序均分和哈希 – 映射两种方式。

BigTable 和 HBase 采用顺序均分的策略进行数据划分，这种划分策略能有效地利用系统资源，也易扩展系统的规模。Cassandra 和 Dynamo 采取哈希 – 映射的方式进行数据划分，保证了数据能均匀地散列到各存储结点上，避免了系统出现单点负载较高的情况，这种方式也能提供良好的可扩展性。

负载均衡是分布式系统需要解决的关键问题。在分布式数据管理系统中，负载均衡主要包括数据均匀散列和访问请求产生的负载能均匀分担在各服务结点上两方面，实际中这两者很难同时满足，用户访问请求的不可预测性可能导致某些结点过载。

Dynamo 采用虚拟结点技术，将负载较大的虚拟结点映射到服务能力较强的物理结点上，以达到系统的负载均衡，这也使服务能力较强的物理结点在集群的哈希环上占有多个虚拟结点的位置，避免了负载均衡策略导致数据在全环的移动。HBase 通过主控结点监控其他每个 RegionServer 的负载状况，通过 Region 的划分和迁移来达到系统的负载均衡。

10.2.2　存储虚拟化

1. 存储虚拟化技术背景

企业用户面对日益复杂的异构平台，不同厂商的产品，不同种类的存储设备，给存储管理带来诸多难题。数据应用已不再局限于某一企业和部门，而分布于整个网络环境。系统整合、资源共享、简化管理、降低成本以及自动存储成为信息存储技术的发展要求。存储虚拟化（storage virtualization）技术是解决这些问题的有效手段，现成为信息存储技术的主要发展方向。网络存储的飞速发展给存储虚拟化赋予了新的内涵，使之成为共享存储管理中的主流技术。

存储虚拟化的基本原理是，把多个存储介质模块（如硬盘、磁盘、磁带）通过一定手段集中管理，把不同接口协议（如 SCSI、iSCSI 或 FC 等）的物理存储设备（如 JBOD、RAID 和磁带库等）整合成一个虚拟的存储池，根据需要为主机创建和提供虚拟存储卷，即把不同存储硬件抽象出来，以管理工具来实现统一的管理，不必管后端的介质到底是什么。

2. 存储虚拟化的分类

虚拟化的目的主要有 3 个：抽象、隐藏、隔离。存储虚拟化的目的是提高设备使用效率，统一数据管理功能，设备构件化，降低管理难度，提高可扩展性，数据跨设备流动。

如图 10-26 所示，存储虚拟化技术主要指通过在物理存储系统和服务器之间增加一个虚拟层，使服务器的存储空间可以跨越多个异构的磁盘阵列，实现从物理存储到逻辑存储的转变。通过对存储（子）系统或存储服务的内部功能进行抽象、隐藏或隔离，使存储或数据的管理与应用、服务器、网络资源的管理分离，从而实现应用和网络的独立管理。对存储服务和设备进行虚拟化，能够在对下一层存储资源进行扩展时进行资源合并，降低实现的复杂度。存储虚拟化可以在系统的多个层面实现，如建立类似于分级存储管理（Hierarchical Storage Management，HSM）的系统。

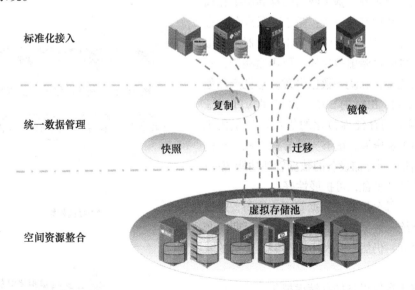

图 10-26　存储虚拟化

从系统的观点看，存储虚拟化有 3 种途径（分类）：①基于主机的存储虚拟化；②基于网络的存储虚拟化；③基于存储设备的存储虚拟化。

（1）基于主机的存储虚拟化

基于主机的虚拟存储依靠于代理软件，它们安装在一个或多个主机上，实现存储虚拟化的控制和治理，如图 10-27 所示。它的实现方式一般由操作系统下的逻辑卷管理软件完成（安装客户端软件），不同操作系统的逻辑卷管理软件也不相同。控制软件运行在主机上，会占用主机的处理时间。但是，由于不需要任何附加硬件，基于主机的虚拟化方法最容易实现，其设备成本最低。基于主机的存储虚拟化的主要用途在于，使服务器的存储空间可以跨越多个异构的磁盘阵列，常用于在不同磁盘阵列之间做数据镜像保护。常见产品如 Symantec Veritas VolumeManager。

基于主机的存储虚拟化的优点是支持异构的存储系统。其缺点是占用主机资源，降低应用性能；存在操作系统和应用的兼容性问题；导致主机升级、维护和扩展非常复杂，而且容易造成系统不稳定性；需要复杂的数据迁移过程，影响业务连续性。

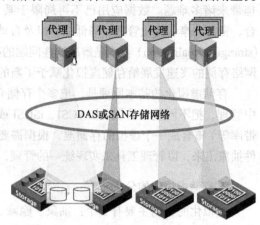

图 10-27　基于主机的存储虚拟化

（2）基于网络的存储虚拟化

如图 10-28 所示，基于网络的虚拟化方法是在网络设备之间实现存储虚拟化功能，将类似于卷管理的功能扩展到整个存储网络，负责管理 Host 视图、共享存储资源、数据复制、数据迁移及远程备份等，并对数据路径进行管理，避免性能瓶颈。它的实现方式通过在存储域网（SAN）中添加虚拟化引擎实现。基于网络的存储虚拟化通常又分成以下几种实现方式：基于互联设备的虚拟化、基于交换机的虚拟化和基于路由器的虚拟化。基于网络的存储虚拟化的主要用途在于，对异构存储系统整合和统一数据管理。常见产品如 H3C 的 IV 系列、IBM 的 SVC、EMC 的 VPLEX。

基于网络的存储虚拟化的优点是与主机无关，不占用主机资源；能够支持异构主机、异构存储设备；使不同存储设备的数据管理功能统一；构建统一的管理平台，可扩展性好。

其缺点是部分厂商的数据管理功能弱，难以达到虚拟化统一数据管理的目的；部分厂商的产品成熟度较低，仍然存在和不同存储、主机的兼容性问题。

图 10-28　基于网络的存储虚拟化

（3）基于存储设备的存储虚拟化

基于存储设备的存储虚拟化方法依赖于提供相关功能的存储模块，如图 10-29 所示，它的实现方式是，在存储控制器上添加虚拟化功能（虚

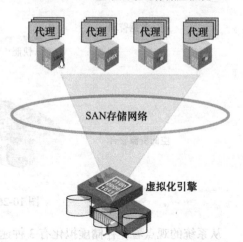

图 10-29　基于存储设备的存储虚拟化

拟化引擎），常见于中高端存储设备。基于存储设备的存储虚拟化的主要用途在于，在同一存储设备内部，进行数据保护和数据迁移。

基于存储设备的存储虚拟化的优点是与主机无关，不占用主机资源；数据管理功能丰富。其缺点是一般只能实现对本设备内磁盘的虚拟化；不同厂商间的数据管理功能不能互操作；多套存储设备需配置多套数据管理软件，成本较高。

不同的存储虚拟化技术有其各自适用场景和优势，基于主机的存储虚拟化技术主要用于不同磁盘阵列之间做数据镜像保护，而基于存储设备和基于网络的存储虚拟化技术常用于数据中心异构资源管理，或用于异构数据的容灾备份。表 10-20 给出了 3 种存储虚拟化技术的对比。

表 10-20　存储虚拟化技术的对比

比较内容	基于主机	基于存储设备	基于网络
存储视图一致性	差	好	好
单点管理	否	是	是
主机是否安装管理软件	需要	不需要	不需要
独立于主机或存储设备	非独立	非独立	独立
统一存储池	是	是	是
存储分配灵活性	差	好	好
性能	差	差	好
SAN 可扩展性	差	好	好
SAN 可用性	差	好	好
SAN 安全性	差	好	好
相对价格	低	高	中
应用案例	多	少	少
主要用途	使服务器的存储空间可以跨越多个异构存储阵列，常用于在不同磁盘阵列之间做数据镜像保护	异构存储系统整合和统一数据管理（如容灾备份）	异构存储系统整合和统一数据管理（如容灾备份）
适用场景	主机已采用 SF（Storage Foundation，一种磁盘管理工具）卷管理，需要新接多台存储设备；存储系统中包含异构阵列设备；业务持续能力与数据吞吐要求较高	系统中包括自带虚拟化功能的高端存储设备与若干需要利用旧资源的中低端存储	系统包括不同品牌和型号的主机与存储设备；对数据无缝迁移及数据格式转换有较高时间保证

10.3　云存储产品与系统

根据面向的用户类型不同，云存储产品可以分成两类：公有云云存储产品和私有云云存储产品。下面分别讨论当前的主流产品。

10.3.1　公有云的云存储产品

公有云云存储产品主要是指面向互联网用户提供网络存储产品，如各种网盘等。国内如金山、百度、腾讯、华为、115 等公司的产品，国外如 Google、Amazon、DropBox 等公司的产品。表 10-21 列出一些目前市面上主流的国内公有云云存储产品，表 10-22 以华为网盘、金山快盘、腾讯微云为例，调查了目前国内公有云云存储的服务内容和性价比。在各种公有云云存储产品市场竞争环境下，存储空间已不再是能够吸引客户的唯一条件，云存储也在试图挖掘其海量数据的潜在价值。

表 10-21 主流的国内公有云云存储产品

产品	发布时间	免费容量	上传文件大小限制	扩容方式	跨平台/设备
115 网盘	2009.5	15GB	小于 1GB	等级越高,免费容量越大,免费	支持计算机网页和客户端,支持 iPhone、iPad 客户端下载、Android 手机客户端下载
酷盘	2011.3	5GB	不限	可以参加活动来扩容,免费	支持计算机网页和客户端,支持 iPhone、Android、Symbian 手机客户端下载
金山快盘	2011.5	5GB	小于 300MB	通过一些简单任务获得额外奖励空间,免费	支持计算机网页和客户端,支持 iPhone、iPad 客户端下载、Android 手机客户端下载
QQ 快盘	2011.9	1GB	不详	QQ 会员等级越高容量越大,付费	支持计算机客户端,支持 Android 手机客户端下载
华为网盘	2009	5GB	标准用户小于 200MB,VIP 会员无限制	等级不同容量不同,付费	支持计算机客户端,支持 Android 手机客户端下载
迅雷网盘	2011.10	5GB	网页版小于 100MB	付费扩容	支持计算机客户端,支持 Android 手机客户端下载

表 10-22　3 种云存储产品的服务对比

特性	华为网盘	金山快盘	腾讯微云
容量(GB)	注册后初始容量为 5GB	注册后完成简单操作得 3.6GB,每邀请一人得 0.1GB	注册后容量为 2GB
扩展容量	每天登录签到可获得一定数量空间	邀请一名用户可扩展 100MB 容量,最大容量为 5.6GB	无法扩展容量
单个文件大小	100MB	100MB	1GB
文件存放时间	永久	永久	永久
客户端	有个人计算机客户端,操作比较简单,在个人计算机端设置一个目录,该目录中的文件及文件夹可以在网盘端指定文件夹同步	个人计算机、iPad、Android 客户端需要客户端才可浏览	有个人计算机、Android、iPhone 客户端以及 Web 版,在个人计算机端建立一个微云文件夹,在文件夹内进行的各种操作会同步到云端,并实时反映到 Web 端和移动终端
文件夹同步	有同步功能	有同步功能	只能上传、下载单个或多个文件,不支持批量文件下载
文件外链或共享	有文件外链,链接长期有效	无文件外链,共享需要对方邮箱,通过对方邮箱才能共享文件	具有分享功能,确认分享后会生成分享链接

　　相比国内云存储的发展,国外提供的存储服务更优惠,技术也更加成熟。表 10-23 列出了目前国外的一些主流公有云云存储产品,表 10-24 以其中 4 种产品为例,调查了国外云存储提供的一些服务及其性价比,可以看出国外的云存储服务更加优惠,技术也相对成熟。

表 10-23　主流的国外公有云云存储产品

厂商	免费容量	特点	设备	音乐
Amazon	5GB	包含 5GB 免费在线存储空间;此外还有每年每 1GB 收费 1 美元的附加存储空间	一切与 Adobe Flash 兼容的设备	包含 Cloud Player 音乐应用

（续）

厂　　商	免费容量	特　　点	设　　备	音　　乐
DropBox	2GB	包含 2GB 免费存储空间，每年交费 200 美元可升级至 100GB	一切有网页浏览器或者 DropBox 客户端的设备	在网页界面和 iOS 客户端上内建了音乐播放器
Apple	5GB	包含 5GB 的免费在线存储空间，可同步音乐、照片、APP、文档、iBook 文件、联系人、电子邮件和日程	MAC 设备和 iOS 系统（Windows 系统只能得到 Photo Stream 和一些基本功能）	所有在 iTunes 购买的音乐都可以在设备之间共享；对 iTunes 每年收费 25 美元，可以向音乐库中推入 25000 个音乐文件，并可以通过 iCloud 进行共享
Google	1GB/7GB	包含 1GB 的 Google Docs 免费在线文件编辑存储空间和 Gmail 的 7GB 免费存储空间	一切有网页浏览器的设备	Google Music Beta 允许从用户自己的音乐库上传 20000 个音乐文件
Microsoft	25GB	例如 Windows Live 业务，包含 25GB 免费存储空间，可同步照片	Windows 个人计算机、Mac 设备、Windows Phone 7	无

表 10-24　4 种国外云存储产品服务对比

特　　性	Google Drive	Microsoft SkyDrive	DropBox	Apple iCloud
是否商用	商用	商用	商用	商用
免费储存空间（GB）	5	7	2	5
最大单档上传大小	10GB	2GB	300MB	25MB/250MB
操作系统	Windows 和 Mac	Windows 和 Mac	Windows、Mac 和 Linux	Mac
移动应用程序	Android 和 iOS	iOS 和 Windows Phone	Android、iOS 和 BlackBerry	iOS
MS Office 支持	只支持只读	支持全部	不支持	不支持（通过 iWork 实现）
文档协同编辑	支持	支持	不支持	不支持
数据管理	支持	支持	支持	不支持

10.3.2　私有云的云存储产品

根据用户对数据的性能与访问要求不同，云存储的服务模式一般有 3 种（3 级）：在线存储、离线存储和近线存储（具体概念在存储基础知识中已介绍，这里不再赘述）。不同的私有云云存储产品所支持的服务模式也不同。表 10-25～表 10-27 分别以 EMC、IBM、华为 3 家公司为例介绍了私有云云存储产品提供的一些服务及功能等。

表 10-25　EMC 云存储产品

云存储产品	产品概述	数据类型、存储形式、事务类型	功能特性	性能指标
VPLEX	面向高速事务处理的存储云，适合于私有云平台	结构化数/非结构化数，在线存储，OLTP	简化频繁的数据迁移；聚合容量，提高利用率；增加关键业务的可用性；跨站点数据迁移和定位；支持远程用户的实时访问；增加数据保护，减少计划外应用停机	移动性（同步往返时间为 5ms，异步往返时间为 50ms）；可用性（高可用性，VPlex Witness 支持，跨群集连接的配置，VPlex RecoverPoint 拆分器）

（续）

云存储产品	产品概述	数据类型、存储形式、事务类型	功能特性	性能指标
Vblock	新一代数据中心虚拟化解决方案。面向大数据事务处理的云架构，Vblock 系统针对虚拟数据中心和"私有云"	结构化数，在线存储，OLTP	提供经验证的高可实践性，提供灵活、快速的可扩展性，提供固有的高可用性与安全性	高端 Vblock 2 支持高达 3000 ~ 6000 个虚拟机；中端 Vblock 1 支持 800 ~ 3000 个虚拟机；入门级 Vblock 0 支持 300 ~ 800 个虚拟机
Atmos	一种面向海量内容存储的分布式对象存储云	非结构化数，在线/近线存储，OLAP	基于策略实施数据管理，支持云存储服务 Atmos 云计算交付平台；支持自助服务和按存储容量使用计费；支持多租户功能	基于通用的 X86 硬件系统，管理容量扩展到 PB 级，适用于文件数据存储、对象存储以及备份与归档存储等应用
iSilon	一种面向海量文件处理的存储云	非结构化数，近线/离线存储，OLAP	具有灵活无限制的快照；快速灵活的异步复制；基于策略的客户端负载均衡；基于策略的数据防篡改和自动分层；配额管理和精简配置；智能分析平台	单个文件系统/单个卷可达 15PB 以上，85GB/s 吞吐量以及 1.6MB IOPS
DataDomain	一种面向大数据备份的备份云	非结构化数，近线/离线存储，OLAP	具有可扩展的系统、高速重复数据消除、网络高效复制以及轻松集成等功能特点	最大可用容量为 285TB，最大备份速度为 14.7TB/h，支持多达 270:1 多对一复制架构

表 10-26　IBM 云存储产品

云存储产品	产品概述	数据类型、存储形式、事务类型	功能特性	性能指标
XIV	新一代的高端开放式磁盘存储系统，拥有创新的网格架构，能够以极低的总成本提供最高水平的可靠性、性能、可扩展性功能，而且能够消除复杂性并提供前所未有的易管理性	结构化数，在线/近线存储，OLTP	采用无限制的基于指针快照；精简资源调配；虚拟化容量分配，提升空间利用率；同步/异步；数据迁移技术	更节能（减少 70%），更少占地（减少 65%），采用大规模并行的网格架构和分布式 Cache 设计，最大化所有资源的利用率，最优化负载分配及负载均衡，消除了热点
SKC	构建在 PowerVM 与 VMControl 之上的云计算管理平台软件，能够在系统资源池基础上实现"快速云（Entry Cloud）"的部署，确保以较为经济和简捷的方式实现云服务管理的平台	结构化数，离线/归档存储，OLTP/OLAP	主要包括自助服务界面、映像整合与转换、虚拟机的自动调配、云管理等特性	提高硬件利用率并且将硬件成本降低 50% 以上；减少了功耗和 CO_2 的排放量；将全新业务应用的上市时间从 3 ~ 4 个月缩短为仅仅 2 ~ 3 天
SONAS	以 IBM GPFS 并行文件系统为核心的横向扩展文件型存储解决方案，它将多个 SAN 存储整合到同一命名空间，从而建构一个可高速并行共享访问的存储系统	非结构化数，在线/近线存储，OLAP	高速的扫描引擎，自动分级存储，分层存储数据自动迁移	最大可管理 10 亿个文件，提供 14.4PB 磁盘空间，可在数十个物理存储阵列间建立起统一共享的存储命名空间

（续）

云存储产品	产品概述	数据类型、存储形式、事务类型	功能特性	性能指标
Storwize	以存储资源池的方式管理自带磁盘和异构的存储设备，通过虚拟化技术屏蔽异构存储设备间的差异性，为各类云计算服务提供统一的存储访问界面，适合中小企业虚拟化云存储部署	结构化/非结构化数，在线/近线存储，OLAP	可对异构的存储环境进行统一管理，为服务器提供统一的存储界面；提供在线数据迁移能力；具备同步和异步的数据复制能力，可实现异构存储间数据复制	主机接口包括 SAN 连接的 8 Gb/s 光纤通道、1Gb/s iSCSI 和可选的 10 Gb/s iSCSI/FCoE NAS 连接的 1 Gb/s 和 10 Gb/s 以太网；RAID 级别包括 RAID 0、1、5、6 和 10；支持每个控制机箱 240 个，每个群集系统 960 个最大驱动器数量

表 10-27　华为云存储产品

云存储产品	产品概述	数据类型、存储形式、事务处理类型	功能特性	性能指标
CSE	主要提供在线存储、在线备份等基于数据存储的增值业务	结构化/非结构化数据，在线/近线存储，OLTP	支持虚拟网盘、Web 网盘、数据同步、共享资源库等在线存储功能；提供权限控制、数据隔离、加密、传输加密等安全机制	支持虚拟网络硬盘、Web 页面及手机客户端方式访问访问方式；支持文件及应用的备份；支持从云存储系统上恢复备份数据到 CSA；支持计算结点的在线添加，使系统接入能力得以扩展
DCS	集成电源配电、环境监控、冷却系统、机架、布线、消防、安防等基础设施的箱式 IDC 产品，不仅能降低数据中心存储产品的建设成本，而且能降低其运营成本，是 IDC 建设的一种有效方式	结构化/非结构化数据，在线/近线存储，OLTP	集成了电源配电、环境监控、冷却系统、机架、布线、消防、安防等基础设施的箱式 IDC 产品	支持 10 个标准 42U 机架，5 台机房用精密空调制冷；制冷效率比传统方式高压 20% ~ 30%；整机制冷节能 40%；对外接口 AC 380V 电源电缆，GE 管理网口
CloudStor CSS	集先进的分布式系统、智能化的资源调度和管理能力于一体的数据存储系统，具备高性能、大容量、弹性扩展、自动化管理等特点及丰富的业务支撑能力，满足海量数据存储以及大规模业务承载的需求场合	结构化/非结构化数据，近线存储，OLAP	具有系统管理、文件和目录操作、数据存储和同步恢复、自动部署和升级、对外接口等特点	总物理容量最大为 185PB；单域最大容量为 1.45PB；单域最大读带宽为 5.6GB/s，最大写带宽为 4GB/s；单域支持客户端的最大数量为 64 个，系统最大支持 8192 个客户端；单域最大支持 12 亿个文件
UDS	具有基于 ARM 架构的低功耗、高密度存储结点，通过对象存储技术、P2P 分布式存储引擎技术、集群应用技术等构建海量对象存储基础架构平台	非结构化数据，在线/离线/归档存储，OLAP	具有无状态的控制结点集群，分布式、自组织的存储结点，无瓶颈的海量元数据存储，SoD 分布式哈希算法（DHT），基于 P2P 的数据自愈机制等关键特性	支持最大容量 2000 × 2TB；支持最大 100 万用户数；支持最大 1000 万桶数量；单桶最大 4000 万对象数量；支持最大 100 亿对象数量；系统支持最大 200Gb/s 吞吐量

10.4　对象存储技术

随着网络技术的发展，网络化存储逐渐成为主流技术。其需要解决的主要问题有：提供高性能存储，在 I/O 级和数据吞吐率方面能满足成百上千台集群服务器访问请求；支持安全的共享数据访问，便于集群应用程序的编写和存储的负载均衡；提供强大的容错能力，确保存储系统的高可用性。

主流网络存储结构的问题主要在于：①存储区域网（SAN）具有高性能、容错性等优点，但缺乏安全共享；②网络附加存储（NAS）具有可扩展性，支持共享，但缺乏高性能。

对象存储是一种块和文件之外的存储形式。对象存储体系结构提供了一个带有 NAS 系统的传统的文件共享和管理特征的单系统映象（single system image）文件系统，并改进了 SAN 的资源整合和可扩展的性能。目前对象存储系统已成为 Linux 集群系统高性能存储系统的研究热点，如 Panasas 公司的 Object Base Storage Cluster System 系统和 Cluster File Systems 公司的 Lustre 等。

10.4.1 对象存储架构

对象存储的核心是将数据通路（数据读或写）和控制通路（元数据）分离，并且基于对象存储设备（Object-based Storage Device，OSD）构建存储系统，每个对象存储设备具有一定的智能，能够自动管理其上的数据分布。对象存储由对象存储服务器（OSS）、对象存储设备（OSP）、元数据服务器（MDS）、对象存储系统客户端（Client）4 部分组成，如图 10-30 所示。

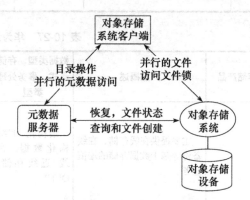

图 10-30　对象存储的结构

10.4.2 传统块存储与对象存储

传统的存储系统中用文件或块作为基本的存储单位，块设备记录每个存储数据块在设备上的位置；而在对象存储系统中，对象是数据存储的基本单元，对象维护自己的属性，从而简化了存储系统的管理任务，增加了灵活性。在存储设备中，所有对象都有一个对象标识，通过对象标识 OSD 命令访问该对象。如图 10-31 所示，在块存储中，数据以固定大小块形式存储，而在对象存储中，数据以对象为单位存储，其中对象没有固定大小。

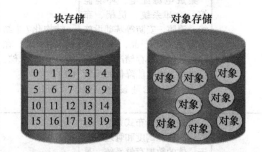

图 10-31　传统块存储与对象存储

10.4.3 对象

对象是系统中数据存储的基本单位，图 10-32 给出了对象的一些性质，每个对象是数据和数据属性集的综合体，数据属性可以根据应用的需求进行设置，包

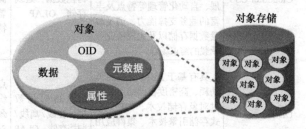

元数据：
创建时期/时间，所有者，大小…
相关属性：
访问类型，内容，索引…
用户应用属性：
保持力，Qos…

图 10-32　对象的组成

括数据分布、服务质量等。

对象包含文件数据以及相关的属性信息，可以进行自我管理。如图 10-33 所示，对象主要包括基本存储单元、名字空间、对象 ID、数据、元数据等，元数据类似于 inode，描述了对象在磁盘上的块分布，对象存储就是实现对象具有高性能、高可靠性、跨平台以及安全的数据共享的存储体系，是块和文件之外的存储形式。图 10-34 给出了对象存储的文件组织形式，可以看出物理存储层与逻辑存储层的耦合度大大降低，并且对象的扁平化存储使得系统具有易扩展等特点。

图 10-33 对象内容

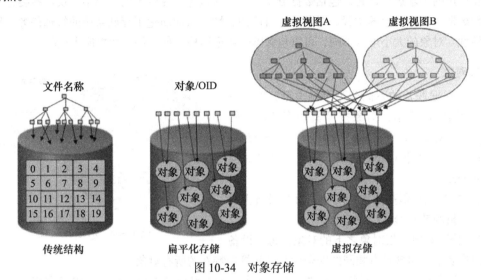

图 10-34 对象存储

元数据服务器通常提供两个主要功能。

1) 为计算结点提供一个存储数据的逻辑视图（Virtual File System，VFS）、文件名列表及目录结构。

2) 组织物理存储介质的数据分布（inode 层）。

对象存储结构将存储数据的逻辑视图与物理视图分开，并将负载均匀分布，避免元数据服务器引起的瓶颈（如 NAS 系统）。元数据的 VFS 部分通常是元数据服务器的 10% 负载，剩下的 90% 工作（inode 部分）是在存储介质块的数据物理分布上完成的。在对象存储结构中，inode 工作分布到每个智能化的 OSD，每个 OSD 负责管理数据分布和检索，这样 90% 的元数据管理工作分布到智能的存储设备，从而提高了系统元数据管理的性能。另外，分布的元数据管理，在增加更多的 OSD 到系统中时，可以同时增加元数据的性能和系统存储容量。

对象存储支持并发数据访问。对象存储体系结构定义了一个新的、更加智能化的磁盘接口——OSD。OSD 是与网络连接的设备，自身包含存储介质，如磁盘或磁带，并具有足够的智能，可以管理本地存储的数据。计算结点直接与 OSD 通信，访问它存储的数据，由于 OSD 具有智能，因此不需要文件服务器介入。如果将文件系统的数据分布在多个 OSD 上，则聚合 I/O 速率和数据吞吐率将线性增长。对于绝大多数 Linux 集群应用来说，持续的 I/O 聚合带宽和吞吐率对较多数目的计算结点是非常重要的。对象存储结构提供的性能是目前其他存储结构难以达到的，例如，ActiveScale 对象存储文件系统的带宽可以达到 10GB/s。

10.4.4　对象存储系统的组成

对象存储系统有以下几个重要组成部分：

1）对象：包含了文件数据以及相关的属性信息，可以进行自我管理。

2）OSD：一个智能设备，是对象的集合。

3）文件系统：运行在客户端上，将应用程序的文件系统请求传输到 MDS 和 OSD 上。

4）MDS：提供元数据、Cache 一致性等服务。

5）网络连接：是对象存储系统的重要组成部分，将客户端、MDS 和 OSD 连接起来，构成一个完整的系统对象存储的基本单元。每个对象是数据和数据属性集的综合体。数据属性可以根据应用的需求进行设置，包括数据分布、服务质量等。在传统的存储中，块设备要记录每个存储数据块在设备上的位置。对象维护自己的属性，从而简化了存储系统的管理任务，增加了灵活性。对象的大小可以不同，可以包含整个数据结构，如文件、数据库表项等。

1. 对象

对象根据职责的不同分为多种类型，便于管理，如图 10-35 所示，对象按照其职责、功能等可以分为根对象（root object）、分区对象（partition object）、集合对象（collection object）、用户对象（user object）等。

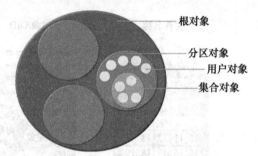

图 10-35　对象的类型

1）根对象：最高层次的对象，每个设备上只有一个，指的就是 OSD 本身。

2）分区对象：根对象之下的对象，每个设备上可以有多个，包含具有相同的安全性和空间管理特性的所有对象。

3）集合对象：分区对象之下的对象，每个设备上可以有多个，包含一组具有相同属性的用户对象，如所有的 .mp3 对象。

4）用户对象：集合对象之下的对象，每个设备上可以有多个，由客户端或者应用通过 SCSI 命令创建的对象。

存储设备均包含一个唯一的根对象。此对象中包含存储设备的全局属性，包括组对象数目、用户对象数目、服务特性等，由存储设备负责维护。组对象对用户对象进行管理，其中包括一个用户对象列表、最大可用的用户对象数目、当前组的容量等。组对象的默认属性从根对象中继承而来，所包含的数据是当前可使用的对象 ID。用户对象存放具体数据的对象类型，每个用户对象都包括用户数据、存储属性和用户属性。用户对象中的用户数据同传统存储系统中的文件数据是相同的。存储属性则用来决定对象在磁盘上的块分布，包括逻辑长度、对象 ID 等。用户属性则包括对象拥有者、访问控制列表等属性信息。

2. OSD

每个 OSD 都是一个智能设备，具有自己的存储介质、处理器、内存以及网络系统等，负责管理本地的对象，是对象存储系统的核心。OSD 同块设备的不同不在于存储介质，而在于两者提供的访问接口。

OSD 的主要功能包括数据存储和安全访问。目前国际上通常采用刀片式结构实现 OSD。OSD 提供 3 个主要功能：

1）数据存储。OSD 管理对象数据，并将它们放置在标准的磁盘系统上，OSD 不提供块接口访问方式，客户端请求数据时用对象 ID、偏移进行数据读写。

2）智能分布。OSD 用其自身的 CPU 和内存优化数据分布，并支持数据的预取。由于OSD 可以智能地支持对象的预取，从而可以优化磁盘的性能。

3）每个对象元数据的管理。OSD 管理存储在其上对象的元数据，该元数据与传统的inode 元数据相似，通常包括对象的数据块和对象的长度。而在传统的 NAS 系统中，这些元数据是由文件服务器维护的，对象存储架构将系统中的主要元数据管理工作交由 OSD 来完成，降低了客户端的开销。

3. 文件系统

文件系统对用户的文件操作进行解释，并在元数据服务器和 OSD 间通信，完成所请求的操作。现有的应用对数据的访问大部分是通过 POSIX 文件方式进行的，对象存储系统提供给用户标准的 POSIX 文件访问接口。接口具有和通用文件系统相同的访问方式，同时为了提高性能，也具有对数据的 Cache 功能和文件的条带功能。同时，文件系统必须维护不同客户端上Cache 的一致性，保证文件系统的数据一致。一个文件系统的读访问过程如下：

1）客户端应用发出读请求。

2）文件系统向元数据服务器发送请求，获取要读取的数据所在的 OSD。

3）然后直接向每个 OSD 发送数据读取请求。

4）OSD 得到请求以后，判断要读取的对象，并根据此对象要求的认证方式，对客户端进行认证，如果此客户端得到授权，则将对象的数据返回给客户端。

5）文件系统收到 OSD 返回的数据以后，读操作完成。

4. MDS

MDS 控制客户端与 OSD 对象的交互，主要提供以下几个功能：

1）对象存储访问：MDS 构造、管理描述每个文件分布的视图，允许客户端直接访问对象。MDS 为客户端提供访问该文件所含对象的能力，OSD 在接收到每个请求时将先验证该能力，然后才可以访问。

2）文件和目录访问管理：MDS 在存储系统上构建一个文件结构，包括限额控制、目录和文件的创建和删除、访问控制等。

3）客户端 Cache 一致性：为了提高 Client 性能，在对象存储系统设计时通常支持客户端的 Cache。由于引入客户端方的 Cache，带来了 Cache 一致性问题，MDS 支持基于客户端的文件Cache，当 Cache 的文件发生改变时，将通知客户端刷新 Cache，从而防止 Cache 不一致引发的问题。

元数据服务器的特点主要有：客户端采用 Cache 来缓存数据，当多个客户端同时访问某些数据时，MDS 提供分布的锁机制来确保 Cache 的一致性。为了增强系统的安全性，MDS 为客户端提供认证方式。OSD 将依据 MDS 的认证来决定是否为客户端提供服务等。

10.5 存储技术的发展趋势

1. 存储虚拟化

存储虚拟化是目前以及未来的存储技术热点，RAID、LVM、SWAP、VM、文件系统等都归属于其范畴。

存储的虚拟化技术有很多优点，如提高存储利用效率和性能，简化存储管理复杂性，绿色节省，降低运营成本等。

目前最新的存储虚拟化技术有HSM、自动精减配置（thin provision）、云存储（cloud storage）、分布式文件系统（distributed file system），另外还有诸如动态内存分区、SAN和NAS虚拟化等。

虚拟化可以柔性地解决不断出现的新存储需求问题，因此，我们可以断言存储虚拟化仍是未来存储的发展趋势之一。

2. 固态硬盘

固态硬盘（Solid State Disk，SSD）是目前倍受存储界广泛关注的存储新技术，被看作一种革命性的存储技术，可能会给存储行业甚至计算机体系结构带来深刻变革。

SSD与传统磁盘不同，它是一种电子器件而非物理机械装置，具有体积小、能耗小、抗干扰能力强、寻址时间极小（甚至可以忽略不计）、IOPS高、I/O性能高等特点。

对于存储系统来说，SSD的最大突破是大幅提高了IOPS，摩尔定理的效力再次显现，通过简单地用SSD替换传统磁盘，就可能可以达到或超越综合运用缓存、预读、高并发、数据局部性、磁盘调度策略等软件技术的效用。

SSD已经开始被广泛接受并应用，当前主要的限制因素有价格、使用寿命、写性能抖动等。从最近两年的发展情况来看，这些问题都在不断地改善和解决，SSD的发展和广泛应用将势不可挡。

3. 重复数据删除

重复数据删除（deduplication）是一种目前主流且非常热门的存储技术，可对存储容量进行有效优化。它通过删除数据集中的重复数据，只保留其中一份，从而消除冗余数据。

Dedupe技术可以帮助众多应用降低数据存储量，节省网络带宽，提高存储效率，减小备份窗口，节省成本。Dedupe技术目前大量应用于数据备份与归档系统，因为对数据进行多次备份后，存在大量重复数据。事实上，它也可以用于很多场合，包括在线数据、近线数据、离线数据存储系统。

信息呈现的指数级增长方式给存储容量带来巨大的压力，而dedupe技术是最为行之有效的解决方案，因此固然其有一定的不足，其大行其道的发展趋势无法改变。更低碰撞概率的Hash函数、多核、GPU、SSD等，这些技术推动dedupe技术走向成熟，由作为一种产品而转向作为一种功能，逐渐应用到近线存储和在线存储系统中。

4. SOHO存储

SOHO（Small Office, Home Office）存储即家庭或个人存储。现代家庭中拥有多台PC、笔记本式计算机、上网本、平板计算机、智能手机，这种情况业已非常普遍，这些设备将组成家庭网络。

SOHO存储的数据主要来自个人文档、工作文档、软件与程序源码、电影与音乐、自拍视频与照片，部分数据需要在不同设备之间共享与同步，重要数据需要备份或者在不同设备之间复制多份，需要在多台设备之间协同搜索文件，需要多设备共享的存储空间等。

SOHO存储目前大致有两种思路，一是home NAS微型存储装置，提供文件级的集中共享存储空间，并在NAS提供数据备份和复制、数据管理、高级文件检索、多种数据访问协议和接口等功能。二是P2P存储系统，利用软件系统将各个设备的存储空间统一起来，提供一个虚拟的集中共享存储空间，同样可以提供home NAS上的所有功能。

5. ROBO存储

ROBO（Remote Office, Branch Office）存储即企业远程或分支机构存储。

大的公司或组织机构由多个子公司或分支机构组成，物理分布在世界上不同的城市。ROBO 存储正是为了应对这种基于互联网的协作式工作模式而产生的。ROBO 存储的需求主要集中在数据同步、共享、分发、协作，传统的上传/下载模式文件服务难以满足这种需求，因此需要基于互联网的广域分布式文件系统。

针对 ROBO 存储，通常在公司总部部署集中式存储系统保存所有的数据，在每个子公司部署较小的存储结点，然后通过高速网络互联，并提供高效的数据同步、分发、数据缓存等机制，尽量减少数据通信量以提高性能和实时性。目前 ROBO 存储似乎还没有成熟的解决方案。

6. 语义化检索

数据检索目前主要分为两类，一是基于文件名，二是基于文件内容。主流文件系统的数据检索都是基于文件名进行的，桌面搜索引擎则综合文件名和文件内容进行检索，前者遍历文件系统元数据，后者需要解析文件内容，它们都是通过关键字匹配来实现检索的。显然，这两类检索的语义是非常有限的，与人类思维方式有着很大的区别。

存储系统完全可以实现语义化的检索，通过文件属性和关系来检索文件，并用关系网络（类似社会化网络）来表示检索结果。这种方式语义上更加丰富，检索结果更加精确，也更加符合人类的思维方式。

面对海量的数据，精确、高效地检索出自己需要的数据是第一步，语义化检索符合存储技术的发展趋势。

7. 存储智能化

人工智能是计算机的发展方向，这是一个理想而艰巨的目标。对于存储系统来说，智能化代表着自动化、自适应、兼容性、自治管理、弹性应用，通过对系统的监控、分析和挖掘来发现数据应用的特点和使用者的行为模式并动态调整配置，从而达到最佳的运行状态。

存储智能化可以分别在存储系统栈中的不同层次实现，包括磁盘、RAID、卷管理器、文件系统、NAS 系统、应用系统，从而形成系统的存储智能化。

存储优化是存储技术发展的目的，如图 10-36 所示，为实现更高效的存储，产生了很多的

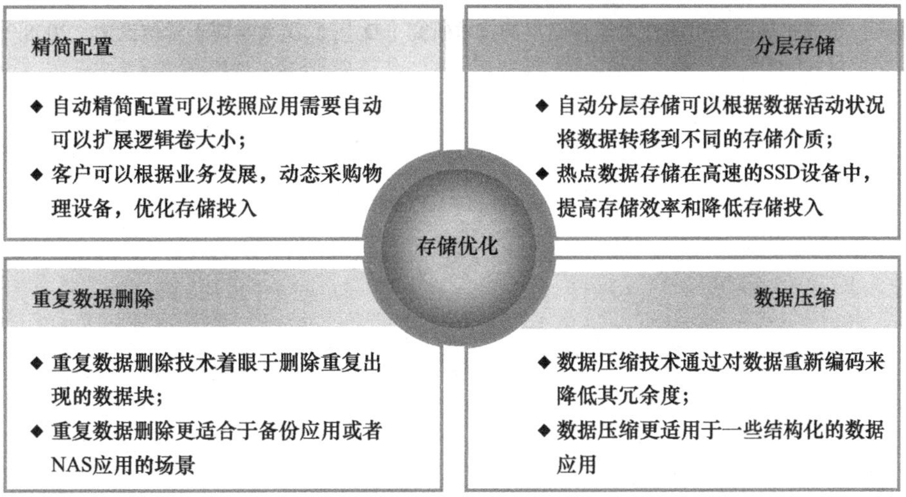

图 10-36　存储优化

研究方向，如重复数据删除、数据压缩等，虽然我们已经取得了一定的成果，但离目标差距还很大，存储学术界和业界都在为此而努力。智慧的存储，让数据在整个信息生命周期内有序、高效、自治，存储效用最大化，简化管理，减少人工干预，这是存储的大趋势。

习题

1. 简述存储组网的几种形式（DAS、NAS、SAN），及其适用范围。
2. 简述 RAID 的技术原理。
3. 简述磁盘热备的技术原理。
4. 简述快照技术原理。
5. 简述分布式块存储的概念及其优缺点。
6. 简述分布式对象存储的概念及原理。
7. 简述 NoSQL 的概念及原理。
8. 简述存储虚拟化的几种形式，及其适用范围。
9. 查阅相关资料，了解重复数据删除及数据压缩的原理。

参考文献

［1］ Amazon simple storage service（Amazon S3）［EB/OL］. http://aws.amazon.com/cn/s3.

［2］ 刘贝，汤斌. 云存储原理及发展趋势［J］. 科技信息，2011（5）：50-51.

［3］ 钱宏蕊. 云存储技术发展及应用［J］. 电信工程技术与标准化，2012，25（4）：15-20.

［4］ 冯丹. 网络存储关键技术的研究及进展［J］. 移动通信，2009，33（11）：35-39.

［5］ 许志龙，张飞飞. 云存储关键技术研究［J］. 现代计算机：下半月版，2012（9）：18-21.

［6］ Ghemawat S, Dffh G, Leung P T.The Google file system, proceedings of the 19th ACM symposium on operating systems principles［M］. New York: ACM Press, 2003: 29-43.

［7］ 白翠琴，王建，李旭伟. 存储虚拟化技术的研究与比较［J］. 计算机与信息技术，2008（7）.

［8］ 陈全，邓倩妮. 云计算及其关键技术［J］. 计算机应用，2009，29(9): 2562-2567.

［9］ 李锐，林艳萍，徐正全，等. 空间数据存储对象的元数据可伸缩性管理［J］. 计算机应用研究，2011，28（12）：4567-4571.

［10］ 郑胜. 按需扩展的高可用性对象存储集群技术研究［D］. 武汉大学博士学位论文，2008.

第 11 章　大数据技术与实践

本章在给出大数据基本概念的基础上，详细介绍当前主流的大数据存储平台 HDFS、HBase、Cassandra、Redis、MongoDB 等，然后介绍大数据分析处理平台 Cloudera Impala 和 HadoopDB，接着重点讨论大数据的存储编程实践和并行计算编程实践，最后将展望大数据的研究与发展方向。

11.1　大数据概述

11.1.1　大数据产生的背景

早在 1980 年，著名未来学家阿尔文·托夫勒便在《第三次浪潮》一书中，将大数据比作"第三次浪潮的华彩乐章"。

在传统数据处理过程中，单个计算机的性能往往很强、可靠性高（但是造价也很高），用一台计算机即可处理完所需数据。当今世界，数据日益增长且增长速度日益加快。这里所说的数据包括人们在更深入了解自然的过程中所需要的数据以及人类自己在各种社会活动中产生的海量数据，特别是后者，由于计算机在各个领域的使用越来越广泛，越来越多的人类活动可以被计算机转化成数据记录下来，数据产生的速度更是日益加剧，包括通信领域中的上网记录、GPS 位置记录、医学领域中的手术详细记录、社会保障领域的各种记录等都是这类数据。数据已经呈爆炸式增长，足以引发全世界的一次技术变革，于是，"第三次浪潮"——大数据技术应运而生。

人类企图认识一切的欲望，促使人们开始研究应对海量数据的办法。在数据量大到传统数据处理工具无法直接处理时，过去人们为了降低计算的成本，往往放弃部分数据的准确性，采用抽样的方法进行数据的处理，并研究各种抽样和统计的方法来使抽样更为准确。然而人类并不满足这种抽样的准确度，由于计算机硬件造价的降低和计算机性能的提升，直接而廉价地处理海量数据成为可能，人们开始寻找直接处理海量数据的方法。在处理大量数据时，由多台廉价计算机组成的集群可以比单台昂贵的高性能计算机的处理速度更快、成本更低。低廉的处理成本让各个商业公司纷纷把目光投向了大数据技术，各大公司推出的大数据开源工具接踵而至，大数据处理技术也发展得更加迅猛。

11.1.2　大数据的定义

大数据一词由英文"big data"翻译而来，是最近几年兴起的概念，目前还没有一个统一的定义。相比于过去的"信息爆炸"的概念，它更强调数据量的"大"。大数据的"大"是相对而言的，是指所处理的数据规模巨大到无法通过目前主流数据库软件工具处理，在可以接受的时间内完成抓取、存储、管理和分析，并从中提取出人类可以理解的信息。"大"是与时俱进的，不能以具体的数据量来界定大数据与普通数据。随着人类大数据处理技术的不断进步，大数据的标准也不断提高。

相对于过去的"海量数据"概念而言，大数据还具有数据类型复杂多变的特点。互联网上流动的数据类型迥异，收集和处理这些数据（特别是非结构化数据）也是大数据研究的一个重要方面。业界普遍认同大数据具有 4V 特征，即数据量大（Volume）、变化速度快（Velocity）、多类型（Variety）与高价值（Value）。简而言之，大数据可以被认为是数据量巨大且结构复杂多变的数据集合。

11.1.3　大数据的 4V 特征

1）Volume（数据量大）：大数据的首要特征是数据体量巨大。当今世界需要进行及时处理以提取有用信息的数据数量级已经从 TB 级别跃升到 PB 甚至 EB 级别。随着计算机深入到人类生活的各个领域，数据增长速度与日俱增，数据的基数也在不断增大，从前 GB 已经是很大的数据量了，现在看来一台普通的计算机就能在可以接受的时间内完成 GB 级的数据运算。如果单靠单台计算机的计算能力，更大量的数据会很快将我们"淹没"在数据的"海洋"中，因此涌现出许多分布式的大数据处理工具。其中最著名且应用最广泛的是 Hadoop，而著名互联网公司 Facebook 已经推出可以进行 EB 级实时大数据处理的工具 Presto。

2）Variety（数据类型多）：大数据的挑战不仅在于数据量大，也体现在数据类型的多样化。除了网络日志、地理位置信息等具有固定结构的数据之外，还有视频、图片等非结构化数据。现在，互联网上出现更多的多媒体应用，它们产生的非结构化数据占据大数据的很大比例，非结构化数据和半结构化数据正是大数据处理的难点所在。

3）Velocity（处理速度快）：信息的价值在于及时，超过特定时限的信息就失去了使用的价值。大数据的商业应用主要是分析大量历史数据以预测未来形势，帮助商业公司做出决策，处理时间过长会让其失去价值。

4）Value（价值高）：大数据商业价值高，但是价值密度低。单个数据的价值很低，只有大量数据聚合起来处理才能借助历史数据预测未来走势，体现出大数据计算的价值所在。

11.2　大数据存储平台

要对大数据进行处理需要一个能够存储所有数据的平台。由于计算机硬盘存储技术发展的速度远远赶不上大数据的爆炸式增长，单机存储密度有限，故分布式存储就成为一个自然而然的选择。下面介绍一些常用的大数据存储平台。

11.2.1　HDFS

1. HDFS 简介

HDFS（Hadoop Distributed File System）原是 Apache 开源项目 Nutch 的组件，现在成为 Hadoop 的重要组件。它是一款具有高容错性的分布式文件系统，可以部署在造价低廉的主机集群上。它将一个大文件拆分成固定大小的小数据块，分别存储在集群的各个结点上，因此 HDFS 可以存储超大的数据集和单个巨大的文件。这样的分布式结构能够进行不同结点的并行读取，提高了系统的吞吐率。同一个数据块存储在不同的数据结点上，从而保证 HDFS 在结点失败时还能继续提供服务，使其具有容错性。

HDFS 的设计目标如下：

1）检测和恢复硬件故障。硬件故障是计算机不可避免的一个问题，特别是在造价低廉的硬件上，故障更是时常发生。如果由上百台甚至上千台结点主机组成集群，一个或几个结点出现故障的概率将会非常高，因此 HDFS 必须设计成为能够容忍和恢复一定数量上限的失效结点才能保证其服务一直可用。

2）存储大数据集。通常一个 HDFS 文件可以是 GB 级，甚至 TB 级的，故 HDFS 对这些大文件存储做了优化。同时，一个 HDFS 集群可以存储上千万个文件。

3）应用程序流式地访问 HDFS 上的数据集。HDFS 被作为 MapReduce 的存储平台，MapReduce 只能进行批处理，而不是用户交互式处理，故 HDFS 不必支持随机数据访问。HDFS 注重数据访问的吞吐量，而非数据访问的时延，故 HDFS 不适合作为低时延的数据存储平台。

4）由于大部分 MapReduce 程序对 HDFS 上的文件是一次写入、多次读取的，故 HDFS 只需提供文件的创建、删除、写入、读取功能，不需要提供文件的修改功能，因此也降低 HDFS 在数据一致性方面的设计难度。

5）可移植性。HDFS 由 Java 语言编写而成，继承了 Java 语言的操作系统和硬件平台的可移植性。HDFS 在不同平台上移植非常简便，只需要修改少量配置文件即可。

6）让计算随数据的位置而移动。这样的处理方式比移动数据更加划算。HDFS 支持让程序自己移动到数据所在结点运行，不但节省了网络带宽，而且降低了硬件的负担。

2. HDFS 体系结构

如图 11-1 所示，HDFS 采用 master/slave 结构模型，一个 HDFS 集群由一个 NameNode 和多个 DataNode 组成，除此之外还可以有一个 Secondary NameNode。其中，NameNode 充当 master 的角色，管理文件系统的名称空间以及对客户端的访问操作进行控制。DataNode 充当 slave 的角色，通常一个集群中每个结点主机都运行一个 DataNode 进程，用于管理 HDFS 存储在本机上的那部分数据。Secondary NameNode 主要用于对 NameNode 的操作进行记录，以便当 NameNode 崩溃时进行恢复工作。HDFS 在用户看来就像一个类似于 Linux 原生文件系统，它提供的 Shell 接口中的各种文件操作也类似于 Linux。在内部，它把一个文件分割成许多块，这些数据块被分散存储到集群中的各个 DataNode 中，由 NameNode 来执行文件系统中文件和文件夹的打开、关闭、重命名操作。NameNode 还负责各个数据块到各个 DataNode 的布局和映射。DataNode 负责处理来自客户端的对 HDFS 本地数据块的读取和写入操作，还负责对数据块的生成、删除以及在 NameNode 的指导下创建数据块的副本。

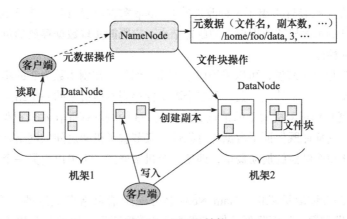

图 11-1 HDFS 结构

NameNode 和 DataNode 都是运行于普通计算机的 Java 程序，通常运行于 Linux 环境，不过任何支持 Java 的环境都可以运行 HDFS。使用 Java 作为编写语言，HDFS 可以部署在许多不同类型的结点上。一种经典的部署方法是使一台结点只运行 NameNode 程序，集群中的其他结点运行 DataNode 程序。部署时可以在同一个结点上运行多个 DataNode 程序，但在实际应用中这种情况比较罕见。

单个 NameNode 的设计大大了简化了整个 HDFS 的结构，NameNode 负责作为各种事件的决定者，并存储了整个 HDFS 的元数据。客户端读取和写入的数据流并不通过 NameNode，而 NameNode 只是为客户端指明数据块的位置，由客户端直接与 DataNode 通信进行数据块的读取和写入操作。

3. HDFS 副本放置策略

HDFS 副本放置策略对 HDFS 的可靠性和性能至关重要。副本放置策略关系到数据的可靠性、可用性和网络带宽的利用率。对副本放置策略的优化让 HDFS 在分布式文件系统中脱颖而出，这一优化是以大量实践经验为基础实现的。

HDFS 采用基于机架感知的副本放置策略，将副本存放在不同的机架上，即第一个副本放在客户本地结点上，另外两个副本随机放置在远程机架上，从而防止某个机架失效时丢失数据，如图 11-2 所示。一个数据中心中往往不只有一个机架，不同机架上结点之间的通信需要经过多个交换机，其带宽比相同机架结点之间的通信带宽要小。因此，基于机架感知的副本放置策略可以在网络带宽和数据可靠性之间取得平衡。

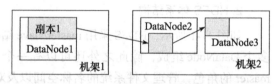

图 11-2   通常采用的副本策略

在 HDFS 集群中，由 NameNode 通过 Hadoop 机架感知确定每一个 DataNode 所属机架。一个简单而非最优的策略是把同一个数据块的所有副本放到不同的机架上。这样做可以保证数据的可靠性，即使整个机架崩溃，其他机架上的数据还是可用的。这样做也在读取文件时充分利用了各个机架的网络带宽，做到负载均衡。但是这一策略存在以下问题：

1）在写入时代价过大，需要在不同的机架之间传输大量数据。

2）当本地数据副本失效时，从远程结点上恢复数据需要耗费大量数据传输时间。

3）随机选取存放数据的结点，可能会造成数据存储的负载不均。

为此，我们在文献 [33] 提出了一种改进的 Hadoop 数据放置策略，基于结点网络距离与数据负载来选择最佳的远程机架数据副本的放置结点，它既能实现数据存放的负载均衡，又能实现良好的数据传输性能。

对于通常的应用开发来说，可以采用以下策略：例如，在副本数为 3 的集群中，将一个副本保存到本地机架 1 的一个结点 1 上，第二个副本保存到本地机架的一个结点 2 上，第三个副本由结点 2 传输复制到远程机架 2 的结点 3 上。把 2/3 的副本存储在本地机架，把 1/3 的副本存储在远程机架。这样做既保证了数据的可靠性，又节省了机架之间的网络带宽。整个机架崩溃的概率明显低于单个结点的崩溃概率；即使一个机架崩溃，也可以由另一个机架保证数据的可用性。

当接收到 HDFS 读取请求时，NameNode 会分配距请求结点最近的一个拥有该副本的 DataNode 为其提供数据，从而降低总体带宽消耗和读取延迟。如果存在与请求结点相同机架的可用的 DataNode，这个 DataNode 会被优先选择。如果 HDFS 集群是跨数据中心的，与请求结点在相同数据中心的 DataNode 会被优先选择。

在集群启动时，HDFS 集群会有一段时间进入安全模式（safe mode）。在安全模式下，不会有任何创建数据备份的工作，也不能向 HDFS 写入文件。在安全模式中，NameNode 由心跳包接收来自 DataNode 的信息。这些信息包括 DataNode 的结点状态和该 DataNode 所管理的数据块的备份数。在 NameNode 检查完设定的百分比的数据块时，HDFS 集群退出安全模式。若 NameNode 发现其中存在没达到预设定的备份数的数据块，则由 NameNode 把数据块备份到其他 DataNode，以满足备份数的要求。

4. HDFS 数据块

用 HDFS 作为存储系统的程序可以利用 HDFS 来处理巨大的数据集。通常这些文件只被写入一次，但是允许多次读取。读取通常需要满足一定的读取速度。HDFS 针对一次读取多次写入的特点做了优化。一个 HDFS 数据块默认大小为 64MB，一个 HDFS 文件将被分割成许多的数据块，这些数据块分别存储在各个 DataNode 上。

5. HDFS 用户接口

HDFS 提供了不同的用户接口，包括 Java 的 API，并且为 C 语言提供了 Java API 的入口。除此之外，HDFS 还为用户提供了 HTTP 浏览器 GUI 和 Shell 命令接口，并支持 WebDAV 协议。

（1）FS Shell 和 DFSAdmin

HDFS 可以让用户直接对其上的文件以类似 Linux 的文件夹和文件的组织形式进行管理。它提供的 FS Shell 命令行接口用于用户与 HDFS 的交互。FS Shell 的语法类似于 Linux Shell。FS Shell 可用于需要使用命令行脚本进行数据处理的程序编写中。

表 11-1　FS Shell 命令行及作用

命　令　行	作　　用
hadoop dfs -mkdir /foodir	在 HDFS 根目录下创建文件夹 foodir
hadoop dfs -rmr /foodir	递归删除根目录下的文件夹 foodir
hadoop dfs -cat /foodir/myfile.txt	查看文件 /foodir/myfile.txt 的内容

DFSAdmin 命令用于管理 HDFS 集群，这些结点只有 HDFS 管理员可以使用。

表 11-2　DFSAdmin 命令行及作用

命　令　行	作　　用
hadoop dfsadmin -safemode enter	强制进入安全模式
hadoop dfsadmin -report	查看 DataNode 结点报告
hadoop dfsadmin -refreshNodes	刷新结点，去除无效结点，添加新增结点

（2）HTTP 接口

通常一个 HDFS 集群的部署会包含一个配置到特定端口的 HTTP 服务器，用户使用 HTTP 浏览器可以访问该服务器来查询 HDFS 上的文件。

部分默认端口配置如表 11-3 所示。

表 11-3　部分默认端口配置

功　　能	hdfs-site.xml 中的配置项	默 认 值
NameNode HTTP 服务器端口	dfs.http.address	50070
Datanode 的 HTTP 服务器和端口	dfs.datanode.http.address	50075

（3）Java API

HDFS 为依赖它作为数据储存平台的 Java 程序提供对 HDFS 上的文件和文件夹进行管理、创建、写入、读取等操作的应用程序接口。HDFS 提供了一个 FileSystem 类，它是一个高层抽象的文件系统类，使用 FileSystem 的实例可以对文件和文件夹进行各种操作。FileSystem 由 Configuration 实例中获取配置并返回配置完成的 FileSystem 类。

```
Configuration config = new Configuration();
FileSystem hdfs = FileSystem.get(config);
```

下面举出一些常用的 HDFS API 实例。

1）从本地文件系统复制文件到 HDFS 上：

```
Path srcPath = new Path(srcFile);
Path dstPath = new Path(dstFile);
hdfs.copyFromLocalFile(srcPath, dstPath);
```

其中，srcFile 和 dstFile 变量为包含完整路径名（路径 + 文件名）的字符串，分别是本地文件的路径和 HDFS 上的目标文件的路径。FileSystem 类的 copyFromLocalFile 函数由本地文件系统复制文件到 HDFS 上。

2）在 HDFS 上创建文件：

```
Path path = new Path(fileName);
FSDataOutputStream outputStream = hdfs.create(path);
outputStream.write(buff, 0, buff.length);
```

FileSystem 类的 create 函数创建文件，并返回 FSDataOutputStream 对象用来向 HDFS 中的文件写入字节数组 buff 中的内容。

3）在 HDFS 上重命名文件：

```
Path fromPath = new Path(fromFileName);
Path toPath = new Path(toFileName);
boolean isRenamed = hdfs.rename(fromPath, toPath);
```

FileSystem 类的 rename 函数对 HDFS 上的文件做重命名操作，返回一个表示重命名成功或失败的布尔型值。

4）从 HDFS 上删除文件：

```
Path path = new Path(fileName);
boolean isDeleted = hdfs.delete(path, false);
```

FileSystem 类的 delete 函数对 HDFS 上的文件做删除操作，返回一个表示删除成功或失败的布尔型值。如果文件路径的目标为文件夹，则第二个参数表示是否进行递归删除，若为 false，则当文件夹不为空时删除失败。

5）获取 HDFS 上文件或文件夹的属性：

```
Path path = new Path(fileName);
```

```
boolean isExists = hdfs.exists(path);
FileStatus fileStatus = hdfs.getFileStatus(path);
long modificationTime = fileStatus.getModificationTime
```

由 FileSystem 类的 exists 方法可知 Path 是否存在。getFileStatus 函数返回对应路径的文件状态类 FileStatus，由 FileStatus 可获取文件或文件夹对应的属性，如创建时间、文件大小等。

6. HDFS 平台的搭建

HDFS 的部署模式可分为单机模式、伪分布模式以及全分布模式。其中单机模式和伪分布模式只在实验或编程测试时使用，生产环境只用全分布模式。

单机模式和伪分布模式只需要一台普通的计算机就可以完成搭建。在单机模式下，直接下载 Hadoop 的二进制 tar.gz 包解压配置 Java 路径即可使用，这里不再赘述。下面对伪分布模式的搭建做详细描述，只针对 Hadoop 1.2.1 版本，不保证后续版本可以正确部署。

（1）单机伪分布环境搭建

环境要求：Linux 操作系统或安装了 Cygwin 的 Windows 环境，Java 环境（由于 Hadoop 1.X 是基于 JDK 1.6 开发的，所以这里推荐使用 Sun JDK 1.6，而不推荐使用 Open JDK 或 JDK 1.7）。

1）下载 Hadoop 压缩包（下载地址：http://mirror.bit.edu.cn/apache/hadoop/common/stable1/）并解压到任意目录，由于权限问题，建议解压到当前用户的主目录（home），如图 11-3 所示。

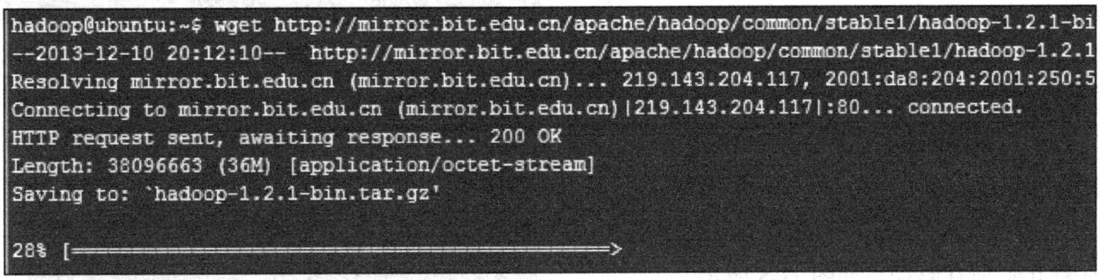

```
hadoop@ubuntu:~$ wget http://mirror.bit.edu.cn/apache/hadoop/common/stable1/hadoop-1.2.1-bi
--2013-12-10 20:12:10--  http://mirror.bit.edu.cn/apache/hadoop/common/stable1/hadoop-1.2.1
Resolving mirror.bit.edu.cn (mirror.bit.edu.cn)... 219.143.204.117, 2001:da8:204:2001:250:5
Connecting to mirror.bit.edu.cn (mirror.bit.edu.cn)|219.143.204.117|:80... connected.
HTTP request sent, awaiting response... 200 OK
Length: 38096663 (36M) [application/octet-stream]
Saving to: `hadoop-1.2.1-bin.tar.gz'

28% [==================================>                                    ]
```

图 11-3 下载并解压

2）修改 Hadoop 的配置文件 conf/hadoop-env.sh、conf/hdfs-site.xml、conf/core-site.xml（如果只是部署 HDFS 环境，则只需要修改这 3 个文件，如需配置 MapReduce 环境请参考相关文档）。

conf/hadoop-env.sh 中修改了 JAVA_HOME 的值为 JDK 所在路径。例如：

```
export  JAVA_HOME=/home/Hadoop/jdk
```

conf/core-site.xml 修改如下：

```
<configuration>
<property>
     <name>fs.default.name</name>
     <value>HDFS://localhost:9000</value>
  </property>
</configuration>
```

conf/hdfs-site.xml 修改如下（这里只设置了副本数为 1）：

```
<configuration>
<property>
```

```
<name>dfs.replication</name>
<value>1</value>
</property>
</configuration>
```

3）配置 ssh 自动免密码登录。

运行 ssh-keygen 命令并持续点击回车键使用默认设置，产生一对 ssh 密钥。

执行 ssh-copy-id -i ~/.ssh/id_rsa.pub localhost 把刚刚产生的公钥加入到当前主机的信任密钥中，这样当前用户就可以使用 ssh 以无密码方式登录到当前主机。

4）第一次启动 HDFS 集群时需要格式化 HDFS，在 master 主机上执行 hadoop namenode -format 进行格式化。

如果格式化成功，则在 Hadoop 所在的目录执行 bin/start-dfs.sh 开启 HDFS 服务。要查看 HFDS 是否正确运行，可以执行 jps 命令进行查询，如图 11-4 所示。

至此 HDFS 伪分布环境搭建完成。

（2）多结点全分布式环境搭建

对于多结点搭建而言，每个结点都需要使用固定 IP 并保持相同的 Hadoop 配置文件，每个结点 Hadoop 和 JDK 所在路径都相同、存在相同的用户且配置好无密码登录。

1）与单机伪分布模式相同，下载 Hadoop 的二进制包，并解压备用。

2）修改 Hadoop 配置文件，与伪分布有些许不同。

conf/hadoop-env.sh 中改变 JAVA_HOME 的值为 JDK 所在路径，如图 11-5 所示。

conf/core-site.xml 的修改如图 11-6 所示。

conf/hdfs-site.xml 的修改如图 11-7 所示（其中 dfs.name.dir 和 dfs.data.dir 可以任意指定，注意权限问题）。

在 conf/masters 中添加 secondary namenode 主机名，如任意 slave 的主机名。

在 conf/slaves 中添加各个 slave 主机名，每行一个主机名。

3）配置 hosts 文件或做好 DNS 解析。

为了简便起见，这里只介绍 hosts 的修改（DNS 服务器的搭建与配置请读者选择性学习）。在 /etc/hosts 中添加所有主机的 IP 以及主机名。每个结点使用相同的 hosts 文件。例如，设置内容如图 11-8 所示。

4）配置 ssh 自动登录，确保 master 主机

```
hadoop@master:~/jdk/bin$ ./jps
3160 Jps
3076 SecondaryNameNode
2895 DataNode
2737 NameNode
```

图 11-4　执行 jps 命令查询

```
# The java implementation to use.  Required.
export JAVA_HOME=/home/hadoop/jdk
```

图 11-5　修改 JAVA_HOME

```
<configuration>
<property>
        <name>fs.default.name</name>
        <value>hdfs://master:9000</value>
</property>
</configuration>
```

图 11-6　conf/core-site.xml 修改

```
<configuration>
<property>
        <name>dfs.name.dir</name>
        <value>/home/hadoop/name</value>
</property>
<property>
        <name>dfs.data.dir</name>
        <value>/home/hadoop/data </value>
</property>
</configuration>
```

图 11-7　conf/HDFS-site.xml 修改

```
192.168.1.100 master
192.168.1.101 slave1
192.168.1.102 slave2
```

图 11-8　hosts 设置内容

能够使用当前用户无密码登录到各个 slave 主机上。在 master 主机上执行 ssh-keygen 命令，如图 11-9 所示。

```
hadoop@master:~$ ssh-keygen
Generating public/private rsa key pair.
Enter file in which to save the key (/home/hadoop/.ssh/id_rsa):
Created directory '/home/hadoop/.ssh'.
Enter passphrase (empty for no passphrase):
Enter same passphrase again:
Your identification has been saved in /home/hadoop/.ssh/id_rsa.
Your public key has been saved in /home/hadoop/.ssh/id_rsa.pub.
The key fingerprint is:
a8:8c:af:44:02:bc:a9:c7:1f:46:da:d7:cf:dc:45:ab hadoop@master
The key's randomart image is:
+--[ RSA 2048]----+
|                 |
|.                |
|..               |
|. o    .         |
|.o. . S    .  .  |
|.+ * ..    .. .  |
|. * * .     o    |
| o + o   + . o   |
|  ..o    + E     |
+-----------------+
```

图 11-9　在 master 主机上执行 ssh-keygen 命令

使用以下命令将 master 主机的公钥添加到全部结点的信任列表上。

```
ssh-copy-id  -i  ~/.ssh/id_rsa.pub  master
ssh-copy-id  -i  ~/.ssh/id_rsa.pub  slave1
ssh-copy-id  -i  ~/.ssh/id_rsa.pub  slave2
```

5）第一次启动 HDFS 集群时需要格式化 HDFS，在 master 主机上执行 hadoop namenode -format，这一操作和伪分布模式相同。

启动 HDFS 集群，在 master 主机的 Hadoop 所在目录运行 bin/start-dfs.sh，启动整个集群。执行 jps 命令检查各结点是否顺利启动，如图 11-10 所示。

```
hadoop@master:~/jdk/bin$ ./jps
3160 Jps
3076 SecondaryNameNode
2895 DataNode
2737 NameNode
```

图 11-10　执行 jps 命令检查各
结点是否顺利启动

11.2.2　HBase

1. HBase 简介

Apache HBase 是受 Google BigTable 思想启发而开发的、运行于 Hadoop 平台上的数据库，是可扩展的、分布式的大数据存储系统。HBase 可以对大数据进行随机、实时的读取和写入操作。它的目标是在普通的机器集群中处理巨大的数据表，数据表的行数和列数都可以达到百万级别。HBase 是一个开源的、数据多版本存储的、面向列的大数据储存平台。Google 的 BigTable 运行于 GFS（Google File System）上，而 HBase 运行于 Apache 开发的 Hadoop 平台上。

2. HBase 的特性

HBase 的特性包括：①线性和模块化的可扩展性；②严格的读写一致性；③自动且可配置

的数据表分片机制；④ RegionServer 之间可以进行热备份切换；⑤为 MapReduce 操作 HBase 数据表提供 Java 基础类；⑥易用的 Java 客户端访问 API；⑦支持实时查询的数据块缓存和模糊过滤；⑧提供 Thrift 网管和 REST-ful Web 服务，并支持 XML、Protobuf 和二进制编码；⑨可扩展的 Jrubyshell；⑩支持通过 Hadoop 检测子系统或 JMX 导出检测数据到文件、Ganglia 集群检测系统。

3. HBase 体系架构

如图 11-11 所示，HBase 集群一般由一个 HMaster、多个 HRegionServer 组成。整个集群由 ZooKeeper 作为同步的协调者。

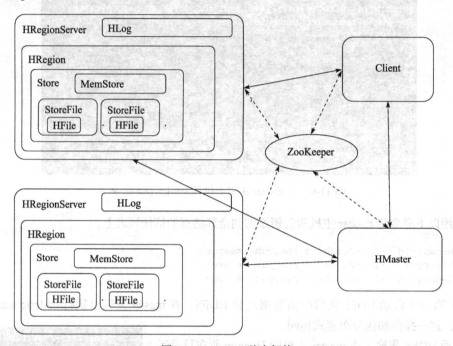

图 11-11   HBase 基本架构

（1）Client

Client 使用 HBase RPC 机制与 HMaster 和 HRegionServer 进行通信。

1）Client 与 HMaster 进行通信，进行管理类操作。

2）Client 与 HRegionServer 进行数据读写类操作。

（2）ZooKeeper

ZooKeeper 是整个集群运行中的同步协调者，主要有以下作用：

1）ZooKeeper Quorum 存储 ROOT 表地址、HMaster 地址。

2）HRegionServer 把自己注册到 ZooKeeper，HMaster 随时感知各 HRegionServer 的状况。

3）ZooKeeper 避免 HMaster 单点问题。

（3）HMaster

HMaster 没有单点问题，HBase 中可以启动多个 HMaster，通过 ZooKeeper 保证总有一个 master 主机在运行。

HMaster 主要负责表和 Region 的管理工作：

1）管理用户对表的增、删、改、查操作。

2）管理 HRegionServer 的负载均衡，调整 Region 分布。

3）Region 分割后，负责新 Region 的分布。

4）在 HRegionServer 停机后，负责失效 HRegionServer 上的 Region 迁移。

（4）HRegionServer

HRegionServer 是 HBase 中最核心的模块，主要负责响应用户 I/O 请求，向 HDFS 文件系统中读写数据。

1）HRegionServer 管理一些列 HRegion 对象。

2）每个 HRegion 对应表中一个 Region，HRegion 由多个 HStore 组成。

3）每个 HStore 对应表中一个列族的存储。

列族是一个集中的存储单元，故将具有相同 I/O 特性的列放在一个列族会更高效。

（5）HStore

HStore 是 HBase 存储的核心，由 MemStore 和 StoreFile 组成。

（6）数据写入 HBase 的过程

Client 写入数据，数据先存入 MemStore，一直到 MemStore 满，MemStore 中的内容写入硬盘形成 StoreFile，直至 StoreFile 的数量增长到一定阈值，由 HStore 触发 StoreFile 合并操作，将多个 StoreFile 合并成一个 StoreFile，同时进行版本合并和数据删除操作。当单个 StoreFile 在多次合并操作，其大小超过一定阈值后，触发分割操作，把当前 Region 分割成两个 Region，这时旧的 Region 会下线，两个新的 Region 会被 HMaster 分配到相应的 HRegionServer 上，使得原先一个 Region 的数据分流到两个 Region 上。

由此过程可知，HBase 正常情况下只能增加数据，而更新和删除操作只能在平时做记录，然后在合并阶段进行，用户的写操作只与内存中的 Memstore 交互，操作完即返回成功，从而保证 I/O 高性能。

（7）HLog

在分布式系统环境中，无法避免系统出错或者宕机导致 HRegionServer 进程意外退出，进而造成内存中的数据丢失，因此引入了 HLog 的机制。

在每个 HRegionServer 中都会有一个 HLog，HLog 是一种先记录后写入的机制，每次用户操作写入 Memstore 之前，都会写一份数据到 HLog 文件，HLog 文件会定期刷新，除去旧的数据，即已经写入 StoreFile 中的那部分数据。

当 HRegionServer 意外终止后，HMaster 会通过 ZooKeeper 感知，HMaster 首先处理遗留的 HLog 文件，将不同 Region 的 Log 数据拆分，分别放到相应 Region 目录下，然后将失效的 Region 重新分配，领取这些 Region 的 HRegionServer。在 Load Region 的过程中，会发现有历史 HLog 需要处理，因此新的 HRegionServer 会根据 HLog 中的记录，将相关 StoreFile 调到 MemStore 中，并做 Hlog 记录的写入操作，然后持久化写入 StoreFile，完成数据恢复的过程。

（8）HBase 在 HDFS 上的存储格式

1）HFile。HFile 文件不定长。每个数据块的大小可以在创建一个表的时候通过参数指定，大的数据块有利于顺序扫描，小的数据块利于随机查询。

HFile 中存储的数据由一个个键 – 值对拼接而成。HFile 中的每个键 – 值对是一个简单的字节数组。其中键包含行键、列族、修饰符和时间戳，而值只是简单的字节数组，用于存储所有类型的数据。

2）HLog 文件。HLog 文件就是一个普通的 HDFS 文件，其中记录了写入记录的归属信息，除了表和 Region 的 ID 以外，还包括记录时的时间戳。以便在故障恢复时能够区别记录的操作对象，让 HRegionServer 能够根据这些信息按照其归属的不同 Region 进行分割。

4. HBase 数据模型

（1）概念视图

在 HBase 中，一个列名由它的列族前缀和修饰符连接而成。列族前缀是在表生成的时候就决定的，在表创建完成之后不可改变。后缀修饰符可以在表创建后随意指定。一个列族下允许有多个不同的修饰符，且在插入数据的时候，如果插入的修饰符不存在，则会自动创建新的修饰符。一个列的表示方法为"列族：修饰符"，例如，contents:page 列由在列族 contents 后面添加冒号（:）并加修饰符 page 组成。每个列族存在一个没有修饰符的列，以列族名加冒号的形式表示，例如，contents: 代表 contents 下一个匿名的列。

HBase 中的一个数据项是由 4 个参数来定位的，即行键（row key）、时间戳（time stamp）以及列族和修饰符组成。故可以认为 HBase 是一张松散的四维表，其中大部分数据项可以是空值。

HBase 中的行键是不可分割的字节数组。行是按字典排序由低到高存储在表中的。一个空的数组用来标识表空间的起始或者结尾。由于 HBase 主要用于处理 Web 数据，故我们这里举一个与 Web 有关的例子。WebsiteTable 表包含两个列族，即 contents 和 refer，其中 content 有一列（contents:page），refer 有两列 url1、url2。

在表 11-4 中的一些项目是空值，且所有的数据都可以由行键、时间戳、列族、修饰符来定位。

表 11-4　WebsiteTable

行　　键	时　间　戳	列　　族	
		contents	refer
www.baidu.com	t9		url1 = "www.tencent.com"
www.alibaba.com	t8		url1 = www.sougou.com
www.tencent.com	t6	contents:page = "<html>..."	
www.tencent.com	t5	contents:page = "<html>..."	url2="www.qq.com"
www.tencent.com	t5	contents:page = "<html>..."	url1= www.sougou.com

（2）物理视图

在概念视图中，HBase 表可以被看作一张松散的四维表，其中一些数据可以为空。但是在把这个表作为数据存储到计算机中时，这些空值的位置实际上是不会被存储的。当查询到这些不存在的位置时，HBase 就会返回一个空值。在查询中如果不指定时间戳，则 HBase 自动返回最近的一个结果。实际存储时，HBase 是按列族来存储所有数据的，一个修饰符可以不经过创建等过程直接跟随数据插入列的存储文件中，如表 11-5 和表 11-6 所示。

表 11-5　列族 refer 的存储结构

行　　键	时　间　戳	列　　族
www.baidu.com	t9	url1 = "www.tencent.com"
www.alibaba.com	t8	url1= www.sougou.com
www.tencent.com	t5	url2="www.qq.com"
www.tencent.com	t5	url1= www.sougou.com

表 11-6 列族 contents 的存储结构

行　键	时　间　戳	列　族
www.tencent.com	t6	contents:page= "\<html>..."
www.tencent.com	t5	contents:page= "\<html>..."
www.tencent.com	t5	contents:page= "\<html>..."

5. HBase 支持的数据操作

HBase 的主要数据模型操作是 Get、Put、Scan 和 Delete，通过 HTable 实例进行操作。

（1）Get

Get 返回特定行的属性，能进行单个数据项的查询，并且返回该数据项中的字节串。

（2）Put

Put 实现向表增加新行（如果键不存在）或更新行（如果键已经存在）的操作。一次可以更新多个行。

（3）Scan

Scan 能够对多行的特定属性进行迭代输出，且能够对输出进行过滤，只输出特定的数据项。

（4）Delete

Delete 只能够在表中删除一行。HBase 没有直接修改持续化的数据的方法，所以通过对数据赋予删除标志之后再在 StoreFile 合并操作中统一处理。

6. HBase 用户接口

（1）Shell UI

HBase Shell 为用户提供一个可以通过 Shell 控制台或脚本来执行 HBase 的所有操作的接口。可以在 Shell 控制台运行以下命令来运行 HBase Shell：

```
$ ./hbase shell
```

在 HBase Shell 中输入 help 即能得到一个 Shell 的命令列表和选项，可以查看在 Help 文档尾部的关于如何输入变量和选项的信息。尤其要注意的是，表名、行名、列名必须要加引号。

1）create 命令。create 命令用于创建表。在创建表时至少需要给出一个表名和一个列族名，还可以添加更多的列族以及设定各个列族的属性。用 create 命令创建 websitetable 的方法如图 11-12 所示。

```
hbase(main):002:0> create 'websitetable','contents', 'refer'
0 row(s) in 1.8780 seconds
```

图 11-12 创建 websitetable

在图 11-12 中，第一个参数（websitetable）为表名，第二个参数（contents）和第三个参数（refer）分别为第一和第二个列族名。

2）list 命令。list 命令用于查看当前数据库所有表名，如图 11-13 所示。

3）describe 命令。describe 命令用于查看指定表的结构，如图 11-14 所示。

4）put 命令。put 命令用于把数据插入表中。插入的数据项所在的列可以是不存在的，HBase 会自动生成这一列，但是列所在的列族必须是在创建表的时候就存在的，如图 11-15 所示。

```
hbase(main):002:0> list
TABLE
websitetable
1 row(s) in 0.0230 seconds
```

图 11-13 list 命令应用示例

```
hbase(main):001:0> describe "websitetable"
DESCRIPTION                                                    ENABLED
 'websitetable', {NAME => 'contents', DATA_BLOCK_ENCODING = true
 > 'NONE', BLOOMFILTER => 'NONE', REPLICATION_SCOPE => '0',
 VERSIONS => '3', COMPRESSION => 'NONE', MIN_VERSIONS => '
 0', TTL => '2147483647', KEEP_DELETED_CELLS => 'false', BL
 OCKSIZE => '65536', IN_MEMORY => 'false', ENCODE_ON_DISK =
 > 'true', BLOCKCACHE => 'true'}, {NAME => 'refer', DATA_BL
 OCK_ENCODING => 'NONE', BLOOMFILTER => 'NONE', REPLICATION
 _SCOPE => '0', VERSIONS => '3', COMPRESSION => 'NONE', MIN
 _VERSIONS => '0', TTL => '2147483647', KEEP_DELETED_CELLS
 => 'false', BLOCKSIZE => '65536', IN_MEMORY => 'false', EN
 CODE_ON_DISK => 'true', BLOCKCACHE => 'true'}
1 row(s) in 0.7980 seconds
```

图 11-14　describe 命令应用示例

```
hbase(main):003:0> put 'websitetable','www.tencent.com','contents:page','<html>...'
0 row(s) in 0.0740 seconds
```

图 11-15　put 命令应用示例

其中，第一个参数（websitetable）为表名，第二个参数（www.tencent.com）为行键，第三个参数（contents:page）为列族：列名，第四个参数（<html>...）为数据。

5）get 命令。get 命令用于返回单行的内容，至少需要指定行键，当然也可以指定列族、列名和时间戳。如果不指定时间戳，则返回的是最新的一个结果，如图 11-16 所示。

```
hbase(main):005:0> get 'websitetable',"www.tencent.com","contents:page"
COLUMN                    CELL
 contents:page            timestamp=1386726040441, value=<html>...
1 row(s) in 0.0250 seconds
```

图 11-16　get 命令应用示例

其中，第一个参数（websitetable）为表名，第二个参数（www.tencent.com）为行键，第三个参数（contents:page）为列族：列名，最后可以追加一个时间戳。

6）scan 命令。scan 命令用于扫描一个表并返回符合特定要求的多个数据项，扫描的条件可以是以下几种：LIMIT（限制返回的条目数）、STARTROW（指定开始行）、STOPROW（指定结束行）、TIMESTAMP（指定时间戳）、COLUMNS（指定列，可为多个列），如图 11-17 所示。

```
hbase(main):007:0> scan "websitetable"
ROW                       COLUMN+CELL
 www.tencent.com          column=contents:page, timestamp=1386726040441, value=<html>...
1 row(s) in 0.0270 seconds
```

图 11-17　scan 命令应用示例

其中，第一个参数（websitetable）是表名，第二个参数是扫描需要满足的条件。

7）delete 命令。delete 命令用于删除单行的数据，可以删除整行数据，也可以删除指定列族、列名和时间戳的数据项。语法与 get 命令相同，如图 11-18 所示。

（2）Java API

HBase 通过客户端的程序向用户提供了一套完整的 API。用户可以利用 API 完成全部的

HBase 操作，可以更简便地完成比 Shell 更复杂的操作。

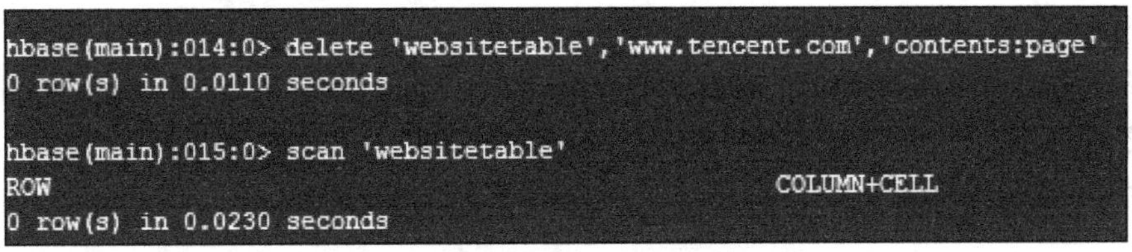

```
hbase(main):014:0> delete 'websitetable','www.tencent.com','contents:page'
0 row(s) in 0.0110 seconds

hbase(main):015:0> scan 'websitetable'
ROW                                      COLUMN+CELL
0 row(s) in 0.0230 seconds
```

图 11-18　delete 命令应用示例

HBase API 定义了许多用于数据库管理、数据操作的类和方法，下面列出几个常用的类。

1）Configuration 类。在使用 Java API 时，客户端需要知道 HBase 的配置环境，如存储地址、ZooKeeper 等信息。这些信息通过 Configuration 对象来封装，可通过如下代码构建该对象：

```
Configuration config=HBaseConfiguration.create();
```

在调用 HBaseConfiguration.create() 方法时，HBase 首先会在 classpath 下查找 hBase-site.xml 文件，将里面的信息解析出来封装到 Configuration 对象中。如果 hBase-site.xml 文件不存在，则使用默认的 hBase-core.xml 文件。

除了将 hBase-site.xml 放到 classpath 下，开发人员还可通过 config.set(name, value) 方法手动构建 Configuration 对象。

```
Configuration.set(String name, String value)
```

例如：

```
Configuration.set("HBase.master", "localhost:60000")
```

2）HBaseAdmin 类。HBaseAdmin 用于创建数据库表格，并管理表格的元数据信息，通过如下方法构建：

```
HBaseAdmin admin=new HBaseAdmin(config);
```

常用方法：

- addColumn(tableName, column)：为表格添加栏位。
- deleteColumn(tableName, column)：删除指定栏位。
- balanceSwitch(boolean)：是否启用负载均衡。
- createTable(HTableDescriptor desc)：创建表格。
- deleteTable(tableName)：删除表格。
- tableExists(tableName)：判断表格是否存在。

示例：创建 test 表格，并为其指定 columnFamily 为 cf。

```
HBaseAdmin admin=new HBaseAdmin(config);
If(!admin.tableExists("test")){
    HTableDescriptor tableDesc=new HTableDescriptor("test");
    HColumnDescriptor cf=new HColumnDescriptor("cf");
    tableDesc.addFamily(cf);
    admin.createTable(tableDesc);

}
```

3）HTable 类。在 HBase 中，HTable 封装表格对象，对表格的增、删、改、查操作主要通过它来完成，构造方法如下：

```
HTable table=new HTable(config,tableName);
```

在构建多个 HTable 对象时，HBase 推荐所有的 HTable 使用同一个 Configuration。这样，HTable 之间便可共享 HConnection 对象、ZooKeeper 信息以及 Region 地址的缓存信息。

示例：Get 操作。

```
Get get=new Get(rowKey);
Result res=table.get(get);
```

示例：Put 操作。

```
Put put=new Put(rowKey);
put.add(columnFamily,column,value);
table.put(put);
```

在 HBase 中，实体的新增和更新均由 Put 操作来实现。

示例：Delete 操作。

```
Delete delete=new Delete();
table.delete(delete);
```

示例：Scan 操作。

```
Scan scan=new Scan();
scan.addColumn(columnFamily,column);                    //指定查询要返回的列
SingleColumnValueFilter filter=new SingleColumnValueFilter(
        columnFamily,column,                            //指定要过滤的列
        CompareOp.EQUAL,value                           //指定过滤条件
);
//更多的过滤器信息请查看 org.apache.Hadoop.HBase.filter 包
scan.setFilter(filter);                                 //为查询指定过滤器
ResultScanner scanner=table.getScanner(scan);           //执行扫描查找
Iterator<Result> res=scanner.iterator();                //返回查询遍历器
```

下面给出一个比较完整的实例：

```
package net.linuxidc.www;
import org.apache.Hadoop.conf.Configuration;
import org.apache.Hadoop.HBase.HBaseConfiguration;
import org.apache.Hadoop.HBase.HColumnDescriptor;
import org.apache.Hadoop.HBase.HTableDescriptor;
import org.apache.Hadoop.HBase.KeyValue;
import org.apache.Hadoop.HBase.client.HBaseAdmin;
import org.apache.Hadoop.HBase.client.HTable;
import org.apache.Hadoop.HBase.client.Result;
import org.apache.Hadoop.HBase.client.ResultScanner;
import org.apache.Hadoop.HBase.client.Scan;
import org.apache.Hadoop.HBase.io.BatchUpdate;

public class HBaseDBDao {
    //定义配置对象 HBaseConfiguration
    static HBaseConfiguration cfg =null;
    static {
        Configuration configuration = new Configuration();
        cfg = new HBaseConfiguration(configuration);
    }
```

```
// 创建一张表，指定表名、列族
public static void createTable(String tableName,String columnFarily)throws Exception{
    HBaseAdmin admin = new HBaseAdmin(cfg);
    if(admin.tableExists(tableName)){
        System.out.println(tableName+" 不存在！ ");
        System.exit(0);
    }else{
        HTableDescriptor  tableDesc = new HTableDescriptor(tableName);
        tableDesc.addFamily(new HColumnDescriptor(columnFarily+":"));
        System.out.println(" 创建表成功！ ");
    }
}
// 添加数据，通过 HTable 和 BatchUpdate 为已经存在的表添加数据
public static void addData(String tableName,String row,String columnFamily,String
column,String data)throws Exception{
    HTable table = new HTable(cfg,tableName);
    BatchUpdate update = new BatchUpdate(row);
    update.put(columnFamily+":"+column, data.getBytes());
    table.commit(update);
    System.out.println(" 添加成功！ ");
}
// 显示所有数据，通过 HTable Scan 类获取已有表的信息
public static void getAllData(String tableName)throws Exception{
    HTable table = new HTable(cfg,tableName);
    Scan scan = new Scan();
    ResultScanner rs = table.getScanner(scan);
    for(Result r:rs){
        for(KeyValue kv:r.raw()){
            System.out.println(new String(kv.getColumn())+new String(kv.
getValue()));
        }
    }
}
public static void main(String[] args){                    // 测试函数
    try{
        String tableName = "student";
        HBaseDBDao.createTable(tableName, "c1");
        HBaseDBDao.addData(tableName, "row1", "c1", "1", "this is row 1 column
c1:c1");
        HBaseDBDao.getAllData(tableName);
    }catch(Exception e){
        e.printStackTrace();
    }
}
}
```

7. HBase 环境搭建

HBase 的部署模式与 HDFS 类似，同样可分为单机模式、伪分布模式以及全分布模式。其中，单机模式和伪分布模式只在实验或编程测试时使用，生产环境中只用全分布模式。

单机模式和伪分布模式只需要一台普通的计算机就可以完成搭建。单机模式直接下载 HBase 的二进制 tar.gz 包解压配置 Java 路径即可使用，这里不再赘述。下面对伪分布模式的搭建做详细描述，只针对 HBase 0.94.14 版本，不保证后续版本可以正确部署。

（1）单机伪分布环境搭建

环境要求：Linux 操作系统或安装了 Cygwin 的 Windows 环境，Java 环境（由于 Hadoop 1.X

是基于 JDK1.6 开发的，所以这里推荐使用 Sun JDK1.6，而不推荐使用 Open JDK 或 JDK 1.7）。
配置好 HDFS 伪分布环境，这里使用 Hadoop 1.2.1 作为 HBase 的 HDFS 环境。

1）下载 HBase 压缩包（下载地址：http://mirror.bit.edu.cn/apache/hbase/stable/）并解压到任意目录，由于权限问题，建议解压到当前用户的主目录（home，如图 11-19 所示）。

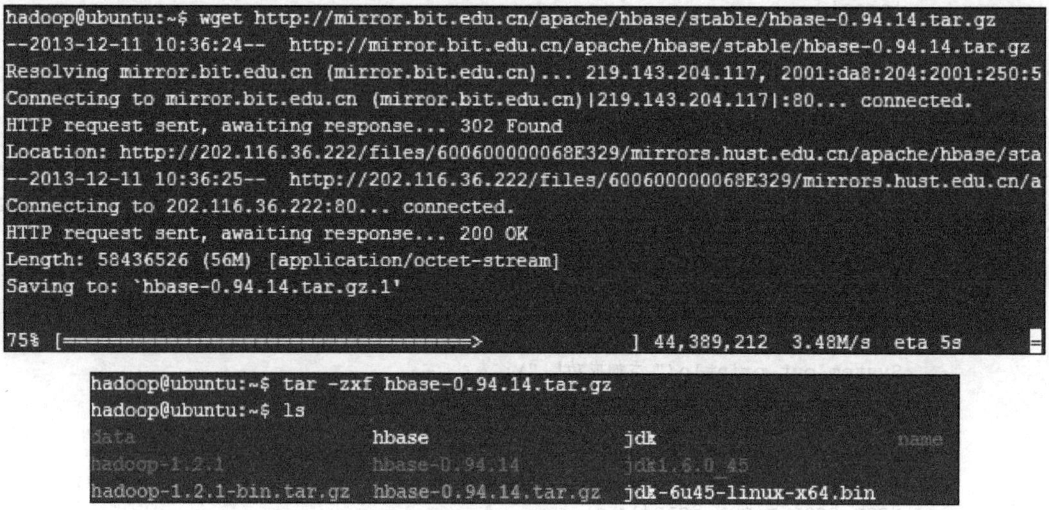

```
hadoop@ubuntu:~$ wget http://mirror.bit.edu.cn/apache/hbase/stable/hbase-0.94.14.tar.gz
--2013-12-11 10:36:24--  http://mirror.bit.edu.cn/apache/hbase/stable/hbase-0.94.14.tar.gz
Resolving mirror.bit.edu.cn (mirror.bit.edu.cn)... 219.143.204.117, 2001:da8:204:2001:250:5
Connecting to mirror.bit.edu.cn (mirror.bit.edu.cn)|219.143.204.117|:80... connected.
HTTP request sent, awaiting response... 302 Found
Location: http://202.116.36.222/files/600600000068E329/mirrors.hust.edu.cn/apache/hbase/sta
--2013-12-11 10:36:25--  http://202.116.36.222/files/600600000068E329/mirrors.hust.edu.cn/a
Connecting to 202.116.36.222:80... connected.
HTTP request sent, awaiting response... 200 OK
Length: 58436526 (56M) [application/octet-stream]
Saving to: `hbase-0.94.14.tar.gz.1'

75% [===========================>            ] 44,389,212  3.48M/s  eta 5s
```

```
hadoop@ubuntu:~$ tar -zxf hbase-0.94.14.tar.gz
hadoop@ubuntu:~$ ls
data                     hbase                jdk                     name
hadoop-1.2.1             hbase-0.94.14        jdk1.6.0_45
hadoop-1.2.1-bin.tar.gz  hbase-0.94.14.tar.gz jdk-6u45-linux-x64.bin
```

图 11-19　下载并解压

2）修改 HBase 的配置文件 conf/hbase-env.sh、conf/hbase-site.xml。

在 conf/ hbase -env.sh 中修改相关属性，下面是一个示例，可根据实际情况配置。

```
export JAVA_HOME=/home/Hadoop/jdk
export HBASE_CLASSPATH=/home/Hadoop/Hadoop/conf // 指向 Hadoop 的 conf 文件夹
export HBASE_MANAGES_ZK=true // 让 HBase 使用自带 ZooKeeper，只在伪分布下使用
```

配置文件 conf/ hbase-site.xml 修改如下：

```
<configuration>
<property>
    <name>hbase.rootdir</name>
    <value>HDFS://localhost:9000</value>
</property>
<property>
    <name>HBase.cluster.distributed</name>
    <value>true</value>
</property>
</configuration>
```

3）替换 HBase 中的 Hadoop 相关 jar 包。

将 Hadoop 根目录下的 hadoop-core-1.2.1.jar 文件复制到 HBase 的 lib 目录，并删除 lib 目录下的 hadoop-core-1.x.x.jar 文件。

4）先启动 Hadoop，再执行脚本 bin/start-hbase.sh 启动 HBase。

启动后可运行 jps 得到如下进程列表：

```
2564 SecondaryNameNode
2391 DataNode
2808 TaskTracker
```

```
2645 JobTracker
4581 Jps
2198 NameNode
```

（2）多结点全分布环境搭建

对于多结点搭建而言，不能使用 HBase 自带的 ZooKeeper，而必须由搭建者自行搭建 ZooKeeper 集群。本实例中，基于之前已经架设好的 HDFS 全分布集群进行架设，这里假设用户已经自行部署好 ZooKeeper 集群（ZooKeeper 集群部署十分简单，请读者自行查找相关资料）。

1）与单机伪分布模式相同，下载 Hadoop 的二进制包，并解压备用。

2）修改 Hadoop 配置文件，与伪分布有些不同。

修改 conf/hbase-env.sh 中的以下几项：

```
export JAVA_HOME=/home/Hadoop/jdk
export HBASE_CLASSPATH=/home/Hadoop/Hadoop/conf  // 指向 Hadoop 的 conf 文件夹
export HBASE_MANAGES_ZK=false // 让 HBase 使用已经架设好的 ZooKeeper 环境。
```

conf/hbase-site.xml 修改如下：

```
<configuration>
<property>
<name>HBase.rootdir</name>              # 设置 HBase 数据库存放数据的目录
<value>hdfs://master:9000/HBase</value>
</property>
<property>
<name>HBase.cluster.distributed</name>  # 打开 HBase 分布模式
<value>true</value>
</property>
<property>
<name>HBase.master</name>              # 指定 HBase 集群主控结点
<value>hdfs://master:60000</value>
</property>
<property>
<name>HBase.zookeeper.quorum</name>
<value>master,slave1,slave2</value>    # 指定 zookeeper 集群结点名
</property>
</configuration>
```

3）启动 Hadoop 和 ZooKeeper 集群，使用 bin/start-hbase.sh 启动 HBase。启动后可由 jps 命令查看到正在运行的 Java 进程。至此 HBase 全分布集群搭建成功。

```
4575 QuorumPeer Main
4114 SecondaryNameNode
4196 JobTracker
3947 NameNode
4234 DataNode
4637 HMaster
4790 HRegionServer
4893
```

11.2.3　Cassandra

1. Cassandra 简介

Cassandra 是社交网络理想的数据库，适合于实时事务处理和提供交互型数据。它以 Amazon 的完全分布式的 Dynamo 为基础，结合了 Google BigTable 基于列族的数据模型、P2P 去中心化的存储，目前在 Twitter 和 Digg 中都有使用。在 CAP 特性上，HBase 选择了一致性和

分区容忍性，Cassandra 更倾向于可用性和分区容忍性，而在一致性上有所减弱。

类 Dynamo 特性：

1）对称的，P2P 架构。

2）无特殊结点，无单点故障。

3）基于 Gossip 的分布式管理。

4）通过分布式哈希表放置数据。

5）可插拔的分区。

6）可插拔的拓扑发现。

7）可配置的放置策略。

8）可配置的最终一致性。

类 BigTable 特性：

1）列族数据模型。

2）可配置，2 级映射，超级行族。

3）SSTable 磁盘存储。

4）仅支持追加方式提交日志。

5）Memtable 支持缓冲区和排序。

6）不可修改的 SSTable 文件。

7）集成 Hadoop。

2. Cassandra 数据模型

Cassandra 采取与 HBase 相似的数据模型，有 HBase 的列和列族的机制，同时又有自己的超级列和超级列族。

列是数据增量最底层（也就是最小）的部分。它是一个包含名称（name）、值（value）和时间戳（timestamp）的三重元组。

下面是一个用 JSON 格式表示的列：

```
{  //这是一个列
name: "emailAddress",
value: "arin@example.com",
timestamp: 123456789
}
```

其中，name 类似于 HBase 的行 ID。需要注意的是，name 和 value 都是字节数组，并且其长度任意。

超级列与列的区别就是，标准列的 value 是一个字节数组，而超级列的 value 包含多个列，且超级列没有时间戳，超级列中的各个列的时间戳可以是不同的。

```
{ //这是一个超级列
name: "homeAddress",
//无限数量的 Column
value: {
  street: {name: "street", value: "1234 x street", timestamp: 123456789},
  city: {name: "city", value: "san francisco", timestamp: 123456789},
  zip: {name: "zip", value: "94107", timestamp: 123456789},
  }
}
```

　　Cassandra 的列族概念和存储方式与 HBase 类似。它是一些列的集合，是一种面向行存储的结构类型，每个列族物理上被存放在单独的文件中。从概念上看，列族像关系数据库中的表。

　　超级列族在概念上和普通列族相似，只不过它是超级列的集合。

　　不同于数据库可以通过 Order by 定义排序规则，Cassandra 取出的数据顺序是总是一定的，数据保存时已经按照定义的规则存放，所以取出来的顺序自然已经确定了。另外，Cassandra 按照列的 name 属性而不是列中的数据 value 属性来进行排序。

　　Cassandra 可以通过列族的 CompareWith 属性配置数据 value 属性的排序，在超级列中，则通过超级列族的 CompareSubcolumnsWith 属性配置列的排序。Cassandra 提供了以下选项：BytesType、UTF8Type、LexicalUUIDType、TimeUUIDType、AsciiType 和 Long Type，用来定义如何按照 column name 排序。

3. 分区策略

　　在 Cassandra 中，Token 是用来分区数据的关键。每个结点都有一个独一无二的 Token，表明该结点分配的数据范围。结点的 Token 形成一个 Token 环，如图 11-20 所示。例如，使用一致性 Hash 进行分区时，键 – 值对将根据一致性 Hash 值来判断数据应当属于哪个 Token。

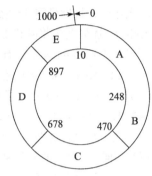

图 11-20　Token 环

　　分区策略不同，Token 的类型和设置原则也有所不同。Cassandra 本身支持 3 种分区策略：

　　1）RandomPartitioner（随机分区）：随机分区是一种 Hash 分区策略，使用的 Token 是大整数型，范围为 0 ~ 2^{127}。Cassandra 采用了 MD5 作为 Hash 函数，其结果是 128 位的整数值（其中一位是符号位，Token 取绝对值为结果）。因此极端情况下，一个采用随机分区策略的 Cassandra 集群的结点可以达到 $2^{127}+1$ 个。采用随机分区策略的集群无法支持针对键的范围查询。

　　2）OrderPreservingPartitioner（有序分区）：如果要支持针对键的范围查询，那么可以选择这种有序分区策略。该策略采用的是字符串类型的 Token。每个结点的具体选择需要根据键的情况来确定。如果没有指定 InitialToken，则系统会使用一个长度为 16 位的随机字符串作为 Token，字符串包含大小写字符和数字。

　　3）CollatingOrderPreservingPartitioner：和 OrderPreservingPartitioner 一样是有序分区策略，只是排序的方式不一样，采用的是字节型 Token，支持设置不同语言环境的排序方式，代码中默认是 en_US。

　　分区策略和每个结点的 Token(InitialToken) 都可以在 storage-conf.xml 配置文件中设置。

4. 副本存储

　　Cassandra 不像 HBase 那样是基于 HDFS 的分布式存储，它的数据存储在每个结点的本地文件系统中。Cassandra 有 3 种副本配置策略：

　　1）SimpleStrategy（RackUnawareStrategy）：副本不考虑机架的因素，按照 Token 放置在连续的几个结点中。

　　2）OldNetworkTopologyStrategy（RackAwareStrategy）：考虑机架的因素，除了基本的数据外，先找一个处于不同数据中心的点放置一个副本，其余 N–2 个副本放置在同一数据中心的不同机架中。

3）NetworkTopologyStrategy（DatacenterShardStrategy）：将 M 个副本放置到其他数据中心，将 $N-M-1$ 的副本放置在同一数据中心的不同机架中。

5. 存储机制

Cassandra 的存储机制借鉴了 BigTable 的设计，采用 Memtable 和 SSTable 的方式。

CommitLog：和 HBase 的 HLog 一样，Cassandra 在写数据之前，也需要先记录日志，称之为 CommitLog，然后数据才会写入到列族对应的 MemTable 中，且 MemTable 中的数据是按照键排序好的。SSTable 一旦完成写入，就不可变更，只能读取。下一次 MemTable 需要刷新到一个新的 SSTable 文件中。所以对于 Cassandra 来说，可以认为只有顺序写操作，没有随机写操作。

MemTable：MemTable 是一种内存结构，类似于 HBase 中的 MemStore，当数据量达到块大小时，将批量刷新到磁盘上，存储为 SSTable。这种机制相当于缓存写回机制（write-back cache），优势在于将随机 I/O 写变成顺序 I/O 写，降低大量的写操作对存储系统的压力。所以可以认为 Cassandra 中只有顺序写操作，没有随机写操作。

SSTable：SSTable 是只读的，且一般情况下，一个列族会对应多个 SSTable，当用户检索数据时，Cassandra 使用了 Bloom Filter，即通过多个 Hash 函数将键映射到一个位图中，以快速判断这个键属于哪个 SSTable。

为了减少大量 SSTable 带来的开销，Cassandra 会定期进行压缩（compaction）。简单地说，压缩就是将同一个列族的多个 SSTable 合并成一个 SSTable。在 Cassandra 中，压缩主要完成的任务如下：

1）垃圾回收：Cassandra 并不直接删除数据，因此磁盘空间会消耗得越来越多，压缩会把标记为删除的数据真正删除。

2）合并 SSTable：压缩将多个 SSTable 合并为一个（合并的文件包括索引文件、数据文件、Bloom Filter 文件），以提高读操作的效率。

3）生成 MerkleTree：在合并的过程中会生成关于这个列族中数据的 MerkleTree，用于与其他存储结点对比以及修复数据。

6. 一致性保证

在一致性上，Cassandra 采用了最终一致性，可以根据具体情况来选择一个最佳的折衷方案，以满足特定操作的需求。Cassandra 可以让用户指定读 / 插入 / 删除操作的一致性级别，如表 11-7 所示，Cassandra 有多种一致性级别。

表 11-7　Cassandra 一致性级别

	写		读	
	级　别	描　述	级　别	描　述
弱一致性	ZERO	无一致性保证		
	ANY	即便有一个提示被记录下来，也认为写操作成功		
	ONE	数据写入至少一个副本结点，写操作即为成功	ONE	即使是从 Commit Log 中读取到数据，也认为读取成功
强一致性	QUORUM	至少有一半以上的副本真正地写入数据，写操作才算成功	QUORUM	至少有一半以上的副本读取成功，读操作才算成功
	ALL	所有副本写入成功，写操作才算成功	ALL	所有副本都需要正确读取，读操作才算成功

注：一致性级别由副本数决定，而不是由集群的结点数目决定的。

关于 Quorum NRW 协议

在 Quorum 协议中，N 代表复制的结点数量，即副本数；R 代表一次成功的读取操作中最小参与结点数量，W 代表一次成功的写操作中最小参与结点数量。$R + W > N$，则会产生类似 Quorum 的效果。该模型中的读（写）延迟由最慢的 $R(W)$ 复制决定，为得到比较小的延迟，R 和 W 的和有时比 N 小。

在 Quorum 协议中，只需 $W + R > N$，就可以保证强一致性。因为读取数据的结点和被同步写入的结点是有重叠的。在一个 RDBMS 的复制模型中，假如 $N=2$，$W=2$，$R=1$，此时是一种强一致性，但是这样造成的问题是可用性降低，因为要想写操作成功，必须要等两个结点的写操作都完成。

在分布式系统中，一般都要有容错性，因此 N 一般大于 3，此时根据 CAP 理论，我们就需要在一致性和分区容错性之间进行平衡。如果希望一致性高，那么就配置 $N=W$，$R=1$，这个时候可用性就会大大降低。如果想要可用性高，那么此时就需要降低对一致性的要求，此时可以配置 $W=1$，这使得写操作延迟最低，同时通过异步的机制更新剩余的 $N-W$ 个结点。

当存储系统保证最终一致性时，存储系统的配置一般是 $W+R \leqslant N$，此时读取操作和写入操作是不重叠的，不一致性的窗口依赖于存储系统的异步实现方式，不一致性的窗口大小也就等于从更新开始到所有的结点都异步更新完成之间的时间。

一般来说，Quorum 中比较典型的 NRW 为（3,2,2）。

Cassandra 通过 4 个技术来维护数据的最终一致性，分别为逆熵（anti-entropy）、读修复（read repair）、提示移交（hinted handoff）和分布式删除。

（1）逆熵

逆熵是一种备份之间的同步机制。结点之间定期互相检查数据对象的一致性，这里采用的不一致检查方法是 Merkle Tree。

（2）读修复

客户端读取某个对象的时候，触发对该对象的一致性检查。

读取 Key A 的数据时，系统会读取 Key A 的所有数据副本，如果发现存在不一致，则进行一致性修复。

如果读一致性要求为 ONE，则会立即返回离客户端最近的一份数据副本，然后在后台执行读修复，这意味着第一次读取到的数据可能不是最新的数据；如果读一致性要求为 QUORUM，则会在读取超过半数的一致性的副本后返回一份副本给客户端，剩余结点的一致性检查和修复则在后台执行；如果读一致性要求为 ALL，则只有读修复完成后才能返回一份一致性的数据副本给客户端。可见，该机制有利于减少最终一致的时间窗口。

（3）提示移交

对于写操作，如果其中一个目标结点不在线，先将该对象中继到另一个结点上，中继结点等目标结点上线再把对象移交给它。

Key A 按照规则首先写入结点为 N1，然后复制到 N2。假如 N1 宕机，如果写入 N2 能满足一致性要求，则 Key A 对应的 RowMutation 将封装一个带 hint 信息的头部（包含目标为 N1 的信息），然后随机写入一个结点 N3，此副本不可读。同时正常复制一份数据到 N2，此副本可以提供读。如果写 N2 不满足写一致性要求，则写会失败。等到 N1 恢复后，原本应该写入

N1 的带 hint 头的信息将重新写回 N1。

（4）分布式删除

单机删除非常简单，只需要把数据直接从磁盘上去掉即可；而对于分布式删除，则不是这样了。分布式删除的难点在于：如果某对象的一个备份结点 A 当前不在线，而其他备份结点删除了该对象，那么等 A 再次上线时，它并不知道该数据已被删除，所以会尝试恢复其他备份结点上的这个对象，这使得删除操作无效。Cassandra 的解决方案是：本地并不立即删除一个数据对象，而是给该对象标记一个 hint，定期对标记了 hint 的对象进行垃圾回收。在垃圾回收之前，hint 一直存在，这使得其他结点有机会由其他几个一致性保证机制得到这个 hint。Cassandra 通过将删除操作转化为一个插入操作，从而巧妙地解决了这个问题。

7. Cassandra 的环境搭建

（1）基本配置

首先需要准备 3 台或以上的计算机。下面假定有 3 台运行 Linux 操作系统的计算机，IP 地址分别为 192.168.0.100、192.168.0.101 和 192.168.0.102。系统需要安装好 Java 运行时环境，然后下载 0.7 版本的 Cassandra 二进制发行包。

挑选其中的一台计算机开始配置，先展开 Cassandra 发行包：

```
$ tar -zxvf apache-cassandra-$VERSION.tar.gz
$ cd apache-cassandra-$VERSION
```

conf/cassandra.yaml 文件为主要配置文件，0.7 版以后不再采用 XML 格式配置文件了。Cassandra 在配置文件里默认设定了以下目录：

```
data_file_directories: /var/lib/cassandra/data
commitlog_directory: /var/lib/cassandra/commitlog
saved_caches_directory: /var/lib/cassandra/saved_caches
```

data_file_directories 可以一次同时设置几个不同目录，Cassandra 会自动同步所有目录的数据。另外，日志配置文件 log4j-server.properties 中也有一个默认设定日志文件的目录：

```
log4j.appender.R.File=/var/log/cassandra/system.log
```

一般情况下采用默认的配置即可，除非有特殊的存储要求，所以有两种方案：一种是按照默认配置创建相关的目录，另一种是修改配置文件采用自己指定的目录。

下面为了简单起见采用第一种方案：

```
$ sudo mkdir -p /var/log/cassandra
$ sudo chown -R 'whoami' /var/log/cassandra
$ sudo mkdir -p /var/lib/cassandra
$ sudo chown -R 'whoami' /var/lib/cassandra
```

其中，whoami 是 Linux 指令，用于获取当前登录的用户名，如果不准备用当前登录用户运行 Cassandra，那么需要把 whoami 替换成具体的用户名。

（2）有关集群的配置

由于 Cassandra 采用去中心化结构，因此当集群里的一台机器（结点）启动之后需要一个途径通知当前集群（有新结点加入），Cassandra 的配置文件里有一个 seeds 的设置项，seeds 就是能够联系集群中所有结点的一台计算机。假如集群中的所有结点位于同一个机房的同一个子网，那么只要随意挑选几台比较稳定的计算机即可。在当前的例子中，因为只有 3 台机器，这里挑选第一台作为种子结点，配置如下：

```
seeds:
- 192.168.0.100
```

然后配置结点之前通信的 IP 地址：listen_address: 192.168.0.100。需要注意的是，这里必须使用具体的 IP 地址，而不能使用 0.0.0.0 这样的地址。

配置 Cassandra Thrift 客户端（应用程序）访问的 IP 地址：rpc_address: 192.168.0.100。可以使用 0.0.0.0 监听一台机器所有的网络接口。Cassandra 的 Keyspaces 和 ColumnFamilies 不再需要配置，它们将在运行时创建和维护。

把配置好的 Cassandra 复制到第二台和第三台机器，同时创建相关的目录，还需要修改 listen_address 和 rpc_address 为实际机器的 IP 地址。至此所有的配置完成。

（3）启动 Cassandra 结点以及集群管理

启动顺序无需求，只要保证种子结点启动即可。

```
$ bin/cassandra -f
```

参数 -f 的作用是让 Cassandra 以前端程序方式运行，这样有利于调试和观察日志信息，而在实际生产环境中，这个参数是不需要的（即 Cassandra 会以 daemon 方式运行）。

所有结点启动后可以通过 bin/nodetool 工具管理集群，例如，查看所有结点运行情况：

```
$ bin/nodetool -host 192.168.0.101 ring
```

运行结果大致如下：

```
Address Status State Load Owns Token
159559...
192.168.0.100 Up Normal 49.27 KB 39.32% 563215...
192.168.0.101 Up Normal 54.42 KB 16.81% 849292...
192.168.0.102 Up Normal 73.14 KB 43.86% 159559...
```

上述命令中，-host 参数用于指定 nodetool 与哪一个结点通信。对于 nodetool ring 命令来说，与哪个结点通信没有区别，所以可以随意指定其中一个结点。

从上面的结果列表可以看到运行中的结点是否在线、状态、数据负载量以及结点 Token（可以理解为结点名称，这个是结点第一次启动时自动产生的）。我们可以使用 nodetool 组合 Token 对具体结点进行管理，例如，查看指定结点的详细信息：

```
$ bin/nodetool -host 192.168.0.101 info
```

运行结果大致如下：

```
84929280487220726989221251643883950871
Load : 54.42 KB
Generation No : 1302057702
Uptime (seconds) : 591
Heap Memory (MB) : 212.14 / 1877.63
```

查看指定结点的数据结构信息：

```
$ bin/nodetool -host 192.168.0.101 cfstats
```

运行结果如下：

```
Keyspace: Keyspace1
Read Count: 0
Write Count: 0
Pending Tasks: 0
Column Family: CF1
SSTable count: 1
```

使用下面命令可以移除一个已经下线的结点（如第二台机器关机或者坏掉）：

```
$ bin/nodetool -host 192.168.0.101 removetoken 84929280487220726989221251643883950871
```

下线的结点如何重新上线呢？只需启动 Cassandra 程序，它就会自动加入集群了。

在实际运作中，我们可能需要隔一段时间备份一次数据（创建一个快照），这个操作在 Cassandra 中非常简单：

```
$ bin/nodetool -host 192.168.0.101 snapshot
```

（4）测试数据的读写

使用客户端组件加单元测试方式是首选的，如果仅想知道集群是否正常读写数据，可以用 cassandra-cli 进行一下简单测试：

```
$ bin/cassandra-cli -host 192.168.0.101
```

然后输入如下语句：

```
create keyspace Keyspace1;
use Keyspace1;
create column family Users with comparator=UTF8Type and default_validation_
class=UTF8Type;
set Users[jsmith][first] = 'John';
set Users[jsmith][last] = 'Smith';
get Users[jsmith];
```

上面语句创建了一个名为"Keyspace1"的 keyspace，还创建了一个名为"Users"的列族，最后向 Users 添加了一个数据项。正常情况下应该看到类似下面的结果：

```
=> (column=first, value=John, timestamp=1302059332540000)
=> (column=last, value=Smith, timestamp=1300874233834000)
Returned 2 results.
```

11.2.4 Redis

1. Redis 简介

Redis 是一种面向"键 - 值"对类型数据的分布式 NoSQL 数据库系统，其特点是高性能、持久存储，能适应高并发的应用场景。它出现较晚，但发展迅速，目前已被许多大型机构采用，如 Github。Redis 本质上是一个键 - 值类型的内存数据库，很像 Memcached，整个数据库统统加载在内存当中进行操作，定期通过异步操作把数据库数据刷新到硬盘上进行保存。因为是纯内存操作，所以 Redis 的性能非常出色，每秒可以处理超过 10 万次读写操作，是已知性能最快的键 - 值数据库。

Redis 的出色之处不仅仅是性能，其最大的魅力是支持保存多种数据结构，此外单个值的最大限制是 1GB，不像 Memcached 只能保存 1MB 的数据，因此 Redis 可以用来实现很多有用的功能。例如，用其 List 来做 FIFO 双向链表，实现一个轻量级的高性能消息队列服务，用其 Set 可以做高性能的 TAG 系统，等等。另外 Redis 也可以对存入的键 – 值设置 expire 时间，因此也可以被当作一个功能加强版的 Memcached 使用。Redis 的主要缺点是数据库容量受到物理内存的限制，不能用于海量数据的高性能读写，因此其应用主要局限在较小数据量的高性能操作和运算上。

2. Redis 的数据类型

Redis 并不是简单的键 – 值存储，实际上它是一个数据结构服务器，支持不同类型的值。也就是说，不必仅仅把字符串当作键所指向的值。下列这些数据类型都可作为值类型：string（字符串）、list（列表）、set（集合）、sorted set（有序集合）、hash（哈希表）。

string 是最基本的一种数据类型，普通的键 – 值存储都可以归为此类。string 类型是二进制安全的，即 Redis 的字符串可以包含任何数据，如 JPG 图片或者序列化的对象。从内部实现来看，其实字符串可以看作字节数组，最大上限是 1GB。

list 类型可以看作其每个子元素都是 string 类型的双向链表，因此 push 和 pop 命令的算法时间复杂度都是 $O(1)$。另外会记录链表的长度，所以 len 操作也是 $O(1)$，链表的最大长度是 $2^{32}-1$。可以通过 push、pop 操作从链表的头部或者尾部添加删除元素。这使得链表既可以用作栈，也可以用作队列。另外，链表的 pop 操作还有阻塞版本的。当 pop 一个链表对象时，如果链表是空，或者不存在，会立即返回 nul。但是，阻塞版本的 pop 则可以阻塞，等待有元素加入时再返回，当然可以加超时时间，超时后也会返回 null。

set 是 string 类型的无序集合。set 元素最多可以包含 $2^{32}-1$ 个元素。set 是通过哈希表实现的，所以添加、删除、查找的复杂度都是 $O(1)$。哈希表会随着添加或者删除自动地调整大小。需要注意的是，调整哈希表大小时需要同步（获取写锁），会阻塞其他读写操作。关于 Set 集合类型，除了基本的添加、删除操作，其他有用的操作还包含集合的取并集（union）、交集（intersection）、差集（difference）。通过这些操作可以很容易地实现 SNS 中的好友推荐和 Blog 的 Tag 功能。

sorted set 和 set 一样也是 string 类型元素的集合，不同的是，每个元素都会关联一个 double 类型的 score。sorted set 的实现是跳表（skip list）和哈希表的混合体，当元素被添加到集合中时，一个元素到 score 的映射被添加到哈希表中，所以给定一个元素获取 score 的开销是 $O(1)$，另一个 score 到元素的映射被添加到跳表并按照 score 排序，所以就可以有序地获取集合中的元素。添加、删除操作开销都是 $O(\log(N))$。Redis 的跳表使用双向链表实现，这样就可以逆序从尾部取元素。

hash 是一个 string 类型的 field 和 value 的映射表，它的添加、删除操作都是 $O(1)$（平均）。hash 特别适合用于存储对象。相较于将对象的每个字段存成单个 string 类型，将一个对象存储在 hash 类型中会占用更少的内存，并且可以更方便地存取整个对象。hash 节省内存的原因是新建一个 hash 对象时开始是用 zipmap（又称为 small hash）来存储的。zipmap 其实并不是哈希表，但是 zipmap 相比正常的 hash 实现可以节省不少 hash 本身需要的一些元数据存储开销。尽管 zipmap 的添加、删除、查找开销都是 $O(n)$，但是由于一般对象的 field 数量不太多，所以使用 zipmap 也是很快的，也就是说添加删除平均复杂度还是 $O(1)$。如果 field 或者 value 的大小超出一定限制（可以在配置文件中指定）后，Redis 会在内部自动将 zipmap 替换成正常的 hash 实现。

3. Redis 存储机制

Redis 能以最快的读写速度将数据读入内存中，并通过异步的方式将数据写入磁盘，所以 Redis 具有快速和数据持久化的特征。如果不将数据放在内存中，磁盘 I/O 速度会严重影响 Redis 的性能。在内存越来越便宜的今天，Redis 将会越来越受欢迎。如果设置了最大使用的内存，则数据已有记录数达到内存限值后将不能继续插入新值。

Redis 的默认配置中，如果每 60s 记录更改数达到 1 万条，就需要写入硬盘中去，但实际上超过了这个数量时，Redis 几乎不停地在写入数据到硬盘上。写入数据到硬盘时，Redis 先把数据写入一个临时文件，然后重命名为用户在配置文件中设定的数据文件名。加载数据需要 1～2min，写入数据需 1min 左右，写入后的文件大小为 1～2GB 左右，这样，服务器几乎一直保持着每分钟写一个 2GB 的文件的 I/O 的负载，磁盘基本一直处于工作状态。

4. Redis 分布模式

Redis 支持 master/slave 的模式。在 Redis 分布模式中，master 会将数据同步到 slave，而 slave 不会将数据同步到 master。slave 启动时会连接 master 来同步数据。这是一个典型的分布式读写分离模型。我们可以利用 master 插入数据，利用 slave 提供检索服务，从而有效减少单个机器的并发访问数量。

通过增加 slave 数据库的数量，读性能可以线性增长。为了避免 master 数据库的单点故障，集群一般会采用两台 master 数据库做双机热备，所以整个集群的读和写的可用性都非常高。

读写分离模型的缺陷在于，不管是 master 还是 slave，每个结点都必须保存完整的数据，在数据量很大的情况下，集群的扩展能力受限于单个结点的存储能力。

对于写密集类型的应用，读写分离模型并不适合。为了解决读写分离模型的缺陷，引入了数据分片模型，即可以将每个结点看成是独立的 master，然后通过业务实现数据分片。

结合上面两种模型，可以将每个 master 设计成由一个 master 和多个 slave 组成的模型。

5. Redis 数据操作

（1）DEL 操作

语法：

```
DEL key [key ...]
```

删除给定的一个或多个 key，不存在的 key 会被忽略。返回值为被删除 key 的数量。

示例：

删除单个 key：

```
redis> DEL name
(integer) 1
```

删除一个不存在的 key：

```
redis> DEL name
(integer) 0
```

同时删除多个 key：

```
redis> DEL name type website
(integer) 3
```

（2）SCAN 操作

SCAN 命令及其相关的 SSCAN 命令、HSCAN 命令和 ZSCAN 命令都用于增量地迭代（incrementally iterate）集合元素（a collection of elements）。

SCAN 命令：用于迭代当前数据库中的数据库键。

SSCAN 命令：用于迭代集合键中的元素。

HSCAN 命令：用于迭代哈希键中的键值对。

ZSCAN 命令：用于迭代有序集合中的元素（包括元素成员和元素分值）。

以上列出的 4 个命令都支持增量式迭代，它们每次执行都只会返回少量元素，所以这些命令可以用于生产环境，而不会出现像 KEYS 命令、SMEMBERS 命令那样的问题——当 KEYS 命令被用于处理一个大的数据库时，又或者 SMEMBERS 命令被用于处理一个大的集合键时，它们可能会阻塞服务器达数秒之久。

语法：

```
SCAN cursor [MATCH pattern] [COUNT count]
```

示例：

从第一个记录（记录 0）开始扫描：

```
redis 127.0.0.1: 6379> scan 0
1) "17"
2)  1) "key:12"
    2) "key:8"
    3) "key:4"
    4) "key:14"
    5) "key:16"
    6) "key:17"
    7) "key:15"
    8) "key:10"
    9) "key:3"
    10) "key:7"
    11) "key:1"
```

返回的结果中，第一项是扫描停止时的游标位置，第二项是扫描过的键。

（3）EXISTS 操作

语法：

```
EXISTS key
```

检查给定 key 是否存在。若 key 存在，则返回 1，否则返回 0。

示例：

```
redis> EXISTS db1
(integer) 1
redis> EXISTS db2
(integer) 0
```

（4）MOVE 操作

语法：

```
MOVE key db
```

将当前数据库的 key 移动到给定的数据库 db 当中。如果当前数据库（源数据库）和给定数据库（目标数据库）有相同名字的给定 key，或者 key 不存在于当前数据库，那么 MOVE 操作没有任何效果。因此，也可以利用这一特性，将 MOVE 当作锁（locking）原语（primitive），移动成功则返回 1，失败则返回 0。

示例：

```
redis> SELECT 0              #Redis 默认使用数据库 0，为了清晰起见，这里再显式指定一次
OK
redis> SET song "secret base - Zone"
OK
redis> MOVE song 1           #将 song 移动到数据库 1
(integer) 1
redis> EXISTS song           #song 已经被移走
(integer) 0
redis> SELECT 1              #使用数据库 1
OK
redis:1> EXISTS song         #证实 song 被移到了数据库 1（注意命令提示符变成了
                             #"redis:1"，表明正在使用数据库 1）
```

（5）RENAME 操作

语法：

```
RENAME key newkey
```

上述命令表示将 key 改名为 newkey。当 key 和 newkey 相同，或者 key 不存在时，返回一个错误。当 newkey 已经存在时，RENAME 命令将覆盖旧值。

示例：

```
#key 存在且 newkey 不存在
redis> SET message "hello world"
OK
redis> RENAME message greeting
OK
redis> EXISTS message              #message 不复存在
(integer) 0
redis> EXISTS greeting             #greeting 取而代之
(integer) 1

#当 key 不存在时，返回错误
redis> RENAME fake_key never_exists
(error) ERR no such key
```

6. Redis 平台搭建

第一步：下载安装。

进入 redis.io 官方网站：

```
wget http://redis.googlecode.com/files/redis-2.4.15.tar.gz
tar xzf redis-2.4.5.tar.gz           //这里假设解压缩到 /usr/local/redis
cd redis-2.4.5
make
make install
cd utils
./install_server
Welcome to the redis service installer
This script will help you easily set up a running redis server
Please select the redis port for this instance: [6379]
```

```
Selecting default: 6379
Please select the redis config file name [/etc/redis/6379.conf]
Selected default - /etc/redis/6379.conf
Please select the redis log file name [/var/log/redis_6379.log]
Selected default - /var/log/redis_6379.log
Please select the data directory for this instance [/var/lib/redis/6379]
Selected default - /var/lib/redis/6379
Please select the redis executable path [/usr/local/bin/redis-server]
Copied /tmp/6379.conf => /etc/init.d/redis_6379
Installing service...
Successfully added to chkconfig!
Successfully added to runlevels 345!
Starting Redis server...
Installation successful!
```

至此 Redis 自动安装到 /usr/local/bin 目录下。在该目录下生成以下可执行文件：redis-server、redis-cli、redis-benchmark、redis-stat、redis-check-aof，它们的作用如下。

redis-server：Redis 服务器的 daemon 启动程序。

redis-cli：Redis 命令行操作工具。当然，也可以用 Telnet 根据其纯文本协议来操作。

redis-benchmark：Redis 性能测试工具，测试 Redis 在当前系统及配置下的读写性能。

redis-stat：Redis 状态检测工具，可以检测 Redis 当前状态参数及延迟状况。

redis-check-aof：更新日志检查。

第二步：启动服务器。

安装时的 install_server 脚本会生成启动命令文件，下面就是一个执行例子：

```
/etc/init.d/redis_6379 start
```

默认端口为 6379，若使用其他端口可自行修改配置文件 redis.conf。可通过命令启动多个 Redis 实例：

```
cd /usr/local/redis
./redis-server redis.conf
```

第三步：客户端访问。

```
redis-cli
redis> set foo bar
OK
redis> get foo
"bar"
```

指定端口的客户端访问：

```
redis-cli -p 6380
```

第四步：关闭服务器。

关闭默认端口的服务器：

```
/etc/init.d/redis_6379 stop
```

关闭指定端口的服务器：

```
redis-cli -p 6380 shutdown
```

11.2.5　MongoDB

1. MongoDB 简介

MongoDB 是一个面向集合的、模式自由的文档型数据库。面向集合是指数据被分组到若干集合，这些集合称作聚集（collection）。在数据库中，每个聚集有唯一的名字，可以包含无限个文档。聚集是 RDBMS 中表的同义词，区别是聚集不需要进行模式定义。模式自由是指数据库并不需要知道将存入到聚集中的文档的任何结构信息。实际上，可以在同一个聚集中存储不同结构的文档。文档型是指存储的数据是键 – 值对的集合，键是字符串，值可以是数据类型集合里的任意类型，包括数组和文档。我们把这个数据格式称作 BSON（Binary Serialized Document Notation）。

MongoDB 的特点如下：

1）面向文档存储：类 JSON 数据模式，简单而强大。

2）高效的传统存储方式：支持二进制数据及大型对象（如照片和视频）。

3）复制及自动故障转移：Mongo 数据库支持服务器之间的数据复制，支持主从服务器之间的相互复制和自动故障转移。

4）自动分片（auto-sharding）支持云级扩展性（处于早期 Alpha 阶段）：自动分片功能支持水平的数据库集群，可动态添加额外的机器。

5）动态查询：支持丰富的查询表达式。查询指令使用 JSON 形式的标记，可方便地查询文档中内嵌的对象及数组。

6）支持全索引：包括文档内嵌对象及数组。Mongo 的查询优化器会分析查询表达式，并生成一个高效的查询计划。

7）支持 Ruby、Pythoh、Java、C++、PHP 等多种语言。

8）面向集合存储，易存储对象类型的数据：存储在集合中的文档，被存储为键 – 值对的形式。键用于唯一标识一个文档，为字符串类型，而值则可以是各种复杂的文件类型。

9）模式自由：存储在 MongoDB 数据库中的文件不需要知道它的任何结构定义。

10）查询监视：Mongo 包含一个监视工具，用于分析数据库操作的性能。

2. MongoDB 的功能及适用范围

MongoDB 的作用如下：

1）查询：基于查询对象或者类 SQL 语句搜索文档。查询结果可以排序，限制返回大小，可以跳过部分结果集，也可以返回文档的一部分。

2）插入和更新：插入新文档，更新已有文档。

3）索引管理：对文档的一个或者多个键（包括子结构）创建索引、删除索引，等等。

4）常用命令：所有 MongoDB 操作都可以通过 Socket 传输的 DB 命令来执行。

MongoDB 的适用范围如下：

1）适合实时的插入、更新与查询，并具备应用程序实时数据存储所需的复制及高度伸缩性。

2）适合作为信息基础设施的持久化缓存层。

3）适合由数十或数百台服务器组成的数据库，因为 Mongo 已经包含对 MapReduce 引擎的内置支持。

4）Mongo 的 BSON 数据格式非常适合文档化格式的存储及查询。

5）缓存：由于性能很高，Mongo 也适合作为信息基础设施的缓存层，在系统重启之后，由 Mongo 搭建的持久化缓存层可以避免下层的数据源过载。

6）大尺寸、低价值的数据：使用传统的关系数据库存储一些数据时可能会比较昂贵，在此之前，很多时候程序员往往会选择传统的文件进行存储。

7）高伸缩性的场景：Mongo 非常适合由数十或数百台服务器组成的数据库。Mongo 的路线图中已经包含对 MapReduce 引擎的内置支持。

8）用于对象及 JSON 数据的存储：Mongo 的 BSON 数据格式非常适合文档化格式的存储及查询。

MongoDB 不适用范围包括：

1）高度事务性的系统。

2）传统的商业智能应用。

3）极为复杂的 SQL 查询。

4）高度事务性的系统，如银行或会计系统。传统的关系数据库目前更适用于需要大量原子性复杂事务的应用程序。

5）传统的商业智能应用：针对特定问题的 BI 数据库会对产生高度优化的查询方式。对于此类应用，数据仓库可能是更合适的选择。

3. MongoDB 数据组织形式

MongoDB 组织数据的方式如下：键 – 值对→文档→集合→数据库。多个键 – 值对组织起来形成类似于 JSON 格式的文档，多个文档组织成一个集合，多个集合组织起来形成数据库。单个 MongoDB 实例可以使用多个数据库，每个数据库都是独立运作的，可以有单独的权限，每个数据库的数据被分开保存在不同的文件里。

4. MongoDB 语法

值得注意的是，在 MongoDB 中无需像 SQL 数据库那样需要用户手动创建数据库和集合，而是在用户第一次向数据库和集合中添加记录时，记录相应的数据库和集合就被创建了。

1）查看所有数据库：

```
show dbs
```

2）查看所有的集合：

```
show collections
```

3）删除集合：

```
db.collect.drop() //其中 db 为数据库名，collect 为集合名，下同
```

4）删除当前的数据库：

```
db.dropDatabase()
```

5）修改数据：

```
db. collect.save({'name':'ysz','address':{'city':'beijing','post':100096})
# 存储数组对象
db.collect.save({'Uid':'xxx@yyy.com','Al':['test-1@yyy.com','test-2@yyy.com']})
```

```
#根据查询条件修改,如果不存在则插入,允许修改多条记录
db. collect.update({'yy':5},{'$set':{'xx':2}},upsert=true,multi=true)
#删除 yy=5 的记录
db.foo.remove({'yy':5})
#删除所有的记录
db.foo.remove()
```

6）查询数据：

查询 age 不小于 25 的记录：

```
db. collect.find({age: {$gte: 25}});
```

相当于

```
select * from userInfo where age >= 25;
```

查询 age 不小于 25 的记录：

```
db. collect.find({age: {$lte: 25}});
```

查询 age 不小于 23 并且 age 大于 26 的记录：

```
db. collect.find({age: {$gte: 23, $lte: 26}});
```

7）按照年龄排序：

升序：

```
db. collect.find().sort({age: 1});
```

降序：

```
db. collect.find().sort({age: -1});
```

8）查询记录条数：

```
db.users.find().count();
```

5. MongoDB 平台搭建

MongoDB 有三种搭建集群的方式：Replica Set、Sharding、Master-Slaver。这里只介绍最简单的集群搭建方式（生产环境），如果有多个结点，可据此类推或者查看官方文档。

（1）Replica Set

Replica Set 是指集群当中包含了多份数据，保证在主结点崩溃时，备结点能继续提供数据服务，提供的前提是数据需要和主结点一致。

MongoDB 架构如图 11-21 所示，Mongodb（M）表示主结点，Mongodb（S）表示备结点，Mongodb（A）表示仲裁结点。主备结点存储数据，仲裁结点不存储数据。客户端同时连接主结点与备结点，不连接仲裁结点。默认设置下，主结点提供所有增、删、查、改服务，备结点不提供任何服务，但是可以通过设置使备结点提供查询服务，这样可以减少主结

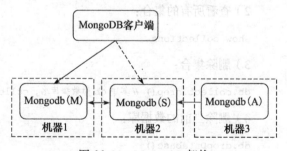

图 11-21　MongoDB 架构

点的压力，当客户端进行数据查询时，请求自动转到备结点上。这个设置叫做 Read Preference Modes，同时 Java 客户端提供了简单的配置方式，可以不必直接对数据库进行操作。仲裁结点是一种特殊的结点，它本身并不存储数据，主要作用是决定哪一个备结点在主结点崩溃之后提升为主结点，所以客户端不需要连接此结点。这里虽然只有一个备结点，但是仍然需要一个仲裁结点来提升备结点级别。

下面介绍 MongoDB 平台的搭建步骤。

1）建立数据文件夹。一般情况下，不会把数据目录建立在 MongoDB 的解压目录下，这里为方便起见，暂定建在 MongoDB 解压目录下。

```
mkdir -p /mongodb/data/master
mkdir -p /mongodb/data/slaver
mkdir -p /mongodb/data/arbiter
# 3个目录分别对应主、备、仲裁结点
```

2）建立配置文件。由于配置比较多，因此我们将配置写到文件中。

```
#master.conf
dbpath=/mongodb/data/master
logpath=/mongodb/log/master.log
pidfilepath=/mongodb/master.pid
directoryperdb=true
logappend=true
replSet=testrs
bind_ip=10.10.148.130
port=27017
oplogSize=10000
fork=true
noprealloc=true

#slaver.conf
dbpath=/mongodb/data/slaver
logpath=/mongodb/log/slaver.log
pidfilepath=/mongodb/slaver.pid
directoryperdb=true
logappend=true
replSet=testrs
bind_ip=10.10.148.131
port=27017
oplogSize=10000
fork=true
noprealloc=true

#arbiter.conf
dbpath=/mongodb/data/arbiter
logpath=/mongodb/log/arbiter.log
pidfilepath=/mongodb/arbiter.pid
directoryperdb=true
logappend=true
replSet=testrs
bind_ip=10.10.148.132
port=27017
oplogSize=10000
fork=true
noprealloc=true
```

参数解释：

dbpath：数据存放目录。

logpath：日志存放路径。

pidfilepath：进程文件，方便停止 MongoDB。

directoryperdb：为每一个数据库按照数据库名建立存放文件夹。

logappend：以追加的方式记录日志。

replSet：Replica Set 的名字。

bind_ip：MongoDB 所绑定的 IP 地址。

port：MongoDB 进程所使用的端口号，默认为 27017。

oplogSize：MongoDB 操作日志文件的大小，单位为 MB，默认为硬盘剩余空间的 5%。

fork：以后台方式运行进程。

noprealloc：不预先分配存储。

3）启动 MongoDB。进入每个 MongoDB 结点的 bin 目录下：

```
./monood -f master.conf
./mongod -f slaver.conf
./mongod -f arbiter.conf
```

注意　*配置文件的路径一定要保证正确，可以是相对路径，也可以是绝对路径。*

4）配置主、备、仲裁结点。可以通过客户端连接 MongoDB，也可以直接在 3 个结点中选择一个连接 MongoDB。

```
./mongo 10.10.148.130:27017        #IP 和 port 是某个结点的地址
>use admin
>cfg={ _id:"testrs", members:[ {_id:0,host:'10.10.148.130:27017',priority:2}, {_
id:1,host: '10.10.148.131:27017' ,priority:1},{_id:2,host:'10.10.148.132:27017',arbit
erOnly:true}] };
>rs.initiate(cfg)                  #使配置生效
```

cfg 是可以任意的名字，但最好不是 MongoDB 的关键字。最外层的 _id 表示 Replica Set 的名字，members 包含所有结点的地址以及优先级。优先级最高的结点成为主结点，这里是 10.10.148.130: 27017。特别注意的是，对于仲裁结点，需要有个特别的配置——arbiterOnly: true，缺少此配置则主备模式就不能生效。

配置的生效时间随不同的机器配置而有所不同。如果配置生效，则执行 rs.status 命令会看到如下信息：

```
{
    "set" : "testrs",
    "date" : ISODate("2013-01-05T02:44:43Z"),
    "myState" : 1,
    "members" : [
        {
            "_id" : 0,
            "name" : "10.10.148.130:27017",
            "health" : 1,
            "state" : 1,
            "stateStr" : "PRIMARY",
            "uptime" : 200,
            "optime" : Timestamp(1357285565000, 1),
            "optimeDate" : ISODate("2013-01-04T07:46:05Z"),
```

```
            "self" : true
        },
        {    "_id" : 1,
            "name" : "10.10.148.131:27017",
            "health" : 1,
            "state" : 2,
            "stateStr" : "SECONDARY",
            "uptime" : 200,
            "optime" : Timestamp(1357285565000, 1),
            "optimeDate" : ISODate("2013-01-04T07:46:05Z"),
            "lastHeartbeat" : ISODate("2013-01-05T02:44:42Z"),
            "pingMs" : 0
        },
        {    "_id" : 2,
            "name" : "10.10.148.132:27017",
            "health" : 1,
            "state" : 7,
            "stateStr" : "ARBITER",
            "uptime" : 200,
            "lastHeartbeat" : ISODate("2013-01-05T02:44:42Z"),
            "pingMs" : 0
        }
    ],
    "ok" : 1
}
```

如果配置正在生效，会包含如下信息："stateStr":"RECOVERING"，同时可以查看对应结点的日志，发现正在等待的结点生效或者正在分配数据文件。

现在基本上已经完成了集群的所有搭建工作。测试工作如下：①往主结点插入数据，能从备结点查到之前插入的数据（查询备结点可能会遇到某个问题，可以自己去网上查查看）；②停掉主结点，备结点能变成主结点提供服务；③恢复主结点，备结点也能恢复其备用的角色，而不是继续充当主结点的角色。其中②和③都可以通过 rs.status 命令实时查看集群的变化，这里不再详述。

（2）Sharding

和 Replica Set 类似，Sharding 需要一个仲裁结点，但是还需要配置结点和路由结点。就三种集群搭建方式来说，这种是最复杂的，其部署结构如图 11-22 所示。

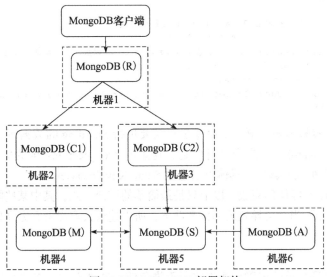

图 11-22　MongoDB 部署架构

1）启动数据结点。

```
./mongod --fork --dbpath ../data/set1/ --logpath ../log/set1.log --replSet test
#192.168.4.43
./mongod --fork --dbpath ../data/set2/ --logpath ../log/set2.log --replSet test
#192.168.4.44
./mongod --fork --dbpath ../data/set3/ --logpath ../log/set3.log --replSet test
#192.168.4.45
```

2）启动配置结点。

```
./mongod --configsvr --dbpath ../config/set1/ --port 20001 --fork --logpath ../log/
conf1.log
#192.168.4.30
./mongod --configsvr --dbpath ../config/set2/ --port 20002 --fork --logpath ../log/
conf2.log #192.168.4.31
```

3）启动路由结点。

```
./mongos --configdb 192.168.4.30:20001,192.168.4.31:20002 --port 27017 --fork
--logpath ../log/root.log
#192.168.4.29
```

这里没有用配置文件的方式启动。一般来说，一个数据结点对应一个配置结点，仲裁结点不需要对应的配置结点。注意，在启动路由结点时，要将配置结点地址写入启动命令中。

4）配置 Replica Set。

多个结点的数据是相关联的，配置 Replica Set，以标识同一个集群。配置方式同前面，定义一个 cfg，然后初始化配置。

```
./mongo 192.168.4.43:27017        #IP 和 port 是某个结点的地址
>use admin
>cfg={ _id:"testrs", members:[ {_id:0,host:'192.168.4.43:27017',priority:2}, {_id:1,
host:'192.168.4.44:27017',priority:1},
{_id:2,host:'192.168.4.45:27017',arbiterOnly:true}] };
>rs.initiate(cfg)                 #使配置生效
```

5）配置 Sharding。

```
./mongo 192.168.4.29:27017   #这里必须连接路由结点
>sh.addShard("test/192.168.4.43:27017")
#test 表示 Replica Set 的名字，当把主结点添加到 Sharding 以后，会自动找到 Set 里的主、备、决策结点
>db.runCommand({enableSharding:"diameter_test"})
#diameter_test is database name
>db.runCommand( { shardCollection: "diameter_test.dcca_dccr_test", key: {"__
avpSessionId":1} })
```

第一个命令很容易理解，第二个命令是对需要进行 Sharding 的数据库进行配置，第三个命令是对需要进行 Sharding 的集合进行配置，这里的 dcca_dccr_test 即为集合的名字。另外，key 对查询效率会有很大的影响，具体可以查看 Shard Key Overview。

至此，Sharding 已经搭建完成。以上只是最简单的搭建方式，其中某些配置仍然使用的是默认配置。如果设置不当，会导致效率异常低下，所以建议大家参考官方文档再进行默认配置的修改。

（3）master/slave

master/slave 是最简单的集群搭建方式，不推荐使用这种方式，在这里只作简单介绍，搭

建方式也相对简单。

```
./mongod --master --dbpath /data/masterdb/                          #主结点
./mongod --slave --source <masterip:masterport> --dbpath /data/slavedb/ #备结点
```

基本上只要在主结点和备结点上分别执行这两条命令，master/slave 就搭建完成了。

以上 3 种集群搭建方式首选 Replica Set, Sharding 适用于大数据，Sharding 可以将多片数据集中到路由结点上进行一些对比，然后将数据返回给客户端，但效率还是比较低。

11.3　大数据计算模式

最重要和典型的几种并行计算模型包括 PRAM（Parallel Random Access Machine）模型、BSP（Bulk Synchronous Paralle1）模型和 LogP 模型。

11.3.1　PRAM

PRAM 模型即并行随机存取机，也称为 SIMD-SM（共享存储的单指令流多数据流）模型，是一种应用于并行计算抽象模型。PRAM 模型是顺序的冯·诺伊曼存储程序模型的自然扩展，由若干具有本地存储器的处理器和一个具有无限容量的共享存储器组成，处理器由公共的时钟进行控制，以同步方式运行，如图 11-23 所示。PRAM 模型是一个

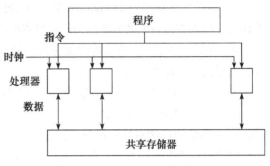

图 11-23　PRAM 模型

同步处理器的共享存储多处理机模型，由于忽略同步和通信开销，在现实中并无可能，因此仅是一个理论模型，不能用于模型化存储器层次或消息传递系统。

1. PRAM 的分类

根据 PRAM 模型中的各个处理机对共享存储器是否可并发读写，可分为互斥读和互斥写（Exclusive Read and Exclusive Write）的 PRAM 模型（PRAM-EREW）、并行读但互斥写（Concurrent Read and Exclusive Write）的 PRAM 模型（PRAM-CREW）、并行读并且并行写（Concurrent Read and Concurrent Write）的 PRAM 模型（PRAM-CRCW）。

2. PRAM 模型的优点

PRAM 模型的优点包括：

1）RPAM 结构简单，使在其上的算法理论分析简便易行。

2）PRAM 能够表达大多数并行算法。处理器间通信、存储管理和进程同步等并行系统的低级细节都被 PRAM 所隐藏起来，用户只需要根据 PRAM 的特点实现算法即可。

3）PRAM 让算法设计变得简单，让并行算法更容易移植到不同的并行系统上。

4）可以按需加入一些同步和通信等功能。

3. PRAM 模型的缺点

PRAM 模型的缺点包括：

1）PRAM 是一个同步模型，这意味着所有的指令均按锁步方式操作，用户虽感觉不到同步的存在，但它的确是很费时的。

2）模型中使用了一个全局共享存储器，且本地存储容量较小，不能很好地体现当前比较多见的分布主存多处理机的性能瓶颈。

3）由于单一共享存储器的假定，不适合异步分布存储的 MIMD 机器。

4）假定每个处理器均可在单位时间内访问任何存储单元，因此要求处理机间通信无延迟、无限带宽和无开销，忽略多个处理器在访问同一存储空间的竞争问题以及处理器读写存储单元带宽有限性等实践中普遍存在的问题，这一假设显然是不现实的。

5）不能很好地描述多线程技术和流水线预取技术，这两种技术是当今并行体系结构应用较普遍的技术。

4. PRAM 模型推广

随着人们对 PRAM 的理解深入，在使用它的过程中也对其做了若干推广：

1）候选型体系结构（Candidate Type Architecture, CTA）。CTA 模型能显式地区分两类存储器访问，分别被称为低廉的本地访问和昂贵的非本地访问。

2）存储竞争模型。它将存储器分成一些模块，每个模块一次均可处理一个访问，从而可在模块级处理存储器的竞争。

3）延迟模型。它考虑了信息的产生和能够使用之前的通信延迟。

4）局部 PRAM 模型。此模型考虑了通信带宽，它假定每个处理器均有无限的局部存储器，而访问全局存储器是较昂贵的；它是一个分层存储模型，它将存储器视为分层的存储模块，每个模块由其大小和传送时间表征，多处理机由模块树表示，叶为处理器。

5）异步 PRAM 模型（APRAM）。其特点是处理器有自己的控制器、局部存储器以及局部程序。处理器间的同步问题通过添加同步路障（synchronization barrier）来解决。计算被分割成相（phase），每一相类不允许两个处理器访问同一存储单元。局部程序的最后一条指令一定是同步指令。同步路障的时间是由最后一个到达的处理器决定的，也就是说，先执行完局部程序的处理器必须等待最慢的那个处理器来一起完成同步以通过路障。

11.3.2 BSP

BSP 模型由哈佛大学 Viliant 和牛津大学 Bill McColl 提出，希望像冯·诺伊曼体系结构那样，架起计算机程序语言和体系结构间的桥梁，故也称做桥模型（bridge model）。本质上，BSP 模型是分布存储的 MIMD 计算模型，被认为是最有发展前景的并行计算模型。

1. BSP 模型的组成

一个 BSP 计算机由 n 个处理机 / 存储器组成，通过通信网络进行互联，如图 11-24 所示。

一台 BSP 并行计算机由 3 个部分组成。

1）并行计算模块：一组具有局部内存的处理单元。每一个参与计算的处理器都会进行本地计算，每一个处理器只能利用存储与本地快速存储中的数据。这些计算相互之间异步地进行，但是可能会通过通信模块而产生相互重叠。

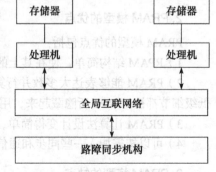

图 11-24　BSP 模型静态结构

2）通信模块：一个连接所有处理单元的全局数据通信网络。处理器直接通过远程的存储机制相互交换信息。

3）路障同步模块：支持对所有处理单元进行全局路障同步的机制。当一个处理器处理进度到达路障处时，它会等待其他处理器到达，直到最后一个处理器到达时，计算才会继续进行。

BSP 计算模型不仅是一种体系结构模型，而且是设计并行程序的一种方法。如果把 BSP 计算机的组成看作它的静态结构，则它的运行过程就是动态结构。BSP 计算机的运行引入了"超步"的概念，它的运行是以超步为基础的，超步是 BSP 计算机进行并行计算的基本单位。一个 BSP 计算由若干超步组成，而每个超步的运行过程又分为图 11-25 所示 3 个步骤：

1）各处理器进行局部计算。

2）各处理器利用本地内存中的信息完成局部的计算工作，在这一阶段，处理机可以异步地发出远程内存存取和消息传递等通信操作，但这些操作并不会马上执行。然后由通信网络完成上一步所发出的通信操作。

3）所有处理器进行全局的路障同步，本次超步的通信操作在路障同步后变为有效。

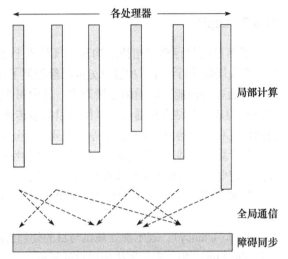

图 11-25　BSP 的超步

2. BSP 模型的优点

整体来说，BSP 模型相对于其他的模型而言，具有以下几个方面的优点：

1）BSP 并行模型独立于体系结构，接近现有的并行系统，可以在绝大多数目标体系结构上有效地实现。因此，程序员可以直接以它为目标机器进行并行程序编写，实现并行算法。而且 BSP 并行模型和目标机器无关，因为 BSP 并行模型从一开始就是和体系结构无关的。通用的并行计算模型提出的并行程序从一个平台换到另一平台不需要进行改动，BSP 并行程序具有很强的可移植性。

2）BSP 并行模型以超步为基本单位进行并行计算，这使得 BSP 并行程序设计简单、清晰，类似顺序程序的编写，因此 BSP 模型可以方便进行并行程序的编写。从某种角度看，BSP 并行模型可以看成严格同步的并行计算模型，其中各处理器处理每一条指令都要保持同步。

3）BSP 并行程序的性能是可以预测的，可以在系统编写之前进行理论分析，预测系统是否可行。BSP 程序的运行时间可以通过 BSP 模型的参数计算出来。对程序性能的预测可以帮助我们开发出具有良好可扩展性的并行算法和并行程序。

3. BSP 模型的缺点

BSP 模型的缺点如下：

1）需要算法设计人员显式地将同步机制编入算法中，导致算法设计有难度。

2）限制每个超级步至多可以传递 h 条消息，限制了消息传递的效率。

3）BSP（整体大同步）简化了算法的设计和分析，牺牲了算法运行时间，因为路障延迟意味着所有进程必须等待最慢者。一种改进是采用子集同步，将所有进程按照快慢程度分成若干个子集。如果子集小，其中只包含成对的收发者，则它就变成了异步的个体同步，即 LogP 模型。另一种改进是去除路障同步限制，改用异步模式，即异步 BSP（A-BSP）。

4. BSP 的现状

近年对于 BSP 的研究再次兴起，Google 把 BSP 模型应用到了它的大规模数据处理技术 Pregel 和 MapReduce 上。随着下一代的 Hadoop 将 MapReduce 从 Hadoop 的架构中分离出来，已经有一些开源项目开始显式地将 BSP 等高性能并行编程模型加入 Hadoop 中，如 Apache Hama 和 Apache Girph。

BSP 也被许多研究人员扩展为更加适合特定的架构或计算范式，如可分解的 BSP 模型，这个模型在 BSPML、BSPLib、Apache Hama、Pregel 等新型的编程语言或接口中被应用。

11.3.3   LogP

虽然目前并行机在拓扑结构和实现技术上各不相同，但由于 VLSI 技术和网络技术的发展，在大规模并行计算机的设计方面已经看到了这样一种趋势：未来的并行机将由上千个基本计算机通过高性能互联网络连接而成。其中每个结点机由高性能通用微处理器、高速缓存和 DRAM 组成，各结点机通过互联网络以消息传递方式相互通信。正是基于这一特征，1993 年美国伯克利大学的 David Culler 等人在分析了分布式存储计算机特点的基础上，提出了 P2P 通信的多计算机模型，它充分说明了互联网络的性能特性，而不涉及具体的网络结构，也不假定算法一定要用现实的消息传递操作进行描述。

LogP 模型是一种分布存储的、P2P 通信的多处理机模型，其中通信网络由 4 个主要参数来描述：

1）L（latency）：表示源处理机与目的处理机进行消息（一个或几个字）通信所需要的等待或延迟时间的上限，表示网络中消息的延迟。

2）o（overhead）：表示处理机准备发送或接收每个消息的时间开销（包括操作系统核心开销和网络软件开销），在这段时间里处理机不能执行其他操作。

3）g（gap）：表示一台处理机连续两次发送或接收消息时的最小时间间隔，其倒数即微处理机的通信带宽。

4）P（processor）：处理机/存储器模块个数。

LogP 模型假定一个周期完成一次局部操作，并定义为一个时间单位，那么，L、o 和 g 都可以表示成处理机周期的整数倍。

1. LogP 模型的特点

LogP 模型的主要特点如下：

1）抓住了网络与处理机之间的性能瓶颈。g 反映通信带宽，单位时间内最多有 L/g 个消息能在处理机间传送。

2）处理机之间异步工作，并通过处理机间的消息传送来完成同步。

3）对多线程技术有一定反映。每个物理处理机可以模拟多个虚拟处理机（VP），当某个 VP 有访问请求时，计算不会终止，但 VP 的个数受限于通信带宽和上下文交换的开销。VP 受限于网络容量，至多有 L/g 个 VP。

4）消息延迟不确定，但延迟不大于 L。消息经历的等待时间是不可预测的，但在没有阻塞的情况下，最大不超过 L。

5）LogP 模型鼓励编程人员采用一些好的策略，如作业分配、计算与通信重叠以及平衡的通信模式等。

6）可以预估算法的实际运行时间。

2. LogP 模型的不足

LogP 模型的不足之处如下：

1）对网络中的通信模式描述得不够深入。例如，重发消息可能占满带宽、中间路由器缓存饱和等未加描述。

2）LogP 模型主要适用于消息传递算法设计，对于共享存储模式，则简单地认为远程读操作相当于两次消息传递，未考虑流水线预取技术、Cache 引起的数据不一致性以及 Cache 命中率对计算的影响。

3）未考虑多线程技术的上下文开销。

4）LogP 模型假设用 P2P 消息路由器进行通信，这增加了编程者考虑路由器上相关通信操作的负担。

LogP 与 BSP、PRAM 模型的比较：任何并行计算模型都提供了一个对现实世界中并行计算机的抽象。为了更好地反映现实，并行计算模型必须尽量贴近于现实世界中的物理机器。LogP 模型面向消息传递和分布式存储，并利用 L、o、g、P 四个参数较好地反映了现实世界中并行计算机的体系结构。另外，并行计算模型作为对现实世界的抽象，必须能便于我们进行理论分析和算法设计，因此，它应该尽量简单。PRAM 模型由于其简单性，应用也十分广泛。可以说，LogP 和 PRAM 模型是并行计算模型的两个极端。BSP 模型可以看成是上述两个模型的折衷。BSP 模型开始是由 L. G. Valient 作为一个并行计算的"过渡模型"提出的。它的目的是既面向当前的各种并行体系结构，又提供一个和具体体系结构无关的模型。它引入超步和路障同步机制，而这种机制被证明在绝大多数并行体系结构下都能有效地实现；它还利用 P、L、g 三个参数描述了并行计算机的性能，通过这几个参数，可以有效地进行算法的设计与分析，并对 BSP 程序的运行情况进行预测。相比之下，LogP 模型过于复杂，缺乏有效的分析和性能预测机制，而 PRAM 则过于简单，无法真实地描述物理机器。

11.3.4 MapReduce

MapReduce 是 Google 公司提出的一种用于大规模（大于 1TB）数据集的并行运算的编程模型。它源自函数式编程理念，模型中的概念"Map（映射）"和"Reduce（归纳）"都是从函数式编程语言引入的，当前的软件实现是指定一个 Map（映射）函数，用来把一组键 - 值对映射成一组新的键 - 值对，指定并发的 Reduce（归约）函数，以保证所有映射的每一个键 - 值对共享相同的键组。

MapReduce 的运行模型如图 11-26 所示。图中有 n 个 Map 操作和 m 个 Reduce 操作。简单地说，一个 Map 函数就是对一部分原始数据进行指定的操作。每个 Map 操作都针对不同的原始数据，因此，Map 与 Map 之间是互相独立的，这就使得它们可以充分并行化。一个 Reduce 操作就是对每个 Map 所产生的一部分中间结果进行合并操作，每个 Reduce 所

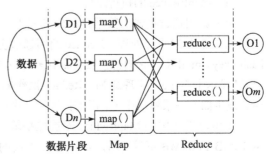

图 11-26 MapReduce 的运行模型

处理的 Map 中间结果是互不交叉的，所有 Reduce 产生的最终结果经过简单连接就形成了完整的结果集，因此，Reduce 也可以在并行环境下执行。

1. MapReduce 经典实例

WordCount 是用于展示 MapReduce 功能的经典例子，它在一个巨大的文档集中统计各个单词的出现次数。输入的数据集被分割成比较小的段，每个小段由一个 Map 函数来处理。Map 函数为每个经过它处理的单词生成一个 <key, value> 对，例如对 word 这个单词生成 <word, 1>。MapReduce 框架把所有相同键的值合并列一个键 – 值对里面，然后触发 Reduce 函数针对各个键值进行处理。WordCount 把特定键对应的值叠加起来，形成特定单词的出现次数。

2. 其他实例

分布式的 Grep（UNIX 工具程序，可做文件内的字符串查找）：如果输入行匹配给定的样式，Map 函数就输出这一行。Reduce 函数把中间数据复制到输出。

计算 URL 访问频率：Map 函数处理 Web 页面请求的记录，输出（URL, 1）。Reduce 函数把相同 URL 的值都加起来，产生一个（URL，记录总数）对。

倒转网络链接图：Map 函数为每个链接输出（目标，源）对，一个 URL 叫做目标，包含这个 URL 的页面叫做源。Reduce 函数根据给定的相关目标 URL 连接所有的源 URL 形成一个列表，产生（目标，源列表）对。每个主机的术语向量用一个（词，频率）列表来概述出现在一个文档或一个文档集中的最重要的一些词。Map 函数为每一个输入文档产生一个（主机名，术语向量）对（主机名来自文档的 URL）。Reduce 函数接收给定主机的所有文档的术语向量。它把这些术语向量加在一起，丢弃低频的术语，然后产生一个最终的（主机名，术语向量）对。

倒排索引：Map 函数分析每个文档，然后产生一个（词，文档号）对的序列。Reduce 函数接受一个给定词的所有对，排序相应的文档 ID，并且产生一个（词，文档 ID 列表）对。所有的输出对集形成一个简单的倒排索引。它可以简单地增加跟踪词位置的计算。

分布式排序：Map 函数从每个记录提取键，并且产生一个（key，record）对。Reduce 函数不改变任何对。

3. MapReduce 实现原理

根据 J. Dean 的论文，中间结果的键 – 值对先写入本地文件系统，然后由 Reduce 任务进行处理。Apache 的另一个 MapReduce 实现也是应用了同样的架构，它的具体细节与 Google 的 MapReduce 类似，本书不再赘述。下面详细描述 Google 的 MapReduce 实现具体细节。

（1）MapReduce 的执行流程

Map 调用通过把输入数据自动分割成 M 个片段而分布到多台机器上，输入的片段能够在不同的机器上被并行处理。Reduce 调用通过分割函数分割中间键，从而形成 R 片段（例如，hash（key）mod R），它们也会被分布到多台机器上。分割数量 R 和分割函数由用户来指定。图 11-27 显示了 Google 实现的 MapReduce 操作的全部流程。当用户的程序调用 MapReduce 函数时，发生如下一系列动作（下面的数字和图中的数字标签相对应）：

①用户程序中的 MapReduce 库首先把输入文件分割成 M 个片段，每个片段的大小一般从 16MB 到 64MB 不等（用户可以通过可选的参数来控制），然后在集群中开始大量地复制程序。

②这些程序副本中的一个是 master，其他都是由 master 分配任务的工作机。有 M 个 map 任务和 R 个 Reduce 任务将被分配。master 分配一个 Map 任务或 Reduce 任务给一个空闲的工作机。

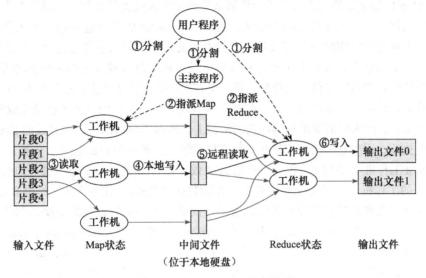

图 11-27　MapReduce 执行流程

③一个被分配了 Map 任务的工作机读取相关输入片段的内容。它从输入数据中分析出键 – 值对，然后把键 – 值对传递给用户自定义的 Map 函数。由 Map 函数产生的中间键 – 值对被缓存在内存中。

④缓存在内存中的键 – 值对被周期性地写入本地磁盘上，通过分割函数把它们写入 R 个区域。在本地磁盘上的缓存对的位置被传送给 master，master 负责把这些位置传送给 Reduce 工作机。

⑤当一个 Reduce 工作机得到 master 的位置通知时，它使用远程过程调用来从 Map 工作机的磁盘上读取缓存的数据。当 Reduce 工作机读取了所有的中间数据后，它通过排序使具有相同键的内容聚合在一起。因为许多不同的键映射到相同的 Reduce 任务，所以排序是必须的。如果中间数据比内存还大，那么还需要一个外部排序。

⑥ Reduce 工作机迭代排过序的中间数据，对于遇到的每一个唯一的中间键，它把键和相关的中间值集传递给用户自定义的 Reduce 函数。Reduce 函数的输出被添加到这个 Reduce 分割的最终的输出文件中。

当所有的 Map 和 Reduce 任务都完成后，master 唤醒用户程序。在这个时候，用户程序中的 MapReduce 调用返回到用户代码。在成功完成之后，MapReduce 执行的输出存放在 R 个输出文件中（每一个 Reduce 任务产生一个由用户指定名字的文件）。一般，用户不需要将这 R 个输出文件合成一个文件。它们经常把这些文件当作一个输入传递给其他的 MapReduce 调用，或者在可以处理多个分割文件的分布式应用中使用它们。

（2）master 的数据结构

master 保持一些数据结构。它为每一个 Map 和 Reduce 任务存储它们的状态（空闲、工作中、完成）和工作机（非空闲任务的机器）的标识。master 就像一个管道，通过它，中间文件区域的位置从 Map 任务传递到 Reduce 任务。因此，对于每个完成的 Map 任务，master 存储由 Map 任务产生的 R 个中间文件区域的大小和位置。当 Map 任务完成时，位置和大小的更新信息被接受。这些信息被逐步增加地传递给那些正在工作的 Reduce 任务。

（3）容错机制

因为 MapReduce 库使用成百上千台机器来处理非常大规模的数据，所以这个库必须要能很好地处理机器故障。工作机故障的检测方法如下：master 周期性地 ping 每个工作机。如果 master 在一个确定的时间段内没有收到工作机返回的信息，那么它将把这个工作机标记成失效。因为每一个由这个失效的工作机完成的 Map 任务被重新设置成它初始的空闲状态，所以它可以被安排给其他的工作机。同样地，每一个在失败的工作机上正在运行的 Map 或 Reduce 任务，也被重新设置成空闲状态，并且将被重新调度。在一个失败机器上已经完成的 Map 任务将被再次执行，因为它的输出存储在它的磁盘上，所以不可访问。已经完成的 Reduce 任务将不会再次执行，因为它的输出存储在全局文件系统中。若一个 Map 任务首先被工作机 A 执行之后，又被工作机 B 执行了（因为工作机 A 失效了），重新执行这个情况被通知给所有执行 Reduce 任务的工作机。任何还没有从工作机 A 读数据的 Reduce 任务将从工作机 B 读取数据。MapReduce 可以处理大规模工作机失败的情况。例如，在一个 MapReduce 操作期间，在正在运行的集群上进行网络维护引起 80 台机器在几分钟内不可访问，MapReduce 的 master 只是再次执行已经被不可访问的工作机完成的工作，继续执行，最终完成这个 MapReduce 操作。

处理 master 故障时，可以让 master 周期性地写入上面描述的数据结构的检查点。如果这个 master 任务失效了，可以从上次最后一个检查点开始启动另一个 master 进程。然而，因为只有一个 master，所以它的失败处理机制是比较麻烦的。因此我们现在的实现方法是，如果 master 失败，就中止 MapReduce 计算。客户可以检查这个状态，并且可以根据需要重新执行 MapReduce 操作。遇到错误时，可采用如下处理机制：当用户提供的 Map 和 Reduce 操作对它的输出值是确定的函数时，分布式实现产生的输出与全部程序正确地顺序执行时的输出相同。

我们依赖对 Map 和 Reduce 任务的输出进行原子提交来完成这个性质。每个工作中的任务把它的输出写到私有临时文件中。一个 Reduce 任务产生一个这样的文件，而一个 Map 任务产生 R 个这样的文件（一个 Reduce 任务对应一个文件）。当一个 Map 任务完成时，工作机发送一个消息给 master，这个消息中包含这 R 个临时文件的名字。如果 master 从一个已经完成的 Map 任务再次收到一个完成的消息，它将忽略这个消息。否则，它在 master 的数据结构中记录这 R 个文件的名字。当一个 Reduce 任务完成时，这个 Reduce 工作机原子地把临时文件重命名成最终的输出文件。如果相同的 Reduce 任务在多个机器上执行，多个重命名调用将被执行，并产生相同的输出文件。我们依赖由底层文件系统提供的原子重命名操作来保证，最终的文件系统状态仅仅包含一个 Reduce 任务产生的数据。Map 和 Reduce 操作大部分是确定的，并且处理机制等价于一个顺序执行的过程，使程序员可以很容易地理解程序的行为。当 Map 或 Reduce 操作是不确定的时候，我们提供比较弱但是合理的处理机制。当遇到一个非确定操作时，Reduce 任务 R1 的输出等价于一个非确定顺序程序执行产生的输出。然而，另一个 Reduce 任务 R2 的输出也许符合一个不同的非确定顺序程序执行产生的输出。考虑 Map 任务 M 和 Reduce 任务 R1、R2 的情况，我们设定 e(Ri) 为已经提交的 Ri 的执行（有且仅有一个这样的执行）。这个比较弱的语义出现，因为 e(R1) 也许已经读取了由 M 的执行产生的输出，而 e(R2) 也许已经读取了由 M 的不同执行产生的输出。

（4）存储位置

在我们的计算机环境里，网络带宽是一个相当缺乏的资源。我们利用把输入数据（由 GFS 管理）存储在机器的本地磁盘上的方式来节省网络带宽。GFS 把每个文件分成大小为 64MB 的块，然后将每个块的几个副本存储在不同的机器上（一般是 3 个副本）。MapReduce 的 master 考虑输入文件的位置信息，并且努力在一个包含相关输入数据的机器上安排一个 Map 任务。如果这样做失败了，它尝试在那个任务的输入数据的附近安排一个 Map 任务（例如，分配到一个和包含输入数据块在一个交换机里的工作机上执行）。当在一个集群中的一部分机器上运行巨大的 MapReduce 操作的时候，大部分输入数据在本地被读取，不消耗网络带宽。

（5）任务粒度

把 Map 阶段细分成 M 片，Reduce 阶段分成 R 片。M 和 R 应当比工作机的数量大许多。每个工作机执行许多不同的工作以提高动态负载均衡，也可以加速从一个工作机失效中恢复的速度，这台机器上许多已经完成的 Map 任务可以被分配到所有其他的工作机上。在实现中，M 和 R 的范围是有大小限制的，因为 master 必须做 $O(M+R)$ 次调度，并且保存 $O(MR)$ 个状态在内存中（此因素使用的内存是很少的，在 $O(MR)$ 个状态片里，大约每个 Map 任务 /Reduce 任务对使用一个字节的数据）。此外，R 经常被用户限制，因为每一个 Reduce 任务最终都是一个独立的输出文件。实际上，我们倾向于选择 M，以便每一个任务保证是 16MB 到 64MB 的输入数据（使上面描述的位置优化最有效），我们设置 R 的值，使其数倍于希望使用的工作机数量的。例如，经常在 $M=200000$，$R=5000$，使用 2000 台工作机的情况下，执行 MapReduce 计算。

（6）备用任务

存在"落后者"是延长 MapReduce 操作时间的原因之一：一个机器花费异常长的时间来完成最后的一些 Map 或 Reduce 任务中的一个。有很多原因可能产生落后者。例如，一个有坏磁盘的机器经常发生可以纠正的错误，使读性能从 30MB/s 降低到 3MB/s。集群调度系统也许已经安排其他的任务在这个机器上，由于计算要使用 CPU、内存、本地磁盘、网络带宽的原因，引起它执行 MapReduce 代码很慢。我们最近遇到的问题是，机器初始化时的 Bug 引起处理器缓存的失效：对一台被影响的机器上的计算性能有上百倍的影响。有一个常用的机制可以减轻落后者问题的影响。当一个 MapReduce 操作将要完成的时候，master 调度备用进程来执行那些还在执行的任务。无论是原来的还是备用的执行完成，工作都被标记成完成。我们已经调整了这个机制，通常只会占用多几个百分点的机器资源。通过这个机制可以显著地减少完成大规模 MapReduce 操作的时间。

4. MapReduce 的优点

MapReduce 的优点如下：

1）移动计算而不是移动数据，避免了额外的网络负载。

2）任务之间相互独立，可以更容易地处理局部故障。对于单个结点的故障，只需要重启该结点任务即可，从而避免故障蔓延到整个集群，能够容忍同步中的错误。对于拖后腿的任务，可以启动备份任务加快任务完成。

3）理想状态下，MapReduce 模型是可线性扩展的，它是为了使用便宜的商业机器而设计的计算模型。

4）MapReduce 模型的结构简单，终端用户至少只需编写 Map 函数和 Reduce 函数。

5）相对于其他分布式模型，MapReduce 的一大特点是其平坦的集群扩展代价曲线。因为 MapReduce 启动作业、调度等管理操作的时间成本相对较高，MapReduce 在结点有限的小规模集群中的表现并不十分突出，但在大规模集群中，MapReduce 的表现非常好。

5. MapReduce 的缺点

MapReduce 的缺点如下：

1）MapReduce 模型本身是有诸多限制的，例如，缺乏用于同步各个任务的中心。

2）用 MapReduce 模型来实现常见的数据库连接操作非常繁琐且效率低下，因为 MapReduce 模型是没有索引结构的，通常整个数据库都会利用 Map 函数和 Reduce 函数。

3）MapReduce 集群管理比较麻烦，在集群中进行调试、部署以及日志收集工作都很困难。

4）单个 Master 结点有单点故障的可能性且可能会限制集群的可扩展性。

5）当中间结果必须保留的时候，作业的管理并不简单。

6）集群的参数配置的最优解不容易确定，许多参数需要有丰富的应用经验才能确定。

11.3.5　Spark

Spark 是一种与 Hadoop 相似的开源集群计算环境，在性能和迭代计算上有优势，是 Apache 孵化的顶级项目。Spark 由加州大学伯克利分校 AMP 实验室开发，可用来构建大型的、低延迟的数据分析应用程序。Spark 启用了内存分布数据集，除了能够提供交互式查询外，还可以优化迭代工作负载。Spark 是在 Scala 语言中实现的，它将 Scala 用做其应用程序框架，而 Scala 的语言特点也促进了大部分 Spark 的成功。与 Hadoop 不同，Spark 和 Scala 能够紧密集成，其中 Scala 可以像操作本地集合对象一样轻松地操作分布式数据集。尽管创建 Spark 是为了支持分布式数据集上的迭代作业，但是实际上它是对 Hadoop 的补充，可以在 Hadoop 文件系统中并行运行。通过第三方集群框架 Mesos 可以支持此行为。

虽然 Spark 与 Hadoop 有相似之处，但它提供了一个新的集群计算框架。首先，Spark 是为集群计算中的特定类型的工作负载而设计的，即那些在并行操作之间重用工作数据集（如机器学习算法）的工作负载。为了优化这些类型的工作负载，Spark 引入了内存集群计算的概念，可在内存集群计算中将数据集缓存在内存中，以缩短访问延迟。

Spark 还引入了弹性分布式数据集（Resilien Distributed Datasets, RDD）抽象。RDD 是分布在一组结点中的只读对象集合。这些集合是弹性的，如果部分数据集丢失，则可以对它们进行重建。重建部分数据集的过程依赖于容错机制，该机制可以维护"血统"（即允许基于数据衍生过程重建部分数据集的信息）。RDD 被表示为一个 Scala 对象（并且可以从文件中创建它）、一个并行化的切片（遍布于结点之间）、另一个 RDD 的转换形式，并且最终会彻底改变现有 RDD 的持久性，如请求缓存在内存中。

Spark 中的应用程序称为驱动程序，这些驱动程序可实现在单一结点上执行的操作或在一组结点上并行执行的操作。与 Hadoop 类似，Spark 支持单结点集群或多结点集群。对于多结点操作，Spark 依赖于 Mesos 集群管理器。Mesos 为分布式应用程序的资源共享和隔离提供了一个有效平台。该设置允许 Spark 与 Hadoop 共存于结点的一个共享池中。

1. Spark 生态环境

Spark 生态系环境如图 11-28 所示，它是基于 Tachyon 的（Tachyon 是一个高效

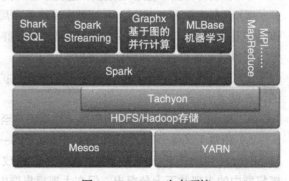

图 11-28　Spark 生态环境

的分布式存储系统）。而底层的 Mesos 类似于 YARN 调度框架，在其上也可以搭载 Spark、Hadoop 等环境。Shark 类似 Hadoop 中的 Hive，而其性能比 Hive 要快成百上千倍，不过 Hadoop 注重的不一定是最快的速度，而是廉价集群上离线批量的计算能力。此外，还有图数据库 GraphX、流处理组件 Spark Streaming、即席查询系统 Spark SQL 以及 ML Base。也就是说，Spark 生态环境包含了大数据领域的数据流计算和交互式计算，而批处理计算应该由 Hadoop 占据，同时 Spark 可以同 HDFS 交互取得其中的数据文件。Spark 的迭代、内存运算能力以及交互式计算都为数据挖掘、机器学习提供了很必要的辅助。

2. Spark 总体架构

Spark 总体行架构如图 11-29 所示，其中各组件介绍如下：

- Driver Program：运行 main 函数并且新建 SparkContext 的程序。
- SparkContext：Spark 程序的入口，负责调度各个运算资源，协调各个 Worker Node 上的 Executor。
- Cluster Manager：集群的资源管理器（如 Standalone、Mesos、Yarn）。

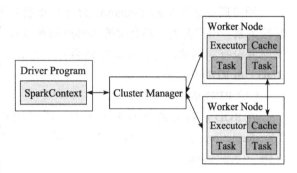

图 11-29 Spark 总体架构

- Worker Node：集群中任何可以运行应用代码的结点。
- Executor：在一个 Worker Node 上为某应用启动的一个进程，该进程负责运行任务，并且负责将数据存在内存或者磁盘上。每个应用都有各自独立的 Executor。
- Task：被送到某个 Executor 上的工作单元。

Spark 集群中有两个重要的部件，即 driver 和 worker。driver 程序是应用逻辑执行的起点，类似于 Hadoop 架构中的 JobTracker，而多个 worker 用来对数据进行并行处理，相当于 Hadoop 的 TaskTracker。尽管不是强制的，但数据通常与 worker 搭配，并在集群内的同一套机器中进行分区。在执行阶段，driver 程序会将代码或 Scala 闭包传递给 worker 机器，同时对相应分区的数据进行处理。数据会经历转换的各个阶段，同时尽可能地保持在同一分区之内。执行结束之后，worker 会将结果返回到 driver 程序。一个用户程序从提交到最终在集群上执行的过程如下：① SparkContext 连接到 Cluster Manager，并且向 Cluster Manager 申请 Executor；② SparkContext 向 Executor 发送应用代码；③ SparkContext 向 Executor 发送 Task，Executor 会执行被分配的 Task。运行时的状态如图 11-30 所示。

3. RDD

RDD 是 Spark 的核心数据结构。它是逻辑集中的实体，但在集群中的多台机器上进行了分区。通过对多台机器上不同 RDD 联合分区的控制，能够减少机器之间的数据混合（data shuffling）。Spark 提供了"partition-by"运算符，能够通过集群中多台机器之间对原始 RDD 进行数据再分配来创建一个新的 RDD。

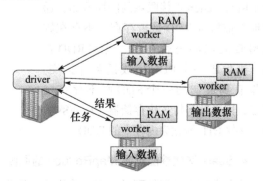

图 11-30 Spark 运行状态

RDD 可以随意在 RAM 中进行缓存，因此它提供了更快速的数据访问。目前缓存的粒度处于 RDD 级别，因此只能是全部 RDD 被缓存。当集群中有足够的内存时，Spark 会根据 LRU 驱逐算法将 RDD 进行缓存。

RDD 提供了一个抽象的数据架构，我们不必担心底层数据的分布式特性，而应用逻辑可以表达为一系列转换处理。通常应用逻辑是以一系列 Transformation 和 Action 来表达的。在执行 Transformation 中原始 RDD 是不变而不灭的，Transformation 后产生的是新的 RDD。前者在 RDD 之间指定处理的相互依赖关系有向无环图 DAG，后者指定输出的形式。调度程序通过拓扑排序来决定 DAG 执行的顺序，追踪源头的结点或者代表缓存 RDD 的结点。

用户通过选择 Transformation 的类型并定义 Transformation 中的函数来控制 RDD 之间的转换关系。用户调用不同类型的 Action 操作以自己需要的形式输出任务。Transformation 在定义时并没有立刻被执行，而是等到第一个 Action 操作到来时，根据 Transformation 生成各代 RDD，由 RDD 生成最后的输出。

（1）RDD 依赖的类型

在 RDD 依赖关系有向无环图中，两代 RDD 之间的关系由 Transformation 确定，根据 Transformation 的类型，生成的依赖关系有两种形式：宽依赖（wide dependency）与窄依赖（narrow dependency）。

窄依赖是指父 RDD 的每一个分区最多被一个子 RDD 的分区所用，表现为一个父 RDD 的分区对应于一个子 RDD 的分区或多个父 RDD 的分区对应于一个子 RDD 的分区，也就是说，一个父 RDD 的一个分区不可能对应一个子 RDD 的多个分区。窄依赖的 RDD 可以通过相同的键进行联合分区，整个操作可以在一台机器上进行，不会造成网络之间的数据混合。

宽依赖是指子 RDD 的分区依赖于父 RDD 的多个分区或所有分区，也就是说，存在一个父 RDD 的一个分区对应一个子 RDD 的多个分区。宽依赖的 RDD 会涉及数据混合。调度程序会检查依赖性的类型，将窄依赖的 RDD 划到一组处理当中，即阶段。宽依赖在一个执行中会跨越连续的阶段，同时需要显式指定多个子 RDD 的分区。

（2）RDD 任务生成模式

如图 11-31 所示，小方框代表一个 RDD 的分区，几个分区合成一个 RDD。箭头代表 RDD 之间的关系。当一个 Action 操作被提交时，依赖关系 DAG 会根据宽依赖关系被切分成各个阶段。任务调度的时候由与 Action 直接联系的阶段开始，递归地向前检查 RDD 是否存在，不存在则检查父 RDD 是否存在。若父 RDD 存在，则生成一个 RDD 生成任务并提交。如果直到最初的一个 RDD 都不存在父 RDD，则必须将持久化存储器（HDFS 等）中的文件 ETL 转化为内存中的 RDD。

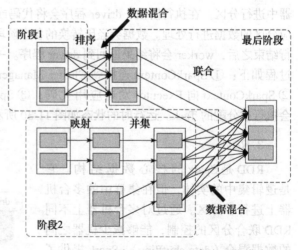

图 11-31　Spark 任务生成模式

4. Spark 迭代性能远超 MapReduce 的原因

在复杂的大数据处理过程中，迭代计算是非常常见的。Hadoop 对迭代计算没有优化策略，在每一次迭代的过程中，中间结果必须写入磁盘中，并且写一个迭代必须经过数据抽取、转换和加载（Extraction-Transformation-Loading, ETL）读取到内存中再进行处理。而在 Spark 中，数据只有在第一个迭代的过程把数据反序列化 ETL 到内存中，之后的所有迭代的中间结果都保存在内存中，极大地减少了 I/O 操作次数，因此其在迭代计算中的效率比 Hadoop 高出许多。

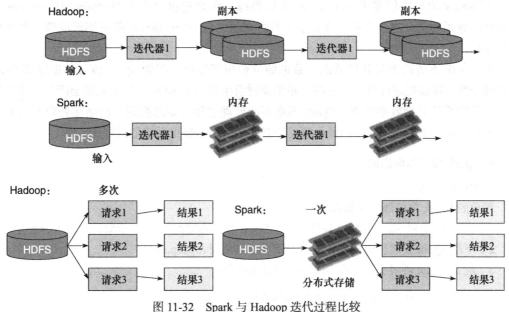

图 11-32　Spark 与 Hadoop 迭代过程比较

在实际操作中，多次读取同一块数据并做不同的计算是比较常见的。Hadoop 在这一方面并没有做优化，每一次查询操作都必须从 HDFS 上读取数据，导致更多的硬盘开销。而 Spark 只有在第一次调用 HDFS 数据的时候反序列化读取到内存中，以后的每次针对这一数据的查询直接通过内存来读取。

5. Spark 的优缺点

Spark 的优点：

1）相对于 Hadoop，Spark 的执行效率更高。当整个集群内存足够保存查询过程中的所有 RDD 时，Spark 的查询效率可以超过 Hadoop 50~100 倍。这样的低延迟在大数据量处理中可以认为是实时给予结果。特别是针对重复使用同一块数据或者迭代使用不同的数据的过程，Spark 更远胜于 Hadoop。

2）由于 Spark 能够实时地给予用户查询结果，因此它能够实现与用户互动式的查询，不需要用户长时间等待。而 Hadoop 的作业长时延导致其处理只能是批处理，用户批量输入任务然后等待任务结果。

3）快速的故障恢复。RDD 的 DAG 令 Spark 具有故障恢复的能力。当发生结点故障的时候，Spark 会在其他结点上根据 DAG 重新构建故障结点的 RDD。由于 RDD 的依赖机制中的窄依赖只在单个结点上运行，除了生成初始 RDD 之外只在内存中进行，因此处理速度很快。宽依赖虽然需要网络通信，但是其计算也是全部在内存中，因此 RDD 的故障恢复要比 Hadoop 快。

4）在 Spark 中，一个 Action 生成一个作业，而在不同的 Action 之间，RDD 是可以共享的。上一个 Action 使用或生成的 RDD 可由下一个 Action 调用，从而实现作业之间的数据共享。对于 Hadoop 来说，其中间结果保存在 Mapper 的本地文件系统中，无法让中间结果在作业之间共享。而作业结果又保存在 HDFS 上，下一个作业要读取的时候还要重新经过 ETL。

Spark 的缺点：

1）Spark 的架构借鉴了 Hadoop 的主从架构，因此它也会有与 Hadoop 相同的 Master 结点性能瓶颈问题。对于多用户多作业的集群来说，Spark 的 driver 很可能形成整个集群性能的瓶颈。

2）Spark 不适用于对共享状态、数据的异步更新操作。因为 Spark 核心数据结构 RDD 的不可变性，导致在进行每一个小的异步更新时会生成一个 RDD，整个系统会产生大量重复数据，导致系统处理效率低下。Spark 不是不能处理这种类型的数据，而是在处理时效率低下。异步更新共享状态、数据的操作常见于有增量的网络爬虫系统的数据库。

6. Spark 集群简单搭建

（1）单机部署

简单的 Spark 单机部署步骤如下：

1）安装 JDK 和 Scala 并配置环境变量。Scala 的安装配置与 JDK 相似，这里不再赘述。

2）下载 Spark 安装包解压到任意目录下（这里使用 /opt/spark/）。

3）配置 Spark 环境变量。在 Spark 的根目录执行：

```
cp conf/spark-env.sh.template conf/spark-env.sh
```

目前 Spark 环境不依赖 Hadoop，即不需要 Mesos，所以配置的内容很少。最简单的配置信息如下：

```
export SCALA_HOME=/opt/scala-2.10.3
export JAVA_HOME=/usr/java/jdk1.7.0_17
```

4）创建 Spark。在 Spark 的根目录下运行：

```
sbt/sbt assembly
```

命令完成后，就会下载 Spark 部署所需的依赖包，效果如图 11-33 所示。

```
[root@centos6-vb spark-0.9.0-incubating]# ./sbt/sbt assembly
Attempting to fetch sbt
#################################################################### 100.0%
Launching sbt from sbt/sbt-launch-0.12.4.jar
Getting net.java.dev.jna jna 3.2.3 ...
downloading http://repo1.maven.org/maven2/net/java/dev/jna/jna/3.2.3/jna-3.2.3.jar ...
        [SUCCESSFUL ] net.java.dev.jna#jna;3.2.3!jna.jar (20629ms)
:: retrieving :: org.scala-sbt#boot-jna
        confs: [default]
        1 artifacts copied, 0 already retrieved (838kB/44ms)
Getting org.scala-sbt 0.12.4 ...
downloading http://repo.typesafe.com/typesafe/ivy-releases/org.scala-sbt/sbt/0.12.4/jars/sbt.jar
...
        [SUCCESSFUL ] org.scala-sbt#sbt;0.12.4!sbt.jar (2381ms)
downloading http://repo.typesafe.com/typesafe/ivy-releases/org.scala-sbt/main/0.12.4/jars/main.ja
r ...
        [SUCCESSFUL ] org.scala-sbt#main;0.12.4!main.jar (19743ms)
downloading http://repo.typesafe.com/typesafe/ivy-releases/org.scala-sbt/compiler-interface/0.12.
4/jars/compiler-interface-bin.jar ...
        [SUCCESSFUL ] org.scala-sbt#compiler-interface;0.12.4!compiler-interface-bin.jar (3265ms)
downloading http://repo.typesafe.com/typesafe/ivy-releases/org.scala-sbt/compiler-interface/0.12.
4/jars/compiler-interface-src.jar ...
        [SUCCESSFUL ] org.scala-sbt#compiler-interface;0.12.4!compiler-interface-src.jar (2180ms)
downloading http://repo.typesafe.com/typesafe/ivy-releases/org.scala-sbt/precompiled-2.8.2/0.12.4
```

图 11-33　下载依赖包

编译后的结果如图 11-34 所示。

```
[warn] Strategy 'first' was applied to 241 files
[info] Checking every *.class/*.jar file's SHA-1.
[info] Assembly up to date: /opt/spark/spark-0.9.0-incubating/assembly/target/sc
ala-2.10/spark-assembly-0.9.0-incubating-hadoop1.0.4.jar
[success] Total time: 156 s, completed Feb 28, 2014 6:28:13 PM
[root@centos6-vb spark-0.9.0-incubating]#
```

图 11-34　编译后的结果

编译后的 jar 文件位于 spark-0.9.0-incubating/assembly/target/scala-2.X/spark-assembly-0.9.0-incubating-hadoop1.0.4.jar（在 Eclipse 创建 Spark 应用时，需要把这个 jar 文件添加到 Build Path）。

5）通过 bin/spark-shell 命令可以进入 Scala 解释器环境。在解释器环境下（Spark 交互模式）测试 Spark，便可知 Spark 是否正常运行，如图 11-35 所示。

```
scala> var data=Array(1,2,3,4,5,6)
data: Array[Int] = Array(1, 2, 3, 4, 5, 6)

scala> val distData = sc.parallelize(data)
distData: org.apache.spark.rdd.RDD[Int] = ParallelCollectionRDD[0] at parallelize at <cor

scala> distData.reduce(_+_)
14/02/28 18:15:54 INFO SparkContext: Starting job: reduce at <console>:17
14/02/28 18:15:54 INFO DAGScheduler: Got job 0 (reduce at <console>:17) with 1
output partitions (allowLocal=false)
14/02/28 18:15:54 INFO DAGScheduler: Final stage: Stage 0 (reduce at <console>:17)
14/02/28 18:15:54 INFO DAGScheduler: Parents of final stage: List()
14/02/28 18:15:54 INFO DAGScheduler: Missing parents: List()
14/02/28 18:15:54 INFO DAGScheduler: Submitting Stage 0
(ParallelCollectionRDD[0] at parallelize at <console>:14), which has no missing parents
14/02/28 18:15:55 INFO DAGScheduler: Submitting 1 missing tasks from Stage 0
(ParallelCollectionRDD[0] at parallelize at <console>:14)
14/02/28 18:15:55 INFO TaskSchedulerImpl: Adding task set 0.0 with 1 tasks
14/02/28 18:16:00 INFO TaskSetManager: Starting task 0.0:0 as TID 0
on executor localhost: localhost (PROCESS_LOCAL)
14/02/28 18:16:00 INFO TaskSetManager: Serialized task 0.0:0 as 1077 bytes in 88 ms
14/02/28 18:16:01 INFO Executor: Running task ID 0
14/02/28 18:16:02 INFO Executor: Serialized size of result for 0 is 641
14/02/28 18:16:02 INFO Executor: Sending result for 0 directly to driver
14/02/28 18:16:02 INFO Executor: Finished task ID 0
14/02/28 18:16:02 INFO TaskSetManager: Finished TID 0 in 6049
ms on localhost (progress: 0/1)
14/02/28 18:16:02 INFO DAGScheduler: Completed ResultTask(0, 0)
14/02/28 18:16:02 INFO DAGScheduler: Stage 0 (reduce at <console>:17) finished in 6.167
s
14/02/28 18:16:02 INFO TaskSchedulerImpl: Remove TaskSet 0.0 from pool
14/02/28 18:16:02
INFO SparkContext: Job finished: reduce at <console>:17, took 7.928379191 s
res0: Int = 21</console></console></console></console></console></console></console></cor
```

图 11-35　测试 Spark

至此，Spark 单机部署搭建成功。

（2）集群部署

多个集群的全分布部署也很简单，只需像 Hadoop 配置过程一样，主要步骤如下：

1）在各个结点安装 JDK、Scala 并配置环境变量。

2）各个结点配置同一个账户的免密码登录。

3）复制 Spark 文件夹到各个结点的相同的目录。

4）在 conf/slaves 文件中添加各个结点的主机名。

5）在 Spark 的 sbin 目录运行 ./start-all.sh 启动集群。

这里启动的集群只是最简配置下的基于 Hadoop 1.X 集群，如果需要配置高可用性、高性能的集群仍需参考官方配置文档。

11.4 大数据分析处理平台

11.4.1 Impala 平台

1. Impala 的原理

Impala 是 CDH（Cloudera Distribution with Apache Hadoop）的一个组件，是一个对大量数据并行处理（Massively Parallel Processing, MPP）的查询引擎。Impala 是受到 Google 的 Dremel 原理的启发而开发出来的，除了 Dremel 的全部功能之外，它提供了 Dremel 不具备的 Join 功能，可以说是 Dremel 的超集。Impala 与 Hive 都是构建在 Hadoop 之上的数据查询工具，适用面各有侧重。但从客户端使用来看，Impala 与 Hive 有很多共同之处，如数据表元数据、ODBC/JDBC 驱动、SQL 语法、灵活的文件格式、存储资源池等。Impala 与 Hive 在 Hadoop 中的关系如图 11-36 所示。

Impala 与 Hive 使用同一个元数据库，可以与 Hive 实现互访，并兼容大部分 HQL 语言。其基本原理是将一个查询根据数据所在位置分割成为子查询并在各个结点上运行，各个结点的运行结果再汇总形成最终结果返回给客户端。Impala 的每个结点都直接读取本地数据，并在本地执行子查询。在执行子查询时，结点之间交换数据完成各自的查询。具体的查询树分布化过程（图 11-37）如下：

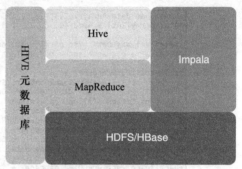

图 11-36 Impala 与 Hive 的关系

1）Impala 接收到 SQL 查询后首先生成 SQL 查询树，由查询树得知哪些部分在本地运行，哪些部分可以在分布式系统上运行。

2）各个结点直接从 HDFS 的本地文件读取数据，在各个结点上分别进行 Join 和 Group By 聚合。由各个结点把处理后的数据汇总发送到接受查询的结点上，由该结点进行汇总聚合及最后的排序截取工作。

3）Impala 把 SQL 语句拆散成碎片分配到各个结点上，达到高速查询的目的。

Impala 的优点如下：①互动式查询，提供实时的大量数据并行处理；②兼容 Hive 数据仓库，如

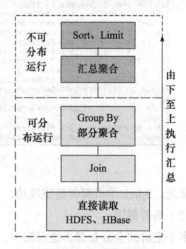

图 11-37 HQL 查询树

以前使用过 Hive 则不必转移 Hive 历史数据；③使用与 Hive 相同的 JDBC、ODBC 驱动，故基于 Hive 的程序只需很小的改动就可以迁移到 Impala 上。

Impala 的局限如下：①暂不支持 SerDe 和用户自定义函数 UDF、UDAF；②不能像 Hive 一样添加用户自定义的 Mapper 和 Reducer；③查询过程中不支持容错处理，一旦有一个结点失败则整个查询失败；④暂不支持没有限制的排序。

2. Impala 的基本架构

Impala 的系统架构如图 11-38 所示,其核心组件包括 Impala 规划器(query planner)、Impala 协调器(query coordinator)、Impala 执行引擎(query exec engine)。Impala 规划器接收来自 SQL APP 和 ODBC 的查询,然后将查询转换为许多子查询,Impala 协调器将这些子查询分发到各个结点上,由各个结点上的 Impala 执行引擎负责子查询的执行,最后返回子查询的结果,这些中间结果经过聚集之后最终返回给用户。Impala 在每个结点上运行一个守护进程 Impala Daemon,每个结点都可以接受查询。Impala Daemon 内部又细分为 Impala 规划器、Impala 协调器、Impala 执行引擎。除此之外,Impala 还需要运行状态存储器的守护进程(State Store Daemon),由状态存储器来保存和更新各个 Impala 的状态以供查询。具体过程如下:

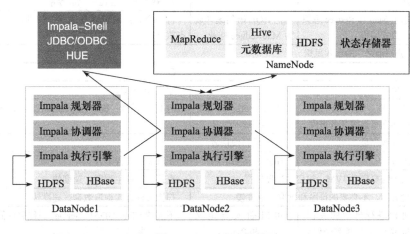

图 11-38 Impala 架构

1)用户通过 Impala-Shell、JDBC/ODBC 或 HUE 前端发送查询命令到某 Impala 结点上。

2)由 Impala 规划器接收和分析查询命令,它与 NameNode 上的 Hive 元数据库、HDFS 元数据库和状态存储器(状态存储器保存了各个 Impala 结点的状态)进行通信,获得各部分数据的位置,并将查询命令分割成小的子查询。

3)Impala 协调器将子查询分配到各个结点的 Impala 执行引擎上。

4)各个 Impala 执行引擎执行各自的查询,它们之间直接读取本地 HDFS 或 HBase 数据,并与其他执行引擎进行通信以完成各自的查询。

5)各个 Impala 执行引擎把部分结果返回给 Impala 协调器。

6)Impala 协调器汇总部分结果组成最终结果,将最终结果返回给客户端。

3. Impala 与 MapReduce、Hive 的分析比较

MapReduce、Hive 和 Impala 各有其优缺点,如表 11-8 所示。由表 11-8 可以看出,MapReduce 有编程灵活性的优势,可以进行复杂的大数据处理,而 Impala 在数据处理效率方面有优势。

表 11-8   Impala 与 MapReduce、Hive 的比较

项目	MapReduce	Hive	Impala
结构	1）处理数据采用批处理的形式。 2）采用高容错的分布式结构，JobTracker 和 TaskTracker 的主从结构。master 与 slave 之间用心跳包保持联系。 3）读取 HDFS 数据需经由 NameNode 进行定位，再从 DataNode 读取数据。 4）基于主机和机架的感知	1）基于 MapReduce，在 MapReduce 上加入有限的数据库管理功能的数据仓库。 2）只有 GateWay 结点可以接受 HQL 查询。 3）使用本地 SQL 数据库存储元数据，数据存储于 HDFS 上。 4）通过 MapReduce 间接读取 HDFS 数据	1）采用自己的执行引擎，把一个查询拆分成碎片分布到各个结点执行，不依赖于 MapReduce，不采用批处理形式处理数据。 2）各个结点间是对等的，没有主从之分，各个结点可以有 Impala 守护进程，都可以接受查询请求。 3）各个结点直接从 HDFS 的本地文件（Raw HDFS Files）中读取数据，不经过 NameNode 和 DataNode。 4）由 StateStore 守护进程保存各个结点的运行状态，以供查询。 5）可与 Hive 使用同一元数据库。 6）基于主机和硬盘的感知，提高数据读取速度。 7）执行查询过程中无法容错
原理	基于 Map 和 Reduce 思想的函数式编程	把 HQL 语句编译成为 MapReduce 作业	将一个查询请求拆分成多个碎片，分布到各个结点执行
	"分而治之"的编程思想		
实现语言	Java		C++
运行平台	JVM		原生 linux 系统
用户界面	使用命令行进行操作，Web 界面可监视任务进度	Hive shell、Web 界面 BeesWax	与 Hive 类似，提供 Impala Shell 和 Web UI
面向用户	Java 程序员	SQL 语言使用者	
用户语言	Java	HQL，不要求用户会使用 Java 的编程语言	
启动速度	由于需要启动 JVM，故启动速度较慢		直接运行原生程序，速度快
执行速度	批处理、不必要的排序和读取，速度慢		扫描文件直接提取数据，速度快
其他	可以进行灵活的编程，完成复杂 ETL 和数据处理功能	可以插入自定义 Mapper 和 Reducer 类，辅助完成 HQL 无法完成的查询	不支持 UDF、UDAF、SerDe；只能完成简单的查询，对于比较复杂的功能无能为力

11.4.2   HadoopDB 平台

HadoopDB 是由美国耶鲁大学计算机科学教授 Daniel J. Abadi 及其团队推出开源并行数据库。HadoopDB 是一个 MapReduce 和传统关系数据库的结合方案，以充分利用 RDBMS 的性能和 Hadoop 的容错、分布特性。它采用了许多不同的开源组件，包括开源数据库、PostgreSQL、Apache Hadoop 技术和 Hive 等。

1. HadoopDB 原理

HadoopDB 旨在结合 MapReduce 的可扩展性优势和并行数据库的性能、效率优势，以管理和分析大数据。HadoopDB 的基本思想是，连接多个单结点数据库系统（PostgreSQL），使用 Hadoop 作为任务协调者和网络通信层；查询用 SQL 表达，但是其执行是使用 MapReduce 框架跨结点并行化的，以便将单一查询工作尽可能推送到相应的结点数据库中。

因为集两种技术的优势于一身，HadoopDB 可以获得 MapReduce 等大规模并行数据基础设施的容错性。在这些基础设施中，服务器故障对整个网络的影响非常小。HadoopDB 可以执行复杂的分析，速度几乎与已有的商用并行数据库一样快。

HadoopDB 的基本原理是，利用 Hadoop 对部署在集群中多个单一结点上的 DBMS 服务器（如 PostgreSQL 或 MySQL）进行存取。通过发起 SQL 查询，HadoopDB 将尽可能多的数据处理推给数据库引擎来进行（通常情况下，大部分的映射 / 组合（map/combine）阶段的逻辑可以用 SQL 来表达），这样就创建了一个类似于无共享并行数据库的系统。应用从数据库世界得到的技术大大提升了性能，特别是在更复杂的数据分析上。同时，HadoopDB 依赖于 MapReduce 框架的机制确保了系统在高可扩展性和容错、异构性（heterogeneity）方面的效果与 Hadoop 类似。

2. HadoopDB 总体架构

如图 11-39 所示，作为一个混合的系统，HadoopDB 主要由 HDFS、MapReduce、SMS Planner、DB Connector 等部分构成。HadoopDB 的核心框架是 Hadoop，包括存储层 HDFS 和处理层 MapReduce。下面对主要构成部件做简单介绍。

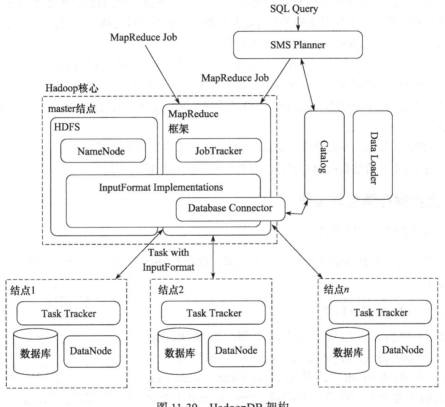

图 11-39　HadoopDB 架构

1）Databae Connector：结点上独立数据库系统和 TaskTracker 之间的接口。由图 11-39 中可以看到，每个单独的数据库都关联一个 DataNode 和一个 TaskTracker。它用于传输 SQL 语句，得到一些 KV 返回值；扩展了 Hadoop 的 InputFormat，使得与 MapReduce 框架实现无缝拼接。

2）Catalog：维持数据库的元数据信息。它包括两部分：数据库的连接参数和元数据，如集群中的数据集、副本位置、数据分区属性。现在是以 XML 来记录这些元数据信息的，由 JobTracker 和 TaskTracker 在必要的时候获取相应信息。

3）Data Loader：根据给定的分区键来装载数据，对数据进行分区。它包含两个主要Hasher：Global Hasher 和 Local Hasher。简单地说，Hasher 用于让分区更加均衡。

4）SMS Planner：SMS 是 SQL to MapReduce to SQL 的缩写。HadoopDB 通过使它们能执行 SQL 请求来提供一个并行化数据库前端做数据处理。SMS 扩展了 Hive。

3. HadoopDB 的优缺点

HadoopDB 的优点如下：

1）结合 Hive 对 SQL 强大的支持并直接生成 Map Reduce 任务，不需要再手动编写 Map Reduce 程序。

2）利用关系数据库查询数据利用了其单结点的性能优势。

3）可以利用 Hadoop 所具有的高容错性、高可用性以及对于高通量计算的性能优越性。

HadoopDB 的缺点如下：

1）如果不想手动编写 Map Reduce 程序，则查询的 SQL 语句的数据不能来源于多张表，因为目前只相当于对一个数据库的多个分块并行查询，所以不能处理多分块的数据关系。为了实现多表联合，可手动改造 InputFormat 来实现。

2）其数据预处理代价过高。数据需要进行两次分解和一次数据库加载操作后才能使用。

3）将查询推向数据库层只是少数情况，大多数情况下查询仍由 Hive 完成。数据仓库查询往往涉及多表连接，由于连接的复杂性，难以做到在保持连接数据局部性的前提下将参与连接的多张表按照某种模式划分。

4）维护代价过高，不仅要维护 Hadoop 系统，还要维护每个数据库结点。

5）目前尚不支持数据的动态划分，需要手动一次划分好。

11.5   大数据存储编程实践

11.5.1   HDFS 读写程序范例

这里的示例基于 Hadoop 1.X.X、0.X.X 版本，以及 Eclipse 3.7 Indigo 以上版本。

1. 配置 Eclipse 开发环境

如图 11-40 所示，创建普通 Java 工程，添加 Hadoop-core、commons-logging 的 jar 包以及 core-site.xml 所在的文件夹到工程的 classpath 中，其中 Hadoop-core、commons-logging 的版本要与搭建好的集群相同，core-site.xml 中至少需要一个 fs.default.name 配置项，指向集群的 NameNode 结点。当然，core-site 也可以从集群上的配置文件夹中复制，不过要注意配置好域名解析。

图 11-40   配置 Eclipse 开发环境（HDFS）

2. 编写 HDFS 读写工具类

本例实现 HDFS 上传、下载、删除等功能的简单工具类。更多 HDFS 的 API 及其使用可参考 Hadoop 官方文档。

```
public class HDFSUtil {
```

```
    private Configuration conf;
    private FileSystem HDFS;
    public HDFSUtil() throws IOException{
        conf=new Configuration();
        HDFS=FileSystem.get(conf);
    }
    // 上传文件，@param localFile 本地路径，@param HDFSPath 远程路径
    public void upFile(String localFile,String HDFSPath) throws IOException{
        InputStream in=new BufferedInputStream(new FileInputStream(localFile));
        OutputStream out=HDFS.create(new Path(HDFSPath));
        IOUtils.copyBytes(in, out, conf);
    }
    // 附加文件
    public void appendFile(String localFile,String HDFSPath) throws IOException{
        InputStream in=new FileInputStream(localFile);
        OutputStream out=HDFS.append(new Path(HDFSPath));
        IOUtils.copyBytes(in, out, conf);
    }
    // 下载文件
    public void downFile(String HDFSPath, String localPath) throws IOException{
        InputStream in=HDFS.open(new Path(HDFSPath));
        OutputStream out=new FileOutputStream(localPath);
        IOUtils.copyBytes(in, out, conf);
    }
    // 删除文件或目录
    public void delFile(String HDFSPath) throws IOException{
        HDFS.delete(new Path(HDFSPath), true);
    }
}
```

11.5.2　HBase 读写程序范例

1. 配置 Eclipse 开发环境

如图 11-41 所示，创建普通 Java 工程，添加 commons-configuration、commons-lang、commons-logging、Hadoop-core、HBase、log4j、protobuf-java、slf4j-api、slf4j-log4j、zookeeper 的 jar 包以及 HBase-site.xml 所在的文件夹到工程的 classpath 中，其中 jar 包的版本要与搭建好的集群相同，base-site.xml 中至少需要一个 HBase.master 配置项，指向集群的 NameNode 结点。当然，HBase-site 也可以从集群上的配置文件夹中复制，不过要注意配置好域名解析。

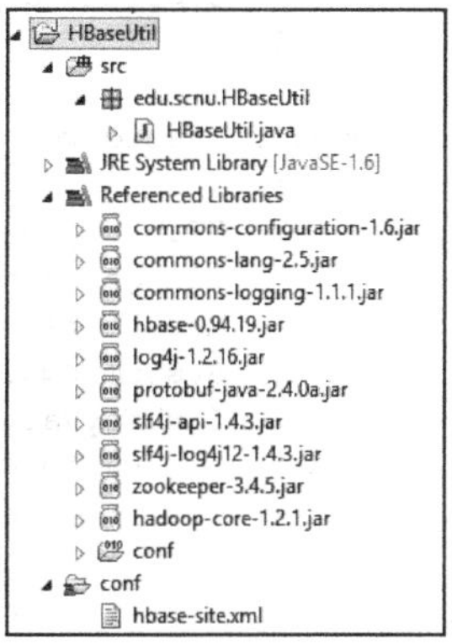

图 11-41　配置 Eclipse 开发环境
（HBase）

2. 编写 HBase 读写程序

本例为实现 HBase 表的创建、插入、扫描、获取数据等功能的简单工具类。更多 HBase 的 API 及其使用可参考 HBase 官方文档。

```
public class HBaseUtil {
    public static Configuration conf = HBaseConfiguration.create();
    public static void createTable(String tableName, String[] families)
      throws Exception{
    try {// table create,disable,exist ,drop,use HBaseAdmin
        HBaseAdmin hadmin = new HBaseAdmin(conf);
        if( hadmin.tableExists(tableName)){
```

```
                    hadmin.disableTable(tableName);
                    hadmin.deleteTable(tableName);
                System.out.println("table"+tableName+" exist,delete it.");
            }
            HTableDescriptor tbdesc = new HTableDescriptor(tableName);
            for(String family : families){
                tbdesc.addFamily(new HColumnDescriptor(family));
            }
            hadmin.createTable(tbdesc);
        } catch (MasterNotRunningException e){
            e.printStackTrace();
        } catch (ZooKeeperConnectionException e) {
            e.printStackTrace();
        }
        System.out.println("table "+ tableName+ " create ok.");
    }
    public static void putData(String tableName,String rowKey,String family, String
qualifier, String value ) throws Exception{
        // insert,update,delete,get row,column families, use HTable.
        try {
            if(qualifier == null) qualifier = "";
            if(value == null) value = "";
            HTable htb = new HTable(conf,tableName);
            Put put = new Put(rowKey.getBytes());
            put.add(family.getBytes(),qualifier.getBytes(),value.getBytes());
            htb.put(put);
            System.out.println("put data to "+ tableName + ",rowKey:"+rowKey+",fami
ly:"+family+",qual:"+qualifier+",value:"+value);
        }
        catch (IOException e){
            e.printStackTrace();
        }
    }
    public static void getData(String tableName, String rowKey) throws Exception{
        try {
            HTable htb = new HTable(conf,tableName);
            Get get = new Get(rowKey.getBytes());
            Result rs = htb.get(get);
            System.out.println("get from "+tableName+ ",rowkey:"+rowKey);
            for(KeyValue kv:rs.raw()){
                System.out.println(new String(kv.getRow()) +":\t"+
                    new String(kv.getFamily())+":"+
                    new String(kv.getQualifier())+",\t"+
                    new String(kv.getValue())+",\t"+
                    kv.getTimestamp()
                );
            }
        }
        catch (IOException e) {
            e.printStackTrace();
        }
    }
    public static void scanData(String tableName) throws Exception
    {
        try {
            HTable htb = new HTable(conf,tableName);
            Scan scan = new Scan(tableName.getBytes());
            ResultScanner rss = htb.getScanner(scan);
```

```
      System.out.println("scan "+tableName);
      System.out.println("===========begin============");
      for(Result r:rss){
         for(KeyValue kv: r.raw()){
            System.out.println(new String(kv.getRow()) +":\t"+
                    new String(kv.getFamily())+":"+
                    new String(kv.getQualifier())+",\t"+
                    new String(kv.getValue())+",\t"+
                    kv.getTimestamp()
                    );
         }
      }
      System.out.println("================end=============");
   }
   catch(IOException e){
      e.printStackTrace();
   }
}
   public static void main(String[] args){
   String tableName = "student";
   String[] families = {"age","sex"};
   try {
      HBaseUtil.createTable(tableName,families);
      String rowKey="zhh";
      String family="age";
      String value="28";
      HBaseUtil.putData(tableName, rowKey, family, "", value);
      family="sex";
      value="male";
      HBaseUtil.putData(tableName, rowKey, family, "", value);
      rowKey="yff";
      family="age";
      value="20";
      HBaseUtil.putData(tableName, rowKey, family, "", value);
      family="sex";
      value="female";
      HBaseUtil.putData(tableName, rowKey, family, "", value);
      HBaseUtil.getData(tableName, rowKey);
      HBaseUtil.scanData(tableName);
   }
   catch (Exception e){
      e.printStackTrace();
   }
 }
}
```

11.6　大数据并行计算编程实践

11.6.1　基于 MapReduce 的程序实例（HDFS）

本例基于 Eclipse 3.7.2 Indigo 和 Hadoop 1.2.1 组成的环境。

1. 配置 Eclipse 环境与 Hadoop-Eclipse 插件

Hadoop 的 Eclipse 插件有助于导入 Hadoop 所需的依赖包，并且用户可以远程调试
MapReduce 程序，但因为某种原因，本项目只支持 Eclipse 4.0.0 以下版本（不包括 4.0.0），而

且需要用户编译 Hadoop 的 Eclipse 插件。读者可以自行查找插件编译方法，本书不再赘述。

1）将 Hadoop 的 Eclipse 插件包放入 Eclipse 的 plugin 目录。

2）启动 Eclipse，设置 Hadoop 的主目录，这里的主目录并不是用于运行 Hadoop 程序的环境，而只是用户导入 MapReduce 工程的依赖包。

3）添加 MapReduce 集群设置。

配置好 MapReduce 以及 HDFS 的 master 地址和端口，如图 11-42 所示。注意要与远程的集群上的配置相同。MapReduce 的 master 地址端口要与 mapred-site.xml 中的 JobTracker 地址端口一致，HDFS 的 master 端口地址要与 core-site.xml 中的 fs.default.name 中的地址端口一致。

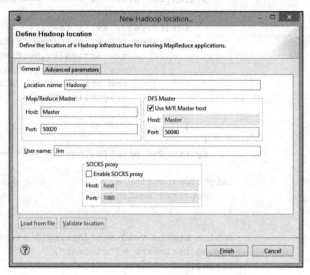

图 11-42　配置端口

4）创建 MapReduce 工程。

如图 11-43 所示，按需要填写工程的名称单击 Finish 按钮完成创建。

5）运行 MapReduce 程序。选择包含 MapReduce 程序的 main 函数的类并右击，选择 Run on Hadoop 选项，在弹出的对话框中选择刚刚建立好的 Hadoop 连接即可在远程集群上面运行 MapReduce 程序，如图 11-44 所示。

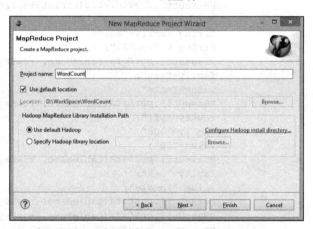

图 11-43　创建 MapReduce 工程

2. 特别的数据类型

Hadoop 提供了很多数据类型，这些数据类型均实现了 WritableComparable 接口，以便于用这些类型定义的数据可以被序列化，从而进行网络传输和文件存储，以及进行大小比较。

BooleanWritable：标准布尔型数值；

ByteWritable：单字节数值；

DoubleWritable：双字节数；

FloatWritable：浮点数；

IntWritable：整型数；

LongWritable：长整型数；

Text：使用 UTF8 格式存储的文本；

NullWritable：当 <key, value> 中的

图 11-44　运行 Map Reduce 程序

key 或 value 为空时使用。

3. 基于旧 API 的 WordCount 分析

源代码程序:

```java
public class WordCount {
    public static class Map extends MapReduceBase implements
            Mapper<LongWritable, Text, Text, IntWritable> {
        private final static IntWritable one = new IntWritable(1);
        private Text word = new Text();
        public void map(LongWritable key, Text value,
        OutputCollector<Text, IntWritable> output, Reporter reporter)
         throws IOException {
            String line = value.toString();
            StringTokenizer tokenizer = new StringTokenizer(line);
            while (tokenizer.hasMoreTokens()) {
                word.set(tokenizer.nextToken());
                output.collect(word, one);
            }
        }
    }
    public static class Reduce extends MapReduceBase implements
            Reducer<Text, IntWritable, Text, IntWritable> {
        public void reduce(Text key, Iterator<IntWritable> values,
        OutputCollector<Text, IntWritable> output, Reporter reporter)
        throws IOException {
            int sum = 0;
            while (values.hasNext()) {
                sum += values.next().get();
            }
            output.collect(key, new IntWritable(sum));
        }
    }
    public static void main(String[] args) throws Exception {
        JobConf conf = new JobConf(WordCount.class);
        conf.setJobName("wordcount");
        conf.setOutputKeyClass(Text.class);
        conf.setOutputValueClass(IntWritable.class);
        conf.setMapperClass(Map.class);
        conf.setCombinerClass(Reduce.class);
        conf.setReducerClass(Reduce.class);
        conf.setInputFormat(TextInputFormat.class);
        conf.setOutputFormat(TextOutputFormat.class);
        FileInputFormat.setInputPaths(conf, new Path(args[0]));
        FileOutputFormat.setOutputPath(conf, new Path(args[1]));
        JobClient.runJob(conf);
    }
}
```

（1）主方法 main 分析

```java
public static void main(String[] args) throws Exception {
    JobConf conf = new JobConf(WordCount.class);
    conf.setJobName("wordcount");
    conf.setOutputKeyClass(Text.class);
    conf.setOutputValueClass(IntWritable.class);
    conf.setMapperClass(Map.class);
    conf.setCombinerClass(Reduce.class);
```

```
conf.setReducerClass(Reduce.class);
conf.setInputFormat(TextInputFormat.class);
conf.setOutputFormat(TextOutputFormat.class);
FileInputFormat.setInputPaths(conf, new Path(args[0]));
FileOutputFormat.setOutputPath(conf, new Path(args[1]));
JobClient.runJob(conf);
}
```

首先讲解一下 Job 的初始化过程。main 函数调用 Jobconf 类来对 MapReduce Job 进行初始化，然后调用 setJobName( ) 方法命名这个 Job。对 Job 进行合理的命名有助于更快地找到 Job，以便在 JobTracker 和 Tasktracker 的页面中对其进行监视。

```
JobConf conf = new JobConf(WordCount. class ); conf.setJobName("wordcount");
```

接着设置 Job 输出结果 <key，value> 中的 key 和 value 数据类型，因为结果是 < 单词，个数 >，所以 key 设置为 Text 类型，相当于 Java 中的 String 类型。Value 设置为 IntWritable，相当于 Java 中的 int 类型。

```
conf.setOutputKeyClass(Text.class);
conf.setOutputValueClass(IntWritable.class);
```

然后设置 Job 处理的 Map（拆分）、Combiner（中间结果合并）以及 Reduce（合并）的相关处理类。这里用 Reduce 类来合并 Map 产生的中间结果，避免对网络数据传输产生压力。

```
conf.setMapperClass(Map.class);
conf.setCombinerClass(Reduce.class);
conf.setReducerClass(Reduce.class);
```

最后调用 setInputPath( ) 和 setOutputPath( ) 设置输入 / 输出路径。

```
conf.setInputFormat(TextInputFormat.class);
conf.setOutputFormat(TextOutputFormat.class);
```

1）InputFormat 和 InputSplit。InputSplit 是 Hadoop 定义的用来传送给每个 map 的数据，InputSplit 存储的并非数据本身，而是一个分片长度和一个记录数据位置的数组。生成 InputSplit 的方法可以通过 InputFormat( ) 来设置。

当数据传送给 map 时，map 会将输入分片传送到 InputFormat, InputFormat 则调用方法 getRecordReader( ) 生成 RecordReader, RecordReader 再通过 creatKey( )、creatValue( ) 方法创建可供 map 处理的 <key, value> 对。简而言之，InputFormat( ) 方法是用来生成可供 map 处理的 <key, value> 对的。

Hadoop 预定义了多种方法，用于将不同类型的输入数据转化为 map 能够处理的 <key, value> 对，它们都继承自 InputFormat，分别如下：

```
InputFormat
   |
   |---BaileyBorweinPlouffe.BbpInputFormat
   |---ComposableInputFormat
   |---CompositeInputFormat
   |---DBInputFormat
   |---DistSum.Machine.AbstractInputFormat
   |---FileInputFormat
     |---CombineFileInputFormat
```

```
|---KeyValueTextInputFormat
|---NLineInputFormat
|---SequenceFileInputFormat
|---TeraInputFormat
|---TextInputFormat
```

其中，TextInputFormat 是 Hadoop 默认的输入方法。在 TextInputFormat 中，每个文件（或其一部分）都会单独地作为 map 的输入，并且是继承自 FileInputFormat 的。之后，每行数据都会生成一条记录，每条记录则表示成 <key，value> 对形式：key 值是每个数据的记录在数据分片中的字节偏移量，数据类型是 LongWritable；value 值是每行的内容，数据类型是 Text。

2）OutputFormat。每一种输入格式都有一种输出格式与其对应。默认的输出格式是 TextOutputFormat，这种输出方式与输入类似，会将每条记录以一行的形式存入文本文件。不过，它的键和值可以是任意形式的，因为程序内容会调用 toString() 方法将键和值转换为 String 类型再输出。

（2）Map 类中 map 方法分析

```java
public static class Map extends MapReduceBase implements
        Mapper<LongWritable, Text, Text, IntWritable> {
    private final static IntWritable one = new IntWritable(1);
    private Text word = new Text();
    public void map(LongWritable key, Text value,
    OutputCollector<Text, IntWritable> output, Reporter reporter)
    throws IOException {
        String line = value.toString();
        StringTokenizer tokenizer = new StringTokenizer(line);
        while (tokenizer.hasMoreTokens()) {
            word.set(tokenizer.nextToken());
            output.collect(word, one);
        }
    }
}
```

Map 类继承自 MapReduceBase，并且实现了 Mapper 接口，此接口是一个规范类型，它有 4 种形式的参数，分别用来指定 map 的输入 key 值类型、输入 value 值类型、输出 key 值类型和输出 value 值类型。在本例中，因为使用 TextInputFormat，它的输出 key 值是 LongWritable 类型，输出 value 值是 Text 类型，所以 map 的输入类型为 <LongWritable, Text>。在本例中需要输出 <word, 1> 这样的形式，因此输出的 key 值类型是 Text，输出的 value 值类型是 IntWritable。

实现此接口类还需要实现 map 方法，map 方法会具体负责对输入进行操作，在本例中，map 方法对输入的行以空格为单位进行切分，然后使用 OutputCollect 收集输出的 <word, 1>。

（3）Reduce 类中 reduce 方法分析

```java
public static class Reduce extends MapReduceBase implements
        Reducer<Text, IntWritable, Text, IntWritable> {
    public void reduce(Text key, Iterator<IntWritable> values,
    OutputCollector<Text, IntWritable> output, Reporter reporter)
    throws IOException {
        int sum = 0;
        while (values.hasNext()) {
```

```
            sum += values.next().get();
    }
        output.collect(key, new IntWritable(sum));
    }
}
```

Reduce 类也继承自 MapReduceBase，需要实现 Reducer 接口。Reduce 类以 map 的输出作为输入，因此 Reduce 的输入类型是 <Text, Intwritable>。而 Reduce 的输出是单词和它的数目，因此，它的输出类型是 <Text, IntWritable>。Reduce 类也要实现 reduce 方法，在此方法中，reduce 函数将输入的 key 值作为输出的 key 值，然后将获得的多个 value 值相加，作为输出的值。

4. 基于新 API 的 WordCount 分析
源代码程序：

```
public class WordCount {
    public static class TokenizerMapper
            extends Mapper<Object, Text, Text, IntWritable>{
            private final static IntWritable one = new IntWritable(1);
            private Text word = new Text();
            public void map(Object key, Text value, Context context)
            throws IOException, InterruptedException {
                StringTokenizer itr = new
                StringTokenizer(value.toString());
                while (itr.hasMoreTokens()) {
                word.set(itr.nextToken());
                context.write(word, one);
            }
        }
    }
    public static class IntSumReducer
            extends Reducer<Text,IntWritable,Text,IntWritable> {
            private IntWritable result = new IntWritable();
            public void reduce(Text key, Iterable<IntWritable> values,Context context)
                throws IOException, InterruptedException {
                int sum = 0;
                for (IntWritable val : values) {
                    sum += val.get();
                }
            result.set(sum);
            context.write(key, result);
        }
    }
    public static void main(String[] args) throws Exception {
        Configuration conf = new Configuration();
        String[] otherArgs = new GenericOptionsParser(conf, args).getRemainingArgs();
        if (otherArgs.length != 2) {
            System.err.println("Usage: wordcount <in> <out>");
            System.exit(2);
        }
        Job job = new Job(conf, "word count");
        job.setJarByClass(WordCount.class);
        job.setMapperClass(TokenizerMapper.class);
        job.setCombinerClass(IntSumReducer.class);
        job.setReducerClass(IntSumReducer.class);
```

```
        job.setOutputKeyClass(Text.class);
        job.setOutputValueClass(IntWritable.class);
        FileInputFormat.addInputPath(job, new Path(otherArgs[0]));
        FileOutputFormat.setOutputPath(job, new Path(otherArgs[1]));
        System.exit(job.waitForCompletion(true) ? 0 : 1);
    }
}
```

（1）Map 过程

```
public static class TokenizerMapper
        extends Mapper<Object, Text, Text, IntWritable>{
    private final static IntWritable one = new IntWritable(1);
    private Text word = new Text();
    public void map(Object key, Text value, Context context)
        throws IOException, InterruptedException {
        StringTokenizer itr = new StringTokenizer(value.toString());
        while (itr.hasMoreTokens()) {
            word.set(itr.nextToken());
            context.write(word, one);
        }
    }
}
```

Map 过程需要继承 org.apache.Hadoop.MapReduce 包中的 Mapper 类，并重写其 map 方法。通过在 map 方法中添加两条把 key 值和 value 值输出到控制台的代码，可以发现 map 方法中 value 值存储的是文本文件中的一行（以回车符为行结束标记），而 key 值为该行的首字母相对于文本文件的首地址的偏移量。StringTokenizer 类将每一行拆分成为一个个单词，并将 <word, 1> 作为 map 方法的结果输出，其余的工作由 MapReduce 框架处理。

（2）Reduce 过程

```
public static class IntSumReducer
        extends Reducer<Text,IntWritable,Text,IntWritable> {
    private IntWritable result = new IntWritable();
    public void reduce(Text key, Iterable<IntWritable> values,Context context)
        throws IOException, InterruptedException {
        int sum = 0;
        for (IntWritable val : values) {
            sum += val.get();
        }
    result.set(sum);
    context.write(key, result);
    }
}
```

Reduce 过程需要继承 org.apache.Hadoop.MapReduce 包中的 Reducer 类，并重写其 reduce 方法。Map 过程输出 <key, values> 中的 key 为单个单词，而 values 是对应单词的计数值所组成的列表，Map 的输出是 Reduce 的输入，所以 reduce 方法只要遍历 values 并求和，即可得到某个单词的总次数。

（3）执行 MapReduce 任务

```
public static void main(String[] args) throws Exception {
    Configuration conf = new Configuration();
    String[] otherArgs = new GenericOptionsParser(conf, args).getRemainingArgs();
```

```
if (otherArgs.length != 2) {
    System.err.println("Usage: wordcount <in> <out>");
    System.exit(2);
}
Job job = new Job(conf, "word count");
job.setJarByClass(WordCount.class);
job.setMapperClass(TokenizerMapper.class);
job.setCombinerClass(IntSumReducer.class);
job.setReducerClass(IntSumReducer.class);
job.setOutputKeyClass(Text.class);
job.setOutputValueClass(IntWritable.class);
FileInputFormat.addInputPath(job, new Path(otherArgs[0]));
FileOutputFormat.setOutputPath(job, new Path(otherArgs[1]));
System.exit(job.waitForCompletion(true) ? 0 : 1);
}
```

在 MapReduce 中，由 Job 对象负责管理和运行一个计算任务，并通过 Job 的一些方法对任务的参数进行相关的设置。此处设置了使用 TokenizerMapper 完成 Map 过程中的处理和使用 IntSumReducer 完成 Combine 和 Reduce 过程中的处理；还设置了 Map 过程和 Reduce 过程的输出类型：key 的类型为 Text, value 的类型为 IntWritable。任务的输出路径和输入路径则由命令行参数指定，并由 FileInputFormat 和 FileOutputFormat 分别设定。完成相应任务的参数设定后，即可调用 job.waitForCompletion( ) 方法执行任务。

5. WordCount 处理过程

下面将对 WordCount 进行更详细的讲解。详细执行步骤如下：

1）将文件拆分成片段，由于测试用的文件较小，因此每个文件为一个片段，并将文件按行分割形成 <key，value> 对，如图 11-45 所示。这一步由 MapReduce 框架自动完成，其中偏移量（即 key 值）包括了回车所占的字符数（Windows 和 Linux 环境会不同）。

2）将分割好的 <key，value> 对交给用户定义的 map 方法进行处理，生成新的 <key，value> 对，如图 11-46 所示。

图 11-45　分割过程　　　　　　　　　　图 11-46　执行 map 方法

3）得到 map 方法输出的 <key, value> 对后，Mapper 会将它们按照 key 值进行排序，并执行 Combine 过程，按照 key 值将相同 value 值累加，得到 Mapper 的最终输出结果，如图 11-47 所示。

4）Reducer 先对从 Mapper 接收的数据进行排序，再交由用户自定义的 reduce 方法进行处理，得到新的 <key, value> 对，并作为 WordCount 的输出结果，如图 11-48 所示。

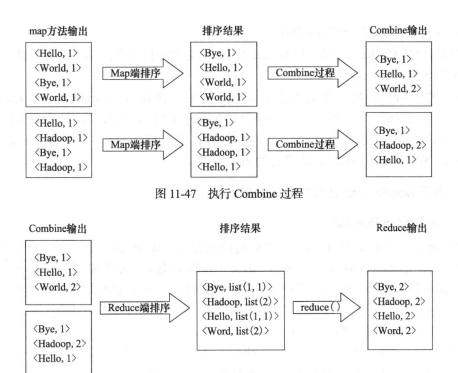

图 11-47 执行 Combine 过程

图 11-48 Reduce 端排序及输出结果

6. MapReduce 的改进

MapReduce Release 0.20.0 的 API 包括一个全新的 MapReduce Java API，有时候也称为上下文对象。新的 API 类型不兼容以前的 API，所以，以前的应用程序需要重写才能使新的 API 发挥其作用。

新的 API 和旧的 API 之间有下面几个明显的区别。

1）新的 API 倾向于使用抽象类，而不是接口，这样更容易扩展。例如，可以添加一个方法（用默认的实现）到一个抽象类而不需修改类之前的实现方法。在新的 API 中，Mapper 和 Reducer 是抽象类。

2）新的 API 位于 org.apache.Hadoop.MapReduce 包（和子包）中。之前版本的 API 则位于 org.apache.Hadoop.mapred 中。

3）新的 API 广泛使用上下文对象（context object），并允许用户代码与 MapReduce 系统进行通信。例如，MapContext 基本上充当着 JobConf 的 OutputCollector 和 Reporter 的角色。

4）新的 API 同时支持"推"和"拉"式的迭代。在这两个版本 API 中，键 – 值对被推 mapper 中，但除此之外，新的 API 允许把记录从 map 方法中拉出，这也适用于 reducer。"拉"式的一个有用的例子是分批处理记录，而不是一个接一个地处理。

5）新的 API 统一了配置。旧的 API 有一个特殊的 JobConf 对象用于作业配置，这是一个对 Hadoop 通常的 Configuration 对象的扩展。在新的 API 中，没有这种区别，所以作业配置通过 Configuration 来完成。作业控制的执行由 Job 类来负责，而不是 JobClient，它在新的 API 中不存在。

7. Hadoop 执行 MapReduce 程序

将编写好的 MapReduce 程序用 Eclipse 自带的打包功能构建成 jar 包，并把需要的第三方 jar 包放在 lib 目录下一并打包。

在正常运行的集群的任意结点上的 Hadoop 根目录运行 bin/hadoop jar WordCount.jar Wordcount input output。其中第一个参数为调用 hadoop 中的 jar 命令，第二个参数为打包好的 jar 包的位置，第三个参数为 jar 包中的完整的类名，需包括类所在的包。之后的参数作为 MapReduce 程序中 main 函数的参数传递给 main 函数。

11.6.2 基于 MapReduce 的程序实例（HBase）

1. 配置 Eclipse 开发环境

在搭建好的 Eclipse 与 Hadoop 插件环境的基础上，添加 HBase、protobuf-java、zookeeper 的 jar 包到 MapReduce 工程的 lib 目录，并将这些 jar 包添加到 build path 中。在工程下创建 conf 文件夹，并在其中添加 hbase-site.xml 配置文件，配置文件可以从集群上的配置文件中获取。hbase-site.xml 文件中至少要有一个 hbase.master 配置项。

在 Eclipse 远程运行读写 HBase 的 MapReduce 程序时，需要把上文提到的 HBase 的 3 个依赖包复制到 Hadoop 的 lib 目录，以防止程序在远程运行的时候找不到 HBase 相关的类。另外，HBase 的 lib 目录下的 hadoop-core 文件版本需要与 Hadoop 的版本对应，否则会出现无法连接的情况。

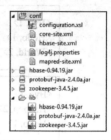

图 11-49　配置文件

2. 基于 HBase 的 WordCount 实例程序 1

本例中，由 MapReduce 读取 HDFS 上的文件，经过 WordCount 程序处理后写入到 HBase 的表中。本例采用新的 API 代码，Mapper 的代码与前面相同，Reducer 和 main 函数需要重新编写。

下面给出 Reducer 的代码实例：

```
public static class IntSumReducer extends TableReducer
    <Text,IntWritable,ImmutableBytesWritable > {
    private IntWritable result = new IntWritable();
    public void reduce(Text key, Iterable<IntWritable> values,
        Context context) throws IOException, InterruptedException{
        int sum = 0;
        for (IntWritable val : values) {
            sum += val.get();
        }
        result.set(sum);
        Put put = new Put(key.getBytes()); //put 实例化，每一个词存一行
        //列族为 content，列修饰符为 count，列值为数目
        put.add(Bytes.toBytes("content"),Bytes.toBytes("count"), Bytes.toBytes(String.
valueOf(sum)));
        context.write(new ImmutableBytesWritable(key.getBytes()), put);
    }
}
```

由上面可知，IntSumReducer 继承自 TableReduce，在 Hadoop 里面 TableReducer 继承 Reducer 类。它的原型为 TableReducer<KeyIn, Values, KeyOut>，可以看出，HBase 读出的 key 类型是

ImmutableBytesWritable，即不可变类型，因为 HBase 里所有数据都是用字符串存储的。

```java
public static void main(String[] args) throws Exception {
    String tablename = "wordcount";
    // 实例化 Configuration, 注意不能用 new HBaseConfiguration()
    Configuration conf = HBaseConfiguration.create();
    HBaseAdmin admin = new HBaseAdmin(conf);
    if(admin.tableExists(tablename)){
        System.out.println("table exists! recreating ...");
        admin.disableTable(tablename);
        admin.deleteTable(tablename);
    }
    HTableDescriptor htd = new HTableDescriptor(tablename);
    HColumnDescriptor hcd = new HColumnDescriptor("content");
    htd.addFamily(hcd);        // 创建列族
    admin.createTable(htd);        // 创建表
    String[] otherArgs = new GenericOptionsParser(conf, args).getRemainingArgs();
    if (otherArgs.length != 1) {
        System.err.println("Usage: wordcount <in> <out>"+otherArgs.length);
        System.exit(2);
    }
    Job job = Job.getInstance(conf, "word count");
    job.setJarByClass(WordCountHBase.class);
    job.setMapperClass(TokenizerMapper.class);
    // job.setCombinerClass(IntSumReducer.class);
    FileInputFormat.addInputPath(job, new Path(otherArgs[0]));
    // 此处的 TableMapReduceUtil 注意要用 Hadoop.HBase.MapReduce 包中的, 而不是 Hadoop.HBase.
    // mapred 包中的
    TableMapReduceUtil.initTableReducerJob(tablename, IntSumReducer.class, job);
    // key 和 value 类型设定最好放在 initTableReducerJob 函数后面, 否则会报错
    job.setOutputKeyClass(Text.class);
    job.setOutputValueClass(IntWritable.class);
    System.exit(job.waitForCompletion(true) ? 0 : 1);
    }
}
```

在 Job 配置的时候没有设置 job.setReduceClass( )；而是用 TableMapReduceUtil.initTableReducerJob（tablename，IntSumReducer.class, job）；来执行 Reduce 类。

需要注意的是，此处的 TableMapReduceUtil 是 Hadoop.HBase.MapReduce 包中的，而不是 Hadoop.HBase.mapred 包中的，否则会报错。

3. 基于 HBase 的 WordCount 实例程序 2

下面介绍如何进行读取。读取数据比较简单，编写 Mapper 函数，读取 <key, value> 值，Reducer 函数直接输出得到的结果即可。

```java
public static class TokenizerMapper extends TableMapper<Text, Text>{
        public void map(ImmutableBytesWritable row, Result values, Context context)
throws IOException, InterruptedException {
        StringBuffer sb = new StringBuffer("");
        for(java.util.Map.Entry<byte[],byte[]> value : values.getFamilyMap("content".
getBytes()).entrySet()){
                // 将字节数组转换成 String 类型, 需要 new String();
                String str = new String(value.getValue());
                if(str != null){
                    sb.append(new String(value.getKey()));
                    sb.append(":");
```

```
                    sb.append(str);
            }
        context.write(new Text(row.get()), new Text(new String(sb)));
    }
}
```

map 函数继承 TableMapper 接口，从 result 中读取查询结果。

```
public static class IntSumReducer
        extends Reducer <Text,Text,Text,Text> {
        private Text result = new Text();
        public void reduce(Text key, Iterable<Text> values,
        Context context) throws IOException, InterruptedException {
            for (Text val : values) {
                result.set(val);
                context.write(key,result);
            }
        }
}
```

reduce 函数没有改变，直接输出到文件中即可。

```
public static void main(String[] args) throws Exception {
        String tablename  = "wordcount";
        // 实例化 Configuration, 注意不能用 new HBaseConfiguration()
        Configuration conf = HBaseConfiguration.create();
        String[] otherArgs = new GenericOptionsParser(conf,
        args).getRemainingArgs();
        if(otherArgs.length != 2) {
          System.err.println("Usage: wordcount <in> <out>"+otherArgs.length);
          System.exit(2);
        }
        Job job = Job.getNewInstance(conf, "word count");
        job.setJarByClass(ReadHBase.class);
        FileOutputFormat.setOutputPath(job, new Path(otherArgs[1]));
        job.setReducerClass(IntSumReducer.class);
        // 此处的 TableMapReduceUtil 注意要用 Hadoop.HBase.MapReduce 包中的, 而不是 Hadoop.
        // HBase.mapred 包中的
        Scan scan = new Scan(args[0].getBytes());
        TableMapReduceUtil.initTableMapperJob(tablename, scan, TokenizerMapper.class,
Text.class, Text.class, job);
        System.exit(job.waitForCompletion(true) ? 0 : 1);
    }
}
```

如果输入的两个参数分别是 aa、ouput，分别为开始查找的行（这里为从"aa"行开始找）和输出文件到存储路径（这里为存到 HDFS 目录到 output 文件夹下）。

需要注意的是，在 Job 的配置中需要实现 initTableMapperJob 方法。与第一个例子类似，在 Job 配置的时候不用设置 job.setMapperClass( )，而是用 TableMapReduceUtil. initTableMapperJob（tablename, scan, TokenizerMapper.class, Text.class, Text.class, job）; 来执行 mapper 类。Scan 实例是查找的起始行。

4. Hadoop 执行读写 HBase 的 MapReduce 程序

运行过程与 Hadoop 运行普通程序类似。需要特别注意的是，需要把涉及的 HBase 的相关 jar 包打包到程序 jar 包的 lib 目录下。

运行控制台，输出结果如图 11-50 所示。

```
13/06/12 03:10:13 INFO input.FileInputFormat: Total input paths to process : 1
13/06/12 03:10:17 INFO mapred.JobClient: Running job: job_201306080852_0008
13/06/12 03:10:18 INFO mapred.JobClient:  map 0% reduce 0%
13/06/12 03:12:54 INFO mapred.JobClient:  map 100% reduce 0%
13/06/12 03:13:09 INFO mapred.JobClient:  map 100% reduce 100%
13/06/12 03:13:17 INFO mapred.JobClient: Job complete: job_201306080852_0008
13/06/12 03:13:17 INFO mapred.JobClient: Counters: 17
13/06/12 03:13:17 INFO mapred.JobClient:   Job Counters
13/06/12 03:13:17 INFO mapred.JobClient:     Launched reduce tasks=1
13/06/12 03:13:17 INFO mapred.JobClient:     Launched map tasks=1
13/06/12 03:13:17 INFO mapred.JobClient:     Data-local map tasks=1
13/06/12 03:13:17 INFO mapred.JobClient:   FileSystemCounters
13/06/12 03:13:17 INFO mapred.JobClient:     FILE_BYTES_READ=33
13/06/12 03:13:17 INFO mapred.JobClient:     HDFS_BYTES_READ=56
13/06/12 03:13:17 INFO mapred.JobClient:     FILE_BYTES_WRITTEN=98
13/06/12 03:13:17 INFO mapred.JobClient:     HDFS_BYTES_WRITTEN=18
13/06/12 03:13:17 INFO mapred.JobClient:   Map-Reduce Framework
13/06/12 03:13:17 INFO mapred.JobClient:     Reduce input groups=3
13/06/12 03:13:17 INFO mapred.JobClient:     Combine output records=3
13/06/12 03:13:17 INFO mapred.JobClient:     Map input records=9
13/06/12 03:13:17 INFO mapred.JobClient:     Reduce shuffle bytes=33
13/06/12 03:13:17 INFO mapred.JobClient:     Reduce output records=3
13/06/12 03:13:17 INFO mapred.JobClient:     Spilled Records=6
13/06/12 03:13:17 INFO mapred.JobClient:     Map output bytes=63
13/06/12 03:13:17 INFO mapred.JobClient:     Combine input records=9
13/06/12 03:13:17 INFO mapred.JobClient:     Map output records=9
```

图 11-50　输出结果

11.6.3　基于 Spark 的程序实例

1. 基于 Scala 的 Spark 程序开发环境搭建

1）安装 Scala，配置环境变量。Scala 的安装和环境变量配置与 Java 类似，这里不再赘述。

2）在 Eclipse 中，依次选择"Help"→"Install New Software…"选项，在打开对话框中输入"http://download.scala-ide.org/sdk/e38/scala29/stable/site"，并按 Enter 键，如图 11-51 所示，在 Name 列表框中选择前两项进行安装即可。

3）重新启动 Eclipse，单击 Eclipse 右上角方框按钮，如图 11-52 所示，展开后，选择"Other…"选项，查看是否有"Scala"一项，如果有，则选择即可。

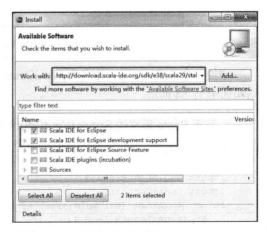

图 11-51　安装界面

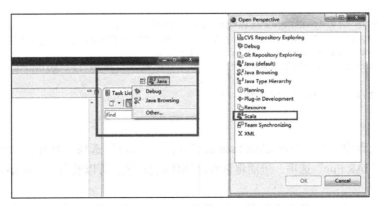

图 11-52　选择 Scala

2. 基于 Scala 语言开发 Spark 程序

创建一个 Scala 工程。右击工程，选择"Properties"选项，在弹出的 Properties for SparkScala 对话框中，将 spark-assembly-*.jar 文件移到 Build-Path 中，一般是在 Spark 的 lib 目录下。

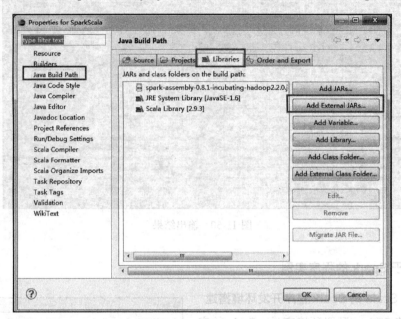

图 11-53　Properties for SparkScala 对话框

增加一个 Scala Class，命名为 WordCount，整个工程结构如图 11-54 所示。

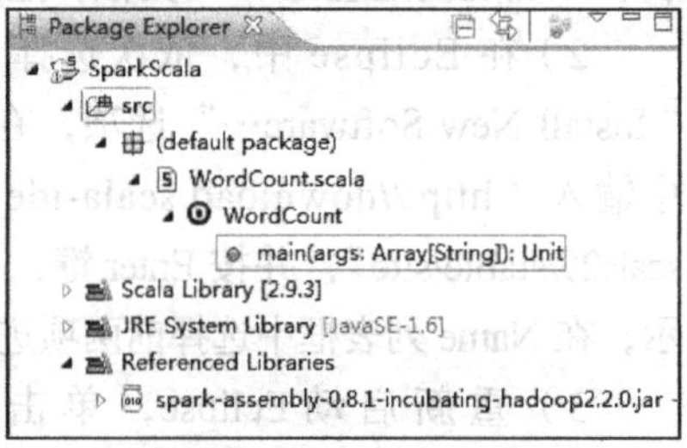

3. 基于 Scala 语言的 Spark WordCount 实例

Scala 代码如下：

```scala
import org.apache.spark._
import SparkContext._
object WordCount {def main(args: Array[String]) {
  if (args.length != 3 ){
    println("usage is org.test.WordCount <master> <input> <output>")
    return
  }
  val sc = new SparkContext(args(0), "WordCount",
  System.getenv("SPARK_HOME"), Seq(System.getenv("SPARK_TEST_JAR")))
  val textFile = sc.textFile(args(1))
  val result = textFile.flatMap(line => line.split("\\s+")).map(word => (word, 1)).
reduceByKey(_ + _)
  result.saveAsTextFile(args(2))
  }
}
```

图 11-54　工程结构

在 Scala 工程中，右击 WordCount.scala，选择"Export"选项，并在弹出的对话框中选择"Java"→"JAR File"选项，进而将该程序编译成 jar 包，可以起名为"spark-wordcount-in-scala.jar"。

该 WordCount 程序接收 3 个参数，分别是 master 位置、HDFS 输入目录和 HDFS 输出目录，为此，可编写 run_spark_wordcount.sh 脚本：

```
# 配置 Hadoop 配置文件变量
export YARN_CONF_DIR=/opt/hadoop/yarn-client/etc/hadoop/
# 配置 Spark-assemble 程序包的位置，可以将该 jar 包放置在 HDFS 上，避免每次运行都上传一次。
SPARK_JAR=./assembly/target/scala-2.9.3/spark-assembly-0.8.1-incubating-
hadoop2.2.0.jar
# 在 Spark 的根目录下执行
./bin/spark-submit
# 自己编译好的 jar 包中指定要运行的类名
--class WordCount \
# 指定 Spark 运行于 Spark on Yarn 模式下，这种模式有两种选择 yarn-client 和 yarn-cluster，分
别对应于开发测试环境和生产环境。
--master yarn-client \
# 指定刚刚编译好的 jar 包，也可以添加一些其他依赖包
--jars spark-wordcount-in-scala.jar \
# 配置 worker 数量、内存、核心数等
-num-workers 1 \
-master-memory 2g \
-worker-memory 2g \
-worker-cores 2
# 传入 WordCount 的 main 方法的参数，可为多个，空格分隔。
hdfs:// hadoop-test/tmp/input\ hdfs://hadoop-test/tmp/output
```

直接运行 run_spark_wordcount.sh 脚本即可得到运算结果。

4. 基于 Java 语言开发 Spark 程序

方法跟普通的 Java 程序开发一样，只要将 Spark 开发程序包 spark-assembly 的 jar 包作为三方依赖库即可。

下面给出 Java 版本的 Spark WordCount 程序。

```java
package org.apache.spark.examples;
import org.apache.spark.api.java.JavaPairRDD;
import org.apache.spark.api.java.JavaRDD;
import org.apache.spark.api.java.JavaContext;
import org.apache.spark.api.java.function.FlatMapFunction;
import org.apache.spark.api.java.function.Function2;
import org.apache.spark.api.java.function.PairFunction;
import scala.Tuple2;
import java.util.Arrays;
import java.util.List;
import java.util.regex.Pattern;

public final class JavaWordCount {
    private static final Pattern SPACE = Pattern.compile(" ");
    public static void main(String[] args) throws Exception {
        if (args.length < 2) {
            System.err.println("Usage: JavaWordCount <master> <file>");
            System.exit(1);
        }
        JavaSparkContext ctx = new JavaSparkContext(args[0],
                "JavaWordCount",
                System.getenv("SPARK_HOME"),
                JavaSparkContext.jarOfClass(JavaWordCount.class));
        JavaRDD<String> lines = ctx.textFile(args[1], 1);
        JavaRDD<String> words = lines.flatMap(
                new FlatMapFunction<String, String>() {
```

```
                    @Override
                    public Iterable<String> call(String s) {
                        return Arrays.asList(SPACE.split(s));
                    }
                });
        JavaPairRDD<String, Integer> ones = words.map(
                new PairFunction<String, String, Integer>() {
                    @Override
                    public Tuple2<String, Integer> call(String s) {
                        return new Tuple2<String, Integer>(s, 1);
                    }
                });
        JavaPairRDD<String, Integer> counts = ones.reduceByKey(
                new Function2<Integer, Integer, Integer>() {
                    @Override
                    public Integer call(Integer i1, Integer i2) {
                        return i1 + i2;
                    }
                });
        List<Tuple2<String, Integer>> output = counts.collect();
        for (Tuple2<?, ?> tuple : output) {
            System.out.println(tuple._1() + ": " + tuple._2());
        }
        System.exit(0);
    }
}
```

5. 在 Spark 集群上运行 Scala 或 Java 的程序

不管是 Scala 还是 Java 程序，都能够用 Eclipse 打包成 jar 包。在集群上用 spark-submit 命令运行。具体的命令格式如下：

```
spark-submit \
--class org.apache.spark.examples.JavaWordCount \
 --master spark://spark1:7077 \
/opt/spark/lib/spark-examples-1.0.1-hadoop1.0.4.jar \
hdfs://spark1:9000/user/root/input
```

其中，第一个参数 class 代表需要运行的类，可以是 Java 或 Scala 的类。master 指定运行程序的集群 URI，Spark 集群的协议标识符为 spark://，默认端口号为 7077。倒数第二个参数是程序所在的 jar 包。后面的一些参数是传递给所运行的类的 main 方法的参数。spark-submit 命令还可以在 jar 包位置之前添加更多的参数以优化 Spark 的性能，本书在这里只做简要介绍，更多参数请参考 Apache Spark 官方文档。

运行控制台，输出结果如图 11-55 所示。

11.6.4 基于 Impala 的程序实例

1. 配置 Impala 开发环境

Impala 支持 JDBC 集成。通过使用 JDBC 驱动，编写的 Java 程序、BI 应用或类似的使用 JDBC 访问不同数据库产品的工具可以访问 Impala。建立到 Impala 的 JDBC 连接包括以下步骤：

1）指定可用的通信端口（参见配置 JDBC 端口的相关内容）。

2）在每台运行 JDBC 应用的机器上安装 JDBC 驱动（参见在客户端系统启用 Impala 的 JDBC 支持的相关内容）。

```
Spark assembly has been built with Hive, including Datanucleus jars on classpath
14/07/21 06:10:39 INFO SecurityManager: Changing view acls to: root
14/07/21 06:10:39 INFO SecurityManager: SecurityManager: authentication disabled; ui acls disabled; us
ers with view permissions: Set(root)
14/07/21 06:10:40 INFO Slf4jLogger: Slf4jLogger started
14/07/21 06:10:40 INFO Remoting: Starting remoting
14/07/21 06:10:40 INFO Remoting: Remoting started; listening on addresses :[akka.tcp://spark@spark1:44
529]
14/07/21 06:10:40 INFO Remoting: Remoting now listens on addresses: [akka.tcp://spark@spark1:44529]
14/07/21 06:10:40 INFO SparkEnv: Registering MapOutputTracker
14/07/21 06:10:41 INFO SparkEnv: Registering BlockManagerMaster
14/07/21 06:10:41 INFO DiskBlockManager: Created local directory at /tmp/spark-local-20140721061041-7d
17
14/07/21 06:10:41 INFO MemoryStore: MemoryStore started with capacity 297.0 MB.
14/07/21 06:10:41 INFO ConnectionManager: Bound socket to port 46116 with id = ConnectionManagerId(spa
rk1,46116)
14/07/21 06:10:41 INFO BlockManagerMaster: Trying to register BlockManager
14/07/21 06:10:41 INFO BlockManagerInfo: Registering block manager spark1:46116 with 297.0 MB RAM
14/07/21 06:10:41 INFO BlockManagerMaster: Registered BlockManager
14/07/21 06:10:41 INFO HttpServer: Starting HTTP Server
14/07/21 06:10:41 INFO HttpBroadcast: Broadcast server started at http://192.168.1.100:40370
14/07/21 06:10:41 INFO HttpFileServer: HTTP File server directory is /tmp/spark-74e7c53e-a131-49f9-9ad
9-d8789524128e
14/07/21 06:10:41 INFO HttpServer: Starting HTTP Server
14/07/21 06:10:42 INFO SparkUI: Started SparkUI at http://spark1:4040
14/07/21 06:10:44 INFO SparkContext: Added JAR file:/opt/spark/lib/spark-examples-1.0.1-hadoop1.0.4.ja
r at http://192.168.1.100:54844/jars/spark-examples-1.0.1-hadoop1.0.4.jar with timestamp 1405894244309
14/07/21 06:10:44 INFO AppClient$ClientActor: Connecting to master spark://spark1:7077...
14/07/21 06:10:44 INFO MemoryStore: ensureFreeSpace(35456) called with curMem=0, maxMem=311387750
14/07/21 06:10:44 INFO MemoryStore: Block broadcast_0 stored as values to memory (estimated size 34.6
KB, free 296.9 MB)
14/07/21 06:10:45 INFO SparkDeploySchedulerBackend: Connected to Spark cluster with app ID app-2014072
1061045-0002
14/07/21 06:10:45 INFO AppClient$ClientActor: Executor added: app-20140721061045-0002/0 on worker-2014
0721055711-spark3-47720 (spark3:47720) with 2 cores
14/07/21 06:10:45 INFO SparkDeploySchedulerBackend: Granted executor ID app-20140721061045-0002/0 on h
ostPort spark3:47720 with 2 cores, 512.0 MB RAM
14/07/21 06:10:45 INFO AppClient$ClientActor: Executor added: app-20140721061045-0002/1 on worker-2014
0721055711-spark1-37219 (spark1:37219) with 2 cores
```

图 11-55　输出结果

3）为 JDBC 应用连接运行 Impala 守护进程的服务器配置连接字符串以及相应的安全设置。

2. 配置 JDBC 端口

默认的 JDBC 2.0 端口是 21050。Impala 服务器默认通过相同的 21050 端口接收 JDBC 连接。确认该端口可以与网络中的其他主机通信，例如，没有被防火墙阻断。假如用户的 JDBC 客户端软件使用其他端口连接，当启动 Impalad 时使用 –hs2_port 选项指定其他的端口。

在客户端启用 Impala JDBC 支持。

Impala 提供 JDBC 客户端驱动，是一个 jar 包，存在于一个 ZIP 压缩文件里。下载该 ZIP 文件到每台需要连接到 Impala 的客户端机器上。

在运行 JDBC 应用的系统上启用 Impala JDBC 支持：将 ImpalaJDBC 的 jar 包拖到 Eclipse 工程的 lib 目录，并添加到 build path 中。

为了成功加载 Impala JDBC 驱动，客户端必须能正确定位这个 jar 文件。这通常意味着设置 CLASSPATH 包含该 jar 文件。查阅文档了解如何为 JDBC 客户端安装新的 JDBC 驱动，通常设置 CLASSPATH 变量如下：

- Linux 环境中，假如解压 JAR 文件到 /opt/jars/，执行以下命令在已有 CLASSPATH 前面添加 JAR 文件：export CLASSPATH=/opt/jars/*.jar:$CLASSPATH。

- 在 Windows 环境中，使用 System Properties 控制面板修改系统的 Environment Variables。修改变量包含解压文件的路径。

3. 建立 JDBC 连接

Impala JDBC 驱动类是 org.apache.hive.jdbc.HiveDriver。若已经配置 Impala 支持 JDBC，则可以在两者之间建立连接。使用连接字符串"jdbc: hive2://host: port/; auth=noSasl"为集群建立不需要 Kerberos 认证的连接。例如：

```
jdbc:hive2://myhost.example.com:21050/;auth=noSasl
```

使用连接字符串"jdbc:hive2://host: port/; principal=principal_name"建立需要 Kerberos 认证的连接。最重要的是使用与启动 Impala 相同的用户建立连接。例如：

```
jdbc:hive2://myhost.example.com:21050/;principal=impala/myhost.example.com@
H2.EXAMPLE.COM
```

4. JDBC 连接实例

```
package edu.scnu.ImpalaJDBC;
import java.sql.Connection;
import java.sql.DriverManager;
import java.sql.ResultSet;
import java.sql.Statement;
// here is an example query based on one of the Hue Beeswax sample tables
public class ImpalaJDBC{
    // set the impalad host
    private static final String SQL_STATEMENT = "SELECT a FROM test limit 10";
    // port 21050 is the default impalad JDBC port
    private static final String IMPALAD_HOST = "192.168.1.106";
    private static final String IMPALAD_JDBC_PORT = "21050";
    private static final String CONNECTION_URL = "jdbc:hive2://" + IMPALAD_HOST + ':'
+ IMPALAD_JDBC_PORT + "/;auth=noSasl";
    private static final String JDBC_DRIVER_NAME = "org.apache.hive.jdbc.HiveDriver";
    private static final String SQL_STATEMENT = "SELECT * FROM SOME_TABLE";
    public static void main(String[] args) {
        System.out.println("\n=====================================");
        System.out.println("Cloudera Impala JDBC Example");
        System.out.println("Using Connection URL: " + CONNECTION_URL);
        System.out.println("Running Query: " + SQL_STATEMENT);
        Connection con = null;
        try {
            Class.forName(JDBC_DRIVER_NAME);
            con = DriverManager.getConnection(CONNECTION_URL);
            Statement stmt = con.createStatement();
            ResultSet rs = stmt.executeQuery(SQL_STATEMENT);
            System.out.println("\n== Begin Query Results =====");
            // print the results to the console
            while (rs.next()) { // the example query returns one String column
                System.out.println(rs.getString(1));
                System.out.println("==End Query Results ===\n\n");
        }
        catch (Exception e) {
            e.printStackTrace();
        }
        finally {
```

```
        try {
            con.close();
        }
        catch (Exception e) {
        }
    }
}
```

11.7　大数据研究与发展方向

尽管大数据的时代已经到来，但是大数据的研究还处在起步阶段，随着研究的不断深入，大数据面临的问题也越来越多，如何让大数据朝着有利于全社会的方向发展，需要我们能够全面地研究大数据，以下是几种可能的大数据未来的研究与发展方向。

11.7.1　数据的不确定性与数据质量

顾名思义，大数据的数据量非常大，如何从这些庞大的数据量中提取到尽可能多的有用信息涉及数据质量的问题。在网络环境下，不确定性的数据广泛存在，并且表现形式多样，这样大数据在演化的过程中也伴随着不确定性。其实，大数据的不确定性不仅仅适用于网络大数据，一般大数据也存在不确定性。大数据的不确定性要求我们在处理数据时，包括数据的收集、存储、建模、分析都需要新的方法来应对。这也给学习者和研究者带来了很大的挑战，数据质量难以得到保证，而且大数据的研究领域尚浅，本身就有很多亟待解决的问题。面对不断快速产生的数据，在数据分析的过程中很难保证有效的数据不丢失，而这种有效的数据才是大数据的价值所在，也是数据质量的体现。所以需要研究出一种新的计算模式、一种高效的计算模型和方法，以保证数据的质量和数据的时效性。几位从事大数据研究的专家也强调了数据质量的重要性，中国工程院院士、西安交通大学教授汪应洛认为，在大数据产业发展中，数据质量也是一大障碍，不容忽视。他说"数据质量是大数据产业这座大厦的基础，如果数据质量不高，基础不牢靠，大数据产业就可能岌岌可危，甚至根本无从发展。"

11.7.2　跨领域的数据处理方法的可移植性

大数据自身的特点决定了大数据处理方法的多样性、灵活性和广泛性。而今几乎每个领域都涉及大数据，在分析处理大数据的建模过程中，除了要考虑大数据的特点外，还可以结合其他领域的一些原理模型，例如，用来源于生物免疫系统的计算模型去处理大数据中的关键属性的选择；用统计学中的统计分析模型对原始数据音频、视频、照片等重要信息进行统计和计量。广泛吸纳其他研究领域的原理模型，然后进行有效的结合，从而提高大数据处理的效率，这或许会成为以后大数据分析处理的重要方法。

11.7.3　数据处理的时效性保证——内存计算

大数据处理的速度问题愈发突出，时效性难以保证。总体来看，大数据处理的问题实质上是由信息化设施的处理能力与数据处理的问题规模之间的矛盾引起的。大数据所表现出的增量速度快、时间局部性低等特点，客观上加剧了矛盾的演化，使得以计算为中心的传统模式面临着内存容量有限、输入 / 输出（I/O）压力大、缓存命中率低、数据处理的总体性能低等诸多挑战，难以取得性能、能耗与成本的最佳平衡，使得目前的计算机系统无法处理 PB 级以上的大数据。由于大数据是一种以数据为中心的数据密集型技术，现有的以计算为中心的技术难以满足大数据的应用需求，因此，整个IT架构的革命性重构势在必行。随着新型非易失性存储器件的出现和成本的不断走低，客观上为设计以数据为中心的大数据处理模式（即内存计算模式）创造了机会。它将新型存储级内存（Storage Class Memory, SCM）器件设计成为新内存体系的一部分，而非作为虚拟内存交换区域的外存补充，计算不仅存在于传统的内存上，而且存在于在新型存储级内存上。

为大数据处理量身定制一套合适的计算架构并非易事。当前国际学术界和工业界主要从系统软件、体系结构、分布式系统等方面进行改进和优化。在系统软件方面，人们提出了以内存数据库及编译器优化等技术来应对大数据处理难题。内存数据库（如H-store）将相关数据加载到内存中，从而不需要引入磁盘I/O的开销。但是它提供了ACID保证，即原子性（atomicity）、一致性（consistency）、隔离性（isolation）和持久性（durability），使得对一致性要求较弱的应用支付了不必要的开销，限制了系统的可扩展性。另外，也有从编译方面进行优化的，例如，PeriSCOPE通过数据类型及数据大小确定最小的数据传输流。在系统结构方面，主要通过增加内存、处理器和协处理器以及增加I/O通道来缓解大数据处理带来的挑战，但是这又为体系结构的改进带来了成本与能耗的增加。在分布式系统方面，人们提出了以MapReduce（或Hadoop）架构等方式来解决这一难题。MapReduce通过提供Map和Reduce两个函数处理基于键-值方式存储的数据，能简单方便地在分布式系统上获得很好的可扩展性和容错性。然而MapReduce需要从磁盘获取数据，再将中间结果数据写回磁盘。

由于系统的I/O开销极大，不适用于具有实时性需求的应用。通过多个结点同时处理数据虽然能够缓解大数据处理面临的挑战，但是分布式系统带来的一致性问题也极大地限制了大数据处理的并行性，且不可避免。因此只能通过放松系统的一致性要求来提高系统利用率，如两阶段提交协议、Paxos提交协议和分布式事务内存。但是，这些优化技术仍然面临着I/O能力不足的难题。由此可见，目前对大数据处理的优化都是基于传统的内存-磁盘访问模式的，数据处理的关键"数据I/O瓶颈"一直存在，现有的方案只是改进、优化、缓和或屏蔽了这个瓶颈问题。内存和外存之间的I/O性能不匹配一直是造成数据处理速度低下的重要原因。近年来，随着电阻存储器（Resistive Random Access Memory, RRAM）、铁电存储器（Ferroelectric Random Access Memory, FeRAM）、相变存储器（Phase Change Memory, PCM）等为代表的新兴非易失性随机存储介质（Non-Volatile Memory，NVM）技术的发展，传统的内存与存储分离的界限逐渐变得模糊，推进了存储技术的发展，为新型的内存与存储体系结构的产生打下了良好的基础。随着存储介质访问技术的提升和单位容量成本的下降，一场围绕存储和内存体系结构的变革悄然来临，吸引了诸如IBM、Intel、Micro、Samsung等一些IT企业的关注和投入。从2011年起，IBM等国际IT企业围绕本项技术投入重金进行研究，国内的企业和科研机构也在进行这方面的研究工作，估计这项技术将在不久的将来成熟。人们预计，新型存储介质的访问性能逐步逼近动态随机存取存储器（Dynamic Random Access Memory, DRAM），但是其容量和单位价格将远低于DRAM。

因此，基于新型存储器件和传统DRAM设计新型混合内存体系，可以在保持成本和能耗优势的前提下大幅提升内存容量，从而避免传统计算设施上内存—磁盘访问模式中的I/O能力受限的问题，使计算不仅可以在DRAM内存上进行，也可以在新型非易失型存储设备上进行，这将彻底改变传统的以计算为中心的设计模式，为大数据处理提供了一种基于混合内存架构的以数据为中心的处理模式，从而大幅度提升大数据处理的时效性。这种以新型非易失型存储设备为基础构建混合内存体系以加速计算的模式，称为内存计算。从体系结构上来看，内存计算模式的出现为大数据处理提供强时效、高性能、高吞吐的体系结构支持带来了可能。

11.7.4　流式数据的实时处理

数据流应用包括传感网络、网络流分析、自动报收机、在线拍卖以及其他在线分析事务日志的应用。持续型的流式数据在存储、计算以及传输方面都面临很大的挑战。数据流处理过程面临很多挑战，如数据流中数据处理的一次性、有限的计算资源、聚类的簇的数量和形状无法预知、数据的特征演变、数据噪声干扰以及不同粒度的聚类要求等。

数据流处理的特殊性以及大数据处理的时效性等各种限制使得传统的基于全部数据构建的聚类的方法已不再适用，因此研究学者和工业界也逐渐开始关注大数据的流式处理。特别是随着大数据时代的到来，如何将传统上的聚类应用到流式数据场景成为一个越来越热的话题。目前在数据流处理上主要有两个方向：一遍聚类算法（one pass algorithm）和基于流模式的新处理框架和算法。一遍聚类算法（如增量式聚类方法）具有一定的局限性，该类算法是通过增量式地不断更新聚类结果来实现的，因此其本身具有聚类结果会受到历史数据的影响的缺点。然而，大数据的数据流的特点是概念漂移和临时局域性（temporal locality），用户关注的是最新数据所体现的特征。

针对数据流挖掘问题的解决方案分成两类：基于数据的方案（data-based solution）和基于任务的方案（task-based solution）。前者是指对数据集进行摘要处理或者选取数据流中的子集进行分析，如采样、减载、略图、摘要数据结构等方案。而后者是指修改现有的技术或创建新的算法来适应和应用于流式数据的处理中，如近似算法、滑动窗口、算法输出粒度（Algorithm Output Granularity, AOG）等技术。

大数据时代的到来使大数据服务市场崛起，通过分析数据发现更多有价值的商机。在大数据环境下，数据已经膨胀到无法存储，只能以数据流的形式呈现，正是由于数据的表现形式的改变，传统数据挖掘的方法已经无法适应这种新的需求。在数据流聚类的研究方面，也已经提出了相关的理论框架和算法，如 CluStream、D-Stream 等。虽然这些框架和算法关注了数据流的快速处理、复杂数据或者特征数据的有效存储等方面，但对数据的聚类处理操作是连续执行的，此外既没有着重在有限的计算资源上进行相应的调整，也没有有效利用大数据的数据量大、数据相似或重复的特性提升对数据聚类处理能力。然而，在大数据环境下，数据流的数据是海量的，而相应的处理资源却是有效的，当数据流中待处理的数据压力超过资源的支持承受能力时，相应的聚类服务就有可能受到很大的影响，如被迫停止；当然，也有相关的技术对数据流"减压"，如采样、卸载等，CluStream 框架中也采用相应的措施。对于持续型的流式数据，在存储、计算以及传输方存储方面做了相关的研究，如锥体时间窗口等方法，但是这些也主要是对要处理的数据进行高效的存储，不足以应对资源敏感的计算场景，因此需要研究资源敏感性的问题，这里存在一些相关技术挑战：

1）资源状态信息的实时监控和调整：监控系统相关资源参数，实时提供资源状态信息。

2）资源敏感策略的构建：实现数据流中的流速控制，构建有效的流控模型，基于当前的流速信息自适应地调整相关的调控策略。

3）聚类策略的调整：基于系统资源状态自主地调整聚类的策略，实现聚类结果精度与资源负载间的平衡。

因此，大数据背景下，新形式的数据以及新的应用需求对数据处理提出了新的挑战：如何构建新型的数据处理模式，以实现利用有限的处理资源对一次性访问的数据进行实时的处理。

11.7.5　大数据应用

大数据平台在舆情监控、模式和关键字搜索、数据工程、情报分析、市场营销、医药卫生等领域具有重要的应用。举例来说，大数据平台的出现在搜索引擎中的应用使得搜索引擎对数据的深入加工和处理变成现实，能够更好地理解用户的搜索意图。用户可以不用自己去筛选信息，而是由搜索引擎根据其搜索历史及个人偏好将有价值的信息呈现给用户。又如，网络大数据平台催生了很多面向程序员与数据科学家的工具（如 Karmasphere 和 Datamer），使得程序员将数据而非业务逻辑作为程序的主要实体，编写出更简短的程序，更清晰地表达对数据所做的处理。可以预见，大数据平台正在以一种前所未有的方式改变着各行各业，对大数据平台的应用能够更好地帮助人们获取信息并对信息进行更高效的处理和应用。

1. 医学领域的大数据应用

（1）临床决策支持系统

大数据分析技术将使临床决策支持系统更智能，这得益于对非结构化数据的分析能力的日益加强。例如，可以使用图像分析和识别技术，识别医疗影像（X 光、CT、MRI）数据，或者挖掘医疗文献数据建立医疗专家数据库（就像 IBM Watson 做的），从而给医生提出诊疗建议。此外，临床决策支持系统还可以使医疗流程中大部分的工作转由护理人员和助理医生负责，使医生从耗时过长的简单咨询工作中解脱出来，从而提高诊疗效率。

（2）医疗数据透明度

根据医疗服务提供方设置的操作和绩效数据集，可以进行数据分析并创建可视化的流程图和仪表盘，促进信息透明。创建流程图的目标是识别和分析临床变异和医疗废物的来源，然后优化流程。仅仅发布成本、质量和绩效数据，即使没有与之相应的物质奖励，往往也可以促进绩效的提高，使医疗服务机构提供更好的服务，从而更有竞争力。公开发布医疗质量和绩效数据还可以帮助病人做出更明智的健康护理决定，这也将帮助医疗服务提供方提高总体绩效，从而更具竞争力。

（3）医学图像挖掘

医学图像（如 CT、MRI、PET 等）是利用人体内不同器官和组织对 X 射线、超声波、光线等的散射、透射、反射和吸收的不同特性而形成的。它为对人体骨骼、内脏器官疾病和损伤进行诊断、定位提供了有效的手段。医学领域中越来越多地使用图像作为疾病诊断的工具。

2. 智能交通领域的大数据应用

在智能交通领域应用大数据有以下作用：

1）提高交通运行效率。大数据技术能提高交通运营效率、道路网的通行能力、设施效率和调控交通需求分析能力。改善交通所涉及的工程量较大，而大数据的大体积特性有助于解决这种困境。例如，根据美国洛杉矶研究所的研究，通过组织优化公交车辆和线路安排，在车辆运营效率增加的情况下，减少 46% 的车辆运输就可以提供相同或更好的运输服务。伦敦市利用大数据来减少交通拥堵时间，提高运转效率。当车辆即将进入拥堵地段，传感器可告知驾驶员最佳解决方案，这大大减少了行车的经济成本。大数据的实时性，使闲置的数据在经过处理后被智能化利用，使交通运行更加合理。大数据技术具有较高预测能力，可降低误报和漏报的概率，可随时针对交通给予实时监控。因此，在驾驶员无法预知交通的拥堵可能性时，大数据亦可帮助用户预先了解。例如，在驾驶员出发前，大数据管理系统会依据导致交通拥堵的天气因素，判断避开前方拥堵的路线，并通过智能手机告知驾驶员。

2）提高交通安全水平。主动安全和应急救援系统的广泛应用有效改善了交通安全状况，而大数据技术的实时性和可预测性则有助于提高交通安全系统的数据处理能力。在驾驶员自动检测方面，驾驶员疲劳视频检测、酒精检测器等车载装置将实时检测驾驶员是否处于警觉状态，行为、身体与精神状态是否正常。同时，联合路边探测器检查车辆运行轨迹，大数据技术快速整合各个传感器数据，构建安全模型后综合分析车辆行驶的安全性，从而可以有效降低交通事故的可能性。在应急救援方面，大数据以其快速的反应时间和综合的决策模型，为应急决策指挥提供辅助，提高应急救援能力，减少人员伤亡和财产损失。

3）提供环境监测方式。大数据技术在减轻道路交通堵塞、降低汽车运输对环境的影响等方面有重要的作用。通过建立区域交通排放的监测及预测模型，共享交通运行与环境数据，建立交通运行与环境数据共享试验系统，大数据技术可有效分析交通对环境的影响。同时，通过分析历史数据，大数据技术能提供降低交通延误和减少排放的交通信号智能化控制的决策依据，建立低排放交通信号控制原型系统与车辆排放环境影响仿真系统。

3. 智能电网领域的大数据应用

智能电网中数据量最大的应属于电力设备状态监测数据。状态监测数据不仅包括在线的状态监测数据（时序数据和视频），而且包括设备基本信息、实验数据、缺陷记录等，数据量极大，可靠性要求高，实时性要求比企业管理数据要高。

云计算技术在国内电力行业中的应用研究还处于探索阶段，研究内容主要集中在系统构想、实现思路和前景展望等方面。

在国外，云计算应用目前已用于海量数据的存储和简单处理，已有实现并运行的实际系统。Cloudera 公司设计并实施了基于 Hadoop 平台的智能电网在田纳西河流域管理局（Tennessee Valley Authority, TVA）的项目，帮助美国电网管理了数百 TB 的 PMU 数据，突显了 Hadoop 高可靠性以及价格低廉方面的优势；另外，TVA 在该项目基础上开发了 superPDC，并通过 openPDC 项目将其开源，此工作将有利于推动量测数据的大规模分析处理，并可为电网其他时序数据的处理提供通用平台。日本 Kyushu 电力公司使用 Hadoop 云计算平台对海量的电力系统用户消费数据进行快速并行分析，并在该平台基础上开发了各类分布式的批处理应用软件，提高了数据处理的速度和效率。

11.7.6 大数据发展趋势

随着大数据技术的研究深入，大数据的应用和发展将涉及我们生产生活的方方面面。中国计算机学会专家委员会通过业内问卷调查，分别给出了 2013 年、2014 年和 2015 大数据发展趋势预测，如表 11-9 所示。[⊖]由 140 位 CCF 大数据专家委员和中关村大数据产业联盟企业家给出的 2015 年度大数据发展的十大趋势如下：①结合智能计算的大数据分析成为热点；②数据科学带动多学科融合，但其自身尚未成体系；③与行业数据结合，实现跨领域应用；④与

⊖ 其中 2012 年 11 月 30 日发布《大数据热点问题和 2013 年发展趋势分析》报告；2013 年 12 月 5 日发布《2014 年大数据发展趋势预测》报告；第三次发布年度趋势预测报告，即 2014 年 12 月 13 日，CCF 大数据专家委员会在中国大数据技术大会上发布了《2015 大数据十大发展趋势预测报告》。

"物云移社"融合，产生综合价值；⑤大数据多样化处理模式与软硬件基础设施逐步夯实；⑥大数据安全和隐私问题依然是热点趋势；⑦新的计算模式将取得突破，如深度学习、众包计算；⑧可视化与可视分析新方法被广泛引入，大幅度提高大数据分析效能；⑨大数据技术课程体系建设和人才培养是需要高度关注的问题；⑩开源系统将成为大数据领域的主流技术和系统选择。

表 11-9   2013~2015 年的十大趋势预测对比

序号	2013 年预测	2014 年预测	2015 年预测
1	数据的资源化	大数据从"概念"走向"价值"	智能计算与大数据分析成为热点
2	大数据的隐私问题突出	大数据架构的多样化模式并存	数据科学带动学科融合
3	大数据与云计算等深度融合	大数据安全与隐私	与各行业结合，跨领域应用
4	基于大数据的智能的出现	大数据分析与可视化	"物云移社"融合，产生综合价值
5	大数据分析的革命性方法	大数据产业成为战略性产业	一体化平台与软硬件基础设施夯实
6	大数据安全	数据商品化与数据共享联盟化	大数据的安全与隐私保护
7	数据科学兴起	基于大数据的推荐与预测流行	新模式突破：深度学习、众包计算
8	数据共享联盟	深度学习与大数据智能成为支撑	可视化分析与可视化呈现
9	大数据新职业	数据科学兴起	大数据人才与教育
10	更大的数据	大数据生态环境逐步完善	开源系统将成为主流选择

从近 3 年的十大趋势预测对比来看，2012 年底对 2013 年的预测比较概念化，2013 年底对 2014 年的预测比较具体，观点性更强，而 2014 年底对 2015 年的大数据发展趋势预测的特点可以总结为融合、跨界、基础、突破。在融合和跨界方面，分析方法、学科边界、行业应用、系统支撑等出现了跨越边界的应用融合、技术融合等。在基础和突破方面，大数据发展亟待在一些基础方面进一步夯实，如学科基础、应用广泛性、系统支撑基础、生态环境、人才底蕴等，期待在学科、技术和应用上有重大突破。

习题

1. 简述大数据的定义及其他的特征。
2. HDFS 体系结构是否存在其局限性或瓶颈。
3. HDFS 中为什么默认副本数为 3 ？
4. HBase 是如何实现随机快速存取数据的？为什么要 HBase 在创建表时只需要定义列族，列族是如何存储的？
5. Cassandra 中超级列族与超级列与 HBase 中的列族和列有什么区别和联系？
6. Cassandra 提供了怎样的可供用户选择的一致性级别？
7. Redis 的数据类型是怎样的？是否像 HBase 一样是键 – 值形式？
8. Redis 提供了哪两种分布式模型？
9. MongoDB 的数据组织形式是怎样的？它的特点与应用场景是怎样的？
10. 名词解释：PRAM、BSP、LogP 与 MapReduce。
11. 简述当今流行的大数据处理模型 MapReduce 的数据处理过程及其优劣势。
12. 实际操作搭建编程环境并编写简单的调用 HDFS 和 HBase API 的程序，可参考 HDFS、HBase 的 API 文档。
13. 实际操作搭建编程环境并编写简单的 MapReduce 的程序，可参考 Hadoop 的 API 文档。

14. 与 MapReduce 相比，Impala 的优势在哪里？为什么有效率方面的优势？

15. HadoopDB 是否是对 Hadoop 和 Hive 的修改？如果是，它大体上修改了哪些地方？

16. HadoopDB 的优点是什么？

17. 本文提及的大数据未来的研究方向可能并不全面，读者自己有何见解？

18. 对本章中提及的工具及其搭建方法做实践。

参考文献

［1］ Doug Howe, Maria Costanzo, Petra Fey, et al. Big data: The future of biocuration［J］. Nature.2008.

［2］ Sanjay Ghemawat, Howard Gobioff, Shun-Tak Leung.The Google File System.Google［EB］. Inc, 2003.

［3］ Big data［EB/OL］. http:// en.wikipedia.org/wiki/Big_data . 2014.

［4］ 钟瑛，张恒山.大数据的缘起、冲击及其应对［J］.中国传媒大学学报，2013.

［5］ Jeffrey Dean, Sanjay Ghemawat.MapReduce: Simplified data processing on large clusters［EB］. Google Inc.2004.

［6］ Ralf Lammel.Google's mapreduce programming model-revisited［EB］. 2007.

［7］ Fay Chang, Jeffry Dean, Sanjay Ghemawat, etc.Bigtable: A Distributed Storage System for Structured Data［EB］. Google Inc.2006.

［8］ Apache Hadoop［EB/OL］. http:// hadoop. apache. org.

［9］ Apache Hive［EB/OL］. http://hive. apache.org.

［10］ Apache Cassandra［EB/OL］. http://planetcassandra.org/documentation.

［11］ Leslie G. Valiant. A bridging model for parallel computation［J］. Communications of the ACM. 1990.

［12］ Eppstein David, Galil Zvi. Parallel algorithmic techniques for combinatorial computation［EB］. 1988.

［13］ Karp, Richard M, Ramachandran, et al.A Survey of Parallel Algorithms for Shared-Memory Machines［D］. University of California, Berkeley.1988.

［14］ Azza Abouzeid, Kamil Bajda-Pawlikowski, Daniel J Abadi, et al. HadoopDB: An architectural hybrid of MapReduce and DBMS technologies for analytical workloads［C］.VLDB.2009.

［15］ Kristina Cbodorow.MongoDB definitive guide［M］. O'Reilly. 2011.

［16］ Jeremy Zawodny.Redis: Lightweight key/value Store That Goes the Extra Mile［J］. Linux Magazine.2009.

［17］ Cloudera 公司 CDH4 和 Impala 文档［EB/OL］. http://www.cloudera.com/content/support /en/ documentation.html.

［18］ Cloudera Impala: Real-Time queries in apache hadoop, for real［EB/OL］. http://blog. cloudera.com/ blog/2012/10/cloudera-impala-real-time-queries-in-apache-hadoop-for-real/.2012.

［19］ David Culler, Richard Karp, David Patterson, et al. LogP: Towards a realistic model of parallel computation［D］. University of California, Berkeley. PPOPP.1993.

［20］ Brian Babcock, Shivnath Babu, Mayur Datar, et al. Models and issues in data stream systems［C］. PODS. 2002.

［21］ 李国杰.大数据研究的科学价值［J］.中国计算机学会通讯，2012.

［22］ Kallman R, Kimura H, et al. A high-performance, distributed main memory transaction processing system ［C］. In Proceedings of the VLDB Endowment, v.1 n.2, 2008.

［23］ Shvachko K, Kuang H, Radia S, et al. The Hadoop Distributed File System［J］. In Proceedings of the

2010 IEEE 26th Symposium on Mass Storage Systems and Technologies, 2010.

［24］ Lee B C, Ipek E, Mutlu O, et al. Architecting phase change memory as a scalable DRAM alternative［J］. In International Symposium on Computer Architecture, 2009.

［25］ 李国杰, 程学旗. 大数据研究: 未来科技及经济社会发展的重大战略领域——大数据的研究现状与科学思考［J］. 中国科学院院刊, 2012.

［26］ Barwick H. The four Vs of Big Data.［EB/OL］. http://www.computerworld.com.au/article/396198/iii3_four_vs_big_data/.

［27］ IBM. Big Data at the Speed of Business［EB/OL］.［20-12-10-02］. http://www -01.ibm.com/software / data/bigdata/.

［28］ Hadapt［EB/OL］. http://hadapt.com/product/.

［29］ 耿益锋, 陈冠诚. Impala: 新一代开源大数据分析引擎［J］. 程序员, 2013.

［30］ 王元卓, 靳小龙, 程学旗. 网络大数据: 现状与展望［J］. 计算机学报, 2013.

［31］ 孟小峰, 慈祥. 大数据管理: 概念、技术与挑战［J］. 计算机研究与发展, 2013.

［32］ 涂新莉, 刘波, 林伟伟. 大数据研究综述［J］. 计算机应用研究, 2014.

［33］ 林伟伟. 一种改进的 Hadoop 数据放置策略［J］. 华南理工大学学报: 自然科学版, 2012, 40（1）: 152-158.

［34］ 王庆先, 孙世新, 尚明生, 等. 并行计算模型研究［J］. 计算机科学, 2004, 31（9）: 128-131.

［35］ CCF 大数据专家委员会. 2015 年大数据发展趋势预测［J］. 中国计算机学会通讯, 2015, 11: 48-52.

第 12 章　电商大数据分析技术

本章首先概述电商大数据分析的需求与方法，接着分别介绍基于规则统计模型、协同过滤推荐模型和逻辑回归模型的大数据分析方法与实现。

12.1　电商大数据分析需求与方法概述

12.1.1　电商大数据的分析与数据推荐需求

据阿里巴巴总部数据显示，截至 2014 年 11 月 11 日 24 时，2014 年天猫"双十一"交易额突破 571 亿元，其中移动交易额达到 243 亿元，物流订单 2.78 亿，总共有 217 个国家和地区被点亮，新的网上零售交易纪录诞生。由此可见，电子商务已成为庞大的新经济主体，而且体量足够大。

然而，随着融资遇冷、价格战愈演愈烈、广告营销成本逐年上升，很多电商企业明显感觉力不从心，在这种微利的情况下，势必需要电商企业回归商业的本质，通过精细化的运营更好地生存。

相比较传统商业，电商企业的消费者的浏览路径、购买记录、访问时间等，都有迹可循，获取数据更为方便。在此基础上，电商企业更重视数据，希望通过数据提升营销效果，塑造品牌影响力，推动企业流程的优化。

对于现在的电商企业而言，如何更好地定义和运用大数据，已经是大势所趋。大数据分析的需求变得十分紧迫，越来越多的互联网或传统的公司都意识到希望通过分析技术充分利用好目前的大数据。

当前有很多大公司（如阿里巴巴、百度、腾讯等）都把大量的人力、物力投在大数据分析和挖掘上，除了公司内部技术部门的开发研究，这些大公司同样面向高校或者大众举办相关的大数据分析大赛，意在提高公司在大数据分析的能力和在这方面的竞争力。

一般来说，大数据的数据量会达到 GB、TB 甚至是 PB 级别，所以传统的单机处理方式的效率显然是十分低。因此，目前针对大数据的处理出现了越来越多分布式计算框架，如 Hadoop 和 Spark 等。在这些分布式框架下，实现机器学习算法的分布式处理。当前比较流行的项目是 Mahout，Mahout 是 Apache Software Foundation（ASF）的一个开源项目，提供一些可扩展的机器学习领域经典算法的实现，旨在帮助开发人员更加方便、快捷地创建智能应用程序。Mahout 包含许多实现，包括聚类、分类、推荐过滤、频繁子项挖掘。此外，通过使用 Apache Hadoop 库，Mahout 可以有效地扩展到云中，实现机器学习算法的分布式处理。

本章通过介绍某电商网站举办的大数据竞赛来了解电子商务大数据分析所涉及的统计、数据挖掘等技术。

12.1.2 电商大数据的数据结构和数据推荐评价指标

1. 数据结构

在某电商网站，每天都会有数千万的用户通过品牌发现自己喜欢的商品，品牌是连接消费者与商品最重要的纽带。某电商网站大数据大赛的任务是根据用户 4 个月在电商网站的行为日志，建立用户的品牌喜好，并预测他们在将来一个月内对品牌下商品的购买行为。

数据类型如表 12-1 所示。

表 12-1 数据类型说明

字　　段	字段说明	提取说明
user_id	用户标记	抽样（字段加密）
Time	行为时间	精度到天级别（隐藏年份）
action_type	用户对品牌的行为类型	包括单击、购买、加入购物车、收藏 4 种行为（单击—0，购买—1，收藏—2，购物车—3）
brand_id	品牌数字 ID	抽样（字段加密）

注：用户对任意商品的行为都会映射为一行数据，其中所有商品 ID 都已汇总为商品对应的品牌 ID，用户和品牌都分别做了一定程度的数据抽样，且数字 ID 都做了加密。所有行为的时间都精确到天级别（隐藏年份）。

2. 评估指标

预测的品牌准确率越高越好，希望覆盖的用户和品牌越多越好，所以用准确率与召回率作为排行榜的指标。

（1）准确率

$$precision = \frac{\sum_i^N hitBrandsi}{\sum_i^N pBrandsi}$$

式中　　N——参赛队预测的用户数；

　pBrandsi——用户 i 预测他（她）会购买的品牌列表个数；

hitBrandsi——用户 i 预测的品牌列表与用户 i 真实购买的品牌交集的个数。

（2）召回率

$$recall = \frac{\sum_i^M hitBrandsi}{\sum_i^M bBrandsi}$$

式中　　M——实际产生成交的用户数量；

　bBrandsi——用户 i 真实购买的品牌个数；

hitBrandsi——预测的品牌列表与用户 i 真实购买的品牌交集的个数。

（3）F1 分数

用 F1 分数来拟合准确率与召回率，并且大赛最终的比赛成绩排名以 F1 得分为准。

$$F1 = \frac{2 \cdot precision \cdot recall}{precision + recall}$$

F1 分数是统计学中用来衡量二分类模型精确度的一种指标。它同时兼顾了分类模型的准确率和召回率。F1 分数可以看作模型准确率和召回率的一种加权平均，它的最大值是 1，最小值是 0。

3. 大赛数据提交格式说明

（1）数据说明

提供的原始文件的大小为 4MB 左右，涉及 1 千左右电商用户，几千个电商品牌，总共 10 万多条的行为记录。用户 4 种行为类型对应代码分别如下：点击—0；购买—1；收藏—2；购物车—3。

（2）提交评分方式

参赛者将预测的用户存入文本文件中，格式如下：

```
user_id \t brand_id , brand_id , brand_id \n
```

文件必须为 TXT 格式。

提交数据格式说明如图 12-1 所示。

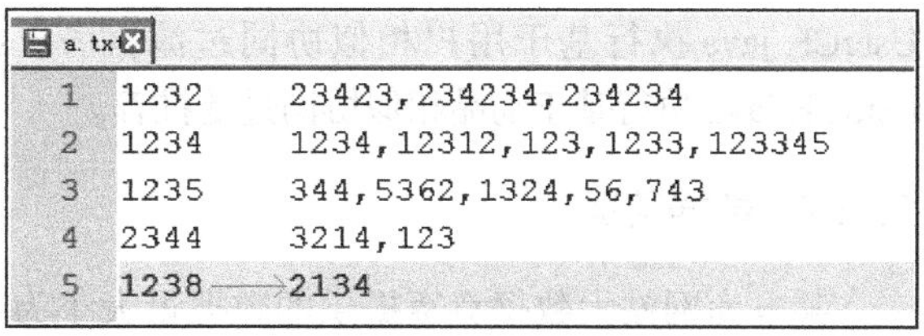

```
a.txt
1232    23423,234234,234234
1234    1234,12312,123,1233,123345
1235    344,5362,1324,56,743
2344    3214,123
1238    2134
```

图 12-1　数据提交格式

12.1.3　推荐算法和技术简介

1. 基于规则模型统计分析

对于数据分析，分析的技术可以是多种的，简单的数据分析技术便是基于规则模型统计分析。首先分析数据的特性和规律等，按照一定的相关规则或者公式，建立相关的统计模型，然后使用建立的统计模型处理数据，从而得到根据规则得到的统计结果。例如，在某电商网站大数据竞赛中，简单的统计模型如下：统计前四个月用户购买过的商品作为下一个月推荐的商品，统计八月份购买过的商品作为推荐商品，等等。

2. 协同过滤推荐

协同过滤是电子商务推荐系统的一种主要算法。

协同过滤推荐（collaborative filtering recommendation）是在信息过滤和信息系统中正迅速成为一项很受欢迎的技术。与传统的基于内容过滤直接分析内容进行推荐不同，协同过滤分析用户兴趣，在用户群中找到指定用户的相似（兴趣）用户，综合这些相似用户对某一信息的评价，形成系统对该指定用户对此信息的喜好程度预测。

主流的协同过滤方法有以下两种：

1）item-based CF：基于物品的协同过滤，通过用户对不同物品的评分来评测物品之间的相似性，基于物品之间的相似性做出推荐。

2）user-based CF：基于用户的协同过滤，通过不同用户对物品的评分来评测用户之间的相似性，基于用户之间的相似性做出推荐。

3. 数据挖掘算法

在大数据分析中，机器学习和数据挖掘算法起到越来越重要的作用。与统计分析过程不同的是，数据挖掘一般没有预先设定好的主题或者模型，主要是在现有数据上进行基于各种算法的计算，从而起到预测的效果，从而实现一些高级别数据分析的需求。比较典型算法有用于聚类的 K-means、逻辑回归、随机森林、用于统计学习的 SVM 和用于分类的 Naive Bayes 等。

该过程的特点和挑战主要是用于挖掘的算法很复杂，并且计算涉及的数据量和计算量都很大，主要使用的工具有 Hadoop 的 Mahout 等。

12.2   基于规则统计模型的大数据分析方法与实现

12.2.1   程序运行说明

在提供的程序源代码中，程序入口 main 函数位置在源文件 src\main\java\org\scut\cs\aliRecommend\model\Main. java 中，各个模型和模块程序的执行都在 Main. java 上（注：因为要运行的程序比较繁多，所以在 Main. java 上有很多类似于 main1、main2 等这样的函数，主要是为了方便管理程序，以上这些函数根据需要可以把 main 后面的数字去掉，然后就可以作为 main 函数执行）。同时需要注意的是，两个协同过滤（itemCF 和 userCF）并没有放在 Main. java 上执行，而是单独各自执行程序，其中 src\main\java\org\scut\cs\aliRecommend\model\UserCF. java 执行基于用户相似协同过滤推荐，src\main\java\org\scut\cs\aliRecommend\model\ItemCF. java 执行基于物品相似协同过滤推荐。

12.2.2   数据整理

某电商网站大数据竞赛提供的数据量大小为 4.25MB，总共有 847750 条电商用户行为记录，文件格式为 CSV 表格格式，包含 4 列数据，分别是用户 ID、商品 ID、行为类型、行为发生日期。部分数据如表 12-2 所示。

表 12-2   电商用户行为记录

用户 ID	商品 ID	行为类型	行为发生日期
10944750	13451	2	6 月 4 日
10944750	13451	2	6 月 4 日
10944750	13451	0	6 月 4 日
10944750	13451	0	6 月 4 日
10944750	13451	0	6 月 4 日
10944750	13451	0	6 月 4 日
10944750	13451	0	6 月 4 日

为了方便后续程序的处理，需要对 CSV 格式的数据进行处理。首先将 CSV 格式数据处理成列表数据。另外，HashMap 对数据处理具有很好的特性，HashMap 是一个散列表，它存储的内容是键 – 值对映射。因为最终提交的数据（程序最终输出的数据）是以（用户 ID– 推荐商品列：商品 1，商品 2…）这样的一个形式输出，因此在程序中，简单的做法是在 HashMap 中将用户 ID 作为键，而推荐的商品作为值。

1. CSV 文件处理与基类

（1）CSVUtil 类

Java 提供专门的 API 处理 CSV（Comma Separated Value），在第三方 jar 包 javacsv. jar 中实现了这个 API。在程序中，专门定义一个类来实现 CSV 的处理：CSVUtil 类。CSVUtil 类利用 javacsv. jar 的 API 将 CSV 文件读出到列表中，也要实现将列表转换成 CSV 文件数据，如下代码为 CSVUtil 类中函数，其中 readCsv 函数用于从路径文件中读取数据转化成列表数据，

writeCsv 函数则把列表数据写到文件上存储。

```
// 读入 CSV 文件，并返回由 CSV 生成的列表
public static List<String[]> readCsv(String csvFilePath) {
    try {
        List<String[]> csvList = new ArrayList<String[]>();       // 列表用来保存数据
        CsvReader reader = new CsvReader(csvFilePath, ',',         // 读取 CSV 数据
                Charset.forName("GBK"));                           // 使用 GBK 编码读
        while (reader.readRecord()) {
            csvList.add(reader.getValues());                       // 读取数据
        }
        reader.close();
        return csvList;
    } catch (Exception e) {
        e.printStackTrace();
        return null;
    }
}
// 将列表数据写入 CSV 文件
public static void writeCsv(String csvFilePath,List<String[]> csvList) {
    try {
        CsvWriter wr = new CsvWriter(csvFilePath, ',',
                Charset.forName("GBK"));
        for (String[] rowContents : csvList) {
            wr.writeRecord(rowContents);
        }
        wr.close();
    } catch (IOException e) {
        e.printStackTrace();
    }
}
```

（2）基类 BaseModel

在程序中，设定了一个基类 BaseModel，它是所有推荐模型的基类，是一个抽象类，所有推荐模型都应该继承此类，并根据需要实现 setRecommendFromCSVContents 方法。代码如下所示：

```
public abstract class BaseModel {
    // 静态变量，用于存放从 CSV 读取的数据，列表中每一个元素存放一行数据
    public static List<String[]> contents;
    // protected field，用于存放推荐列表的 Map 映射 Key:userID,Value:itemID 链表
    protected Map<Long, List<Long>> recommendedMap;
    // 通用构造函数，当传入 CSV 信息时，即时初始化 recommendedMap
    public BaseModel(List<String[]> contents) {
        this.setRecommendFromCSVContents(contents);
    }
    public BaseModel() {
    }
    // 抽象方法，用于设置推荐列表
    public abstract void setRecommendFromCSVContents(List<String[]> contents);
    public Map<Long, List<Long>> getRecommendedMap() {
        return this.recommendedMap;
    }
    public void setRecommendedMap(Map<Long, List<Long>> recommendedMap) {
        this.recommendedMap = recommendedMap;
    }
    // 公用方法，用于输出推荐列表至文件保存
```

```
public void outputRecommendedMap(String filePath) {
    try {
        FileMapExchanger.outputFileFromMap(this.recommendedMap, filePath);
    } catch (IOException e) {
        e.printStackTrace();
    }
}
```

该基类包含了一个静态变量 contents，用于存放从 CSV 读取的信息，每一个列表元素存放一行信息，还有一个 protected 变量 recommendedMap，用于存放推荐列表的 Map 映射 Key：userID、Value：itemID 链表。

在使用所有的推荐模型类时，在程序入口 main 函数中，首先处理 CSV 数据文件，将 CSV 文件数据转化成列表数据，每个记录就是一个列表元素，然后将基类 BaseModel 的静态变量 contents 初始化为该列表数据。main 函数的部分代码如下：

```
BaseModel.contents = CSVUtil.readCsv("datafile/t_alibaba_data.csv");
```

接下来所有的推荐模块使用的数据便是针对 BaseModel 的 contents 变量。

2. 文件与 Map 互相转换

在工程中，我们将处理好的推荐数据输出到 TXT 文件中，文件格式为（userID+\t+itemID1，itemID2，…）。这些 TXT 文件数据经常需要再次处理，即需要将文件数据转化成 Map 映射，或者将 Map 映射转化成文件输出。如下代码展示了文件与 Map 的互相转换。getMapFromFile（String path）函数将从文件路径中获取用户推荐映射，文件数据格式为 " userID+ ' \t '+itemID1, itemID2, … " 转化成 Map<Long, List<Long>> 映射。而 outputFileFromMap（Map<Long, List<Long>> map, String filePath）则将映射输出到相应的路径文件中。

在如下代码中，getMapFromFile 函数将路径文件 TXT 转化成 Map 映射数据，而 outputFileFromMap 函数则将 Map 映射数据转化成 TXT 文件输出。

FileMapExchanger 类：

```
// 从文件路径中获取用户推荐映射
public static Map<Long, List<Long>> getMapFromFile(String path)
        throws NumberFormatException, IOException {
    File file = new File(path);
    if(file.exists()) {
        Map<Long, List<Long>> map = new HashMap<Long, List<Long>>();
        BufferedReader reader = new BufferedReader(new InputStreamReader(
                new FileInputStream(file)));
        String line = "";
        while ((line = reader.readLine()) != null) {
            Long userID = 0L;
            int index = 0;
            if(line.indexOf("\t") != -1){
                index = line.indexOf("\t");
            } else {
                index = line.indexOf(" ");
            }
            try{
                userID= Long.parseLong(line.substring(0, index));
```

```
            } catch (Exception e){
                userID = Long.parseLong(line.substring(1, index));
            }
            String[] recommends = line.substring(index + 1).split(",");
            if(recommends.length == 1){
                List<Long> recommendsList = new ArrayList<Long>();
                if( recommends[0].equals("") || recommends[0].equals("\t")){
                    map.put(userID, recommendsList);
                } else {
                    recommendsList.add(Long.parseLong(recommends[0]));
                    map.put(userID, recommendsList);
                }
                continue;
            }
            List<Long> recommendsList = new ArrayList<Long>(
                    recommends.length);
            for (int i = 0; i < recommends.length; i++) {
                Long itemID = Long.parseLong(recommends[i]);
                recommendsList.add(itemID);
            }
            map.put(userID, recommendsList);
        }
        reader.close();
        return map;
    } else {
        System.out.println(" 文件有错误啦 ");
        return null;
    }
}
// 将用户推荐映射输出至特定的文件路径
public static int outputFileFromMap(Map<Long, List<Long>> map, String filePath)
throws IOException{
    int count = 0;
    PrintWriter writer = new PrintWriter(new File(filePath));
    for(Entry<Long, List<Long>> entry : map.entrySet()){
        writer.print(entry.getKey());
        writer.print("\t");
        if(entry.getValue().size() != 0){
            for(int i = 0; i < entry.getValue().size() - 1; i++){
                writer.print(entry.getValue().get(i) + ",");
            }
            count += entry.getValue().size();
            writer.print(entry.getValue().get(entry.getValue().size() - 1));
        }
        writer.println();
        writer.flush();
    }
    writer.close();
    return count;
}
```

12.2.3 构建离线评估模型

1. 离线评估原理

用得最多的是基于统计的数学模型，而如何衡量一个模型的好坏需要建立一个离线的评估。因为结果数据是一天一提交的，所以想知道一个模型的好坏要等上一天时间。但是如果有一个大概的离线评估，通过比较数据，很容易估计得出一个模型的好坏。因为参赛人员不知道最终正确的结果，所以这个评估模型只能作为参考而不能一概而论。构建离线评估模型，其实就是使用一份召回率比较高的数据作为基本数据，当作官方的正确结果，通过计算各种模型各自的准确率和召回率，大概知晓哪个模型稍微好点，但不能保证完全正确。

2. 离线评估实现过程与程序

如下代码为 PreciousRecallCal 类，代码中的准确率、召回率和 F1 得分根据公式进行计算得到。

```
/**
 * 计算 F1 评分的类，最重要的函数是 cal(Map<Long, List<Long>> recommends,Map<Long,
 * List<Long>>realData) 。注意，此类有 4 种构造函数，接受 Map 输入与文件路径输入的
 * 组合。
 **/
public class PreciousRecallCal {
    private Double preciousRate = 0.0;
    private Double recallRate = 0.0;
    private Double F1 = 0.0;
// 两个文件路径作为参数
    public PreciousRecallCal(String input, String verifyFilePath)
            throws NumberFormatException, IOException {
        Map<Long, List<Long>> recommends = FileMapExchanger
            .getMapFromFile(input);
        Map<Long, List<Long>> realData = FileMapExchanger
            .getMapFromFile(verifyFilePath);
        cal(recommends, realData);
    }
// 两个 Map 映射作为参数
    public PreciousRecallCal(Map<Long, List<Long>> recommends,
            Map<Long, List<Long>> realData) {
        cal(recommends, realData);
    }
// 一个文件路径，一个 Map 映射作为参数
    public PreciousRecallCal(String input, Map<Long, List<Long>> realData)
            throws NumberFormatException, IOException {
        Map<Long, List<Long>> recommends = FileMapExchanger
            .getMapFromFile(input);
        cal(recommends, realData);
    }
// 一个 Map 映射，一个文件路径作为参数
    public PreciousRecallCal(Map<Long, List<Long>> recommends,
            String verifyFilePath) throws NumberFormatException, IOException {
        Map<Long, List<Long>> realData = FileMapExchanger
            .getMapFromFile(verifyFilePath);
        cal(recommends, realData);
    }
// 计算准确率、召回率和 F1 分数
    public void cal(Map<Long, List<Long>> recommends,
            Map<Long, List<Long>> realData) {
        int matchNumber = 0;
        int recommendsNumber = 0;
        int realDataNumber = 0;
        try {
            matchNumber
FileMapExchanger.getCount(CollectionsUtil.getIntersaction(realData, recommends));
            recommendsNumber = FileMapExchanger.getCount(recommends);
```

```
        realDataNumber = FileMapExchanger.getCount(realData);
    } catch (Exception e) {
        e.printStackTrace();
    }
    this.preciousRate = ((double) (matchNumber + 0.0)) / recommendsNumber;
    this.recallRate = ((double) (matchNumber + 0.0)) / realDataNumber;
    this.F1 = (2 * this.preciousRate * this.recallRate)
            / (this.preciousRate + this.recallRate);
}
public Double getPreciousRate() {
    return this.preciousRate;
}
public Double getRecallRate() {
    return this.recallRate;
}
public Double getF1() {
    return this.F1;
}
}
```

3. 运行离线评估程序与结果

PreciousRecallCal 类有 4 种不同的构造函数，每个构造函数各有两个参数，即待测试数据和基数据。这两个数据可以是 Map 或者文件路径。以下示范两个参数都是 Map 的情况。

在 main 函数中：

```
// 首先从文件处理得到两个 Map 映射
Map<Long, List<Long>> a = FileMapExchanger.getMapFromFile("result/augustClick.txt");
Map<Long, List<Long>> b = FileMapExchanger.getMapFromFile("result/3-29-1.txt");
// 声明 PreciousRecallCal 的一个对象，构造函数参数为 a 和 b 的两个 Map
PreciousRecallCal cal = new PreciousRecallCal(a, b);
// cal 对象调用函数 getPreciousRate() 得到准确率
System.out.println("precious:" + cal.getPreciousRate());
// cal 对象调用函数 getRecallRate() 得到召回率
System.out.println("recall:" + cal.getRecallRate());
System.out.println("F1:" + cal.getF1()); // cal 对象调用函数 getF1() 得到得分 F1
```

执行以上程序中，以 b 为基数据，a 为评估数据，得到的结果样例如下：

```
precious:0.9848866498740554
recall:0.07146773898738805
F1:0.1332651670074983
```

12.2.4　多个模型结果的并集与交集

有时多个推荐模型得出单独的结果不是特别理想，如果能够将多个推荐结果组合起来，则得到的结果可能会好一点，因为总会有些模型出现了另一个模型出现不了的正确结果，组合起来之后就综合了多个模型的正确结果。我们采取的组合策略是：先把两个或两个以上的模型的结果两两交集，然后并集在一起。例如，在以下代码中，Combination 类处理多个集合两两组合的配对，CollectionsUtil 类处理集合的交集和并集。

1. 计算组合

首先通过算法运算，计算出多个元素两两组合的所有组合数，然后确定和分配多个模型得出的推荐数据集进行两两组合：

```
class Combination {
    public List Comb(int[] a, int m) {
        Combination zuhe = new Combination();
        List list = new ArrayList();
        int n = a.length;
        boolean flag = false;    //是否是最后一种组合的标记
//生成辅助数组。首先初始化，将数组前 n 个元素置 1，表示第一个组合为前 n 个数
        int[] tempNum = new int[n];
        for (int i = 0; i < n; i++) {
            if (i < m) {
                tempNum[i] = 1;
            } else {
                tempNum[i] = 0;
            }
        }
        list.add(zuhe.createResult(a, tempNum, m));    //打印第一种默认组合
        do {
            int pose = 0;        //记录改变的位置
            int sum = 0;         //记录改变位置左侧 1 的个数
            //然后从左到右扫描数组元素值的"10"组合，找到第一个"10"组合后将其
            //变为"01"
            for (int i = 0; i < (n - 1); i++) {
                if (tempNum[i] == 1 && tempNum[i + 1] == 0) {
                    tempNum[i] = 0;
                    tempNum[i + 1] = 1;
                    pose = i;
                    break;
                }
            }
            list.add(zuhe.createResult(a, tempNum, m));    //打印第一种默认组合
            //同时将其左边的所有"1"全部移动到数组的最左端
            for (int i = 0; i < pose; i++) {
                if (tempNum[i] == 1)
                    sum++;
            }
            for (int i = 0; i < pose; i++) {
                if (i < sum)
                    tempNum[i] = 1;
                else
                    tempNum[i] = 0;
            }
            //判断是否为最后一个组合：当第一个"1"移动到数组的 m-n 的位置，即 n
            //个"1"全部移动到最右端时，就得到了最后一个组合
            flag = false;
            for (int i = n - m; i < n; i++) {
                if (tempNum[i] == 0)
                    flag = true;
            }
        } while (flag);
        return list;
    }
    //根据辅助数组和原始数组生成结果数组
    public int[] createResult(int[] a, int[] temp, int m) {
        int[] result = new int[m];
        int j = 0;
        for (int i = 0; i < a.length; i++) {
            if (temp[i] == 1) {
                result[j] = a[i];
```

```
                    j++;
                }
            }
            return result;
    }
    public void print1(List list) {
            for (int i = 0; i < list.size(); i++) {
                System.out.println();
                int[] temp = (int[]) list.get(i);
                for (int j = 0; j < temp.length; j++) {
                    System.out.print(temp[j] + " ");
                }
            }
    }
    // 打印整数数组的方法
    public void print(int[] a) {
            System.out.println("生成的辅助数组为:");
            for (int i = 0; i < a.length; i++) {
                System.out.print(a[i]);
            }
            System.out.println();
    }
}
```

2. 交集与并集

在以下代码中，getIntersaction 函数运算两个集合的交集，getUnion 函数运算两个集合的并集，而 getDifferent 函数运算两个集合的差交集。

```
public class CollectionsUtil {
    // 获取两个推荐列表的交集
    public static Map<Long, List<Long>> getIntersaction(
            Map<Long, List<Long>> a, Map<Long, List<Long>> b) throws Exception {
        Map<Long, List<Long>> c = (Map) Class.forName(
                a.getClass().getCanonicalName()).newInstance();
        Set<Long> keySet = new HashSet<Long>();
        keySet.addAll(a.keySet());
        keySet.retainAll(b.keySet());
        for (Long userID : keySet) {
            List<Long> listA = a.get(userID);
            List<Long> list = (List) Class.forName(
                    listA.getClass().getCanonicalName()).newInstance();
            list.addAll(listA);

            list.retainAll(b.get(userID));
            c.put(userID, list);
        }
        return c;
    }
    // 获取两个推荐列表的并集
    public static Map<Long, List<Long>> getUnion(Map<Long, List<Long>> a,
            Map<Long, List<Long>> b) throws Exception {
        Map<Long, List<Long>> c = (Map<Long, List<Long>>) Class.forName(
                a.getClass().getCanonicalName()).newInstance();
        c.putAll(a);
        for (Entry<Long, List<Long>> entry : b.entrySet()) {
            Set<Long> set = new HashSet<Long>();
            set.addAll(entry.getValue());
            if (a.containsKey(entry.getKey())) {
```

```
                set.addAll(a.get(entry.getKey()));
            }
            List<Long> list = (List<Long>) Class.forName(
                    entry.getValue().getClass().getCanonicalName())
                    .newInstance();
            list.addAll(set);
            c.put(entry.getKey(), list);
        }
        return c;
    }
    // 获取几个推荐列表的并集
    public static Map<Long, List<Long>> getUnion(List<Map<Long, List<Long>>> a)
            throws Exception {
        if (a.size() == 0) {
            return null;
        } else if (a.size() == 1) {
            return a.get(0);
        }
        Map<Long, List<Long>> c = (Map<Long, List<Long>>) Class.forName(
                a.get(0).getClass().getCanonicalName()).newInstance();
        c.putAll(a.get(0));
        for (int i = 0; i < a.size() - 1; i++) {
            c = getUnion(c, a.get(i + 1));
        }
        return c;
    }
    // 获取几个推荐列表的交集
    public static Map<Long, List<Long>> getIntersaction(
            List<Map<Long, List<Long>>> a) throws Exception {
        if (a.size() == 0) {
            return null;
        } else if (a.size() == 1) {
            return a.get(0);
        }
        Map<Long, List<Long>> c = (Map<Long, List<Long>>) Class.forName(
                a.get(0).getClass().getCanonicalName()).newInstance();
        c.putAll(a.get(0));
        for (int i = 0; i < a.size() - 1; i++) {
            c = getIntersaction(c, a.get(i + 1));
        }
        return c;
    }
    // 获取两个推荐列表的差交集
    public static Map<Long, List<Long>> getDifferent(Map<Long, List<Long>> a,
            Map<Long, List<Long>> b) throws Exception {
        Map<Long, List<Long>> c = (Map<Long, List<Long>>) Class.forName(
                a.getClass().getCanonicalName()).newInstance();
        for (Entry<Long, List<Long>> entry : a.entrySet()) {
            List<Long> list1 = new ArrayList<Long>(entry.getValue());
            if (b.containsKey(entry.getKey())) {
                List<Long> list2 = b.get(entry.getKey());
                list1.removeAll(list2);
            }
            c.put(entry.getKey(), list1);
        }
        return c;
    }
    // 通过值逆序排序
    public static Map sortByValue(Map map) {
```

```
        List list = new LinkedList(map.entrySet());
        Collections.sort(list, new Comparator() {
            public int compare(Object o1, Object o2) {
                return -((Comparable) ((Map.Entry) o1).getValue())
                        .compareTo(((Map.Entry) o2).getValue());
            }
        });
        Map result = new LinkedHashMap();
        for (Iterator it = list.iterator(); it.hasNext();) {
            Map.Entry entry = (Map.Entry) it.next();
            result.put(entry.getKey(), entry.getValue());
        }
        return result;
    }
    // List a 中有 n 个 Map，用 count 个 Map 取交集，再将多个交集取并集
    public static Map<Long, List<Long>> getCombination(
            List<Map<Long, List<Long>>> a, int count) throws Exception {
        Map<Long, List<Long>> c = (Map<Long, List<Long>>) Class.forName(
                a.get(0).getClass().getCanonicalName()).newInstance();
        int size = a.size();
        int arr[] = new int[size];
        for (int i = 0; i < size; i++) {
            arr[i] = i;
        }
        Combination zuhe = new Combination();
        List list = zuhe.Comb(arr, count);
        List<Map<Long, List<Long>>> b = new ArrayList<Map<Long, List<Long>>>();
        for (int i = 0; i < list.size(); i++) {
            Map<Long, List<Long>> e = (Map<Long, List<Long>>) Class.forName(
                    a.get(0).getClass().getCanonicalName()).newInstance();
            int[] temp = (int[]) list.get(i);
            e = a.get(temp[0]);
            for (int j = 0; j < temp.length - 1; j++) {
                e = getIntersaction(e, a.get(temp[j + 1]));
            }
            b.add(e);
        }
        c = getUnion(b);
        return c;
    }
}
```

12.2.5　购买即推荐模型

1. 基本原理

到实际生活中，人们在短时间购买过的商品过一段时间也会购买同样的商品，基于这样的一个想法，用户前 4 个月购买过的商品可作为下个月推荐的商品，这是最简单的一个统计模型，但是效果很好。

2. 模型实现

在以下程序中，BuyAsRecommendModel 实现了购买过的商品作为下个月推荐的商品规则的处理。程序统计 4 个月中某几个月或者所有月份的所有数据，当用户的行为类型为 1（购买行为）时，则将发生该行为中的商品推荐给这个用户。

```java
// 购买即推荐模型，即用户购买了该品牌，即将该品牌推荐给用户，最简单的模型
public class BuyAsRecommendModel extends BaseModel {
    /**
     * 字符串数组，用于保存自定义的月份，例如，需要统计 8 月份的购买即推荐，可令
     * startWiths 为 {"8","4"}
     **/
    private String[] startWiths;
    // 构造函数，recommendedMap 需要用函数 setRecommendFromCSVContents 及时激活
    public BuyAsRecommendModel(String[] startWiths) {
        this.startWiths = startWiths;
    }
    // 构造函数，当传入 CSV 信息时，即时初始化 recommendedMap
    public BuyAsRecommendModel(List<String[]> contents, String[] startWiths) {
        super();
        this.startWiths = startWiths;
        this.setRecommendFromCSVContents(contents);
    }
    // 获取指定月份的购买数据
    @Override
    public void setRecommendFromCSVContents(List<String[]> contents) {
        this.recommendedMap = new HashMap<Long, List<Long>>();
        for (String[] rowContents : contents) {
            if (Integer.parseInt(rowContents[2]) != 1) {
                continue;
            }
            boolean ifContinue = true;
            for (int i = 0; i < this.startWiths.length; i++) {
                if (rowContents[3].startsWith(this.startWiths[i])) {
                    ifContinue = false;
                    break;
                } else {
                    ifContinue = true;
                }
            }
            if (ifContinue) {
                continue;
            }
            Long userID = Long.parseLong(rowContents[0]);
            Long itemID = Long.parseLong(rowContents[1]);
            if (this.recommendedMap.containsKey(userID)) {
                this.recommendedMap.get(userID).add(itemID);
            } else {
                List<Long> list = new ArrayList<Long>();
                list.add(itemID);
                this.recommendedMap.put(userID, list);
            }
        }
        // 去除重复的数据
        Iterator<Entry<Long, List<Long>>> iterator = this.recommendedMap.entrySet().
iterator();
        while (iterator.hasNext()) {
            Entry<Long, List<Long>> entry = iterator.next();
            Set<Long> set = new HashSet<Long>();
            set.addAll(entry.getValue());
            entry.setValue(new ArrayList<Long>(set));
        }
    }
    public String[] getStartWiths() {
```

```
        return startWiths;
    }
    public void setStartWiths(String[] startWiths) {
        this.startWiths = startWiths;
    }
}
```

3. 模型执行

例如，在 main 函数中，实现统计 8 月份中用户购买过的商品，然后将购买过的商品作为下个月该用户的推荐商品：

```
String[] startWiths = { "8" };                           // 8 月份数据
BuyAsRecommendModel buyAsRecommendModel = new BuyAsRecommendModel(
    startWiths);                                          // 声明对象
buyAsRecommendModel.setRecommendFromCSVFile(BaseModel.contents);
buyAsRecommendModel.outputMap("result/august.txt");       // 推荐输出到文件中
```

12.2.6 前三个月购买，后一个月只有点击

1. 基本原理

基于上一个购买即推荐的模型，进行进一步的分析发现，用户其实不会在短时间内再购买同样的商品，并且，我们得出一个结论，即前三个月购买过的商品，在后一个月还点击查看同样商品的用户再次购买这个商品的可能性非常大，因此也作为一个基本的模型。

2. 模型实现

统计前三个月时间里，用户对某样商品有购买行为（即 type=1），而在最后一个月内的时间内对该商品只有点击行为（即 type=0），如果符合以上两个条件，则该商品就可以推荐给这个用户。

```
// 如果用户之前购买过一样商品，随后的一个月没有购买但是点击了该商品，即推荐该商品
public class BeforeBuyAfterClickAsRecommendModel extends BaseModel {
    public BeforeBuyAfterClickAsRecommendModel() {
        super();
    }
    // 构造函数，当传入 CSV 信息时，即时初始化 recommendedMap
    public BeforeBuyAfterClickAsRecommendModel(List<String[]> contents) {
        super(contents);
    }
    @Override
    public void setRecommendFromCSVContents(List<String[]> contents) {
        this.recommendedMap = new HashMap<Long, List<Long>>();

        String[] startWiths = { "4", "5", "6", "7" };    // 4、5、6、7 月份的数据
        BuyAsRecommendModel buyAsRecommendModel = new BuyAsRecommendModel(
                startWiths);
        buyAsRecommendModel.setRecommendFromCSVContents(contents);
        Map<Long, List<Long>> buyRecommendMap = buyAsRecommendModel
                .getRecommendedMap();

        for (String[] rowContents : contents) {
            if (Integer.parseInt(rowContents[2]) != 0) {
                continue;
            }
```

```
                    if (!rowContents[3].startsWith("8")) {
                        continue;
                    }
                Long userID = Long.parseLong(rowContents[0]);
                Long itemID = Long.parseLong(rowContents[1]);
                if (this.recommendedMap.containsKey(userID)) {
                    this.recommendedMap.get(userID).add(itemID);
                } else {
                    List<Long> list = new ArrayList<Long>();
                    list.add(itemID);
                    this.recommendedMap.put(userID, list);
                }
            }
            // 去除重复的数据
            Iterator<Entry<Long, List<Long>>> iterator = this.recommendedMap
                    .entrySet().iterator();
            while (iterator.hasNext()) {
                Entry<Long, List<Long>> entry = iterator.next();
                Set<Long> set = new HashSet<Long>();
                set.addAll(entry.getValue());
                entry.setValue(new ArrayList<Long>(set));
            }
            // 进行合并
            try {
                this.recommendedMap = CollectionsUtil.getIntersaction(
                        buyRecommendMap, this.recommendedMap);
            } catch (Exception e) {
                // TODO Auto-generated catch block
                e.printStackTrace();
            }
        }
    }
```

3. 模型执行

在 main 函数中，实现前三个月购买，后一个月只有点击的商品的作为推荐商品的执行代码如下：

```
// 声明一个 BeforeBuyAfterClickAsRecommendModel 对象
BeforeBuyAfterClickAsRecommendModelbeforeBuyAfterClickAsRecommendModel = new
BeforeBuyAfterClickAsRecommendModel();
// 将 BaseModel 类的 contents 数据代入
beforeBuyAfterClickAsRecommendModel.setRecommendFromCSVFile(BaseModel.contents);
// 将模型数据输出到文件
beforeBuyAfterClickAsRecommendModel.outputMap("result/augustClick.txt");
```

12.2.7　最近 k 天对该品牌有操作，即将此品牌推荐

1. 基本原理

如果用户在最近几天内对一个商品发生某个行为，如点击、收藏、放进购物车4种行为的其中一种，那么这个用户很有可能会购买这个商品。一般情况下，人们在购买某样商品的前几天会查看、点击或者收藏该商品，当浏览了一定的数量时，该用户购买该商品的可能性会很大。例如，一个用户对某样商品在最近的 4 天内有一定的操作，我们猜测该用户对这个商品的兴趣度很大，因此用户很有可能会购买该商品，所以把该商品推荐给该用户。通过统计最近 k 天内用户是否对商品进行操作得到推荐的商品。

2. 模型实现

k 为用户输入参数，表示离 8 月 15 日最近的 *k* 天内，用户发生某样行为，即购买、点击、收藏、放进购物车 4 种行为的其中一种。统计所有的数据，若在 *k* 天内用户对某商品发生其中一种行为，即把该商品作为推荐商品。

```java
// 最近 k 天对该品牌有操作，即将此品牌推荐
public class RecentActionAsRecommendModel extends BaseModel {
    // k 为用户输入的参数，表示最近 k 天有操作
    private Integer kDays;
    // 构造函数，当传入 CSV 信息时，即时初始化 recommendedMap
    public RecentActionAsRecommendModel(List<String[]> contents, Integer kDays) {
        super();
        this.kDays = kDays;
        this.setRecommendFromCSVContents(contents);
    }
    public RecentActionAsRecommendModel(Integer kDays) {
        this.kDays = kDays;
    }
    public void setRecommendFromCSVContents(List<String[]> contents) {
        this.recommendedMap = new HashMap<Long, List<Long>>();
        for (int i = 0; i < contents.size(); i++) {
            for (int k = 0; k < 4; k++) {
                String date = contents.get(i)[3];
                int start = date.indexOf(" 月 ");
                int end = date.indexOf(" 日 ");
                String day = date.substring(start + 1, end);
                String[] rowContents = contents.get(i);
                if (date.startsWith("8")
                        && (15 - Integer.parseInt(day)) <= kDays) {
                    Long userID = Long.parseLong(rowContents[0]);
                    Long itemID = Long.parseLong(rowContents[1]);
                    if (this.recommendedMap.containsKey(userID)) {
                        this.recommendedMap.get(userID).add(itemID);
                    } else {
                        List<Long> list = new ArrayList<Long>();
                        list.add(itemID);
                        this.recommendedMap.put(userID, list);
                    }
                }
            }
        }
        // 去除重复的数据
        java.util.Iterator<Entry<Long, List<Long>>> iterator = this.recommendedMap
                .entrySet().iterator();
        while (iterator.hasNext()) {
            Entry<Long, List<Long>> entry = iterator.next();
            Set<Long> set = new HashSet<Long>();
            set.addAll(entry.getValue());
            entry.setValue(new ArrayList<Long>(set));
        }
    }
    public Integer getKDays() {
        return kDays;
    }
    public void setKDays(Integer kDays) {
        this.kDays = kDays;
    }
}
```

3. 模型执行

在 main 函数中，实现最近 4 天内用户对某商品有操作的情况下对该商品进行推荐的执行过程，首先输入参数 k=4，初始化 RecentActionAsRecommendModel 对象，然后进行统计处理：

```
RecentActionAsRecommendModel r = new RecentActionAsRecommendModel(4); // 初始 k=4 天
r.setRecommendFromCSVFile(BaseModel.contents);    // 代入映射
r.outputMap("result/recent4.txt");                // 将推荐结果输出到文件
```

12.2.8 对某商品连续操作 n 次以上便推荐

1. 基本原理

日常生活中，如果用户对某个商品感兴趣，他会不断地对这个商品进行相关的操作，发生如查看、点击、收藏等行为，当发生这些行为的次数达到一定的量时，我们认为该用户购买该商品的可能性十分大，因此把该商品推荐给该用户。

2. 模型实现

输入所有的数据，统计每个用户对某样商品连续操作的次数，设定一个阈值 w，如 10。当次数达到阈值时，我们就把这个商品作为推荐商品，表示某用户对该商品连续操作的次数超过阈值 w=10 次时，我们就把该商品推荐给用户。该模型实现的代码如下：

```
/**
 * 连续操作 n 次以上便推荐，如果用户对该品牌连续进行了 n 次操作，说明对该品牌有一
 * 定的喜爱度，即将该品牌推荐给用户
 **/
public class SeriesActAsRecommendModel extends BaseModel {
    // 连续操作的次数，作为参数
    private Integer actionCount;
    public SeriesActAsRecommendModel(List<String[]> contents,
            Integer actionCount) {
        super();
        this.actionCount = actionCount;
        this.setRecommendFromCSVContents(contents);
    }
    public SeriesActAsRecommendModel(Integer actionCount) {
        this.actionCount = actionCount;
    }
    @Override
    public void setRecommendFromCSVContents(List<String[]> contents) {
        this.recommendedMap = new HashMap<Long, List<Long>>();
        Map<String, Integer> m = new HashMap<String, Integer>();
        for (String[] rowContents : contents) {
            String user_with_item = rowContents[0] + rowContents[1];
            if (!m.containsKey(user_with_item)) {
                m.put(user_with_item, 1);
            } else
                m.put(user_with_item, m.get(user_with_item) + 1);
            if (m.get(user_with_item) >= actionCount) {
                Long userID = Long.parseLong(rowContents[0]);
                Long itemID = Long.parseLong(rowContents[1]);
                if (this.recommendedMap.containsKey(userID)) {
                    this.recommendedMap.get(userID).add(itemID);
                } else {
                    List<Long> list = new ArrayList<Long>();
```

```
                            list.add(itemID);
                            this.recommendedMap.put(userID, list);
                        }
                    }
                }
                // 去除重复的数据
                Iterator<Entry<Long, List<Long>>> iterator = this.recommendedMap
                        .entrySet().iterator();
                while (iterator.hasNext()) {
                    Entry<Long, List<Long>> entry = iterator.next();
                    Set<Long> set = new HashSet<Long>();
                    set.addAll(entry.getValue());
                    entry.setValue(new ArrayList<Long>(set));
                }
            }
            public Integer getActionCount() {
                return actionCount;
            }
            public void setActionCount(Integer actionCount) {
                this.actionCount = actionCount;
            }
        }
```

3. 模型执行

在 main 函数中，执行该模型，首先设置阈值，如阈值为 7，表示连续操作次数 7 次，初始化 SeriesActAsRecommendModel 对象，然后统计输入的数据，连续操作次数超过 7 次则作为推荐商品。当用户对某商品连续有 7 次以上的操作时，该商品即为推荐的商品的代码如下：

```
SeriesActAsRecommendModel seriesActAsRecommendModel = newSeriesActAsRecommendModel(7); // 设置连续 7 天
seriesActAsRecommendModel.setRecommendFromCSVFile(BaseModel.contents); // 代入映射
seriesActAsRecommendModel.outputMap("result/seriesAct7.txt"); // 将推荐数据输出到文件中
```

12.2.9　基于时间权重的模型

1. 基本原理

基于时间权重的模型是用得最多的一个模型，效果也是最好的。基于时间权重，简单来讲就是对点击、购买、收藏和购物车行为采取一定的评分规则后再按照时间越近权重增大，总权重大于 W 的商品即推荐，例如，对以上 4 种行为根据其重要性给予一定的初始权重：点击的权重为 0.5，购买的权重为 2，收藏的权重为 1，购物车的权重为 1，然后随着时间的增长，权重也增长，增长的公式为 delta * (days / dayGranularity + 1) * dayWeight（delta 表示 4 种行为初始的权重；days 表示该行为发生的日期离 4 月 15 日即第一天的时间跨度；dayGranularity 表示时间粒度，即每隔多少天后，权重会提高；dayWeight 表示每隔 dayGranularity 天后权重提升的比例）。

2. 模型实现

初始化 4 个行为的初始权重，设置时间粒度。首先对每条记录进行处理得到该行为发生的日期距离 4 月 15 日的时间，以天数为单位，getDays() 函数返回距离天数。getDelta（int type, int days）根据上面的公式计算每条行为的权重，对每样商品各自得到的权重进行累加得到最终的权重，当最终的权重大于预先设定好的阈值时，该商品就会被推荐。实现该模型的代码如下：

```java
public class TimeWeightModel extends BaseModel {
    private Float threshold;              //最大的阈值，用来控制推荐数
    private Float clickWeight;            //点击权重。收藏、购物车权重固定为1，购买权重固定为2
    private Integer dayGranularity;       //时间粒度，即每隔多少天后，权重会提高
    private Float dayWeight;              //每隔 dayGranularity 天后权重提升的比例

    public TimeWeightModel(Float threshold, Float clickWeight,
            Integer dayGranularity, Float dayWeight) {
        super();
        this.threshold = threshold;
        this.clickWeight = clickWeight;
        this.dayGranularity = dayGranularity;
        this.dayWeight = dayWeight;
    }
    public TimeWeightModel(List<String[]> contents, Float threshold,
            Float clickWeight, Integer dayGranularity, Float dayWeight) {
        super();
        this.threshold = threshold;
        this.clickWeight = clickWeight;
        this.dayGranularity = dayGranularity;
        this.dayWeight = dayWeight;
        this.setRecommendFromCSVContents(contents);
    }
    @Override
    public void setRecommendFromCSVContents(List<String[]> contents) {
        this.recommendedMap = new HashMap<Long, List<Long>>();
        Map<Long,Map<Long,Float>> map = new HashMap<Long,Map<Long,Float>>();
        for(String[] rowContent : contents){
            Long userID = Long.parseLong(rowContent[0]);
            Long itemID = Long.parseLong(rowContent[1]);
            Integer type = Integer.parseInt(rowContent[2]);
            Integer days = getDays(rowContent[3]);
            Float delta = getDelta(type, days);
            if(map.containsKey(userID)){
                if(map.get(userID).containsKey(itemID)){
                    map.get(userID).put(itemID, map.get(userID).get(itemID) + delta);
                } else {
                    map.get(userID).put(itemID, delta);
                }
            } else {
                HashMap<Long, Float> m2 = new HashMap<Long,Float>();
                m2.put(itemID, delta);
                map.put(userID, m2);
            }
        }
        for(Entry<Long,Map<Long,Float>> entry : map.entrySet()){
            List<Long> itemList = new ArrayList<Long>();
            for(Entry<Long, Float> entry1 : entry.getValue().entrySet()){
                if(entry1.getValue() >= this.threshold){
                    itemList.add(entry1.getKey());
                }
            }
```

```
            this.recommendedMap.put(entry.getKey(), itemList);
        }
    }
    private Float getDelta(int type, int days) {        //计算操作商品得到的权重
        double delta = 0;
        switch (type) {
        case 0:
            delta = this.clickWeight;                   //点击
            break;
        case 1:
            delta = 2;                                  //购买
            break;
        case 2:
            delta = 1;                                  //收藏
            break;
        case 3:
            delta = 1;                                  //购物车
            break;
        }
        // 求出该操作的权重
        return (float) delta * (days / this.dayGranularity + 1) * this.dayWeight;
    }
    private int getDays(String dayString) {        //返回用户操作商品日期离 4 月 15 的天数
        int days = 0;
        int start = dayString.indexOf("月");
        int end = dayString.indexOf("日");
        int month = (int) dayString.charAt(0) - 48;
        int day = Integer.parseInt(dayString.substring(start + 1, end));
        switch (month) {
        case 4:
            days = day - 15;
            break;
        case 5:
            days = day + 15;
            break;
        case 6:
            days = day + 15 + 31;
            break;
        case 7:
            days = day + 15 + 31 + 30;
            break;
        case 8:
            days = day + 15 + 31 + 30 + 31;
            break;
        }
        return days;
    }
}
```

3. 模型执行

在 main 函数中，设置各个参数，其中阈值（总权重）为 60，点击行为初始权重为 0.5，时间间隔为 7 天，每隔 7 天后权重提升的比例为 1（注：如下代码中只设置了点击行为的初始权重，其实在 TimeWeightModel 类中已经默认设置了其他 3 种行为的初始权重），在下面的语句得到一个模型的映射：

```
Map a = new TimeWeightModel(BaseModel.contents,60F, 0.5F, 7, 1F).
getRecommendedMap();
```

12.3   基于协同过滤推荐模型的大数据分析方法与实现

12.3.1   协同过滤基本原理

协同过滤推荐（collaborative filtering recommendation）是在信息过滤和信息系统中一项很受欢迎的技术。与传统的基于内容过滤直接分析内容进行推荐不同，协同过滤通过分析用户兴趣，在用户群中找到指定用户的相似（兴趣）用户，综合这些相似用户对某一信息的评价，形成系统对该指定用户对此信息的喜好程度预测。

与传统文本过滤相比，协同过滤有下列优点：

1）能够过滤难以进行机器自动基于内容分析的信息，如艺术品、音乐。

2）能够基于一些复杂的、难以表达的概念（信息质量、品位）进行过滤。

3）推荐的新颖性。

正因为如此，协同过滤在商业应用上取得了不错的成绩。Amazon、CDNow、MovieFinder 都采用了协同过滤的技术来提高服务质量。

其缺点如下：

1）用户对商品的评价非常稀疏，这样基于用户的评价所得到的用户间的相似性可能不准确（即稀疏性问题）。

2）随着用户和商品的增多，系统的性能会越来越低。

3）如果从来没有用户对某一商品进行评价，则这个商品不可能被推荐（即最初评价问题）。

因此，现在的电子商务推荐系统采用几种技术相结合的推荐技术。下面介绍协同过滤的 3 个步骤。

1. 收集用户偏好

收集用户偏好分为显式与隐式两种：

1）显式：用户填写评分、投票、转发等，通过用户显式的行为获取数据。

2）隐式：用户浏览网站、购买、关注等。

显示与隐式的区别在于用户是否直接评分。

某电商网站提供的数据属于隐式，我们将 4 种行为根据重要性分别赋予不同的值，例如，点击为 0.3，购买为 5，收藏为 2，购物车为 3。

2. 找到相似的用户或物品

（1）相似度计算（基于向量）

计算相似度的方法有以下几种。

1）欧几里得距离（Euclidean Distance）：

$$d(X,Y) = \sqrt{(x_1-y_1)^2 + (x_2-y_2)^2 + \cdots + (x_n-y_n)^2}$$

2）曼哈顿距离：

$$d(X,Y) = |x_1-y_1| + |x_2-y_2| + \cdots + |x_n-y_n|$$

3）名科夫斯基距离：

$$d(X,Y) = \sqrt[p]{|x_1-y_1|^p + |x_2-y_2|^p + \cdots + |x_n-y_n|^p}$$

（2）相似邻居计算

固定数量的邻居：K-neighborhoods（或者 Fix-size neighborhoods），如图 12-2a 所示。

基于相似度门槛的邻居：Threshold-based neighborhoods，如图 12-2b 所示。

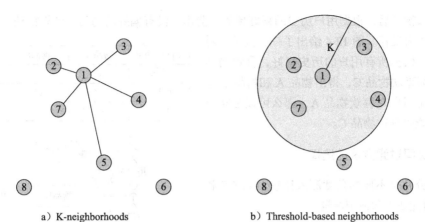

a）K-neighborhoods　　　　　　b）Threshold-based neighborhoods

图 12-2　相似邻居计算

3. 计算推荐

在协同过滤中，有两种主流方法：基于用户的协同过滤（User CF）和基于物品（Item CF）的协同过滤。

（1）User CF

User CF 的基本思想相当简单，基于用户对物品的喜好找到相邻邻居用户，然后将邻居用户喜欢的物品推荐给当前用户。计算上，将一个用户对所有物品的喜好作为一个向量来计算用户之间的相似度，找到 K 邻居后，根据邻居的相似度权重以及他们对物品的喜好，预测当前用户没有偏好的物品，计算得到一个排序的物品列表作为推荐。图 12-3 给出了一个例子，对于用户 A，根据其历史喜好，这里只计算得到一个邻居——用户 C，然后将用户 C 喜欢的物品 D 推荐给用户 A。

用户/物品	物品A	物品B	物品C	物品D
用户A	✓		✓	推荐
用户B		✓		
用户C	✓			✓

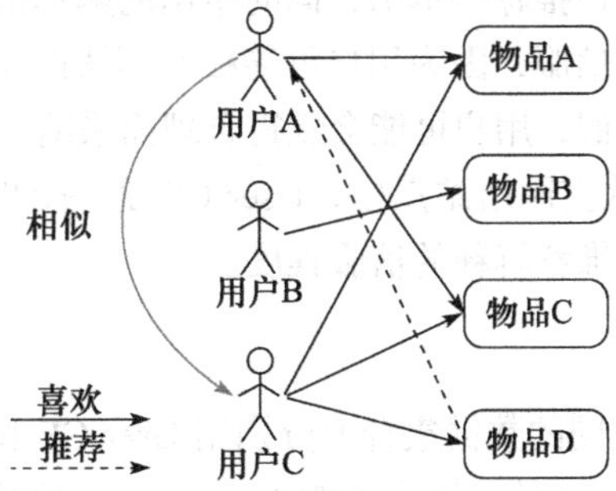

图 12-3　User CF

（2）Item CF

Item CF 的原理和 User CF 类似，只是在计算邻居时采用物品本身，而不是从用户的角度，即基于用户对物品的偏好找到相似的物品，然后根据用户的历史喜好，推荐相似的物品给他。从计算的角度看，将所有用户对某个物品的喜好作为一个向量来计算物品之间的相似度，得到物品的相似物品后，根据用户历史的喜好预测当前用户没有偏好的物品，计算得到一个排序的物品列表作为推荐。图 12-4 给出了一个例子，对于物品 A，根据所有用户的历史喜好，喜欢物品 A 的用户都喜欢物品 C，得出物品 A 和物品 C 比较相似，而用户 C 喜欢物品 A，那么可以推断出用户 C 可能也喜欢物品 C。

用户/物品	物品A	物品B	物品C
用户A	✓		✓
用户B	✓	✓	✓
用户C	✓		推荐

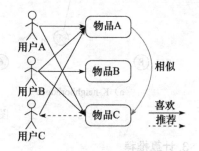

图 12-4　Item CF

12.3.2　协同过滤方法的选择

下面分几个不同的角度深入比较 User CF 和 Item CF 的优缺点和适用场景。

1. 计算复杂度

Item CF 和 User CF 是推荐的两个基本算法，User CF 是很早以前就提出来了，Item CF 是从 Amazon 的论文和专利发表之后（2001 年左右）开始流行，Item CF 从性能和复杂度上比 User CF 更优，其中一个主要原因就是对于一个在线网站，用户的数量往往大大超过物品的数量，同时物品的数据相对稳定，因此计算物品的相似度不但计算量较小，同时也不必频繁更新。但我们往往忽略了这种情况只适应于提供商品的电子商务网站，对于新闻、博客或者微内容的推荐系统，情况往往是相反的，物品的数量是海量的，同时也是更新频繁的，所以单从复杂度的角度，这两个算法在不同的系统中各有优势，推荐引擎的设计者需要根据自己应用的特点选择更加合适的算法。

2. 适用场景

在非社交网络的网站中，内容内在的联系是很重要的推荐原则，比基于相似用户的推荐原则更加有效。例如，在购书网站上，当看一本书的时候，推荐引擎会给用户推荐相关的书籍，这个推荐的重要性远远超过了网站首页对该用户的综合推荐。可以看到，在这种情况下，Item CF 的推荐成为了引导用户浏览的重要手段。同时 Item CF 便于为推荐做出解释，在一个非社交网络的网站中，给某个用户推荐一本书，同时给出的解释是某某和该用户有相似兴趣的人也看了这本书，这很难让用户信服，因为用户可能根本不认识那个人；但如果解释为因为这本书和该用户以前看的某本书相似，用户可能会觉得合理而采纳了此推荐。

相反地，在现今很流行的社交网络站点中，User CF 是一个更不错的选择，User CF 加上社会网络信息，可以增加用户对推荐解释的信服程度。

3. 推荐多样性和精度

研究推荐引擎的学者们在相同的数据集合上分别用 User CF 和 Item CF 计算推荐结果，发现在推荐列表中，只有 50% 是一样的，还有 50% 完全不同。但是这两个算法有相似的精度，所以这两个算法又是互补的。关于推荐的多样性，有以下两种度量方法：

第一种度量方法是从单个用户的角度度量，即给定一个用户，查看系统给出的推荐列表是否多样，也就是要比较推荐列表中的物品之间两两的相似度，不难想到，对于这种度量方法，Item CF 的多样性显然不如 User CF 好，因为 Item CF 的推荐就是和以前看的东西最相似的。

第二种度量方法是考虑系统的多样性，也被称为覆盖率（coverage），它是指一个推荐系统是否能够提供给所有用户丰富的选择。在这种指标下，Item CF 的多样性要远远好于 User CF，因为 User CF 总是倾向于推荐热门的，从另一个侧面看，Item CF 的推荐有很好的新颖性，很擅长推荐长尾里的物品。所以，尽管大多数情况下 Item CF 的精度略小于 User CF，但在多样性方面，Item CF 比 User CF 好很多。

如果用户对推荐的多样性还心存疑惑，那么下面再举个实例看看 User CF 和 Item CF 的多样性到底有什么差别。首先，假设每个用户的兴趣爱好都是广泛的，喜欢多个领域的东西，不过每个用户肯定倾向于一个主要的领域，即相比其他领域，更加关心这个领域。给定一个用户，假设他喜欢 3 个领域 A、B、C，A 是他喜欢的主要领域，这个时候我们来看 User CF 和 Item CF 倾向于做出什么推荐：如果用 User CF，会将 A、B、C 3 个领域中比较热门的东西推荐给用户；而如果用 ItemCF，基本上只推荐 A 领域的东西给用户。我们看到，因为 User CF 只推荐热门的，所以它在推荐长尾里的项目方面的能力不足；而 Item CF 只推荐 A 领域给用户，这样其有限的推荐列表中可能包含了一定数量的不热门的长尾物品，同时 Item CF 的推荐对这个用户而言，显然多样性不足。但是对于整个系统而言，因为不同用户的主要兴趣点不同，所以系统的覆盖率会比较好。

从上面的分析可以很清晰地看到，这两种推荐都有其合理性，但都不是最好的选择，因此它们的精度也会有损失。对这类系统的最好选择是，如果系统给这个用户推荐 30 个物品，既不是每个领域挑选 10 个最热门的给他，也不是推荐 30 个 A 领域的给他，而是推荐 15 个 A 领域的给他，剩下的 15 个从 B、C 中选择。所以结合 User CF 和 Item CF 是最优的选择，结合的基本原则是当采用 Item CF 导致系统对个人推荐的多样性不足时，通过加入 User CF 增加个人推荐的多样性，从而提高精度，而当因为采用 User CF 而使系统的整体多样性不足时，可以通过加入 Item CF 增加整体的多样性，同样可以提高推荐的精度。

4. 用户对推荐算法的适应度

前面大部分是从推荐引擎的角度考虑哪个算法更优，但其实我们更多应该考虑推荐引擎的最终使用者——应用用户对推荐算法的适应度。

对于 User CF，推荐的原则是假设用户会喜欢那些和他有相同喜好的用户喜欢的东西，但如果一个用户没有相同喜好的朋友，那么 User CF 算法的效果会很差，所以一个用户对 CF 算法的适应度是和其有多少共同喜好用户成正比的。

Item CF 算法也有一个基本假设，即用户会喜欢和他以前喜欢的东西相似的东西，那么我们可以计算一个用户喜欢的物品的自相似度。一个用户喜欢物品的自相似度大，就说明他喜欢的东西是比较相似的，也就是说他比较符合 Item CF 方法的基本假设，那么他对 Item CF 的适应度比较好；反之，如果自相似度小，说明这个用户的喜好习惯并不满足 Item CF 方法的基本假设，那么对于这种用户，用 Item CF 方法做出好的推荐的可能性非常低。

12.3.3　用 Maven 构建 Mahout 协同过滤项目

1. Maven

Apache Maven 是一个 Java 的项目管理及自动构建工具，由 Apache 软件基金会所提供。基于项目对象模型（Project Object Model，POM）概念，Maven 利用一个中央信息片断管理一个项目的构建、报告和文档等步骤。Maven 曾是 Jakarta 项目的子项目，现为独立的 Apache 项目。Maven 的开发者在他们其开发网站上指出，Maven 的目标是使得项目的构建更加容易，把编译、打包、测试、发布等开发过程中的不同环节有机地串联了起来，并产生一致的、高质量的项目信息，使得项目成员能够及时地得到反馈。Maven 有效地支持了测试优先、持续集成，体现了鼓励沟通、及时反馈的软件开发理念。如果说 Ant 的复用是建立在"复制—粘贴"的基础上的，那么 Maven 通过插件的机制实现了项目构建逻辑的真正复用。

2. Mahout

Mahout 是 Apache Software Foundation（ASF）下的一个开源项目，提供一些可扩展的机器学习领域经典算法的实现，旨在帮助开发人员更加方便、快捷地创建智能应用程序。发展至今，Apache Mahout 项目目前已经有了 3 个公共发行版本。Mahout 包含许多实现，如聚类、分类、推荐过滤、频繁子项挖掘。此外，通过使用 Apache Hadoop 库，Mahout 可以有效地扩展到云中。

在 Mahout 实现的机器学习算法见表 12-3。

表 12-3　机器学习算法

算法类	算法	说明
分类算法	Logistic Regression	逻辑回归
	Bayesian	贝叶斯
	SVM	支持向量机
	Perceptron	感知器算法
	Neural Network	神经网络
	Random Forests	随机森林
	Restricted Boltzmann Machines	有限波尔兹曼机
聚类算法	Canopy Clustering	Canopy 聚类
	K-means Clustering	K 均值算法
	Fuzzy K-means	模糊 K 均值
	Expectation Maximization	EM 聚类（期望最大化聚类）
	Mean Shift Clustering	均值漂移聚类
	Hierarchical Clustering	层次聚类
	Dirichlet Process Clustering	狄里克雷过程聚类
	Latent Dirichlet Allocation	LDA 聚类
	Spectral Clustering	谱聚类
关联规则挖掘	Parallel FP Growth Algorithm	并行 FP Growth 算法
回归	Locally Weighted Linear Regression	局部加权线性回归
降维 / 维约简	Singular Value Decomposition	奇异值分解
	Principal Components Analysis	主成分分析
	Independent Component Analysis	独立成分分析
	Gaussian Discriminative Analysis	高斯判别分析
进化算法	并行化 Watchmaker 框架	
推荐 / 协同过滤	Non-distributed recommenders	Taste（User CF, Item CF, SlopeOne）
	Distributed Recommenders	Item CF
向量相似度计算	RowSimilarityJob	计算列间相似度
	VectorDistanceJob	计算向量间距离
非 MapReduce 算法	Hidden Markov Models	隐马尔科夫模型
集合方法扩展	Collections	扩展了 Java 的 Collections 类

（1）Taste

Taste 是 Apache Mahout 提供的一个个性化推荐引擎的高效实现，该引擎基于 Java 实现，可扩展性强，同时在 Mahout 中对一些推荐算法进行了 MapReduce 编程模式转化，从而可以利用 Hadoop 的分布式架构，提高推荐算法的性能。Taste 既实现了最基本的基于用户的和基于内容的推荐算法，同时提供了扩展接口，使用户可以方便地定义和实现自己的推荐算法。

Taste 由以下几个主要组件组成：

- DataModel：DataModel 是用户喜好信息的抽象接口，它的具体实现支持从任意类型的数据源抽取用户喜好信息。Taste 默认提供 JDBCDataModel 和 FileDataModel，分别支持从数据库和文件中读取用户的喜好信息。
- UserSimilarity 和 ItemSimilarity：UserSimilarity 用于定义两个用户间的相似度，它是基于协同过滤的推荐引擎的核心部分，可以用来计算用户的"邻居"，这里我们将与当前用户喜好相似的用户称为他的邻居。类似地，ItemSimilarity 计算内容之间的相似度。
- UserNeighborhood：用于基于用户相似度的推荐方法中，推荐的内容是基于找到与当前用户喜好相似的"邻居用户"的方式产生的。UserNeighborhood 定义了确定邻居用户的方法，具体实现一般是基于 UserSimilarity 计算得到的。
- Recommender：Recommender 是推荐引擎的抽象接口，是 Taste 的核心组件。在程序中，为它提供一个 DataModel，可以计算出对不同用户的推荐内容。在实际应用中，主要使用它的实现类 GenericUserBasedRecommender 或者 GenericItemBasedRecommender，分别实现基于用户相似度的推荐引擎或者基于内容的推荐引擎。

Taste 各组件工作原理如图 12-5 所示。

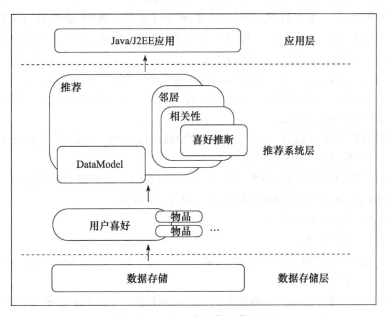

图 12-5　Taste 各组件工作原理

（2）Mahout 源码目录说明

Mahout 项目是由多个子项目组成的，各子项目分别位于源码的不同目录下，下面对 Mahout 的组成进行介绍：

- mahout-core：核心程序模块，位于 /core 目录下。
- mahout-math：在核心程序中使用的一些数据通用计算模块，位于 /math 目录下。
- mahout-utils：在核心程序中使用的一些通用的工具性模块，位于 /utils 目录下。

上述 3 个部分是程序的主体，存储所有 Mahout 项目的源码。

另外，Mahout 提供了样例程序，分别在 taste-web 和 examples 目录下：

- taste-web：利用 Mahout 推荐算法而建立的基于 Web 的个性化推荐系统 Demo。
- examples：对 Mahout 中各种机器学习算法的应用程序。
- bin：bin 目录下只有一个名为 Mahout 的文件，是一个 Shell 脚本文件，用于在 Hadoop 平台的命令行下调用 Mahout 中的程序。

在 buildtools、eclipse 和 distribution 目录下，有 Mahout 相关的配置文件：

- buildtools 目录下是用于核心程序构建的配置文件，以 mahout-buildtools 的模块名称在 Mahout 的 pom. xml 文件中进行说明。
- eclipse 下的 XML 文件是对利用 Eclipse 开发 Mahout 的配置说明。
- distribution 目录下有两个配置文件：bin. xml 和 src. xml，对 Mahou 安装时的一些配置信息进行说明。

3. Maven 构建 Mahout 单机开发环境

Mahout 单机开发环境：Maven+Eclipse+Mahout。

安装好 Maven 之后，在 Eclipse 上安装 Maven 的插件 M2E，只有安装好这个插件，Eclipse 才可以构建 Maven 工程等。Maven 可以使用在 cmd 上通过命令行构建新的 Maven 工程，但是利用 Eclipse 的插件之后可以直接在 Eclipse 上新建工程。

新建了工程之后，在工程之下有一个 pom. xml 文件。POM 是项目对象模型（Project Object Model）的简称，它是 Maven 项目中的文件，使用 XML 表示，名称为 pom. xml。在 Maven 中，项目不仅仅是一堆包含代码的文件。一个项目往往包含一个配置文件，包括了与开发者有关的信息、缺陷跟踪系统、组织与许可、项目的 URL、项目依赖，以及其他信息。它包含了所有与这个项目相关的东西。事实上，在 Maven 中，项目可以什么都没有，甚至没有代码，但是必须包含 pom. xml 文件。

POM 包括所有的项目信息，定义了最小的 Maven2 元素，允许定义 groupId、artifactId、version 等信息。所有需要的元素如下：

- groupId：项目或者组织的唯一标志，并且配置时生成的路径也是由此生成，如 org. codehaus. mojo 生成的相对路径为 /org/codehaus/mojo。
- artifactId：项目的通用名称。
- version：项目的版本。
- packaging：打包的机制，如 pom、jar、maven-plugin、ejb、war、ear、rar、par。
- classifier：分类。

简单而言，我们利用 Maven 下载获取工程中所用到的一些依赖包，例如，添加 Mahout 的一些包，在 pom. xml 文件中描述工程所用的依赖包，Maven 则会自动将这些包添加进工程里面。这个工程所用的 pom. xml 配置文件如下：

```
<projectxmlns="http:// maven.apache.org/POM/4.0.0" xmlns:xsi="http:// www.
w3.org/2001/XMLSchema-instance"
    xsi:schemaLocation="http:// maven.apache.org/POM/4.0.0 http:// maven.apache.org/
```

```xml
xsd/maven-4.0.0.xsd">
    <modelVersion>4.0.0</modelVersion>
    <groupId>org.scut.cs</groupId>
    <artifactId>aliRecommend</artifactId>
    <version>0.0.1-SNAPSHOT</version>
    <packaging>jar</packaging>
    <name>aliRecommend</name>
    <url>http://maven.apache.org</url>
    <properties>
            <project.build.sourceEncoding>UTF-8</project.build.sourceEncoding>
            <mahout.version>0.8</mahout.version>
    </properties>
    <dependencies>
        <dependency>
            <groupId>org.apache.mahout</groupId>
            <artifactId>mahout-core</artifactId>
            <version>0.9</version>
        </dependency>
        <dependency>
            <groupId>org.apache.mahout</groupId>
            <artifactId>mahout-integration</artifactId>
            <version>${mahout.version}</version>
            <exclusions>
                <exclusion>
                    <groupId>org.mortbay.jetty</groupId>
                    <artifactId>jetty</artifactId>
                </exclusion>
                <exclusion>
                    <groupId>org.apache.cassandra</groupId>
                    <artifactId>cassandra-all</artifactId>
                </exclusion>
                <exclusion>
                    <groupId>me.prettyprint</groupId>
                    <artifactId>hector-core</artifactId>
                </exclusion>
            </exclusions>
        </dependency>
        <dependency>
            <groupId>mysql</groupId>
            <artifactId>mysql-connector-java</artifactId>
            <version>5.1.29</version>
        </dependency>
        <dependency>
            <groupId>net.sourceforge.javacsv</groupId>
            <artifactId>javacsv</artifactId>
            <version>2.0</version>
        </dependency>
        <dependency>
            <groupId>nz.ac.waikato.cms.weka</groupId>
            <artifactId>weka-stable</artifactId>
            <version>3.6.10</version>
        </dependency>
        <dependency>
            <groupId>junit</groupId>
            <artifactId>junit</artifactId>
            <version>4.11</version>
        </dependency>
    </dependencies>
</project>
```

12.3.4　Mahout 单机基于用户协同过滤

在协同过滤之前，需要将数据进行预处理，简单的做法是将 4 种行为（购买、点击、收藏、放进购物车）根据重要性赋值，以 5 分为满分，赋值如下：购买为 5，点击为 0.3，收藏为 2，购物车为 2。对数据处理完之后即可进行协同过滤。

1. 基本原理

基于用户的协同过滤推荐的基本原理是，根据所有用户对物品或者信息的喜好，发现与当前用户兴趣和偏好相似的"邻居"用户群，在一般的应用中采用计算"K- 邻居"的算法，然后基于这 K 个邻居的历史喜好信息，为当前用户进行推荐。

假设用户 A 喜欢物品 A、物品 C，用户 B 喜欢物品 B，用户 C 喜欢物品 A、物品 C 和物品 D；从这些用户的历史喜好信息中，我们可以发现用户 A 和用户 C 的兴趣和偏好是比较类似的，同时用户 C 还喜欢物品 D，那么我们可以推断用户 A 可能也喜欢物品 D，因此可以将物品 D 推荐给用户 A。

2. 基于用户（user-based）实现

1）确定邻居数和推荐数，从文件中输入数据建立 datamodel：

```
final static int NEIGHBORHOOD_NUM = 4;    // 邻居数
final static int RECOMMENDER_NUM = 5;     // 推荐数
DataModel model = new FileDataModel(new File(file));
```

2）计算欧几里得距离相似度：

```
UserSimilarity user = new EuclideanDistanceSimilarity(model);
```

3）计算相似的邻居：

```
NearestNUserNeighborhood neighbor = new NearestNUserNeighborhood(NEIGHBORHOOD_
NUM, user, model);
```

4）建立推荐器：

```
Recommender r = new GenericUserBasedRecommender(model, neighbor, user);
```

5）根据建立好的推荐器得到每个用户的推荐商品：

```
List<RecommendedItem> list = r.recommend(uid, RECOMMENDER_NUM);
```

以下为 Mahout 单机基于用户协同过滤的代码：

```
import org.apache.mahout.cf.taste.common.TasteException;
import org.apache.mahout.cf.taste.impl.common.LongPrimitiveIterator;
import org.apache.mahout.cf.taste.impl.model.file.FileDataModel;
import org.apache.mahout.cf.taste.impl.neighborhood.NearestNUserNeighborhood;
import org.apache.mahout.cf.taste.impl.recommender.GenericUserBasedRecommender;
import org.apache.mahout.cf.taste.impl.similarity.EuclideanDistanceSimilarity;
import org.apache.mahout.cf.taste.model.DataModel;
import org.apache.mahout.cf.taste.recommender.RecommendedItem;
import org.apache.mahout.cf.taste.recommender.Recommender;
import org.apache.mahout.cf.taste.similarity.UserSimilarity;

public class UserCF {
    final static int NEIGHBORHOOD_NUM = 4;       // 邻居数
```

```
        final static int RECOMMENDER_NUM = 5;        // 推荐数

        public static void main(String[] args) throws IOException, TasteException {
            //String file = "datafile/t_alibaba_data_processed-0320.csv";
            String file = "datafile/t_alibaba_data_processed-0321.csv";
            //从文件中输入数据建立 datamodel
            DataModel model = new FileDataModel(new File(file));
            //model 作为参数，计算欧几里得距离相似度
            UserSimilarity user = new EuclideanDistanceSimilarity(model);
            NearestNUserNeighborhood neighbor = new NearestNUserNeighborhood(NEIGHBO
            RHOOD_NUM, user, model);                   // 计算相似的邻居
            //建立推荐
            Recommender r = new GenericUserBasedRecommender(model, neighbor, user);
            LongPrimitiveIterator iter = model.getUserIDs();
            File resultFile = new File("result/UserCFResult.txt");
            PrintWriter output = new PrintWriter(resultFile);
            while (iter.hasNext()) {
                long uid = iter.nextLong();
                List<RecommendedItem> list = r.recommend(uid, RECOMMENDER_NUM);
                output.print(uid+"\t");
                for(int i=0;i<list.size();i++){
                RecommendedItem ritem=list.get(i);
                output.print(ritem.getItemID());
                if(i!=list.size()-1)
                output.print(',');
                }
output.println();
            }
output.close();
        }
}
```

3. Mahout 单机基于用户程序执行

首先把数据预处理，即将某电商网站提供的数据中的每条记录的每个行为根据预定的评分规则赋予相应的评分，例如，评分规则如下：购买为 5，点击为 0.3，收藏为 2，购物车为 2。数据可以用 Excel 或者输入 Java 程序处理。表 12-4 为预处理好的部分数据（注：预处理好的数据格式为 CSV，包含 3 列数据：userID、itemID、商品评分）。

表 12-4　预处理好的部分数据

UserID	itemID	商品评分	UserID	itemID	商品评分
5780000	9134	0.3	5780000	4564	0.3
5780000	1245	5	5780000	19458	2
5780000	9111	0.3	5780000	19643	0.3
5780000	4571	0.3			

协同过滤的输入数据格式如表 12-4 所示，而基于用户协同过滤程序 UserCF. java 位于 src\main\java\org\scut\cs\aliRecommend\model\UserCF. java，根据需要确定邻居数和推荐数，输入预处理好的数据和输出文件路径。执行 UserCF. java。

12.3.5　Mahout 单机基于物品相似协同过滤

1. 基本原理

基于物品的协同过滤推荐的基本原理类似基于用户的协同过滤推荐，通过所有用户对物

品或者信息的偏好，发现物品和物品之间的相似度，然后根据用户的历史偏好信息，将类似的物品推荐给用户。

假设用户 A 喜欢物品 A 和物品 C，用户 B 喜欢物品 A、物品 B 和物品 C，用户 C 喜欢物品 A，从用户的历史偏好信息可以分析出物品 A 和物品 C 是比较类似的，喜欢物品 A 的人都喜欢物品 C，基于这个数据可以推断用户 C 很有可能也喜欢物品 C，所以系统会将物品 C 推荐给用户 C。

2. 基于物品（item-based）实现

1）确定推荐数，从文件中输入数据建立 datamodel：

```
final static int RECOMMENDER_NUM = 5;          // 推荐数
DataModel model = new FileDataModel(new File(file));
```

2）计算内容相似度：

```
ItemSimilarity similarity = new PearsonCorrelationSimilarity(model);
```

3）建立推荐引擎：

```
Recommender r = new GenericItemBasedRecommender(model, similarity);
```

4）根据建立好的推荐器得到每个用户的推荐商品：

```
List<RecommendedItem> list = r.recommend(uid, RECOMMENDER_NUM);
```

以下为 Mahout 单机基于物品相似协同过滤的代码：

```
public class ItemCF {
    final static int RECOMMENDER_NUM = 5;
    public static void main(String[] args) throws IOException, TasteException {
            String file = "datafile/t_alibaba_data_processed-0321.csv";
            DataModel model = new FileDataModel(new File(file));
                                                        // 构造数据模型，File-based
            // 计算内容相似度
            ItemSimilarity similarity = new PearsonCorrelationSimilarity(model);
            // 构造推荐引擎
            Recommender r = new GenericItemBasedRecommender(model, similarity);
            // recommendations = recommender.recommend(this.userID, length);
                                                        // 得到推荐接过
            LongPrimitiveIterator iter = model.getUserIDs();
            File resultFile = new File("result/ItemCFResult.txt");
            PrintWriter output = new PrintWriter(resultFile);
            while (iter.hasNext()) {
            long uid = iter.nextLong();
                List<RecommendedItem> list = r.recommend(uid, RECOMMENDER_NUM);
                        output.print(uid+"\t");
                        for(int i=0;i<list.size();i++){
                        RecommendedItem ritem=list.get(i);
                        output.print(ritem.getItemID());
                        if(i!=list.size()-1)
                        output.print(',');
                        }
                        output.println();
            }
    output.close();
    }
}
```

3. Mahout 单机基于物品程序执行

与基于用户协同过滤一样，首先把数据预处理，即将某电商网站提供的数据中的每条记录的每个行为根据预定的评分规则赋予相应的评分，例如，评分规则如下：购买为 5，点击为 0.3，收藏为 2，购物车为 2。数据可以用 Excel 或者输入 Java 程序处理。表 12-5 为预处理好的部分数据（注：预处理好的数据格式为 CSV，包含 3 列数据：userID、itemID、商品评分）。

表 12-5　预处理好的部分数据

userID	itemID	商品评分	userID	itemID	商品评分
5780000	9134	0.3	5780000	4564	0.3
5780000	1245	5	5780000	19458	2
5780000	9111	0.3	5780000	19643	0.3
5780000	4571	0.3			

协同过滤的输入数据格式如表 12-5 所示，而基于物品协同过滤程序 ItemCF. java 位于 src\main\java\org\scut\cs\aliRecommend\model\ItemCF. java，根据需要确定推荐数，输入预处理好的数据和输出文件路径。执行 ItemCF. java。

12.3.6　基于 Hadoop 的 Mahout 分布式开发

Taste 是 Apache Mahout 提供的一个协同过滤算法的高效实现，它是一个基于 Java 实现的可扩展的高效的推荐引擎。该推荐引擎用 <userid, itemid, preference> 这样简单的数据格式表达用户对物品的偏好，以此为输入数据，计算后就可以得到为每个用户推荐的物品列表。

Taste 提供了方便的单机版的编程接口，也提供了基于 Hadoop 的分布式的实现。单机版的编程接口主要适用于写 Demo 和做算法的评估，若处理大规模数据，需分布式的实现。

1. 基于 Hadoop 的 Mahout 分布式环境

如图 12-6 所示，我们可以选择在 Windows 7 中开发，也可以选择在 Linux 中开发，开发过程可以在本地环境进行调试，标配的工具是 Maven 和 Eclipse。Mahout 在运行过程中，会把 MapReduce 的算法程序包自动发布在 Hadoop 的集群环境中，这种开发和运行模式和真正的生产环境差不多。

2. Taste 实现分布式的协同过滤推荐步骤

Mahout 支持两种 Map/Reduce 的 jobs 实现基于物品的协同过滤，即 ItemSimilarityJob 和 RecommenderJob。RecommenderJob 前几个阶段和 ItemSimilarityJob 是一样的，不过 ItemSimilarityJob 计算出物品的相似度矩阵就结束了，而 RecommenderJob 会继续使用相似度矩阵，对每个用户计算出应该推荐给他的前 N 个物品。RecommenderJob 的输入是（userID, itemID, 商品评分）格式的。

以下是对 RecommenderJob 的各 MapReduce 步骤的一个解读，源码包位置为 org. apache. mahout. cf. taste. hadoop. item. RecommenderJob。Taste 实现一个分布式的协同过滤推荐需 12 个 MapReduce 步骤。图 12-7 为 RecommenderJob 中各部分执行图。

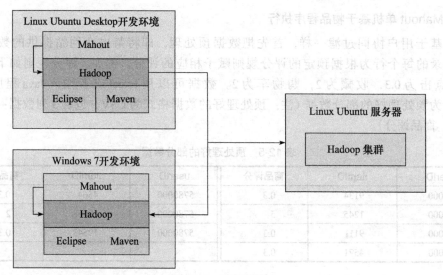

图 12-6 开发环境

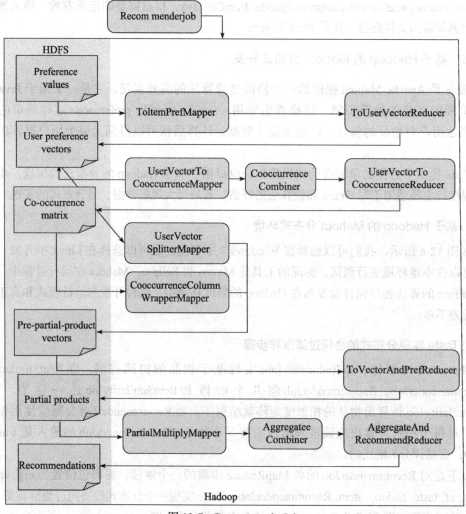

图 12-7 RecommenderJob

以下分析了各步骤的 Mapper 和 Reducer 的工作，并分析数据的输出格式。

1）计算 item 的 itemid_index 和最小 itemid 值

- ItemIDIndexMapper. class, VarIntWritable. class, VarLongWritable. class。用原始输入将 userid, itemid, pref 数据转成 itemid_index, itemid 。

- ItemIDIndexReducer. class, VarIntWritable. class, VarLongWritable. class。在 itemid_index, Iterator<itemid> 中找最小的 itemid，输出 itemid_index, minimum_itemid，此处只是保存一个 int 型的 itemid_index 索引和对应的 long 型的 itemid 的映射。

2）计算各 user 的 item 偏好向量，即 Vector<item, pref>。

- ToItemPrefsMapper. class, VarLongWritable. class, VarLongWritable. class：EntityPrefWritable. class。用原始输入，读入偏好数据，得到 userid, <itemid, pref>。

- ToUserVectorReducer. class, VarLongWritable. class, VectorWritable. class。将 userid、Iterator < itemid, pref > 中的 itemid 变成 itemid_index，得到 userid、Vector<itemid_index, pref>，后者用 RandomAccessSparseVector 来存。

3）统计数据中有多少个 user。

- CountUsersMapper. class, CountUsersKeyWritable. class, VarLongWritable. class。用步骤 2 的输出，统计独立 userid 数目，先转换数据为 userid、userid。

- CountUsersReducer. class, VarIntWritable. class, NullWritable. class。通过 CountUsersPartitioner 将所有数据发到一个区，由一个 Reducer 来处理。由于 userid 都已排序，因此可以用极简单的方式来统计出独立 userid 数，输出只有一个值，即用户数。

4）计算 item 的 user 偏好向量，即 Vector<userid,pref>，即将步骤 2 的结果做矩阵的修剪和转置。

- MaybePruneRowsMapper. class, IntWritable. class, DistributedRowMatrix. MatrixEntryWritable. class。用步骤 2 的输出，按指定的 maxCooccurrences 参数值来修剪 Vector 的数目，目的是控制计算的规模，减少计算量，然后转为以 userid_index 为列号、itemid_index 为行号、pref 为值的矩阵，用 MatrixEntryWritable 表示矩阵。输出为 itemid_index、Matrix<userid_index、itemid_index, pref>。

- ToItemVectorsReducer. class, IntWritable. class, VectorWritable. class。输出为 itemid_index、Vector<userid_index, pref>，相当于对步骤 2 的结果进行矩阵的转置，得到偏好矩阵数据，下面调用 RowSimilarityJob 来计算行的相似度，此处的行是 item，所以默认是 item-based 的 CF。其实可以通过传入是否转置的参数来对步骤 1 进行调整，将 userid 和 itemid 转换，就可以实现 user-based 的 CF。此处也可以通过 similarityClassname 参数来指定用某种算法来计算相似度。

5）用相似度算法给向量赋权。

- RowWeightMapper. class, VarIntWritable. class, WeightedOccurrence. class。用相应的相似度算法来计算步骤 4 的输出，计算每个 itemid_index 所对应的 Vector<userid_index, pref> 的 weight。输出为 userid_index、WeightedOccurrence<itemid_index, pref, weight>，WeightedOccurrence 是一个简单的数据封装类。

- WeightedOccurrencesPerColumnReducer. class, VarIntWritable. class, WeightedOccurrenceArray. class。将 Iterator<WeightedOccurrence> 简单变为 WeightedOccurrenceArray，后者只是简单继承了 ArrayWritable。最后输出结果为 userid_index、WeightedOccurrenceArray，数组的数据项是 WeightedOccurrence<itemid_index, pref, weight>。

6）用相似度算法计算相似度，得到相似度矩阵。

- CooccurrencesMapper. class, WeightedRowPair. class, Cooccurrence. class。取出步骤5的结果，将WeightedOccurrenceArray的数据双重循环，拼装如下的KV数据结构：WeightedRowPair<itemid_indexA, itemid_indexB, weightA, weightB>、Cooccurrence<userid_index, prefA, prefB>。

- SimilarityReducer. class, SimilarityMatrixEntryKey. class, DistributedRowMatrix. MatrixEntryWritable. class。此步骤的Map输出，即Reduce的输入WeightedRow-Pair<itemid_indexA, itemid_indexB, weightA, weightB>、Iterator<Cooccurrence<userid_index, prefA, prefB>>，也即itemA和itemB的weight，以及不同user对itemA和itemB的pref。相应的Similarity实例可以利用以上数据计算itemA与itemB的相似度评分similarityValue，输出结果为SimilarityMatrixEntryKey<itemid_indexA, similarityValue>、Matrix<itemid_indexA, itemid_indexB, similarityValue>，也就是通过不同item和itemA的两两相似度，得到一个相似度矩阵。

7）将相似度矩阵转为向量存储。

- Mapper. class, SimilarityMatrixEntryKey. class, DistributedRowMatrix. MatrixEntry-Writable. class。将步骤6的结果简单读入item相似度矩阵。

- EntriesToVectorsReducer. class, IntWritable. class, VectorWritable. class。输出为itemid_indexA、Vector<itemid_indexX, similarityValue>, Vector用SequentialAccessSparse-Vector存储。也就是，输出为不同的其他item与itemA之间的相似度值。

8）PartialMultiply的预处理1，填充vector部分的数据。

- SimilarityMatrixRowWrapperMapper. class, VarIntWritable. class, VectorOrPrefWritable. class。用步骤7的相似度数据，输出itemid_index、VectorOrPrefWritable（vector, null, null）。

- Reducer. class, VarIntWritable. class, VectorOrPrefWritable. class。默认Reducer，直接输出Mapper的输出。

9）PartialMultiply的预处理2，填充userid和pref部分的数据。

- UserVectorSplitterMapper. class, VarIntWritable. class, VectorOrPrefWritable. class。如果提供了一个userid列表文件，Mapper初始化时会先读入该文件到FastIDSet<userid>中，如果userid不在这个Set中，则会直接返回，也就是只会为该列表中的user做推荐，用步骤2的用户对各item的偏好数据，输出itemid_index、VectorOrPrefWritable（null, userid, pref）。

- Reducer. class, VarIntWritable. class, VectorOrPrefWritable. class，默认Reducer，直接输出Mapper的输出。

10）拼装两个PartialMultiply预处理的数据。

- Mapper. class, VarIntWritable. class, VectorOrPrefWritable. class。FileInputFormat. setInputPaths指定多个路径，将步骤8和9的输出同时作为输入。

- ToVectorAndPrefReducer. class, VarIntWritable. class, VectorAndPrefsWritable. class。将VectorOrPrefWritable（vector, null, null）和VectorOrPrefWritable（null, userid, pref）变为VectorAndPrefsWritable（vector, List<userid>, List<pref>），最后的输出是itemid_index、VectorAndPrefsWritable（vector, List<userid>, List<pref>）。

11）如果设置了 item 过滤文件则读取，作为黑名单。

- ItemFilterMapper. class, VarLongWritable. class, VarLongWritable. class。简单读入 item 过滤文件，输出为 itemid、userid，这相当于黑名单，用于后面推荐结果的过滤。
- ItemFilterAsVectorAndPrefsReducer. class, VarIntWritable. class, VectorAndPrefsWritable. class。输出为 itemid_index、VectorAndPrefsWritable（vector, List<userid>, List<pref>），其中 vector 的值为 vector(itemid_index, Double. NaN), pref 的值用 1. 0f 来填充。注意，vector 的第二项数据，即 similarityValue 被设置为 Double. NaN, 后面将会用这个来判断这是否是黑名单。

12）用相似度矩阵的 PartialMultiply 做推荐计算。

- PartialMultiplyMapper. class, VarLongWritable. class, PrefAndSimilarityColumnWritable. class。如果步骤 11 存在，则用 FileInputFormat. setInputPaths 指定多个路径，将步骤 10 和 11 的输出同时作为输入，也即输入为 itemid_index、VectorAndPrefsWritable（vector, List<userid>, List<pref>），其中 vector 的值为 Vector<itemid_index, similarityValue>。输出为 userid、PrefAndSimilarityColumnWritable（pref, vector<itemid_index, similarityValue>）。
- AggregateAndRecommendReducer. class, VarLongWritable. class。RecommendedItems-Writable. class。初始化时，会读入步骤 1 的结果，是一个 HashMap<itemid_index, itemid>, 也即 index 和 itemid 的映射，若设置了 item 白名单文件，则初始化时也会读入文件到 FastIDSet<itemid>, 推荐结果必须在这里边。和步骤 11 的黑名单相反。Reducer 在处理时会区分是否是 booleanData 而用不同的处理逻辑，此处我们主要讨论非 booleanData, 也即有实际 pref 数据的情况而不是默认用 1.0f 来填充的 pref。
- Reducer 中进行 PartialMultiply, 按乘积得到的推荐度的大小取出最大的几个 item。处理的过程中需要将 itemid_index 通过 HashMap 转换回 itemid, 并且用"黑"、"白"名单进行过滤。白名单很容易理解，用集合是否为空和集合的 contains()；黑名单判断 Float. isNaN（similarityValue）, 因为此前在步骤 11 的输出时，黑名单的 similarityValue 被设置为 Double. NaN。对于非 booleanData, 用 pref 和相似度矩阵的 PartialMultiply 得到推荐度的值来进行排序。而 booleanData 的 pref 值都是 1.0f, 所以计算矩阵相乘的过程没有意义，直接累加相似度的值即可。用这个数据排序就可得到推荐结果。输出为 userid、RecommendedItemsWritable, 后者实际是 List<RecommendedItem<itemid, pref>>, 这里的 pref 是相似度矩阵的 PartialMultiply 或是相似度累加计算出来的值而非实际值。

3. 基于 Hadoop 的 Mahout 分布式计算实现协同过滤 ItemCF

前面详细介绍了 Mahout 中 RecommenderJob 实现 Map/Reduce 的协同过滤各个 Job 的详细步骤。简单来说，RecommenderJob 实际上封装了图 12-7 中整个分布式并行算法的执行过程，因此，用户可以使用它来实现简单的分布式协同过滤，而不必详细了解 RecommenderJob 内部复杂的运行机制。

以下流程是利用 RecommenderJob 的 API 简单实现一个基于物品（item-based）的协同过滤。

（1）准备数据文件

上传测试数据到 HDFS：

```
~ hadoop fs -mkdir /user/hdfs/userCF
~ hadoop fs -copyFromLocal /home/conan/datafiles/item.csv /user/hdfs/userCF
```

（2）Java 程序：HdfsDAO.java

HdfsDAO.java 是一个 HDFS 操作的工具类，为了方便操作 HDFS 的文件，比如实现 HDFS 上文件的创建、删除、复制等功能，直接使用 HdfsDAO 的 API 就可以实现 Hadoop 的各种 HDFS 命令。这里会用到 HdfsDAO.java 类中的一些方法如下：

```
HdfsDAO hdfs = new HdfsDAO(HDFS, conf);
hdfs.rmr(inPath);
hdfs.mkdirs(inPath);
hdfs.copyFile(localFile, inPath);
hdfs.ls(inPath);
hdfs.cat(inFile);
```

（3）Java 程序：ItemCFHadoop.java

ItemCFHadoop 是整个协同过滤推荐过程的执行类，包括对 HDFS 上的文件操作，还有对 RecommenderJob 对象的声明引用，使用 RecommenderJob 实现了图 12-7 中分布式并行算法的执行过程，包括多个 Job 的 Mapper 和 Reducer，详细过程不再赘述。

如下为基于物品相似度协同过滤的实现程序：

```
import org.apache.hadoop.mapred.JobConf;
import org.apache.mahout.cf.taste.hadoop.item.RecommenderJob;
import org.conan.mymahout.hdfs.HdfsDAO;
public class ItemCFHadoop {
    private static final String HDFS = "hdfs://192.168.1.210:9000";
    public static void main(String[] args) throws Exception {
        String localFile = "datafile/item.csv";
        String inPath = HDFS + "/user/hdfs/userCF";
        String inFile = inPath + "/item.csv";
        String outPath = HDFS + "/user/hdfs/userCF/result/";
        String outFile = outPath + "/part-r-00000";
        String tmpPath = HDFS + "/tmp/" + System.currentTimeMillis();
        JobConf conf = config();
        HdfsDAO hdfs = new HdfsDAO(HDFS, conf);
        hdfs.rmr(inPath);
        hdfs.mkdirs(inPath);
        hdfs.copyFile(localFile, inPath);
        hdfs.ls(inPath);
        hdfs.cat(inFile);
        StringBuilder sb = new StringBuilder();
        sb.append("--input ").append(inPath);
        sb.append(" --output ").append(outPath);
        sb.append(" --booleanData true");
        sb.append(" --similarityClassname org.apache.mahout.math.hadoop.similarity.
        cooccurrence.measures.EuclideanDistanceSimilarity");
        sb.append(" --tempDir ").append(tmpPath);
        args = sb.toString().split(" ");
        RecommenderJob job = new RecommenderJob();
        job.setConf(conf);
        job.run(args);
        hdfs.cat(outFile);
    }
    public static JobConf config() {
        JobConf conf = new JobConf(ItemCFHadoop.class);
        conf.setJobName("ItemCFHadoop");
```

```
        conf.addResource("classpath:/hadoop/core-site.xml");
        conf.addResource("classpath:/hadoop/hdfs-site.xml");
        conf.addResource("classpath:/hadoop/mapred-site.xml");
        return conf;
    }
}
```

值得注意的是，上面的程序并没有明显提到 MapReduce 的执行过程，原因在于 Recommender-Job 实际上封装了图 12-7 的分布式并行算法的执行过程，即包括了各个 Map/Reduce 的执行。如果没有这层封装，我们就需要自己去实现图 12-7 中各个步骤的 MapReduce 算法。因此，使用 RecommenderJob 这层封装节省了开发者的很多时间。

12.4　基于逻辑回归模型的大数据分析方法与实现

12.4.1　逻辑回归的基本原理

逻辑回归（logistic Regression，LR）用于估计某种事物的可能性，属于线性回归的一种。

逻辑回归主要在流行病学中应用较多，比较常用的情形是探索某疾病的危险因素，据此预测疾病发生的概率。例如，想探讨胃癌发生的危险因素，可以选择两组人群，一组是胃癌组，一组是非胃癌组，两组人群肯定有不同的体征和生活方式。这里的因变量为是否胃癌，即"是"或"否"，自变量可以包括年龄、性别、饮食习惯、幽门螺杆菌感染等。自变量既可以是连续的，也可以是分类的。

在 LR 模型中，通过特征权重向量对特征向量的不同维度上的取值进行加权，并用逻辑函数将其压缩到 0 ~ 1 的范围，作为该样本为正样本的概率。

逻辑函数为

$$f(x) = \frac{1}{1 + e^{-x}}$$

如图 12-8 所示为逻辑函数图。

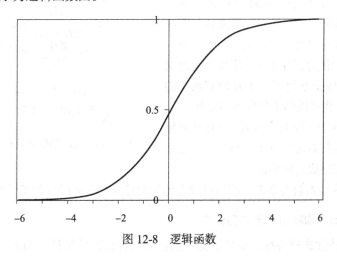

图 12-8　逻辑函数

给定 M 个训练样本：(x_1, y_1)，(x_2, y_2)，…，(x_m, y_m)，其中 $X_j = \{x_{ji} | i=1, 2, \cdots, N\}$ 为 N 维的实数向量（特征向量，本文中所有向量不作说明都为列向量）；y_j 取值为 +1 或 -1，为分类标签，+1 表示样本为正样本，-1 表示样本为负样本。在 LR 模型中，第 j 个样本为正样本的概率是

$$P(y_j = 1 | \boldsymbol{W}, \ X_j) = \frac{1}{1 + e^{-\boldsymbol{W}^T X_j}}$$

其中，$\boldsymbol{W}$ 是 N 维的特征权重向量，即 LR 问题中要求解的模型参数。

求解 LR 问题，就是寻找一个合适的特征权重向量 $\boldsymbol{W}$，使得对于训练集里面的正样本，$P(y_j = 1 | \boldsymbol{W}, X_j)$ 值尽量大；对于训练集里面的负样本，这个值尽量小。

用联合概率来表示：

$$\max_{\boldsymbol{W}} p(\boldsymbol{W}) = \prod_{j=1}^{M} \frac{1}{1 + e^{-y_j \boldsymbol{W}^T X_j}}$$

对上式求对数并取负号，则逻辑回归求解的目标函数为

$$\min_{\boldsymbol{W}} f(\boldsymbol{W}) = \sum_{j=1}^{M} \log\left(1 + e^{-y_j \boldsymbol{W}^T X_j}\right)$$

寻找合适的 $\boldsymbol{W}$ 令目标函数 $f(\boldsymbol{W})$ 最小，是一个无约束最优化问题，解决这个问题的通用做法是随机给定一个初始的 $\boldsymbol{W}_0$，通过迭代，在每次迭代中计算目标函数的下降方向并更新 $\boldsymbol{W}$，直到目标函数稳定在最小的点，如图 12-9 所示。

不同优化算法之间的区别就在于目标函数下降方向的计算。下降方向通过对目标函数在当前的权重下求一阶倒数（梯度，Gradient）和二阶导数（海森矩阵，Hessian Matrix）得到。常见的算法有梯度下降法、牛顿法、拟牛顿法。

12.4.2 逻辑回归的简单实现

下面以某电商网站大数据竞赛为例，介绍 LR 的实现，具体步骤如下：

第一步，构建训练集，也就是标记一部分正样本和负样本数据，针对这个比赛来说就是找到一批前几个月和用户与之发生交互，并且下一个月购买了的行为作为正样本（一定要发生过交互），再找一批发生交互但下一个月没有购买的行为作为负样本（注意控制正负样本的比例）。

第二步，将这些采样的样本放入 LR 计算模型中，得到相应特征对用户下个月行为的系数关系，这一步可以用现成的库实现。

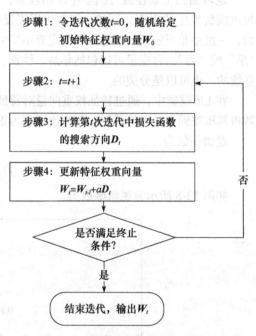

图 12-9　求解最优化目标函数的基本步骤

第三步，用这些系数关系来预测那些没有标记的行为会不会产生购买行为。

1. 选取特征值、构建训练集和测试集

根据数据的特性选择特征，尽量选择一些重要性比较大的特征，例如，在某电商网站大数据竞赛中，我们可以选择的特征为购买数、点击数、收藏数、放进购物车数、有操作的最近天数等。

训练集包含正样本和负样本，格式为（target，特征 1，特征 2，特征 3，…）。当 target 为 1 时，样本为正；而当 target 为 0 时，样本为负。

训练集样本如表 12-6 所示，五个特征是根据前三个月（4 月 15 日~ 7 月 15 日）的数据统计所得，target 则是根据最后一个月（7 月 16 日~ 8 月 15 日）的数据统计所得。

表 12-6　特征值

target	view_num	buy_num	collect_num	cart_num	daysto
1	38	4	0	0	28
0	15	4	0	0	26
0	0	0	0	0	1000
0	9	0	0	0	26
0	16	1	0	0	21

测试集中的所有特征则根据所有月份数据统计所得，如表 12-7 样本所示，测试集的格式为（用户 ID，商品 ID，特征 1，特征 2，…）。

表 12-7　样本特征

uid	bid	view_num	buy_num	collect_num	cart_num	daysto
621500	23656	1	0	0	0	81
5037000	15934	1	0	0	0	25
1046250	15359	1	0	0	0	56
6766250	6908	0	0	0	0	1000
7703750	22148	0	0	0	0	1000

2. 计算 LR 系数关系

将采集到的训练集数据代入 LR 计算模型中，得到相应特征对用户下个月行为的系数关系，这一步可以用现成的库去实现。简单的系数关系如图 12-10 所示。

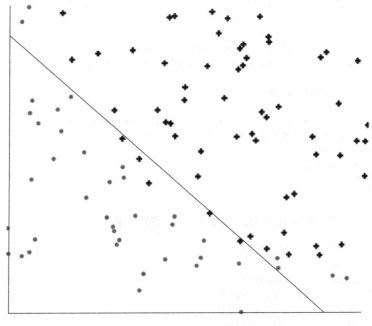

图 12-10　LR 系数关系

3. 预测无标记行为

输入测试集，即无标记行为，通过上面计算得到的函数关系，对无标记行为进行预测计算，得到相应的预测值。预测值越大越偏向于1，该无标记行为偏向于正样本的可能性就越大，也就是说该行为的推荐度越高。同时，根据推荐数据量大小所需，规定一个阈值，预测值大于阈值的则推荐，否则排除。如表 12-8 所示为预测值结果样本。

表 12-8   预测值结果样本

用户 ID	商品 ID	预测值
5037000	15934	0.305303576134
981000	26608	0.371535580046
4184250	12220	0.3583101912

4. python 实现逻辑回归处理

因为不同的编程环境下都提供了 LR 相关的包，简单的做法是直接调用这些包。以下展示了利用 python 相关的包进行 LR 处理的实现过程，执行该 python 逻辑回归程序需要预先安装 pandas、statsmodels 和 numpy 几个库。

```
LR.py:
import pandas as pd
import statsmodels.api as sm
#sample 的格式是 target,view_num,buy_num 即标记好的训练集，第一行一定要是标题
train = pd.read_csv("sample.csv")

train_cols = train.columns[1:]            # 以第一列以后的列作为训练特征
# 表示第二列之后的列作为训练特征，target 列为标记值进行逻辑回归
logit = sm.Logit(train['target'], train[train_cols])
result = logit.fit()                      # 逻辑回归结果
#vectors 是未标记的特征向量，即要预测的，格式为 (uid,bid, 特征 1, 特征 2, …)
combos = pd.read_csv("vectors.csv")
train_cols = combos.columns[2:]
# 为每组特征进行预测打分，存储在一个新的 prediction 列
combos['prediction'] = result.predict(combos[train_cols])

predicts = defaultdict(set)
for term in combos.values:
    uid, bid, prediction = str(int(term[0])), str(int(term[1])), term[4]
# 可以通过调节 POINT 的大小来控制最后结果的个数，也可以取分数 topN
if prediction > POINT:
predicts[uid].add(bid)
    执行 python 程序：
python LR.py
```

输出结果如下（每行包括用户 ID、商品 ID、推荐度分数）：

```
7588000    7105     0.373330577999
5110750    8414     0.340270764563
2198750    13307    0.312336139853
9039750    11196    0.374929898477
4547500    8257     0.387764483637
4712250    2963     0.349810710908
```

5. Java 实现逻辑回归

（1）逻辑回归步骤

1）确定选取的特征和提取特征（如下程序选择 5 个特征，即购买数、点击数、收藏数、放进购物车数、最后操作离 8 月 15 的天数）。

2）处理数据得到训练集，在 4 月 15 日到 7 月 15 日之间的数据为预测数据，7 月 15 日到 8 月 15 日为真实数据，训练集格式为

"target, view_num, buy_num, collect_num, cart_num, daysto8"。

如果 7 月 15 日到 8 月 15 日该商品被购买则 target 为 1，即为正样本，否则为负样本，值为 0。

3）处理数据得到测试集，测试集包含所有月份的特征数据，测试集格式为"uid, bid, view_num, buy_num, collect_num, cart_num, daysto"。

4）对训练集的数据进行训练，得到训练函数。

5）输入测试集数据到训练函数中，得到用户和商品相应的得分。

6）设定阈值，得分超过阈值的商品即被推荐。

利用 mahout 提供的逻辑回归实现代码：

```java
import org.apache.mahout.classifier.sgd.L2;
import org.apache.mahout.classifier.sgd.OnlineLogisticRegression;
import org.apache.mahout.common.RandomUtils;
import org.apache.mahout.math.DenseMatrix;
import org.apache.mahout.math.DenseVector;
import org.apache.mahout.math.Matrix;
import org.apache.mahout.math.Vector;
import org.scut.cs.aliRecommend.util.FileMapExchanger;

import com.google.common.collect.Lists;
import com.google.common.collect.Maps;

public class LogisticRegressionModel extends BaseModel {
    @Override
    public void setRecommendFromCSVContents(List<String[]> contents) {

        this.recommendedMap = new HashMap<Long, List<Long>>();
        List<Vector> data = Lists.newArrayList();
        List<Integer> target = Lists.newArrayList();    // 存放目标的链表
        // click, buy, fav, cart, dayto8, target
        Map<String, List<Integer>> map = new LinkedHashMap<String, List<Integer>>();
        for (String[] rowContent : contents) {
            // String user_brand = rowContent[0] + "," +rowContent[1];
            String user_brand = rowContent[1];
            if (getDaysto8(rowContent[3]) > getDaysto8("7 月 15 日 ")) {
                if (map.containsKey(user_brand)) {
                    int index = Integer.parseInt(rowContent[2]);

                    map.get(user_brand).set(index,
                            map.get(user_brand).get(index) + 1);

                    if (map.get(user_brand).get(4) > getDaysto8(rowContent[3])) {
                        map.get(user_brand).set(4, getDaysto8(rowContent[3]));
                    }
                } else {
```

```
                    List<Integer> list = new ArrayList<Integer>();
                    list.add(0);
                    list.add(0);
                    list.add(0);
                    list.add(0);
                    list.add(1000);
                    list.add(0);
                    map.put(user_brand, list);
                }
            } else {
                if (map.containsKey(user_brand)) {
                    map.get(user_brand).set(5, 1);
                }
            }
        }
    }
    List<Integer> order = Lists.newArrayList();
    for (Entry<String, List<Integer>> entry : map.entrySet()) {
        Vector v = new DenseVector(6);
        order.add(order.size());
        v.set(0, 1);
        int i = 1;
        for (int value : entry.getValue()) {
            if (i == 6) {
                target.add(value);
                break;
            }
            v.set(i++, value);
        }
        data.add(v);
    }
    Map<String, List<Integer>> mapData = getData(contents);
    OnlineLogisticRegression lr = new OnlineLogisticRegression(2, 6,
            new L2(1));
    for (int k : order) {
        lr.train(target.get(k), data.get(k));
    }
    Map<String, Vector> result = Maps.newLinkedHashMap();
    for (Entry<String, List<Integer>> entry : mapData.entrySet()) {
        Vector v = new DenseVector(6);
        v.set(0, 1);
        int i = 1;
        for (int value : entry.getValue()) {
            if (i == 6) {
                break;
            }
            v.set(i++, value);
        }
        result.put(entry.getKey(), lr.classifyFull(v));
    }
    double finalThreshold = 0.9999;
    int min = 99999;

    List<Entry<String, Vector>> list = new LinkedList<Entry<String, Vector>>(
            result.entrySet());
    Collections.sort(list, new Comparator() {
        public int compare(Object o1, Object o2) {
            return -((Comparable) ((Map.Entry<String, Vector>) o1).
getValue().maxValue())
```

```
                    .compareTo(((Map.Entry<String, Vector>) o2).getValue().maxValue());
            }
        });
        result.clear();
        for (Iterator it = list.iterator(); it.hasNext();) {
            Map.Entry<String, Vector> entry = (Map.Entry<String, Vector>) it.next();
            result.put(entry.getKey(), entry.getValue());
        }
        PrintWriter writer = null;
        try {
            writer = new PrintWriter(new File("result/kk.txt"));
        } catch (FileNotFoundException e) {
            e.printStackTrace();          // TODO Auto-generated catch block
        }
        int count = 0;
        for (Entry<String, Vector> entry : result.entrySet()) {
            if (count++ < 3050) {
                long user_id = Long.parseLong(entry.getKey().split(",")[0]);
                long brand_id = Long.parseLong(entry.getKey().split(",")[1]);

                if (this.recommendedMap.containsKey(user_id)) {
                    this.recommendedMap.get(user_id).add(brand_id);
                } else {
                    this.recommendedMap.put(user_id, new ArrayList<Long>());
                    this.recommendedMap.get(user_id).add(brand_id);
                }
            } else {
                if(count == 3051)System.out.println(entry.getValue().maxValue());
                if (entry.getValue().maxValue() > 0.9)
                    writer.println(entry.getValue().maxValue());
            }
        }
    }
    System.out.println(FileMapExchanger.getCount(recommendedMap));
}
private Map getData(List<String[]> contents) {
    Map<String, List<Integer>> map = new HashMap<String, List<Integer>>();

    for (String[] rowContent : contents) {
        String user_brand = rowContent[0] + "," + rowContent[1];
        if (map.containsKey(user_brand)) {
            int index = Integer.parseInt(rowContent[2]);

            map.get(user_brand).set(index,
                    map.get(user_brand).get(index) + 1);

            if (map.get(user_brand).get(4) > getDaysto9(rowContent[3])) {
                map.get(user_brand).set(4, getDaysto9(rowContent[3]));
            }
        } else {
            List<Integer> list = new ArrayList<Integer>();
            list.add(0);
            list.add(0);
            list.add(0);
            list.add(0);
            list.add(1000);
            map.put(user_brand, list);
        }
    }
```

```
                return map;
        }
        public int getDaysto8(String dayString) {   //最后一次操作离 8 月 1 日的天数
            int days = 0;
            int start = dayString.indexOf("月");
            int end = dayString.indexOf("日");
            int month = (int) dayString.charAt(0) - 48;
            int day = Integer.parseInt(dayString.substring(start + 1, end));
            switch (month) {
            case 4:
                days = 31 + 30 + 31 + 30 - day;
                break;
            case 5:
                days = 31 + 30 + 31 - day;
                break;
            case 6:
                days = 31 + 30 - day;
                break;
            case 7:
                days = 31 - day;
                break;
            case 8:
                days = 0;
                break;
            }
            return days;
        }

        public int getDaysto9(String dayString) {   //最后一次操作离 9 月 1 日的天数
            int days = 0;
            int start = dayString.indexOf("月");
            int end = dayString.indexOf("日");
            int month = (int) dayString.charAt(0) - 48;
            int day = Integer.parseInt(dayString.substring(start + 1, end));
            switch (month) {
            case 4:
                days = 31 + 31 + 30 + 31 + 30 - day;
                break;
            case 5:
                days = 31 + 31 + 30 + 31 - day;
                break;
            case 6:
                days = 31 + 31 + 30 - day;
                break;
            case 7:
                days = 31 + 31 - day;
                break;
            case 8:
                days = 31 - day;
                break;
            }
            return days;
        }
    }
```

（2）逻辑回归执行

在 main 函数中，如下代码得到逻辑回归推荐映射：

```
    BaseModel model = new LogisticRegressionModel();            // 声明一个逻辑回归对象
    model.setRecommendFromCSVContents(CSVUtil.readCsv("datafile/t_alibaba_data.
csv"));// 从文件中读取数据处理，传入到 setRecommendFromCSVContents 函数进行训练集和测试集的处理，
接着执行逻辑回归处理，最后得到推荐 Map
    Map<Long, List<Long>> a = model.getRecommendedMap();
```

习题

1. 简述协同过滤的定义，与传统过滤相比，协同过滤的优缺点有哪些？

2. 简述协同过滤的三个步骤。

3. 简述两种主流方法：基于用户的协同过滤和基于物品的协同过滤。

4. 从多个方面对两种主流的协同过滤方法进行对比与选择。

5. Apache Mahout 的 Taste 由哪几个主要组件组成？分别对各个组件进行介绍。

6. 分析 Taste 如何实现分布式协同过滤，简述 RecommenderJob 的实现流程。

7. 简述逻辑回归的定义。

参考文献

［1］ Hosmer，et al. Applied Logistic Regression ［M］. 2nd ed. Hoboken：Wiley，2000.

推荐阅读

统计学习导论——基于R应用

作者：加雷斯·詹姆斯 等 ISBN：978-7-111-49771-4 定价：79.00元

应用预测建模

作者：马克斯·库恩 等 ISBN：978-7-111-53342-9 定价：99.00元

实时分析：流数据的分析与可视化技术

作者：拜伦·埃利斯 ISBN：978-7-111-53216-3 定价：79.00元

数据挖掘与商务分析：R语言

作者：约翰尼斯·莱道尔特 ISBN：978-7-111-54940-6 定价：69.00元

R语言市场研究分析

作者：克里斯·查普曼 等 ISBN：978-7-111-54990-1 定价：89.00元

高级R语言编程指南

作者：哈德利·威克汉姆 ISBN：978-7-111-54067-0 定价：79.00元

推荐阅读

深入理解计算机系统（原书第3版）

作者：[美]兰德尔 E.布莱恩特 等　ISBN：978-7-111-54493-7　定价：139.00元

计算机体系结构精髓（原书第2版）

作者：（美）道格拉斯·科莫 等　ISBN：978-7-111-62658-9　定价：99.00元

计算机系统：系统架构与操作系统的高度集成

作者：（美）阿麦肯尚尔·拉姆阿堪德兰 等 ISBN：978-7-111-50636-2　定价：99.00元

现代操作系统（原书第4版）

作者：[荷]安德鲁 S.塔嫩鲍姆 等　ISBN：978-7-111-57369-2　定价：89.00元